"十四五"国家重点出版物出版规划项目·重大出版工程

中国学科及前沿领域2035发展战略丛书

学术引领系列

国家科学思想库

# 中国资源与环境科学 2035发展战略

"中国学科及前沿领域发展战略研究（2021—2035）"项目组

科学出版社

北　京

# 内 容 简 介

资源与环境科学为人类合理利用自然资源、加强生态建设和环境保护、推动实现可持续发展，提供了关键理论、方法和技术。《中国资源与环境科学 2035 发展战略》系统阐述了该学科的科学意义与战略价值、发展规律与研究特点、发展现状与发展态势、发展思路与发展方向，论述了水循环与水资源、土壤与土地科学、油气与煤化石能源资源、矿产资源、气候变化影响与适应、生态系统科学、环境科学与技术、区域可持续发展、自然灾害风险、遥感与地理信息等分支学科或研究领域的发展战略，提出了推动中国资源与环境科学发展的资助机制与政策建议。

本书为相关领域战略与管理专家、科技工作者、企业研发人员及高校师生提供了研究指引，为科研管理部门提供了决策参考，也是社会公众了解资源与环境科学发展现状及趋势的重要读本。

**图书在版编目（CIP）数据**

中国资源与环境科学 2035 发展战略／"中国学科及前沿领域发展战略研究（2021—2035）"项目组编 . —北京：科学出版社，2023.5
（中国学科及前沿领域 2035 发展战略丛书）
ISBN 978-7-03-075563-6

Ⅰ. ①中… Ⅱ. ①中… Ⅲ. ①资源科学－发展战略－研究－中国 ②环境科学－发展战略－研究－中国 Ⅳ. ① P96 ② X

中国国家版本馆 CIP 数据核字（2023）第 087464 号

丛书策划：侯俊琳　朱萍萍
责任编辑：杨婵娟　吴春花／责任校对：韩　杨
责任印制：李　彤／封面设计：有道文化

**科 学 出 版 社** 出版
北京东黄城根北街 16 号
邮政编码：
http://www.sciencep.com

**北京虎彩文化传播有限公司** 印刷
科学出版社发行　各地新华书店经销
*
2023 年 5 月第 一 版　开本：720×1000　1/16
2023 年 8 月第二次印刷　印张：38 1/2
字数：650 000
**定价：298.00 元**
（如有印装质量问题，我社负责调换）

# "中国学科及前沿领域发展战略研究（2021—2035）"

## 联合领导小组

**组　长**　常　进　李静海

**副组长**　包信和　韩　宇

**成　员**　高鸿钧　张　涛　裴　钢　朱日祥　郭　雷

杨　卫　王笃金　杨永峰　王　岩　姚玉鹏

董国轩　杨俊林　徐岩英　于　晟　王岐东

刘　克　刘作仪　孙瑞娟　陈拥军

## 联合工作组

**组　长**　杨永峰　姚玉鹏

**成　员**　范英杰　孙　粒　刘益宏　王佳佳　马　强

马新勇　王　勇　缪　航　彭晴晴

# 《中国资源与环境科学 2035 发展战略》

## 项 目 组

**组 长** 傅伯杰

**成 员** （以姓氏拼音为序）

崔 鹏 樊 杰 龚建雅 胡瑞忠 金之钧

吕永龙 彭建兵 朴世龙 史培军 陶 澍

吴绍洪 夏 军 效存德 杨大文 于贵瑞

翟明国 张甘霖 张佳宝 张人禾 周成虎

朱永官

**学术秘书** 赵文武 吕一河 曲建升 刘焱序

# 撰 写 组

**组　长**　傅伯杰

**成　员**　（以姓氏拼音为序）

| | | | | |
|---|---|---|---|---|
| 毕　军 | 蔡榕硕 | 蔡永立 | 操应长 | 陈　雯 |
| 陈汉林 | 陈泓文 | 陈华勇 | 陈伟强 | 陈显尧 |
| 陈晓清 | 陈新平 | 陈亚宁 | 程丹东 | 程和发 |
| 崔　鹏 | 代世峰 | 董　宁 | 董利苹 | 董卫华 |
| 樊　杰 | 方创琳 | 冯　起 | 傅伯杰 | 傅声雷 |
| 高　扬 | 葛永刚 | 龚建雅 | 龚学敏 | 郭庆军 |
| 韩广轩 | 韩作振 | 郝　芳 | 何春阳 | 何思明 |
| 何治亮 | 贺桂珍 | 侯焱臻 | 胡凯衡 | 胡瑞忠 |
| 胡文瑄 | 黄　雷 | 黄　昕 | 黄巧云 | 江志红 |
| 姜　维 | 姜克隽 | 蒋少涌 | 焦　硕 | 金之钧 |
| 阚海东 | 黎茂稳 | 李　琰 | 李保国 | 李长冬 |
| 李长嘉 | 李建威 | 李小雁 | 李院生 | 李子颖 |

| | | | | |
|---|---|---|---|---|
| 刘 华 | 刘 瑜 | 刘 竹 | 刘池阳 | 刘家宏 |
| 刘建明 | 刘俊国 | 刘可禹 | 刘莉娜 | 刘连友 |
| 刘玲莉 | 刘全有 | 刘文浩 | 刘文汇 | 刘小莽 |
| 刘彦随 | 刘焱序 | 刘燕飞 | 龙华楼 | 罗晓容 |
| 骆永明 | 吕庆田 | 吕一河 | 吕永龙 | 马 峰 |
| 马 欣 | 缪驰远 | 牛书丽 | 牛艺博 | 欧阳朝军 |
| 庞雄奇 | 裴 韬 | 裴惠娟 | 彭 建 | 彭建兵 |
| 彭平安 | 彭新华 | 朴世龙 | 齐 涛 | 秦 勇 |
| 秦伯强 | 秦承志 | 邱楠生 | 仇荣亮 | 瞿晓磊 |
| 曲建升 | 沈其荣 | 石学法 | 史 舟 | 史培军 |
| 史雅娟 | 史志华 | 宋 帅 | 宋进喜 | 宋效东 |
| 苏 勃 | 苏奋振 | 孙 波 | 孙 松 | 孙 颖 |
| 孙卫东 | 汤秋鸿 | 唐辉明 | 陶 澍 | 滕 应 |
| 腾格尔 | 田 辉 | 田富强 | 汪景宽 | 王 聪 |
| 王 磊 | 王 林 | 王 帅 | 王 焰 | 王华建 |
| 王开存 | 王秋兵 | 王汝成 | 王晓梅 | 王云鹏 |
| 韦 中 | 韦革宏 | 吴华勇 | 吴建国 | 吴克宁 |
| 吴绍洪 | 吴统文 | 吴文斌 | 吴秀苹 | 夏 军 |
| 效存德 | 解启农 | 熊立华 | 徐建明 | 徐宗学 |

| | | | | |
|---|---|---|---|---|
| 严重玲 | 颜晓元 | 杨 飞 | 杨 涛 | 杨大文 |
| 杨林生 | 杨树锋 | 杨雨亭 | 杨志明 | 尹彩春 |
| 应光国 | 于贵瑞 | 于名召 | 袁 星 | 苑晶晶 |
| 曾静静 | 曾永平 | 翟明国 | 詹天宇 | 张 旺 |
| 张赐成 | 张甘霖 | 张继权 | 张佳宝 | 张立飞 |
| 张立强 | 张平宇 | 张人禾 | 张水昌 | 张文忠 |
| 张旭东 | 张扬健 | 赵方杰 | 赵建世 | 赵文武 |
| 赵永存 | 郑军卫 | 郑循华 | 郑煜铭 | 仲伟俊 |
| 周成虎 | 周广胜 | 朱东强 | 朱东亚 | 朱伟林 |
| 朱永官 | 祝凌燕 | 祝禧艳 | 邹 强 | 邹才能 |

# 总　序

党的二十大胜利召开，吹响了以中国式现代化全面推进中华民族伟大复兴的前进号角。习近平总书记强调"教育、科技、人才是全面建设社会主义现代化国家的基础性、战略性支撑"[①]，明确要求到 2035 年要建成教育强国、科技强国、人才强国。新时代新征程对科技界提出了更高的要求。当前，世界科学技术发展日新月异，不断开辟新的认知疆域，并成为带动经济社会发展的核心变量，新一轮科技革命和产业变革正处于蓄势跃迁、快速迭代的关键阶段。开展面向 2035 年的中国学科及前沿领域发展战略研究，紧扣国家战略需求，研判科技发展大势，擘画战略、锚定方向，找准学科发展路径与方向，找准科技创新的主攻方向和突破口，对于实现全面建成社会主义现代化"两步走"战略目标具有重要意义。

当前，应对全球性重大挑战和转变科学研究范式是当代科学的时代特征之一。为此，各国政府不断调整和完善科技创新战略与政策，强化战略科技力量部署，支持科技前沿态势研判，加强重点领域研发投入，并积极培育战略新兴产业，从而保证国际竞争实力。

擘画战略、锚定方向是抢抓科技革命先机的必然之策。当前，新一轮科技革命蓬勃兴起，科学发展呈现相互渗透和重新会聚的趋

---

① 习近平. 高举中国特色社会主义伟大旗帜 为全面建设社会主义现代化国家而团结奋斗——在中国共产党第二十次全国代表大会上的报告 . 北京：人民出版社，2022：33.

势，在科学逐渐分化与系统持续整合的反复过程中，新的学科增长点不断产生，并且衍生出一系列新兴交叉学科和前沿领域。随着知识生产的不断积累和新兴交叉学科的相继涌现，学科体系和布局也在动态调整，构建符合知识体系逻辑结构并促进知识与应用融通的协调可持续发展的学科体系尤为重要。

擘画战略、锚定方向是我国科技事业不断取得历史性成就的成功经验。科技创新一直是党和国家治国理政的核心内容。特别是党的十八大以来，以习近平同志为核心的党中央明确了我国建成世界科技强国的"三步走"路线图，实施了《国家创新驱动发展战略纲要》，持续加强原始创新，并将着力点放在解决关键核心技术背后的科学问题上。习近平总书记深刻指出："基础研究是整个科学体系的源头。要瞄准世界科技前沿，抓住大趋势，下好'先手棋'，打好基础、储备长远，甘于坐冷板凳，勇于做栽树人、挖井人，实现前瞻性基础研究、引领性原创成果重大突破，夯实世界科技强国建设的根基。"①

作为国家在科学技术方面最高咨询机构的中国科学院（简称中科院）和国家支持基础研究主渠道的国家自然科学基金委员会（简称自然科学基金委），在夯实学科基础、加强学科建设、引领科学研究发展方面担负着重要的责任。早在新中国成立初期，中科院学部即组织全国有关专家研究编制了《1956—1967年科学技术发展远景规划》。该规划的实施，实现了"两弹一星"研制等一系列重大突破，为新中国逐步形成科学技术研究体系奠定了基础。自然科学基金委自成立以来，通过学科发展战略研究，服务于科学基金的资助与管理，不断夯实国家知识基础，增进基础研究面向国家需求的能力。2009年，自然科学基金委和中科院联合启动了"2011—2020年中国学科发展

---

① 习近平. 努力成为世界主要科学中心和创新高地 [EB/OL]. (2021-03-15). http://www.qstheory.cn/dukan/qs/2021-03/15/c_1127209130.htm[2022-03-22].

战略研究"。2012 年，双方形成联合开展学科发展战略研究的常态化机制，持续研判科技发展态势，为我国科技创新领域的方向选择提供科学思想、路径选择和跨越的蓝图。

联合开展"中国学科及前沿领域发展战略研究（2021—2035）"，是中科院和自然科学基金委落实新时代"两步走"战略的具体实践。我们面向 2035 年国家发展目标，结合科技发展新特征，进行了系统设计，从三个方面组织研究工作：一是总论研究，对面向 2035 年的中国学科及前沿领域发展进行了概括和论述，内容包括学科的历史演进及其发展的驱动力、前沿领域的发展特征及其与社会的关联、学科与前沿领域的区别和联系、世界科学发展的整体态势，并汇总了各个学科及前沿领域的发展趋势、关键科学问题和重点方向；二是自然科学基础学科研究，主要针对科学基金资助体系中的重点学科开展战略研究，内容包括学科的科学意义与战略价值、发展规律与研究特点、发展现状与发展态势、发展思路与发展方向、资助机制与政策建议等；三是前沿领域研究，针对尚未形成学科规模、不具备明确学科属性的前沿交叉、新兴和关键核心技术领域开展战略研究，内容包括相关领域的战略价值、关键科学问题与核心技术问题、我国在相关领域的研究基础与条件、我国在相关领域的发展思路与政策建议等。

三年多来，400 多位院士、3000 多位专家，围绕总论、数学等 18 个学科和量子物质与应用等 19 个前沿领域问题，坚持突出前瞻布局、补齐发展短板、坚定创新自信、统筹分工协作的原则，开展了深入全面的战略研究工作，取得了一批重要成果，也形成了共识性结论。一是国家战略需求和技术要素成为当前学科及前沿领域发展的主要驱动力之一。有组织的科学研究及源于技术的广泛带动效应，实质化地推动了学科前沿的演进，夯实了科技发展的基础，促进了人才的培养，并衍生出更多新的学科生长点。二是学科及前沿领域的发展促进深层次交叉融通。学科及前沿领域的发展越来越呈现出多学科相互渗透的发展态势。某一类学科领域采用的研究策略和技术体系所产生的基础理论与方法论成果，可以作为共同的知识基础适用于不同学科领域的多个研究方向。三是科研范式正在经历深刻变革。解决系统性复杂问题成为当前科学发展的主要目标，导致相应的研究内容、方法和范畴等的改变，形成科学研究的多层次、多尺度、动态化的基本特征。数据驱动的科研模式有力地推动了新时代科研范式的变革。四是科学与社会的互动更加密切。发展学科及前沿领域愈加重要，与此同时，"互联网+"正在改变科学交流生态，并且重塑了科学的边界，开放获取、开放科学、公众科学等都使得越来越多的非专业人士有机会参与到科学活动中来。

"中国学科及前沿领域发展战略研究（2021—2035）"系列成果以"中国学科及前沿领域2035发展战略丛书"的形式出版，纳入"国家科学思想库－学术引领系列"陆续出版。希望本丛书的出版，能够为科技界、产业界的专家学者和技术人员提供研究指引，为科研管理部门提供决策参考，为科学基金深化改革、"十四五"发展规划实施、国家科学政策制定提供有力支撑。

在本丛书即将付梓之际，我们衷心感谢为学科及前沿领域发展战略研究付出心血的院士专家，感谢在咨询、审读和管理支撑服务方面付出辛劳的同志，感谢参与项目组织和管理工作的中科院学部的丁仲礼、秦大河、王恩哥、朱道本、陈宜瑜、傅伯杰、李树深、李婷、苏荣辉、石兵、李鹏飞、钱莹洁、薛淮、冯霞，自然科学基金委的王长锐、韩智勇、邹立尧、冯雪莲、黎明、张兆田、杨列勋、高阵雨。学科及前沿领域发展战略研究是一项长期、系统的工作，对学科及前沿领域发展趋势的研判，对关键科学问题的凝练，对发展思路及方向的把握，对战略布局的谋划等，都需要一个不断深化、积累、完善的过程。我们由衷地希望更多院士专家参与到未来的学科及前沿领域发展战略研究中来，汇聚专家智慧，不断提升凝练科学问题的能力，为推动科研范式变革，促进基础研究高质量发展，把科技的命脉牢牢掌握在自己手中，服务支撑我国高水平科技自立自强和建设世界科技强国夯实根基做出更大贡献。

"中国学科及前沿领域发展战略研究（2021—2035）"

联合领导小组

2023 年 3 月

# 前　言

　　资源与环境科学是以人地耦合的地球系统为核心研究对象，综合运用地球科学、化学、生物学、计算机科学、工程技术科学和社会科学等学科的知识和技术手段，研究在自然条件和人类活动影响下地球系统资源和环境的演变过程、相互关系及其调控原理，揭示地球系统资源的形成和演化规律、各类环境问题的发生发展规律及区域可持续发展规律的应用基础科学。资源与环境科学强调综合集成和交叉研究，为人类合理利用自然资源、加强生态建设和环境保护、推动实现可持续发展，提供了关键理论、方法和技术。

　　全球变化背景和生态文明建设为资源与环境科学发展提供了重要历史契机，资源与环境科学正在发生着深刻变革：研究内容从原本描述区域性的资源环境特征，转变为关注全球性的环境变化与人类福祉；研究主题从传统的资源环境格局向格局与过程耦合、可持续发展议题延展；研究方法、研究手段走向综合性、系统性与定量化。总的来说，资源与环境科学正在实现微观过程机理与宏观格局相结合，历史脉络把控与未来情景预测相结合，呈现出丰富繁多的发展趋势。2021～2035年是我国迈向社会主义现代化强国的关键时期。其间，资源与环境科学领域应面向国家重大战略需求，聚焦重大资源、环境与灾害问题，深化学科交叉，强化理论与技术创新，为国家生态文明建设与可持续发展做出新的重要贡献。

为推动资源与环境科学发展、服务国家重大战略需求，国家自然科学基金委员会、中国科学院于 2020 年启动了学科发展战略研究项目"资源与环境科学发展战略研究（2021—2035）"。该项目旨在探索资源与环境科学内在发展规律和特点，系统梳理和分析学科发展态势，提炼重大科学问题，提出学科发展方向与布局，形成推动学科发展的政策建议。项目研究过程中，项目组在系统分析资源与环境科学内涵，研究资源与环境科学总体发展战略的基础上，以"水、土、气、生、矿、人"等地球系统要素和观测技术为基本框架，划分了水循环与水资源、土壤与土地科学、油气与煤化石能源资源、矿产资源、气候变化影响与适应、生态系统科学、环境科学与技术、区域可持续发展、自然灾害风险、遥感与地理信息十个学科领域，开展分支学科或前沿领域的发展战略研究。

项目研究期间，项目组通过召开工作组会议、学术研讨会、出版资源与环境科学前沿进展专辑等多种方式和途径，组织专家学者开展学科发展战略研讨。来自中国科学院生态环境研究中心、北京师范大学、中国科学院地理科学与资源研究所、中国科学院南京土壤研究所、中国地质科学院地质研究所、中国科学院城市环境研究所、中国科学院水利部成都山地灾害与环境研究所、中国科学院兰州文献情报中心、清华大学、北京大学、复旦大学、武汉大学、厦门大学、长安大学、中国地质科学院地球深部探测中心、中国科学院地球化学研究所、中国科学院地质与地球物理研究所、中国科学院广州地球化学研究所、中国科学院过程工程研究所、中国科学院沈阳应用生态研究所、中国农业科学院农业资源与农业区划研究所、中国石化石油勘探开发研究院、核工业北京地质研究院、南京大学、中国农业大学、南京农业大学、河南大学、浙江大学、西南大学、中国地质大学（北京）、中国地质大学（武汉）、华南农业大学、华中农业大学、青海师范大学、沈阳农业大学、西北农林科技大学、自然资源部第一海洋研究所、中国极地研究中心等单位从事资源与环境科学研究的200余位专家学者参与了本书撰写。本书部分观点或内容已发表于《地理与可持续性》(*Geography and Sustainability*)2021年的资源与环境前沿进展专辑。

全书首先从学科整体出发，论述资源与环境科学的基本内涵与战略价值、发展规律与研究特点、发展现状与发展态势，明确了学科发展总体布局，提出了学科发展思路与发展方向；在此基础上，分别从水循环与水资源、土壤与土地科学、油气与煤化石能源资源、矿产资源、气候变化影响与适应、生态系统科学、环境科学与技术、区域可持续发展、自然灾害风险、遥感与地理信息十个方向，明晰了各分支学科或前沿领域的发展战略。全书紧扣国际前沿科学问题和社会发展的重大需求，力图从学科发展战略层面展现当代资源与环境科学的前沿方向，以期服务学科发展和人才培养需求。

全书分为十二章，各章撰写人员如下：第一章为傅伯杰、吕一河、赵文武、刘焱序、王聪、李长嘉、姜维、尹彩春；第二章为夏军、杨大文、杨雨亭、汤秋鸿、刘俊国、熊立华、田富强、王磊、秦伯强、袁星、缪驰远、宋进喜、杨涛、徐宗学、刘家宏、郭庆军、高扬、李小雁、赵建世、程丹东、张赐成；第三章为张佳宝、张甘霖、李保国、骆永明、沈其荣、孙波、颜晓元、陈新平、傅声雷、黄巧云、焦硕、彭新华、仇荣亮、史舟、史志华、宋效东、滕应、王秋兵、汪景宽、韦革宏、韦中、吴华勇、吴文斌、吴克宁、徐建明、杨飞、张旭东、赵永存；第四章为金之钧、彭平安、郝芳、邹才能、杨树锋、代世峰、秦勇、王云鹏、张水昌、刘文汇、刘全有、邱楠生、胡文瑄、朱东亚、王晓梅、王华建、陈汉林、张立飞、刘池阳、黄雷、韩作振、刘可禹、何治亮、罗晓容、庞雄奇、操应长、刘华、朱伟林、解启农、孙卫东、马峰、董宁、黎茂稳、田辉、腾格尔、张旺；第五章为翟明国、胡瑞忠、蒋少涌、王汝成、李建威、王焰、陈华勇、杨志明、吕庆田、齐涛、石学法、李院生、刘建明、李子颖、祝禧艳；第六章为张人禾、吴绍洪、效存德、孙颖、王林、王开存、吴统文、江志红、陈显尧、蔡榕硕、刘小莽、周广胜、孙松、杨林生、郑循华、姜克隽、张继权、马欣、吴建国、何春阳、苏勃；第七章为于贵瑞、朴世龙、刘玲莉、牛书丽、彭建、张扬健；第八章为陶澍、朱永官、朱东强、毕军、阚海东、骆永明、应光国、曾永平、赵方杰、祝凌燕、陈伟强、瞿晓磊、郑煜铭；第九章为吕永龙、樊杰、刘彦随、刘俊国、苑晶晶、宋帅、于名召、蔡永立、陈伟强、陈雯、陈亚宁、程和发、方创琳、冯起、韩广轩、贺桂珍、刘竹、龙华楼、吕一河、史雅娟、严重玲、张平宇、张文忠、仲伟俊；第十章为崔鹏、彭建兵、史培军、唐辉明、欧阳朝军、葛永刚、李长冬、刘连友、何思明、陈晓清、邹强、胡凯衡；第十一章为周成虎、龚建雅、裴韬、刘瑜、黄昕、张立强、董卫华、秦承志、苏奋振；第十二章由秘书组在集成分支学科与前沿领域政策建议的基础上完成。文献计量分析部分由曲建升、郑军卫、吴秀苹、董利苹、刘文浩、刘燕飞、裴惠娟、曾静静、刘莉娜、刘文浩、牛艺博完成。全书由傅伯杰统稿。此外，赵文武、王帅、刘焱序、李琰、詹天宇、陈泓文、龚学敏、侯焱臻、尹彩春等参与了书稿资料的整理与校对工作。

资源与环境科学是一门富有综合性、交叉性和实践性的快速发展学科，覆盖知识浩瀚如海，而作者水平有限，书中不足之处敬请读者批评指正。

《中国资源与环境科学 2035 发展战略》项目组组长

2022 年 10 月

# 摘　　要

## 一、资源与环境科学的科学意义与战略价值

资源与环境科学是资源科学与环境科学高度交叉融合的学科，由水循环与水资源、土壤与土地科学、油气与煤化石能源资源、矿产资源、气候变化影响与适应、生态系统科学、环境科学与技术、区域可持续发展、自然灾害风险、遥感与地理信息等一系列分支学科或研究领域组成。资源与环境科学研究可为推动其他相关学科和技术的发展、实施国家科技发展规划及其他科技政策战略提供重要支撑。

资源与环境科学的科学意义与战略价值主要表现在以下五个方面。

（1）服务于资源高效利用与区域协同发展。全球经济社会的快速发展以及人口增长，使得人地矛盾进一步激化。自然资源约束尤其是水土资源约束是区域发展不平衡的重要原因之一。基于区域资源环境承载能力，资源与环境科学通过协调国土生产、生活和生态空间格局，应对水土资源短缺等问题，为自然资源高效利用与区域协同发展提供基础支撑。

（2）服务于气候变化适应、生态保护与生态安全。气候变化及

其导致的生态风险提升是全球面临的科学挑战，其影响是多尺度、全方位、多层次的。资源与环境科学通过明确过去和未来气候变化的趋势和驱动因素，应对复杂多变的气候系统，提高生态系统的适应能力并降低其脆弱性，为农业、生态、社会和环境的可持续发展提供科学指导。

（3）服务于环境保护、环境安全与健康。环境问题涉及水、土、气、生、矿等多种要素与过程，与人类社会经济活动和身体健康息息相关。社会经济活动又有可能导致资源错配、产生环境问题。资源与环境科学通过研究环境污染发生机制、检测与监测、迁移转化过程与机制、生态与健康效应、系统模拟、风险分析和管控、削减控制和系统修复的应用基础理论、方法学和管理策略，为人类健康提供重要安全保障。

（4）推动我国生态文明建设与可持续发展。2035年我国将基本实现社会主义现代化，将广泛形成绿色生产生活方式，碳排放达峰后稳中有降，生态环境根本好转，美丽中国目标基本实现。生态文明是可持续发展的最终成果，作为资源与环境科学重要组成部分的可持续发展研究为我国推进生态文明建设、实现人与自然和谐共生的现代化提供了全面指引。

（5）科学支撑全球命运共同体建设。人类命运共同体的建设有赖于全球不同国家和区域对生态环境良性运转、社会经济稳定发展的维持。基于资源与环境科学基本原理，中国积极落实联合国"2030年可持续发展议程"，引导应对气候变化国际合作，促进全球发展更加包容、更可持续。

## 二、资源与环境科学的研究特点、发展规律和发展趋势

资源与环境科学具有广泛的科学、技术和管理内涵，其总体内

涵表现为资源与环境科学是以人为中心的"大科学"。一方面，人类不合理开发自然资源，使人类活动影响下的自然资源产生错配，是引发环境问题的根源；另一方面，人类通过合理改造自然环境，协调人地关系，改善资源与环境，是走向可持续发展的基本途径。以人为中心的"大科学"的研究特点，主要体现在理论方法、研究主题、研究对象、研究途径、决策支持、技术方法六个方面。

（1）理论方法源于多个学科，具有综合性和交叉性。资源与环境科学以地理信息、测绘遥感为主要技术支撑，以水、土、气、生、矿、人为核心研究对象，揭示人地系统关系及其环境、灾害效应，为区域和全球可持续发展服务。资源与环境科学强调综合集成和交叉研究，推动了系列新兴学科、交叉学科和跨学科的发展。资源与环境科学借助综合理论和模型，将一般到个别的演绎和个别到一般的归纳相结合，发挥学科交叉优势，在指导资源环境管理的实践过程中充分展现出其综合性优势。

（2）研究主题面向国家需求，具有应用性和紧迫性。当前，全球许多区域生态系统呈现出由结构性破坏向功能性紊乱演变的发展态势，生态系统更不稳定，生态系统服务功能下降，生态风险加剧。我国环境容量有限，生态系统脆弱，污染重、损失大、风险高的生态环境状况还没有根本扭转，独特的地理环境加剧了地区间的不平衡。面向国家生态文明建设战略需求，提升我国资源与环境科学研究的实践应用能力具有时代紧迫性。

（3）研究对象存在于不同尺度，具有系统性和复杂性。资源环境要素和过程是全球性的也是区域性的，是一个等级嵌套的整体，具有多尺度特征。任何特定的资源环境管理都要与特定的人地系统特点相匹配，全球性的评估不能够满足国家和区域尺度决策者的需要。不同尺度上的资源环境过程都可以与更大和更小尺度上的资源环境过程产生关联，呈现出系统性结构。尺度关联和尺度转换也是资源与环境科学领域研究的难点，具有高度复杂性。

（4）研究途径受益于技术进步，具有阶段性和动态性。不同历史时期的技术条件会对资源与环境科学的研究范式和成果产生重要的影响。早期的研究范式是描述性的，主要介绍植被、土壤、河流、山川、工矿、城市等自然资源的分布。当前阶段的资源与环境科学研究需求是把格局和过程耦合起来。在技术进步的推动下，未来资源与环境科学研究将进入对复杂人地系统和可持续发展系统的模拟，进而为决策提供更准确的科学依据。

（5）决策支持需要因地制宜，具有区域性和多样性。经济发展与资源稀缺和环境恶化之间相互作用的复杂性，致使人们很难找到一条普适的应对途径。为了使环保政策的激励机制更加公平、公正、有效，人们必须认识并且推行多样化的资源环境保护方式，通过资源的可持续利用、保护生物多样性和生态系统平衡、适应气候变化等方式来实现保护与发展的双赢。

（6）观测与模拟技术方法快速发展，具有实时性和预判性。联网实时观测与数据同化技术的发展，提高了资源与环境要素和过程的模拟预测精度，大数据、人工智能、机器学习等新技术在资源与环境领域的应用，使得模拟自然过程、社会经济活动乃至人的行为模式影响下全局与局部要素之间相互作用演化过程成为可能，资源与环境过程模拟技术的快速发展为各领域方向的决策制定提供了更精准的依据。

目前，资源与环境科学已形成独特的发展规律，主要体现在学科发展、学科方向、学科分支、研究范式、研究对象、国家战略六个方面。

（1）资源与环境问题驱动学科发展。随着人类活动对自然系统作用的增强，地球进入"人类世"，人类活动显著改变了自然与环境的相互作用关系，并且这种改变呈现加速的趋势，增加了全球跨尺度系统性生态环境风险,并对区域社会经济发展带来负面影响。当前与未来阶段世界及区域面临的重大环境资源问题直接驱动资源与环境科学理论与方法的创新发展。

(2)国际科学计划引领学科方向。对于区域及全球性的重大资源与环境问题,由政府组织、科研机构等联合发起的重大研究计划的设立可以整合多学科方向,开展跨方向、跨领域的融合研究,契合资源与环境科学高度交叉的学科属性。目前,围绕气候变化、生物多样性、土地利用变化、全球环境变化、可持续发展等所开展的一系列重大国际科学计划,引领了资源与环境科学发展的研究方向。

(3)学科交叉融合催生新的分支。当前全球及国家、区域尺度上面临的粮食安全、水安全、生态安全、能源安全等一系列资源与环境问题,存在多个相互关联尺度上的动态反馈循环,多学科、多尺度、多要素的集成研究已成为解决复杂资源与环境问题的必然要求,学科交叉融合驱动了资源与环境科学发展,并衍生了新的学科分支方向,如生态水文学、社会水文学、土壤生物学、水文土壤学、环境信息学、社会地质学、城市灾害学、可持续性科学等。

(4)技术进步驱动研究范式变迁。地球表层系统是由多个要素、多个子系统组成的复杂系统,精细同步、全面系统、定量联网的实时观测技术,为研究多圈层相互作用规律及驱动机制提供了数据支撑,为圈层相互作用模拟提供了数据基础。地理信息、测绘遥感、计算机、大数据等技术推动了资源与环境科学由定性和统计分析为主向模拟预测发展,技术进步驱动了学科研究范式的变迁。

(5)学科研究对象根植于自身土壤。水土气污染治理、国土空间生态修复和增值增效、生态脆弱区生态安全调控、应对气候变化和绿色低碳发展、综合风险防范、区域协调及可持续发展途径已成为当前资源与环境科学的重要研究对象。我国地理跨度巨大,生态系统类型多样,人类活动影响显著,为资源与环境科学综合研究提供了广阔的研究场所。气候变化、人口激增、经济高速发展、城市快速扩张、工业化进程加速、能源与资源大量消耗等带来一系列资源与环境问题，为我国资源与环境科学的发展提供了最佳研究对象。

（6）国家战略提供重大发展契机。我国整体资源与环境承载力已经达到或者接近上限，同时也进入了有能力有条件解决资源与环境问题的关键时期。我国围绕区域经济发展、生态文明建设等实施的系列国家重大发展战略，为我国资源与环境科学的发展提供了重大发展契机，也在科学认知及政策服务方面对资源与环境科学提出了更高的要求。

近年来，资源与环境科学研究内容、研究主题、研究方法、研究手段均发生明显变化，主要表现在以下五个方面。

（1）研究视角注重统筹兼顾、全域协调。资源与环境是包括自然、建筑、经济、文化等因素的综合空间和功能实体，资源与环境科学研究需要将地圈、生物圈的组分和过程加以整合。近年来的资源与环境研究逐渐关注系统的综合属性，强调层次嵌套和时空延展性，集成众多学科理论与知识，解构人类与环境的交互作用，对其耦合关系及其时空特点做出系统阐释。

（2）研究目标转向人地耦合，服务于可持续发展。资源与环境科学研究将人类及其活动视作人地耦合系统的重要内容，把人类感知、价值观、文化传统及社会经济活动与自然科学研究结合，强调用系统学的观点把人文系统与自然系统联系起来，深入揭示资源环境与区域发展要素相互作用的内在机理，并构建不同情景模拟下的区域发展与响应机制，服务于全球、国家和区域可持续发展。

（3）研究方法的系统性和综合性。资源与环境涉及多种复杂系统，聚现特征、相变以及阈值或临界行为是各类系统作为空间异质非线性系统所具有的普遍特征。目前，资源与环境系统研究更多地从系统整体出发，发展结合一般到个别的演绎方法和个别到一般的归纳方法的综合研究方法，并尝试进行系统模拟。

（4）学科研究的交叉性和应用性。资源与环境科学强调系统等级结构和多尺度研究，突出空间结构和生态过程在多个尺度上的交互作用，关注大尺度上的人类活动对自然系统的影响，强化人地系统和可持续发展的科学理念。无论是从时空尺度看还是在组织水平上，资源与环境科学研究所跨越的学科范围广泛，研究的具体内容广泛，常涉及不同组织层次的格局和过程及其在不同时空尺度上的关系，因此需要多学科交叉，以及基础研究与应用实践相结合。

（5）研究方式的广泛国际合作。在资源与环境科学研究国际影响力上，中国学者逐渐从"跟跑"走向"并跑"。随着海量地理信息数据的储存与共享，全球长期监测计划、重大研究计划、国际合作计划、国际大科学计划之间的相互配合势必更加密切。要实现我国资源与环境科学的快速发展必须加强国际合作与交流，实现平台共建、信息共享、人才共育，进一步体现其在国际竞争中的科学地位和作用。

## 三、资源与环境科学的关键科学问题和重点方向

根据资源与环境科学的研究特点、发展规律和发展趋势，凝练出10个学科领域方向的关键科学问题。

（1）水循环与水资源领域关键科学问题包括：全球变化下陆地水循环演变机制、极值特征和可预测性；气候-生态-水文耦合机理，极端气候条件下生态水文过程与水旱灾害的相互作用；流域生态水文过程、生物地球化学过程、社会经济过程之间的耦合与集成；人-水耦合系统与水资源可持续利用；水-粮食-能源-生态环境之间的耦合互馈关系与流域综合管理。

（2）土壤与土地科学领域关键科学问题包括：多尺度土壤时空

变异及其表征；土壤污染过程、作用机制及生物效应；土壤环境质量演变与食物安全、生物健康的内在关系；作物根系生长的适宜物理状况及土壤-植物-大气连续体系统水分/养分运输模拟；土壤养分库增容与养分循环过程的耦合机制；土壤有机质驱动土壤生产力形成的机制及有机质提升目标和途径；土地系统认知与时空演变机制；土地利用对生态环境的影响；国土空间优化与资源要素耦合机理；土地资源安全、耕地质量提升和土壤健康环保等多元目标的协同与权衡。

（3）油气与煤化石能源资源领域关键科学问题包括：全球大陆聚合裂解及多重构造应力作用下盆-山耦合、含油气盆地形成与演化机制；含油气盆地沉积-成岩-改造过程与源-储-盖发育机制及分布规律；地球各圈层相互作用及高温高压条件下物质和能量传输-转换动力学与油气生成-运移-聚集成藏与保存机制。

（4）矿产资源领域关键科学问题包括：地球多圈层成矿元素循环机制；巨量成矿物质聚集机制；找矿模型与勘查技术；矿产资源高效、清洁、循环利用技术的相关理论基础。

（5）气候变化影响与适应领域关键科学问题包括：气候系统一体化观测技术、气候变化尤其极端事件的检测与归因、更先进的地球系统模型研发，提高预测预估能力；气候变化与自然系统和社会经济系统的多尺度和多过程耦合机制及其致灾与致利影响；气候变化减缓与适应策略；具有气候恢复力的可持续发展路径。

（6）生态系统科学领域关键科学问题包括：生态系统稳态维持和可持续的系统动力学机制；全球环境变化和人为活动等多重因素驱动下的生态系统演变规律；生态系统变化对地球环境系统的反馈、调节和影响机制；生态系统对人类社会的可持续发展的支撑作用。

（7）环境科学与技术领域关键科学问题包括：污染物迁移转化机制；污染物区域环境过程；污染物生态毒理效应；污染物环境暴

露与健康；污染物分析与监测；污染物控制与削减；受污染环境修复；环境系统模拟与风险管理。

（8）区域可持续发展领域关键科学问题包括：全球可持续发展目标及其中国实践的理论与方法学；全球环境变迁的区域响应；可持续城镇化与乡村振兴的协调发展；水–土地–能源–粮食–材料的关联关系与调控机制；资源型城市/地区转型发展与可持续生计；特大城市与城市群发展的生态环境效应与综合治理；经济发展的环境效应及其自然承载能力的时空演化；陆基人类活动对海岸带生态系统的影响；典型流域/区域的环境与发展问题；区域社会生态与可持续发展模式。

（9）自然灾害风险领域关键科学问题包括：多圈层相互作用孕灾机制与风险源判识；内外动力耦合灾变机制；自然灾害演化规律与复合链生机制；灾害风险时空演进规律；灾害风险综合管理理论与机制；人与自然和谐的韧性社会模式构建；灾害精准感知与智能监测技术；自然灾害精准预测预报预警技术；灾害风险精细化动态评估技术；重大灾害风险综合防控技术；高效应急救援技术与专业装备；灾后恢复与重建关键技术。

（10）遥感与地理信息领域关键科学问题包括：复杂地理系统的表达、分析、模拟和预测；地理时空大数据管理、分析和决策的高效智能化；地理时空信息服务的社会化和大众化；资源环境动态监测关键技术。

资源与环境科学具有广泛的科学、技术和管理内涵，解决上述关键问题的根本在于推动学科发展、核心在于加强人才培养、导向在于服务国家需求、保障在于提升支撑能力，以上四个方面构成了推动学科发展布局的总体思路，体现为以下四个资源与环境科学发展的重点方向。

（1）深化学科交叉。以陆地表层系统及其形态、过程、功能和演化作为纽带，扩大各分支学科的研究深度，充分深化它们之间的关联和交叉，从而解析全球变化影响下多尺度、多过程的人地系统耦合机制，提高资源利用效率，服务于国家发展战略。

（2）面向重大环境与灾害问题。加强环境污染治理能力和灾害风险应对能力是人类社会的当务之急。资源与环境科学应充分发挥其在环境与灾害问题方面的显著优势，以提供环境污染治理与修复方案，发展灾害风险预警、防范与应急管理模式，从而推动生态文明建设。

（3）服务全球与区域可持续发展。联合国可持续发展目标涵盖自然环境、基础条件、人类福祉等多个方面，其中气候、土壤、水资源、能源、生物多样性等皆是资源与环境科学的核心研究内容。我国资源与环境科学的未来发展应立足于全球可持续发展目标，创新区域可持续发展模式，并为全球与区域可持续发展提供中国方案，推动建设人类命运共同体。

（4）突破"卡脖子"技术。面向资源环境要素和过程的全面监测、评估、模拟、预测技术需求，高质量数据观测和复杂系统模型可以捕获不同自然过程、人类活动及其结果之间的相互作用和机制，是应对气候变化和环境问题不可或缺的决策支持工具。将资源环境大数据、基于过程的模型与机器学习相结合，扩展技术方法，将提高资源与环境科学不同领域的决策和管理支持能力。

## 四、资源与环境科学未来发展的政策建议

在资助机制方面，建议从支持领域、数据平台、评价机制、资助结构四方面提供资源与环境科学发展的政策支持。

（1）面向国家需求，突破瓶颈问题，优化资助支持领域。资源与环境科学发展应以社会经济发展需求为指引，充分发挥国家自然

科学基金等的引导作用，凝练制约我国经济和社会可持续发展的重大关键科学问题，加强研究成果对社会、经济和生态效益等方面的支撑能力。通过顶层设计，找准学科定位，凝练战略重点，明确优先资助领域，制订重大资源与环境研究计划，构建符合资源与环境科学知识体系内在逻辑结构且与科学前沿和国家需求相结合的学科布局。

（2）加强对数据平台支撑方向的支持力度，建立组织协调机制。加强支持定量研究的基础数据信息搜集工作，逐步建立包括水、土地、能源、生物多样性等基础资源数据，以及人口、城市化、产业结构、气候信息等因素与技术和管理理念在内的综合数据库；加大对关键要素监测、过程模拟、平台建设等方向的支持力度。建立长期稳定的支持机制。

（3）完善资助评价机制，建立信用档案，提供合理"容错"空间。随着我国资源与环境科学的发展，部分方向的研究工作逐渐从过去跟踪型研究向开创型、引领型研究转变。因此，要完善资助评价机制，在项目申请评审中突出创新性，加大具有潜在开创性、引领性项目的资助力度，切实提升培育重大原创成果的能力，夯实创新发展的源头。在项目结题评审中，建立信用档案，提供合理"容错"空间。

（4）改善资助结构，促进学科交叉研究。项目组织形式上既要鼓励科学家自由选题，开展探索性研究，又要根据国际科学发展的动态和我国实际情况，通过国家相关的资助机构，加强系统设计，围绕总体目标开展系统性研究。采取项目群体资助、科研补助、学科交叉和指定/竞争立项方式等的资助机制与政策，加强对学科交叉问题研究特别资助的机制。组织多学科和跨学科综合研究计划，促进学科的交叉和融合，在解决国家需求的同时培养新的学科增长点。

在人才队伍建设方面，建议从全谱系、多元化、分类型三方面提供资源与环境科学发展的政策支持。

（1）完善全谱系人才支持体系，拓展人才项目年龄限制。针对人才发展学科广泛性、路径多样性等特征，完善稳定支持机制，对不同年龄段优秀人才实行全谱系支持，为各年龄段人才施展才华、探索创新提供舞台，尤其是考虑对优秀博士研究生和45周岁以上中年人才的项目支持。

（2）建设多元化、区域化、国际化人才梯队。资源与环境科学的基本特点是空间异质性，不同研究区域的自然禀赋、气候条件、社会经济发展差异导致面临不同的资源环境问题，建议完善区域人才资助，稳定资助重点区域的多元化人才队伍，并吸引国外优秀人才来中国长期工作，推动建设区域化、国际化人才梯队。

（3）分类培养人才，建立技术研发与支撑人员的资助体系，注重学科交叉人才培养。资源与环境科学领域强调综合集成与交叉研究，涉及自然科学、社会科学、管理科学、工程科学等多学科领域，对人才的综合素质要求很高。建议通过顶层设计，在从基础理论、方法技术、工程示范到监管政策链条式的科技专项、重点项目和重大项目为主的重点资助宏观框架下，开展交叉型领军人才或团队项目在多层次项目计划中的部署，并设立基础教育人才培养特别资助项目；支持多学科融合，探索人才基地建设。

在科研平台建设方面，建议从资源共享、协同观测、信息平台、决策支持、专家智库五方面提供资源与环境科学发展的政策支持。

（1）建立资料与基础研究设施共享机制。基础研究设施是进行高水平科学研究的基本条件。建议健全资源与环境科学数据与资料共享机制，建立大型仪器委托管理中心与大型公共模拟实验室。建立信息网络研究基础设施，支持大规模研究实验平台建设和使用，加强科研数据库和工具库等资源共享。

（2）整合长期定位观测站点，建立协同观测网络。建议围绕国家和各生态功能区的突出问题，通过科学的顶层设计和规划，整合和联合区域内多个研究站点，在研究设计、研究方法、数据监测和共享等方面形成统一的规范和体系，建立国家尺度的"天-空-地"一体化、观测-实验-模拟三位一体、多尺度-多要素-多过程协同观测网络。

（3）构建大数据信息平台。鼓励新技术应用和技术创新，加强观测与实验平台建设，根据研究领域的特点、重大需求和国家重大工程建设，增强原始数据的采集能力和水平，提升数据采集的精度。大力扶植大数据、人工智能、物理模拟与数值模拟技术应用开发，构建数值模拟软件、大数据和人工智能融合平台，为重大基础理论突破和应用需求提供科技支撑。

（4）推动创建耦合模型与决策支持平台。重点关注我国具有自主知识产权的社会-经济-自然耦合模型及决策支持平台的创建，创新全面集成网格化管理、多源大数据融合、视频识别分析、环境治理多场景动态感知物联网等技术，实现区域生态保护与环境治理的智能化管控。完善多级信息数据间的相互关联以及生态环境数据交换共享与保密机制，实现国家、省、市、县（区）政府、生态环境部门及科研院所互联互通、实时共享和成果共用。

（5）建设国家资源与环境科学专家智库。推动建设集中统一、标准规范、安全可靠、开放共享的国家地理信息科学数据库和资源与环境科学专家智库，及时补充高层次专家，细化专家领域和研究方向，更好地满足项目评审要求，严格项目成果评价验收，加强国家科技计划绩效评估。

在国际交流合作方面，建议从全球性议题对话、主导国际重大研究计划、国际联合资助、国际科技合作政策、"一带一路"科技合作、国际人才合作网络、协同科研管理机制七方面提供资源与环境科学发展的政策支持。

（1）科技创新政策的制定者、科研机构、高校及科学家应积极参加到全球性议题对话与研究中，提高国际影响力和话语权。应对全球重大挑战，是当前主要国家开展国际科技合作的主要动因之一。这包括围绕联合国可持续发展目标，在可持续经济发展、农业与食品安全、能源、水资源、气候变化、减贫等领域推进全球科技合作；也包括多国合作资助、运用大科学设施和设备、围绕关键议题共同开展大规模合作研发。

（2）以国家自然科学基金委员会为依托，拓展国际合作研究项目，主导国际重大研究计划。全球环境变化数据经常涉及全球各个主要国家甚至所有国家，而目前国际项目的形式很难做到多国共同参与。应当鼓励国际资源与环境科学的多边合作，明确国际政治形势对资源与环境科学研究的正负效应，促进国内学界理解国际环境变化带来的人地关系变迁，在未来政治多极化、贸易全球化、学术国际化的形势下，为我国资源与环境科学发展营造良好的国际环境。

（3）通过双边、多边联合资助机制，围绕"共同兴趣"，推进实质性国际科研合作。发展阶段与合作能力的提升要求我国站在更高的起点开展"以我为主"的国际科技合作，今后要依托双边、多边联合资助机制，进一步加强对国际科技合作的支持，持续加大我方投入力度，推动开展体现"我方需求"的实质性国际科技合作。

（4）针对不同合作主体，构建和实施差异化的国际科技合作政策与机制。我国与发达国家、主要发展中国家所开展的科研合作需要进行精细化布局，针对不同国别、区域确定差异化合作策略和机制，在特定研发领域和阶段与不同类型的创新主体开展差别化的国际科技创新合作，有效提升合作效率和效益。

（5）以"一带一路"为纽带，激励国际前沿创新。结合我国优势领域，积极与共建"一带一路"国家开展国际合作项目，扩大

我国资源与环境科学研究成果的影响力,并将技术应用服务于共建
"一带一路"国家。建议优先支持瞄准世界科学前沿和国家重大战略
需求的项目,并依托项目建立中外联合实验室与联合研究中心。

(6)鼓励人才交流,强化国际合作网络建设。通过国际合作项
目促进国内外人才的相互访问和交流,提高国内人才的创新和探索
能力,发挥国际及国内人才各自的优势,形成合力机制。利用项目
渠道向中国学生和青年研究人员提供国际合作研究与培训机会,培
养全球视野和全球科技活动参与能力,强化国际合作的人才培养与
合作网络建设功能。

(7)建立有效协同科研管理机制,精准发力,推动资源配置的
科学性。资源与环境科学领域国际科研合作属于交叉管理领域,需
要多个职能部门特别是外事部门和科研管理部门的通力合作。科研
管理部门比外事部门更了解学科优劣势和研究领域,但是由于项目
多、任务重,无法给予国际科研合作较多的关注。因此,亟待建立
有效的联合管理机制,提升管理专业性和资源配置的科学性。

# Abstract

Resources and environmental science takes the human-earth coupled earth system as the core research object, and comprehensively uses the knowledge and technology of earth science, chemistry, biology, computer science, engineering technology science and social science to study the evolution, interrelationship and regulation principle of earth system resources and environment under the influence of natural conditions and human activities. Resources and environmental science aims to reveal the formation and evolution of earth system resources, the occurrence and development of various environmental problems, and the principle of regional sustainable development. Resources and environmental science emphasizes comprehensive, integrative, and interdisciplinary studies, and provides key theories, methods and technologies for human beings to rationally utilize natural resources, strengthen ecological construction and environmental protection, and achieve sustainable development.

Resources and environmental science is a highly integrated discipline originating from resources science and environmental science, consisting of a series of sub-disciplines including water cycle and water resources, soil and land resources, oil, gas and coal fossil energy resources, mineral resources, climate change impact and adaptation, ecosystems, environmental science and technology, regional sustainable development, natural disaster risk, remote sensing, geographic information science and technology. These fields together form a disciplinary system of resources and environmental science, which can be divided into resources science, environmental science, regional sustainable development, and remote sensing and GIS technology, etc. Resources and environmental science research provides important support for promoting development of other related disciplines and technologies, implementing national science and technology development plan and other science and technology policy goals. The strategic value of resources and environmental science is mainly manifested in five aspects: ① serving the efficient use of resources and the regional coordinated development; ② serving climate change adaptation, ecological protection, and ecological security; ③ serving environmental protection, environmental safety, and health; ④ promoting the ecological civilization construction and sustainable development strategy of China; ⑤ supporting the construction of a global community with a shared future.

Resources and environmental science has a wide range of scientific, technological, and management connotations. Its overall connotation is that resources and environmental science is a human-centered "big science". On one hand, the excessive exploitation of natural resources by human beings causes a mismatch for natural resources, which is the root cause of environmental problems. On the other hand, rationally transforming the natural environment and coordinating human and nature to improve resources and the environment are the basic ways towards sustainable development. The research characteristics of human-centered "big science" are mainly reflected in six aspects: ① theoretical methods originate from multiple disciplines and are comprehensive and interdisciplinary; ② the research topic is oriented to national needs, aiming for application and urgency; ③ the research objects exist at different scales with systematic and complex features; ④ the research approach benefits from technological progress and has phased and dynamic features; ⑤decision support needs to be localized, regional, and diversity; ⑥the rapid development of observation and simulation technologies and methods provides more real-time and predictive bases for decision-making.

At present, the discipline of resources and environment has formed a unique development law, which is mainly reflected in six aspects: ① resources and environmental issues drive the development of disciplines; ② the international science program leads the direction of the discipline; ③ interdisciplinary integration has spawned new branches; ④ technological progress drives the change in research paradigm; ⑤ subject research objects have their own roots; ⑥ the national strategy provides a significant opportunity for development.

In recent years, the research on resources and environmental science has changed from describing the characteristics of regional resources and environment to focusing on global environmental changes and human well-being. The research methods are becoming comprehensive, systematic and quantitative, and are realizing the combination of the micro-process mechanism and the macro-pattern, the historical context control and future scenario prediction, showing a variety of development trends, mainly manifested in the following five aspects: ① the research perspective toward overall planning and overall coordination; ② the research goal turns to human-land coupling to serve sustainable development; ③ systematic and comprehensive research methods; ④ interdisciplinary research and application; ⑤ extensive international cooperation in research.

The fundamental solution to the above key problems lies in promoting the development of disciplines, strengthening personnel training, serving the nation's needs, and improving the supporting capacity. The above four aspects constitute the general idea of promoting the development of the discipline. They are reflected in the following four key directions for the development of resources and environmental science: ① deepening the interdisciplinary subjects; ② facing major environmental and disaster issues; ③ serving lobal sustainable development; ④ breaking through the "stuck-neck" technology.

Regarding funding mechanism, it is recommended to provide policy support for the development of resources and environmental science from four aspects: ① facing the nation's needs, breaking through the bottleneck problem and optimizing the field of funding support; ② strengthening the support for data platform, and establishing an organization and coordination mechanism; ③ improving the fund evaluation mechanism, establishing credit files, and providing reasonable "fault tolerance" space; ④ improving the funding structure and promoting multidisciplinary research.

In terms of talent team construction, it is recommended to provide policy support for the development of resources and environmental science from three aspects: ① improve the full-spectrum talent support system and expand the age limit for talent projects; ② build a diversified, regional, and international talent team; ③ cultivate talents by classification, establish a funding system for technical development and personnel, and pay attention to cultivating interdisciplinary talents.

In terms of scientific research platform construction, it is suggested to provide policy support for the development of resources and environmental science from five aspects: ① establish a sharing mechanism for data and basic research facilities; ② integrate long-term *in-situ* observation sites and establish a collaborative observation network; ③ build a big data information platform; ④ promote the development of coupled models and decision support platforms; ⑤ build a national resources and environmental science expert think tank.

In terms of international exchanges and cooperation, it is recommended to provide policy support for the development of resources and environmental science from seven aspects: ① the policy makers for technological innovation, scientific research institutions, universities and scientists should actively participate in the dialogue and research on global issues to improve international influence and voice; ② expanding international cooperative research projects and leading major international research projects with the help of the National Natural Science Foundation of China; ③ promoting substantive international scientific research cooperation around "common interests" through bilateral and multilateral joint funding mechanisms; ④ constructing and implementing differentiated international science and technology cooperation policies and mechanisms for different cooperation entities; ⑤ taking "the Belt and Road" as a link to stimulate international frontier innovation; ⑥ encouraging talent exchanges to strengthen the construction of international cooperation networks; ⑦ establishing an effective collaborative management mechanism to make precise efforts and promote scientific resources allocation.

# 目　　录

# 第一章

# 资源与环境科学总论

## 第一节　学科内涵与战略价值

### 一、资源与环境科学的内涵

资源与环境科学体系为解决当前的区域环境问题提供了新的认识论和方法论，具有综合性、区域性和实践性，具体表现在较大尺度上整合生态学、地理学、经济学和社会学等理论，强调区域单元内部不同功能体之间的结构合理配置、功能相互匹配和过程有序联通，致力于解决人类在生产生活实践中遇到的生态问题，进而促进区域协调发展。

资源与环境科学是资源科学与环境科学高度交叉融合的学科，由水循环与水资源、土壤与土地科学、油气与煤化石能源资源、矿产资源、气候变化影响与适应、生态系统科学、环境科学与技术、区域可持续发展、自然灾害风险、遥感与地理信息等一系列分支学科或研究领域共同形成资源与环境科学的学科体系，可以分为资源科学、环境科学、区域可持续发展和遥感与地理信息四个大的方面。

1

## （一）资源科学方面

资源科学研究主要包括水循环与水资源、土壤与土地科学、油气与煤化石能源资源、矿产资源等领域与学科交叉方向。

（1）水循环与水资源研究旨在解析变化环境下（包括自然变化和高强度人类活动多重影响下）地球水循环与水资源演变过程、相互关系，揭示地球水资源的形成和演化规律、各类水问题的发生与发展规律以及支撑区域可持续发展的水资源可持续利用的规律与政策。水循环与水资源研究主要包括对地球水运动规律的认识，对水循环与地球表层其他因素相互作用的研究，以及对水资源可持续利用途径的探索等。

（2）土壤与土地科学研究主要包括认知土壤资源要素在自然和人为影响下的演变转化及时空分布特征规律；结合国家经济社会发展需求，研究土地本身特性及作为生产资料、自然经济综合体的土地变化及其合理利用的规律；同时，利用遥感（remote sensing，RS）、地理信息系统（geographic information system，GIS）、全球定位系统（global positioning system，GPS）（合称3S技术），探究全球变化背景下，土地利用与土地覆盖多尺度变化规律及其人为和自然驱动因素。

（3）油气与煤化石能源资源研究主要针对油气和煤化石能源资源形成的地质背景、盆地演化与沉积充填-改造、源-储-盖发育与分布、物质和能量传输-转换的动力学过程、油气生成-运移-聚集成藏机制，以及油气、煤化石能源资源的富集、示踪、"甜点"评价技术与方法，为深层、深水和非常规油气资源的高效勘探提供科学依据。

（4）矿产资源研究主要针对矿床的物质组成、赋存状态、成矿物质来源、不同地质背景下成矿元素活化-迁移-沉淀形成矿床的过程、矿床的时空分布规律，以及矿床/矿体定位技术与方法，为寻找和利用矿产资源提供科学依据。

## （二）环境科学方面

环境科学研究主要包括气候变化影响与适应、生态系统科学、环境科学与技术等领域与学科交叉方向。

（1）气候变化影响与适应研究是全球环境研究的核心，重在分析气候环境变化过程及时空特征，揭示气候变化过程动力学机制，综合辨识气候变化对农业、水资源、森林与其他自然生态系统、海岸带、冰冻圈、重大工程、人类健康与环境质量等的影响，并进行风险评估，提出气候变化的适应措施，为社会经济系统应对全球气候变化提供科学依据。

（2）生态系统科学是生态学研究的核心内容。生态系统科学将生物有机体及其环境视为一个整体，探讨生态系统的生物群落与非生物环境之间如何通过能量流动和物质循环相互联系、相互作用。作为地球系统的重要组成部分，生态系统是与人类活动最为密切的生物圈的核心，生态系统科学在揭示地球生物多样性维持机制，阐明生物地球化学循环与生物环境控制因素，探究生态系统服务的形成及其权衡关系等方面做出了重大贡献，为人类社会可持续发展提供了不可或缺的理论基础。

（3）环境科学与技术是伴随环境问题的产生和发展形成的新兴交叉学科，涵盖化学、物理学、生物学、生态学等自然学科，以及社会学、经济学、政治学等社会学科，环境科学与技术研究人类-环境系统之间的相互作用关系，探究环境要素与环境过程之间的适应与反馈，以人类与环境之间的协调发展为最终目标，其主要任务是研究环境污染发生机制、检测与监测、迁移转化过程与机制、生态与健康效应、系统模拟、风险分析和管控、削减控制和系统修复的应用基础理论、方法学和管理策略。

### （三）区域可持续发展方面

区域可持续发展研究主要包括区域可持续发展和自然灾害风险等领域与学科交叉方向。

（1）区域可持续发展涵盖了广泛的研究主题，涉及自然科学和社会科学的许多学科，是多学科交叉的研究领域。区域可持续发展是以区域人地关系为研究对象，揭示水、土等自然因素与人口、经济等人为因素之间的相互作用关系，探究人地系统要素耦合机制和时空变化规律，实现自然与人协调发展的科学。

（2）自然灾害风险研究是重在探讨综合风险防范的新型交叉学科，将致灾因子、孕灾环境条件及承灾体（承险体）组成的灾害系统视为地球表层的异变系统，研究致灾因子与承灾体相互作用过程与机理，揭示灾害的时空变异特征及演化规律，开发防灾、抗灾、救灾等的技术装备，制订综合灾害风险防范措施，支撑区域可持续发展。

### （四）遥感与地理信息方面

遥感与地理信息研究主要包括遥感与地理信息等领域与学科交叉方向。遥感是从远离目标的不同工作平台上，通过传感器对地球表面的电磁波辐射信息进行探测，然后经信息的传输、处理和解译分析，对地球的资源与环境进行探测与监测的综合性技术。地理信息科学是伴随地理信息系统、遥感和全球定位系统发展而形成的新兴学科，涵盖了地理学、地图学、测量学、数学、感知科学、计算机与信息科学等学科，主要利用计算机技术对地理信息进行处理分析，开展地理信息的空间表达及分析，为空间规划、生态系统评估等提供支撑。

## 二、资源与环境科学的科学意义

资源与环境科学涉及资源科学、环境科学、区域可持续发展、遥感与地理信息等方面，对于推动相关学科和技术的发展，以及实施国家科技发展规划及其他科技政策目标具有十分重要的科学意义。

### （一）推动相关学科和技术的发展

#### 1. 资源科学方面

水文学是研究地球上水的起源、存在、分布、循环运动等变化规律，并运用这些规律为人类服务的知识体系（杨大文等，2018；夏军等，2020）。随着水文多尺度观测、陆面-水文-社会耦合模拟及多源观测-模型同化技术等研究领域的深入，水文学研究的深度和广度不断拓展，衍生出多种交叉研究领域与分支学科，如生态水文学、气象水文学、冰冻圈水文学、遥感水文学、同位素水文学、城市水文学、社会水文学等。资源与环境科学在支撑水文学发展的同时，也促进了地理学、生态学、气象学、经济学、遥感与信息技术等学科和技术的发展。

土壤学研究土壤组成、土壤理化性质和生物学特性、土壤发生和分类，以及土壤开发、保护、利用等方面。现代土壤学更加注重土壤与环境、土壤质量与肥力、土壤生态与人体健康之间的关系，因此需要研究土壤本身及其与人口、资源、生态、环境、社会、经济的协调发展（沈仁芳，2018）。土壤学内部分支学科间的融合，以及土壤学与其他基础科学的交叉渗透，产生了众多新的研究方向和分支学科，如土壤生物物理、土壤微生境和微生态、土壤计量学等。

土地科学以人地系统耦合为对象，重点研究土地利用与土地覆盖变化的过程、机制及效应等问题。土地利用与土地覆盖从本质上反映人类-自然系统的综合复杂性，而格局与过程是地理学综合研究的重要途径和方法（傅伯杰，2014）。长期以来，土地系统变化不仅是地理学的研究热点，也是资源环境经济学、生态学、城市规划等多学科领域关注的主题（戴尔阜和马良，2018）。

## 2. 环境科学方面

气候变化影响与适应研究是全球环境研究的核心，重在分析气候环境变化过程及时空特征，揭示气候变化过程动力学机制，综合辨识气候变化对农业、水资源、森林与其他自然生态系统、海岸带、冰冻圈、重大工程、人类健康与环境质量等的影响，并进行风险评估，提出气候变化的适应措施，为社会经济系统应对全球气候变化提供科学依据。

生态系统科学聚焦于生态系统结构—过程—功能—服务，面向可持续发展和管理等科学问题，服务于生态监测和评价、生态保护和修复、生态区划和生态系统管理。生态系统科学和其他学科交叉形成了生态遥感、生态经济学等众多学科，不仅推动了地理学和区域可持续发展等学科的发展，也促进了生态学共享和监测技术的开发。

环境科学是一门涉及水、土、气、生物、固废等多介质的系统学科，为正确认识和解决环境问题提供了科学依据（陈宜菲，2009）。环境科学已成为一门介于自然科学、社会科学、人文科学和工程技术科学之间的新兴交叉学科，横跨地学、生物学、农学、物理学、化学、工程学和经济学等多个学科，是现代科学向深度、广度进军的标志。环境问题本身的整体性和综合性决定了环境科学在学科形态上的多学科交叉，既有对环境科学基本理论和方法的研究，又包括如何实现环境保护的工程技术。经过近20年的发展，环境科学逐步发展并形成了环境地学、环境化学、环境生物学、环境物理学、环境工程学和环境管理学等一系列学科，为防治环境污染和维护人群健康提供了科学依据和技术方案，也为应对气候变化等全球性环境问题提供了科学依据和解决方案。

### 3. 区域可持续发展方面

区域可持续发展研究旨在全面分析区域内经济、社会、资源、环境、人口等系统间的联系，对该区域可持续发展能力和发展水平进行评价，提出区域可持续发展的战略对策和建议，构造区域内经济、社会、资源、环境、人口子系统互为协调的可持续发展框架。区域可持续发展系统涉及多个子系统，且包含要素众多、功能多样、结构复杂，构成了一个时空耦合、非线性、动态和开放的复杂巨系统（陆大道和樊杰，2012），需要从系统科学的角度进行研究，综合运用经济学、社会学、地理学、人口学和环境科学等多个学科优势，对抽象复杂的区域可持续发展系统进行综合评价。区域可持续发展面向国家发展的战略需求，促进了各学科的交叉融合。此外，在全球变化的背景下，需建立全球变化与区域可持续发展耦合模型，探索气候变化、人类活动、区域可持续发展的相互作用机制，寻求适应全球变化的发展途径（邬建国等，2014）。

城镇化是一个全球性的经济社会演变过程（陆大道和陈明星，2015）。城镇化研究具有综合性、复杂性特征，涉及的学科与研究方向非常广泛，有利于地理科学、经济科学、人口科学、社会科学、管理科学和资源环境科学等学科的发展。国内的城镇化研究由于"以任务带学科"的发展模式，该领域的研究具有明显的"立足国情，服务经济社会发展战略需要"的特点。

随着自然灾害系统论的提出和不断深入，灾害学研究关注灾害系统的多物理场、多维度、多尺度耦合效应（庞西磊等，2016）。自然灾害风险研究包括灾害风险的评估、监测、预警、适应、防范和治理等方面，与地理科学、环境科学、经济学、遥感与信息技术科学密切相关。

### 4. 遥感与地理信息方面

遥感与地理信息以地球为研究对象，对地球资源、环境及人类活动进行观察、探测和监测，从全球、区域乃至局部等各种尺度，系统化地研究地球各圈层及圈层间的互动关系与内在规律（熊盛青等，2017）。遥感与地理信息是地球空间信息科学的技术基础，表现为 3S 技术及其集成。遥感与地理信息不仅被广泛应用于大气、水、土地、生物等领域，进行资源环境监测和分析，还被应用于农业、交通运输业、人口与健康、城镇化、灾害风险等多个领域，是支撑资源与环境宏观监测、评估、预警的理论基础和现代化技术手段，在资源与环境科学和地球系统科学中占有重要地位。近年来，无人机的快速发展大大丰富了遥感的内涵，为实现自动化、智能化、专用化地快速获取资源与环境等方面的空间观测信息提供技术支持。

大数据与信息网络化利用 GEE（Google Earth Engine）云计算平台监测、管理地球的资源与环境，提供及时或实时的决策支持，为地学、环境科学及相关学科领域提供了先进的研究技术和工具。另外，人工智能作为一种人、机器、方法、思想的结合体，已被应用于多个研究领域，如在资源与环境的监测和分析中，可建立资源与环境状况大型空间数据库和分析平台，进而为相关部门提供决策支持。

## （二）为实施国家科技发展规划及其他科技政策目标提供支撑

科学技术部、国家自然科学基金委员会、自然资源部、生态环境部等国家部委的科技规划或专项规划，往往把资源与环境科学相关领域的研究列为主要内容之一。

《"十三五"国家基础研究专项规划》总体学科发展布局中，资源与环境科学属于综合学科，其学科定位是为解决可持续发展和改善民生的重大瓶颈问题奠定了科学基础。针对国家重大战略任务部署基础研究，围绕土壤及地下水污染防治、生态修复、深地资源勘探开发、废物处置与资源化、海洋环境安全、深海技术装备、重大自然灾害监测预警与防范、水资源综合利用、大气污染成因与控制、青藏高原多层圈相互作用及其资源环境效应、海洋生态环境与可持续发展、土壤–生物系统功能及其调控等方向开展重大科学问题研究。

《国家自然科学基金"十三五"发展规划》学科布局中强调资源与环境科

学是以人类生存发展相关的环境要素及其综合体为研究对象的学科。"十三五"期间中国科学院地球科学部优先发展资源与环境科学学科，涉及地表环境变化过程及其效应，水、土资源演变与可持续利用，以及人类活动对环境和灾害的影响等领域；中国科学院生命科学部优先发展资源与环境科学学科，涉及生物多样性及其功能等领域；中国科学院化学科学部优先发展资源与环境科学学科，涉及环境污染与健康危害中的化学追踪与控制等领域。《国家自然科学基金"十三五"发展规划》将资源与环境科学作为一个重要学科进行整体战略研究，表明学科在国家总体学科发展布局中具有重要地位，也是国家可持续发展和生态文明建设对该学科重大需求的体现。

《"十三五"国家科技创新规划》面向国家重大战略任务重点部署的基础研究中，资源与环境科学涉及地球系统过程与资源、环境和灾害效应。战略性前瞻性重大科学问题中，资源与环境科学涉及全球变化及应对。科学考察与调查中，资源与环境科学涉及重大综合科学考察、种质资源普查与收集等。

## 三、资源与环境科学的战略价值

### （一）服务于资源高效利用与区域协同发展

资源与环境科学的发展为合理利用与保护水土资源和区域协同发展提供科学依据和技术支持。全球淡水资源短缺且分布不均匀，我国水资源人均占有量不足世界的1/4。我国降水总体呈"南北多、中间少"的空间分布，涝重于旱，降水年际变化大。水资源短缺成为制约我国经济、社会发展的重要因素。目前，我国面临着水污染、地下水过度开采、水生态环境破坏等一系列问题。近年来，气候变化和人类活动，加剧了水资源的不确定性。我国干旱半干旱地区面积大，水资源短缺容易在植被、土壤、生态系统中产生不可逆转的影响，不利于区域可持续发展。在生态文明建设的背景下，黄河流域生态保护和高质量发展、长江经济带发展等一列国家重大战略的实施，对于区域水资源的利用保护、水源涵养、水土保持以及区域经济社会的发展具有积极影响。

我国经济社会的快速发展和人口增长，使得人地矛盾进一步增加。在国土空间优化的大背景下，如何协调生产、生活和生态用地格局，需要进一步研究。我国人口约14亿，坚守18亿亩[①]耕地红线，确保我国粮食安全不动摇，保证耕地资源的数量和质量，是从根本上保住粮食生产能力的必然选择。生态保护红线政策的全面推进，有利于我国生态环境的保护和生态文明建设的持续推进。通过在生态功能重要的区域和生态敏感区划定生态保护区域，以发挥应有的生态系统功能，是自然资源部实现"山水林田湖草沙"生命共同体的重要途径。生产、生活、生态空间的布局和优化是我国对自然资源在国土空间中有效利用和保护的重要表现。

## （二）服务于气候变化适应、生态保护与生态安全

气候变化是全球面临的科学挑战，其影响是多尺度、全方位、多层次的。全球气候变暖可引起海平面上升、冰川和湖泊退缩、湖泊水位下降、冻土融化等一系列问题。气候变化影响地表径流，形成旱涝灾害，会对农业生产造成直接的经济损失。我国海岸线漫长，气候变暖会导致海平面上升，威胁海岸的生态环境。我国干旱半干旱地区面积大，气候变化影响干旱区的植被生长、植物群落和生态系统。气候变化影响水热组合条件，对生态系统的结构、功能和过程产生影响，同时极端的气候条件会对生态系统产生负向影响。

为了积极应对气候变化带来的挑战，全球应该共同践行绿色发展，减少碳排放。中国作为负责任的大国，在世界公共事务中承担着重要的角色。加强国际政府部门的科学交流和合作，对于应对全球环境变化具有重要意义。我国全方位地践行生态文明理念，倡导低碳经济和清洁能源的利用。明确过去和未来气候变化的趋势和驱动因素，可为应对复杂多变的气候系统，提高生态系统的适应性、减少其脆弱性，支撑农业、生态、社会和环境的可持续发展提供科学指导。

我国越来越重视生态系统的安全健康与发展，生态系统科学研究可为国家生态保护和生态恢复提供有力的科学支撑，为生态经济、生态恢复、生态补偿以及生态管理提供理论和实践方法。国家为保障生态安全，相继建立了主体功能区、生态保护红线以及国家公园体制，确保生态系统良好有序发展。

---

① 1亩≈666.7 m²。

我国生物多样性较为丰富,生物资源的类型较多、数量较大,但生物栖息地的丧失、自然资源的过度消耗、外来物种的入侵等都对我国生物多样性造成挑战和威胁。为了保护自然资源、生态系统的完整性,我国逐渐推行国家公园体制,以保护生物多样性和栖息地。中国已建立自然保护区、风景名胜区等 8000 余处保护地,占国土面积的 18%(周睿等,2016),从国家、省、市、县不同层面进行分级管理和调控。

### (三)服务于环境保护、环境安全与健康

环境问题涉及水、土、气、生等多方面,与人民的经济生活和身体健康息息相关。我国生态环境不容乐观,大气污染、水污染、垃圾处理不当、土地荒漠化、水土流失、旱涝灾害、生物多样性破坏等问题严重。环境污染问题威胁着人类的健康,影响社会的可持续发展。我国大气污染较为严重,破坏生态系统和人类的生存环境。工业废气、汽车尾气等是造成大气污染的主要原因,进而影响身体健康、农业生产。我国人均水资源占有量偏低,华北等地区地下水超采严重。农村地区水污染严重,由于化肥施用不合理、农药使用过量、地膜、禽畜养殖业的影响,产生水污染,并且有城市水污染向农村水污染转移的趋势(莫欣岳等,2016)。

环境科学与技术为防治环境污染和维护人群健康提供科学依据和技术方案,为维护生态系统平衡、保障环境安全和促进可持续发展提供理论、方法和技术。例如,污染物的迁移转化过程研究有助于理解和认识复合环境污染的起因、特征和生态健康效应,为科学制定环境质量标准和环境管理政策、控制复合污染提供理论依据和技术支撑。环境暴露与健康效应研究可以为建设健康中国做出重要贡献。面对全球复杂而严峻的环境问题,需统筹推进环境污染治理技术攻关,为制定促进环境-经济协调发展、预防和应对环境风险的决策提供科学依据与解决方案,从而支撑我国打赢污染防治攻坚战。

### (四)推动我国生态文明建设与可持续发展战略

2035 年我国将基本实现社会主义现代化,将广泛形成绿色生产生活方式,碳排放达峰后稳中有降,生态环境根本好转,美丽中国目标基本实现。资源的合理有效利用和环境保护对我国经济社会的发展有着至关重要的作用,对

支撑我国生态文明建设、推动实现人与自然和谐共生的现代化具有重大战略意义。过去，我国经济高速发展对资源和生态造成了巨大压力，快速城市化带来了"摊大饼"式的发展，只求数量、不讲求质量的城镇扩张带来一些负面影响。深入研究我国的资源禀赋、生态环境面临的现实问题，查清我国各类自然资源的数量和质量，明晰资源环境承载力与建设开发适宜性，有利于制定坚实可靠的生态文明建设国家和区域战略，从而为国家的重大战略需求提供科学理论和方法，支撑京津冀协同发展、黄河流域生态保护和高质量发展、长江经济带发展、长三角一体化发展、粤港澳大湾区建设等一系列国家重大战略需求以及"一带一路"倡议等。

区域可持续发展是一个国家人口、资源、环境、灾害协调发展的关键。国际上一些相关的重大研究计划和研究组织均涉及包括自然和人文要素在内的区域发展。多年来，我国科学家在可持续发展领域做出了一系列极有力度的工作，构建了具有中国区域特色的可持续发展理论与技术体系。优化国家可持续发展实验区布局，针对不同类型地区经济、社会和资源环境协调发展的问题，开展创新驱动区域可持续发展的实验和示范。完善实验区指标与考核体系，加大科技成果转移转化力度，促进实验区创新创业，积极探索区域协调发展新模式。在国家可持续发展实验区的基础上，围绕落实国家重大战略和联合国"2030 年可持续发展议程"，以推动绿色发展为核心，创建国家可持续发展创新示范区，力争在区域层面形成一批现代绿色农业、资源节约循环利用、新能源开发利用、污染治理与生态修复、绿色城镇化、人口健康、公共安全、防灾减灾、社会治理的创新模式和典型。

## （五）科学支撑全球命运共同体建设

在全球化、工业化和城镇化快速推进的背景下，全球范围内自然资源消耗量迅猛增长，资源环境压力与日俱增。经济社会发展与资源环境不协调的状态愈发突显，我国仍将持续面临促进发展和保护资源环境的双重压力。我国在履行多项国际环境公约和协议承诺的同时，也在审视思考国内资源与环境领域研究成果的国际贡献，展现出中国支撑全球命运共同体的研究优势。

我国作为全球变化研究发起国之一，已在资源与环境领域具有很大的国际影响力。我国纬度跨度大，海拔相差巨大，几乎覆盖了全球所有的地貌类型，又处在典型的东亚季风气候区，这使得我国成为世界上气候变化最大的区域之一。我国是国际上多项与气候变化相关的大型研究计划（如世界气候研究计划）的积极组织者。青藏高原是中低纬度冰冻圈研究的热点区域，青藏高原的环境研究成为国际社会关注的科学热点，中国科学家对青藏高原进行了数次科学考察。一批以我国科学家为主的研究人员在我国特殊区域开展的陆地样带试验，如我国东北样带、国际环球环境大断面、淮河流域能量和水分循环试验、第二次青藏高原试验等大型科学试验，受到了国际学术界的高度重视。同时，我国建立了众多新型研究平台包括超级计算中心、协同研究中心、联合实验室、高仿真模拟中心、大地实验室等。我国发起并建立了多个关键带观测站（critical zone observatory，CZO），并建立了具有全球环境变化梯度的国际关键带观测网络，可以更有效地预测气候和人类活动的变化对资源环境系统演化和功能的影响。上述工作为众多国际评估报告提供了宝贵的中国区域数据，对国际资源与环境研究做出了重大贡献；而把碳达峰、碳中和（"双碳"）纳入生态文明建设整体布局，更彰显了我国作为全球最大发展中国家和碳排放大国积极应对气候变化、推动构建人类命运共同体的大国担当。

# 第二节　发展规律与研究特点

## 一、资源与环境科学发展规律

资源与环境科学是围绕人类生存与发展，揭示资源的形成、演化规律和环境问题发生、发展规律的应用基础科学。资源危机、环境质量下降、生态破坏、污染严重等一系列问题的出现，制约了人类社会的可持续发展，也促进了资源与环境科学的发展。因此，该学科自诞生之后便进入了快速发展阶段，并形成了由水循环与水资源、土壤与土地科学、油气与煤化石能源资源、矿产资源、气候变化影响与适应、生态系统科学、环境科学与技术、区域可持续发展、自然灾害风险、遥感与地理信息等一系列分支学科方向组成的学科体系。从学科内涵来看，资源与环境科学是人类社会可持续发展的科学基础，主要探究地球表层系统多要素交互作用与整体特征，资源与环境科学的相关研究成果已在地球界限预警、复杂风险应对、食物-能源-水综合可持续利用、环境污染与人类健康等方面提供了重要的科学支撑。从社会影响来看，资源与环境科学整合了社会、经济和生态等多个系统，利用多学科交叉与综合，广泛地应用于生物多样性保护、农业、森林、水资源管理等可持续议题。从学科发展态势来看，资源与环境科学已形成独特的发展规律，主要体现在如下方面。

## （一）资源与环境问题驱动学科发展

在自然和人为因素影响下，地球系统结构和功能发生改变，全球环境显著变化。在全球气候变化、生物多样性锐减、自然资源耗竭以及环境质量下降等诸多资源环境问题的驱动下，资源与环境科学应运而生并得以快速发展。随着人类活动对自然系统作用的增强，地球进入"人类世"，人类活动影响了全球天气模式、气候、陆地表面、冰冻圈、深海，显著改变了自然与环境的相互作用关系，并且这种改变呈现加速的趋势，增加了全球跨尺度系统性潜在资源与环境风险，并对区域社会经济发展带来负面影响。可持续发展理念成为解决全球资源环境问题的重要途径，实现可持续发展目标已成为全球共识。多项可持续发展目标的实现亟须资源与环境科学提供必要的理论知识、研究手段和方法，而基于资源与环境科学视角提出的"地球边界"和稳态转换等理论有助于全球资源环境风险系统预警，并制定适应性缓解对策。当前与未来阶段，全球及区域面临的重大环境资源问题直接驱动资源与环境科学理论与方法的创新发展。

## （二）国际科学计划引领学科方向

全球环境变化叠加人类活动加剧，使当前重大资源与环境问题变得更加复杂，需要联合自然、社会、经济、工程等多学科方向专家和政策制定者开展跨学科和多部门研究（孙枢和李晓波，2001），对于区域及全球性的重大资源与环境问题,由政府组织、科研机构等联合发起的重大研究计划对于推动联合研究及政策制定起到重要作用。重大国际科学计划的设立可以聚集多学科方向,开展跨方向、跨领域的融合研究,契合资源与环境科学高度交叉的学科属性。近几十年,围绕气候变化、生物多样性、土地利用变化、全球环境变化、可持续发展等所开展的一系列重大国际科学计划,引领了资源与环境科学发展的主导研究方向。国际科学理事会(International Science Council,ISC)发起并与其他组织联合组建了"未来地球计划"(Future Earth),该计划聚焦动态星球、全球发展、可持续性转变三个主题,中国科学家全面参与"未来地球计划"后针对具有中国特色又兼有全球意义的对象开展研究,在生态过程与城市化问题,人口、环境、食品和水安全等方面均取得了重要进展,区域可持续发展等学科方向实现快速发展。此外,2012年由联合国推动成立的生物多样性和生态系统服务政府间科学政策平台(Intergovernmental Science-Policy Platform on Biodiversity and Ecosystem Services,IPBES),旨在通过保护生物多样性和生态系统服务功能,增强科学与政策之间的联系。IPBES倡导加强与地球观测组织、生物多样性观测网络等合作,促进了我国生态系统服务研究中数据获取与观测网络建设的规范化(傅伯杰和于丹丹,2016)。近年来,中国科学家发起成立了"一带一路"国际科学组织联盟(Alliance of International Science Organizations in the Belt and Road Region,ANSO)、第三极环境(Third Pole Environment,TPE)国际计划、全球干旱生态系统国际大科学计划(Global Dryland Ecosystem Programme,Global-DEP)等,有效整合了国内外研究优势学科领域,促进了资源与环境科学创新效率和水平的快速提高,引领了我国资源与环境科学的发展方向。

## (三)学科交叉融合催生新的分支

资源与环境科学发展是与不同阶段世界及区域面临的重大资源与环境问题密切相关的。在全球变化背景下,随着人类对陆地表层系统过程影响的加剧,生态系统遭到巨大破坏,人类与环境形成了具有复杂性、不确定性及多层嵌套特性的耦合系统,自然与人类耦合系统的复杂性进一步提升了资源与环境领域多学科交叉的需求,因此需要融合自然系统和社会系统,更精准地刻画人类活动与自然环境的耦合关系，综合运用人类学、经济学、政治学等社会科学的方法以及信息技术、地理学、遥感技术等自然科学的方法才能解决复杂问题。我国 2010 年开始的"黑河流域生态－水文过程集成研究"国家自然科学基金重大研究计划，采用综合实验观测、数据－模拟技术与方法集成，探究了我国干旱区内陆河流生态－水文－经济的耦合系统，解析了流域尺度生态系统、水文系统与经济系统之间的交互作用过程以及演变机理，布设了流域生态水文调查样带，开展了生态水文综合遥感观测试验，形成了遥感－监测－实验的流域尺度生态水文综合观测体系及数据平台，揭示了流域生态水文耦合作用机理，并结合耦合生态、水文和社会经济的流域集成模型系统阐明了流域水资源的演变转化规律及其可持续调控能力，进一步厘清了流域生态水文过程与社会经济活动之间的耦合关系（程国栋等，2014），多学科交叉、模型耦合集成和多尺度综合研究催生出生态水文学、社会水文学等新的学科分支方向。当前，全球及国家、区域尺度上面临的粮食安全、水安全、生态安全、能源安全等一系列资源与环境问题，存在多个相互关联尺度上的动态反馈循环，交叉融合多学科、多尺度、多要素的集成研究已成为解决复杂资源与环境问题的必然要求，学科交叉融合驱动了资源与环境科学发展，并衍生出新的学科分支方向，如生态水文学、社会水文学、土壤生物学、水文土壤学、环境信息学、社会地质学、城市灾害学、可持续性科学等。

## （四）技术进步驱动研究范式变迁

当前，资源与环境问题是岩石圈、水圈、生物圈、大气圈和智慧圈等多圈层相互作用的结果，随着对地球表层系统多要素相互作用与整体特征的认识不断提升，资源与环境科学的理论和方法得到快速发展。地球表层系统是由多个要素、多个子系统组成的复杂系统，精细同步的、全面系统的、定量联网实时观测技术，为研究多圈层相互作用规律及驱动机制研究提供了数据支撑，为圈层相互作用模拟提供了数据基础。同时，基于计算机及通信技术的众源地理数据和云端资源环境数据蓬勃发展，实现了对地球多尺度、全方位的立体观测（吴炳方等，2018），"空－天－地"一体化的多源信息大数据给资源与环境监测带来了极大便利，使复杂系统建模成为可能。基于云端资源的数据抽取与集成、云端监测模型、数据分析模块等形成的链式集成系统，实现了资源环境的监测、管理与决策（吴炳方等，2018）。地理信息、测绘遥感、计算机、大数据等技术推动了资源与环境科学由以定性和统计分析为主向模拟预测发展，驱动了资源与环境科学的学科研究范式变迁。

### （五）学科研究对象根植于自身特色

我国独特的地理、地势构成了全球资源与环境科学研究的最佳天然试验场。我国地理跨度巨大，生态系统类型多样，人类活动影响显著，为资源与环境科学综合研究提供了广阔的研究场所。以青藏高原为例，青藏高原作为地球第三极，是岩石圈、水圈、生物圈、大气圈、冰冻圈与智慧圈等多圈层强烈相互作用的区域，其大气过程、水文循环、生态过程和社会经济活动在多尺度上相互影响，造成特殊的资源环境效应，成为全球资源与环境科学研究的热点区域。此外，气候变化、人口激增、经济高速发展、城市快速扩张、工业化进程加速、能源与资源大量消耗等带来一系列资源与环境问题，为我国资源与环境科学的发展提供了最佳研究对象。水土气污染治理、国土空间生态修复和增值增效、生态脆弱区生态安全调控、应对气候变化和绿色低碳发展、综合风险防范、区域协调及可持续发展途径已成为当前资源与环境科学的重要研究对象。

### （六）国家战略提供重大发展契机

我国整体资源与环境承载力已经达到或者接近上限，面临重大的资源与环境问题，但也达到了有能力有条件解决资源与环境问题的关键时期。为保障我国经济和社会的可持续发展，国家提出了生态文明理念以及"美丽中国"建设、黄河流域生态保护和高质量发展、京津冀协同发展、长江经济带发展、长三角一体化发展及粤港澳大湾区建设等一系列重大战略，为资源与环境科学的研究及应用提供了广阔的空间。为贯彻实施国家的重大战略，需要在科学认识水土、生态和经济社会耦合系统复杂性的基础上，探究系统各要素之间的相互作用规律，从而制定人与自然耦合系统的适应性管理策略，在科学认知及政策服务方面对资源与环境科学提出了更高的要求。我国围绕区域经济发展、生态文明建设等实施的一系列国家重大发展战略，为我国资源与环境科学提供了重大发展契机。

## 二、资源与环境科学研究特点

### （一）理论方法源于多个学科，具有综合性和交叉性

资源与环境科学以水、土、气、生、矿、人为核心研究对象，以地理信息、测绘遥感为主要技术支撑，揭示人地系统关系及其环境、灾害效应，为区域和全球可持续发展服务。资源与环境科学强调综合集成和交叉研究，推动了一系列新兴学科、交叉学科和跨学科的发展。资源与环境科学涉及多种复杂系统，它们往往在空间上和时间上无序且异质，因此需要交叉运用多学科理论，同时将理论与应用相结合。例如，复杂适应系统、多稳态、临界态等交叉学科理论和人工神经网络、仿真建模等新的研究方法被用于研究资源与环境科学的复杂性和可持续性。综合性和交叉性是体现资源与环境科学作为"大科学"链接各个学科的基本特征。借助上述综合理论，资源与环境科学从归纳现实出发，将一般到个别的演绎和个别到一般的归纳相结合，发挥交叉学科各自的优势，在指导土地管理和恢复、资源规划、森林管理、自然保护等一系列实际问题中展现出其整体性和实用性。

### （二）研究主题面向国家需求，具有应用性和紧迫性

长期的自然资源开发利用和巨大的人口压力，使我国生态系统和生态系统服务严重退化，由此引起的水资源短缺、水土流失、沙漠化、生物多样性减少等资源环境问题持续加剧，对我国生态安全造成严重威胁。生态系统呈现出由结构性破坏向功能性紊乱演变的发展态势，导致资源与环境问题更加复杂，总体状况不容乐观。我国环境容量有限，生态系统脆弱，污染重、损失大、风险高的生态环境状况还没有根本扭转，并且独特的地理环境加剧了地区间的不平衡。生态文明建设推动着自然资源开发与保护发生历史性、转折性、全局性变化。生态文明建设是关系中华民族永续发展的根本大计，也是资源与环境科学作为"大科学"，面向国家需求关注应用性和紧迫性问题的方向引领。

## （三）研究对象存在于不同尺度，具有系统性和复杂性

工业文明造成的资源环境问题具有全球化特征，但这是一个等级嵌套的整体，具有多尺度特征。资源与环境科学所研究的人地系统存在于不同尺度，其中社会系统依赖于生态系统提供的生态系统服务，而生态系统服务的供需和流动又依赖于一定空间和时间尺度上的人地系统结构与过程，只有在特定的时空尺度上才能表现其显著的主导作用和效果。不同尺度的生态系统服务功能对不同尺度上的利益相关方来说具有不同的重要性。因此，全球性的评估不能够满足国家和亚区域尺度决策者的需要。一些人地系统过程是全球性的，地区级的产品、服务、物质、能量经常是跨区域输送的，仅强调某一个特定区域或者特定国家的评估不能反映人地系统在更高或更低尺度上的特征。每一个尺度上的评估都可以从目前更大和更小尺度上的评估中受益，从而有必要以明确的测度方法识别相应尺度人地系统的动力学机制。可见，尺度关联和尺度转换是资源与环境科学作为"大科学"的研究重点和难点，系统性和复杂性正是该重点和难点的表现形式。

## （四）研究途径受益于技术进步，具有阶段性和动态性

资源与环境科学关注资源和环境的演变过程、相互关系及其观测和调控原理，旨在揭示地球系统资源的形成和演化规律、各类环境问题的发生发展规律及区域可持续发展规律。然而，科学研究的展开需要借助外部技术手段，因此不同历史时期的技术条件限制也会对资源与环境科学的研究范式和成果产生重要的影响，从而使得资源与环境科学呈现出阶段性和动态性的研究特征。这主要体现在早期第一个研究范式是描述性的，主要介绍植被、土壤、河流、山川、矿产等自然资源的分布。当前的现实学科需求是耦合格局和过程，即资源与环境科学的第二个研究范式。第三个研究范式是未来资源与环境科学研究将要进入对复杂人地系统和可持续发展系统的模拟，从而为决策提供科学依据。地理信息系统、遥感和计算机等相关技术的发展为上述范式变迁提供了重要保障。为了推动资源与环境科学研究进入复杂人地系统和可持续发展系统的模拟阶段，资源与环境科学研究将以"大科学"的组织方式，联合攻关突破分支学科遇到的技术瓶颈，通过技术进步为资源与环境科学研

究范式的阶段性跃迁提供动力源泉。

### （五）决策支持需要因地制宜，具有区域性和多样性

从全球尺度来看，资源与环境和可持续发展问题，正在成为人类社会发展面临的重大挑战。然而，全球变化与区域发展之间的关系往往比较复杂。当前气候变化和生物多样性丧失是普遍的全球性挑战，也备受研究人员的关注。但是应对这些全球性挑战的发展政策未必有助于区域上的社会经济发展。自然资源和环境问题的分布往往会呈现出区域性和多样性的特点，在一个地区有效的生态恢复措施可能无法在另一个地区发挥作用，甚至可能会加剧当地的环境退化。当前，实现可持续发展成为世界各国发展的基本战略。然而，经济发展与资源稀缺和环境恶化之间相互作用的复杂性，致使人们很难找到一条普适性的应对途径。为了使环保政策的经济激励机制更加公平、公正、有效，必须科学理解自然资源如何从一个地区流向另一个地区、哪些人群从自然资源开发利用中获益，以及哪些人群因保护生态环境应该得到补偿。人们必须认识并且推行多样化方式，通过资源的可持续利用、保护生物多样性和生态系统平衡、适应气候变化等方式来实现不同区域保护与发展的双赢目标。区域性和多样性正体现了资源与环境科学作为"大科学"研究的包容特质。

### （六）观测与模拟技术方法快速发展，具有实时性和预判性

空间信息观测产品能够突破国家和区域界线限制以不同尺度、不同主题、不同形式表达地球形态，反映区域乃至全球自然资源和社会资源的布局和发展变换状态，是了解乃至认识地球，进行全球社会经济发展研究的重要基础数据。目前，空间信息观测产品的实时性已经大幅提升，而联网实时观测下数据同化技术的发展，也提高了资源与环境要素和过程的模拟预测精度，大数据、人工智能、机器学习等新技术在资源与环境领域的应用，使得模拟自然过程、社会经济活动乃至人的行为模式影响下全局与局部要素之间相互作用演化过程成为可能，达到对管理决策的预判。资源与环境科学作为"大科学"研究，在观测与模拟技术方法体系的支持下，将通过实时性和预判性的技术表征，为各领域方向的决策制定提供更精准依据。

# 第三节 发展现状与发展态势

## 一、资源与环境科学国际发展状态

在当前世界人口持续增长和经济社会飞速发展的时代背景下，全球面临着环境污染加剧、生态系统退化、温室气体排放加速等资源与环境的巨大压力。这些资源与环境问题都威胁着社会的可持续发展和生态系统的安全稳定。科学地识别、缓解、根除这些重大资源环境问题，深化生态环境和可持续发展的理论、方法和技术是资源与环境科学研究的重大议题。

随着人类对资源与环境科学认知的进步、理解的深化和高新技术不断的应用发展，资源与环境科学领域的科学研究已迈入全球化、系统化、定量化、信息化的时代。国外资源与环境科学起步较早，并发挥着牵头领导的作用。国际科学界先后启动了"国际地圈-生物圈计划"（International Geosphere-Biosphere Programme，IGBP）、"世界气候研究计划"（World Climate Research Programme，WCRP）、"全球环境变化的人文因素计划"（International Human Dimension Programme on Global Environmental Change，IHDP）、"国际生物多样性计划"（DIVERSITAS）、"国际水文计划"（International Hydrological Programme，IHP）、"未来地球计划"等，发展了近百家旗舰期刊，培养了大量专业技术人员。在学科发展上，资源与环境科学与其他相邻学科之间的交叉、渗透与融合越来越密切，资源与环境科学在空间格局及空间影响分析方面具有独特的作用，在空间影响及其管理方式方面对全球变化研究和对策做出了重要贡献；同时，也大大推动了相邻学科之间的理论和方法借鉴、渗透与融合，发现了新的学科生长点，进一步发展、丰富了资源与环境科学的理论、方法、技术、思路。研究内容从原本描述区域性的资源环境特征，到关注全球性的环境变化与人类福祉；研究主题从传统的资源环境格局向格局与过程耦合、可持续发展议题延展，研究方法、研究手段走向综合性、系统性与定量化，并正在实现微观过程机理与宏观格局相结合、历史脉络把控与未来情景预测相结合，呈现出丰富繁多的发展态势。可以说，在国际视角下，资源与环境科学被时代赋予了新的含义和使命。近年来，国际资源与环境科学学科发展的总体态势主要表现在以下五个方面。

## （一）研究视角偏向统筹兼顾、全域协调

资源与环境是包括自然、建筑、经济、文化等因素的总空间和功能实体，资源与环境科学研究需要将地圈、生物圈和技术圈的组分和过程加以整合。近年来的资源与环境科学研究逐渐关注系统的综合发展，强调层次嵌套和时空广延性。应用现代复杂性科学理论认识和分析资源与环境科学的整体性和系统性。集成众多学科理论与知识，解构人类与环境的交互作用，对其耦合关系及时空特点做出合理阐释。在格局分析层面，更深入地揭示景观格局动态变化的机制；在过程描述层面，关注全球气候变化和人类活动对区域地表过程的影响；在服务评估和可持续管理层面，解析生态系统服务和人类福祉的关系，明晰灾害形成机制并进行综合风险防范，为自然资源开发与保护提供决策支持等。在生态系统服务、生态安全格局等研究领域，资源与环境科学与自然地理学、生态学实现了深度融合。作为资源与科学学科发展的重要理论与实际需求，以"生产、生活、生态""资源、资本、资产"等关键对象为抓手，在认知上进一步明晰环境要素、过程和资源承载力的关系，在实践中进一步优化保障资源环境安全的途径，从而为可持续发展提供科学支撑。

## （二）研究目标转向人地耦合，服务于可持续发展

重视人类自身及其活动对环境的影响在资源与环境科学研究中日趋明显。近年来的许多研究将人类及其活动视作系统的一部分，把人类感知、价值观、文化传统及社会经济活动与自然科学研究结合，强调用系统学的观点把人文系统与自然系统联系起来。生物多样性的持续利用和可持续性发展是资源与环境科学的终极目标之一。目前，研究者提出了许多可持续性概念，涵盖环境的物理、生态、社会经济和文化成分。例如，针对人文-自然多因素作用、多过程并存的复合系统，将不同区域类型和特定资源环境进行组合研究，深

入揭示资源环境与区域发展要素相互作用的内在机理，并构建了不同情景模拟下的区域发展与响应机制。

## （三）研究方法的系统性和综合性

资源与环境涉及多种复杂系统，它们往往在空间上和时间上无序且异质。聚现特征、相变以及阈值或临界行为是各类系统作为空间异质非线性系统所具有的普遍特征。因此，能够解释这些复杂系统特征的复杂性科学和非线性科学得到广泛发展，在研究复杂性问题上发挥了重要作用。人们对于有关复杂适应系统、多稳态、临界态等理论在研究资源与环境科学的复杂性和可持续性方面进行了深入探讨。在资源与环境科学方法论发展的同时，依托日益提升的模型模拟技术、地球化学方法、3S 技术、大数据平台，能够在一定程度上弥补实验观测在数据获取和数据科学性等方面的短板，为表征区域特征、确定系统界线提供了强有力的支撑。模型和数理模拟等技术与非线性科学和复杂性科学相结合被逐渐应用于资源环境系统研究，如人工神经网络模型、高仿真模拟技术。目前，资源环境系统研究更多地从系统整体出发，发展从归纳的现实出发进行演绎，使分析与综合、一般到个别的演绎方法和个别到一般的归纳方法相结合的综合研究方法。

在区域观测方面，资源与环境方面的管理部门包括生态环境部、水利部、国家林业和草原局、中国地震局等，其具有较强的区域观测能力，为学科的发展提供了数据基础。遥感技术通过提供多尺度地理、生态、人文等资料，极大地促进了尺度推绎研究。越来越多的研究关注不同时空尺度上占主导地位的格局和过程的差异，以及同一尺度或不同尺度上的生态系统各组分间的非线性关系和互馈机制。例如，在全球、国家和区域等不同空间尺度上开展土地-粮食-人口的定量分析，对群落-局地-区域植被退化进行多尺度评价。

## （四）学科研究的交叉性和应用性

近年来，资源与环境科学研究强调系统等级结构和多尺度研究，突出空间结构和生态过程在多个尺度上的交互作用，关注大尺度上的人类活动对自然系统的影响，强化人地系统和可持续发展的科学理念。显然无论是从时空尺度还是从组织水平上，资源与环境科学研究所跨越的学科范围广泛，研究的具体内容广泛，常涉及不同组织层次的格局和过程及其在不同时空尺度上的关系，因此需要多学科交叉，以及基础研究与应用实践相结合。同时，与资源与环境科学有关的诸多学科并不是堆砌在一起的，而是发挥各自优势，形成一个学科体系，对资源与环境科学系统特性进行研究。

资源与环境科学的发展与土地管理和恢复、资源规划、森林管理、自然保护等实际问题密切联系。近年来，随着资源与环境科学理论和方法的不断发展，其应用也愈加广泛，突出表现在土地资源整治与保护、土地利用规划、自然资源管理与保护等方面。强调多尺度上空间格局和自然过程相互作用的资源与环境科学观点，为解决实际的生态环境问题提供了一个合理有效的概念框架和方法体系。

## （五）研究方式的国际广泛合作

围绕资源与环境科学的前沿科学问题，国际上组织了多项大型研究计划。2012 年启动的"全球土壤伙伴计划"（Global Soil Partnership，GSP），旨在促进土壤资源的持续高效利用。同年，"国际生态系统管理伙伴计划"启动，旨在推动所有发展中国家有关生态系统管理的科学和政策间的衔接。2012 年启动的"未来地球计划"，旨在加强自然科学与社会科学的联系，为全球范围和国家尺度上应对全球环境变化提供必要的科学知识、技术方法和手段，支持全球可持续发展。在"未来地球计划"的框架下，自然地域系统研究将重点开展陆地表层关键要素相互作用机理及区域效应研究，全球变化对地域系统的影响，定量化识别陆表地域单元界线等研究，加强地域系统研究成果的应用性，推动该领域研究向更高水平发展。2016 年启动的"全球岩溶动力系统资源环境效应"国际大科学计划，以地球系统科学和岩溶动力学理论为指导，建立全球岩溶环境监测网络，研究全球不同岩溶动力系统类型的碳、水、钙循环规律及其资源环境效应。2019 年联合国宣布"2021—2030 联合国生态系统恢复十年"决议，旨在扩大破坏和退化生态系统的恢复，以此作为应对气候危机和加强粮食安全、保护水资源和生物多样性的有效措施。

尽管我国学科发展起步较慢，但是在青藏高原自然环境演化、旱区流域生态水文集成、景观格局与社会生态过程、对地观测与地球导航、典型脆弱区生态恢复、全球气候变化应对、历史环境变迁与人类文明等领域的研究颇具特色，受到了国际学术界的密切关注和高度重视。中国科学院、北京师范大学、北京大学等科研实体已成长为全球知名的学术重镇，中国科学院在多个领域的发文量更是位于全球研究机构的首位。在国际合作上，中国同美国、欧洲、澳大利亚、加拿大等国家或地区的合作强度较高，形成了较好的合作网络。从国家合作网络的整体水平来看，中国在油气和矿产资源研究等部分方向位居中心地位。但是，同美国和澳大利亚等国保持合作的同时也存在着一定的竞争风险。因此，需要时刻关注这些国家在该领域的研究动态及布局，避免在该领域失去研究前沿，被其他国家反超。在学科前沿上，学界主要关注气候变化下的水文过程，土地利用变化的时空格局，土壤生态系统的过程与效应，清洁能源的开采与环境效应，地球系统碳氮循环，气候变化对生态系统的影响，环境变化对人类健康的影响，重大自然灾害和环境风险的风险分析、监测预警、应对管理，以及遥感反演模型的改进和大数据云计算平台的发展。在国际影响力上，中国学者逐渐从"跟跑"走向了"并跑"，在国际地理联合会领衔组织"面向未来地球的地理学：人地系统耦合与可持续发展"专业委员会和农业地理与土地工程专业委员会，组织牵头"全球干旱生态系统国际大科学计划"。广泛的国际合作正在迅速展开，随着海量地理信息数据的储存与共享，这些长期监测计划、重大研究计划、国际合作计划、国际大科学计划之间的相互配合势必更加密切。因此，我国资源与环境科学的快速发展必须加强国际合作与交流，实现平台共建、信息共享、人才共育，进一步体现在国际竞争中的科学地位和作用。

## 二、基于文献计量的我国资源与环境科学发展规律

近年来发展的文献计量学，是借助文献的各种特征数量，采用数学与统计学方法来描述、评价和预测科学技术的现状和发展趋势的图书情报学分支学科。Web of Science 数据库收录的论文能在某种程度上反映学科在某个阶段的发展动态、热点研究、发文情况，从而反映某一学科领域内各个国家和机构的优势地位。由于资源与环境科学包含的学科领域众多，相互之间具有明显的交叉综合的复杂联系，而且相关学科期刊的数量也较多，发文质量高

低不一。因此，本书从中国科学院 JCR 分区表中基于二级学科方向筛选出资源与环境领域生态学（*Ecology*）、环境科学（*Environmental Sciences*）、进化生物学（*Evolutionary Biology*）、地球化学与地球物理（*Geochemistry & Geophysics*）、自然地理学（*Geography，Physical*）、地质学（*Geology*）、跨学科的地球科学（*Geosciences，Multidisciplinary*）、绿色可持续的科学技术（*Green & Sustainable Science & Technology*）、气象与大气科学（*Meteorology & Atmospheric Sciences*）、矿业和矿产加工（*Mining & Mineral Processing*）、遥感（*Remote Sensing*）、土壤学（*Soil Science*）、水资源（*Water Resources*）共 13 个学科方向所有的一区期刊 79 个。考虑到部分重要学科领域，如区域可持续发展、灾害风险的一区期刊较少，选取部分质量较高的 5 个二区期刊进行补充。本节的文献计量共考虑 84 个代表性期刊，其中一区期刊占比在 90% 以上，文献类型为 article、review 等，借由以上高质量期刊的文献分析，总结 2011～2019 年中国资源与环境科学的发展脉络，挖掘学科自身的发展规律及不足。

　　2011～2019 年，资源与环境领域相关高质量期刊发表的文献数量整体呈现迅猛增长的趋势，发文量从 2011 年的 2140 篇增长到 2019 年的 17 674 篇，翻了三番（图 1-1）。中国学者发文量呈现迅猛增长的原因可能有以下三点。①国家对资源与环境问题高度关注并大力进行科研投入。改革开放以来，我国经济快速发展过程中不断产生新的资源与环境问题。开展资源与环境相关的基础科学研究，是应对上述问题的有效方法。近年来，科学技术部、教育部、国家自然科学基金委员会等多家科研管理部门加大科研经费投入，加强科研平台建设，培育科研后备力量、扩大学科办学规模。上述手段有力地壮大了学科队伍，丰富了研究方向。②资源与环境领域研究的学术关注度与影响不断增强。近 10 年来，相关期刊的年出版文献量不断增长，出版周期缩短，同时一些新的期刊也在这一阶段创刊。③资源与环境领域存在大量交叉学科，科研人员之间的合作不断增强。尤其是中国学者与国际研究机构的合作在深度和广度方面不断加强，为学术成果的形成提供了畅通的交流平台和沟通渠道。总而言之，在国内大幅提升科研投入与人才培养力度，国际科研领域总体环境向好等多种因素的驱动下，中国学者在资源与环境领域高质量论文发表数量迅猛增长。

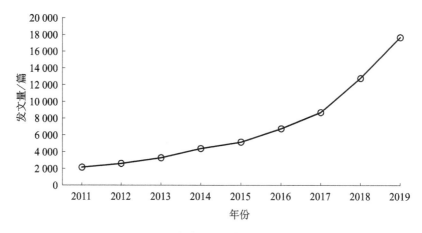

图 1-1  2011～2019 年资源与环境科学中国学者发文量

基于 Citespace 平台对 2011～2019 年中国学者发表国际期刊论文的热点词频进行梳理。从研究区上看,"China"是词频最高的关键词,由于中国辽阔的领土和独有的地理特点,本就是国际上高度关注的研究热点,同时也说明中国学者积极探究中国自身的资源与环境科学问题。青藏高原(Tibetan plateau)和黄土高原(Loess plateau)也是较突出的热点关键词。青藏高原和黄土高原综合研究在凸显中国自然地理学研究特色的同时,也在一定程度上提升了中国的学术影响力。海拔普遍在 4000m 以上,面积达 250 万 $km^2$ 的青藏高原,其隆升是整个新生代地球演化史上最伟大的地质地理现象之一,它不仅改变了整个亚洲的地貌格局、大江大河发育,也改变了整个亚洲的地理和环境格局,并且对全球变化产生了深远的影响。中国学者在青藏高原隆升与环境效应、青藏高原河流发育与演化、青藏高原冻土、冰心、现代冰川变化等方面取得了举世瞩目的进展和成就。位于黄河中上游的黄土高原是黄河重要的来水区和主要的来沙区,黄河泥沙的 90% 来源于黄土高原,因此黄土高原的水土流失在全球具有典型性。自 1999 年国家实施退耕还林还草工程以来,黄土高原的土地覆盖类型发生了显著的变化。中国学者在黄土高原的古环境研究、土壤侵蚀、水沙关系、水土过程和生态系统服务等方面也取得了诸多创新性研究成果。此外"Beijing""Shanghai"也成为热点关键词。对北京、上海等特大城市的资源环境相关问题解析,有助于系统规划城镇化推进的风险防范,防止"大城市病"的发生和发展,全面提高区域生态文明建设水平、生态安全治理能力。

在数据方法方面，遥感（remote sensing）成为高顺位热点关键词，"MODIS""Landsat"等遥感卫星、遥感数据源也排位靠前。MODIS 系列遥感数据产品因其较高的数据质量、高频的重访周期、相对合适的空间分辨率，成为全球大尺度资源与环境研究的主要数据来源之一。Landsat 系列卫星也因较长的历史观测时段、30 m 的较高分辨率，成为区域地貌解译、土地分类、生态系统变化的主要观测工具。此外，合成孔径雷达（synthetic aperture radar，SAR）、激光雷达（light detection and ranging，LiDAR）、点云（point cloud）、高光谱影像（hyperspectral image，HSI）等相关技术性关键词也排名靠前，预示着高新观测技术的运用普遍在资源与环境科学领域研究中受到重视。机器学习、深度学习等人工智能技术也备受重视。模型模拟手段也进一步发扬，如 SWAT（soil and water assessment tool）模型等分布式流域水文模型近年来得到了快速的发展和应用，对未来多种碳排放路径下生态系统的模拟分析（scenario analysis）也成为学科热点。

在决策支持方面，可持续发展（sustainable、sustainable development）逐渐引起我国学者的重视。2000 年召开的联合国千年首脑会议确定了联合国千年发展目标。2015 年召开的联合国可持续发展峰会发布了《变革我们的世界：2030 年可持续发展议程》。可持续发展研究成为资源与环境科学的热点议题。与可持续性（sustainability）相关联的热词有城市化（urbanization）、温室气体（greenhouse gas）、碳排放（carbon emission）、$CO_2$ 排放（$CO_2$ emission）、中国（China），可见国内研究主要是关注中国的可持续问题，考虑 $CO_2$ 过度排放和快速城市化所引起的潜在的可持续性降低的风险。

在研究主题方面，围绕气候变化，水循环与水资源领域主要关注水的蒸散发（evapotranspiration）、降水（precipitation）、径流（runoff）、土壤湿度（soil moisture）和滑坡（landslide）等一系列水文过程及其影响。水质（water quality）、地下水（groundwater）、废水（wastewater）、废水处理（wastewater treatment）、富营养化（eutrophication）等与水资源安全相关的水处理研究也是该学科领域的研究热点。同时，以 SWAT 模型为代表的水文模型（hydrological model）也得到关注。

土壤与土地科学领域的热点关键词有土壤性质方面的土壤湿度（soil moisture）、土壤有机碳（soil organic carbon）、土壤性质（soil property）、土壤有机质（soil organic matter）、荒漠化（desertification）等，围绕土壤生态系统的过程与效应的关键词有微生物群落（microbial community）、细菌群落（bacterial community）、土壤呼吸（soil respiration）等。同时，土地利用变化的时空格局也是该时段中国学者的研究热点，相关关键词有土地利用（land use）、土地利用变化（land use change）、土地覆盖（land cover）、湿地（wetland）。

在油气与煤化石能源资源领域，太阳能（solar energy）、可再生能源（renewable energy）等清洁能源的发展得到重视，能源的高效可持续利用得到进一步重视，相关关键词有能源使用效率（energy efficiency）、能源消耗（energy consumption）、黑碳（black carbon）和环境影响（environmental impact）。油气勘探开发中的沉积物（sediment）的工程地质特征研究、数学地质中的数值模拟（numerical simulation）等技术手段在油气藏勘探中的应用也是该时段的关注热点。

在气候变化影响与适应领域，气候变化（climate change）和气候（climate）排位靠前，可见全球气候变化影响与适应领域是中国学者普遍关注的主流方向。从关键词频率上看，气候（climate）、植被（vegetation）、归一化植被指数（NDVI）频率较高。气候与植被及其两者相互作用一直是该领域研究的热点内容。同时，气候（climate）、气候变化（climate change）、水（water）、$CO_2$、温度（temperature）、动态变化（dynamics）、进化（evolution）等高频词体现了水、土、气、热等要素相互间的耦合关系演化研究得到中国学者的高度重视。全球变暖（global warming）大环境背景下的植被（vegetation）、生物多样性（biodiversity）、生态系统（ecosystem）与气候变化交互作用的研究一直是全球气候变化、土地利用与陆地生态系统研究普遍关注的主体内容。

在生态系统科学领域，氮（nitrogen）、回收（recycling）、氮沉降（nitrogen deposition）、碳循环（carbon cycle）、碳足迹（carbon footprint）、碳封存（carbon sequestration）等关键词频次较高，说明以碳氮循环为主要研究内容的生态系统过程研究是生态系统生态学的一个核心研究方向，其中估算全球生态系统碳源、碳汇大小和分布是以减少碳排放为主要目的的气候变化谈判的科学基础之一。生态系统对全球变化的响应也是该时段中国学者研究的重要内容，涉及关键词有干旱（drought）、生态系统服务（ecosystem services）、生物多样性（biodiversity）、生物保护（conservation）、脆弱性（vulnerability）等。

在环境科学与技术领域，重金属（heavy metal）、可持续性（sustainability，sustainable development）、空气污染（air pollution）、生物炭（biochar）、生态系统服务（ecosystem services）、污染源解析（source apportionment）、二氧化碳排放（$CO_2$ emission，carbon emission，carbon dioxide）、水资源利用（water resource，wastewater treatment，wastewater，water use efficiency）、环境变化对人类健康的影响（health risk，exposure）等是近年来的研究热点与前沿。生命周期评估（life cycle assessment，LCA）也被广泛应用于相关研究。

在区域可持续发展领域，可持续发展（sustainable development）词频较高。可见，区域可持续发展研究已经是资源与环境科学领域重要的研究出口，它不仅是国家和地区现代化建设的重要基础，也是实现人地关系和谐的重要保障。城市化（urbanization）、温室气体（greenhouse gas）、碳排放（carbon emission）、$CO_2$ 排放（$CO_2$ emission）、经济增长（economic growth）、中国（China）等热点词与可持续性（sustainability）高度互现，可见我国学者主要关注城市化与经济发展的相互关系与协调机制，城市可持续发展的影响因素与实现途径，以及二氧化碳过度排放和快速城市化所引起的潜在的可持续性降低的风险。

在自然灾害风险领域，重大自然灾害和环境风险的风险分析、监测预警、应对管理以及灾后损失定量评估方法（ecological risk，risk assessment，risk management）是最为核心的研究内容。承灾体的脆弱性（vulnerability）和暴露度（exposure）的评价方法也备受关注。

在遥感与地理信息领域，由于地球表面是一个复杂的系统，人类对地表真实性的了解需要用多种参数来描述，其他学科的发展也尤为依赖遥感像元尺度上的地学描述，因此地表参数的反演和反演模型是十分重要的课题，而土地覆盖（land cover）和地表温度（land surface temperature）是其中较为热门的反演对象。同时，分类（classification）、变化检测（change detection）、特征抽取（feature extraction）的技术方法的提升和改进也得到广泛重视。因为快速城市化、人口增长，全球食品安全（food security）受到威胁，基于遥感技术的农作物估产（crop yield，rice）成为新兴发展方向。受益于人工智能技术的飞速发展，以随机森林（random forest）、卷积神经网络（convolutional neural network，CNN）为代表的机器学习（machine learning）、深度学习（deep learning，DL）方法等已经成为目前该领域研究的热点。

# 三、总体经费投入与平台建设情况

## （一）国家自然科学基金

国家自然科学基金项目有着引领学科发展、推动学科创新的关键地位，因此其资助课题的变化能敏锐反映国内资源与环境科学学科的发展方向，而分析资助课题的发展变化是优化未来资源与环境科学领域资源配置的基础。国家自然科学基金的每一笔项目资助都面向一个明确的研究课题，其中研究项目资助由于有着统筹学科布局、培养创新导向的特点，尤其关注研究课题的科学意义与创新性。在研究项目资助中，以面上项目和重点项目体量最大、资助强度也相对稳定，是学科发展的基础。本书以研究人员在申请资源与环境科学国家自然科学基金面上项目和重点项目时所上报的研究主题为对象，对总体经费投入进行计量分析。重大项目、重大研究计划、重点国际（地区）合作项目因数量相对较少而不参与计量分析，但由于此类项目资助强度大且具备国家战略高度，本节将主要对其进行定性分析。以面上项目为例，在"科学网基金"（http://fund.sciencenet.cn）分别以地理学申请代码（D01）和环境地球科学（D07）对"面上基金"进行检索，批准年度为 2011～2019 年，通过上述分析展示国家自然科学基金资助资源与环境科学研究课题的基本情况。

总体而言，2011～2019 年国家自然科学基金对资源与环境科学的资助呈波动上升趋势（图 1-2）。其中，面上项目的累计金额在 2012 年达到最高值（近 6 亿元），之后开始下降至 2016 年的 4.8746 亿元，基本稳定在 5 亿~6 亿元。2016 年经费下降的原因是，自 2015 年起，各类项目申请经费分为直接费用和间接费用两部分，间接经费不再计入经费总计。获资助项目数量在 2012 年达到 780 项后开始下降至 2014 年的 645 项，之后开始增长至 2018 年的 931 项。2011～2019 年资助比例（资助项目数 / 申请项目数）在 21.3%（2011

年）~27.87%（2014 年），维持在 23% 附近。以上数据体现了资源与环境科学的地位稳固且申请项目数量持续增多，学科呈现蓬勃发展态势。

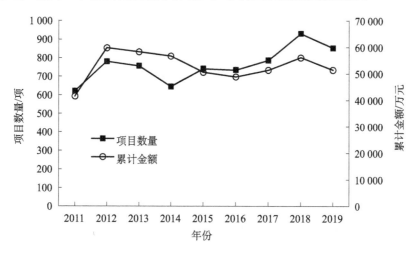

图 1-2　2011~2019 年资源与环境科学逐年国家自然科学基金面上项目数量及累计金额

　　以重大研究计划为例，定性分析资源与环境科学重大项目、重大研究计划、重点国际（地区）合作项目对学科发展的贡献。此类项目数量较少，但具备国家战略高度，具有关注重点区域、资源集中配置、服务基础科学等特点。例如，2011 年批准的"第三极地球系统中水体的多相态转换及其影响"重大项目，以第三极地区的冰川、湖泊、河流为主要研究对象，研究水体的多相态分布特征与转换过程，强调综合的基础研究。项目中包含的"第三极地区冰川物质–能量平衡与消融过程"揭示水体的多相态分布和转换过程中的能量机制，"水体多相态转换过程中的界面能量平衡过程"揭示多相态水体转换对区域气候变化的响应以及对局地气候的影响，"第三极地区湖盆流域水量平衡与水体多相态转换"和"水体多相态转换过程对水资源与水灾害的影响"阐明与冰川–湖泊–径流相关的水资源与水灾害问题。上述"第三极地球系统中水体的多相态转换及其影响"重大项目，以台站为观测基础，以遥感为辅助手段，以模拟为集成方法，建立水体转换过程中的物质和能量平衡模型以及不同尺度的水循环模型，研究成果有助于理解人类面临的气候变化所带来的诸多后果的不确定性，并对第三极资源与社会可持续发展发挥重要的科学支撑作用。将不同资源与环境要素以区域为单元组织起来，有利于科研资源集中配置管理，有利于实现资源与环境科学综合研究，更有利于将资源与环境科学研究成果服务于国家。因此，类似的重大项目、重大研究计划、重点国际（地区）合作项目均能有效地配置资源、服务于国家战略，同样成为资源与环境科学学科发展的重要动力。

## （二）国家重点实验室

国家重点实验室作为国家科技创新体系的重要组成部分，是国家组织高水平基础研究和应用基础研究、聚集和培养优秀科学家、开展高层次学术交流的重要基地。本书统计了2020年国家重点实验室的基本情况以此反映资源与环境科学平台建设情况（表1-1）。资源与环境科学领域建设国家重点实验室共计53所，占国家重点实验室总数的20%。中国科学院大学和中国科学院各研究所共计20个国家重点实验室，运行数量居于全国院校和科研机构首位，其次是有3所国家重点实验室的北京师范大学。

表1-1　资源与环境科学相关国家重点实验室及所属院校机构

| 国家重点实验室 | 依托单位 |
| --- | --- |
| 地表过程与资源生态国家重点实验室 | 北京师范大学 |
| 海岸和近海工程国家重点实验室 | 大连理工大学 |
| 旱区作物逆境生物学国家重点实验室 | 西北农林科技大学 |
| 农业微生物学国家重点实验室 | 华中农业大学 |
| 作物遗传改良国家重点实验室 | 华中农业大学 |
| 作物遗传与种质创新国家重点实验室 | 南京农业大学 |
| 海洋地质国家重点实验室 | 同济大学 |
| 污染控制与资源化研究国家重点实验室 | 南京大学、同济大学 |
| 水资源与水电工程科学国家重点实验室 | 武汉大学 |
| 测绘遥感信息工程国家重点实验室 | 武汉大学 |
| 近海海洋环境科学国家重点实验室 | 厦门大学 |
| 地质过程与矿产资源国家重点实验室 | 中国地质大学（武汉） |
| 深部岩土力学与地下工程国家重点实验室 | 中国矿业大学 |
| 煤炭资源与安全开采国家重点实验室 | 中国矿业大学 |
| 农业生物技术国家重点实验室 | 中国农业大学、香港中文大学 |
| 植物生理学与生物化学国家重点实验室 | 中国农业大学 |
| 油气资源与探测国家重点实验室 | 中国石油大学 |

| 国家重点实验室 | 依托单位 |
| --- | --- |
| 煤矿灾害动力学与控制国家重点实验室 | 重庆大学 |
| 生物地质与环境地质国家重点实验室 | 中国地质大学 |
| 城市水资源与水环境国家重点实验室 | 哈尔滨工业大学 |
| 水稻生物学国家重点实验室 | 中国水稻研究所、浙江大学 |
| 水文水资源与水利工程科学国家重点实验室 | 河海大学、南京水利科学研究院 |
| 环境模拟与污染控制国家重点实验室 | 清华大学、中国科学院生态环境研究中心、北京大学、北京师范大学 |
| 遥感科学国家重点实验室 | 中国科学院遥感应用研究所、北京师范大学 |
| 海洋污染国家重点实验室 | 香港城市大学、香港浸会大学、香港中文大学、香港理工大学、香港科技大学、香港大学 |
| 油气藏地质及开发工程国家重点实验室 | 成都理工大学、西南石油大学 |
| 地质灾害防治与地质环境保护国家重点实验室 | 成都理工大学 |
| 作物生物学国家重点实验室 | 山东农业大学 |
| 热带作物生物技术国家重点实验室 | 中国热带农业科学院 |
| 稀土资源利用国家重点实验室 | 中国科学院长春应用化学研究所 |
| 资源与环境信息系统国家重点实验室 | 中国科学院地理科学与资源研究所 |
| 环境地球化学国家重点实验室 | 中国科学院地球化学研究所 |
| 矿床地球化学国家重点实验室 | 中国科学院地球化学研究所 |
| 黄土与第四纪地质国家重点实验室 | 中国科学院地球环境研究所 |
| 岩石圈演化国家重点实验室 | 中国科学院地质与地球物理研究所 |
| 冻土工程国家重点实验室 | 中国科学院寒区旱区环境与工程研究所 |
| 冰冻圈科学国家重点实验室 | 中国科学院寒区旱区环境与工程研究所 |
| 植物化学与西部植物资源持续利用国家重点实验室 | 中国科学院昆明植物研究所 |
| 湖泊与环境国家重点实验室 | 中国科学院南京地理与湖泊研究所 |
| 现代古生物学和地层学国家重点实验室 | 中国科学院南京地质古生物研究所 |
| 土壤与农业可持续发展国家重点实验室 | 中国科学院南京土壤研究所 |
| 城市和区域生态国家重点实验室 | 中国科学院生态环境研究中心 |
| 环境化学与生态毒理学国家重点实验室 | 中国科学院生态环境研究中心 |
| 黄土高原土壤侵蚀与旱地农业国家重点实验室 | 中国科学院水利部水土保持研究所 |
| 淡水生态与生物技术国家重点实验室 | 中国科学院水生生物研究所 |
| 系统与进化植物学国家重点实验室 | 中国科学院植物研究所 |

| 国家重点实验室 | 依托单位 |
|---|---|
| 植被与环境变化国家重点实验室 | 中国科学院植物研究所 |
| 土壤植物机器系统技术国家重点实验室 | 中国农业机械化科学研究院集团有限公司 |
| 深海矿产资源开发利用技术国家重点实验室 | 长沙矿冶研究院有限责任公司 |
| 矿物加工科学与技术国家重点实验室 | 矿冶科技集团有限公司 |
| 灾害天气国家重点实验室 | 中国气象科学研究院 |
| 地震动力学国家重点实验室 | 中国地震局地质研究所 |
| 卫星海洋环境动力学国家重点实验室 | 自然资源部第二海洋研究所 |

从国家重点实验室命名主题看，研究内容广泛，涉及生态环境保护、区域可持续发展、冰冻圈过程和机理、历史时期环境演变、水资源管理与利用等多个领域。国家重点实验室也取得了显著的学术成果，部分达到国际"领跑"水平和"并跑"水平，引起了社会的巨大反响。其中，刘东生院士提出了有重要突破的"新风成学说"，把风成沉积作用从黄土高原顶部黄土层拓展到整个黄土序列，并把过去只强调搬运过程的风成作用扩展到物源—搬运—沉积—沉积后变化这一完整过程，于2002年获得国际"泰勒环境成就奖"，2003年获得国家最高科学技术奖；秦大河院士长期参与联合国政府间气候变化专门委员会（Intergovernmental Panel on Climate Change，IPCC）评估报告的编写，作为IPCC代表之一获得了2007年诺贝尔和平奖；姚檀栋院士从事冰川与环境变化研究，开拓和发展了中国的冰心研究，在国际青藏高原研究领域的论文总量和总被引率排名第一，于2017年获得"维加奖"。国家重点实验室的设立为开展交叉方向科学研究及相关人员合作交流提供了契机和场所。依托国家重点实验室的软硬件条件，国家培养出优秀的领军人才，锻炼出基础扎实、年龄结构合理的科研团队。

## （三）学科评估

学科评估是教育部学位与研究生教育发展中心按照国务院学位委员会和教育部颁布的《学位授予和人才培养学科目录》对全国具有博士或硕士学位授予权的一级学科开展整体水平评估。根据"中国学位与研究生教育信息网"（http://www.cdgdc.edu.cn/）公布的教育部第三轮、第四学科评估的排名，高校地理学科平台建设与发展态势良好。北京大学、北京师范大学、华东师范大学在第三到第四轮评估中，稳居前三位，师范类院校成为参与评估的主力单位，占比较高。尤其是地理学第四轮评估中，师范类院校比例超过 60%。然而兰州大学、陕西师范大学等西部传统地理强校却在第四轮评估中排名下滑明显，北京和南京两地成为地理学科建设的重点区域，两区域有多家院校排名靠前，尤其是北京大学、北京师范大学起到了引领学科发展的作用。生态学科在第三轮、第四轮学科评估中参评学校相比地理学略多，达到近 50 家。其中，农林类、师范类院校比例较高，是生态学学科研究的主力科研平台，结合当地的实际情况与社会需求进行资源环境规划、生态环境监测与评价、生态工程设计等。部分综合性大学也表现亮眼，中山大学、浙江大学、北京大学、复旦大学、兰州大学等学科整体水平位于国内前十。中国科学院大学未参与教育部第三轮学科评估，在第四轮学科评估中地理学和生态学均为 A+学科，其利用科教融合平台，遴选中国科学院最优质教育教学资源，培养造就了资源与环境科学的学科人才。

## 四、资源与环境科学人才队伍情况

为了加强对创新型青年人才的培养，国家自然科学基金设立了国家杰出青年科学基金和优秀青年科学基金等面向青年研究者的资助项目。基于国家自然科学基金委员会（http://www.nsfc.gov.cn/）2011～2019 年发布的资助信息，根据项目名称的关键词属性，结合资源与环境领域研究成果及名词术语，筛选出资源与环境科学方向的项目。2011～2019 年，资源与环境科学领域的国家杰出青年科学基金和优秀青年科学基金资助总额呈波动上升趋势（图 1-3），资助总额在 2013～2018 年基本稳定在 1 亿～1.7 亿元，在 2019年突增达到最高值 2.879 亿元。其中，国家杰出青年科学基金资助金额在2014 年达到 11 080 万元后开始下降至 2015 年的 7595 万元，之后开始增长至 2019 年的最高值 19 080 万元；优秀青年科学基金资助金额在 2015 年达到 7280 万元后开始下降至 2018 年的 4940 万元，之后开始增长至 2019 年的最高值 9710 万元。经费增长明显，资助强度增加，反映出国家对资源与环境科学领域的重视。

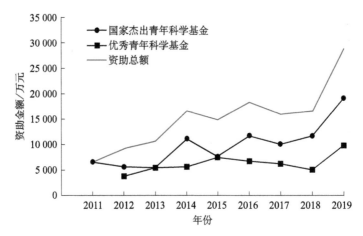

图 1-3    2011~2019 年资源与环境科学领域国家杰出青年科学
基金和优秀青年科学基金资助金额

对 2011～2019 年资源与环境科学领域国家杰出青年科学基金和优秀青年科学基金项目数量、资助金额、所属院校机构和基金项目关键词分别进行统计，并以二者之和作为人才总数（图 1-4）。2011～2019 年，资源与环境科学方向的项目共计 560 项，其中国家杰出青年科学基金资助项目 244 项、优秀青年科学基金自 2012 年设立以来资助项目 316 项。2011～2019 年，人才总数呈增加趋势，其中优秀青年科学基金自 2012 年设立以来上升趋势显著，国家杰出青年科学基金项目数量相对稳定，两种人才数量均在 2019 年达到最大值。这表明，资源与环境科学领域创新型青年人才快速成长，科研一线的学科人才队伍不断壮大。

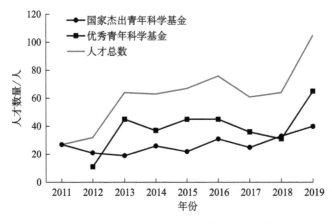

图 1-4    2011~2019 年资源与环境科学领域人才数量变化

然而在空间分布上，人才数量呈现空间集聚性，主要分布在北京、湖北和东部沿海城市，而中国西部和北部省份人才相对稀缺，部分省份甚至无国家杰出青年科学基金和优秀青年科学基金项目资助人才，人才队伍规模区域差异较大。

优秀青年研究者在国家自然科学基金的支持下获得了高强度的资助，为未来相应领域的进一步深入研究打下了良好基础。这些青年人才已有相当一部分成为国家重大研究计划、重点研究项目等战略研究的领军人物。由此可见，国家自然科学基金分级设立优秀青年科学基金和国家杰出青年科学基金的人才培养策略取得了显著成效，既为资源与环境科学方向培植了充足的青年后备力量，又有效地鼓励了少数拔尖人才勇于开拓、积极进取，并成长为一线科研领军人才。

在国家杰出青年科学基金和优秀青年科学基金等国家科学项目的支持下，我国资源与环境科学领域创新人才取得了骄人的学术成就，有利于推动学科发展。但人才梯队建设需要进一步考虑区域结构性发展问题，平衡地区学科水平差异，提升对西部和北部一线科研人才的支持。兼顾不同学科方向之间的均衡发展，提升对气候变化影响与适应、区域可持续发展等研究方向的支持和重视。

## 五、推动资源与环境科学发展举措与存在的问题

中国资源与环境相关学科在 21 世纪取得了巨大的技术突破和研究成果，在海内外引起了强烈的社会反响，资源与环境科学发展进入了大有可为的历史机遇期。以往以 SCI 为核心的论文挂帅价值体系已经不适用新时代的资源与环境科学研究。近年来，国家自然科学基金委员会推出了"代表作"制度，通过只列出申请者 5 篇代表论文，有效地遏制了追求论文量的风气。近年，国家杰出青年科学基金、优秀青年科学基金资助名额进一步放宽，如国家杰出青年科学基金项目由原来每年 200 个名额提升至 300 个名额，有效地优化了资源配置，推动了学术资源供给侧结构性改革，激发了创新活力。为了稳定地支持基础科学的前沿研究，国家自然科学基金委员会设立了创新研究群体科学基金，资助国内以优秀中青年科学家为学术带头人和骨干的研究群体，围绕某一重要研究方向在国内进行基础研究和应用基础研究，其经费在国家自然科学基

金总经费中专列。这一举措有力地培育了创新团队。同时，国家对源头创新需求迫切，科学研究范式正在发生变革，科学前沿迭代加速，学科融合交叉研究方兴未艾。为适应新形势，国家自然科学基金也进行了相应的改革，分两个阶段完成明确资助导向、完善评审机制、优化学科布局三大任务：第一阶段（2018～2022 年），全面落实资助导向、实施分类评审机制、形成学科布局方案；第二阶段（2023～2027 年），全面完成改革任务。最终建成新时代科学基金体系，实现我国卓越科学的宏伟目标。具体而言，国家自然科学基金委员会基于科学问题属性进一步明确资助导向，鼓励探索，聚焦前沿，突出原创，共性导向。此外，基于分类、精准、公正、高效等原则完善评审机制。引入智能辅助评审管理系统，进一步辅助项目评审。基于知识体系内在逻辑和结果，知识层次与应用领域相统一，优化学科布局，促进交叉融合。

然而，资源与环境科学发展在学科体系建设中尚存在改进空间。首先，对"大科学"顶层设计的强调依然不足。我国一些资源与环境科学的分支学科盲目跟踪与模仿国际前沿，与我国国情有所偏离，导致不能满足行业部门的实际需求。其次，人才培养依然偏向于传统优势学科。资源与环境科学的交叉性特质导致新兴交叉学科和传统学科并存的状态，但新兴交叉学科学科体系不完善，导致人才培养缺乏系统性，以至于大量基金资助仍集中于传统优势学科的人才，在同等竞争条件下不利于新兴交叉学科的发展。最后，基础研究需要的深度和行业部门需要的广度有待进一步调和。资源与环境科学作为应用基础科学，基金资助过度倾向基础研究的某项专精方面，不利于培养行业部门所需的具有开阔视野的应用型人才。

# 第四节　学科发展总体布局

## 一、资源与环境科学发展思路

资源与环境科学以人地耦合的地球系统为核心研究对象，是运用地球科学、化学、生物学、计算机科学、工程技术科学、社会科学等学科的知识和技术手段，研究在自然条件和人类活动影响下地球系统资源和环境的演变过程、相互关系及其观测和调控原理，揭示地球系统资源的形成和演化规律、各类环境问题的发生发展规律及区域可持续发展规律的应用基础科学。资源与环境科学具有广泛的科学、技术和管理内涵，包含若干分支学科领域，推动其发展布局的指导思想包括推动学科发展、加强人才培养、服务国家需求、提升支撑能力四个方面。在进一步丰富、强化、拓展和更新传统学科体系的同时，发展壮大新兴学科和交叉学科，培养造就一支强大的研究队伍，建立先进的研究平台和有利于创新的科研环境，在各分支学科协同发展的基础上，形成更加综合、系统的资源与环境科学体系。争取通过合理的学科发展战略布局和扎实推动，经过10~15年，建设形成以人地耦合的地球系统为核心的大综合、大交叉的资源与环境科学学科集群。

## （一）根本在于推动学科发展

资源与环境科学的总体发展布局与分支学科布局各有侧重，分支学科布局更强调探索学科前沿，而总体发展布局更强调深化学科交叉。具体而言，总体发展布局要紧密结合国家与区域科技发展规划，确保各分支学科均衡、协调发展，深化优势学科、强化薄弱学科、重视交叉学科，既要构建独立的学科体系，又要体现优势互补、知识融通、综合交叉的特征；分支学科布局强调深入开展基础研究，提升优势学科水平，加强薄弱学科建设，推动新兴学科发展。充分结合国内外相关学科发展趋势和成果积累，面向国家科技发展需求，明确各学科领域和交叉学科方向的关键科学问题。

为了推动资源与环境科学的科学发展，需要以地球系统科学为核心，围绕"水、土、气、生、矿、人"各要素之间的相互关系和互馈机制开展研究，各学科方向的关注点和推动力应相对集中。因此，有必要在目前"水、土、气、生、矿"要素关联机制分析的基础上，进一步突出资源与环境科学以人为中心的"大科学"特色，将资源与环境科学对"人"的研究与人文社科研究对象相交叉，加强资源与环境领域与经济、管理等领域的交叉融合研究。此外，在理论研究的基础上，需要更加强调技术研发的引导。一方面，注重遥感和地理信息的新方法、新技术的研究和突破，并将其科学、有效地应用到资源与环境科学各分支学科中；另一方面，也需要向工程领域拓展，如与资源工程、环境工程等学科交叉。

## （二）核心在于加强人才培养

资源与环境科学领域强调综合集成与交叉研究，涉及自然科学、社会科学、管理科学、工程科学等多学科领域，对人才的综合素质要求很高。需要开展交叉型领军人才或团队项目在多层次项目计划中的部署，并针对不同类型成果建立相应的评估体系，分类培养人才。通过设立基础教育人才培养特别资助，建设多元化、区域化、国际化的人才梯队，重视地方人才的培养。通过建设支持技术研发与支撑人员发展的资助体系，探索交叉学科人才基地建设，支持多学科融合、科学与技术融合。

在人才培养的周期和年限上，由于资源与环境科学往往涉及地面采样、区域调研、室内试验等过程，因此研究周期一般较长，成果产生周期也较长。目前的国家自然科学基金在优秀青年科学基金资助中采用短周期的人才培养方式，虽然可以让青年科研人员得到迅速锻炼，却不能充分支持优秀青年人才的全周期成长。对知识积累丰富但未能成功申请国家杰出青年科学基金的资源与环境科学学者而言，不利于继续激发其深化研究的内在动力。因此，针对资源与环境科学人才发展的学科广泛性、路径多样性等特征，需要完善长周期、宽范围的支持机制。

## （三）导向在于服务国家需求

中国地域发展条件差异大，各地发展水平和模式不一。从全国整体上看，人口、资源、环境压力大，经济发展水平不高，实现人与自然、经济与社会的协调发展难度极大。资源与环境科学的学科发展应以社会经济发展需求为指引，凝练制约我国经济和社会可持续发展中的重大关键科学问题，加强研究成果对社会、经济和生态效益等方面的时效性作用。通过顶层设计，找准学科定位，凝练战略重点，明确优先资助领域，制订重大资源与环境研究计划，构建符合资源与环境科学知识体系内在逻辑结构、科学前沿和国家需求相统一的学科布局。

考虑资源和环境空间可流动性的影响，国家需求一方面体现为京津冀协同发展、黄河流域生态保护和高质量发展、长江经济带发展、长三角一体化发展、粤港澳大湾区建设等国内重要区域发展战略需求，另一方面也体现为共建"一带一路"等国际需求，因而自然资源的区际流动和国际贸易问题需要予以关注。"双碳"目标等作为长期国家发展战略，更为资源和环境服务国家需求提供了明确风向标，有待明确"水、土、气、生、矿"等自然资源开发与保护对"双碳"目标实现的贡献和影响，通过多学科协同的减排措施支撑"双碳"目标实现。

### （四）保障在于提升支撑能力

保障资源与环境科学学科内部交叉、学科外部交叉的形成与发展是提升支撑能力的重要途径。针对资源与环境科学的综合性和交叉性特征，需要重视基础性、长期性、综合性科研平台构建和持续支持，建立跨自然科学与社会科学的国家重点实验室、基础学科发展基地、数据获取和共享平台，为学科交叉和持续发展打下基础。针对资源与环境科学的区域性和多样性特征，需要结合地域特征、科研院所和高校相关科研机构的设立情况，考虑长期观测实验台站的空间布局合理性，构建长期观测实验台站网络并适当扩充已有台站的规模。应对全球资源与环境重大挑战是资源与环境科学研究的重要使命。因此，需要开展多国合作资助、运用大科学设施和设备、围绕关键议题共同开展大规模合作研发。应当鼓励国际资源与环境科学的多边合作，明确国际政治形势对资源与环境科学研究的正负效应，促进国内学界理解国际环境变化带来的人地关系变迁。要依托双、多边联合资助机制，进一步加强对国际科技合作的支持，持续加大我方投入力度，推动开展体现"我方需求"的实质性国际科技合作。优先支持瞄准国际科学前沿，以重大关键问题为构想和围绕国家重大战略需求的项目，并依托项目建立中外联合实验室与联合研究中心。

## 二、资源与环境科学发展的重点方向

### （一）深化学科交叉

地球陆地表层作为地球大气圈、岩石圈、土壤圈、水圈、生物圈相互作用的界面，与人类的生存和发展息息相关。地球系统的"水、土、气、生、矿、人"各大子系统并非孤立存在，而是通过物理、化学、生物等多种过程的耦合机制相互紧密地联系在一起。以陆地表层系统及其形态、过程、功能和演化作为纽带，既能扩大各个分支学科的研究深度，又能充分深化它们之间的关联和交叉。随着学科交叉的进一步深化，可以解析全球变化影响下多尺度、多过程的人地系统耦合机制，提高资源利用效率，从而服务于国家发展战略和人类命运共同体的需求。

## （二）面向重大环境与灾害问题

地球进入"人类世"以来，人类长期的农业生产、工业化和城镇化过程导致环境污染问题日益突出，引起不同程度的水、土壤和大气污染，严重影响生态系统和人类健康。同时，全球气候变化导致极端天气事件的频率和强度越来越高，自然灾害对人类社会的影响日益加深。因此，加强环境污染治理能力和灾害风险应对能力是人类社会的当务之急。资源与环境科学应充分发挥其在环境与灾害问题方面的显著优势，以提供环境污染治理与修复方案，发展灾害风险预警、防范与应急管理模式，从而推动生态文明建设。

## （三）服务全球和区域可持续发展

联合国提出的可持续发展目标是当今世界各国关心的重要议题，其由 17 项目标、169 项具体目标以及 232 项指标构成。17 项目标涵盖了自然环境（如目标 13 气候、目标 14 海洋、目标 15 生物多样性等）、基础条件（如目标 2 粮食、目标 6 水、目标 7 能源等）以及人类福祉（如目标 1 贫困、目标 3 健康、目标 4 教育等）各个方面。资源与环境科学在实现可持续发展目标的进程中一直扮演十分关键的角色，因为气候、土壤、水、能源、生物多样性等皆是资源与环境科学的核心研究内容。因此，我国资源与环境科学的未来发展应在全球可持续发展目标的启示下，创新区域可持续发展模式，并为全球可持续发展提供中国方案。

## （四）突破"卡脖子"技术

遥感与地理信息系统是资源与环境科学的两项关键技术。遥感监测是一种快速了解区域自然资源演化的重要手段。通过自然资源数量、质量、生态一体化监测和山、水、林、田、湖、草、沙持续性监测，掌握自然资源现状及其动态变化规律是有效保护、管理自然资源的必要前提，可为自然资源管理提供全天候、全方位和全流程的支撑保障服务。同时，地理信息科学是地理信息系统技术及其应用发展到一定水平后的必然要求，它不是只满足于利用计算机技术对地理信息进行可视化表达及空间查询，而是强调了地理信息系统的空间分析能力。在此背景下，资源与环境科学的发展应聚焦于遥感与地理信息"卡脖子"技术，力求提供具有自主知识产权的地球表层高分辨率时空监测数据和智能化空间信息分析系统。

## 三、资源与环境科学的关键科学问题

根据学科发展的指导思想和总体目标，结合国内外各分支学科的发展现状，分四大类凝练出十个学科方向的关键科学问题。

### （一）探索学科前沿并深化学科交叉

水循环与水资源领域的关键科学问题包括：全球变化下陆地水循环演变机制、极值特征和可预测性；气候-生态-水文耦合机理，极端气候条件下生态水文过程与水旱灾害的相互作用；流域生态水文过程、生物地球化学过程、社会经济之间的耦合与集成；人-水耦合系统与水资源可持续利用；水-粮食-能源-生态环境之间的耦合互馈关系与流域综合管理。

土壤与土地科学领域的关键科学问题包括：多尺度土壤时空变异及其表征；土壤污染过程、作用机制及生物效应；土壤环境质量演变与食物安全、生物健康的内在关系；作物根系生长的适宜物理状况及土壤-植物-大气连续体系统水分/养分运输模拟；土壤养分库增容与养分循环过程的耦合机制；土壤有机质驱动土壤生产力形成的机制及有机质提升目标和途径；土地系统认知与时空演变机制；土地利用对生态环境的影响；国土空间优化与资源要素耦合机理；土地资源安全、耕地质量提升和土壤健康环保等多元目标的协同与权衡。

油气与煤化石能源资源领域的关键科学问题包括：全球大陆聚合裂解及多重构造应力作用下盆-山耦合、含油气盆地形成与演化机制；含油气盆地沉积-成岩-改造过程与源-储-盖发育机制及分布规律；地球各圈层相互作用及高温高压条件下物质和能量传输-转换动力学与油气生成-运移-聚集成藏与保存机制。

矿产资源领域的关键科学问题包括：地球多圈层成矿元素循环机制；巨量成矿物质聚集机制；找矿模型与勘查技术；矿产资源高效、清洁、循环利用技术的相关理论基础。

气候变化影响与适应领域的关键科学问题包括：气候系统一体化观测技术、气候变化尤其极端事件的检测与归因、更先进的地球系统模型研发，提高预测预估能力；气候变化与自然系统和社会经济系统的多尺度和多过程耦合机制及其致灾与致利影响；气候变化减缓与适应策略；具有气候恢复力的可持续发展路径。

生态系统科学领域的关键科学问题包括：生态系统稳态维持和可持续的系统动力学机制；全球环境变化和人为活动等多重因素驱动下的生态系统演变规律；生态系统变化对地球环境系统的反馈、调节和影响机制；生态系统对人类社会的可持续发展的支撑作用。

## （二）应对重大环境与灾害问题

环境科学与技术领域的关键科学问题包括：污染物迁移转化机制；污染物区域环境过程；污染物生态毒理效应；污染物环境暴露与健康；污染物分析与监测；污染物控制与削减；受污染环境修复；环境系统模拟与风险管理。

自然灾害风险领域的关键科学问题包括：多圈层相互作用孕灾机制与风险源判识；内外动力耦合灾变机制；自然灾害演化规律与复合链生机制；灾害风险时空演进规律；灾害风险综合管理理论与机制；人与自然和谐的韧性社会模式构建；灾害精准感知与智能监测技术；自然灾害精准预测预报预警技术；灾害风险精细化动态评估技术；重大灾害风险综合防控技术；高效应急救援技术与专业装备；灾后恢复与重建关键技术。

## （三）推动区域可持续发展

区域可持续发展领域的关键科学问题包括：全球可持续发展目标及其中国实践的理论与方法学；全球环境变迁的区域响应；可持续城镇化与乡村振

兴的协调发展；水－土地－能源－粮食－材料的关联关系与调控机制；资源型城市／地区转型发展与可持续生计；特大城市与城市群发展的生态环境效应与综合治理；经济发展的环境效应及其自然承载能力的时空演化；陆基人类活动对海岸带生态系统的影响；典型流域／区域的环境与发展问题；区域社会生态与可持续发展模式。

## （四）突破"卡脖子"技术

遥感与地理信息领域的关键科学问题包括：复杂地理系统的表达、分析、模拟和预测；地理时空大数据管理、分析和决策的高效智能化；地理时空信息服务的社会化和大众化；资源环境动态监测关键技术。

# 本章参考文献

陈宜菲. 2009. 浅谈环境科学的研究进展. 内蒙古环境科学, 21(5): 5-9.

程国栋, 肖洪浪, 傅伯杰, 等. 2014. 黑河流域生态－水文过程集成研究进展. 地球科学进展, 29(4): 431-437.

戴尔阜, 马良. 2018. 土地变化模型方法综述. 地理科学进展, 37(1): 152-162.

傅伯杰. 2014. 地理学综合研究的途径与方法：格局与过程耦合. 地理学报, 69(8): 1052-1059.

傅伯杰, 于丹丹. 2016. 生态系统服务权衡与集成方法. 资源科学, 38(1):1-9.

陆大道, 陈明星. 2015. 关于"国家新型城镇化规划(2014—2020)"编制大背景的几点认识. 地理学报, 70(2): 179-185.

陆大道, 樊杰. 2012. 区域可持续发展研究的兴起与作用. 中国科学院院刊, 27(3): 290-300, 319.

莫欣岳, 李欢, 杨宏, 等. 2016. 新形势下我国农村水污染现状、成因与对策. 世界科技研究与发展, 38(5): 1125-1129.

庞西磊, 黄崇福, 张英菊. 2016. 自然灾害动态风险评估的一种基本模式. 灾害学, 31(1): 1-6.

沈仁芳. 2018. 土壤学发展历程、研究现状与展望. 农学学报, 8(1): 53-58.

孙枢, 李晓波. 2001. 我国资源与环境科学近期发展战略刍议. 地球科学进展, 16(5): 726-733.

邬建国, 何春阳, 张庆云, 等. 2014. 全球变化与区域可持续发展耦合模型及调控对策. 地球科学进展, 29(12): 1315-1324.

吴炳方, 张鑫, 曾红伟, 等. 2018. 资源环境数据生成的大数据方法. 中国科学院院刊, 33(8): 804-811.

夏军, 张永勇, 穆兴民, 等. 2020. 中国生态水文学发展趋势与重点方向. 地理学报, 75(3): 445-457.

熊盛青, 葛大庆, 于峻川. 2017. 对地观测——另一个视角看地球. 国土资源科普与文化, (2): 4-13.

杨大文, 徐宗学, 李哲, 等. 2018. 水文学研究进展与展望. 地理科学进展, 37(1): 36-45.

周睿, 钟林生, 刘家明, 等. 2016. 中国国家公园体系构建方法研究——以自然保护区为例. 资源科学, 38(4): 577-587.

第二章

# 水循环与水资源

## 第一节　战　略　定　位

### 一、科学意义

　　水是生命之源、生产之要、生态之基。水循环连接地球表面各圈层，是大气圈、岩石圈、生物圈和人类圈等多圈层相互作用的纽带；水循环还受到人类活动和经济社会发展的影响，这些自然和人为的影响和反馈导致水循环与水资源的变化，使得地球上的各种涉水问题错综复杂。随着气候变化、土地利用与土地覆盖变化和人类用水活动的不断加剧，水循环变化加剧，给人类水资源安全带来巨大挑战。在全球环境变化背景下，水循环与水资源已经成为地球科学在资源与环境科学研究领域的核心问题和关注焦点（Braga et al.，2014；Yang et al.，2021；夏军等，2019；王浩等，2010；汤秋鸿，2020）。

　　水循环与水资源研究以人地耦合的地球系统为研究对象，运用地球科学、生物化学、计算机科学、工程技术科学和社会科学等学科知识，研究在自然条件变化和人类活动影响下地球水循环与水资源的演变过程，揭示地球水资源的形成和演化、各类水问题的发生发展规律，为全球可持续发展提供科学基础。水循环与水资源研究，一方面通过深入认识水文现象、水文过程及其变化规律，促进了地球系统科学的发展；另一方面通过深入认识水资源形成演化机理，指导水资源高效利用的生产实践，推动了地球科学在资源与环境领域的应用。例如，2004 年在地球系统科学联盟（Earth System Science Partnership，ESSP）体系下启动了"全球水系统计划"（Global Water System Project，GWSP），特别强调了以水循环为纽带的水文物理过程、生物及生物地球化学过程与经济社会的人文过程相互作用和耦合关系研究（夏军，2011）。水循环与水资源研究不仅推动了水文及水资源科学的发展，也带动了地理学、农学、环境科学、经济学、遥感与信息技术的发展和应用，对生态学、可持续发展等学科具有重要的推动作用。联合国教育、科学及文化组织（United Nations Educational，Scientific and Cultural Organization，UNESCO）"国际水文计划"（International Hydrological Programme，IHP）的第八阶段（IHP-Ⅷ，2014～2021 年）战略计划主题是应对区域和全球挑战的水安全，旨在提升水与生态系统恢复力和建立保障生态系统服务的管理方案。国际大型研究计划"未来地球计划"倡导自然科学与社会科学交叉的研究思路，认识水-能源-粮食-生态系统之间的纽带关系成为新的研究热点，这些国际研究计划推动了水循环与水资源领域的多学科交叉研究（Mao et al.，2017；夏军等，2020）。

在国家总体学科发展布局中，资源与环境科学是地球科学的重要研究领域，而水循环与水资源在资源与环境领域中具有重要地位，是资源与环境科学的一个重要学科方向。经济社会发展中的水问题既涉及水的自然属性，也涉及水的社会属性。为更好地服务于人与自然的和谐、可持续发展，需要开展自然和社会科学的综合交叉研究。

## 二、战略价值

水是基础性的自然资源和战略性的经济资源，也是生态环境的重要控制要素，对维系和促进人类经济社会可持续发展具有不可替代的作用。水循环决定了地球上的水是一种可再生资源，但气候和地形等地理条件的差异导致陆地水循环与水资源具有巨大的时空变异性，使得全球 20 多亿人生活的地区面临缺水压力（Oki and Kanae，2006）。全球许多地区包括我国部分地区的水资源开发利用率已经超过了警戒线，导致河流干涸、生态系统退化、地下水位下降、湖泊湿地萎缩等生态环境问题，水资源利用面临不可持续的窘境，水安全问题已经成为世界许多国家经济社会可持续发展面临的关键性瓶颈问题。在我国，水资源短缺已成为经济社会发展面临的刚性约束和严重安全问题，是经济社会发展面临的巨大挑战之一。

2011 年的中央"一号文件"将水安全定位为国家安全的一项重要内容，与粮食安全、经济安全、国防安全等置于同等重要的战略地位。当前，我国正在实施京津冀协同发展、粤港澳大湾区建设、雄安新区建设、长江经济带发展、黄河流域生态保护和高质量发展等重大国家战略，水资源对上述国家重大战略有十分重要的支撑作用。在共建"一带一路"的多个国家和区域，水问题往往是风险和冲突的引爆点，也是地缘政治关注的焦点。针对经济社会发展过程中突出的资源与环境问题，水循环与水资源研究将为我国解决重大资源、环境、灾害的现实问题，实现可持续发展提供新的理论、方法和技术。水循环与水资源研究不仅是国家中长期科学与技术发展的需求，也是国家可持续发展战略的重大需求，还是提升国家综合国力和国际竞争力的需要。

# 第二节　发展规律与研究特点

## 一、学科定义与内涵

水循环使地球上的水资源不断得到更新，认识地球上水的循环规律是人类开发和利用水资源的科学基础。地球上的水循环包括地球水圈范围所有尺度的水文过程，空间尺度从分子到全球、时间尺度从 $10^{-10}$s（分子运动）到万年（全球变化）。地球水循环主要由太阳辐射和地球引力驱动，表现为海洋-

大气-陆地之间的相互作用及水分和能量交换。地表水、热通量是陆-气相互作用的表现形式，同时受到上边界大气和下边界地表两方面的影响。大气影响主要包括降水、气温和陆面辐射；地表的主要影响因素有植被、土壤、地形和人类活动等，这些因素都有高度的空间异质性。针对全球水循环的研究主要集中在两个方面：一是不同时空尺度上的水量平衡、能量平衡及水热耦合平衡的宏观特征；二是水循环中的通量，尤其是陆-气界面之间的水、热通量的表征和定量描述。水文水资源科学是研究地球水资源的形成、分布、运动和演变的规律，以及应用这些规律解决人类需求的科学，还包括人类活动对水循环与水资源的影响等。水文水资源研究的主要对象和内容包括：①地球上水资源的时空分布与变化规律；②人类社会发展中对水资源的开发和利用；③面向水资源可持续利用的生态环境保护。

水文学是研究地球上水的起源、存在、分布、循环运动等变化规律，并运用这些规律为人类服务的知识体系（Dingman，2015），其研究内容包含了水循环与水资源。水文学以地球表面不同时间和空间尺度的水文循环过程为核心研究内容，旨在揭示包括降水、蒸发、下渗、土壤水运动及径流等过程在内的水循环运动基本规律。一方面，水文学是自然地理学的重要分支领域，为推动自然地理学科发展发挥了重大作用；另一方面，水资源是支撑社会经济发展的基本条件，认识水文循环变化规律是合理开发和利用水资源的前提，水文学也是面向生产实践的应用学科。从工程水文计算到水系统综合模拟，水文学的发展历史表明，认识水文循环规律对人类社会的可持续发展至关重要，对水文循环规律的认知水平影响着人类文明与社会经济的发展（Priscoli，2000）。

传统水文学研究十分关注流域的降水-产流关系、蒸发、地表水-地下水相互作用、水资源供给和需求等，为指导水利工程建设和水资源管理，传统水文学理论与方法建立在水循环在统计学上具有平稳性的假设基础上（杨大文等，2014）。随着陆地水循环与水资源研究的不断深入，人们逐步认识到陆地水循环是复杂地球系统中的一部分，水循环和大气、生态、地貌、人文等过程之间有复杂的相互作用，不能以静态和孤立的观点来看待陆地水循环与水资源。随着全球气候变化和社会经济的快速发展，陆地表层环境发生了显著的整体性变化，传统水文学的理论基础——平稳性假设不复存在。在变化环境下，越来越多的学者倾向于将陆地表层中的水循环看作一个整体，称之为水系统（water system）。2004 年，地球系统科学联盟专门提出"全球水系统计划"，并进一步发展和细化流域水系统和城市水系统等（夏军，2011；夏军等，2017a）。水系统演变是陆地表层环境变化的一部分，对区域水资源形成、调配和利用都带来了深刻的影响。

## 二、发展规律

水循环与水资源研究推动了社会经济发展，而技术进步进一步促进了水循环与水资源研究。社会经济发展需求是推动水循环与水资源学科发展的根本动力，技术进步则为水循环与水资源学科发展提供了有力支撑。随着地球演化进入人类主导的"人类世"，在全球变化背景下，陆地水循环系统正在发生快速变化，极端事件增多、水灾害频发、冰冻圈退缩、地下水位下降、河流湖泊干涸、海水入侵、水环境恶化、水资源短缺等涉水问题突显。导致这些水问题的原因不仅与极端气候等自然因素有关，而且与人为因素紧密相关；有些水问题尽管可能发生在局地或者区域尺度，但是其驱动因素或者影响与反馈往往是全球性的，必须基于地球系统科学的理论开展研究。在此背景下，水循环与水资源研究从工程水文学关注的降水–产流–汇流等自然水文过程发展为包含气候、水文、生态、社会经济的水系统综合研究。水系统综合研究促进了水文学与多学科领域交叉，衍生出生态水文学、气象水文学、冰冻圈水文学、城市水文学、社会水文学、全球变化水文学等新兴前沿交叉领域，极大地扩展了水循环与水资源研究的深度和广度。

水循环与水资源研究深度和广度的扩展对研究方法和数据资料也提出了新的要求。遥感方法能够提供大范围、长周期的水循环与水资源数据，极大地丰富了水循环与水资源研究的数据基础，推进了对水循环过程和水资源形成机理的认识和理解。计算机技术的发展大大提高了水文计算能力，支撑了水文模型从简单的概念性模型向复杂的分布式陆地水循环过程综合集成模型发展。结合观测和数值模拟的数据同化技术是提高水循环与水资源模拟预测精度的重要途径；大数据分析、人工智能、机器学习等新技术在水循环与水资源研究中的应用方兴未艾，未来将发挥更大作用，推动水循环与水资源研究走向深入。

## 三、研究特点

水循环研究旨在揭示地球上各种形式的水体的发生、运动、存储、分布，以及相互转化的规律，其中降雨–径流–蒸发三者之间的转化规律尤为重要。水资源研究旨在提出人类开发利用水资源和防治涉水灾害的理论方法，揭示可能产生的社会、经济、环境、生态等各方面的影响并提出应对措施。由于水循环过程对地球上的生态系统、人类生存以及社会经济发展的基础性支撑作用，国际组织和很多国家一直积极支持和推进在全球范围内对水文科学和水资源管理的国际合作研究，为保障各个国家和地区社会经济的可持续发展和水安全提供科学技术支撑。"国际水文计划"是水文领域最重要的国际合作活动，其制定的一系列水文科学研究计划包括水文循环研究、人类活动对水文循环的影响、水资源的合理估算和有效利用等。2013年，联合国教科文组织发布"国际水文计划"第八阶段（IHP-Ⅷ，2014～2021年）战略计划"水安全：应对地方、区域和全球挑战"（Water Security: Responses to Local, Regional and Global Challenges）。国际水文科学协会（International Association of Hydrological Sciences，IAHS）一直倡导和推进全球水文学和水资源的前沿和热点研究，在21世纪启动的第一个国际水文十年（2003～2012年）计划主题是"无资料流域水文预报"（Predictions in Ungauged Basins，PUB），第二个国际水文十年（2013～2022年）计划主题是"处于变化中的水文科学与社会系统"（"Panta Rhei——Everything Flows": Change in Hydrology and Society）。我国也十分重视水循环与水资源的基础和应用基础研究，国家自然科学基金委员会于2011年启动了重大研究计划"黑河流域生态–水文过程集成研究"，2016年又启动重大研究计划项目"西南河流源区径流变化和适应性利用"。

纵观20世纪50年代至今国内外关于水循环与水资源的研究计划和相关成果，可以发现水循环研究的科学问题越来越复杂，水循环研究的理论和方法越来越系统与成熟，资料信息获取手段越来越先进，水资源管理在可持续发展中的作用越来越大，但是也越来越难。水循环与水资源研究的主要特点如下。

## （一）以流域为主要对象的综合集成研究

水循环研究已从小尺度的单一水文过程研究发展为以流域为对象的多过程、多尺度综合集成研究（杨大文等，2014）。早期的水循环研究主要针对水文循环过程（降雨、蒸散发、地表径流、地下水等），研究水量交换的机理与规律。水循环过程不仅仅是水流自身的物理运动过程，还涉及与流域环境的交互作用，包括生态过程、地球化学过程等。最新的水文模型也开始考虑耦合水文–生态过程、水文–地球化学过程等。由于大气–土壤–植被的交互和反馈作用，对于具有显著空间非均匀性特征的流域系统，不同区域和时间以及不同空间尺度的产汇流水文过程受不同因素影响，呈现出不同的行为模式。流域系统的水文过程的控制机理、分异性与相似性、时空尺度转换关系等是水文学研究的焦点问题。另外，流域系统的水文、气候、土壤、植被等要素的协同演化也是当前流域水循环研究的一个热点（Montanari et al.，2013）。水循环研究不仅仅需要水力学、水文学、地理学、气象学的知识，还需要生态学、植物学、地球化学、土壤学、地质学等其他学科的知识。

受气候变化和人类活动的双重影响，全球范围内各种尺度上的流域水文情势发生了深刻变化，表现为河川径流量发生趋势性变化，极端水文事件发生频次增加、强度增大，引发一系列严重的水资源短缺或洪涝问题。由于水循环与水资源的重要性，气候变化和人类活动的水文效应是当前和将来很长一段时间水科学研究中的基础性热点问题之一（夏军和石卫，2016）。在变化环境下，流域或者区域水系统不再是稳态系统，所观测到的水文径流系列表现出显著的非一致性，给基于一致性假设的水文学理论和水资源管理措施带来了巨大的挑战（Milly et al.，2008）。水文过程非一致性研究将进一步加深对水循环的认识，也有助于更加科学地制定变化环境下的水管理应对措施。

## （二）流域水文模型是主要研究手段

流域水文模型将主要的水文过程耦合在一起构建水文模型，用于模拟和分析流域水循环过程和水量的时空变化与分布规律，是水文水资源研究的主要手段。20世纪50年代至今，流域水文模型的发展经历了集总式系统模型、集总式概念模型、分布式物理模型三个阶段。分布式流域水文模型成为当今水文科学研究和应用的热点、难点和重点之一。在地理信息系统、遥感技术的支持下，分布式流域水文模型不仅可以帮助人们更加深入地分析水文循环在不同时间和空间尺度上的演变过程和规律，而且为综合研究和解决实践中水问题提供了一个更加有效的研究框架和分析平台。

流域水文系统的复杂性导致了水文模型不确定性（modeling uncertainty）。2000年以来，针对流域水文模型不确定性的研究已成为水文模型研究的一个重要方面。流域水文模型不确定性主要包括观测资料/输入数据误差、模型结构误差、模型参数误差等带来的不确定性。水文模型不确定性研究主要采用统计方法，如贝叶斯统计方法和基于马尔可夫链蒙特卡罗抽样的统计方法等。通过不确定性分析不仅有助于改进流域水文模型，还可以提高水文模型模拟的精度。

### （三）遥测遥感观测和气候模式输出数据被广泛使用

水循环研究不仅需要水文气象资料，还需要地形地貌、土壤地质、植被及土地利用等多种信息。构建分布式流域水文模型需要充足的资料信息来刻画流域下垫面状况、提供模型输入、率定模型参数、校核模型结果。

地面观测的水文气象数据是水循环与水资源研究最重要的基础信息。除此之外，基于雷达、卫星和无人机的遥测遥感数据和气候模式输出（如GCM和RCM）数据也成为水循环研究的重要数据来源。遥测遥感数据包括降雨、地表水体面积/深度、植被、土壤含水量、蒸散发、水质、冰雪、地下水位等。气候模式输出数据主要是未来各种气候情景下的水文气象模拟数据，包括降水、气温、风速等。将气候模式和遥测遥感数据应用于无/缺流量资料流域，可以促进在无/缺流量资料流域水文循环的研究。例如，气候模式输出的降水被用来研究变化环境下流域未来的水资源量演变，遥感土壤含水量被用来评估区域的干旱程度，GRACE卫星数据被用于大时空尺度的全球/区域水储量变化研究等。

由于遥测遥感和气候模式输出数据的时间和空间分辨率通常与水文模型的尺度不匹配，因此其不能直接用于流域水文模型，需要通过数据融合、同化或者升/降尺度处理后用于流域水文循环研究。必须指出的是，遥测遥感和气候模式输出数据都存在误差，当其用于水文模拟时也是模拟结果误差或不确定性的贡献者。未来，随着大数据、云计算、人工智能、物联网等技术的发展，水循环研究还会有更多的数据来源以及获取数据的方式和手段（See，2019）。

### （四）水-粮食-能源-生态的纽带关系是水资源研究的核心问题

2020 年的全球人口已经突破 75 亿，未来还会持续增长，对水资源的需求会越来越大，行业需求之间的冲突也将越来越大。水资源的可持续发展是实现社会经济可持续发展的支柱，水资源管理必须依靠先进的水文学理论、方法与技术。可靠的水资源时空分布信息数据及其未来的变化预测，是水资源管理决策的基础和依据。除了传统的水文观测外，水资源时空分布信息还可以借助水文模型对流域、区域甚至全球水文循环过程的模拟和预报，获得覆盖范围更大、分辨率更高、面向未来的水资源时空分布信息。由于高强度人类活动对自然水文过程的影响，在水资源管理中，当模拟和预报一个流域/区域的水文循环过程时，不仅要考虑自然水循环过程，还要考虑社会水循环过程。

水、粮食、能源、生态之间存在复杂的相互作用关系，称为纽带关系，其中可用水量是纽带关系的核心要素。气候变化、城市化、人口增长等诸多因素都会对纽带关系产生影响，水-粮食-能源-生态的纽带关系成为水资源管理研究的一个热点。

综上，"兴利除害"是水循环与水资源研究的永恒主题，提升变化环境下流域/区域水资源变化预测和防灾减灾能力尤为重要。水资源管理不仅要满足社会生活、生产和生态对水量和水质的需要，还要具有适应气候变化的应对能力，为减缓气候变化引起的涉水灾害提供政策和措施。

# 第三节　发展现状与发展态势

在全球环境变化背景下，水循环与水资源已经成为地球科学在资源与环境研究领域的核心问题和关注焦点（Braga et al.，2014；Yang et al.，2021；夏军等，2019；王浩等，2010）。针对全球水循环的研究主要集中在两个方面：一是不同时空尺度上的水量平衡、能量平衡及水热耦合平衡的宏观特征；二是水循环中的通量，尤其是陆-气界面之间的水、热通量的表征和定量描述。针对水资源的研究主要包括：地球上水资源的时空分布与变化规律，人类社会在发展中对水资源的开发和利用，以及面向水资源可持续利用的生态环境保护。传统水文学研究十分关注流域的降水-产流关系、蒸发、地表水-地下水相互作用、水资源供给和需求等。在变化环境下，越来越多的学者倾向于将陆地表层中的水循环看作一个整体，称之为全球水系统（global water system）。水系统演变是陆地表层环境变化的一部分，对区域水资源形成、调配和利用都带来了深刻的影响。水系统综合研究促进了水文学与多学科领域交叉，衍生出生态水文学、气象水文学、冰冻圈水文学、城市水文学、社会水文学、全球变化水文学等新兴前沿交叉领域，极大地扩展了水循环与水资源研究的深度和广度。

水资源领域研究的 SCI、SSCI 论文发表数量从 2010 年的 9784 篇增加至 2019 年的 18 456 篇，增幅为 88.63%。2019 年，水资源领域论文发表数量前 15 位的国家中，中国排名第一，其次依次为美国、德国、加拿大、澳大利亚、印度、意大利、英国、西班牙、伊朗……，中美两国在水资源领域的论文发表数量远远超过其他国家。2010 年，水资源领域论文发表数量最多的国家为美国，中国位居第二位。2015 年，中国超越美国成为该领域论文发表数量最多的国家，并在近 5 年中逐渐拉开了与其他国家论文发表数量的差距。

# 一、全球变化与陆地水循环

## （一）研究现状

地球陆地上的水循环与人类生产生活、生态系统密切相关，降水、蒸发和径流是陆地水文过程的主要环节，也是水循环研究的主要内容（刘昌明等，2014）。在全球变暖背景下，大气系统的改变将加速陆地水循环的时空变化（Milly et al.，2005；Taylor et al.，2013），加剧全球或区域水资源短缺（Schewe et al.，2014），这些影响在全球范围内存在显著的区域差异性。以气温升高、极端事件频发为主要特征的全球气候变化，已经成为当今科学界、各国政府和社会公众普遍关注的问题之一（IPCC，2013）。气候变化导致陆地水循环发生显著变化，全球多个区域高温热浪、暴雨、洪涝、骤旱、持续性干旱等水文气象极端事件发生的频率和强度均有所增加（IPCC，2013），且多个极端事件同时发生（如高温干旱等）的可能性也在增加（Hao et al.，2018）。在气候变暖背景下，全球陆地冰冻圈发生了冰川退缩、积雪减少、多年冻土退化等变化，这既增加了陆地冰冻圈自身的不稳定性，也对陆地水循环产生了深远影响（丁永建等，2020）。除了受自然因素的影响外，陆地水循环还受人类活动的作用（Vörösmarty and Dork，2000；Wang et al.，2010；王浩等，2010）。人类不仅通过温室气体排放引起人为气候变化和土地利用与土地覆盖变化影响陆地水循环（Gordon et al.，2005；Piao et al.，2007；IPCC，2013），还通过水利工程和取水用水活动直接地改变自然水文循环过程（Haddeland et al.，2014；汤秋鸿等，2015；Wada et al.，2017）。随着人口增长和消费水平的提高，世界水资源面临着前所未有的压力（Dosdogru et al.，2020），全球变化下的水循环与水资源成为研究热点（夏军和石卫，2016；汤秋鸿，2020）。

利用长序列历史资料分析极端水文气象事件出现频率、持续时间和强度等变化是气候变化影响研究的基础，国内外学者对此开展了大量的研究工作。研究表明，气候变化导致陆地水循环发生显著变化，全球多个区域高温热浪、暴雨洪涝、骤旱和持续性干旱等极端水文气象事件发生的频率和强度均有所增加（IPCC，2013）。近十几年来，极端事件归因研究发展迅速，通常利用长序列观测资料和模型模拟（如 CMIP 气候模式等），比较在有/无人为气候变化情况下极端事件发生概率的区别。归因分析主要采用的方法有分部归因风险框架和最优指纹法等（Naveau et al.，2020）。观测资料长度限制、动力模式及统计归因方法的不确定性，导致极端事件归因结果有较大的误差（Lott and Stott，2016；Paciorek et al.，2018）。与温度有关的极端事件归因结果最为可靠，其次是干旱和极端降雨，人为因素给对流风暴和温带气旋带来的影响很难量化（National Academies of Sciences，Engineering，and Medicine，2016）。受全球气候变化、高强度人类活动和流域下垫面变化等环境变化的影响，水文气象序列呈现非平稳特征，传统基于平稳性假设的水文水资源分析方法受到质疑，国内外学者开始关注非平稳性水文气象概率分布理论方法研究。研究表明，非平稳时间序列统计模型能体现水文气象极值随时间或协变量（全球或区域平均气温、大气环流指数等）的变化情势（鲁帆等，2017）。然而，根据历史观测数据估计的非平稳时间序列统计模型时变参数，在预测未来变化趋势时并不一定有效，需要结合物理成因及外部环境变化判断结果的可信度。在全球变化背景下，评估非平稳情况下的极端水文气象事件重现期和风险，尚有待深入研究。

观测数据表明，1900年以来全球陆地降水变化较小，但具有很大的区域差异性（姜彤等，2020）。在20世纪，位于30°N～85°N的陆地降水普遍增加，平均降水增加7%～12%，但是北半球副热地区（10°N～30°N）降水量减少3%，非洲北部、南美沙漠地区减少更明显；在0°S～55°S地区，平均降水增加约2%。与平均降水相比，极端降水受全球气候变化的影响更加显著。在整个欧洲（Haylock and Goodness，2004）、北美洲（Groisman et al.，2001；Santos et al.，2011）、亚洲（Sun et al.，2017），已有的观测数据表明强降水发生频率增加。1982～2008年，全球多年平均陆面实际蒸散发量呈现总体增加趋势，其中1982～1997年增加趋势显著，增加速率为（7.1 ± 1）mm/10a，而在1998～2008年则呈现下降趋势，下降速率约为7.9 mm/10a（Jung et al.，2011）。从空间上看，实际蒸散发量变化趋势具有南北区域差异，即南半球的非洲、澳大利亚及南美洲的陆面实际蒸散发量具有显著下降趋势，而在北半球的变化趋势相对较缓。究其原因，南半球及北美地区陆面实际蒸散发变化可能与陆面土壤湿度（下垫面供水条件）的变化关系密切，在北半球的亚洲更可能是土壤湿度及能量条件（包括温度、辐射、风速等）共同作用的结果（Jung et al.，2011）。气候变化对径流的影响，一方面是降水变化直接影响产汇流；另一方面是气温升高导致冰川融雪增加和蒸散发变化，进而影响径流（姜彤等，2020）。IPCC（2013）通过对全球模拟径流（1948～2004年）结果分析发现，平均年径流量在高纬和热带湿润地区呈现增加趋势，大多数热带干旱地区则呈现下降趋势。在欧洲南部和东部，径流量呈现减少趋势，其他地区径流量呈现增加趋势（Stahl et al.，2012）；在北美，密西西比河观测到的径流量呈现增加趋势，而在美国西北太平洋和南大西洋湾地区的径流量则呈现减少趋势（Kalra et al.，2008）。在未来全球变暖情景下，预估至2050年南欧减少20%～30%，至2070年北欧增加30%，南欧减少超过 30%（吴邵洪和赵宗慈，2009）。在温室气体高排放情景下（RCP8.5），亚洲南部和北美洲地区，径流量呈现显著增加趋势（Alkama et al.，2013）。

全球冰冻圈受气候变化影响十分显著。研究指出，2002~2019 年，除格陵兰岛和南极洲以外全球冰川冰盖总质量损失平均为（281.5±30）Gt/a，并以（5±2）Gt/a 的趋势显著加速损失（Hall and Robin.，2012；Li et al.，2019）。质量损失主要集中在七个地区（Ciracì et al.，2020），包括阿拉斯加州（72.5±8）Gt/a、加拿大北极群岛（73.0±9）Gt/a、南安第斯山脉（30.4±13）Gt/a、亚洲高山（28.8±11）Gt/a、俄罗斯北极（20.2±6）Gt/a、冰岛（15.9±4）Gt/a、斯瓦尔巴群岛（12.1±4）Gt/a。在全球范围内，冰川消融会导致海平面上升（Zemp et al.，2019）；在区域和局部尺度上，冰川融水是径流量的重要贡献者和调节者，在枯水期补充径流（Schaner et al.，2012；Quincey et al.，2018），冰川融水变化对湖泊储量变化也有重要作用（Treichler et al.，2019）。即使在冰川覆盖率最小的大型流域中，冰川持续消融对中下游的水文影响也可能很大，且地域和季节的差别也很大（Huss and Hock，2018）。1978~2010 年，北半球积雪范围及冬季雪水当量整体呈现下降趋势，仅在欧亚大陆一些区域积雪范围略微增加。当全球升温 1.5℃时，北半球一半以上的区域雪水当量将减少；北美洲中部、欧洲西部、俄罗斯西北部减少较显著（孔莹和王澄海，2017）。在高海拔地区，降水增加导致积雪增加，但在中等海拔地区虽然降水量增加，积雪仍然减少（Stewart，2009；Adam et al.，2010）。青藏高原积雪虽浅，但其产生的辐射强迫比高纬度地区更为重要（车涛等，2019）。过去 50 年，青藏高原积雪面积总体呈减少趋势，积雪期开始时间推迟、结束时间提前（姚檀栋等，2013）。近 30 多年，青藏高原积雪出现较大的年际波动并伴有减少趋势，其中积雪覆盖日数减少明显，2000 年后雪深减少明显（车涛等，2019）。气候变暖将导致降雪转降雨，天然蓄水能力减弱，积雪提前融化，河流径流季节特性发生变化（Barnett et al.，2005）。降雪比例下降、融雪时间改变，对依赖融雪径流进行灌溉地区的粮食生产有深远影响（Qin et al.，2020）。冰冻圈退化过程中也伴随着灾害效应，冰冻圈灾害发生频数和强度增加，已是全球常见的自然灾害（王世金和温家洪，2020）。青藏高原积雪变化对中国北方春季旱情有重要影响（姚檀栋等，2013）。在青藏高原，以冰雪融水为主要补给来源的湖泊整体扩张趋势明显，而随着冰川积雪的减少，部分河流径流量将出现由增到减的"拐点"（张建云等，2019；汤秋鸿等，2019）。

气候变暖导致全球多年冻土持续退化，主要表现为多年冻土温度升高、多年冻土面积锐减以及活动层厚度加深（Guo and Wang，2016；Luo et al.，2016；Wu et al.，2016；程国栋等，2019；Wang J et al.，2020）。北半球极地地区和高山区多年冻土出现持续升温、退化以及地下冰减少，如青藏高原、中亚地区、阿拉斯加、加拿大中部和东部、俄罗斯西伯利亚地区、欧洲阿尔卑斯山脉以及挪威等环北极地区多年冻土均呈现退化趋势（Farbrot et al.，2007；Isaksen et al.，2007；Wu et al.，2015；Pogliotti et al.，2015；Gisnas et al.，2016；Myhra et al.，2017；Alexander et al.，2020；Holloway and Lewkowicz，2020；Nitzbon et al.，2020）。到21世纪末，如果全球升温达到2℃，预计全球多年冻土面积将会减少40%（苏勃等，2019）。冻土层不断融化，导致活动层增厚和底部含水量增加，从而增加多年冻土区河流和湖泊的径流量（程国栋等，2019）；与此同时，冻土退化也增强了地表水的入渗能力，使地下水储量增大，从而导致冬季径流量增加（Woo et al.，2008）；在北半球高纬度地区，相关研究表明活动层加深、地下冰融化以及融化期延长可导致冬季基流和夏季径流量的显著增加（Chang et al.，2018）；然而在冻土分布不连续的地区，多年冻土层地下冰的融化使得冬季河流基流显著增加，该地区径流的季节性变化因冻土退化变得更为平缓（赵林等，2019）。

陆面水文过程模型是模拟和预估变化环境下大尺度陆地水循环时空变化的重要工具，其中针对土地利用变化和水库调度等人类活动直接影响的模拟是近年来的研究热点。除了模型参数、输入数据以及陆面边界条件外，人类活动数值模拟研究的不确定性主要来源于人类活动模拟方案的不同（Pokhrel et al.，2016；Nazemi and Wheater，2015）。例如，灌溉用水占人类总用水量的70%左右（Döll and Siebert，2002），但不同的模型往往模拟出不同的灌溉用水量（Wada et al.，2014），从而或高或低地估计灌溉用水活动的水文效应。陆面过程数值模拟研究往往通过设置不同的陆面参数和情景，评估给定的气候强迫下人类活动的影响，没有考虑陆面水文过程与生态圈、大气圈等地球系统其他圈层的耦合与反馈关系。

## （二）发展趋势

气候变化、土地利用变化、人类对水资源的开发与利用等对水循环的影响日益加剧，也对极端水文气象事件造成直接和间接的影响。人类通过改变土地利用类型，对地表能量和水分循环产生影响，并通过陆地-大气相互作用增强或减弱极端水文气象事件的强度（Diro et al.，2014）。由于陆面过程的高度非均匀性且陆地-大气间的反馈易受到大尺度环流异常的影响，下垫面变化对极端水文事件的间接影响不仅缺乏全球普遍的结论，在区域尺度也存在很大的不确定性。通过海洋-陆地-大气过程紧密耦合的地球系统方法，认识全球变化背景下水循环变化规律、研究极端事件成因和可预报性，并发展相应的模型进行预测和预估，是目前全球水循环研究的主流趋势。近十几年来，基于海-气耦合气候模式和陆面水文模型的季节集合预测技术已成熟地应用于持续性干旱、洪水等极端水文气象事件的预测研究（Yuan et al.，2015）。对于未来预估，主要采用未来气候情景数据、驱动区域气候模式或陆面水文模型，对未来极端气象水文事件发生的频率、历时和强度等特征进行模拟，然后结合未来人口、作物或经济数据，计算暴露度或脆弱性等指标，从而预估未来不同升温情景下极端事件及风险的变化趋势。全球气候模式是气候变化预估最主要和最有效的工具。不同模式的输出结果有很大差异，导致极端水文事件及其风险的预估也存在较大的不确定性。降低水循环预测的不确定性，提高对极端水文事件及其风险的预测能力是全球水循环研究的优先主题之一。

随着全球气候变暖，地球冰冻圈迅速变化，陆地水循环加剧，迫切需要加强相关研究（Yao，2019）。全球冰川数量和范围的变化特征与未来变化趋势，以及在区域或全球范围内冰雪变化对河流径流和水资源的影响研究，是近期也是未来很长一段时间的国际研究热点和趋势（Beamer et al.，2017）；冻土研究主要集中在当前全球多年冻土变化的范围和速度以及未来全球气候背景下的持续变化趋势及其影响陆地水循环过程的方式和程度。尽管遥感技术克服了传统站点观测所遇到的许多障碍，但站点观测对于冰川物质平衡和径流模型的率定与验证是必不可少的（Dussaillant et al.，2019）；尽管全球尺度冰川模型的发展最近取得了一些进展，但仍缺少基于物理的冰川动力学模拟和锋面消融过程（Farinotti et al.，2020）；冰川融水对流域水文过程的影响是未知的，因此应加强冰川质量平衡模型与水文模型的耦合（Radic and Hock，2014）。在积雪研究方面，亟须推动积雪遥感观测和反演技术进步，获取更接近真实的大尺度积雪数据；改进和完善水文模型中积雪和融雪过程，评估积雪变化对水文过程的影响；关注气候变化背景下融雪模式变化引起的区域水资源问题，以便采取对策应对可能的粮食生产风险；加强对融雪、洪水等灾害的研究。亟须加强地面观测，并结合遥感监测方法提高数据时空分辨率，同时水文模型应提高土壤冻融循环、活动层水分的空间变化和产汇流过程的模拟能力。在冰冻圈水循环变化的数值模拟和预测方面，发展多尺度、多过程耦合的冰冻圈水文模型是未来的发展趋势（杨大文等，2020）。

定量描述人类活动对陆地水循环过程的影响，评估陆面水文过程对人类活动和气候变化的响应及其水资源效应，是全球水循环与水资源研究的热点（Bierkens，2015；Wada et al.，2017）。近年来，国内外学者在发展陆面模型中人类活动参数化方案（Pokhrel et al.，2016；Coerver et al.，2018；D'Odorico et al.，2018；Dosdogru et al.，2020）的基础上，尚需进一步开展精细化陆面水文模拟和陆气耦合情景数值模拟，研究人类活动与全球水文气候系统的相互作用。按照"机理认识–模型研制–模拟评估"三个方向，机理认识的重点是人类活动和陆地水循环要素之间的相互作用与反馈机制；模型研制的重点是细化人类活动参数化方案，突破多过程、多尺度和多要素耦合模拟技术，发展高精度的陆面水文过程模型；模拟评估的重点是水循环对人类活动的动态响应及其对水资源的影响。

## 二、水循环关键过程与耦合集成

### （一）生态水文过程

#### 1. 概述

生态水文过程是指水文过程与生态过程的耦合过程。生态水文过程主要研究的是陆地生态系统植物生态与水文之间的相互关系，核心在于揭示植被动态对水文循环的影响以及水文循环对植被生理生态过程的调控（夏军等，

2020）。在全球气候变化、水资源短缺、生态环境退化的背景下，生态水文过程研究已成为水文学、生态学及相关学科领域研究的重点，由此衍生出新兴学科分支——生态水文学。生态水文学于 1992 年在都柏林国际水与环境大会上被确立为一门独立的学科，在国际地圈-生物圈计划（IGBP）及国际水文计划等的推动下迅速发展起来，已成为地球科学与资源环境领域研究的前沿与热点（夏军等，2019）。

## 2. 研究现状

### 1）生态-水文耦合作用机理

水文过程与生态过程，尤其是陆地生态系统植被生态过程的耦合作用机理是生态水文研究的核心科学问题。生态水文过程具有强烈的空间异质性。在干旱区，水分是限制植被生长的决定性因子，干旱区生态水文过程在国内外生态水文研究领域均受到了最为广泛的关注。研究内容主要包括：干旱区典型植被的水分利用机理和水分胁迫响应、干旱区地形-地貌形成与演变的生态水文学机制以及典型生态系统的生态水文过程与生态需水研究。在湿润区，水分不再是限制植被生长的关键要素，生态水文研究侧重于生态水文过程对能量-养分循环的调控机制、森林的水源涵养功能及其对极端水文气象事件的调控。

生态水文过程亦具有明显的尺度特征。在叶片尺度，生态-水文耦合机理主要围绕叶片的蒸腾过程展开，同时亦关注叶片固碳与耗水之间的关系。在冠层和生态系统尺度，关注蒸散发和蒸发、蒸腾的不同过程及其变化特点和控制因素，同时涉及冠层截留以及不同植被群落特征的生态水文效应。在区域与流域尺度，集中于植被覆盖和土地利用变化对径流的影响，反映植被在时间和空间上的变化所带来的综合水文效应。然而，不同尺度间的相互转化是生态水文研究面临的突出难点问题（夏军等，2019）。

### 2）生态水文过程模拟

生态水文模型是深入理解不同尺度生态过程与水文过程相互作用的重要手段，也是定量评估变化环境下生态水文响应的主要工具。流域尺度的生态水文模型大多由降水-径流模型发展而来，在传统的降水-径流模型中引入植被参数与植被动态过程，刻画植被生态与水文过程间的相互作用。此外，生态水文最优性原理的发展为生态水文模型的建立提供了新的思路。由于增加了约束条件，生态水文最优性模型结构往往更为简单，所需参数更少，可以更好地应用于区域尺度的生态水文模拟。近年来，基于生态水文最优性原理的生态水文模型已逐渐成为生态水文学研究的热点之一（夏军等，2019）。

3）生态水文综合观测与实验

生态水文观测的主体是地表水分-能量-碳通量，最常用的观测手段是以涡度相关技术为核心的通量观测。然而，现有的通量观测主要服务于生态学研究，其站点分布对水文单元（如流域、灌区）的代表性较差。清华大学组建的"北方缺水地区典型下垫面生态水文教育部野外科学观测研究站"是我国针对生态水文过程研究的通量观测站网典范。

流域尺度的生态水文综合观测与实验计划为流域生态水文多过程耦合与集成研究提供了坚实的数据基础。2000 年启动的美国 SAHRA（Sustainability of Semi-Arid Hydrology and Riparian Areas）计划是国际上生态水文学集成研究的典范。国家自然科学基金委员会重大研究计划"黑河流域生态-水文过程集成研究"在研究思路与手段上都与美国的 SAHRA 计划接近。这两个研究计划主要通过观测、试验、模拟、情景分析等手段，对全球变化下的流域生态-水文过程进行多尺度、多要素、多学科的综合观测，并充分考虑社会经济要素。

4）变化环境下的生态水文研究

全球变化是 21 世纪人类社会的主题，在持续的气候变化与不断增强的人类活动影响下，生态-水文耦合关系呈现出新的特征。针对生态水文过程研究的前沿与热点亦越发体现出"变化"的特点，所涉及的热点问题主要包括：气候变化和极端水文气象事件（如干旱）对生态水文过程与水量平衡的影响、植被对气候变化和极端水文气象事件的响应与适应机制、大气 $CO_2$ 浓度升高对植被施肥作用的生态水文效应、陆面生态水文过程对大气系统的反馈作用以及人工改变植被格局的生态水文效应等（夏军等，2019）。

## 3. 发展趋势

生态水文研究具有典型的多过程耦合特征，其研究强调多要素、多过程、多尺度、多界面、自然和社会的综合交叉与集成。建立流域及区域尺度上的生态水文综合观测体系与开展大尺度实验研究，结合水文、地理、遥感等大数据资源，研究多尺度生态过程与流域水文循环耦合机理及其模拟方法是生态水文研究的趋势。在全球变化的背景下，发展变化环境下生态水文过程的量化方法，揭示生态水文过程对全球变化的响应及其适应机制，预测未来气候情景下生态水文过程的变化及其对自然-社会系统的影响，是未来生态水文研究领域的前沿科学问题。

## （二）湖泊湿地水文过程

### 1. 概述

我国湖泊与湿地众多且分布地域广，湖泊与湿地兼具饮用水水源地、引水灌溉、调蓄洪涝、水产养殖和景观旅游等诸多功能，同时还具备调节局地气候、记录局域环境变化、维系生态系统平衡和保持生物多样性的功能（程晓冰等，2007）。20世纪90年代，国际上广泛开展以湿地为主的生态水文过程研究，如针对植被格局、湿地生态系统等与水文过程交互作用的研究（Gieske et al.，1995）。随着经济社会快速发展对自然环境的影响愈加强烈，人类活动影响下的流域和湖泊生态水文等研究也得到了发展。湖泊与湿地水循环与水资源研究也逐步从小尺度实验观测和数据分析转向多尺度综合性模型探索（夏军等，2020），学科理论和方法等均取得了长足的进步。

### 2. 研究现状

20世纪50年代初，我国湖泊与湿地相关研究主要集中于资源调查，相关成果多限于描述性及定性表征。20世纪60年代中期至90年代初，针对当时国情与国家需求，湖泊科学研究的重点为湖泊资源的开发利用，因而在湖盆油气资源勘探与开发、湖泊水资源利用、湖泊与湿地围垦垦殖、水产养殖、水体农业等生物资源开发利用方面取得了丰硕的成果。

以长江中下游湖泊为例，长江中下游平原区湖泊星罗棋布，是我国五大湖群之一。长江中下游湖区人民为了获取水资源以及将更多的土地用于生产，近百年来对长江的河湖湿地进行了围垦、修堤筑坝，增加耕地和抵御洪水，形成了传统的开发和治河理念。根据《长江流域综合规划》，截至2010年，已建成跨流域调水工程向外流域调水规模达272亿 $m^3$，至2030年跨流域调水总规模达 452 亿 m³（占全国水资源一级区调出水量的 78%）。流域已建和在建水库 4.6 万座，占全国水库数量的 54%，中上游投入运行且总库容 1 亿 m³ 以上的大型水库 80 余座，总兴利库容 600 多亿 m³，防洪库容 380 亿 m³。这些水利工程在优化水资源空间配置和防洪减灾等方面发挥了重要作用，同时也带来了一系列问题。例如，上游水库建设和运行改变下游湖泊湿地的水文状况，从而导致湖泊水资源条件改变并对其生态环境和与之息息相关的野生动植物栖息地造成影响。

20 世纪 80 年代以来，人类社会活动引起的点源与面源污染造成的湖泊与湿地富营养化问题日趋严重，这是陆地环境污染的直接表现形式。湖泊与湿地富营养化是全球性普遍现象，其中湖泊与湿地水体温度升高、温跃层深度增加、营养盐释放造成浮游藻类大规模增殖加速湖泊的富营养化进程（Qin et al.，2018）。我国五大淡水湖，即鄱阳湖、洞庭湖、太湖、洪泽湖与巢湖的营养水平在近 40 年来显著上升，尤其是太湖和巢湖目前已进入富营养状态，其他三个湖泊在具备某些水文气象条件时，亦会趋于富营养水平（陈发虎等，2019）。

近几十年来，全球气候变暖和人类活动的加剧，造成湖泊面积缩小、污染加剧、可利用水量减少、生态与环境日趋恶化、灾害频发、经济损失剧增，湖泊已经成为区域自然环境变化和人与自然相互作用最为敏感、影响最为深刻、治理难度最大的地理单元（Qin et al.，2018）。

21 世纪以来，随着国家政府及环保部门对湖泊与湿地水环境的高度重视，不断开展湖泊与湿地流域综合治理，加强湖泊-流域系统水资源合理调配利用与污染防治研究，兴建各个级别湖泊与湿地保护区，直接保证清洁的饮用水供给以及流域内人群及其他动植物健康。当然，目前对于湖泊湿地水环境研究方面还存在一些不足，如对湖泊-流域系统的整体性和相互作用认识不足，人类活动对湖泊环境演化过程影响的定量区分不明确，大尺度长期监测网络的完善和数据共享集成有待进一步发展等问题。近年来随着习近平总书记"绿水青山就是金山银山"号召的提出，湖泊与湿地领域不断发展新的技术，加强对湖泊与湿地流域的管理和监控，将山水林田湖作为一个生命共同体，应对可能的自然或人为活动造成的灾害，是经济社会可持续发展的需要（李世杰等，2011）。

## （三）冰冻圈水文过程

### 1. 概述

全球变暖背景下，以冰雪消融、冻土水分释放等为主要特征的冰冻圈水文过程受到显著影响。气温升高短期内致使冰雪融化速度加快、消融期提前、积雪融化量增加，从而直接影响寒区流域的径流过程（Yao et al.，2012；丁永建和效存德，2013）。

在气候变暖的背景下，全球冰川普遍退缩，且在未来将会加剧（姚檀栋等，2004；Hock et al.，2019），研究冰川变化的径流效应对流域水资源评价、利用与管理具有重要的参考价值（Pritchard，2019；王宁练等，2019）。融雪径流是寒区水资源的重要组成部分。受观测条件制约，积雪变化对水文过程的影响分析主要面临观测资料短缺与高度不确定性等挑战（Shrestha et al.，2014）。冻土作为一种特殊的区域性隔水层或弱透水层，是发育和保存冻土区水均衡的重要基础，在整个水文过程中由于其低透水性、高储水力、季节性冻融过程、冻结/融化水再分配的水文特性，在一定时空尺度上改变地表水体和土壤水之间的水力联系，同时也会限制大气与土壤的水汽交换等，对地下水径流、水循环和水资源量具有显著影响。

### 2. 研究现状

冰川水文模型是研究流域冰川径流的主要手段（La Frenierre and Mark，2014），主要可分为两大类：温度指数模型和能量平衡模型。前者基于温度与冰川融化速率的相关关系，模型相对简单，并得到广泛应用（Hock，2005）。随着遥感技术的发展，高海拔的山地冰川数据及气象数据的获取成为可能，温度指数模型得到改进，同时也催生出许多基于能量平衡建模的冰川模型，广泛运用于流域冰川径流变化及未来预测研究。

在流域冰川径流研究方面，Luo 等（2013）在 SWAT 模型中加入冰川过程并应用于新疆玛纳斯流域，计算得到冰川融水占流域径流量的 25%；Bash 和 Marshall（2014）开发出改进后的温度指数模型，并对冰川融水进行了模拟，得到冰川融水占流域径流的 3%，且在夏季数值更大，特别是在干旱年份。在预测流域未来冰川变化对径流影响研究方面，Immerzeel 等（2013）采用最新的气候模式及高分辨率的冰川模型预测印度河和恒河未来冰川径流；Huss 和 Hock（2018）预测 56 个大型冰川流域到 2100 年的冰川径流变化，结果表明冰川较大、冰盖比例较高的流域冰川径流峰值出现较晚，一些冰川覆盖率低的流域径流峰值已经出现；Rounce 等（2020）预估在 21 世纪末亚洲高山冰川相对于 2015 年的总质量损失将在（29±12）%（RCP 2.6）和（67±10）%（RCP 8.5）。

在积雪时空分布及变化方面，研究指出：北半球大部分地区的积雪覆盖面积和积雪覆盖时间有减少趋势（Brown，2000；Dye，2002）。中国三大积雪区主要分布在青藏高原地区、新疆北部和天山地区、东北三省和内蒙古地区（秦大河，2005），过去半个世纪以来青藏高原降雪呈明显的减少趋势（刘义花等，2019），而新疆和东北地区积雪有缓慢增加趋势（Qin et al.，2006；张晓闻等，2018）。在积雪监测与反演方面，目前研究主要侧重于利用可见光遥感数据和微波遥感信息，大范围、全天候监测积雪的空间分布特征。在融雪模拟分析研究方面，由于认识到单层积雪模型（Xue et al.，1991；Dickinson et al.，1998）的局限性，中度复杂的多层（通常 2～5 层）积雪模型（Loth and Graf，1998；孙菽芬等，1999）自 20 世纪 90 年代以来逐渐涌现并得到了长足的发展。另外，还有一类更复杂的积雪模型注重于描述积雪的微结构和物理性质，如 SNTHERM（Jordan，1991）及 SNOWPACK（Bartelt and Lehning，2002）等。

在多年冻土区，冻结土壤融化导致表层土壤水分含量较大，使得冻土区植被覆盖率增加（如西伯利亚南部、北美北部），且蒸散发增加（程国栋等，2019；Peng et al.，2019）。但随着融化深度增厚，尤其寒旱区雨水补给不充足会导致植被覆盖率逐渐减小（如青藏高原黄河源流域），蒸散发也相应减小（Qin et al.，2017）。含水层渗透率增加（Zhang et al.，2013），造成不同流域地下水储水量加大，基流随之增加，地表径流减小（Yamazaki et al.，2006；Gao et al.，2018；Zheng et al.，2018），因此冻土退化使得流域径流的季节分布更加平缓（Mcmillan，2020）。此外，多年冻土的退化还会引起热融池塘的发育和湖泊扩张（Zhang et al.，2017）。随着地下冰逐渐融化，多年冻土层的隔水作用不断减弱，融水补给路径延长并加深，从而改变了地下水的动力过程（Chang et al.，2018；Yang et al.，2019）。研究表明，多年冻土退化会增加生态系统碳的释放量（Wang T et al.，2020），而土壤中有机碳对水热变化较敏感，因此将进一步影响冻土水热过程（Vonk et al.，2019；程国栋等，2019）。

### 3. 发展趋势

随着冰川退缩趋势不断加剧，迫切需要开发更高精度的冰川模型来量化未来气候情景下的冰川融化径流，准确预估冰川径流变化对水资源的影响。在积雪监测与反演方面，监测信息、手段与反演方法渐趋丰富，分辨率与精度逐步提升；最新的全球降水观测计划（Global Precipitation Measurement，GPM）的双频降雨雷达提升了对降雪的综合探测能力（Hou et al.，2014）。在融雪水文过程模拟分析方面，模型对下垫面描述的精细化程度不断提升，并逐渐由概念模型向物理模型发展。在冻土变化的水文效应方面，多年冻土退化、地下冰释放量和碳氮排放量对区域流域水文过程的影响及贡献，将是未来冰冻圈水文研究的热点。认识寒区流域气候–冰冻圈协同变化的径流效应，必须在水文模型中集成冰川–积雪–冻土的完整冰冻圈水文过程（Yang et al.，2015）。

## （四）城市水文过程

### 1. 概述

20 世纪 60 年代以来，随着世界各国城市化进程的不断加快，城市水问题的凸显，城市水文学得到了快速发展，并逐渐发展成为水文科学领域一个十分热门的分支（Xia et al.，2017；夏军等，2017a）。城市水文学发展早期重点关注城市供排水工程设计等水文计算问题，1980 年后，气候变化和人类活动加剧，城市水文学面临的问题更趋复杂，学科研究领域逐渐拓宽，囊括了城市水文过程机理解析和过程模拟、城市化伴生的水环境与水生态效应等内容。近 40 年来，城市水文学在城市水文与伴生过程模拟、城市水资源配置与高效利用、城市防洪减灾等方面取得了丰硕成果，基本形成了一套完整的机理、模型和实验观测方法。

### 2. 研究现状

城市化的水文效应：城市化通过改变下垫面条件和局部小气候，引起热岛效应、雨岛效应等，目前对城市热岛效应的研究结论基本一致，对产生热岛效应的机理认识也比较清楚。城市化对降雨的影响具有季节性，但其响应机制仍待进一步研究。城市化对蒸散发的影响较大，传统研究认为城市化的发展会显著降低城市蒸散发；然而，在全面考虑人为热、建筑物内部蒸散以及渗漏对蒸散发的影响后，计算得到的城区蒸散量大于自然下垫面蒸散量。城市化的径流效应主要表现在下垫面变化所引起的排水系统、地表下渗系数、地表糙率系数、汇流通路的变化，使得城市径流响应时间更短、峰值更高、径流量更大。自2015年开始的"海绵城市"建设试点试图改变这种不利的变化趋势，通过低影响开发设施进行"缓释"调控，恢复城市化区域的自然水文过程。目前，针对海绵城市径流及生态环境效应的研究也是城市水文学研究的热点。

城市产汇流机理与规律：城市化使得大面积的耕地、林地、草地和水面等天然下垫面被建筑物和道路等替代，自然流域土地利用类型和格局均发生改变，引起下垫面土壤结构、地形地貌和水热通量明显变化，极大地影响了流域的产汇流规律。与自然流域的产汇流过程相比，城市流域的降雨时空变异性较大，下垫面构成复杂且具有很大的空间异质性。城市化水文效应对产汇流过程的改变，使城市产汇流过程具有自然流域产汇流理论所不能描述的特征，其产汇流机理目前仍处于探索阶段。

城市雨洪模拟：城市雨洪模拟主要包括水文过程模拟和水动力学过程两个部分。水文过程模拟的难点是入渗和调蓄过程，这也是径流量误差的主要来源。当前多数城市雨洪模型对于降雨入渗的模拟较为简单，忽略了不同透水性地面的差别和地下设施的影响；入渗计算模型多为经验公式或简化模型，不能真实描述城市透水面尤其是"海绵城市"建设后透水设施的入渗过程。水动力学过程模拟的难点是城市地表微地形的刻画。水文水动力耦合也是当前城市雨洪模拟研究的难点和热点，其核心是地表水文过程、二维水动力学过程与地下管网一维水动力学过程的"垂向耦合"问题。以城市水循环为纽带的水系统模拟成为新的热点和智慧城市管理的重要基础（Hu et al.，2021）。

### 3. 发展趋势

随着城市极端天气事件和内涝问题的日益凸显，城市水文和天气极端事件的模拟、预测与应用是城市水文研究的重要方向，城市区域高耗水过程机理与城市水循环需要加强对城市人工取用水过程机理的认识，对耗水过程中的水分相变带来的能量转换进行深入研究。

此外，城市发展已逐渐由点状分布演变为集群分布，未来城市群叠加水文效应的定量评估和预测将是城市水文学新的研究方向。在未来的城市水文学研究中，应依托先进理论和科学技术，进一步加强气象水文和多种要素观测体系建设、多种来源数据同化和数据挖掘技术以及多学科理论交叉研究，构建综合性水系统研究方法，全面理解和认识城市水循环和水资源、水环境、水生态等的相互关系，为构建可持续城市生态环境系统提供理论支撑。同时，构建完善的城市水文监测预报系统、深入分析变化环境下的城市水文效应和产汇流机理，尤其是海绵设施水文水力学响应机理，集成多学科理论构建适合城市复杂下垫面的城市水系统模型，将是未来城市水文学研究的主要趋势。

### （五）水文-生物地球化学过程

#### 1. 概述

水文-生物地球化学过程指陆地生态系统（土壤剖面和坡地尺度）和水生生态系统（溪流、湖泊或湿地）通过水文通量紧密耦合的生物地球化学过程，同时也是生物地球化学元素在地球系统各圈层（生物圈-水圈-大气圈-岩石圈-土壤圈）之间的迁移和转化（Manzoni and Porporato，2011）。因此，水文-生物地球化学过程的研究，即将具有不同生态环境特征的大气、陆地、淡水、河口和海洋系统形成的连续体作为整体，重点研究碳、氮、磷、硅、硫等营养元素的输入、迁移、转化、循环和输出的规律及其与流域生态环境变化之间的关系。水文-生物地球化学过程的研究关注全球变化作用下，水文过程驱动下营养物质在时空尺度、不同界面的循环特征，分析生物调控因素对流域水文和生物地球化学耦合过程的限制及影响，着重描述流域生物地球化学与水文过程耦合循环的概念和研究方法。

#### 2. 研究现状

流域生态系统通过地表径流过程可以得到闭合的物质和能量平衡，从而为地表-大气和地表-地下系统的耦合提供独立约束条件（Frost et al.，2009），因此在流域尺度上可以通过物质和能量流的转换耦合大气、植物、土壤、地下水以及河流各个过程。现有水文-生物地球化学主要在三种尺度开展研究。①时间尺度：研究水文过程驱动下物质生物圈-水圈-大气圈-岩石圈-土壤圈转化及圈层相互作用关系，进一步分析生物地球化学过程在流域尺度的历史演变规律，在不同的时间尺度下（过去、现在和将来），水文过程通过加速平流改变流域生态系统物质循环的边界条件，进而改变河流的生物地球化学过程（Halliday et al.，2012；Neal et al.，2012）。②空间尺度：在宏观和微观空间研究尺度下，分析流域水文-生物化学过程在横向和纵向尺度与各圈层的相互耦合作用。③时空尺度耦合：在全球变化、人类活动、气候驱动下分析各圈层的生物地球化学物质的空间变异性（输送时间分布）和时间变异性（过去、现在和将来）的随机表述代表了高度复杂的流域生态系统选择（于贵瑞等，2013）。基流和暴雨径流条件下发生的生物地球化学过程的动态变化、季节性变化甚至更长的时间尺度（十年、百年等），与保留和释放过去储存的营养元素相关。营养元素循环在空间尺度上也发生了耦合，大气、陆地、河流、河口和海洋系统形成了一个连续体，由水、气体和气溶胶通量进行物理连接（Bauer et al.，2013）。

### 3. 发展趋势

水文-生物地球化学过程研究的未来发展趋势主要有：①陆面和水面-大气界面的物质交换：流域生态系统的陆面和水面与大气的物质交换是流域物质和营养元素的重要来源，也是温室气体排放源，这些物质中的碳、氮、硫、磷等元素循环是相互作用的耦合生态学过程，其作用关系不仅由自然过程所决定，也受流域管理等人为活动影响。水面-大气间的气体交换一般指水体中溶解的物质等在波浪、生物地球化学过程作用下散逸到大气中，是流域乃至全球生物地球化学元素平衡的重要分量。②河岸入水口陆地-淡水界面物质交换：流域集水区的碳、氮、磷等营养物质通过陆地-淡水界面进入到河流中，形成河流碳氮汇集、沉积的重要物质来源，河岸区和潜流带是养分交换和通量转化的关键区域，在降雨侵蚀过程驱动下，该界面养分通过物理（如侵蚀）和化学（如淋溶）过程而非生物过程输送到河流。③河流入海口淡水-河口界面的物质交换：河口-海洋界面生物地球化学过程主要包括河流系统（包括河流和地下水）养分通量输入到近海改变海洋生物系统养分状况及生物多样性，以及通过影响海洋水体营养状况改变海洋-大气界面的物质交换过程。

## （六）流域多过程相互作用和耦合集成

### 1. 概述

伴随科学技术进步与社会需求增长，水文学研究将发挥越来越重要的作用；气候变化、人类活动影响日益加剧，也使得水文学研究面临一系列重大挑战。水文循环与地球表层各圈层相互联系，涉及要素众多、过程复杂，水文学研究从单纯考虑流域降雨-径流关系逐渐扩展到考虑大气-水-生物等各圈层耦合作用，研究手段也趋于复杂化、多样化。随着人们对水文循环变化机理认识的深入，流域水循环研究也逐渐深入，实现多要素、多过程的耦合集成模拟成为现阶段水文学模型研发的要务。

### 2. 研究现状

近几十年来，水文学研究逐渐聚焦于变化环境下的水文循环变化规律与机理研究。一方面，气候变化导致陆地水文循环发生显著变化，极端水文事件呈现增加或加重的变化趋势；另一方面，社会经济快速发展导致人类活动影响日益加剧，世界许多地区的人类用水需求仍在大幅增长，进而导致区域性缺水问题严重。水文系统的非线性和复杂性成为系统水文学研究的一个关键科学问题（夏军，2002）。为了更好地服务于人类社会可持续发展，实现人与自然的和谐发展，迫切需要拓展水文学研究的广度和深度，加强以水循环为纽带的流域多尺度、多过程集成研究。

#### 1）山丘区多过程相互作用

在山丘区，地形-土壤-基岩等关键带结构因素是与径流形成最为密切的地球圈层，而发端于山地的径流在生态系统连通中起到媒介或中枢的作用。一直以来，山坡水文过程对水文模型理论的发展起到了奠基性作用。然而山丘区常地处偏远且缺乏监测，加之下垫面地形、土壤等结构复杂，人们对其径流形成规律的认识较为有限，水文模型的发展亦陷入停滞状态。山坡部分面积产流机制的发现促成了水文模型理论从集总式到分布式的飞跃。对流域结构、水流的路径和滞时以及蓄泄特性等考虑不足，导致模型往往高度依赖参数的率定。在变化环境背景下，传统的水文预测理论和方法显然难以适应。

2）平原河网区水循环耦合过程

平原区水循环模型研究多直接移用山丘区已有理论和方法，对于平原区产汇流的特殊性、流域与河湖之间的相互作用、城市在流域水循环中的参与度等都缺乏系统性研究。在平原河网区，其地形、下垫面以及人类活动频繁程度与山丘区存在很大区别，导致其水循环各要素的产生、发展、迁移、转化等规律与山丘区存在明显差异，对其物理规律的认知以及数学方法的描述长期不足，使之成为水循环研究领域的短板。

3）地表水与地下水相互作用过程

地表水与地下水的相互作用过程包括地表水体、地下水体及其间过渡带之间发生的水质、水量和生态环境作用过程，是紧密维系陆地物理活动、水生生态系统和水资源一体化的纽带，从不同学科角度认识地表水与地下水的多过程相互作用，是科学管理水资源与水环境的基本任务。在过去20年，地表水与地下水相互作用的研究重点集中在潜流带过程和水文交换过程，对于地貌、水文、地形、地质、化学、生物、生态以及气候等要素对地表水与地下水相互作用的影响机制研究已有长足的发展，并且对水文-地貌、水文-化学、生物-地质-化学等多过程耦合的研究也有了有益尝试。

4）陆地-大气-水文-社会耦合过程机理

开展大气水文耦合研究可以定量描述陆地-大气间水热循环的完整过程，是研究流域水循环多过程相互作用的重要方面，对于揭示陆地-大气间水循环各环节的相互影响与反馈机制，提高流域水文气象预报精度具有重要意义。传统的大气水文耦合研究大多集中在气候变化对流域水文过程的影响，采用方法多为单向耦合方法，无法系统完整地认识流域陆地-大气间的水热循环机制。受益于前期水文模型发展和观测资料的长期积累，在水文模型中耦合人类用水参数化方案（如水库、灌溉）成为可能，从而可以定量评估人类活动对水文过程的影响，如"自然-社会"二元水循环模型。

## 3. 发展趋势

当前，水文学研究在水文多尺度观测、陆地-水文-社会耦合模拟及多源观测-模型同化技术等领域取得显著进展，水文学研究的广度和深度不断拓展。未来水文学研究将面向陆地水文循环的变化规律及其效应，重点关注水文循环变化特征和机理、水文循环变化趋势预估及水文循环变化的自然和社会影响等前沿课题；从就水论水研究思路转向在自然地理综合分析框架下以水循环为纽带开展的多尺度、多过程集成研究。

加强对山坡表层关键带结构的认知与产汇流机制的研究，研发平原河网、喀斯特、高寒荒漠等特殊地貌条件的专有针对性流域模型，开展地表水与地下水多尺度相互作用研究，这些应该是下一阶段水文模型理论发展的重点所在。从多作用过程相互耦合的角度去研究大气-陆地-水文系统的物理、生态、生物地球化学过程以及这些作用过程的影响已经成为不同领域合作研究的学科热点领域。

## 三、自然-社会水系统与水资源可持续利用

### （一）社会水循环

#### 1.概述

进入"人类世"，人水互动关系增强，水文系统和人类系统演变的耦合关系更为紧密（Mao et al.，2017）。社会水文学将人类系统的社会驱动力和水文系统的自然驱动力视为人-水耦合系统的内生变量，运用历史分析、比较分析和过程分析并采用定量化的方法，理解和预测人-水耦合系统的协同演化过程（Sivapalan et al.，2012）。人类面对未来水安全的新挑战，既要重视灰色基础设施，也要重视基于自然的解决方案（Palmer et al.，2015）。

#### 2.研究现状

社会水文学定性和定量地考虑经济、环境、制度、政策和意识等诸多社会因子，并将这些社会因子耦合在人-水系统中，成为内在的社会驱动力。在资料相对完整的典型流域进行案例研究，是对人-水耦合系统研究的有效探索和示范。根据可获取资料的多少，不同学者因地制宜地分析人-水耦合系统协同演化的特征和规律，极大地丰富了社会水文学的研究。

#### 3.发展趋势

在研究范围上，社会水文学从灌溉问题、防洪问题逐渐扩大到城市用水

问题、水环境问题、跨境水管理问题等领域，吸引不同研究方向的学者参与研究。

1）重点领域

社会水文学研究的重点领域包括社会水文学中的本构关系、比较社会水文学、交叉学科研究、社会水文学的数据收集等领域。确定社会因子的本构关系，对参数进行选取和敏感度分析，增强参数的物理性，对发展人-水耦合系统模型具有重要意义。识别和了解不同流域之间的异同点，利用基本的"气候-景观-人类活动"的术语来进行解释，能有效地发现和理解人-水耦合系统演化的特征和机理。

2）关键科学问题

社会水循环的关键时间尺度和空间尺度是什么，人类如何在不同的时间空间尺度上与自然变化发生相互影响。什么是社会水循环中的关键变量，如何通过对关键变量的刻画来有效地理解和模拟人-水耦合系统的演化规律。如何从社会水循环的角度对水资源管理提供合理有效的政策建议（Sivapalan and Blöschl，2015）。

3）未来学科发展的重要研究方向

基于传统水文科学和交叉学科的人-水系统耦合演变的机理研究将成为社会水文学研究的热点和关键点。进一步挖掘不同来源的数据和资料，丰富不同流域的社会水文学案例研究，并对不同自然和社会条件下的流域在不同时间尺度和空间尺度上进行对比研究，有利于揭示人-水系统协同演变机理。采用不同学科的研究方法和理论，对社会因子进行更好地定量刻画，增强模型中社会水循环方程的机理性和参数的物理性，能有效提高模型的模拟和预测能力。在机理性和预测能力更强的模型基础上，用人-水系统协同演化理论和结果，预测指导水资源管理和其他与水资源相关的社会经济规划，也是社会水文学的重要方向。

## （二）水-粮-能耦合关系

### 1. 概述

水、粮食和能源安全是联合国"2030年可持续发展议程"的核心内容（Obersteiner et al.，2016；Gao and Bryan，2017；Liu et al.，2018；Bleischwitz et al.，2018；张宗勇等，2020）。2011 年在德国波恩召开的水-能源-粮食联盟会议首次使用"Nexus"一词。Nexus 的含义是"从无到有的联结"，中文含义包括耦合关系、系统关联、纽带关系等。水-粮-能耦合从"系统的系统"的视角研究不同自然资源及其交互和反馈关系，克服传统的单一部门资源研究的范式，水-粮-能耦合研究迅速成为国际资源与环境领域的前沿和热点。

### 2. 研究现状

近年来，有关水-粮-能关系研究的文献呈现出快速增加的趋势，但水-粮-能耦合研究的理论基础仍然比较薄弱。美国国家科学基金会于 2016 年 9 月开始资助水-粮-能系统耦合关系研究。中国国家自然科学基金委员会与美国国家科学基金会在 2017 年 7 月联合发布水-粮-能耦合研究项目指南，强调突破单资源要素研究的局限性，应用耦合关系方法，增强资源整合与协同分析。2018 年，"未来地球计划"相关报告突出了水-粮-能要素之间存在多样的两两相互作用乃至三者交互作用关系，提出重点关注耦合关系的跨区域影响。目前，大多数水-粮-能耦合分析的研究采用定性研究方法，因此需要创新构建水-粮-能耦合系统定量模型，分析水资源、粮食和能源生产之间的相互耦合和反馈机制。相关研究具有以下几方面的特点。

（1）水-粮-能耦合研究经历了 3 个阶段：2011 年之前发文量较少，为萌芽阶段；2011~2014 年为初期发展阶段；2014 年至今为快速发展阶段。水-能耦合研究出现较早，水-粮耦合与能-粮耦合研究出现相对较晚；水-粮-能耦合出现最晚，但在 2011 年之后发展迅猛。

（2）耦合研究体现出愈来愈强的多领域交叉特点，打破学科之间的界限，成为认识耦合系统的必要条件。2010 年耦合研究的相关文章主要出现在水资源和土木工程学科，但近年来已经涉及包括水资源、环境科学、能源、绿色可持续技术、环境工程和土木工程等领域的多个学科，还涉及生态、社会和经济等相关学科，多学科交叉融合趋势更加明显。

（3）水文学家是水-粮-能耦合研究非常活跃的研究社群。从载文期刊来看，位列前 10 的英文刊物中有 3 刊与水资源密切相关，分别为 *Water*、*Water International* 和 *International Journal of Water Resources Development*；位列前

10 的中文期刊中有 5 刊与水资源密切相关。

目前，耦合关系研究还处于快速发展阶段，各个国家的研究都刚刚起步，基础还很薄弱。阻碍耦合关系分析的主要挑战之一是缺乏对耦合关系的综合认识。单系统独立观测只能描述不同系统自身的变化，不能得到对综合系统整体功能的认识，甚至不能揭示各个系统过程本身的变化机理。通过理论和技术方面的创新，加强耦合关系的基础研究，有望实现我国在该方向的"领跑"。

### 3. 发展趋势

自 2011 年至今，国内外相关研究取得了一系列成果，丰富了人们对资源系统耦合的科学认知。然而，在全球范围内，多系统耦合机理与模拟研究仍有很多科学问题有待深入研究。未来，仍需针对耦合系统作用机理、模拟模型工具以及外部驱动因素影响、政策支撑等方面建立研究框架。当前和未来，水-粮-能耦合研究的发展趋势如下。

（1）水-粮-能耦合是认识整个社会可持续发展的关键之一，但相关耦合互馈机理研究还不常见，对水-粮-能耦合系统演变的动力学过程认识不够深刻。水、粮食和能源系统之间相互作用关系需要新科学方法和有针对性的研究思路，这些方法必须能够解决资源耦合关系中不同系统之间的相互依赖性，并考虑到"系统的系统"的综合性、复杂性和多尺度性质，以及它们相互作用的机理机制，这是目前研究的一个难点，但同时也是制定政策和开展决策的迫切需求。深刻理解水-粮-能耦合作用机理，认识水-粮-能耦合系统演变的动力学过程，对于解决复杂的资源环境问题和可持续发展问题非常重要，未来需要针对耦合互馈机理开展持续的科学研究。

（2）水-粮-能三元耦合模拟模型和决策支持工具是未来资源耦合研究的重要方向。国际水文科学协会第二个国际水文十年（2013～2022 年）计划将耦合关系列为重要议题，但是目前研究仍然缺少耦合定量模拟模型和实用决策支持工具（Liu et al.，2018）。在深刻理解资源要素耦合关系的基础上，开发研制定量模拟模型和实用决策支持工具，是耦合关系研究的一个重要方向。应对水-粮-能耦合关系的科学与政策挑战，需要新一代理论框架、模拟方法和决策支持工具。

（3）气候变化和全球贸易是影响水-粮-能耦合互馈关系的重要外部驱动因素，全球变化对水-粮-能耦合系统的影响是当前资源环境领域研究的新方向。2009年第39届世界经济论坛提出了两个彼此依存的"子纽带"，即"水-粮食-贸易"和"能源-气候变化"。研究两个子纽带整合形成的"水-粮食-能源-气候变化"这一更庞大的耦合关系意义深远（Waughray，2011）。欧盟"地平线2020"项目提出了资源系统耦合研究方法，将气候变化列为耦合系统的主要驱动因子（Sušnik et al.，2018）。气候变化与水-粮-能耦合系统联系紧密，将直接导致水-粮-能空间分布格局发生明显变化。因此，如何定量研究全球变化背景下的外部驱动因素，尤其是气候变化和国际贸易，对水-粮-能耦合的影响机制是当前资源环境领域研究的新方向。

（4）水-粮-能耦合关系演变会对外区域产生级联效应，但针对资源耦合关系的全球级联效应研究还鲜有报道，未来仍需加强。资源要素变化（包括水资源、粮食和能源）会对区域内经济系统产生影响；同时，区域内外部频繁的贸易往来以及对不同资源要素利用的途径和强度的差异，使得资源要素变化会以贸易的形式对外区域产生级联效应（Feng et al.，2014）。近年来，国内外学者开始关注伴随着产品贸易而产生的虚拟水贸易及其生态环境影响研究，如水资源在中国省份间的流动规律及其对区域内外的级联影响（Feng et al.，2014）、中国各省份和东亚国家的贸易及其在土地资源、水资源和能源方面的效应（White et al.，2018）等。

## （三）水资源可持续利用与流域综合管理

### 1. 概述

水资源系统科学源于20世纪50年代末至60年代美国哈佛大学的水项目（Maass et al.，1962）。水资源系统科学从一开始就是一个跨学科的领域，涉及政治学、经济学、社会学、水文学、生态学、运筹学和工程技术等诸多学科（Maass et al.,1962；夏军等，2005）。运筹学的系统分析方法和模型，因其强大的定量分析流域规划和调度问题的能力，一直以来都是水资源系统科学的主要技术工具。然而，随着经济社会的不断发展，全球水资源的稀缺性不断增强，用户之间、部门之间和区域之间的竞争与矛盾日益显著（UN

Water，2012）；同时，气候变化带来的水资源特性改变，包括趋势性变化、极值变化和统计特性的变化，导致未来水资源的不确定性及其带来的风险也不断增加（Milly et al.，2008），这使得水资源系统的多目标权衡、非稳态性风险管理以及人类-自然交互作用与协调演化等问题更加凸显，要求我们发展更加全面的自然科学与社会科学多学科融合的水资源学科基础，采用更加灵活的动态适应性风险管理模式和多样化的信息时代新技术来应对这些挑战。

## 2. 研究现状

### 1）流域规划与管理

长期以来，流域一直是水资源规划与管理的基本分析单元。在物理和社会经济条件的约束下，发展交互式的综合数据库、预测模型、经济规划模型和水资源规划管理模型，用以优化水资源配置，是流域级水资源系统分析的基本方法（UNCED，1998）。流域尺度的分析包括优化模型和模拟模型两类。优化模型根据目标函数（经济的或者综合的）和相关的约束对水资源的配置和基础设施进行优化和选择，而模拟模型根据预先设定的管理水资源配置和基础设施操作的规则对流域的水资源行为进行情景模拟和评价。优化模型可以直接给出最优的决策，但由于优化算法的限制，在很多时候需要对问题进行简化，导致不能反映系统更多的细节；模拟模型可以充分考虑系统的复杂过程和细节，但只能在有限情景或方案中筛选相对较好的决策，无法给出最优决策。

模拟模型由于其结构的确定性而比较易于商业性软件开发。目前，比较常用的水资源系统分析的模拟模型软件包括以下几类：①基于物理基础的典型地表水模型，如 WMS、SMS、MIKE FLOOD、MIKE11/MIKE21、WASP 和QUAL 等，这些模型可模拟河流流量、水位和水质的变化规律；②基于节点水平衡的典型地表水模拟软件，如 MIKE BASIN、WEAP、RIBASIM、Modsim及 RiverWare 软件等；③地下水模拟软件，如地下水有限差分 MODFLOW系列软件（Visual MODFLOW、GMS、Groundwater Vistas、PM Win）、地下水有限元软件 FEFLOW、HYDRUS、FEMWATER 以及有限体积法的模拟软件 TOUGH2 系列软件；④地表水地下水联合模拟模型，如 DAFLOW-

MODFLOW-2000、MODBRANCH、SWATMOD、MODHMS、MIKE SHE、HydroGeoSphere、IGSM、GSFLOW 和 FHM 等。

优化模型由目标函数和约束方程组成，其中约束方程一般包括对总体水量平衡的模拟。优化模型由于其求解方法的复杂性，很多情况下要求模型的目标和约束尽量简化，因而优化模型一般都是基于所要研究的问题本身特性而构建的，很难开发出通用的商业性软件系统。目前也有一些接近商业软件的优化模型工具，但广泛应用的优化模型还是建立在具体案例基础上的，如McKinney 和 Cai（1996）建立了水文的政策分析工具并应用于流域尺度的水资源配置决策；Schoups 等（2006）构建的墨西哥 Yaqui Valley 的水资源管理模型；Rothman 和 Mays（2014）开发的亚利桑那州 Prescott 地区的水资源多目标可持续利用模型等。

2）水库调度

传统水库调度方法包括调度图、调度规则等传统的经验半经验模型，也包括线性规划、非线性规划、动态规划等系统优化模型（Labadie，2004；Loucks and Beek，2005）。在水库调度中，虽然也有模拟方法的应用，但其主要方法是优化。优化模型在哈佛水项目开始后被引入水库调度领域，促生了线性规划、线性调度规则（Revelle et al.，1968，1969）、逐次逼近动态规划（Korsak and Larson，1970）、离散微分动态规划（Heidari et al.，1971）、机会约束模型（Loucks and Dorfman，1975）等一系列的优化调度模型。随着优化计算方法的发展，启发式优化算法（如遗传算法、粒子群算法、蚁群算法等）开始逐步被应用于水库调度（Oliveira and Loucks，1997）。近年来，水文模型、天气预报、陆-气耦合和水文-气象遥相关分析等技术迅速发展，水文预报不断改进、预报精度显著提高、预见期有效延长（Cloke and Pappenberger，2009）等使得根据不确定的预报进行动态的水库调度决策成为研究热点。水库调度的风险对冲理论为发展基于预报及其不确定性的水库调度方法提供了理论基础。近年来，风险对冲调度的理论方法不断突破（Draper and Lund，2004；Xu et al.，2018；Wan et al.，2020），为利用预报信息进行实时调度奠定了理论基础。

3）生态流量与水生态管理

目前，河流生态流量已经成为水资源系统科学领域关注和研究的重大热点问题之一。Tennant（1976）在分析美国 11 条河流流量与河宽、流速、水深之间相互关系的基础上，提出了将历史年平均流量的 10% 和 30% 作为河流水生生物的生态流量区间，开创了河流生态流量理论研究的先河。类似的方法还有 7Q10 法（Boner and Furland，1982）、逐月流量频率曲线法（Matthews and Bao，1991）等。另外一些研究关注了与河流流量相关的水力学要素、生物栖息地等因素，如 R2CROSS 法（Mosely，1982）、湿周法（Lamb，1989）、河道内流量增量法（instream flow incremental methodology，IFIM）（Bovee，1982）等。自然流量模式理论是河流生态流量研究的重大转折点（Poff et al.，1997），该学说将生态流量从维持生态系统结构和功能的角度提取出 33 个关键水文要素，认为这些要素从不同角度直接或间接地影响着河流的栖息地完整、生命历程完整（Bunn and Arthington，2002）。近年来，随着河流生态流量研究的蓬勃发展，研究者的关注点拓展到全面量化研究与生态系统整体息息相关的多个方面，提出了包含水质（Casanova et al.，2015）、水力学（Daufresne et al.，2015）、地形地貌（Meitzen et al.，2013）、河床形态（Shenton et al.，2012）等在内的多因素-生态耦合模型，作为河流生态健康的有效评价工具，并应用在实际的生态管理调度中。

4）管理体制与水权水市场

水资源管理体制包括行政管理体制和市场体制两种基本模式，但以哪种模式为主的争论一直持续着。经济学家一般认为市场体制是较好的选择，通过水市场可以实现水资源的优化配置和管理（Vaux and Howitt，1984；Becker，1995）。但是，现实世界中水市场并不总是表现出高效率（Matthews，2004），而行政管理体制应用也非常广泛。初始水权的确立是建立水市场的基础问题（Qureshi et al.，2009）。用水户初始水权的主要方式包括：河岸权、占用权及许可水权。由于水文不确定性的存在，如何根据多年平均的分水方案和当前的水情，确定用户当前时段的配水量，已成为水权研究的热点问题（Rosegrant et al.，2000；Solanes and Jouravlev，2006；Xu et al.，2018）。这些研究和实践为水权管理提供了方法、积累了经验。目前，中国、美国、澳大利亚、智利及墨西哥等许多国家已经开展了水交易实践，其中澳大利亚的水交易最为成功。在中国，水权交易在 2000 年后逐渐兴起，目前已经形成区域间、行业间及农户间的若干交易试点。

### 3. 发展趋势

由于流域系统的复杂性，系统中的水文、生态环境、经济、社会、工程和制度等不同模块之间有效信息的传递是流域级水资源规划与管理模型构建的核心问题。因此，开发科学有效的综合模型，使得水文系统的操作（如水库系统、地下水系统和流域河道系统）能够受到管理目标（包括社会经济和生态环境在内的多目标）的驱动，同时考虑包括水质和水量在内的各种约束，是流域级水资源规划和管理模型的重要方向。

对于水资源调度，尽管当前风险对冲调度理论的进展为基于预报及其不确定性的水库动态调度提供了基础，但对于预报-调度这一新模式中的一些关键问题，包括如何合理利用不完美的水文预报，如何理解调度目标的经济学特性，如何管理同时存在的水文不确定性和经济不确定性，如何利用水文信息和需求信息进行动态调度管理等，依然是变化环境下水资源管理亟须解决的科学问题和关键技术（夏军等，2019）。

未来，流域水生态管理研究更加关注生态系统整体性、模型机理性及生态调度实践中的可应用性。从生态系统的整体性考虑水生态的作用，在生态学机理层面建立更加科学的生态评估方法和模型，结合人类用水需求、水利工程调度等，综合考虑制定水生态保护的目标和关键管理阈值，实现人类与自然的动态和谐共处，是未来水系统研究的重要方向。

在未来变化环境下，一个理想的水资源管理体制，应该在充分考虑水文系统和社会化经济系统不确定的基础上，考虑用水户对变化环境和政策改变的适应机制和行为特征，设计可靠的、有弹性的和抗干扰的基础设施与管理政策体系，管理并引导各用水单元的个体行为，从而达到提高水资源管理体制效率和可操作性的目的。

# 第四节　发展思路与发展方向

在气候变化和人类活动影响下，全球水循环与水资源发生显著变化，给人类未来水资源可持续利用和水灾害防御带来了严峻挑战。基于地球系统科学的理念，从水循环和水资源系统的整体性出发，以气候-生态-水文-水资源相互作用为研究主线，综合运用大气科学、水文学、水资源学、生态学、环境科学、社会学等多学科交叉的研究方法，开展多尺度、多过程耦合机制、模拟方法、水资源配置与优化调控等研究；通过自然科学与社会科学的交叉融合，科学认识变化环境下水循环演变规律，探索水资源可持续利用的途径和方式，发展应对水灾害及其风险的解决方案，是未来水循环与水资源研究的主要发展方向。其关键科学问题包括：全球变化下陆地水循环演变机理、极值特征和可预测性；气候-生态-水文耦合机理，极端气候条件下生态水文过程与水旱灾害的相互作用；流域生态水文过程、生物地球化学过程、社会经济之间的耦合与集成；人-水耦合系统与水资源可持续利用；水-粮食-能源-生态环境之间的耦合互馈关系与流域综合管理。

# 一、全球变化与陆地水循环

## （一）关键科学问题

全球变化与陆地水循环研究面临的关键科学问题包括：①全球变化下陆地水循环演变机理；②全球水资源和极端水文事件的未来风险。

### 1）全球变化下陆地水循环演变机理

认识全球变化下陆地水循环演变机理是预测水资源和极端水文事件的基础。陆地水循环演变的自然和人为因素体现在气候变化、土地利用与土地覆盖变化、人类用水活动等多个方面，亟须通过对全球变化下水循环演变进行科学严格的归因，并完善全球变化水文学研究框架，才能厘清陆地水循环变化的自然和人为因素，阐明自然和人为因素影响陆地水循环的机理。

### 2）全球水资源和极端水文事件的未来风险

全球变化对环境风险的影响是通过改变气候-水文-生态等陆面过程及其相互作用逐步积累形成的，致灾机理十分复杂。亟须针对全球变化下冰冻圈变化、水资源短缺、水旱灾害等主要涉水风险，充分利用遥感水文和地表大数据挖掘，探索全球变化与陆地水循环过程的相互作用与反馈，揭示全球变化下极端水文气候事件和涉水风险形成机制。定量描述风险形成过程,加强模拟和预测能力,在陆面水文过程模型中描述涉水灾害主要承灾体,发展耦合涉水灾害链动力学过程的陆地水循环过程综合集成模型,既要探索基于技术进步的借鉴方案,也要探索基于自然的解决方案,提升全球水问题风险的预测与应对能力。

## (二)优先领域

针对上述关键科学问题的优先领域包括以下两个方面。

### 1)陆地水循环演变机理及风险形成机制研究

深入研究全球变化与陆地水循环过程的相互作用与反馈,揭示全球变化背景下陆地水循环演变机理及风险形成机制;研究水文气象极端事件的成因、可预报性及预测技术,探索极端水文气象事件形成的海-陆-气-冰背景及前兆因子,提升极端水文气象事件在次季节到季节尺度的可预报性;研究人类活动对极端事件可预报性的影响,开展水文气象集合预测在极端事件预警中的应用。

研究变化环境下极端水文气象事件的非平稳性,阐明水文气象事件形成和发展的多元影响因子,改进和发展极值理论和方法,利用极值分布函数、条件极值、破纪录事件等概率分布理论,模拟并预测极端水文气象事件的非平稳性特征,加强非平稳时间序列极值统计模型模拟结果的不确定研究。

### 2)陆面水文过程耦合集成模拟研究

发展全球大尺度冰雪冻土观测手段及遥感反演方法,改进水文模型中冰雪冻土相关物理过程,模拟和预测冰川积雪冻土变化对陆地水循环过程的影响,为科学应对全球冰雪冻土变化可能带来的水安全问题和挑战提供科技支撑;揭示人类活动与陆地水循环过程的相互作用机制,发展陆面水文模型人类活动参数化方案;发展高分辨率陆面-生态-水文-经济耦合集成模型,综合考虑生态、水文、人类活动、社会经济等多方面因素,建成与高分辨率大气模式相匹配的高分辨率三维陆面模型,并耦合社会经济系统、水资源系统、生态系统,关注极端事件的社会经济影响,实现从极端事件预测向极端事件风险的动态预测发展;利用大数据挖掘和机器学习技术,优化陆面水文过程模型,开展精细化陆面水文过程模拟研究;研究人类活动与生物圈、大气圈等地球系统其他圈层的相互作用机理及其对陆地水循环过程的反馈影响；预估不同社会经济发展路径下人类活动的动态响应及其对陆地水循环的影响。

提高全球气候模式预估结果的可靠性，并量化其不确定性来源及其在水文过程中的传递效应，评估不同社会经济发展情景下人类活动的水文效应及其不确定性；考虑灾害防范和社会经济反馈对水风险的影响，预估全球变化下的水风险变化趋势，探索提升社会-生态系统恢复力的水风险管理，提出全球水治理方案，构建全球变化下水风险防范的科技支撑体系。

应对水灾害及其风险，既要重视基础设施建设和科学技术进步，也要重视基于自然的解决方案，通过生态保护和绿色发展，提升陆地水资源涵养能力以及应对区域水旱灾害的韧性，保障人类水安全和社会经济可持续发展。

## 二、水循环关键过程与耦合集成

### （一）生态水文过程

#### 1. 重点领域

（1）生态-水文-大气多过程耦合与反馈机制及其定量刻画。生态水文过程的相互作用及其对大气系统的反馈是未来生态水文理论突破的重点方向。在综合地面生态水文观测与区域遥感观测的基础上，发展生态-水文-大气过程耦合模型是未来生态水文学研究的重点发展领域。

（2）生态水文过程对气候变化与极端水文气象事件的敏感性与响应。揭示关键生态水文要素对气候变化与极端水文气象事件的敏感性，明确其响应机制，提出生态系统对气候变化与极端水文气象事件的多尺度适应机制，是变化环境下生态水文学研究的重点。

（3）高强度人类活动的生态水文效应。高强度人类活动对区域生态系统格局及水文循环产生了深远的影响。在人类干扰条件下，土地利用与土地覆盖变化引起的水文效应以及生态系统响应是当前生态水文学研究需要重点关注的方向。

## 2. 关键科学问题

（1）变化环境下气候-生态-水文的协同演化。生态系统、水文过程以及区域气候条件经过漫长的时间共同演化成一个具有自我调节能力的体系，而在极端气候事件频发及人类活动如开垦农田与放牧等的影响下，区域生态水文如何响应，成为亟待回答的科学问题。

（2）大气 $CO_2$ 浓度升高对植被施肥作用的生态水文效应。大气 $CO_2$ 浓度升高是气候变化的主要诱导因素；同时，其对植被的施肥效应也深刻地影响着陆面的生态水文过程。关键生态水文要素如何响应大气 $CO_2$ 植被施肥作用，进而如何影响区域水文循环，是未来生态水文学研究需要重点关注的科学问题。

## 3. 未来学科发展的重要研究方向

（1）变化环境下生态-水文-地貌过程协同演化机理及对极端气候事件和人类活动的响应。

（2）地下生态过程与关键水土过程的耦合与复杂作用机理。

（3）大气 $CO_2$ 浓度升高对植被施肥作用的生态水文效应。

（4）高寒地区大气-冰川-冻土-水文-植被的耦合作用机理与模型。

（5）生态系统退化与恢复过程的水文控制机理、生态阈值与稳定性。

（6）多尺度生态水文观测技术、尺度转换理论与模拟方法。

（7）生态水文最优性的理论与实践、生态系统承载力与调控。

（8）生态-水文-社会经济综合集成预测与管理。

# （二）湖泊湿地水文过程

## 1. 重点领域

在全球气候变化与人类活动的协同作用下湖泊与湿地系统的气候效应、环境效应和生态效应已成为全球变化研究中最活跃的领域之一。地学环境叠加人类活动驱动条件下湖泊与湿地水文过程对营养盐、重金属和有毒有害有机物等污染物质发生机制、输移转化过程及其对湖泊与湿地生态系统结构和功能的影响及作用机制，是未来水环境科学需要重点发展的领域。同时，湖泊与流域水文过程及其耦合关系显著影响着湖泊与湿地洪水灾害防治、水资源利用、水环境和水生态安全维护，其与江湖水系愈演愈烈的旱涝灾害间的互馈作用备受关注和争议，成为当前必须特别强化的研究领域。

### 2. 关键科学问题

（1）全球变化对湖泊与湿地生态系统的影响及其与环境条件和时空尺度的关系，以及不同区域湖泊与湿地生态系统对气候变化响应的模式及机制。

（2）不同区域和流域的湖泊与湿地水文过程对污染物生物地球化学循环影响的过程、途径及机理。

（3）自然-人文多要素耦合背景下不同区域湖泊与湿地水文过程协同演化机理、模拟与评估。

### 3. 未来学科发展的重要研究方向

（1）人与自然多重因素耦合驱动下，不同时空尺度湖泊与湿地水文过程的变化规律及驱动机制。

（2）湖泊与湿地水文过程对全球气候变化与人类活动多重胁迫的响应，以及不同时空尺度上社会经济结构性变化对湖泊与湿地水资源和生态系统的影响及其反馈作用。

（3）污染物循环转化过程示踪和调控技术，以及湖泊与湿地污染物多过程综合控制与弹性调控技术。

（4）湖泊和湿地与地下水的水质水量交互过程及其调控机制。

（5）多学科交叉研究建立服务国家与地方的湖泊与湿地水文过程监控及预测预警智慧管理综合平台。

## （三）冰冻圈水文过程

### 1. 重点领域

（1）高海拔山区降雪和积雪的多源卫星遥感反演及耦合地面观测的高精度融合方法。

（2）山地冰川变化监测的新技术、新手段、新方法。

（3）冻土监测的新方法和新手段，结合模型和遥感等手段解析流域尺度的冻土变化。

（4）基于物理机制、包含冰川-积雪-冻土等冰冻圈过程的综合水文模型。

（5）模拟评估冰冻圈（冰川、积雪、冻土）变化对流域水文过程的综合影响，定量解析气候-冰冻圈-植被协同变化的径流效应，预估未来变化趋势。

### 2. 关键科学问题

（1）融合冰川、积雪、冻土变化等寒区特色的分布式流域水文模型研发，探寻冰冻圈水文过程机理以及典型寒区下垫面的水热平衡规律，构建适应不同寒区流域的模拟模型。

（2）融雪水文过程要素的多源监测、信息融合与高精度反演算法构建，以及改进融雪径流模拟精度。

（3）厘清冻土水文过程并量化多年冻土退化对北半球多年冻土区的流域水文过程影响的程度和贡献。

（4）利用可靠的冰川模型及输入数据，预测不同寒区流域冰川融水由增到减的拐点出现的时间。

### 3. 未来学科发展的重要研究方向

（1）现有冰川模型物理过程过于简化及输入数据的不确定性是模拟不确定性的主要来源。融合遥感监测、高分辨率区域气候模拟等手段，改进高寒流域输入数据的精度，并结合现有模型基础，开发更高精度的基于物理机制的冰川水文模型是未来学科发展的重要方向。

（2）多年冻土对气候变暖的响应是一个缓慢渐变的过程，其与积雪、冰川等相互作用形成了复杂的冰冻圈物理过程。目前，多年冻土退化给区域流域水循环过程和水资源时空分布带来显著影响，而冻土释放的水资源、对入渗的阻隔作用等尚待进一步研究和量化。同时，冻土退化导致碳氮释放加速温室气体的排放，土壤有机碳变化亦会影响土壤水力传导参数等，这是未来研究冻土水文效应的方向之一。

（3）变化环境下冰冻圈（尤其是冰川和冻土）对河川径流补给及水资源开发利用的影响分析；冰冻圈变化条件下的自然灾害风险综合评价与分析。

## （四）城市水文过程

### 1. 重点领域

（1）城市水文要素监测与预报。城市区域水文观测薄弱，数据系列不完整是当前城市水文研究的短板，未来应基于大数据理论和技术，重点开展城市水文监测和预报研究，构建基于多源信息数据的降雨预报和观测系统，为城市雨洪模拟及洪涝防治提供数据支撑。

（2）城市复杂下垫面的产汇流机理。城市水循环既包括以降水-产流为主的自然水循环，又有以人工供水-用水-耗水-排水为主的社会水循环，同时具有复杂的管网和地下空间，这些特点大大增加了城市产汇流精准预测的难度，导致城市水循环调控难度巨大。因此，需要发展城市水循环为基础的城市系统水文模拟模型，为科学认识城市内涝成因以及城市水环境和水生态问题的综合治理，提供模拟分析工具和管理决策支持。

（3）城市洪涝模拟与智慧调度。城市洪涝包括以降水-产流为主的水文过程和以管网/河道汇流和洪涝漫溢为主要特征的一二维水动力过程。需要重点开展城市水文水动力过程的耦合模拟研究，以及与城市经济社会发展耦合的城市水系统模拟研究，通过智慧调度应对城市洪涝风险。通过城市规划与管理，实现城市绿色发展。

### 2. 关键科学问题

（1）变化环境下城市水文过程的演变机理。全球变化背景下，城市水文要素正发生着深刻的变化，带来一系列的生态环境效应。如何量化描述这些变化，阐释造成这些变化的原因，以及可能带来的影响，是城市水文基础研究重点关注的科学问题。

（2）城市水系统与社会经济系统的协同演化机制。自然水系统和气候格局孕育了城市社会经济系统，奠定了城市空间分布和总体格局。未来，城市水系统和社会经济系统该如何协同发展，实现协调可持续发展，是城市水文学需要回答的关键科学问题。

（3）健康水循环视角下城市群聚合发展的高效途径。水是保障城市运行的关键资源之一。从健康的水循环视角提出城市群聚合发展的高效途径是落实"以水定城"方针的基础科学问题。

### 3. 未来学科发展的重要研究方向

（1）城市水文监测与信息获取技术研究。未来可结合大数据理论和方法，构建科学完备的监测网络系统，实现对城市降雨、排水系统、洪涝过程的全方位监测，从多角度获取城市雨洪过程重要信息，构建城市全息式水文信息采集系统。

（2）城市水文效应及其机理解析。城市水文效应存在明显的地域性，把握城市水文效应的规律性及其背后的物理机制是未来城市水文基础研究的重要内容。

（3）城市综合水系统模型（城市模拟器）。未来，应基于城市产汇流理论和涉水多学科理论方法，针对复杂城市下垫面条件下的自然和社会水循环过程，构建城市综合水系统模型，探索健康水循环视角下城市群聚合发展的高效途径。

## （五）水文-生物地球化学过程

### 1. 重点领域

水文-生物地球化学过程研究将更加强调全球变化影响和人地系统关系与多圈层的耦合研究，包括全球变化影响下加速或改变生物地球化学循环所产生的一系列生态与环境问题。水文-生物地球化学过程作为陆地-水生生态系统最为重要的物质循环过程，又是能量传输和养分循环的载体，充分考虑垂直-水平尺度多圈层与景观尺度的时间-空间异质性，特别是水文和生物地球化学耦合过程的格局与机制，不仅能够揭示全球变化背景下陆地表层系统响应的多尺度特征，同时也能为深化陆地表层系统的综合研究、拓展圈层界面过程研究以及耦合物理、化学与生物过程提供支撑。

### 2. 关键科学问题

（1）垂直-水平界面流域水文-生物地球化学系统循环的偶联互动机制。

（2）流域/区域尺度上生物地球化学过程与水文过程的时空耦合机制。

（3）水文-生物地球化学耦合的生态学过程与机制。

（4）全球变化对水文-生物地球化学过程的影响，并定量评估水文-生物地球化学过程变化对生态系统生物环境因子、植被结构、生物多样性以及土壤和水体环境等的影响与环境效应。

### 3. 未来学科发展的重要研究方向

未来，水文-生物地球化学过程需要充分考虑全球变化影响下景观尺度异质性，从景观水平尺度和垂直圈层界面提高对生物地球化学循环与水循环耦合过程的理解，从分子层面到生态系统层面揭示陆地–水生生态系统在水文过程驱动下的碳氮磷硫与营养物质能量交换。未来，研究手段将更加强调"天–空–地"一体化的多学科交叉与融合，关注多种环境因子的交互作用对生态系统过程和功能的综合影响，明确短期响应与长期适应的规律，解析全球变化和人类活动对流域水文–生物地球化学过程的触发、影响和生态系统的反馈机制，并深入揭示流域水文与生物地球化学耦合过程背后的环境控制机制和生物驱动机制。

## （六）流域多过程相互作用和耦合集成

### 1. 重点领域

重点领域主要包括两个方面：一是流域多过程相互作用；二是流域多过程的耦合集成。流域是地球系统的缩微，是由"水–土–气–生–人"构成的一个具有层次结构和整体功能的复杂系统。水文学的发展已由传统单纯考虑流域降雨–径流关系逐步转向在自然地理综合分析框架下以水文循环为纽带开展多尺度、多过程的现代水文综合研究。研究问题呈现明显的多学科交叉趋势，所采用的技术手段日趋先进与新颖，这些转变将给今后几十年的水文研究带来全新的面貌，促进水文学在自然地理综合研究中发挥日益重要的作用。

### 2. 关键科学问题

（1）流域多过程相互作用机制。以水循环为纽带的流域多尺度、多过程相互作用机制尚不明确，亟须开展气候–水文–生态系统、陆地–水文–社会系统相互作用机制关键科学问题重点研究。

（2）水文循环变化的自然和社会影响机理。环境变化破坏了水文循环要素的一致性，水文循环要素变化的特征和规律仍不明确，其背后的机制也有待深入研究。需要重点研究水文循环变化与自然–社会系统要素之间的相互作用机理，解决流域多过程耦合集成的物理刻画及机制解析难题。

### 3. 未来学科发展的重要研究方向

（1）流域多过程相互作用与耦合集成。通过土壤、地貌、地质及水文等多学科交叉，研究山坡结构的连通性特征，揭示径流连通的动力学机制，解析山坡结构连通与水流连通的内在联系。加强平原区坡面的产汇流机理及相应模型构建研究，解决庞大工程群控制下的平原区河湖网对水资源目标的自适应调控难题。研究多过程耦合的地表水与地下水相互作用模拟方法，揭示极端气候水文事件、水利工程运行、傍河水源开采等对地表水与地下水相互作用的控制机理。

（2）大数据水文。构建水系统新兴大数据分析理论，揭示多要素、多尺度水系统演变规律及伴生过程；发展基于密集数据的水系统模拟、水灾害预测与防治理论方法，提高洪旱灾害的监测、预警预测能力和水利工程的运行管理水平，服务于我国的水资源保护与开发、环境生态水利保护和修复与水工程安全运行。

# 三、自然–社会水系统与水资源可持续利用

## （一）社会水循环

### 1. 重点领域

（1）社会水文学中的本构关系：构建人–水耦合系统模型的一个重大挑战在于社会因子的定量化研究和与社会因子相关的方程构建。确定社会因子的本构关系，对参数进行选取和敏感度分析，增强参数的物理性，对发展人–水耦合系统模型具有重要意义。

（2）比较社会水文学：不同自然和社会条件下的流域，在人–水耦合系统协同演化的过程中，表现出一定的相同点和不同点。识别和了解不同流域之间的异同点，利用基本的气候–景观–人类活动的术语来解释它们，能够有效地发现和理解人–水耦合系统演化的特征和机理。

（3）交叉学科研究：对社会因子的刻画和对社会水文学中本构关系的研究，需要借助于社会学、经济学、管理学等学科的理论、研究范式和研究方法，获取更多有效数据，加强学科的交叉融合，更好地理解人–水耦合系统的协同演化机理。

（4）社会水文学的数据收集：完善历史分析，基于水文重建方法、"大数据"和知识挖掘技术、社会调研等，为社会水文学提供更多资料和数据，从而更合理有效地定量刻画社会因子，为模型构建和模拟预测提供基础。

### 2. 关键科学问题

经济社会发展与水系统演变的相互作用机制是社会水文学研究的关键科学问题。分析水系统和社会之间的相互作用，阐明区域水循环状况对经济社会发展的影响以及经济社会状况对水系统管控能力和用水需求的影响，研究人-水耦合系统的协同演化规律，预估经济社会发展规模和用水需求演变趋势。

### 3. 未来学科发展的重要研究方向

人-水耦合系统演变的机理研究将会是社会水文学研究的热点和关键点。进一步挖掘不同来源的数据和资料，丰富不同流域的社会水文学案例研究，并对不同自然和社会条件下的流域在不同时间尺度和空间尺度上进行对比研究，有利于揭示人-水耦合系统协同演变机理。综合不同学科的研究方法，对社会因子进行更好地定量刻画，增强模型中社会水循环方程的机理性，能够有效地提高模型的模拟和预测能力。在机理性和预测能力更强模型的基础上，用人-水耦合系统协同演化理论预测指导水资源管理和其他与水资源相关的社会经济规划，也是社会水文学的重要方向。

## （二）水-粮-能

### 1. 重点领域

水资源、粮食和能源是人类赖以生存的基础资源，保障水、粮食和能源安全是实现联合国 2030 年可持续发展目标的关键。将水-粮-能作为一个相互耦合的系统并理解其耦合关系被认为是解决水、粮食和能源安全问题的有效途径和重要手段。水-粮-能耦合是当前国际资源环境与可持续发展领域研究的前沿和热点。近年来，水-粮-能耦合研究呈现出快速增长的趋势，在理解水、粮食、能源系统相互作用关系以及耦合机理等诸多方面都取得了一定的进展，促进了可持续发展的理论研究和实践进程。

## 2. 关键科学问题

### 1）水–粮–能耦合互馈机理

水–粮–能耦合互馈机理是认识可持续发展的关键之一，国内外学术界在耦合系统各要素相互作用关系方面取得了一定进展。但是，耦合系统之间的作用机理仍然需要学术界做大量的基础和应用研究。在深刻理解资源要素耦合关系的基础上，开发研制定量模拟模型，是未来资源耦合研究的一个重要方向。

### 2）耦合系统对外部驱动因素的响应机理

目前的研究方法还不能够解决耦合系统中不同子系统之间的相互依赖性，并对"系统的系统"的综合性和复杂性的描述不足。耦合系统与外部因素的相互作用、耦合系统响应外部系统变化的动力学机制尚不清晰，也是研究的一个难点。

### 3）气候变化、全球贸易与水–粮–能耦合互馈关系

在气候变化背景下，水、粮食、能源通过生产、分配、消费等环节不断耦合，其间的冲突和矛盾互相约束、此消彼长。通过全球贸易，水与粮食、能源系统的供应链间相互作用变得更加复杂。因此，定量研究全球变化背景下的水–粮–能耦合互馈响应机理成为当前资源耦合研究的新方向。

## 3. 未来学科发展的重要研究方向

未来，水–粮–能耦合研究主要有以下五个重要方向。

（1）水–粮–能耦合作用机理与互馈机制。

（2）水–粮–能耦合模拟模型与决策支持工具。

（3）水–粮–能耦合系统对外部驱动因素的响应机理。

（4）气候变化和全球贸易与水–粮–能耦合系统的互馈关系。

（5）共建"一带一路"国家/地球水–粮–能耦合及其全球级联效应。

## （三）水资源可持续利用的水安全与流域综合管理

## 1. 重点领域

### 1）多学科融合是水资源学基础理论体系研究

由于水资源系统与人类系统中多个子系统的交互关系密切且复杂，研究

水资源系统中人类自然交互关系，以及水资源系统与粮食、能源和生态系统之间的关系，目前已经成为最为重要的研究方向。水资源系统中的人类-自然关系已经得到了广泛的重视，对这一复杂关系的研究，将会有助于逐步建立水资源系统科学的基础理论体系，为学科的基础理论体系、基本方程和相关技术方法的完善，提供强大的支持。

2）变化环境下的水资源风险管理与动态适应

在气候变化和人类活动共同作用形成的变化环境下，流域水循环和水资源发生了深刻变化，影响并改变人类用水的模式。由于环境变化，工程水文方法和水资源调度规则都需要调整，来适应增加的不确定性和非稳态性，这已经成为核心挑战。这意味着，基于水文预报/预估进行动态决策是适应性管理的基本技术手段。变化环境下的水资源系统管理，需要融合自然科学水文学和社会科学的理论与方法。在变化环境的条件下，水资源系统更应该被看作一个人类-自然耦合系统来研究，其核心任务之一是非稳态条件下人类需求与水文自然特性的动态匹配风险控制。将水文预报和经济优化耦合，采用水文学理论描述水文过程并提供动态的水文预报/预测成果，利用经济学理论描述人类的水资源需求，提出合理的调度管理和风险控制策略，是非稳态条件下水资源系统管理的基本解决方案。

3）信息时代的流域综合管理新技术

水资源与大气、水文、经济、社会、能源、粮食和生态环境等诸多要素相互关联，因此涉及相关系统多尺度、多维度和多媒体形式的"大数据"。信息时代的"大数据"和新技术，可以为水资源的管理提供新的技术工具。以"超大规模、高可靠性、按需服务、绿色节能"为技术特点的云计算云服务显示出其高效率、低成本的巨大优势，以"感知化、互联化、智能化"为技术特点的物联网直接推动了传统产业的升级。水联网和智慧水利等新技术不断涌现，以求实现流域内自然与社会水循环的实时监测与动态预测，进而实现对水资源的智能识别、跟踪定位、模拟预测、优化分配和监控管理，为水资源的优化调度和高效利用，快速提升水资源效能提供了可能。在信息技术日新月异的时代，多种信息技术手段，如遥感、大数据、互联网＋等，可以为水资源系统面临的挑战提供全新的技术手段和工具。利用这些新技术，为变化环境下的水资源系统规划与管理服务，是一个重要的发展方向。

## 2. 关键科学问题

### 1）变化环境下的人-水关系演变

气候变化和人类活动形成的变化环境，导致了人-水耦合关系的不断演化，水资源情势变化、人类用水不断增加、生态环境更加脆弱。流域中人类和自然的相互作用基本规律是什么？人-水耦合关系在变化环境下如何演化？人-水和谐的边界在哪里？这些是未来构建水资源学基础理论、实现水资源可持续利用、保证水安全、进行流域综合管理需要回答的基本科学问题。

### 2）变化环境下的大系统协同与动态适应

由于水资源的多目标性，水与粮食、能源、生态环境以及人类生产生活的方方面面紧密联系在一起，形成了一个流域复杂大系统。在这个大系统中，水-粮食-能源-生态环境之间的互馈关系是什么？不同利益主体之间的关系如何协调？不同部门、不同利益主体之间如何协同动态地适应变化的环境？这些是流域综合管理必须要回答的科学问题。

### 3）变化环境下的多源信息利用与智慧决策

随着大数据和高速互联技术的发展，新的信息和技术手段不断涌现，如何正确评估这些信息和技术的价值？如何更有效地利用这些信息来改进水资源调度与管理？水资源调度与管理的理论方法和技术会不会发生革命性的进步？如何实现流域管理的智慧决策？这些问题是流域综合管理必须面对的科学问题。

## 3. 未来学科发展的重要研究方向

根据上述分析，建议未来的水资源学科的重要研究方向如下。

（1）融合多学科理论方法体系，构建水资源学的基础理论体系。

（2）水-粮食-能源-生态环境互馈关系。

（3）流域多利益主体协同与适应机制。

（4）流域水安全与水资源可持续利用评价-规划-管理理论方法。

（5）水文预报及其组合利用理论方法。

（6）变化环境下的动态预报调度理论方法。

（7）大数据处理与水系统知识发现。

（8）水联网与智慧水利。

# 本章参考文献

车涛, 郝晓华, 戴礼云 等, 2019. 青藏高原积雪变化及其影响. 中国科学院院刊, 11: 1247-1253.

陈发虎, 傅伯杰, 夏军, 等, 2019. 近70年来中国自然地理与生存环境基础研究的重要进展与展望. 中国科学: 地球科学, 49(11): 1659-1696.

程国栋, 赵林, 李韧, 等. 2019. 青藏高原多年冻土特征、变化及影响. 科学通报, 64(27): 2783-2795.

程晓冰, 石秋池, 黄利群. 2007. 湖泊水资源保护和合理开发利用对策. 中国水利, (9): 41-43.

丁永建, 效存德. 2013. 冰冻圈变化及其影响研究的主要科学问题概论. 地球科学进展, 28(10): 1067-1076.

丁永建, 张世强, 陈仁升. 2020. 冰冻圈水文学: 解密地球最大淡水库. 中国科学院院刊, 35(4): 414-424.

姜彤, 孙赫敏, 李修仓, 等. 2020. 气候变化对水文循环的影响. 气象, 46(3): 289-300.

孔莹, 王澄海. 2017. 全球升温1.5℃时北半球多年冻土及雪水当量的响应及其变化. 气候变化研究进展, 13(4): 316-326.

李世杰, 陈炜, 姜永见, 等. 2011. 我国湖泊资源与环境对全球变化的响应. 中国自然资源学会, 新疆自然资源学会. 发挥资源科技优势 保障西部创新发展——中国自然资源学会2011年学术年会论文集 (下册). 中国自然资源学会, 新疆自然资源学会: 300-301.

刘昌明, 王中根, 杨胜天, 等. 2014. 地表物质能量交换过程中的水循环综合模拟系统(HIMS)研究进展. 地理学报, 69(5): 579-587.

刘义花, 鲁延荣, 周强, 等. 2019. 1961-2017年青海高原降雪时空变化分析研究. 冰川冻土, 41(4): 809-817.

鲁帆, 肖伟华, 严登华, 等. 2017. 非平稳时间序列极值统计模型及其在气候–水文变化研究中的应用综述. 水利学报, 48(4): 379-389.

秦大河, 等. 2005. 中国气候与环境演变. 北京: 科学出版社.

苏勃, 高学杰, 效存德. 2019. IPCC《全球1.5℃增暖特别报告》冰冻圈变化及其影响解读. 气候变化研究进展, 15(4): 395-404.

孙菽芬, 金继明, 吴国雄. 1999. 用于GCM耦合的积雪模型的设计. 气象学报, 57(3):293-

300.

汤秋鸿. 2020. 全球变化水文学：陆地水循环与全球变化. 中国科学：地球科学, 50(3): 436-438.

汤秋鸿, 黄忠伟, 刘星才, 等. 2015. 人类用水活动对大尺度陆地水循环的影响. 地球科学进展, 30(10): 1091-1099.

汤秋鸿, 兰措, 苏凤阁, 等. 2019. 青藏高原河川径流变化及其影响研究进展. 科学通报, 64(27): 2807-2821.

王浩, 严登华, 贾仰文, 等. 2010. 现代水文水资源学科体系及研究前沿和热点问题. 水科学进展, 21(4): 479-489.

王宁练, 姚檀栋, 徐柏青, 等. 2019. 全球变暖背景下青藏高原及周边地区冰川变化的时空格局与趋势及影响. 中国科学院院刊, 34(11): 1220-1232.

王世金, 温家洪. 2020. 冰冻圈灾害特征、影响及其学科发展展望. 中国科学院院刊, 35(4): 523-530.

吴绍洪, 赵宗慈. 2009. 气候变化和水的最新科学认知. 气候变化研究进展, 5(3): 125-133.

夏军. 2002. 水文非线性系统理论与方法. 武汉：武汉大学出版社.

夏军. 2011. 我国水资源管理与水系统科学发展的机遇与挑战. 沈阳农业大学学报：社会科学版, 13(4): 394-398.

夏军, 石卫. 2016. 变化环境下中国水安全问题研究与展望. 水利学报, 47(3):292-301.

夏军, 黄国和, 庞进武, 等. 2005. 可持续水资源管理：理论·方法·应用. 北京：化学工业出版社.

夏军, 石卫, 王强, 等. 2017a. 海绵城市建设中若干水文学问题的研讨. 水资源保护, 33(1): 1-8.

夏军, 罗勇, 段青云, 等. 2017b. 气候变化对中国东部季风区陆地水循环与水资源安全的影响及适应对策. 北京：科学出版社.

夏军, 左其亭, 石卫. 2019. 中国水安全与未来. 武汉：湖北科技出版社.

夏军, 张永勇, 穆兴民, 等. 2020. 中国生态水文学发展趋势与重点方向. 地理学报, 75(3):445-457.

杨大文, 杨汉波, 雷慧闽. 2014. 流域水文学. 北京：清华大学出版社.

杨大文, 郑元润, 高冰, 等. 2020. 高寒山区生态水文过程与耦合模拟. 北京：科学出版社.

姚檀栋, 刘时银, 蒲健辰, 等. 2004. 高亚洲冰川的近期退缩及其对西北水资源的影响. 中国科学, 34(6): 535-543.

姚檀栋, 秦大河, 沈永平, 等. 2013. 青藏高原冰冻圈变化及其对区域水循环和生态条件的影响. 自然杂志, 35(3): 179-186.

于贵瑞, 高扬, 王秋凤, 等. 2013. 陆地生态系统碳、氮、水循环的关键耦合过程及其生物调控机制探讨. 中国生态农业学报, 21(1): 1-13.

张建云, 刘九夫, 金君良, 等. 2019. 青藏高原水资源演变与趋势分析. 中国科学院院刊, 34(11): 1264-1273.

张井勇, 吴凌云. 2011. 陆-气耦合增加中国的高温热浪. 科学通报, 56(23): 1905-1909.

张晓闻, 臧淑英, 孙丽. 2018. 近 40 年东北地区积雪日数时空变化特征及其与气候要素的关系. 地球科学进展, 33(9): 958-968.

张宗勇, 刘俊国, 王凯, 等. 2020. 水-粮食-能源关联系统述评: 文献计量及解析. 科学通报, 65(12): 1569-1580.

赵林, 胡国杰, 邹德富, 等. 2019. 青藏高原多年冻土变化对水文过程的影响. 中国科学院院刊, 34(11): 1233-1246.

郑雷, 张廷军, 车涛, 等. 2015. 利用实测资料评估被动微波遥感雪深算法. 遥感技术与应用, 30(3): 413-423.

Adam J C, Hamlet A F, Lettenmaier D P. 2010. Implications of global climate change for snowmelt hydrology in the twenty-first century. Hydrological Processes, 23(7): 962-972.

Alexander A V, Dmitry S D, Andrey G G, et al. 2020. Permafrost degradation in the Western Russian Arctic. Environmental Research Letters, 15(4): 045001.

Alkama R, Marchand L, Ribe A, et al. 2013. Detection of global runoff changes: results from observations and CMIP5 experiments. Hydrology and Earth System Sciences, 17(7): 2967-2979.

Barnett T P, Adam J C, Lettenmaier D P. 2005. Potential impacts of a warming climate on water availability in snow-dominated regions, Nature, 438: 303-309.

Bartelt P, Lehning M. 2002. A physical SNOWPACK model for the Swiss avalanche warning: Part I: numerical model. Cold Regions Science and Technology, 35(3): 123-145.

Bash E A, Marshall S J. 2014. Estimation of glacial melt contributions to the Bow River, Alberta, Canada, using a radiation-temperature melt model. Annals of Glaciology, 55(66): 138-152.

Bauer J E, Cai W J, Raymond P A, et al. 2013. The changing carbon cycle of the coastal ocean. Nature, 504(61): 61-69.

Beamer J P, Hill D F, Mcgrath D, et al. 2017. Hydrologic impacts of changes in climate and glacier extent in the Gulf of Alaska watershed. Water Resources Research, 53(9): 7502-7520.

Becker N. 1995. Value of moving from central planning to a market system: lessons from the Israeli water sector. Agricultural Economics, 12(1): 11-21.

Bierkens M F P. 2015. Global hydrology 2015: state, trends, and directions. Water Resources Research, 51: 4923-4947.

Bleischwitz R, Spataru C, van Deveer S D, et al. 2018. Resource nexus perspectives towards the United Nations Sustainable Development Goals. Nature Sustainability, 1: 737-743.

Bolch T, Kulkarni A V, Kaab A, et al. 2012. The state and fate of Himalayan Glaciers. Science, 336: 310-314.

Boner M C, Furland L P. 1982. Seasonal treatment and variable effluent quality based on assimilative capacity. Journal Water Pollution Control Filed, 54: 1408-1416.

Bovee K D. 1982. A guide to stream habitat analyses using the instream flow incremental methodology. Instream flow information paper No.12, FWS/OBS-82/26, Co-operative Instream Flow Group. US Fish and Wildlife Service, Office of Biological Services.

Braga B, Chatres C, William J, et al. 2014. Water and the Future of Humanity, Calouste Gulbenkian Foundation. New York: Springer Press.

Brown R D. 2000. Northern hemisphere snow cover variability and change 1915-1997. Journal of Climate, 13(13): 2339-2355.

Bunn S E, Arthington A H. 2002. Basic principles and ecological consequences of altered flow regimes for aquatic biodiversity. Environmental Management, 30(4): 492-507.

Casanova O, Juan F, Figueroa C, et al. 2015. Environmental flow determination and its relationship with water resources quality indicator variables. Luna Azul, 40:5-24.

Chang J, Ye R Z, Wang G X. 2018. Review: progress in permafrost hydrogeology in China. Hydrogeology Journal, 26(5): 1387-1399.

Ciracì E, Velicogna I, Swenson S. 2020. Continuity of the mass loss of the world's glaciers and ice caps from the GRACE and GRACE follow-on missions. Geophysical Research Letters, 47(9): 1-11.

Cloke H L, Pappenberger F. 2009. Ensemble flood forecasting: a review. Journal of Hydrology, 375(3-4): 613-626.

Coerver H M, Rutten M M, van de Giesen N C. 2018. Deduction of reservoir operating rules for application in global hydrological models. Hydrology and Earth System, Sciences, 22: 831-851.

Daufresne M, Veslot J, Capra H, et al. 2015. Fish community dynamics (1985-2010) in multiple reaches of a large river subjected to flow restoration and other environmental changes. Freshwater Biology, 60(6): 1176-1191.

D'Odorico P, Davis K F, Rosa L, et al. 2018. The global food-energy-water nexus. Reviews of Geophysics, 56: 456-531.

Dickinson R E, Shaikh M, Bryant R, et al. 1998. Interactive canopies for a climate model. Journal of Climate, 11(11): 2823-2836.

Dingman S L. 2015. Physical Hydrology. Long Grove: Waveland Press, Inc.

Diro G T, Sushama L, Martynov A, et al. 2014. Land-atmosphere coupling over North America in CRCM5. Journal of Geophysical Research: Atmosphere, 119: 1955-11972.

Döll P, Siebert S. 2002. Global modeling of irrigation water requirements. Water Resourse Research, 38(4): 8-1-8-10. https://doi.org/10.1029/2001WR000355.

Dong C Y. 2018. Remote sensing, hydrological modeling and *in situ* observations in snow cover research: a review. Journal of Hydrology, 561: 573-583.

Dosdogru F, Kalin L, Wang R, et al. 2020. Potential impacts of land use/cover and climate changes on ecologically relevant flows. Journal of Hydrology, 584: 124654.

Draper A J, Lund J R. 2004. Optimal hedging and carryover storage value. Journal of Water Resources Planning and Management, ASCE, 130(1): 83-87.

Dussaillant I, Berthier E, Brun F, et al. 2019. Two decades of glacier mass loss along the Andes. Nature Geoscience, 12(10): 802-808.

Dye D S. 2002. Variability and trends in the annual snow-cover cycle in Northern hemisphere land areas 1972-2000. Hydrological Processes, 16(15): 3065-3077.

Farbrot H, Etzelmüller B, Schuler T V, et al. 2007. Thermal characteristics and impact of climate change on mountain permafrost in Iceland. Journal of Geophysical Research: Atmospheres, 112(F3): 1-12.

Farinotti D, Immerzeel W W, de Kok R J, et al. 2020. Manifestations and mechanisms of the Karakoram glacier anomaly. Nature Geoscience, 13(1): 8-16.

Feng K, Hubacek K, Pfister S, et al. 2014. Virtual scarce water in China. Environmental Science & Technology, 48(14): 7704-7713.

Frost P C, Kinsman L E, Johnston C A, et al. 2009. Watershed discharge modulates relationships between landscape components and nutrient ratios in stream seston. Ecology, 90(6): 1631-1640.

Gao B, Yang D W, Qin Y, et al. 2018. Change in frozen soils and its effect on regional hydrology, upper Heihe basin, northeastern Qinghai-Tibetan Plateau. The Cryosphere,12(2): 657-673.

Gao L, Bryan B. 2017. Finding pathways to national-scale land-sector sustainability. Nature, 544(7649): 217-222.

Gieske J M J, Runhaar J, Rolf H L M. 1995. A method for quantifying the effects of groundwater shortages on aquatic and wet ecosystems. Water Science and Technology, 31(8):363-366.

Gisnas K, Etzelmüller B, Lussana C, et al. 2016. Permafrost map for Norway, Sweden and Finland. Permafrost and Periglacial Processes, 28: 359-378.

Gordon L J, Steffen W, Jönsson B F, et al. 2005. Human modification of global water vapor flows from the land surface, PNAS, 102(7): 612-617.

Groisman P Y, Knight R W, Karl T R. 2001. Heavy precipitation and high streamflow in the United States: trends in the 20th Century. Bulletin of the American Meteorological Society, 82: 219-246.

Guo D, Wang H. 2016. CMIP5 permafrost degradation projection: a comparison among different regions. Journal of Geophysical Research-Atmospheres, 121: 4499-4517.

Haddeland I, Heinke J, Biemans H, et al., 2014. Global water resources affected by human interventions and climate change. Proceedings of the National Academy of Sciences of the United States of America, 111(9): 3251-3256.

Hall D K, Robinson D A. 2012. State of the Earth's Cryosphere at the Beginning of the 21st Century: Glaciers, Global Snow Cover, Floating Ice, and Permafrost and Periglacial Environments - Global Snow Cover. Satellite Image Atlas of Glaciers of the World, 254: 1386-A.

Halliday S J, Wade A J, Skeffington R A, et al. 2012. An analysis of long-term trends, seasonality and short-term dynamics in water quality data from Plynlimon, Wales. Science of Total Environment, 434: 186-200.

Hao Z C, Hao F H, Singh V P, et al. 2018. Changes in the severity of compound drought and hot extremes over global land areas. Environmental Research Letters, 13(12): 124022.

Haylock M R, Goodness C M. 2004. Interannual variability of extreme European winter rainfall and links with mean large-scale circulation. International Journal of Climatology, 24: 759-776.

Heidari M, Chow V T, Kokotovi P V, et al. 1971. Discrete differential dynamic programing approach to water resources systems optimization. Water Resources Research, 7(2): 273-282.

Hock R. 2005. Glacier melt: a review of processes and their modeling. Progress in Physical Geography, 29(3): 362-391.

Hock R, Bliss A, Marzeion B, et al. 2019. GlacierMIP-A model intercomparison of global-scale glacier mass-balance models and projections. Journal of Glaciology, 65: 453-467.

Holloway J E, Lewkowicz A G. 2020. Half a century of discontinuous permafrost persistence and degradation in western Canada. Permafrost and Periglacial Processes, 31: 85-96.

Hou A Y, Kakar R K, Neeck S, et al. 2014. The global precipitation measurement mission. Bulletin of the American Meteorological Society, 95: 701-722.

Hu C, Xia J, She D, et al. 2021. A new urban hydrological model considering various land covers for flood simulation. Journal of Hydrology, 603: 126833.

Huss M, Hock R. 2018. Global-scale hydrological response to future glacier mass loss. Nature Climate Change, 8(2): 135-140.

Immerzeel W W, Pellicciotti F, Bierkens M F P. 2013. Rising river flows throughout the twenty-first century in two Himalayan glacierized watersheds. Nature Geoscience, 6(9): 742-745.

IPCC. 2013. Climate change 2013: The physical science basis. Working group I contribution to the fifth assessment report of the intergovernmental panel on climate change. Cambridge,

United Kingdom: Cambridge University Press.

Isaksen K, Sollid J L, Holmlund P, et al. 2007. Recent warming of mountain permafrost in Svalbard and Scandinavia. Journal of Geophysical Research Atmospheres, 112(F2): F02S04-1-F02S04.

Jordan R. 1991. A One-Dimensional Temperature Model for a Snow Cover: Technical Documentation for SNTHERM 89. Hanover N H: Technical report, Cold Regions Research and Engineering Laboratory.

Jung M, Reichstein M, Margolis H A, et al. 2011. Global patterns of land - atmosphere fluxes of carbon dioxide, latent heat, and sensible heat derived from eddy covariance, satellite, and meteorological observations. Journal of Geophysical Research: Biogeosciences, 116(G3): 1-16.

Kalra A, Piechota T C, Davies R, et al. 2008. Changes in U.S. Streamflow and Western U.S. Snowpack. Journal of Hydrologic Engineering, 13(3): 156-163.

Karl T R, Trenberth K E. 2003. Modern global climate change. Science, 302: 1719-1723.

Korsak A J, Larson R E. 1970. A dynamic programming successive approximations technique with convergence proofs Automatica, 6(2): 245-252.

La Frenierre J, Mark B G. 2014. A review of methods for estimating the contribution of glacial meltwater to total watershed discharge. Progress in Physical Geography, 38(2): 173-200.

Labadie J W. 2004. Optimal operation of multireservoir systems: state-of-the-art review. Journal of Water Resources Planning and Management, 130(2):93-111.

Labat D, Goddéris Y, Probst J L, et al. 2004. Evidence for global runoff increase related to climate warming. Advances in Water Resources, 27(6): 631-642.

Lamb B L. 1989. Quantifying instream flows: matching policy and technology. Instream Flow Protection in the West. Covelo , CA : Island Press: 23-29.

Li Y J, Ding Y J, Shangguan D H, et al. 2019. Regional differences in global glacier retreat from 1980 to 2015. Advances in Climate Change Research, 10(4): 203-213.

Lievens H, Demuzere M, Marshall H, et al. 2019. Snow depth variability in the Northern Hemisphere mountains observed from space. Nature Communications, 10: 4629.

Liu J, Mao G, Hoekstra A J, et al. 2018. Managing the energy-water-food nexus for sustainable development. Applied Energy, 210: 377-381.

Livneh B, Badger A M. 2020. Drought less predictable under declining future snowpack. Nature Climate Change, 10: 1-7.

Loth B, Graf H. 1998. Modeling the snow cover in climate studies 1.Long-term integrations under different climatic conditions using a multilayered snow-cover model. Journal of Geophysical Research-Atmospheres, 103(D10): 11313-11327.

Lott F C, Stott P A. 2016. Evaluating simulated fraction of attributable risk using climate observations. Journal of Climate, 29: 4565-4575.

Loucks D P, Beek E V. 2005. Water Resources Systems Planning and Management: An Introduction to Methods, Models and Applications. UNESCO Publishing.

Loucks D P, Dorfman P J. 1975. Evaluation of some linear decision rules in chance-constrained models for reservoir planning and operation. Water Resources Research, 11(6): 777-782.

Luo D, Wu Q, Jin H, et al. 2016. Recent changes in the active layer thickness across the northern hemisphere. Environmental Earth Sciences, 75: 1-15.

Luo Y, Arnold J, Liu S Y, et al. 2013. Inclusion of glacier processes for distributed hydrological modeling at basin scale with application to a watershed in Tianshan Mountains, northwest China. Journal of Hydrology, 477: 72-85.

Maass A, Hufschmidt M M, Dorfman R, et al. 1962. Design of Water Resources Systems: New Techniques for Relating Economic Objectives, Engineering Analysis, and Governmental Planning. Cambridge, MA :Harvard University Press.

Manzoni S, Porporato A. 2011. Common hydrologic and biogeochemical controls along the soil-stream continuum. Hydrological Process, 25: 1355-1360.

Mao G, Xia J, He X, et al. 2017. Hydrology on a coupled human-nature system: research, innovation, and practices, Bulletin of the American Metrological Society, 98(12): ES295-ES298.

Matthews O P. 2004. Fundamentalquestions aboutwater rights andmarket reallocation. Water Resources Research, 40: W09S08.

Matthews R C, Bao Y. 1991. The Texas method of preliminary instream flow determination. Rivers, 2(4):295-310.

McKinney D C, Cai X. 1996. Multiobjective optimization model for water allocation in the Aral Sea basin. 2nd American Institute of Hydrology(AIH) and Tashkent Institute of Engineers for Irrigation(IHE) Conjunct Conference on the Aral Sea Basin Water Resources Problems. Tashkent, Uzbekistan: AIH and IHE.

Mcmillan H. 2020. Linking hydrologic signatures to hydrologic processes: a review. Hydrological Processes, 34: 1393-1409.

Meitzen K M, Doyle M W, Thoms M C, et al. 2013. Geomorphology within the interdisciplinary science of environmental flows. Geomorphology, 200:143-154.

Milly P C D, Betancourt J, Falkenmark M, et al. 2008. Stationarity is dead: whither water management?. Science, 319: 573-574.

Milly P C D, Dunne K A, Vecchia A V. 2005. Global pattern of trends in streamflow and water availability in a changing climate. Nature, 438: 347-350.

Montanari A, Young G, Savenije H H G, et al. 2013. "Panta Rhei-Everything Flows": change in hydrology and society—the IAHS Scientific Decade 2013-2022. Hydrological Sciences Journal, 65(1): 1256-1275.

Mosely M P. 1982. The effect of changing discharge on channal morphology and instream uses and in a braide river, Ohau River, New Zealand. Water Resources Researches, 18: 800-812.

Myhra K, Westermann S, Etzelmüller B. 2017. Modelled distribution and temporal evolution of permafrost in steep rock walls along a latitudinal transect in Norway by CryoGrid 2D. Permafrost and Periglacial Processes, 28: 172-182.

National Academies of Sciences, Engineering, and Medicine. 2016. Attribution of Extreme Weather Events in the Context of Climate Change. Washington, DC: The National Academies Press.

Naveau P, Hannart A, Ribes A. 2020. Statistical methods for extreme event attribution in climate science. Annual Review of Statistics and Its Application, 7: 89-110.

Nazemi A, Wheater H S. 2015. On inclusion of water resource management in Earth system models – Part 2: Representation of water supply and allocation and opportunities for improved modeling. Hydrology and Earth System Sciences, 19: 63-90.

Neal C, Reynolds B, Rowland P, et al. 2012. High-frequency water quality time series in precipitation and streamflow: from fragmentary signals to scientific challenge. Science of Total Environment, 434: 3-12.

Nitzbon J, Westermann S, Langer M, et al. 2020. Fast response of cold ice-rich permafrost in northeast Siberia to a warming climate. Nature Communications, 11: 2201.

Obersteiner M, Walsh B, Frank S, et al. 2016. Assessing the land resource-food price nexus of the sustainable development goals. Science Advances, 2(9): e1501499.

Oki T, Kanae S. 2006. Global Hydrological Cycles and World Water Resources. Science, 313: 5790.

Oliveira R, Loucks D P. 1997. Operating rules for multireservoir systems. Water Resources Research, 33(4): 839-852.

Ozdogan M, Rodell M, Beaudoing H K, et al. 2010. Simulating the effects of irrigation over the United States in a land surface model based on satellite-derived agricultural data. Journal of Hydrometeorology, 11: 171-184.

Paciorek C J, Stone D A, Wehner M F. 2018. Quantifying statistical uncertainty in the attribution of human influence on severe weather. Weather and Climate Extremes, 20: 69-80.

Palmer M A, Liu J, Matthews J H, et al. 2015. Water security: gray or green?. Science, 349(6248):

584-585.

Peng X Q, Zhang T J, Frauenfeld O W, et al. 2019. Northern Hemisphere greening in association with warming permafrost. Journal of Geophysical Research-Biogeosciences, 125(1): e2019JG005086.

Piao S, Friedlingstein P, Ciais P, et al. 2007. Changes in climate and land use have a larger direct impact than rising $CO_2$ on global river runoff trends. PNAS, 104: 15242-15247.

Poff N L R, Allan J D, Bain M B, et al. 1997. The natural flow regime. BioScience, 47(11): 769-784.

Pogliotti P, Guglielmin M, Cremonese E, et al. 2015. Warming permafrost and active layer variability at Cime Bianche, Western European Alps. The Cryosphere, 9: 647-661.

Pokhrel Y N, Hanasaki N, Wada Y, et al. 2016. Recent progresses in incorporating human land-water management into global land surface models toward their integration into Earth system models Wiley Interdisciplinary Reviews. Water, 3: 548-574.

Priscoli J D. 2000. Water and civilization: using history to reframe water policy debates and to build a new ecological realism. Water Policy, 1(6): 623-636.

Pritchard H D. 2019. Asia's shrinking glaciers protect large populations from drought stress. Nature, 569: 649-654.

Qin B Q, Yang G J, Ma J R, et al. 2018. Spatiotemporal changes of cyanobacterial bloom in large shallow eutrophic Lake Taihu, China. Front Microbiol, 9: 451.

Qin D H, Li S Y, Li P J. 2006. Snow cover distribution variability and response to climate change in Western China. Journal of Climate, 19(9): 1820-1833.

Qin Y, Abatzoglou J T, Siebert S, et al. 2020. Agricultural risks from changing snowmelt. Nature Climate Change, 10(5): 1-7.

Qin Y, Yang D W, Gao B, et al. 2017. Impacts of climate warming on the frozen ground and eco-hydrology in the Yellow River source region, China. Science of the Total Environment, 605: 830-841.

Quincey D J, Klaar M, Haines D, et al. 2018. The changing water cycle: the need for an integrated assessment of the resilience to changes in water supply in High-Mountain Asia. WIREs Water, 5: e1258.

Qureshi M E, Shi T, Qureshi S E, et al. 2009. Removing barriers to facilitate efficient water markets in the Murray-Darling Basin of Australia. Agriculture Water Management, 96(11):1641-1651.

Radic V, Hock R. 2014. Glaciers in the Earth's hydrological cycle: assessments of glacier mass and runoff changes on global and regional scales. Surveys in Geophysics, 35(3): 813-837.

Revelle C, Joeres E, Kirby W. 1969. Linear decision rule in reservoir management and design .1. development of stochastic model. Water Resources Research, 5(4): 767-776.

Revelle C S, Loucks D P, Lynn W R. 1968. Linear programming applied to water quality management. Water Resources Research, 4(1): 1-13.

Rosegrant M W, Ringler C, McKinney D C, et al. 2000. Integrated economic-hydrologic water modeling at the basin scale: the Maipo river basin. Agricultural Economics, 24(1):33-46.

Rothman D, Mays L. 2014. Water resources sustainability: development of a multiobjective optimization model. Journal of Water Resources Planning and Management, 140(12): 04014039.

Rounce D R, Hock R, Shean D E. 2020. Glacier mass change in High Mountain Asia through 2100 using the open-source Python Glacier Evolution Model(PyGEM). Frontiers in Earth Science, 7(331): 1-20.

Santos C A C, Neale C M U, Rao T V R, et al. 2011. Trends in indices for extremes in daily temperature and precipitation over Utah, USA. International Journal of Climatology, 31(12): 1813-1822.

Schaner N, Voisin N, Nijssen B, et al. 2012. The contribution of glacier melt to streamflow. Environmental Research Letters, 7(3): 034029.

Schewe J, Heinke J, Gerten D, et al. 2014. Multimodel assessment of water scarcity under climate change. Proceedings of the National Academy of Sciences of the United States of America, 111: 3249-3250.

Schoups G, Addams C L, Minjares J L, et al. 2006. Sustainable conjunctive water management inirrigated agriculture: model formulation and application to the Yaqui Valley, Mexico. Water Resources Research, 42: W10417.

See L. 2019. A review of citizen science and crowdsourcing in applications of pluvial flooding. Frontiers in Earth Science, 7: 44.

Shenton W, Bond N R, Yen J D L, et al. 2012. Putting the "Ecology" into environmental flows: ecological dynamics and demographic modelling. Environmental Management, 50(1): 1-10

Shrestha M, Wang L, Koike T, et al. 2014. Correcting basin-scale snowfall in a mountainous basin using a distributed snowmelt model and remote sensing data. Hydrology and Earth System Sciences, 18: 747-761.

Sivapalan M, Blöschl G. 2015. Time scale interactions and the coevolution of humans and water. Water Resources Research, 51(9): 6988-7022.

Sivapalan M, Savenije H H G, Blöschl G. 2012. Socio-hydrology: a new science of people and water. Hydrological Processes, 26(8): 1270-1276.

Solanes M, Jouravlev A. 2006. Water rights and water markets: lessons from technical advisory assistance in Latin America. Journal of Irrigation and Drainage Engineering, 55(3): 337-342.

Stahl K, Tallaksen L M, Hannaford J, et al. 2012. Filling the white space on maps of European runoff trends: estimates from a multi-model ensemble. Hydrology and Earth System Sciences, 16: 2035-2047.

Stewart I T. 2009. Changes In snowpack and snowmelt runoff for key mountain regions. Hydrological Processes, 23(1): 78-94.

Sun Q, Miao C, Qiao Y, et al. 2017. The nonstationary impact of local temperature changes and ENSO on extreme precipitation at the global scale. Climate Dynamics, 49: 4281-4292.

Sušnik J, Chew C, Domingo X, et al. 2018. Multi-stakeholder development of a serious game to explore the water-energy-food-land-climate nexus: the SIM4NEXUS approach. Water, 10(2): 139.

Tang Q, Peterson S, Cuenca R H, et al. 2009. Satellite-based near-real-time estimation of irrigated crop water consumption. Journal of Geophysical Research: Atmospheres, 114(D5): 1-14.

Taylor R G, Todd M C, Kongola L, et al. 2013. Evidence of the dependence of groundwater resources on extreme rainfall in East Africa. Nature Climate Change, 3(4): 374-378.

Tennant D L. 1976. Instream flow regimes for fish, wildlife, recreation and related environmental resources. Fisheries, 1(4): 6-10.

Treichler D, Kääb A, Salzmann N, et al. 2019. Recent glacier and lake changes in High Mountain Asia and their relation to precipitation changes. The Cryosphere, 13(11): 2977-3005.

Trenberth K E, Dai A G, Rasmussen R M, et al. 2003. The changing character of precipitation. Bulletin of the American Meteorological Society, 84(9): 1205-1217.

UN Water. 2012. The United Nations World Water Development Report 4: Managing Water under Uncertainty and Risk Paris.

UNCED. 1998. Agenda 21. https://sustainabledevelopment.un.org/content/documents/Agenda21. pdf.

UN WATER. 2020. The United Nations World Water Development Report 2020: Water and Climate Change. Paris.

Vaux H J, Howitt R E. 1984. Managing water scarcity: an evaluation of interregional transfers. Water Resources Research, 20(7):785-792.

Vonk J E, Tank S E, Walvoord M A. 2019. Integrating hydrology and biogeochemistry across frozen landscapes. Nature Communications, 10(1): 1-4.

Vörösmarty C J, Dork S. 2000. Anthropogenic disturbance of the terrestrial water cycle. BioScience, 50(9): 753-765.

Wada Y, Bierkens M F P, de Roo A, et al. 2017. Human-water interface in hydrological modelling: current status and future directions. Hydrology and Earth System Sciences, 21: 4169-4193.

Wada Y, Wisser D, Bierkens M F P. 2014. Global modeling of withdrawal, allocation and consumptive use of surface water and groundwater resources. Earth System Dynamics, 5(1): 15-40.

Wan W, Wang H, Zhao J. 2020. Hydraulic potential energy model for hydropower operation in mixed reservoir systems. Water Resources Research, 56(4): e2019WR026062.

Wang C, Wang Z, Kong Y, et al. 2019. Most of the northern hemisphere permafrost remains under climate change. Scientific Reports, 9: 3295.

Wang J, Chen Y, Tett S F B, et al. 2020. Anthropogenically-driven increases in the risks of summertime compound hot extremes. Nature Climate Change, 11: 528.

Wang J, Hong Y, Gourley J, et al. 2010. Quantitative assessment of climate change and human impacts on long-term hydrologic response: a case study in a sub-basin of the Yellow River, China. International Journal of Climatology, 30: 2130-2137.

Wang J, Li S. 2006. Effect of climatic change on snowmelt runoffs in mountainous regions of inland rivers in Northwestern China. Science in China Series D: Earth Sciences, 49(8): 881-888.

Wang L, Sun L, Shrestha M, et al. 2016. Improving snow process modeling with satellite-based estimation of near-surface-air-temperature lapse rate. Journal of Geophysical Research-Atmospheres, 121: 12005-12030.

Wang T, Yang D, Yang Y, et al. 2020. Permafrost thawing puts the frozen carbon at risk over the Tibetan Plateau. Science Advances, 6(19): eaaz3513.

Waughray D. 2011. Water Security, the Water-food-energy-climate Nexus: The World Economic Forum Water Initiative. Washington, DC: Island Press.

White D J, Hubacek K, Feng K, et al. 2018. The water-energy-food nexus in East asia: a tele-connected value chain analysis using inter-regional input-output analysis. Applied Energy, 210:550-567.

Woo M K, Kane D L, Carey S K, et al. 2008. Progress in permafrost hydrology in the new millennium. Permafrost and Periglacial Processes, 19: 237-254.

Wu Q, Hou Y, Yun H, et al. 2015. Changes in active-layer thickness and near-surface permafrost between 2002 and 2012 in alpine ecosystems, Qinghai-Xizang(Tibet Plateau), China. Global and Planetary Change, 124: 149-155.

Wu Q, Zhang Z, Gao S, et al. 2016. Thermal impacts of engineering activities and vegetation layer on permafrost in different alpine ecosystems of the Qinghai-Tibet Plateau, China. The

Cryosphere, 10: 1695-1706.

Xia J, Chen Y D. 2001. Water problems and opportunities in hydrological Sciences in China. Hydrological Science Journal, 46(6): 907-921.

Xia J, Zhang Y, Xiong L, et al. 2017. Opportunities and challenges of the Sponge City construction related to urban water issues in China. Science China Earth Sciences, 60(4): 652-658.

Xu T, Zheng H, Zhao J, Liu Y, et al. 2018. A two-phase model for trade matching and price setting in double auction water markets. Water Resources Research, 54(4):2999-3017.

Xue Y, Sellers P J, Kinter J L, et al. 1991. A simplified biosphere model for global climate studies. Journal of Climate, 4(3): 345-364.

Yamazaki Y, Kubota J, Ohata T, et al. 2006. Seasonal changes in runoff characteristics on a permafrost watershed in the southern mountainous region of eastern Siberia.Hydrological Processes: An International Journal, 20(3): 453-467.

Yang D W, Gao B, Jiao Y, et al. 2015. A distributed scheme developed for eco-hydrological modeling in the upper Heihe River. Science China: Earth Sciences, 58(1): 36-45.

Yang D W, Yang Y T, Xia J. 2021. Hydrological cycle and water resources in a changing world: a review. Geography and Sustainability, 2(2): 115-122.

Yang J, Duan K. 2016. Effects of initial drivers and land use on WRF modeling for near-surface fields and atmospheric boundary layer over the Northeastern Tibetan Plateau. Advances in Meteorology, 1-16. https://doi.org/10.1155/2016/7849249.

Yang Y Z, Wu Q B, Jin H J, et al. 2019. Delineating the hydrological processes and hydraulic connectivities under permafrost degradation on Northeastern Qinghai-Tibet Plateau, China. Journal of Hydrology, 569: 359-372.

Yao T D. 2019. Tackling on environmental changes in Tibetan Plateau with focus on water, ecosystem and adaptation. Science Bulletin, 64: 417.

Yao T, Thompson L, Yang W, et al. 2012. Different glacier status with atmospheric circulations in Tibetan Plateau and surroundings. Nature Climate Change, 2: 663-667.

Yuan X, Jiao Y, Yang D, et al. 2018. Reconciling the attribution of changes in streamflow extremes from a hydroclimate perspective. Water Resources Research, 54: 3886-3895.

Yuan X, Roundy J K, Wood E F, et al. 2015. Seasonal forecasting of global hydrologic extremes: system development and evaluation over GEWEX basins. Bulletin of the American Meteorological Society, 96:1895-1912.

Yuan X, Wang L, Wu P, et al. 2019. Anthropogenic shift towards higher risk of flash drought over China. Nature Communications, 10: 466.

Zemp M, Huss M, Thibert E, et al. 2019. Global glacier mass changes and their contributions to sea-level rise from 1961 to 2016. Nature, 568(7752): 382-386.

Zhang G Q, Yao T D, Shum C K, et al. 2017, Lake volume and groundwater storage variations in Tibetan Plateau's endorheic basin. Geophysical Research Letters, 44(11): 5550-5560.

Zhang Y L, Cheng G D, Li X, et al. 2013. Coupling of a simultaneous heat and water model with a distributed hydrological model and evaluation of the combined model in a cold region watershed. Hydrological Processes, 27: 3762-3776.

Zhang Y, Xia J, Liang T, et al. 2009. Impact of water projects on river flow regimes and water quality in Huai River Basin. Water Resource Management, 24: 889-908.

Zheng D H, van der Velde R, Su Z, et al. 2018. Impact of soil freeze-thaw mechanism on the runoff dynamics of two Tibetan rivers. Journal of Hydrology, 563: 382-394.

Zou J, Xie Z, Zhan C, et al. 2015. Effects of anthropogenic groundwater exploitation on land surface processes: a case study of the Haihe River Basin, northern China. Journal of Hydrology, 524: 625-641.

第三章

# 土壤与土地科学

## 第一节 战略定位

### 一、对我国国民经济、社会可持续发展和国家安全的作用

　　土壤是地球表层系统中的核心和最为活跃的圈层，土壤圈与其他地表圈层之间通过物质循环和能量交换来促进并维持全球生物地球化学循环，支撑陆地生态系统的生命过程。土地系统是包括地质、地貌、气候、水文、植被、土壤等全部自然地理要素的综合体（赵松乔等，1988）。土地资源是在一定的技术条件下和一定时间内可以为人类利用的土地，是人类主要社会经济活动的空间载体。人类在不断探索土地资源的开发、经营和利用，在获取大量产品、服务和财富的同时，也剧烈地改变了土地利用方式与土地覆盖，带来了显著的生态、社会和经济影响。因此，在土地基本属性与经济规律约束下，研究土地管理规则构建、实践运行机制及其运行状况对于保护和合理利用土地资源显得尤为重要。

　　作为人类和其他生物生存环境的一部分，土壤的环境安全关系到生态系

统安全和人类生命健康。唯有健康的土壤，才能带来健康的生活。土壤中蕴藏的巨大生物资源，被称为地球关键元素循环过程的引擎。土壤巨大的生物多样性驱动着复杂的生态与环境过程，在发挥土壤生态系统功能和提供生态系统服务方面起着决定性作用。土壤生物是有机质分解和转化、养分循环等过程重要的驱动者，同时在污染物降解和转化、农作物病虫害生物防治、植物群落构建和生产力维持、温室气体调控等方面提供重要的生态系统服务。

以土壤中有机质形成和转化为主要形式的碳循环、以活性氮转化和迁移为主要形式的氮循环，在对区域土壤质量产生影响的同时，也是全球变化的重要驱动因素。反之，在全球环境变化的背景下，土壤自身的演变轨迹也势必发生变化。因此，土壤既是全球变化的驱动因素，也对全球变化有着自身的响应。同时，土壤也是全球变化的记录者。

耕地是粮食和食物生产之本，我国 88% 的直接食物和 95% 的转化食物（肉、蛋、奶）来自于耕地。因此，土壤和土地安全是保障国家粮食安全、生态安全和公众健康的重要基础。我国土地资源紧缺，人地矛盾突出，土壤环境质量退化态势严峻。我国虽然幅员辽阔，但山地丘陵占据 2/3 以上的国土面积、干旱和半干旱气候区占据一半以上，大部分地区生态较为脆弱，适宜于开发利用的土地所占比例低，土壤和土地资源自然禀赋较差，质量不高，加之高强度和不合理的利用导致土壤退化，耕地质量下降。高强度的利用导致土壤板结、养分失衡、酸化、次生盐渍化、连作障碍、重金属污染等土壤健康问题日趋严重，给我国土壤生态环境、农产品安全和国民健康等造成了严重威胁，并直接影响到我国农业的可持续发展。总的来说，我国土壤生产力退化问题已经严重制约着新时代国家粮食安全、食品安全、生态环境安全和乡村振兴战略的实施。

土地资源的空间格局显著影响了人类利用与自然生态过程，同时人类利用与自然生态过程又改变了土地资源的空间格局，从而产生了土地系统中的各种时空效应。生态系统服务是人类从生态系统中获得的各种收益，充分反映了人类对土地资源的直接或间接利用关系，生态过程和土地利用格局的改变是影响生态系统服务的最主要因素。近年来，我国多地出现了城乡土地用途的相关规划冲突不断、区域资源承载能力与社会发展需求不匹配、未利用地开发使用不可持续等现实问题。聚焦生态系统服务物质量到价值量的转换，明确土地系统中的自然资本存量与生态系统服务流量，能够为我国土地资源资产核算提供关键的方法与技术支撑。同时，建立空间规划体系、建立健全国土空间用途管制制度是当前我国国土资源管理的重大战略需求，为此需要科学划定生态保护红线、永久基本农田、城镇开发边界（"三线"）等控制线，构建节约资源和保护环境的生产、生活、生态（"三生"）空间布局。"三线"空间划定的土地资源适宜性评价依据不足、"三生"空间布局的土地资源多种用途交叠区域未能合理识别，已成为我国空间规划方法体系构建不足与土地可持续利用的重要障碍。

从全球范围来看，发达国家和发展中国家也都存在不同程度和不同方式的土壤和土地退化问题，威胁到可持续发展目标的实现。因此，如何科学解决当前和今后可持续发展中的土壤和土地资源问题，特别是当今面临的土壤生态退化、土壤环境污染、土壤养分流失、土壤微生物多样性下降、土壤有机碳衰减等一系列重大问题，对我国乃至世界土壤环境科学的研究与发展提出了新挑战。

## 二、对推动学科和相关技术发展的作用

土壤学是一门服务农业、环境、生态等领域的科学，同时与地理学、生物学、生态学、环境科学与工程等学科密切相关与交叉。土地系统科学（land system science）是全球可持续科学的重要组成部分，其中土地功能和生态系统服务、耕地资源保护、土地调查评价、土地制度、土地市场、土地利用变化与规划、土地整治和生态修复工程、土地信息技术是土地系统科学的核心研究主题。土壤与土地科学各分支学科的发展，将为相邻学科和技术发展提供重要的支撑。

土壤发生发育理论与分类体系是理解土壤资源的基础。了解土壤的发生、发展规律以及土壤性质与形成条件之间的关系，是认识土壤起源与本质性状、促进土壤资源的合理开发和保证土壤资源可持续利用的科学基础。土壤资源类型多样、空间分异明显、受人为活动影响强烈，需要创新土壤调查技术和定量研究方法，以及多尺度、多维度和长期连续观测系统及基于土壤

功能与过程的模型模拟技术，不断提升对土壤资源时空格局与演变过程的理解，推动陆地表层系统科学研究的发展。厘清不同尺度土壤资源数量特征与空间分布规律，明确土壤资源质量状况与演变规律，阐明土壤资源生产能力、生态服务价值与功能恢复机制，是保障粮食安全、水安全和生态环境安全的重要基础，也是国家保护18亿亩耕地、实现生态文明发展的重要抓手。

土壤环境科学是土壤科学与环境科学交叉而成的分支学科，是资源与环境科学的重要组成部分，可为人类解决土壤污染问题、土壤资源合理利用、农业可持续发展和生态环境保护提供理论、方法和技术。土壤污染防治已成为国家中长期环境科技发展战略规划的重要内容，土壤环境科学与技术在国家经济社会发展中发挥着越来越重要的科技支撑作用。近年来，我国相继颁布了《土壤污染防治行动计划》《中华人民共和国土壤污染防治法》等重要计划和法律法规，把土壤污染防治和土壤生态环境保护提升到了新的高度。因此，土壤环境科学对深入认识土壤环境质量变化规律，持续改善和永续保护土壤环境质量，促进土壤环境科技进步，保障社会经济可持续发展和国民健康，具有重要的战略地位和现实意义。

作为陆地生态系统中多样性最高的生物群落，土壤微生物群落在土壤生物肥力维持和提升、土传病害、抗生素抗性基因传播与阻控等土壤生物健康调节功能方面起着关键作用。土壤微生物群落装配是农业生态系统的关键过程，土壤微生物群落的装配过程与生态系统功能实现之间存在着紧密联系。土壤生态学研究土壤微生物群落多样性、组成及互作关系的时空分布格局和演化规律，以及微生物多样性与群落功能的关系，以阐明群落形成的装配机制与群落功能调控原理。

土壤生产力是保障国家粮食安全和林草业可持续发展的重要基础。土壤生产力科学是研究土壤生产力形成、演变和调控的综合学科，服务于保障粮食安全、防止土地退化等可持续发展目标。土壤生产力科学从土壤物理学、化学、生物学和生态学角度，综合研究土壤-植物系统中生命元素循环过程、演变机制和调控原理。土壤生产力科学是承接土壤资源和土地资源科学相关资源利用技术的出口，与土壤环境科学和土壤健康科学在土壤物质迁移转化、土壤生物群落结构变化和功能演替方面相互交叉，共同推动土壤与土地科学的发展。

　　"土地系统科学"的概念逐渐兴起并广泛被关注。20 世纪 90 年代以来，国际社会对土地资源的利用问题愈发关注，先后实施了"土地利用与土地覆盖变化计划"（Land Use and Land Cover Change，LUCC）与"全球土地计划"（Global Land Project，GLP）两大科学研究计划，以土地为核心研究对象的一门新兴学科得以诞生，旨在通过研究土地资源的结构功能和形成演化规律，揭示人类的土地利用活动与其他系统之间的相互作用关系，并探索人类与土地协调共生的途径与方法。国内学者将其称为"土地科学"，但国外更多称其为"土地利用科学"（land use science）、"土地变化科学"（land change science）。由于土地利用的复杂性以及土地利用过程与其他系统的耦合关系不断得到科学认知，仅仅关注土地利用本身已无法满足人类社会可持续发展的客观需求。2016 年"全球土地计划"正式更名为 Global Land Programme，以强调土地及其相关研究的跨学科特性，且旨在加强科学研究、生产实践、政府管理之间的有机联系。随着土地系统科学理论认知水平的不断深化，融合信息技术、生物技术、新材料技术、新能源技术的绿色化、智能化的技术支持不断加强，逐步打破传统学科界限，向整体全面、精细深入的系统分析框架方向快速发展。

　　土地资源信息感知技术得到快速发展，逐步实现与遥感、导航、通信、网络、传感器和大数据技术深度融合，朝着立体化、实时化、定量化、自动化和智能化方向发展，正在逐步形成多层次多尺度的土地信息立体感知网络体系。土地利用动态仿真模拟主要依托于"土地利用与土地覆盖变化计划"和"未来地球计划"之"全球土地计划"两大全球研究计划，注重变化机理和模拟模型研究，且研究对象和范围呈现"大尺度-全覆盖"的特点。在土地功能提升、土地复合利用等方面开展了大量的深入研究，立体化土地整体开发技术、复合化土地综合利用技术、一体化土地空间配置技术、低碳化土地集约利用技术、定量化土地空间开发评估与优化模型等得到快速发展和实践应用。在土地利用与质量提升方面，在不同方向上快速发展，包括：以农田规模化、机械化、专业化和区域化利用为主要特征的优质农田高效利用；以耕地利用过程的自动化、精细化、全方位的管控技术为特征的耕地精细利用；显著增强耕地生产力稳定性和可持续性的障碍性耕地质量提升与重构；盐碱

化、沙地、损毁废弃等退化土地的综合治理与修复技术。土地系统科学理论
与技术的发展，为我国土地资源立体开发、复合利用，大幅提升土地综合治
理能力、系统修复能力，整体提升耕地、林地、草地、城镇等各类土地资源
的生态系统服务能力，维护我国土地资源安全提供了重要支撑。

# 第二节　发展规律与研究特点

　　土壤与土地科学的研究综合性很强，其应用范围也很广泛。近年来，土
壤与土地科学的研究无论在深度上还是广度上都得到了快速的发展。在研究
对象上，从过去的土壤内部问题研究，拓展到地球表层系统问题的探讨；在
理论上，由单一的土壤属性、过程、界面研究，拓展到土壤圈层多介质、多
过程、多界面、多要素的系统研究；在方法与技术上，呈现从离线监测走向
在线监测，从小流域尺度、区域观测走向国家、全球尺度观测，以及信息
化、智能化并进的发展趋势。总体上，土壤与土地科学研究在研究深度和广
度上得到快速发展，学科方向体系逐步完善，为保障国家粮食安全、生态安
全和环境安全提供了重要的科技支撑。要使土壤与土地科学的相关研究成
果发挥更大的作用，必须面向国家需求，加强学科交叉与渗透，积极参与全
球计划，推进相关交叉学科创新发展，为土壤资源合理利用、改良和保护提
供科学依据，进而有效地服务于土壤资源的可持续利用和管理（张甘霖等，
2018）。

## 一、国家需求是土壤与土地科学持续发展的动力

　　21世纪以来，国际科学界一直将持续提高土壤生产力作为满足全球不断
增长的人口和日益提升的生活水平需求的关键（Foley et al., 2011），尤其是
在2008年世界经济危机和粮食安全危机以来，基于不断增加的粮食生产压力，

国际科学界将农业发展的关键词从"可持续农业"（sustainable agriculture）转换为"可持续集约化农业"（sustainable intensification of agriculture）。随着我国农业产业化、集约化的快速发展，化肥、农药盲目投入，导致土壤板结、养分失衡、酸化、次生盐渍化、连作障碍、重金属污染等土壤健康问题日趋严重，给我国土壤生态环境、农产品安全和人类健康等造成了严重威胁，并直接影响到我国农业的可持续发展。

现代化国家治理迫切需要从单要素的土地管理向国土空间综合治理转变，以促进国土空间概念内涵扩展为国家主权管辖下的地域空间，即"权域＋地域"空间。土地利用变化的格局影响了区域的水平衡和水资源动态、气候变化与生物多样性保护，市场经济的发展促使土地科学学科具有更大的综合性和包容性，促使了土地科学学科聚集了来自环境科学、经济学、地理科学、公共管理等众多学科领域的广泛关注，这也有效地促进了土地科学学科的蓬勃发展。联合国可持续发展峰会于2015年通过了"2030年可持续发展议程"，提出了17项可持续发展目标，其中有多项与土地资源密切相关。例如，消除饥饿、实现粮食安全；每个人都能获得价廉、可靠和可持续的现代化能源；保护、恢复和促进可持续利用陆地生态系统，可持续地管理森林，防治荒漠化，制止和扭转土地退化，提高生物多样性等。因此，国家可持续发展的需求与土地系统管理密切相关，尤其是需要厘清在气候变化和人类活动双重影响条件下，土地系统的变化及其驱动机制、合理规划、布局和预测。

瞄准国家需求，聚焦关键问题，是土壤与土地科学不断发展的动力，也是保障国家粮食安全和区域发展的基础。特别是应对全球变化和人口增加的压力，需要深入认识土壤生态系统内不同组分的协同机制，利用土壤生物资源保护土壤生态系统的健康，促进资源循环利用-生态环境保护-人类健康之间的和谐发展。为了保障农产品安全和人体健康，亟须提升土壤生态系统功能，促进土壤系统生态过程驱动土壤健康的协同机制的研究，以培育健康的土壤，调控土壤养分循环及生物多样性。为了解决我国经济社会发展面临的农业生产及资源瓶颈等问题，需要深入探索土壤生物多样性及其生态功能，揭示土壤资源形成演变规律与时空变异特征，进而实现科学的土壤／土地资源可持续利用与发展。

## 二、技术创新是深化土壤与土地科学研究的引擎

现代测试分析技术、地球探测技术、信息技术快速发展，推动了土壤与土地科学学科新理论、新方法的发展。尤其是在研究方法上，不断丰富数据获取手段，改进定量化方法，建设综合模拟平台，发展具有学科独特性的方法与技术。例如，进入 21 世纪后，测序技术不断发生革命式的突破，开辟了土壤微生物"组学"研究新纪元；应用同位素的生物地球化学法元素识别技术，能够将稳定同位素如 $^{13}C$、$^{15}N$、$^{14}C$ 和 $^{32}P$ 等用于土壤-植物系统中生命元素循环、迁移和去向研究的标记和示踪；土壤近地传感技术飞速发展，极大地提高了光学、电磁、电化学等土壤传感器的可靠性、高效性和经济性，高时空分辨率遥感卫星与无人机探测技术的发展全面提升了土壤大面积快速调查的能力。基于网格并行计算和数据挖掘算法的大规模数字土壤表征技术不断发展，也促进了全球尺度土壤资源数字化和信息化工作的全面展开。"全球数字土壤制图计划"（GlobalSoilMap）不断推进，数字土壤产品空间分辨率十年间已从 1km 提升到 250m（Arrouays et al.，2014）。

## 三、学科交叉融合促进研究向深层次和多尺度的不断拓展

科学的创新离不开多学科新知识、新技术与新观点的融合与互补，多学科间的沟通与协作也推动着我国土壤与土地科学研究领域内各学科的不断发展与完善。土壤与土地科学研究具有因素多、范畴广、区域差异大及多尺度的特点，学科间不断交叉、渗透与融合。土壤科学研究的多学科交叉方法与趋势正在不断增强，新兴土壤学研究方向和分支学科的诞生和涌现得益于与土壤学内部分支学科的融合以及土壤学与其他基础科学的渗透融合。土壤与土地科学的重要发展方向之一是土壤生物学。一个多世纪以来，土壤生物学的研究发展经历了从简单到复杂，从个体到食物网和生态系统，从物种调查和多样性评估到生态过程复杂协同机制的探索，从纯粹的生物学迈向多学科交叉的综合研究领域，充分体现了学科交叉融合的特点。土壤生物学与土壤物理学交叉可为解释土壤结构的形成与稳定机制、土壤微环境异质性等提供

重要线索；土壤生物学与土壤化学交叉推动了对土壤有机质和养分转化规律与机制的深入理解；土壤生物学与土壤矿物学交叉为阐明生物成矿过程、土壤界面过程等提供了新的研究视角；土壤生物学与土壤地理学交叉可揭示土壤微生物地理分布格局（区域和全球尺度）及其形成机制与演变过程。土地科学的发展也是如此，土地系统的功能和价值的评估涉及众多的地理学分支学科，需要在地球系统框架内综合研究人类对土地资源的利用及其变化的驱动机制、格局、过程与人类响应，土地利用与土地覆盖变化的研究也已上升为土地系统科学。土地系统不仅包括土地利用与土地覆盖的共同内涵，而且包括与土地有关的一切功能与效应的综合，如经济效益、社会效益、生态系统服务等。因此，各学科的交叉融合已成为现代土壤科学理论和方法突破的驱动力。

## 四、全球合作是土壤与土地科学引领和赶超的机遇

全球性问题的解决需要国家和地区之间的合作。以全球可持续发展目标（SDGs）为牵引，水、土等自然资源的可持续利用和管理在全球可持续发展中的地位和作用日益凸显。目前，全球土壤资源研究合作计划不断深化，我国积极参与并逐步发挥核心作用，如联合国粮食及农业组织（Food and Agriculture Organization of the United Nations，FAO）领导的"全球土壤合作伙伴计划"（Global Soil Partnership），以及全球土壤科学家共同发起的"全球数字土壤制图计划"（GlobalSoilMap）、"全球土壤光谱计划"（Global Vis-NIR Soil Spectral Library）等。针对缓解全球气候变化，《巴黎协定》法国农业部提出的"千分之四全球土壤增碳计划"（4 PER 1000）（Minasny et al.，2017），中国相关土壤科学家积极参与，发挥积极作用，不断提升国际影响力，并以中国的事实表明了通过土壤管理实现土壤碳汇增加的可能性与途径（Zhao et al.，2018）。相关全球计划还包括"全球土壤生物多样性倡议"（Global Soil Biodiversity Initiative）、"国际氮素倡议"（International Nitrogen Initiative）等。近年实施的"国家生物监测计划"（National Biomonitoring Program，NBP）为构建土壤健康与人体健康的桥梁提供契机，基于大数据和全球关联研究分析，

保持土壤健康将会成为保障区域人体健康的一个重要环节。随着全球气候变化和发展中国家社会经济的飞速发展，水土资源已成为制约部分地区农业发展的重要因素，农业生产所依赖的土壤生产力在气候变化的作用下也会发生变化，地区/全球土壤资源和农业发展间的匹配程度随之发生改变。因此，全球合作能够有效研究、应对环境条件变化对土壤肥力演变的影响，完善不同气候-植被-土壤类型区土壤生产力的形成机理和调控理论，为全球可持续发展提供解决方案。

## 五、从土地利用（变化）到土地系统科学

LUCC 于 1995 年由"国际地圈-生物圈计划"（IGBP）和"全球环境变化的人文因素计划"（IHDP）共同发起实施，分别于 1995 年和 1999 年发布了具有重要意义的纲领性文件："土地利用与土地覆盖变化科学研究计划"和"土地利用与土地覆盖变化执行战略"。LUCC 侧重于土地利用与土地覆盖及其时空变化，研究重点包括土地利用与土地覆盖过去和现状的调查及其变化的格局和过程、区域土地利用与土地覆盖变化的驱动机制、土地利用与土地覆盖变化的人类响应，还包括与上述三个问题有关的全球和区域 LUCC 监测、综合模型、数据集构建，以及对于热点区和脆弱区的关注。这期间 LUCC 的研究焦点限定在土地利用与土地覆盖自身的变化规律，目标在于增进不同尺度上土地利用与土地覆盖变化二者相互作用关系的理解，揭示自然环境与人类活动相互作用的过程与结果。

土地利用（变化）科学的核心问题包括：①观测和监测全球不同时空尺度下发生的土地利用与土地覆盖变化；②综合理解这种人类-环境复合系统变化的原因、结果和效应；③空间显性模拟土地利用与土地覆盖变化；④全面评价土地系统的功能和价值，如脆弱性、弹性和可持续性等。土地变化科学首次在地球系统框架内综合研究人类对土地资源的利用，实现人类与环境系统的可持续性，既是对 LUCC 的继承，也是对 LUCC 的发展。

随着 LUCC 2005 年结束，IGBP 和 IHDP 启动了新的"全球土地计划"。

"全球土地计划"是 IHDP 四个核心科学计划之一，也是国际科学联盟"未来地球计划"的核心研究计划之一。"全球土地计划"在 LUCC 的基础上，首次提出了"土地系统"的概念，即土地系统不仅包括土地利用与土地覆盖的共同内涵，而且包括与土地有关的一切功能与效应的综合，如经济效益、社会效益、生态系统服务等。在很多情况下，一个区域土地利用与土地覆盖未发生变化，但其土地系统的功能与效应却发生了显著变化。土地系统科学的核心目标是量测、模拟和理解人类-环境耦合系统，即识别陆地上人类-环境耦合系统的各种变化，并量化这些变化对耦合系统的影响；评估人类-环境耦合系统的变化对生态系统服务功能的影响；识别人类-环境耦合系统的脆弱性和持续性与各类干扰因素相互作用的特征及动力学。和 LUCC 相比，"全球土地计划"在研究对象和研究目标上发生了明显的变化，研究对象从 LUCC 的土地利用与土地覆盖变化转为土地系统，即人类-环境系统，研究目标从 LUCC 的"掌握土地利用与土地覆盖变化的途径和规律"转为"减少人类-环境系统的脆弱性，实现可持续性"。

# 第三节 发展现状与发展态势

## 一、国际发展态势及中国的国际地位

为了掌握国际土壤与土地资源领域研究态势，基于文献计量的方法，本节分别对该领域的学科演化、学科地位、学科结构、学科布局、学科前沿、国际合作等方面进行了分析。

学科演化方面，近年来国际土壤与土地资源领域发文量呈现出整体上升的发展态势（图 3-1）。其中，2010~2016 年，增长较为稳定，增幅相对较小，2017~2019 年，增速明显加快，2019 年论文达到 16 712 篇，显示出当今土壤与土地资源领域研究已经成为资源与环境科学领域的研究热点领域。

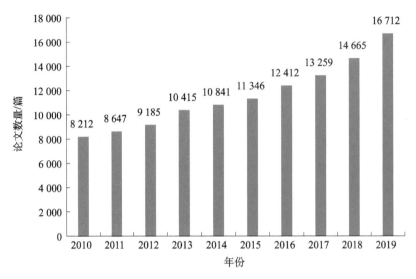

图 3-1　2010～2019 年国际土壤与土地资源领域发文量趋势

学科地位方面，中国和美国是土壤与土地资源领域的研究大国（图 3-2 和图 3-3），其中，2010～2014 年，中国和美国的论文占比高于平均水平，在 2015 年左右，中国与美国在土壤与土地资源领域的研究处于"并跑"状态，2015～2019 年，中国研究论文数量实现了大幅提升。当前，中国是该领域的领军力量，美国在该学科的地位也较强。

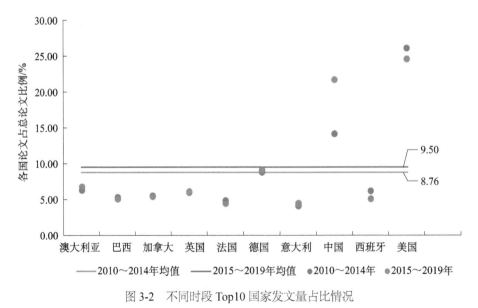

图 3-2　不同时段 Top10 国家发文量占比情况

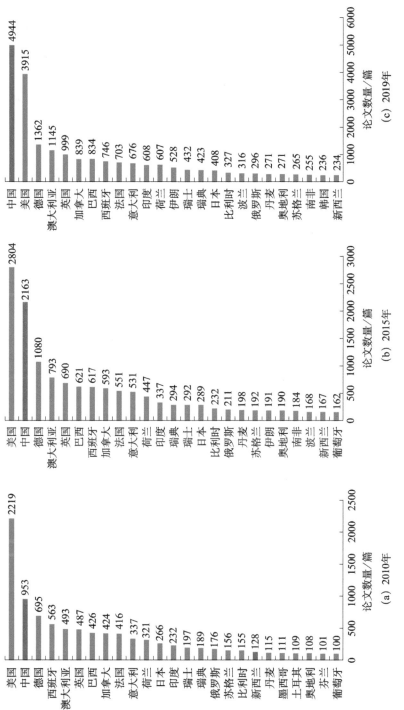

图 3-3 2010 年、2015 年和 2019 年各国发文量变化情况

学科结构方面，整体来看，2010 年、2015 年和 2019 年，土壤与土地资源领域学科结构在农业科学、环境科学与生态学领域的发文量较大，两个领域占 75% 以上（图 3-4），体现了当前土壤与土地资源领域学科结构的聚焦。随着时间的推移，农业科学论文占比有所降低，环境科学与生态学领域的论文占比持续提高，这从一个侧面反映了科学界对环境科学与生态学领域的研究强度正在加大。

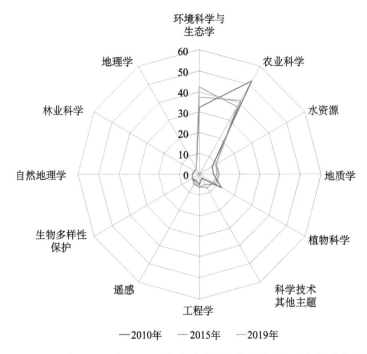

图 3-4　2010 年、2015 年、2019 年全球土壤与土地资源研究领域分布情况

图中数字为占比，单位为 %

学科布局方面，在国际土壤与土地资源领域研究发文量 Top20 机构中，中国机构有 6 所，占比 30%。中国科学院是研究强度最大的机构（表 3-1）。从主要的资助基金机构可以看出，Top20 的机构主要来自中国、美国、英国、日本、欧盟、西班牙、加拿大、法国、德国、巴西和澳大利亚。其中，中国资助机构有 6 所，占比 30%，共资助了该领域 19.753% 的论文，其中中国国家自然科学基金委员会是该领域的最大资助机构（表 3-2）。

表 3-1　2010~2019 年国际土壤与土地资源研究领域发文量 Top20 机构

| 排序 | 机构名称 | 论文数量 / 篇 | 占全部论文比例 /% |
|---|---|---|---|
| 1 | 中国科学院 | 8553 | 7.393 |
| 2 | 中国科学院大学 | 2510 | 2.17 |
| 3 | 北京师范大学 | 1351 | 1.168 |
| 4 | 法国国家农业科学研究院 | 1253 | 1.083 |
| 5 | 瓦赫宁根大学 | 1223 | 1.057 |
| 6 | 西北农林科技大学 | 1159 | 1.002 |
| 7 | 美国农业部 | 1125 | 0.972 |
| 8 | 中国电子工业标准化技术协会 | 1082 | 0.935 |
| 9 | 美国地质调查局 | 1075 | 0.929 |
| 10 | 瑞典农业大学 | 1074 | 0.928 |
| 11 | 威斯康星大学 | 1036 | 0.895 |
| 12 | 美国森林服务局 | 986 | 0.852 |
| 13 | 中国农业大学 | 946 | 0.818 |
| 14 | 圣保罗大学 | 932 | 0.806 |
| 15 | 俄罗斯科学院 | 927 | 0.801 |
| 16 | 哥本哈根大学 | 864 | 0.747 |
| 17 | 奥胡斯大学 | 861 | 0.744 |
| 18 | 佛罗里达大学 | 846 | 0.731 |
| 19 | 昆士兰大学 | 841 | 0.727 |
| 20 | 加拿大农业及农业食品部 | 836 | 0.723 |

资料来源：SCI-EXPANDED 和 SSCI 数据库

表 3-2　2010～2019 年国际土壤与土地资源研究领域 Top20 的基金资助机构

| 序号 | 基金资助机构 | | 论文数量 / 篇 | 占比 /% |
| --- | --- | --- | --- | --- |
| | 中文 | 英文 | | |
| 1 | 中国国家自然科学基金委员会 | National Natural Science Foundation of China | 14 628 | 12.644 |
| 2 | 美国国家科学基金会 | National Science Foundation | 4 039 | 3.491 |
| 3 | 欧盟 | European Union | 2 765 | 2.39 |
| 4 | 中国国家重点基础研究发展计划 | National Basic Research Program of China | 2 444 | 2.113 |
| 5 | 巴西国家科学技术发展委员会 | National Council For Scientific and Technological Development | 2 224 | 1.922 |
| 6 | 中国科学院 | Chinese Academy of Sciences | 2 176 | 1.881 |
| 7 | 德国科学基金会 | German Research Foundation | 2 127 | 1.839 |
| 8 | 美国农业部 | United States Department of Agriculture | 1 828 | 1.58 |
| 9 | 加拿大自然科学与工程研究理事会 | Natural Sciences and Engineering Research Council of Canada | 1 699 | 1.469 |
| 10 | 英国自然环境研究委员会 | Natural Environment Research Council | 1 491 | 1.289 |
| 11 | 中国教育部中央高校基本科研业务费专项资金 | Fundamental Research Funds for The Central Universities | 1 404 | 1.214 |
| 12 | 巴西高等教育人员促进会 | FUNDAÇÃO COORDENAÇÃO DE APERFEIÇOAMENTO DE PESSOAL DE NÍVEL SUPERIOR | 1 335 | 1.154 |
| 13 | 中国国家重点研发计划 | National Key Research and Development Program of China | 1 304 | 1.127 |
| 14 | 西班牙政府 | Spanish Government | 1 302 | 1.125 |
| 15 | 澳大利亚研究理事会 | Australian Research Council | 1 151 | 0.995 |
| 16 | 日本文部科学省 | Ministry of Education Culture Sports Science and Technology Japan | 1 149 | 0.993 |
| 17 | 美国能源部 | United States Department of Energy | 989 | 0.855 |
| 18 | 德国联邦教育及科技部 | Federal Ministry of Education and Research | 978 | 0.845 |
| 19 | 中国国家留学金管理委员会 | China Scholarship Council | 895 | 0.774 |
| 20 | 法国国家科研署 | French National Research Agency | 889 | 0.768 |

资料来源：SCI-EXPANDED 和 SSCI 数据库

学科前沿方面，2010～2019 年，土壤与土地资源领域的研究热点包括土地利用与土地利用变化（land use and land use change）、气候变化（climate change）、生态系统服务（ecosystem services）、遥感（remote sensing）、森林砍伐（deforestation）、地理信息系统（GIS）、生物炭（biochar）、生物多样性（biodiversity）、中国（China）、农业（agriculture）、城市化（urbanization）、可持续性（sustainability）、土壤有机碳（soil organic carbon）、土地覆盖（land cover）、水土流失（soil erosion）、碳汇（carbon sequestration）、土壤有机质（soil organic matter）、陆地卫星（landsat）、荟萃分析（meta-analysis）和食品安全（food security）。其中，土地利用与土地利用变化（land use and land use change）、气候变化（climate change）是最热的两个研究领域，生态系统服务（ecosystem services）、遥感（remote sensing）、森林砍伐（deforestation）也较热。

国际合作方面，中国与美国、德国、英格兰和加拿大形成了较好的合作网络。但较美国和德国，中国在国际合作和论文质量方面还有很大的提升空间。

## 二、国内发展现状与趋势

近十年来，我国科学家在土壤与土地科学领域取得了巨大成就，诸多分支学科的相关研究已进入世界先进之列乃至引领全球发展。总体来看，国内土壤与土地科学发展态势表现出以下规律。①国际前沿与全球性问题引领学科发展方向。一些全球普遍关注的热点问题（如气候变化、生物多样性、土壤生态系统服务等）在我国同样为热门研究领域，并取得了一系列进展。②国家需求与区域问题驱动学科发展。近年来，我国针对粮食安全、食品安全、土壤污染修复、土壤退化防治、土壤地力提升等需求以及区域性问题（如黑土区土壤退化、南方局部地区土壤重金属污染等）开展了一系列综合土壤调查与治理项目，相关成果不仅解决了国家和地区需求，也带动了相关学科的发展。③新技术与新研究手段促进研究深入。近年来一系列先进技术，如稳定性同位素探针、宏基因组学和单细胞分析技术、高分辨率原位成像技术等广泛应用于土壤学且方法日渐成熟,在揭示土壤物理、化学、生物学过程与机理方面发挥了巨大作用。一些新的分析手段,如大数据荟萃分析、机器学习等也为学科发展注入了新的生命力。④学科交叉激发新的学科生长点。土壤学是一门综合科学,学科交叉是土壤学发展以及解决土壤相关问题的必然途径。近年来,土壤学与环境科学、化学、地球化学、生物学等学科的交叉越来越深入,不仅解决了诸多与土壤与土地科学相关的科学问题,也为土壤与土地科学的发展带来了新的契机。

### 1. 土壤资源

围绕土壤资源的分布、数量、质量和安全问题,以土壤发生分类、调查、数字制图及土壤资源数据库为重点,取得了长足的进展,开拓了具有中国特色的研究方向,如"中国土壤系统分类"研究经过 30 多年的不懈努力已经与国际先进土壤分类系统接轨,并建立了从土纲到土系完整的分类标准(张甘霖等,2013),成为目前国际三大主流土壤分类体系之一,其中人为土纲的分类研究在世界上处于领先水平。我国作为八个发起国家(包括澳大利亚、美国、德国等)组织全球近百名研究人员建立了首个覆盖 7 大洲 92 个国家的全球土壤可见-红外光谱库,全面系统地揭示了土壤光谱特性、分类和预测能力,制定了土壤可见-红外反射光谱测定国际标准和规范,被国际上相关设备公司选为内嵌光谱库(Viscarra Rossel et al.,2016)。同时,中国第一个土壤可见红外光谱库,为国内土壤可见-红外光谱技术发展提供重要的参比库和统一规范(史舟等,2014)。积极参与"全球数字土壤制图计划",完成了中国 1km 和部分 90m 空间分辨率土壤有机质、有机碳、全氮、pH、质地等关键属性的数字制图产品。同时,提出了基于地表动态反馈原理的地形平缓区数字制图新方法,建立了面向大尺度复杂地形区数字土壤制图的并行集成算法和群体推测解译模型,生产了青藏高原、黑河流域等典型区高精度土壤属性三维分布数据产品,有力支撑了国家农业、环境、全球变化等领域的科学研究和决策支持(Zhang et al.,2017)。

我国土壤质量总体不高,受人为活动强烈影响,土地垦殖率高,土壤资源数量和质量均属严重制约型,人地矛盾突出。由于我国土壤资源基础调查工作基础薄弱,土壤资源现状不清,目前尚未构建覆盖全国、以基层单元类型为核心的土壤类型数据库；缺乏科学有效的土壤资源评价方法和标准，土壤资源管理相对粗放，优质耕地减少过快；生态脆弱带土地退化势头没有遏止，土壤安全形势严峻。在世界范围内对土壤安全这一新概念的内涵理解不深，对土壤质量、土壤健康、土壤安全的指标确定，评价体系构建，演变规律，影响因子以及调控机理和措施等诸多问题还有待进一步研究（张甘霖和王秋兵，2015）。

### 2. 土壤环境

土壤环境近年来已成为土壤科学乃至环境科学中发展最为迅速的分支学科。在多个部委项目的资助下，针对土壤污染现状和成因开展的一系列研究，尤其是有关区域土壤环境质量演变的研究，使得污染源清单不断完善，丰富了污染物源解析和预测预警的基础数据库。在京津冀、长三角、珠三角、东北老工业基地、西南矿区和地质高背景地区等区域，开展了多尺度土壤污染特征、污染物迁移转化机制、界面过程和环境风险等方面的系列研究。在对传统污染物研究的同时，各种新型污染物（如全氟烷基化合物、医药品与个人护理品、有机磷阻燃剂、抗生素、抗性基因、纳米颗粒、微塑料、致病生物），以及重金属-新型污染物的复合污染也逐步受到关注；在土壤胶体界面，传统污染物与胶体协同迁移的研究已相当广泛；土壤-植物-污染物互作关系正在向土壤-植物-动物-微生物-污染物互作关系发展，对传统有机污染物的根际微生物的降解研究有了较多积累；建立了有机污染物的植物吸收模型；在对生物污染的研究中，病原生物、抗生素抗性细菌和抗生素抗性基因等研究受到了高度关注，对其在土壤中的扩散增殖以及抗性基因在土壤-微生物-动物-植物四元体系中的流动有了重要认识；对污染物在土壤不同界面迁移转化的动态过程的研究，初步阐明了土壤中污染物迁移转化规律、生物有效性和污染风险，以及重金属与持久性有机污染物复合污染及生态效应，建立了一系列土壤环境基准与标准。

在土壤污染修复方面，我国农用地土壤污染治理研究起步较晚，但进步迅速，我国植物阻隔/稳定化技术研发早于其他国家，植物提取与资源化技术已处国际领先地位。在场地土壤污染修复方面，研发了重金属固化/稳定化药剂及设备、淋洗设备，电动修复的电极材料，以及有机污染物的热脱附设备、微生物修复药剂；异位和原位热脱附技术广泛应用于持久性有机物严重污染场地土壤的修复。同时，微生物转化技术、生物质炭复合纳米技术、强化氧化/还原技术、多相抽提技术、深度垂向阻隔技术、可渗透反应屏障技术等在国内得到发展并应用于场地土壤污染管控与修复。

土壤环境科学历经多年发展，尽管取得了诸多的研究进展，但是目前在学科发展上还存在一些制约性问题，包括对研究方法、技术和手段的原始创新不够，重复性工作较多，同质化发展问题突出；对土壤新兴污染物和生物污染等相关基础研究严重滞后；对土壤污染原位诊断、土壤环境基准建立、广适性土壤污染修复等"卡脖子"技术及其相关的核心科学问题研究不足；研发技术的专利多，但成熟技术少，成果转化率低；数据共享系统和区域长期定位试验研究基地相当缺乏。

### 3. 土壤生产力

对影响土壤生产力形成及其调控的物理、化学、生物学及生态学过程进行了深入研究并获得了重要进展。我国在土壤结构、土壤水分时空格局和盐碱地改良等方面取得了较大发展。Wang 等（2015）借用微观经济学的思想提出了土壤结构指数。应用计算机断层扫描（computer tomography，CT）技术定量土壤三维结构在国内也得到了快速的发展（Zhou et al.，2017）。Peng 等（2017）利用 $^{13}$C 同位素和稀土元素双向标记建立了土壤团聚体周转路径的方法与模型。王云强等（2016）发现黄土高原土壤水分在水平和垂直方向都表现出明显的空间异质性，是土地利用方式、植被类型、土壤质地等多因素综合作用的结果。Guo 和 Liu（2019）提出咸水结冰灌溉技术，即融化时盐分高浓度的冰先融化入渗，低浓度的微咸水后融化起到洗盐的作用，使土壤表层脱盐。

近年来，我国在土壤化学过程与生产力形成及其调控方面取得了很大的进展，在部分领域取得了国际领先性的成果。通过国家尺度的历史比对，揭示了 30 年来我国农田土壤有机质的时空变化及其机制，发现我国大多数区域农田土壤有机质上升，但东北区域下降（Zhao et al.，2018）；在氮素调控方面，建立以根层氮素调控为核心的土壤–作物系统综合管理策略，协同实现作物高产和氮素高效利用，走在了国际前列（Chen et al.，2011，2014）；提出了适度发挥生物学潜力高效利用土壤磷、协同高生产力和磷效率的磷素管理新途径；通过大尺度的多维数据集分析，明确了氮肥的大量施用是导致酸化的主因（Guo et al.，2010）。

近年来，我国学者加强与国际的合作，快速追赶国际研究的发展水平，从水稻土等典型土壤类型和根际过程方面强化了对养分转化微生物机制研究，揭示了土壤培肥过程中团聚体生物网络交互作用对养分转化的作用机制。应用稳定性同位素探针、高通量测序和基因芯片等技术推进了对长期施肥下典型土壤类型（水稻土、红壤、黑土、潮土）有机质分解和氮磷转化微生物演变机制的认识（Fan et al.，2019；Dai et al.，2020）。基于不同土壤的培肥试验，深入研究了耕层土壤生物网络交互作用对碳氮磷转化的影响机制（Jiang et al.，2017）。基于样带调查和跨气候带土壤置换试验深入研究了气候–土壤条件变化对微生物网络和养分转化关键种演替的影响机制（Liang et al.，2015）。针对豆科和非豆科作物轮作间作管理，深入研究了根际互作促进固氮解磷的微生物信号机制（Li et al.，2016；Chen et al.，2020）。通过宏基因组学研究了区域尺度上植物根际影响植物–微生物互作、植物营养吸收的微生物功能性状（Xu et al.，2018）；通过发展高通量微生物培养技术，发现籼稻根系富集参与氮循环的微生物类群促进氮素利用的机制（Zhang et al.，2019）。

虽然我国科学家在物质转化循环生态过程研究的系统性方面在一定程度上还落后于欧美等发达国家或地区，但在某些特定过程的研究已经在国际上处于"领跑"地位。我国学者在国际上率先开展了土壤微生物残留物的研究工作（Zhang et al.，2008），建立了一整套区分新老微生物残留物的研究方法和技术，推动了国际上相关工作的开展（He et al.，2011）。在国际上首次提出微生物碳泵的概念，为土壤固碳、土壤生产力提升奠定了坚实的理论基础，微生物残留物和土壤碳泵的研究也推动了土壤养分转化循环生态过程的调控研究，为化学肥料的减施做出贡献（Liang et al.，2017）。

总体上，我国在土壤生产力的多学科综合研究方面发展很快，特别是针对我国丰富的土壤资源及面临的特色土壤生产力提升问题，在土壤地力提升与土壤障碍因子改良技术方面取得了诸多进展，成果在不同区域得到较大范围的应用。特别是针对具有盐碱和贫瘠障碍，从植物逆境生理学和微生物组学交叉的角度，深入研究植物基因型、土壤逆境因素以及微生物间互作对根系微生物组结构和功能的调控机制，协同利用作物抗逆品种、微生物群落组装和土壤障碍修复技术，促进低产土壤养分高效利用和生产力的提升，取得了高水平的研究成果。

### 4. 土壤生态与健康

土壤质量和土壤健康受到前所未有的关注，因为健康是可持续利用的前提，而土壤生物生态是土壤健康最重要的指标。当前，土壤健康与土壤生态过程及协同机制的研究已经有了长足的发展，在土壤生物多样性形成机制、关键土壤过程的调节机制、提升土壤健康的生物和非生物机制、环境变化下土壤生态系统的稳定机制、全球变化下土壤生物的响应和功能、农业活动调控土壤生物措施上都不断涌现出新的认识（Bardgett and van der Putten，2014）。从土壤学的服务功能及其优势来说，土壤学需要为解决粮食安全、环境污染、生态退化和全球变化等难题做出应有的贡献。随着全球变化生态学、恢复生态学和生物复杂性研究的迅速发展，土壤生物功能与健康的发展现状与发展态势主要包括以下几方面。

（1）土壤生物多样性对生态系统功能的影响。生态系统通常同时提供多种功能和服务，如地球化学关键元素周转、提供初级生产力、凋落物分解、温室气体的吸收和排放、气候调节等。挖掘微生物调控土壤–植物–人体系统养分循环功能的潜力，已成为提高农田养分资源利用效率和确保人体健康的发展趋势。明确土壤养分循环的微生物学机制及其调控原理，是提高土壤肥力，提升土壤健康，实现农业健康发展和人体健康的理论基础。

（2）土壤生态功能与土壤健康。近年来，国内外研究重点主要集中在土壤微生物和酶活性的肥力功能、土壤养分循环与微生物群落结构的耦合机制等方面，特别是土壤碳、氮周转的微生物学机制研究一直处于中心地位，并且重视对碳氮协同转化以及根际土壤–植物互作机制的研究。研究发展趋势表现为：从独立地研究特定微生物的功能，发展为综合地研究微生物分子生态网络对土壤养分循环的驱动作用；从微生物土壤肥力功能的研究，发展为研究微生物在全球变化（温室气体排放）以及重金属污染等方面的环境功能。在探究土壤微生物群落构建与土传病害生态防控方面，研究学者发现根际微生物群落装配特征决定着作物土传病害的发生（Wei et al.，2019；Xiong et al.，2020），微生物群落间形成相互竞争的制衡关系有利于抵御病原菌入侵（Li et al.，2019），为根际微生物群落调控指明了方向和技术途径，为田间根际微生物群落定向调控、提升土壤-植物系统健康水平提供了科学依据和技术途径。

（3）土壤生态功能与全球变化。在过去的一个世纪里，随着社会经济的快速发展，人类活动已经严重影响生态平衡（Danneyrolles et al.，2019），全球变化日益严重，对土壤微生物多样性及其驱动的土壤过程产生了深刻影响（Jansson and Hofmockel，2019）。探索陆地生态系统对全球变化的响应和反馈，可为准确预测未来全球变化对生态功能和服务的影响提供理论依据，进而指导我们对生态系统进行有效管理，以更好地提供服务和功能（傅伯杰等，2005）。由于全球变化研究的推动，以长期试验为基础的土壤学研究被赋予了新的内涵和生命力。

（4）土壤生态与人体健康。生物多样性对于维持土壤质量和健康至关重要。土壤微生物是药物（如抗生素、抗癌药等）的重要来源，其影响着土壤健康进而影响人类健康。此外，土壤生物参与养分循环、有机物分解和土壤结构（如团聚体）的形成，这些又与粮食安全密切有关，同时也以其他方式影响人类健康。

### 5. 土地科学

文献计量分析表明，1999～2018 年土地科学领域出现频率最高的关键词是土地利用（land use），其次是动态变化（dynamics）、气候变化（climate change）、土地利用变化（land use change）、模型（model）、管理（management）、影响（impact）、氮（nitrogen）、植被（vegetation）、土壤（soil）、森林（forest）、生物多样性（biodiversity）、模式（patterns）、土壤湿度（soil moisture）、系统（systems）、保护（conservation）、生态系统（ecosystem）、水（water）、碳（carbon）、中国（China）等。

整体而言，从研究内容看，"土地利用变化""田间管理""氮"是该领域持续监测的热点，除此之外，1999～2008 年多集中在"土壤""碳"的研究；2009～2018 年，"气候变化及其影响""生物多样性"成为关注的热点。从研究方法上看，"模型"是该领域监测中的常用手段，前期"地理信息系统"（GIS）应用较多，2009~2013 年"遥感"成为主要方法。从研究区域上看，早期对美国、澳大利亚、加拿大研究较多，2014~2018 年中国、欧洲、加拿大、非洲成为新的热点地区。

（1）土地系统科学理论与管控机理。我国土地科技水平与发达国家相比存在发展阶段上的差距，而我国土地资源高度紧缺、空间差异巨大，问题的复杂程度世界仅有，并影响着全球资源格局，难以直接模仿照搬现有技术模式，发展建立适应我国国情的土地系统科学理论与管控体系的任务十分艰巨。主要发展趋势是：探索土地系统要素构成、耦合机理及其演变机制，揭示耕地质量演变机理和基于可持续利用的土地数量、质量、生态"三位一体"保护机理，突破地球关键带结构功能、物质迁移转化与多过程耦合作用机制，提出土地资源安全管控时空模型，为建立维护我国土地资源安全的技术支撑体系提供理论支撑。

（2）土地调查评价和信息感知。快速获取土地资源信息和关键参量亟待深入，目前我国还无法实现在线或原位测量关键参量，地面原位测量网络体系尚未形成，土地信息采集装备参数单一且寿命较短，土地质量和生态部分关键参数难以准确监测，缺乏对全参或多参数据采集传感器的研发与集成，缺乏智能、快速和便携式数据采集移动平台。空天立体感知方面，航天、航空、无人机协同监测及与通信、导航等的物联网融合等研究不够深入，缺乏集成化、实时化和一体化的系统平台，大数据分析方法、技术和应用等方面急需深入和提升。

（3）土地系统仿真与智能决策。深度挖掘土地利用演化内部规律，开展土地利用与经济、社会、政策等多种因素耦合下的模拟预测，并利用高性能计算集群和可视化技术，综合集成人机协同决策、模拟仿真和情景决策，构建电子决策剧场，以期为政府制定土地利用政策提供一个交互式立体化的协作决策仿真平台。同时，从局部中小尺度过渡到全球和区域大尺度研究，通过建立环境突变和不可逆变化预警系统，分析土地利用演化对气候、水文、能源及生物地球化学过程的影响，将为可持续发展和科学管理决策提供科学支持。

（4）土地整治和生态修复工程。我国在土地整治和生态修复方面开展了大量探索实践，在高标准农田建设、村庄整理、工矿废弃地复垦、城镇低效用地整理等方面取得了显著成效，未来构建以资源安全、生态安全为核心的工程技术体系和遵循生命共同体理念的关键技术集成与成套装备研制是主要发展方向。尤其是在耕地资源的保护治理方面，深化耕地质量内涵、耕地功能影响机理、生态系统稳定性提升途径是重要方向。

（5）土地智能管控。为确保国家粮食安全和生态安全，高强度土地资源利用态势下的土地资源安全态势识别与预警决策是土地智能管控的重点，需要建立气候、碳汇、生物多样性、生态系统服务和人类活动多项监测指标的管控网络，同时需要加快大数据、人工智能、云计算等技术融合，研制适合我国的土地资源管控专用模型和技术方法。

## 三、总体经费投入、平台建设、人才队伍现状与问题

### 1. 经费资助强度

根据关键词的不完全统计，2010～2019 年土壤与土地科学领域获得国家自然科学基金项目经费总额超 18 亿元（按照学科代码），其中面上项目、青年科学基金项目和地区科学基金项目经费分别为 9.11 亿元、3.69 亿元和 1.46 亿元（图 3-5），且项目数量和经费总额 2012 年后基本保持稳定（图 3-6）。国家杰出青年科学基金、优秀青年科学基金和重点项目数量也基本保持稳定（图 3-7），单项支持强度有所增加。

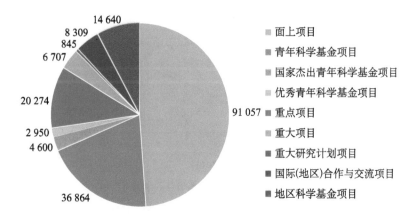

图 3-5　2010～2019 年土壤与土地科学国家自然科学基金不同类型项目资助总额

图中数据单位为万元

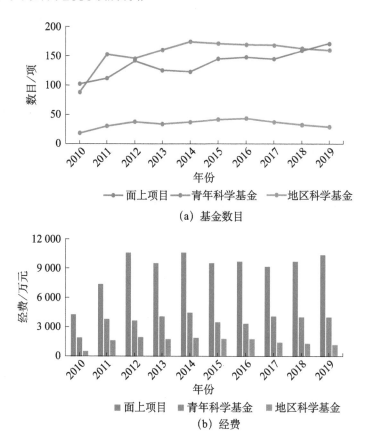

（a）基金数目

（b）经费

图 3-6　2010～2019 年土壤与土地科学领域面上项目、
青年科学基金及地区科学基金数目及经费变化

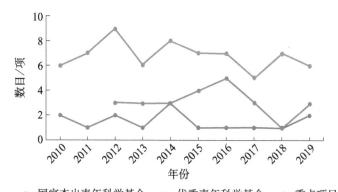

图 3-7　2010～2019 年土壤与土地科学国家杰出青年科学基金、
优秀青年科学基金及重点项目数目变化

## 2. 平台建设

在科技平台方面，已建立了土壤与农业可持续发展国家重点实验室、黄土高原土壤侵蚀与旱地农业国家重点实验室、土壤养分管理国家工程实验室、农田土壤污染防控与修复技术国家工程实验室、污染场地安全修复技术国家工程实验室、中国科学院土壤环境与污染修复重点实验室、中国科学院污染生态与环境工程重点实验室、教育部污染环境修复与生态健康重点实验室、国家环境保护土壤环境管理与污染控制重点实验室等多个国家级、部级实验室。

建立了一批国家野外科学观测研究站，包括国家级的野外观测站、中国科学院生态系统观测站（如中国生态系统研究网络，Chinese Ecosystem Research Network，CERN），以及农业农村部等部门建设的专门观测站。建设了一批土壤大数据监测管理平台。中国土壤信息系统（Soil Information System of China，SISChina）、土壤科学数据库（土壤资源数据库、土壤肥力数据库、土壤环境数据库、土壤生物数据库、典型地域数据库）、土壤光谱库、中国农业科学院农业资源与农业区划研究所牵头完成的第二次土壤普查成果图的数字化产品。可提供土壤数据下载的平台目前有资源环境数据云平台、地理国情监测云平台、地理空间数据云等。

## 3. 人才队伍情况

由于学科交叉渗透的影响，学科形态与边界逐步模糊，传统土壤学面临较大的挑战，相关领域优秀中青年人才相对匮乏，领军人才不足。值得指出的是，传统上土壤科学是农业科学的重要基础学科，随着生态环境问题的日益突出，全球和区域环境变化研究已高度关注土壤与土地科学，在这一背景和趋势下，亟须改革传统的土壤科学教学体系，培养具有良好理科基础的宽口径人才。要着眼于培养国际一流、国内领先的科学家和科技创新团队，加快土地学科建设和高层次创新人才培养，推动土地专业人才资源的供给侧结构性改革，使土地学科建设与土地科技创新战略相互促进。

# 第四节　发展思路与发展方向

　　土壤与土地科学研究总体发展思路应围绕国家粮食安全、生态环境安全和应对全球变化，以土壤时空变化过程为基础，开创并实践土壤信息监测与获取新技术，完善土壤信息与地球系统模型的深层耦合，揭示土壤关键功能要素的时空动态规律与控制机理，建立土壤质量综合评价体系，明确土壤资源安全与国家重大战略目标的紧密联系，为我国土壤资源管理、土壤可持续利用提供技术支撑和理论指导。

## 一、学科发展的关键科学问题

### 1. 多尺度土壤时空变异及其表征

　　在全球环境变化和人为活动强烈影响的背景下，面向以土壤为中心的地球表层系统，研究土壤资源与其他地表圈层物质、能量与信息的交换途径、过程与机理，发展土壤发生学新理论；构建多要素、多界面、多过程耦合的数学模型，预测不同情景下物质在界面之间的通量及其环境效应，模拟土壤性质的演化过程和未来趋势，探索土壤关键要素（如水、碳、氮、微生物等）的时空动态变化特征及其控制机理；进一步发展和完善土壤基层分类体系，探索面向土壤功能的土壤分类新体系与数值分类新方法。

　　探索区域土壤资源退化机理及其功能恢复途径，针对不同生态系统类型区建立以土壤过程为核心的功能模型，多尺度模拟预测土壤退化趋势并做出科学预警；深化土壤功能与土壤安全的内涵研究，探索土壤资源服务功能的形成机制，掌握我国土壤安全格局；从战略高度、系统角度出发研究土壤的结构、过程和功能的演变规律和机制，准确把握土壤演变的未来发展趋势，提出我国土壤安全应对策略和措施，为土壤资源合理利用和生态文明建设以及多目标应用提供关键技术与途径。

## 2. 土壤污染过程、作用机制及生物效应

全面剖析土壤污染过程、探明其作用机制、科学评估其生物生态效应，需要对污染物在土壤环境不同界面的物理、化学、生物过程进行全链条追踪；需要研究污染物在土壤环境中不同界面的分配、分布、固定、降解和转化规律及其影响因素，并结合物理、化学和生物表征分析，对各个界面过程的作用机理进行解析；需要研究污染物在土壤中的赋存状态及其生物有效性，了解污染物对土壤中动物、微生物和植物的毒性作用、致毒机制以及不同生物对土壤污染的响应，建立土壤污染风险评估方法与基准体系。

## 3. 土壤环境质量演变与食物安全、生物健康的内在关系

土壤环境质量是保障食物安全和人居环境安全的基础。需要研究农用地土壤环境质量时空演变规律及其对农作物可食部位污染物积累的影响，污染物在土壤—植物—动物—人体食物链中的传递和危害机制，建立土壤环境质量与农产品安全评价及预警技术。同时，还需要研究建设用地、工矿场地土壤环境质量变化规律及其对生物生态系统及人体健康的影响和危害机制，建立土壤环境质量与生物安全健康影响评价及预警技术。同时，土壤污染存在源头性污染、过程性污染和末端治理性二次污染。需要研发能对多金属长效修复与有机污染物高效降解的功能材料，研究土壤污染的源头管控、原位阻断、末端消减的过程，探明污染物的物理、化学、生物转化机制与修复原理，创新污染土壤原位绿色可持续修复技术。

## 4. 作物根系生长的适宜物理状况及土壤-植物-大气连续体系统水分/养分运输模拟

我国中低产田占耕地的 2/3，不合理的耕作管理某种程度上仍在继续，如长期浅旋耕导致土壤耕层浅薄、土壤板结紧实等物理障碍，限制了作物生长、资源高效利用和土壤生产力提升。针对我国三大粮食作物主产区典型土壤类型（东北黑土、华北潮土和砂姜黑土、长江中下游地区水稻土和红壤），运用CT技术和中子成像技术，研究土壤物理状况与根系生长的互作机制，探究不同基因型典型作物对水分胁迫和土壤强度胁迫的响应机制，分析物理逆境下

土壤–植物–大气连续体系统水分养分运动和高效利用机制，模拟根系吸水规律并分析其驱动因素，构建典型土壤类型与主要粮食作物匹配下适宜作物根系生长的物理状况，建立土壤生产力提升的物理学理论。

### 5. 土壤养分库增容与养分循环过程的耦合机制

针对我国农田土壤肥力偏低，土壤养分库容量低，高强度、可持续供应养分能力差的问题，运用微生物过程研究技术以及同位素区分研究手段，系统研究（氮素）养分的化学迁移过程、矿物固定的释放物理过程、微生物固持和周转的生物过程等多过程的耦合关系，探讨多过程耦合下养分多重（再）循环机制以及碳输入的调控原理，通过养分库的增容来提高土壤持续和高强度供应养分的能力，构建土壤养分增量循环及农田养分高效利用调控理论。

聚焦高投入的蔬菜、水果等"热点"生产体系，研究其土壤氮素循环转化特征与生物地球化学机制，探索新材料、新装备、新技术对这些体系氮素损失阻控和提高土壤生产力的影响。结合同位素示踪技术、扫描电子显微镜（scanning electron microscope，SEM）、透射电子显微镜（transmission electron microscope，TEM）、荧光原位杂交–纳米二次离子质谱技术（fluorescence *in situ* hybridization- nanoscale secondary ion mass spectrometry，Fish-NanoSIMS）、拉曼单细胞精准分选技术，集成发展土壤原位微生物物种组成和功能的分析技术体系，针对我国不同气候–土壤–作物类型区，系统研究不同施肥耕作管理措施下土壤生物网络组成和C、N、P养分转化功能的协同变化机制，阐明土壤团聚体–养分储蓄库容–养分供应能力协同增进的生物网络交互作用机制，建立土壤团聚体和多级生物网络协同培育理论。

### 6. 土壤有机质驱动土壤生产力形成的机制及有机质提升目标和途径

采用土壤有机质定性定量表征新方法、土壤微结构研究新方法、土壤碳转化微生物分子方法，揭示我国不同区域主要土壤类型土壤有机质驱动土壤生产力形成的机制；以土壤生产力为参比建立我国主要土壤类型土壤有机质提升的目标值，建立不同区域土壤有机质提升的有效途径。针对我国农业高度集约化、重种轻养导致有机质下降和土壤物理质量退化等问题，运用稳定性同位素和稀土元素双向标记技术，以及稳定性同位素核酸探针技术和高通量测序技术，开展我国粮食作物主产区典型土壤类型有机质累积与团聚体周转的耦合过程，分析有机质驱动团粒结构形成的微生物机制，探究土壤物理阻碍对有机质周转和微生物活性的生物物理机制，分析土壤结构−有机质−微生物群落的耦合关系，构建我国典型土壤类型团粒结构培育理论。针对我国农田中低产田比例高、高强度利用条件下土壤有机质含量提升难的问题，通过耕作制度改革（保护性耕作）等措施，系统开展典型粮食主产区土壤有机质微生物更新过程及更新速率的研究，探讨有机物料不同再循环利用模式对土壤有机质更新的调控机制，阐明土壤有机质更新对土壤关键物理、化学和生物过程的影响机制，构建土壤有机质更新提升土壤生产力的原理，为土壤的可持续利用提供理论和技术支撑。

### 7. 土地系统认知与时空演变机制

受自然和人文因素综合作用，土地系统在不同时空尺度上不断地发生演变，科学认知土地系统时空演变格局、过程与机制是土地学科的首要任务。从全球尺度到局地尺度，土地质量、土地覆盖与土地利用持续发生变化，反映自然环境与人类活动相互作用的过程与结果。当前，土地及相关学科普遍认可土地具有系统性和复杂性，但由于缺乏系统认知的理论方法，土地系统演化规律尚未破解，实践中的土地利用不可持续问题较为普遍。亟须深化土地资源的系统认知理论，对土地系统的要素、结构、功能、效应等多维度特征进行时空变化探测与分析，探索土地系统自然−生态−生产−经济−社会要素协同或限制作用，解析土地系统自然−人文水平结构与地表关键带垂直结构变化规律，厘清土地系统生产−生态−生活功能转化过程，解释人地关系耦合机理，形成全要素、复合结构、多功能的土地系统认知理论框架。

### 8. 土地利用对生态环境的影响

土地利用是人−地关系的核心和纽带。随着现代人类活动的不断增强，土地利用改变了地表下垫面；改变了土地系统的物质和能量循环；影响土壤向大气的温室气体排放和地表的反射率，改变对流层的温度和大气的稳定性；影响截留、下渗、蒸发等水文要素及产汇流过程，改变区域水资源平衡；对乡村地区生物多样性和景观格局产生显著的影响。近年来，中国土地利用出现了一些新变化，如建设用地扩展、土地规模化和专业化、耕地撂荒和退耕、水改旱和旱改水、干旱地区的土地开发和土地退化、秸秆还田等，这些土地利用活动的新变化对生态环境的影响应该受到更多关注。

### 9. 国土空间优化与资源要素耦合机理

国土空间由自然与人文多要素耦合形成，是人类生产生活及生态文明建设的重要载体。国土空间优化与否取决于是否遵循各自然与人文要素的耦合作用规律，决定着人与自然生命共同体的命运。我国国土空间资源禀赋的区域差异极大，要素空间分布与资源需求错配严重，国土空间要素间矛盾尖锐，人地矛盾突出，亟须探索国土空间各自然要素与人文要素分布模式与演变规律，围绕解决国土空间各要素利用的空间冲突，研究不同自然要素与人文要素耦合与空间优化配置机制，为破解国土空间格局矛盾、解决资源要素利用冲突和优化国土空间开发格局提供科学依据，实现利用有限土地资源对经济社会发展的永续支持。

### 10. 土地资源安全、耕地质量提升和土壤健康环保等多元目标的协同与权衡

土地资源安全是维系国家粮食安全与生态安全最重要的物质基础，核心是维护土地资源的生产支撑能力、生活保障能力、生态服务价值和自身健康水平。我国土地资源供给与需求矛盾突出，近1/3的陆地面积面临土壤侵蚀、荒漠化和沙化等土壤退化问题；中低等耕地面积比例超过70%，土地资源安全同时受到粮食安全、城镇化和生态保护三大目标的制约。与国外相比，我国土地资源安全、耕地质量提升与土壤健康的基础理论薄弱，技术零散、系统性不强，多元目标的协同管理与权衡机制不明晰，评价体系和管护路径尚不完善，限制了多目标、多层次的土地资源、耕地质量与土壤健康调控。亟须建立与研发土地资源保障、土地资源分类、耕地质量提升、土壤健康环保理论与调控技术体系，为经济社会发展提供基础理论和高质量保障体系。

## 二、学科发展方向

### 1. 土壤资源信息精准获取与管理

研究土壤信息获取的新技术、新方法及其创新性应用，发展基于天地空

多源数据融合的土壤信息大尺度监测与更新技术，实现土壤资源信息的精准获取及快速更新。重点突破土壤信息快速原位获取的光谱学、电磁学等新理论和新方法；土壤剖面三维信息快速获取及三维可视化理论与方法；基于土壤光谱提取及外部干扰因子消减的土壤属性光谱反演预测模型及优化算法；多源、多维、多尺度土壤信息融合模型及协同反演技术。

发展土壤新型传感器综合平台，拓展土壤特性及其变化过程的长期动态监测。重点突破基于国产新一代高分系列卫星的复杂地表下土壤信息定向解译核心算法；研制基于 5G 和物联网的土壤信息移动监测终端与传输技术；构建天地空一体化的土壤资源协同立体观测网，实现土壤关键属性及相关环境参数长期全方位自动采集，形成互联网＋监测的土壤环境智能监测新模式。挖掘土壤与环境多源多维异构数据关联特征，研究多源多维异构土壤信息融合和集成算法；研究土壤环境三维场景构建、过程刻画与全息融合的精细表征方法；完善地方、区域、国家级和全球土壤资源清单核算方法与评价体系；构建我国网络化、网格化、多时空、多属性的土壤综合观测与智能化服务共享平台；研究大数据驱动下的土壤环境风险预测、预警和应急机制；建立土壤资源可持续发展、农业高强度利用与全球气候变化适应多目标耦合情景下的土壤资源优化利用决策模型，实现土壤资源精准管理与智能化服务。

研究土壤信息高精度空间表征模型，创新基于大数据的数字土壤制图方法体系，形成国际共享的新一代高精度土壤数据产品，提供面向行业的数据应用服务。重点突破复杂条件和高强度人为作用影响下土壤属性的时空变异性、尺度效应及驱动因子定量解析；基于空间变异先验信息的土壤采样方案设计与优化；土壤环境条件及人为作用因子的精细刻画及尺度转换方法；基于土壤时空变异驱动因子认知和数据挖掘的土壤属性预测协同变量开发；整合土壤时空过程机理、协同变量及转换函数、历史及当前土壤数据的土壤信息高精度二维及三维空间表征模型；基于土壤信息空间表征模型和时空替代的多要素土壤信息时间序列重建；基于土壤信息空间预测模型库、知识库、资源环境大数据、机器学习和并行计算的数字土壤制图方法及不确定性定量方法；区域、国家、全球等尺度高精度、多要素、多时段的三维土壤数据产品生产及创新性应用。

### 2. 土壤生态功能与土壤健康

土壤健康反映的是生态系统内食物网复杂相互作用驱动多种生态过程和发挥多种生态功能的潜力。依赖外部投入的石油农业破坏了土壤生物和非生物的协同关系，而土壤自调节功能的削弱直接导致了土壤结构、养分循环和病虫害的恶化，并最终更加依赖外部投入，使得土壤健康的退化日趋严重。系统调控土壤生物以保持和提升全球变化下的土壤健康，一方面离不开土壤食物网结构及其多功能反馈的机制认识；另一方面离不开各种刺激土壤健康潜力的农业管理的实践探索。因此，土壤科学与生态科学、资源科学、环境科学等学科的结合是必由之路，研究土壤元素转化及其对土壤、植物、人体健康的协同机制，理解土壤健康的过程机制、优化农业管理以充分利用土壤生态过程内的协同作用，对提升土壤及人类健康至关重要。

在以往关注土壤碳、氮、磷的生物地球化学过程和作物高效利用，进而实现作物高产（土壤生产力数量安全）和环境保护的基础上，今后应深入研究我国主要土壤类型中植物和人体都必需的矿质元素（如钾、钙、镁、铁、锌等），以及不是植物必需但是人体健康必需的矿质元素（如硒、碘等）的生物地球化学行为及物理、化学和生物学驱动因素与机制，建立提高土壤生产力数量特征和提升土壤生产力质量特征的调控途径。

土壤污染过程与生物安全的研究包括土壤污染物来源与污染途径识别，基于多元素的单体稳定同位素技术的污染源解析方法，土壤污染过程及其演变的定量观测、分析与动态表征；土壤中污染物向大气、水环境的传输和运移，土壤多组分、多相态相互作用与界面过程对污染物迁移转化的影响及其作用机理；土壤圈污染物的多介质、多界面、多过程及多要素耦合作用，污染物在土壤圈与其他圈层之间的迁移与循环；全球环境变化情景下土壤污染过程、多尺度耦合、模拟模型与预测预警；土壤中新兴污染物和致病生物对生物安全和人体健康的影响，以及土壤污染的生物安全性评估等。

土壤环境质量演变与食物安全研究涉及土壤环境质量的时空演变规律及其驱动机制；区域土壤环境质量与农产品安全遥感监测方法，区域土壤环境质量演变与农产品安全的关联性及作用机理；污染物在土壤—植物—动物—人体食物链中的传递和危害机制；全球环境气候变化下区域土壤环境质量与农作物污染物积累的变化关系；土壤环境质量与农产品安全评价及预警技术建立等。

### 3. 土壤污染监测、管控、修复与安全利用

土壤环境智慧监测与信息化管理包括土壤污染原位采样、原位分析和在线实时动态监测，污染物形态快速提取与识别系统；高时空分辨率的污染物分析和智慧监测的新技术和新方法；基于传感、遥感和生物标志物的土壤现场快速检测，污染物实时和原位观测技术；土壤污染风险筛查大数据智能分析与算法，土壤污染智能监测系统；土壤环境信息数据库，土壤环境大数据公共数据源与管理使用方法；多源数据融合与关联性分析，集成物联网和大数据的信息传输、处理与动态监管技术；基于多源数据融合的土壤环境信息智能服务平台等。土壤污染管控与修复过程模拟涉及污染物多维分布特征的精细刻画技术；绿色、经济、高效、安全、节能、稳定的修复功能材料；低积累的作物新品种和超降解的微生物创制；土壤污染源头-污染途径阻控与生态系统恢复技术；土壤污染的自然修复、生物修复、物化修复及其联合新技术；污染农用地土壤-作物系统污染原位阻隔、生物修复与安全利用技术体系；场地土壤-地下水污染源阻隔-风险监控-绿色修复-再开发利用-全生命周期监管等可持续治理技术体系；基于大数据、互联网和人工智能的污染土壤智慧修复决策系统等。

### 4. 土壤生产力提升的微生物学调控机理

土壤生产力提升的根本是土壤有机质的形成和积累（截获），而土壤有机质的积累是在外源有机物料输入条件下，由微生物驱动的物质转化生态过程。微生物残留物是微生物死亡残体，可稳定地积累在土壤中，从微生物残留物的记忆效应中可以评价有机质积累的时间效应，从真菌和细菌残留物的接替效应可以评价有机质的稳定过程，而从微生物残留物的积累动态信息可以评价微生物对有机质截获的贡献，最终建立以土微生物残留物为核心的土壤有机质累积机制和调控理论。

针对我国典型气候-土壤-作物类型区，集成发展土壤原位靶细胞活体通量分离及微生物物种组成和功能的分析技术体系，系统研究土壤生物网络组装与土壤结构体有机质积累和养分元素循环过程的相互作用机制，揭示土壤

主要养分元素循环过程及其生物有效性的调控机制,发展沃土生物培育新理论,推进微生物跨界促进作物逆境生长的交叉技术创新。围绕土壤-根际-植物中的养分循环过程,系统研究土壤养分转化、根际养分活化、根系养分吸收和作物养分利用机制,阐明农田养分高效利用的作物-土壤-微生物调控理论,揭示功能微生物跨界互作促进作物抗逆生长机制。

### 5. 土壤生物多样性与生态系统服务

探索土壤生物多样性与生态系统结构、功能和服务的关系,包括典型生态系统的生物多样性与生态系统的结构功能关系,典型生态系统有典型的自然、半自然和人工生态系统类型(如森林、草地、湿地、荒漠和农田),土壤生物多样性对生态系统功能的调控和可持续管理。此外,还包括土壤生物多样性与森林生产力的关系、土壤生物调控对农作物产量和品质的影响、土壤生物对土壤污染的治理效应、土壤生物病虫害防治等。分析土壤生物生态功能与生态系统稳定性的偶联关系,揭示土壤生境与生物多样性保育机制;植被恢复过程中土壤生物多样性与植物多样性协同及反馈和影响机制;土壤中抗逆生物的资源及资源化利用;极端环境、微域空间与根际界面土壤生物驱动过程、互作方式及其调节机制;复杂群落及食物网水平土壤生物相互作用及其生态功能;土壤生物生态功能的时空动态,包括全球尺度或区域尺度上水热条件对土壤生物生态功能的影响;不同干扰形式对土壤生物生态功能的影响等。研究不同生物类群的时空动态特征,包括全球尺度的纬度地带性、海拔梯度变化、植被类型及其发育阶段与土壤生物多样性的关系等。通过我国不同地区土壤资源调查,阐明土壤微生物多样性的形成机制,揭示土壤微生物群落的进化与分布规律。

土壤微生物在食物网中相互依存,包括拮抗、竞争、共生和捕食-被捕食等关系。这些多营养级微生物食物网是能量流动、土壤养分循环(如碳、氮、磷、硫等元素循环)和有机质稳定的核心微生物组,且微生物食物网内相互作用类型的丢失可能导致生态系统功能损失(如土壤多功能性的下降)。由于土壤食物网中土壤生物类群多、食性关系和非食性关系复杂、时空变异大,加上研究方法仍然主要依赖传统的分类鉴定,很难在全球变化背景下对整个土壤食物网进行实时监测,因此借助对土壤食物网的生物地理学和生态地理学研究所获得的大数据，建立不同情境下的土壤食物网结构并模拟其生态功能，对预测全球变化背景下土壤食物网结构和功能变化具有重要意义。此外，地下土壤生物与地上生物的互作极其复杂且动态变化，地上与地下生物之间的互作机理仍不是很清楚。如何通过技术手段精确检测并且定量地上与地下生物交流的信号物质；如何检测地上与地下生物通过植物媒介的信号物质传导相互交流的机制；特别是地上和地下微生物组是否也能通过植物进行传递也不清楚；土壤生物与地上生物互作如何影响植物健康与生长也值得今后进一步研究。

### 6. 土壤圈碳、氮、磷等元素生物地球化学循环与全球变化

发展不同尺度的土壤微生物过程与作用研究的方法学体系，阐明重要元素的生物地球化学循环耦合的生物学机理。基于多目标（温室气体排放、温室气体排放的反馈作用、土壤生物学性质变化、物质循环等）、多类型（农田、森林、草地、湿地和荒漠等）土壤过程的长期野外观察，研究不同生态系统土壤生物应对全球变化的时空响应模式和规律，揭示其适应环境变化进化规律，构建土壤生物响应全球变化模式的空间地理图集，为预测全球变化对不同地区土壤生物的影响提供依据。研究土壤食物网结构和功能对全球变化单因子和多因子的响应，以及土壤食物网在促进碳固定、减缓温室气体排放等方面的作用。

强化氮过程关键微生物机理及与其他元素转化之间的耦合关系研究是未来氮循环过程的重要发展方向，实现微生物过程机理与各形态氮素通量之间的关联，并构建相关氮素转化和平衡模型，将是未来理解氮素转化过程及其调控的关键所在。在提高氮、磷生物地球化学循环准确定量的基础上，进一步完善和明确评价理论与方法并综合考虑氮、磷的来源、去向和转化过程，最终逐步建立本地化环境-经济-社会评价指标体系，是未来氮、磷效应评估和管理的重要研究方向。利用新近发展的技术方法，开展跨学科、多尺度的融合研究，加深对碳循环各个过程的认知以及系统模型的发展，尤其是对有机碳分解和累积机制更深入更综合的探究，对全球变化条件下土壤碳储量、排放速率、固定潜势的测定和模拟是今后土壤碳循环研究长期的热点方向。广泛开发和建立应对气候变化的水肥耕种技术措施，以适应或减缓气候变化

对 $N_2O$ 和 $CH_4$ 排放的正反馈，深入挖掘其减排潜力并阐明相关调控机制。重点以田间原位通量观测为基础，建立减排技术措施并以推广应用为目标，预测评估未来 $N_2O$ 和 $CH_4$ 排放趋势和减排潜力为重要发展方向。

### 7. 土地系统结构−格局−过程−功能的耦合机制

研究土地资源超高分辨率调查感知技术，优化土地系统地面监测网络，研制土地资源全要素"天−空−地"网络立体监测与智能感知技术，构建面向土地系统格局与过程耦合研究的科学大数据；研制适宜的组分（组成成分）和构型（空间结构）特征指标，揭示均质和异质空间的土地系统特征和区域时空差异，解析土地系统演化的自然过程和社会过程。基于地球关键带开展土地系统水、土、气、生等要素时空内在相互作用及其演化规律研究，开展跨区域、跨类型的土地系统之间的时空耦合研究，构建地表关键带或土地系统水平空间和垂直空间过程耦合框架，开展土壤−植被、大气−土壤、地表水与地下水等多界面的耦合过程研究，以及局地物质、能量交换，远距离相互作用（远程耦合）研究；研发格局与过程多尺度耦合模拟模型，突破地理生态模型和社会经济模型的融合途径、自顶而下模型和自底而上模型的耦合模式，加强不同尺度、不同复杂度模型中自然与人文过程之间的双向联系和动态反馈，揭示土地系统变化的过程及形成机理。

### 8. 土地利用对生态环境影响的定量化评估和风险防范

分析土地利用对地表反射率的影响，研究土地利用对大气成分的影响和贡献，从不同尺度模拟和量化评估土地利用对气候变化的贡献及气候变化对土地利用的影响，从土地利用角度提出减缓温室气体排放和缓解气候变暖的路径，关注我国土地利用变化中出现的新变化对气候变化产生的影响和贡献。研究土地利用变化对水资源的需求，分析其对流域地表水和地下水循环、水质的影响，关注典型区域/流域土地利用变化对水文水资源的影响，如干旱区和半干旱区区域、大江大河流域、城市化区域等。研究土地利用变化对生物多样性和景观格局的影响，提升城乡土地利用的功能与服务。开展土地利用的土地健康影响、效应的理论、方法研究。研究土地利用−粮食生产−农业能源利用−水资源利用四个方向相关研究部门的关联，从土地利用角度提出不同尺度发展可持续集约农业的发展模式以及生态环境风险防范措施和路径。

## 9. 基于国土空间要素耦合机理的优化配置与智慧管控体系

基于资源-利用-空间关系探索国土空间要素单元的科学识别和耦合尺度规则，研究自然-人文要素的耦合机理，探究资源禀赋约束下的经济-社会-生态协同发展的理论机制与胁迫效应；基于资源要素属性-功能逻辑，研究资源-要素-资产时空因果关系及相互作用规律；研制智慧土地管控大数据聚合与挖掘模型，辨析与评价国土空间要素变化及其经济-社会-生态效应，探索构建综合考虑多目标耦合的国土空间情景模拟技术和权衡优化模型；开展土地利用智能空间优化与网络化协同治理理论与方法研究，研制人与自然共生多重交互、网络化协同治理框架以及基于网络化协同的土地利用智能空间优化模型与模拟技术；研究土地资源政策仿真模拟与风险评估技术、多层级土地资源利用智能决策和智慧管理技术，攻克高通量土地计算、可视化仿真模拟与预警决策、土地资源参数化调控技术；研制区域资源利用冲突识别技术，基于全局性、远距离系统关联，研究融合土地利用、资源消耗、消费方式改变的优化调控模型及解决方案；探索国土空间规划的法律保障与公权规制，研究基于公权与私权协调的空间优化体制机制，提出适应国土空间治理现代化的技术体系与实施路径。

## 10. 中国土地资源安全保障理论技术体系

构建国家-省域-县域-田块不同尺度时空融合的土地资源安全理论框架，研究基于可持续发展目标的中国土地资源安全保障技术体系；探索以土壤功能、土壤健康、耕地质量提升、耕地可持续利用与生态系统健康为核心的土地资源安全的协同权衡与调控机制。研发服务于多元管理目标的土地评价理论与方法；研发主要土地资源类型区内不同尺度土地资源利用与功能变化模拟技术，发展土地资源-人口-产业-环境相互作用与影响的权衡协同技术，构建土地资源多功能性与生产力协同的优化配置方法和模型。研究耕地健康评估诊断技术、土地资源功能潜力提升和时空效应分析技术；研究以山水林田湖草生命共同体为目标的低效、损废、污染耕地的综合整治与修复技术；开发以优质、特色、高效、绿色为目标的生态良田构建技术。

# 本章参考文献

傅伯杰, 刘焱序. 2019. 系统认知土地资源的理论与方法. 科学通报, 64(21): 2172-2179.

傅伯杰, 牛栋, 赵士洞. 2005. 全球变化与陆地生态系统研究: 回顾与展望. 地球科学进展, 20(5): 556-560.

郭仁忠, 罗婷文. 2019. 土地资源智能管控. 科学通报, 64(21): 2166-2171.

史舟, 王乾龙, 彭杰, 等. 2014. 中国主要土壤高光谱反射特性分类与有机质光谱预测模型. 中国科学: 地球科学, 44(5): 978-988.

王云强, 邵明安, 胡伟, 等. 2016. 黄土高原关键带土壤水分空间分异特征. 地球与环境, 44(4): 391-397.

张甘霖, 王秋兵. 2015. 我国土壤资源特点与土壤安全利用. 中国科学院院刊, 30(Z1):53-56.

张甘霖, 王秋兵, 张凤荣, 等. 2013. 中国土壤系统分类土族和土系划分标准. 土壤学报, 50(4): 826-834.

张甘霖, 朱阿兴, 史舟, 等. 2018. 土壤地理学的进展与展望. 地理科学进展, 37(1): 57-65.

赵松乔, 孙惠南, 黄荣金, 等. 1988. 现代自然地理. 北京: 科学出版社.

Arrouays D, Grundy M G, Hartemink A E, et al. 2014. GlobalSoilMap: toward a fine-resolution global grid of soil properties. Advances in Agronomy, 25: 93-134.

Bardgett R D, van der Putten W H. 2014. Belowground biodiversity and ecosystem functioning. Nature, 515(7528): 505-511.

Chen X P, Cui Z L, Vitousek P M, et al. 2011. Integrated soil-crop system management for food security. Proceedings of the National Academy of Sciences, 108(16): 6399-6404.

Chen X P, Cui Z L, Fan M S, et al. 2014. Producing more grain with lower environmental costs. Nature, 514: 486-489.

Chen Y, Bonkowski M, Shen Y, et al. 2020. Root ethylene mediates rhizosphere microbial community reconstruction when chemically detecting cyanide produced by neighbouring plants. Microbiome, 8(1): 1-17

Dai Z, Liu G, Chen H, et al. 2020. Long-term nutrient inputs shift soil microbial functional profiles of phosphorus cycling in diverse agroecosystems. The ISME Journal, 14: 757-770.

Danneyrolles V, Dupuis S, Fortin G, et al. 2019. Stronger influence of anthropogenic disturbance than climate change on century-scale compositional changes in northern forests. Nature

Communications, 10: 1265.

Fan L, Delgado-Baquerizo M, Guo X, et al. 2019. Suppressed N fixation and diazotrophs after four decades of fertilization. Microbiome, 7(1): 143.

Foley J A, Ramankutty N, Brauman K A, et al. 2011. Solutions for a cultivated planet. Nature, 478: 337-342.

Guo J H, Liu X J, Zhang Y, et al. 2010. Significant acidification in major Chinese croplands. Science, 327(5968): 1008-1010.

Guo K, Liu X. 2019. Effect of initial soil water content and bulk density on the infiltration and desalination of melting saline ice water in coastal saline soil. European Journal of Soil Science, 70(6): 1249-1266.

He H B, Zhang W, Zhang X D, et al. 2011. Temporal responses of soil microorganisms to substrate addition as indicated by amino sugar differentiation. Soil Biology & Biochemistry, 43(6): 1155-1161.

Jansson J K, Hofmockel K S. 2019. Soil microbiomes and climate change. Nature Reviews Microbiology, 18(1): 35-46.

Jiang Y, Liu M, Zhang J, et al. 2017. Nematode grazing promotes bacterial community dynamics in soil at the aggregate level. The ISME Journal, 11(12): 2705-2717.

Li B, Li Y-Y, Wu H-M, et al. 2016. Root exudates drive interspecific facilitation by enhancing nodulation and $N_2$ fixation. Proceedings of the National Academy of Sciences of the United States of America, 113(23): 6496-6501.

Li M, Wei Z, Wang J N, et al. 2019. Facilitation promotes invasions in plant-associated microbial communities. Ecology Letters, 22: 149-158.

Liang C, Schimel J D, Jastrow J D. 2017. The importance of anabolism in microbial control over soil carbon storage. Nature Microbiology, 2: 17105.

Liang Y, Jiang Y, Wang F, et al. 2015. Long-term soil transplant simulating climate change with latitude significantly alters microbial temporal turnover. The ISME Journal, 9: 2561-2572.

Minasny B, Malone B P, McBratney A B, et al. 2017. Soil carbon 4 per mille. Geoderma, 292: 59-86.

Peng X H, Zhu Q H, Zhang Z B, et al. 2017. Combined turnover of carbon and soil aggregates using rare earth oxides and isotopically labelled carbon as tracers. Soil Biology & Biochemistry, 109: 81-94.

Reenberg A. 2009. Land system science: handling complex series of natural and socio-economic processes. Journal of Land Use Science, 4(1-2): 1-4.

Rounsevell M D A, Pedroli B, Erb K, et al. 2012. Challenges for land system science. Land Use

Policy, 29(4): 899-910.

Viscarra Rossel R A, Behrens T, Ben-Dor E, et al. 2016. A global spectral library to characterize the world's soil. Earth Science Reviews, 155(1): 198-230.

Wang E H, Cruse R M, Zhao Y S, et al. 2015. Quantifying soil physical conditions based on soil solid, liquid and gaseous phases. Soil & Tillage Research, 146(1): 4-9.

Wei Z, Gu Y A, Friman V P, et al. 2019. Initial soil microbiome composition and functioning predetermine future plant health. Science Advances, 5(9): eaaw0759.

Xiong W, Song Y Q, Yang K M, et al. 2020. Rhizosphere protists are key determinants of plant health. Microbiome, 8(1): 27.

Xu J, Zhang Y, Zhang P, et al. 2018. The structure and function of the global citrus rhizosphere microbiome. Nature Communications, 9: 4894.

Zhang G L, Liu F, Song X D. 2017. Recent progress and future prospect of digital soil mapping: a review. Journal of Integrative Agriculture, 16(12): 2871-2885.

Zhang J, Liu Y-X, Zhang N, et al. 2019. NRT1.1B is associated with root microbiota composition and nitrogen use in field-grown rice. Nature Biotechnology, 37: 676-684.

Zhang X D, He H B, Amelung W. 2008. A GC/MS method for the assessment of $^{15}$N and $^{13}$C incorporation into soil amino acid enantiomers. Soil Biology & Biochemistry, 39: 2785-2796.

Zhao Y C, Wang M Y, Hu S J, et al. 2018. Economics- and policy-driven organic carbon input enhancement dominates soil organic carbon accumulation in Chinese croplands. Proceedings of the National Academy of Sciences, 115(16): 4045-4050.

Zhou H, Mooney S J, Peng X H. 2017. Bimodal pore structure investigated by a combined SWRC and X-ray Computed Tomography approach. Soil Science Society of America Journal, 81(6):1270-1278.

# 第四章

# 油气与煤化石能源资源

## 第一节 战略定位

油气和煤炭资源是国家安全与国民经济的重要支柱。到 2050 年，以油气和煤炭为主体的能源结构不会发生根本性改变。石油与天然气地质学和煤地质学分别是研究油气和煤化石能源资源形成与分布的地质学分支学科。自诞生起至今，主要以满足燃料和化工原料等生产需求为目的，形成了以地质学、地球化学和地球物理学为核心的研究架构。煤地质学是以地质学理论为基础，研究煤、煤层、含煤岩系、煤盆地以及与煤共伴生矿产（如关键金属和煤系气）的物质成分、成因、性质及其分布规律，并依据煤层所记载的地质历史记录，研究地球的结构、物质组成、地球环境和生命演化的学科。两门学科兼具基础性和应用性，并与大地构造学、地层古生物学、沉积学、构造地质学、矿物岩石学、油气地球化学、勘探地球物理学等学科交叉融合、相互促进，共同构成油气和煤炭资源勘探开发实践中相对独立的理论体系，为油气和煤炭工业的发展提供重要的理论支撑。

# 一、科学意义

## 1. 石油与天然气地质学

油气地质研究最早可追溯到罗蒙诺索夫在 1763 年提出的 "生物成油论"。1921 年，威廉 H. 埃蒙斯（William H. Emmons）的著作《石油地质学》（*Geology of Petroleum*）出版，标志着以研究油气资源为目的的石油地质学的正式诞生（Emmons，1921）。20 世纪 60 年代，以蒂索（Tissot）为代表的欧美学者提出了干酪根生烃，干酪根在沉积埋藏过程中生成液态石油，也热解成为天然气，从而将石油地质学扩展为石油与天然气地质学（Tissot and Welte，1978）。100 多年来，石油与天然气地质学的持续发展不仅加速了世界能源格局由以煤炭为主向以油气为主的转变，也促进了基础科学、地质科学与前沿交叉和相关技术的发展，其科学意义可以归纳为以下三个方面。

（1）促进了应用数学、物理、化学、计算机科学等基础学科的发展。石油与天然气（简称油气）的生成、运移、聚集与保存机理是油气地质学的核心研究内容之一，涉及岩石的物理化学性质、地质流体的力学特征、流固耦合作用过程等研究内容，对非线性过程描述的数学方法、力学和热力学原理、大型模拟计算都提出了新要求。

（2）带动地质相关基础学科的交叉发展。油气是盆地演化的产物，沉积盆地也是石油与天然气地质学的重要研究对象，涉及盆地形成与演化、盆山耦合、沉积充填、盆地热力学等研究内容。在盆地尺度上实现了油气地质学与板块构造理论的有机结合，板块构造运动控制了盆地演化，进而影响了油气形成与分布（朱夏等，1983；贾承造等，2013）。油气关键成藏期或破坏期也是板块活动的间接记录。对于油气勘探中积累的地震、测井、钻井与岩心资料的研究，极大地促进了大地构造学、地层古生物学、沉积学、构造地质学等学科的发展。"油气有机成因论"有效指导了油气勘探实践，也极大地促进了有机地球化学的发展。富有机质烃源岩的形成与分布研究也为地球早期气候、海洋环境、生命起源研究提供了重要理论支撑（Zhang et al.，2015，2016）。深部流体活动和甲烷、氢气等流体的成烃效应研究（金之钧等，2007，2013），进一步促进了地球圈层相互作用、全球变化和碳循环等前沿方向的发展。

（3）促进相关技术发展。油气勘探离不开地震、测井等地球物理技术的支撑。地层结构特征、构造与岩性圈闭识别，储层定量表征及预测、储层与油气直接预测、烃类检测等需要地震技术和地球物理技术（孙龙德等，2013；马永生等，2016），也催生了储层地震预测技术、测井地质学、地震地层学等交叉学科的发展，层序地层学也是在地震地层学基础之上发展而来的（贾承造等，2004）。借助测井技术，可以识别油气水层、定量描述孔隙度、渗透率等储量重要参数。油气地质与地球物理密切结合——在西方国家习惯称之为Geology & Geophysics（"G&G"），主导油气勘探的综合技术。

## 2. 煤地质学

（1）煤的物质成分富集具有特定的地质成矿环境，对中国和全球煤炭资源分布规律、成煤过程、后期改造的解剖和总结，带动和引领了国内外煤系中化石能源、金属和非金属矿产的研究与勘探（Dai and Finkelman，2018）。

（2）煤是特殊的沉积有机岩石，与常规沉积岩相比，煤对所经受的各种地质作用更为敏感，记载了丰富的、敏感的地球演化信息，在阐明地球的结构、物质组成、区域地质历史演变、地球环境、生命演化及其相互关系中，提供了其他地质体不能提供的地质记录（McCabe and Parrish，1992；Li et al.，2018；Dai et al.，2020），揭示与此相关的重大科学问题。

（3）与传统的其他矿产相比，煤及其中的非常规矿产成矿（成藏）作用具有显著特色，是研究有机质和无机质、金属与非金属相互作用的独特素材（O'Keefe et al.，2013），其成矿机理处于学科前沿，对其研究将会发展和完善已有成矿理论，在国际基础科学前沿领域占有重要一席之地；可推动煤炭地质、金属矿产地质和其他相关学科的交叉融合与发展。

（4）煤系中的煤层及非常规矿产是在复杂的地质构造环境和重要的地球动力学过程中形成的，深刻体现了中国大陆的地质个性、自然优势和资源特色，可从新的视角、更广阔的领域丰富和发展中国区域地质和矿床学理论，从而形成与国家重大需求和前沿科学问题密切结合的重要命题。

# 二、战略价值

### 1. 油气资源

油气资源是国家安全与国民经济的重要支柱。虽然人类在不断寻找替代能源和开发新能源，但石油与天然气仍将长期在世界一次能源结构中占据主导地位（图 4-1）。根据中国石油集团发布的《2050 年世界与中国能源展望》（2019 版），多家机构预测，到 2050 年石油与天然气在全球一次能源结构中的占比在 55% 左右。油气资源形成与分布的持续和深入研究对保障国家能源安全具有重要的战略意义。

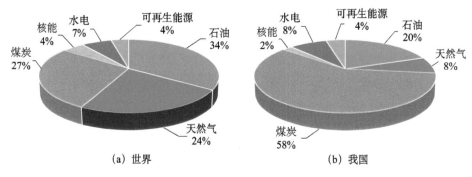

图 4-1　世界与我国一次消费能源结构分布图

世界石油工业发展史也是一部油气地质理论与勘探技术的进步史。石油与天然气地质学的理论与实践紧密联系。石油与天然气的发现催生新理论的产生，新理论又反过来指导后续的勘探实践。例如，早期发现的背斜油气藏类型发展形成"背斜圈闭理论"，进而指导了背斜油气藏的进一步发现。类似的还有地层岩性圈闭理论和毛细管圈闭理论等。如今，页岩油气富集机理与"甜点"预测技术正在指导着全球页岩油气的勘探开发，必将带来新一轮油气储量和产量的快速增长。

我国地质学家在中西部油气勘探实践基础上建立的"陆相生油理论"，指导发现了大庆、胜利和渤海等一系列油田，为我国工业发展和经济建设做出了重大历史贡献。20 世纪 80 年代中后期，在"稳定东部，开发西部"的方针指导下，中国油气勘探向中西部海相盆地战略转移（金之钧等，1998），我国地质学家提出的叠合盆地海相油气富集机理和分布规律的认识，进一步丰富了油气地质理论（赵文智等，2003；金之钧，2005；贾承造，2006），在塔里木、四川盆地海相油气勘探发现中发挥了重要指导作用。

根据《中国油气产业发展分析与展望报告蓝皮书（2019—2020）》，2019 年我国石油与天然气对外依存度分别超过70%与43%，呈逐年增长态势（图4-2）。"立足国内，开拓海外"是解决我国油气安全问题的基本方针。盆地形成演化与盆山耦合、全球油气分布规律与资源潜力、深层、深水、页岩油气勘探理论与技术等都是石油与天然气地质学面临的主要科学问题。我国油气科技工作者有望在上述领域做出引领性和开创性的成果。

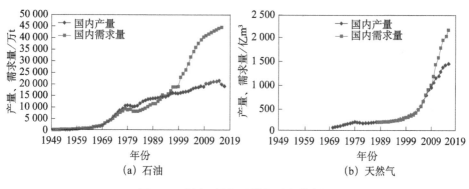

图 4-2　我国石油与天然气需求分布图

## 2. 煤炭资源

（1）我国是世界煤炭产量和消费量最大的国家，煤炭作为我国的主要能源，对国家经济发展和能源安全具有其他矿产资源不可比拟的作用。同时，面对复杂的国际形势，我国持续攀升的油气对外依存度决定我国的能源供应并不安全，为实现中国"能源独立"，必须把煤炭资源放在重要的战略地位上。

根据2007～2013 年全国煤炭资源潜力评价工作数据，中国 2000m 以浅煤炭资源总量 5.9 万亿 t，其中煤炭资源储量 2.02 万亿 t，但是可采储量仅为839.55 亿 t（截至 2016 年底），而 2019 年中国煤炭产量为 38.5 亿 t，按照现在的开采水平和经济技术发展，中国煤炭的可采储量最多可供开采 30 年。因此，煤地质学对保障我国煤炭资源的持续供给和安全生产具有重要的理论和技术指导作用。

（2）煤炭的开发和利用，是导致大气污染、温室气体排放、生态环境破坏的重要因素之一。煤与煤系中的关键金属矿产、煤系气的成矿（成藏）理论的基础研究、勘探开发和综合利用，是国家战略资源安全供给、煤炭资源清洁开发的重要保障，是发展循环经济、提高综合经济效益的有效途径，同时也是建立资源节约型、清洁生产型、生态环保型社会的重要组成部分（代世峰等，2020）。

（3）煤炭的开采过程中有瓦斯煤尘爆炸、火灾、透水、顶板冒落、煤与瓦斯突出、冲击地压、煤层自燃等众多安全隐患（Zhang et al.，2017；秦勇等，2019），通过煤地质学对含煤岩系特征、岩性组成和组合、煤系中岩石力学性质、瓦斯产出和赋存特征的研究，对预防煤炭生产的安全问题具有重要的意义。

# 第二节　发展规律与研究特点

人类社会的发展与能源的利用密不可分。人类利用能源经历了柴薪木炭、煤、石油与天然气、核能及新能源等阶段，尤其是煤炭和石油的大规模使用，成为促成第一次和第二次工业革命的重要因素。与无机矿产和煤不同，石油与天然气是特殊的流体矿产，其形成和富集过程更为复杂，随着人类对石油与天然气形成规律的认识与开发利用的程度而不断丰富和完善，表现出独特的发展规律与研究特点。

## 一、发展规律

### 1. 石油与天然气地质

石油的流体形态与开采过程的最早描述可追溯至宋朝沈括所著的《梦溪笔谈》。在 20 世纪 30 年代逐步形成"圈闭学说"和以地质测量为基本手段的找油思路，实现了石油地质学由早期萌芽到理论创立的重大转折。油气圈闭理论成功指导了早期的油气勘探，并在其后的几十年内得到快速发展和完善（图4-3），陆续建立构造圈闭、岩性和地层圈闭、毛细管圈闭等相对完整的圈闭分类体系。

然而，在勘探早期，石油成因一直存在有机生源和无机生源的争议。罗蒙诺索夫在1763年提出的"生物成油论"认为石油是煤在地下经高温蒸馏后的产物；门捷列夫在1876年提出的"碳化说"则认为石油是地下深处的金属碳化物与水相互作用而成；古勃金在1932年提出的"动植物混成说"，认为海洋中动植物的残体构成了石油母质。直至1934年，特赖布斯（Treibs）在石油中检出与生物有机质相似的卟啉化合物，才正式确定石油的有机成因，油气地质研究也因此进入分子水平。中国地质学家根据这一时期的勘探实践，于1941年提出"陆相生油说"（Pan，1941），为当时基于海相地质研究提出的生油理论提供了重要补充。20世纪70年代，蒂索（Tissot）等建立的"干酪根热降解生烃理论"（Tissot and Welte，1978）和中国学者提出的"煤成烃理论"（戴金星，1979），标志着石油与天然气地质学研究开始进入以地球化学研究为基础的定量化阶段。基于大庆油田和渤海湾油田群的勘探实例，提出了"源控论"（胡朝元，1982）和复式油气聚集理论（胡见义等，1986），确立了"生-储-盖-圈-运-保"的知识体系。油气勘探由单一的"寻找圈闭"转向以烃源岩、储层和圈闭三位一体的盆地沉积充填、生烃动力学和油气运移成藏的定量评价，推动世界石油工业在20世纪中后期迎来了飞速发展的黄金时代。

石油地质学家在勘探实践中不断总结，逐渐认识到板块构造演化和沉积盆地形成对规模油气生成和聚集的重要性。一系列洋陆钻探国际计划的实施，如深海钻探计划（Deep Sea Drilling Program，DSDP，1968~1983年）、国际岩石圈计划（International Lithosphere Program，ILP，1980年至今）、大洋钻探计划（Ocean Drilling Program，ODP，1985~2003年）、综合大洋钻探计划（Integrated Ocean Drilling Program，IODP，2004年至今）等，更是将板块构造理论与沉积盆地形成演化相结合，给石油与天然气地质学带来了新活力。以全新的视角论证了含油气盆地形成与演化的地球动力学背景，综合解释了全球油气的形成、分布和富集规律，扩大了油气勘探领域和找油思路（Allen

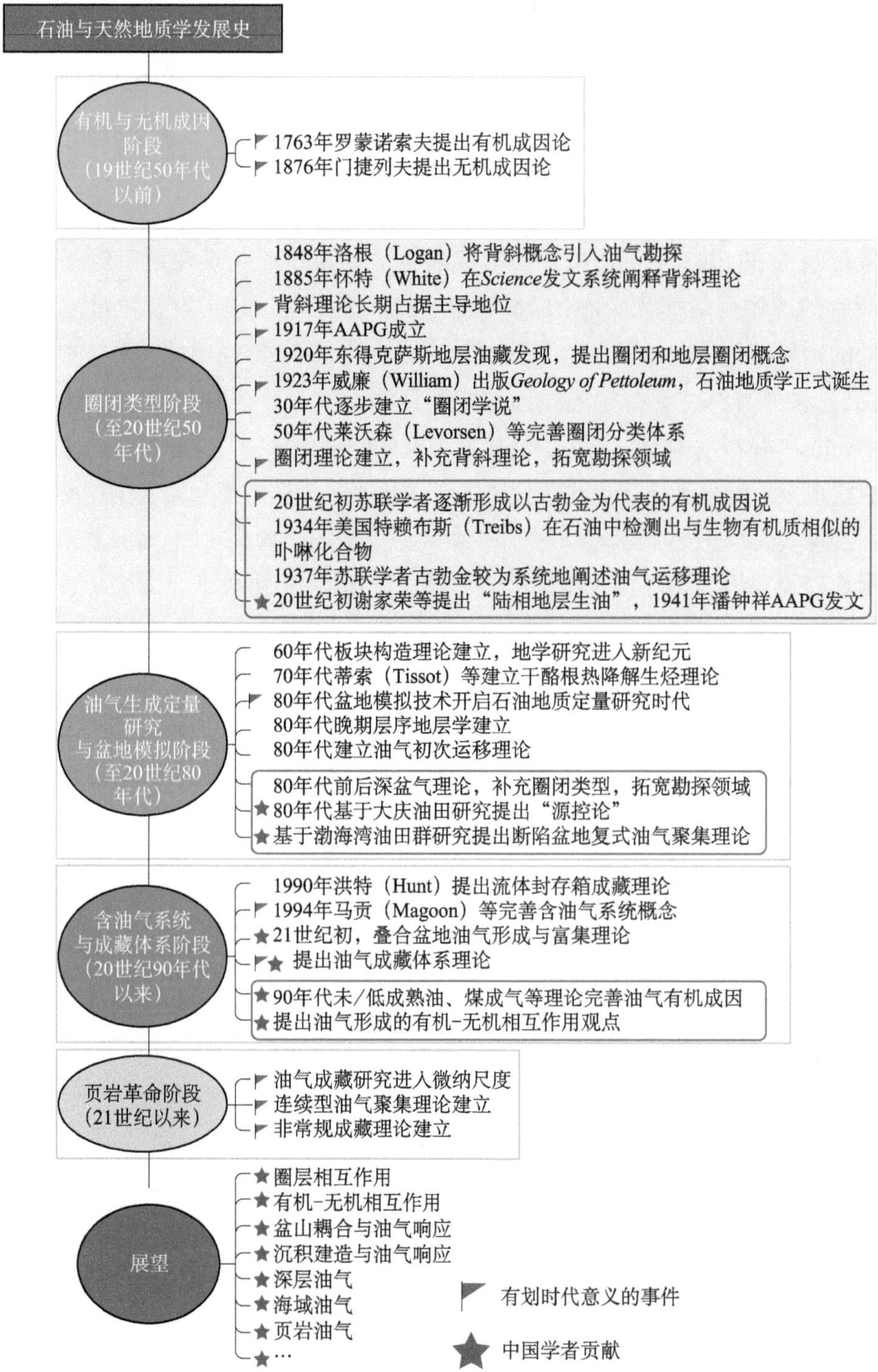

石油与天然地质学发展史

**有机与无机成因阶段（19世纪50年代以前）**
- 1763年罗蒙诺索夫提出有机成因论
- 1876年门捷列夫提出无机成因论

**圈闭类型阶段（至20世纪50年代）**
- 1848年洛根（Logan）将背斜概念引入油气勘探
- 1885年怀特（White）在*Science*发文系统阐释背斜理论
- 背斜理论长期占据主导地位
- 1917年AAPG成立
- 1920年东得克萨斯地层油藏发现，提出圈闭和地层圈闭概念
- 1923年威廉（William）出版*Geology of Pettoleum*，石油地质学正式诞生
- 30年代逐步建立"圈闭学说"
- 50年代莱沃森（Levorsen）等完善圈闭分类体系
- 圈闭理论建立，补充背斜理论，拓宽勘探领域

- 20世纪初苏联学者逐渐形成以古勃金为代表的有机成因说
- 1934年美国特赖布斯（Treibs）在石油中检测出与生物有机质相似的卟啉化合物
- 1937年苏联学者古勃金较为系统地阐述油气运移理论
- ★20世纪初谢家荣等提出"陆相地层生油"，1941年潘钟祥AAPG发文

**油气生成定量研究与盆地模拟阶段（至20世纪80年代）**
- 60年代板块构造理论建立，地学研究进入新纪元
- 70年代蒂索（Tissot）等建立干酪根热降解生烃理论
- 80年代盆地模拟技术开启石油地质定量研究时代
- 80年代晚期层序地层学建立
- 80年代建立油气初次运移理论

- 80年代前后深盆气理论，补充圈闭类型，拓宽勘探领域
- ★80年代基于大庆油田研究提出"源控论"
- ★基于渤海湾油田群研究提出断陷盆地复式油气聚集理论

**含油气系统与成藏体系阶段（20世纪90年代以来）**
- 1990年洪特（Hunt）提出流体封存箱成藏理论
- 1994年马贡（Magoon）等完善含油气系统概念
- ★21世纪初，叠合盆地油气形成与富集理论
- ★提出油气成藏体系理论

- ★90年代未/低成熟油、煤成气等理论完善油气有机成因
- ★提出油气形成的有机-无机相互作用观点

**页岩革命阶段（21世纪以来）**
- 油气成藏研究进入微纳尺度
- 连续型油气聚集理论建立
- 非常规成藏理论建立

**展望**
- ★圈层相互作用
- ★有机-无机相互作用
- ★盆山耦合与油气响应
- ★沉积建造与油气响应
- ★深层油气
- ★海域油气
- ★页岩油气
- ★…

▶ 有划时代意义的事件

★ 中国学者贡献

图4-3 石油与天然气地质学发展历程

P A and Allen J R，2013）。在不同的盆山演化阶段，几乎都发现了规模油气聚集，但不同构造单元内的油气富集程度差异巨大，暗示着油气藏的形成与保存有着更为复杂的地质过程。

以马贡（Magoon）等1988年提出的"含油气系统"概念（Magoon，1988）和我国学者提出的"成油系统"（胡朝元和廖曦，1996）、"成藏动力学系统"（田世澄等，1996）、"复合含油气系统"（赵文智和何登发，2000）、"油气成藏体系"（金之钧等，2003）等为标志，石油与天然气地质学进入含油气系统与成藏体系研究阶段。在烃源岩供烃方式、烃类保存条件与富集机理、流体封存箱成藏、油气成藏体系、叠合盆地及前陆盆地油气富集机理等方面取得了令人瞩目的理论进展，在碳酸盐岩礁滩相、岩溶缝洞、前陆深层等领域，相继取得重大勘探突破（贾承造等，2002；康玉柱，2003；马永生等，2005）。油气地质理论从"源控论"拓展为"源-盖控烃、斜坡-枢纽富集"（金之钧，2011）。至此，传统油气地质理论基本趋于完善。在这一理论的指导下，常规油气勘探也逐步进入峰值平台期。

近20年来，世界社会经济高速发展带来的能源需求，使得石油与天然气地质学的研究对象不断拓展，由陆地走向海域、由中浅层走向深层、由常规走向非常规，页岩油气显示了巨大的资源潜力，促进了深反射地震、高精度三维地震、高温高压物理化学模拟实验等新技术的出现及其与大数据、人工智能等信息技术的高度融合和快速应用。页岩水力压裂技术更是成功地将早期页岩油气概念转为工业性油气开采，完善了非常规油气地质理论，开辟了非常规油气勘探新领域。能源科技进步从"资源扩张型"转向"降本增效型"。

### 2. 煤地质

煤地质学包含多个分支学科或交叉学科，如煤岩学、煤地球化学（包括煤系关键金属矿床）、煤层气（瓦斯）地质学、煤矿物学、煤盆地分析以及与煤炭安全生产相关的矿井地质学等。煤地质学的各个分支学科既有相对的独立性，又有紧密的联系，各个分支学科是在密切结合、相互促进、相互渗透的关系中共同发展的，并且衍生了其他分支学科。

煤岩学在研究煤层成因、进行地层对比、指导煤炭加工利用等方面发挥了重要作用，并由煤岩学衍生出有机岩石学，对石油与天然气地质学的发展起到了重要作用（赵师庆，1991；韩德馨等，1996）。以韩德馨院士、杨起院士为代表的老一辈煤地质学家在20世纪为中国的煤岩学发展和建设做出了重要贡献，并在国际上占有重要学术地位。

煤地球化学和煤矿物学以研究煤中矿物质（元素和矿物）的丰度、赋存状态、富集成因及分布规律，煤中有害元素对人体和环境的危害、煤型关键金属富集成矿与开发利用为主要内容。煤中矿物质的富集是在泥炭沼泽有机质富集的背景下发生和演化的（Ward，2002，2016；Finkelman et al.，2019）。煤的元素地球化学和矿物学研究离不开煤岩学的支撑，煤的元素地球化学和煤岩学的结合，是研究无机质（矿产）和有机质（矿产）的最佳途径。

煤层气（瓦斯）地质学是一个充满活力的学科方向，主要研究煤层气（瓦斯）形成、赋存、解吸、渗流规律及其地质控制，从而为煤层气富集高渗区预测、煤层气资源潜力评价、煤层气高效开发及煤矿瓦斯灾害防治提供地质依据（Karacan et al.，2011；Moore，2012）。煤层气（瓦斯）产生于煤的显微组分，显微组分的种类及其组合关系、显微组分的热演化程度直接影响了煤层气（瓦斯）的产出，同时煤中矿物对煤的孔隙特征产生直接影响，因此显微组分、煤中矿物质和煤层气（瓦斯）是研究不同赋存状态矿产（固体和气体）的难得案例。

近年来，研究进一步向煤系多种类型天然气（煤层气、致密砂岩气、页岩气、碳酸盐岩气等）共生成藏作用、深部煤系气成藏特点、薄互层（苏拉特型）煤系气成藏与开发优势等领域的拓展，极大地丰富了煤层气（瓦斯）地质学的内涵，在国际相关学科领域产生了较大影响，并为我国煤系气勘探新层系、新领域的发现提供了研究基础。

煤炭的形成是一个复杂的物理、化学和生物过程（图4-4），煤的显微组分、矿物质和煤层气（瓦斯）的产生和赋存都是在聚煤盆地中发生和发展的。含煤盆地分析的主要内容包括：煤系地质时代、地层划分、岩性和岩相组成、煤和含煤岩系的沉积环境、煤系旋回结构、煤层和岩层对比、聚煤过程及共伴生矿产成矿机制等，这些研究对预测和评价煤炭资源具有重要的指导意义。

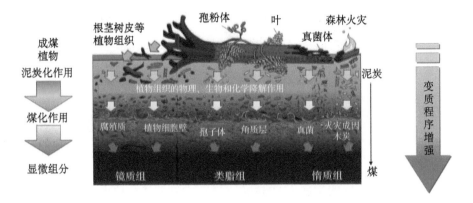

图 4-4 煤的形成过程及其反映的有机物质和无机物质相互作用

## 二、研究特点

石油与天然气地质学是随着人类油气勘探活动而诞生并不断发展创新的一门应用科学。其研究特点的独特性具体表现在以下方面。

（1）系统性思维是最重要的方法论。从学科萌芽阶段对油气流体属性的定性认识到早期的圈闭理论形成，石油与天然气地质学的研究对象由油气流体扩展到地层、沉积、构造等地质学的多个学科内容（图 4-5）；与地球化学结合，实现了从水体化学环境、生物体到有机质富集和烃源岩发育，再到油气生成、运聚成藏等多个过程的溯源追踪，在分子水平上将油气从源到藏建立了联系；在此基础上，形成的含油气系统（单型盆地）和成藏体系（叠合盆地）理论，将烃源岩、储集岩、盖层和圈闭等各成藏要素相互作用过程及其匹配关系关联了起来（赵文智等，2001；金之钧等，2003）。与地震层序地层学和储层描述相结合（Zeng，2018；朱筱敏等，2020），从盆地尺度的结构构造、沉积充填到微纳米孔喉表征，从岩石组构到流体流动分析，从远源储盖分析到源储一体化研究（贾承造，2017），使石油与天然气地质学学科内涵更具交叉性，更趋系统性。

（2）与勘探实践密切结合是最基本的特征。石油与天然气地质学是对油气形成与分布规律的揭示，是指导油气勘探活动的理论基础，来源于实践，再反馈于实践。无论是早期的"背斜圈闭理论"，还是 20 世纪的"干酪根降解成油论"（Tissot and Welte，1978）、"含油气系统论"（Magoon，1988），还是近期的"叠合盆地成藏体系论"（金之钧等，2003）、"古老海相油气富集理论"（张水昌等，2017）、"非常规油气地质理论"（邹才能，2011），都是在指导油气勘探实践中不断深化研究，总结上升而成的理论；之后，在勘探发现中发挥指导作用。油气勘探中所发现的新的科学问题，为理论的再认识和技术的再创新提出新挑战、新要求。因此，勘探实践是油气地质研究不竭的动力。

（3）油气地质学的创新发展高度依赖技术方法的创新与应用。地球化学从定性定量分析发展到单体化合物、单组分在线原位分析；地球物理从二维三维地震处理解释发展到人工智能地震采集处理解释（李阳和薛兆杰，2020）；储层描述从宏观、介观孔渗体系发展到微-纳米孔喉连通性多尺度定量表征（邹才能等，2014）。现阶段，综合实验观测平台建设和计算机、信息科学技术的应用，油气地质研究的技术方法更加一体化、定量化和智能化。

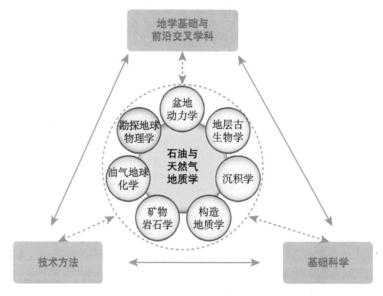

图 4-5　石油与天然气地质学的学科交叉和系统性思维

煤地质学是一门实际应用和基础理论紧密结合、彼此相互促进的学科。早在 18 世纪末到 19 世纪初，欧洲工业革命的发展和繁荣促进了煤炭工业的兴起，也促进了对煤的研究。从 1831 年最早应用显微镜方法研究煤的结构开始，光学显微镜成为煤地质学最常用的研究工具（韩德馨等，1996）。结合现代分析测试技术和地球科学等学科的发展，煤地质学成为地球科学重要的分支学科之一。其研究特点主要体现在以下方面。

（1）煤地质学以传统的煤岩学为基础，在多学科交叉基础上逐步形成了较为完整的理论体系。煤地质学的众多分支学科，也是在多学科交叉研究基础上衍生出来的，包括煤地球化学、煤矿物学、煤层气（瓦斯）地质学、矿井地质学、应用煤岩学，以及其他诸多研究方向，如煤系关键金属矿产、煤盆地分析、煤系气等。因此，煤地质学的研究，不仅要重视煤和煤层本身，更要借助于其他学科的发展和分析测试技术的发展，不断丰富完善，同时也使得煤地质学和其他学科密切结合、相互促进、相互渗透。

（2）煤地质学的研究，一定要认识到煤的物质组成的复杂性及对其物质成分鉴定的困难。煤是自然界最复杂的物质之一。在煤中鉴别出了 200 多种矿物，检测出了自然界中存在的所有元素（Finkelman et al.，2019）；煤本身的有机分子结构复杂多样，并受到成煤植物、沉积环境、煤变质程度等诸多因素的影响，对其大分子结构的认识是全面揭示煤形成过程的重要手段。同时，正是因为煤的物质组成极其复杂，在煤中记录了其他地质体所不能记录的地质历史演化的宝贵信息，对区域地质历史演化的研究具有极其重要的作用。

（3）煤地质学是基础理论和实际应用高度结合的学科。基于对煤的显微组分的深入认识，诞生了应用煤岩学，指导煤炭的利用加工（如配煤、炼焦等）（赵师庆，1991；韩德馨等，1996）；在对煤的显微组分组合特征以及煤中矿物质来源深入认识的基础上，可以应用煤的显微组分和矿物质指导煤田地质勘探，进行煤层的对比；基于对煤中有害元素的来源和富集的研究，可以指导燃煤型地方病（如燃煤型氟中毒、砷中毒）的预防和控制（Dai et al.，2012）；对煤中元素组成以及煤燃烧过程中迁移机制的认识，可以指导从粉煤灰中提取关键金属。因此，煤地质学的实际应用价值推动了基础理论的研究；同时，煤地质学基础理论研究的不断深入，又促进了该学科的实践应用。

# 第三节　发展现状与发展态势

近二十年来，世界经济的快速发展，带动了以油气为主的能源消费不断攀升，油气勘探领域不断拓展。面对新形势，石油与天然气地质学以现代基础科学技术为源，以勘探成效为鉴，表现出良好的发展态势，有效地指导了油气勘探实践。同时，煤炭是我国的重要能源，在相当长的一段时间内，我国以煤炭为主体的能源结构不会发生根本性改变；但是面对煤炭利用带来的环境问题的巨大压力，煤地质学在煤炭洁净利用领域表现出了新的生机和活力。

## 一、发展现状

### 1. 石油与天然气地质

全球范围内，油气地质研究凸显成藏要素的综合系统化、模拟定量化和信息智能化等特点，与构造地质学、沉积学、地球化学、地球物理等学科不断交叉融合，知识理论体系不断完善并创新发展。构造地质学研究基于地球系统的定量数理模拟，综合考虑板块背景、构造变形、地表过程、气候、热效应和流体活动等多种因素，强化盆地动力学研究，再现盆地形成与演化的动态过程，是油气地质研究的一个重要方向。沉积学研究侧重于"源–渠–汇"系统研究（Allen，2017）；基于质量守恒的沉积物体积估算和沉积过程数值模拟，实现了在层序格架和旋回地层约束下的烃源岩与储集体分布，进而实现在含油气系统内烃源岩与通道的空间关系及油气潜力的更准确预测。生烃理论研究更关注生烃动力学、同位素分馏和有机–无机作用等（Peng et al.，2009；张水昌等，2013；刘全有等，2019）；结合模拟实验和量子化学理论计算，探索油气演化化学反应全过程和各类无机矿物、流体对油气生成潜力以及产物和同位素分馏的影响（Berthonneau et al., 2016; Liu et al., 2019）。储层和成藏研究更聚焦纳米-微米-毫米级全储集体类型、浮力-压差-扩散驱动动力、管流-渗流-滞留聚集模式和多类型油气共生富集规律（邹才能等, 2014; 朱如凯等, 2016）。非常规油气地质研究更关注烃类排驱效率、致密储层微纳米孔喉系统、"甜点区"评价方法和"连续型"油气聚集等（邹才能等, 2015, 2016）; "超级盆地"概念的提出和"进源勘探"理念的推动使成熟盆地"焕发二次青春"。

中国含油气盆地具有独特的地质环境，海相层系具有多期构造叠加改造、发育超老超深烃源层和储集层、油气多期成藏、多期调整改造等特征（金之钧, 2005）; 而陆相层系具有富含黏土矿物、有机成熟度偏低等特点，勘探面临着诸多世界级难题。国外已有的石油地质理论和勘探经验不完全适用于中国油气勘探实践。中国科学家创新发展油气形成富集理论，有效指导了叠合盆地深层-超深层、前陆冲断带、海陆相非常规、近海海域等领域油气勘探的重大发现，在叠合盆地成藏体系研究、古老海相和山前冲断带超深层、陆相非常规等复杂领域的地质理论研究和勘探实践在全球处于"并跑"或"领跑"地位。

（1）基于青藏高原、华北克拉通、特提斯构造域、西太平洋俯冲带等地域特色的地球圈层相互作用及其资源与环境效应研究，揭示了哥伦比亚超大陆裂解与华北中元古界烃源岩发育、太平洋板块俯冲与东亚中生代盆地形成演化、特提斯构造域演化与环青藏高原周缘盆地形成演化（贾承造等, 2013）、叠合盆地形成演化与油气资源效应的关系（赵文智等, 2007），丰富了板块运动、盆山作用等地质理论体系在石油与天然气地质学中的应用（贾承造等, 2008），建立了超压成藏、断裂带成藏、"突发式"和"幕式"成藏模式（金之钧等, 2003），有效指导了勘探实践。

（2）初步建立了古老海相油气形成与富集理论，确定了海相有效烃源岩有机碳下限值（金之钧和王清晨, 2004; 彭平安等, 2008），提出地球轨道力-气候-海洋的动态演化控制了有机质富集和烃源岩发育（Zhang et al., 2015），揭示高温条件下原油裂解、深部有机-无机复合生烃、超压抑制生烃和油气相态转化机制（Wang et al., 2006），阐明了多期构造叠加背景下源-储、储-盖能量配置及压力-应力耦合控制下油气成藏机理与差异散失机制

（郝芳等，2000），拓展了油气生成与保存的深度、温度和热演化程度的下限（Zhang et al.，2018），指导油气勘探不断走向深层至超深层。

（3）基于沉积学和埋藏学的研究，在深水浊流沉积、细粒沉积、微生物碳酸盐岩、热液蚀变白云岩和生物介导成岩等方面取得重要进展，揭示碳酸盐岩"溶蚀窗"的存在，证实碳酸盐岩和碎屑岩经流体溶蚀、胶结充填等次生改造后仍可发育优质储层并规模成藏（Jin et al.，2009; 何治亮等，2011; Hao et al.，2015），助推我国油气勘探从构造油气藏向古生界碳酸盐岩、超深层白云岩和陆相碎屑岩等岩性油气藏的重大转变。

（4）初步建立了盖层动态评价方法与保存评价标准（Jin et al.，2014）。油气盖层与保存条件研究一直是传统石油地质研究的薄弱环节，国内外主流石油地质杂志统计，关于盖层与保存的文章大约占论文总量的5%。其主要原因是缺乏动态评价方法和手段。针对我国大地构造属性所导致油气保存条件的复杂性，我国学者基于岩石力学实验，初步实现了地质历史过程中盖层动态评价，并建立了评价标准，有效支撑了海相多旋回盆地油气勘探。

（5）初步创建边缘海深水油气勘探地质理论，在新生代海陆过渡相和海相烃源岩成因机理、南海深水碎屑岩沉积体系、深水岩性圈闭评价等方面取得了重要进展（朱伟林等，2008），证实了白云凹陷陆架边缘三角洲-深水扇和琼东南盆地中央峡谷水道两类油气富集成藏模式，指导了我国海上油气勘探走向深水、超深水。

（6）发现比北美更古老的志留系、寒武系页岩气层系，揭示页岩气聚集微纳米孔喉结构类型，提出页岩气评价的"六特性"及其匹配关系（邹才能等，2014），助推我国古生界海相页岩气勘探开发突破，成为全球第二个实现页岩气商业开发的国家。初步揭示了中国陆相页岩油富集主控因素，建立区带评价和"甜点"评价的标准，指导页岩油勘探在多个盆地获得突破。

（7）地球物理"两宽一高"地震采集技术、可控震源高效采集技术取得新进展（王学军等，2015）；叠前深度偏移、逆时偏移成像、全方位、宽方位处理技术得到更广泛应用（王学军等，2014）；叠前弹性参数反演、裂缝预测及非常规"甜点"预测技术的研发应用提高了油气藏描述精度（李阳和薛兆杰，2020），为油气探明储量的增长和勘探领域的拓展及突破奠定了坚实的基础。

伴随着油气地质理论的创新和勘探开发的有效应用，相关学科团队建设和人才培养也得到了健康发展。截至 2019 年，我国已建成 9 个以油气资源与探测、非常规油气成藏与开发等学科方向的国家重点实验室和研发中心，形成由企业研究院、高等院校和中国科学院构成的产 – 学 – 研一体化的学科发展平台；多人当选两院院士、获得国家杰出青年科学基金资助，并在美国石油地质学家协会（The American Association of Petrolum Geologists，AAPG）、亚非石油地质学家协会（Afro-Asian Association of Petroleum Geochemists，AAAPG）等国际学术组织中任职，在 *The American Association of Petrolum Geologists Bulletin*（AAPG Bulletin）、*Marine and Petroleum Geology*、*Organic Geochemistry* 等国际权威期刊任副主编；由我国主办的油气地质学术期刊有 2 种被 SCI 收录，4 种被 EI 收录，其中 *Petroleum Exploration and Development* 全球 SCI 期刊石油工程类排名第 3，位于石油工程类 Q1 区和地球科学类 Q2 区；科研人员数量和论文数量位居世界前列，显示了我国石油地质相关基础研究取得重大进展，国际学术地位不断攀升。

从文献调研看，近年来国际油气和矿产资源领域发文量呈现出整体上升的发展态势。其中，2010～2016 年，从 1688 篇增长到 2917 篇；2017～2019年，从 3717 篇增长到 6160 篇（图 4-6），显示出当今油气和矿产资源领域已经成为资源与环境科学领域的研究热点。

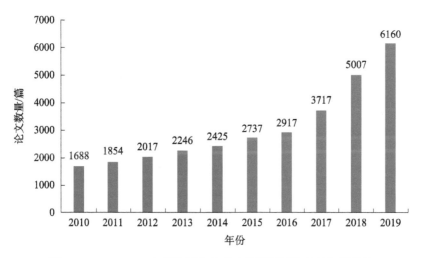

图 4-6　2010～2019 年国际油气和矿产资源领域发文量年度趋势

中国和美国是油气和矿产资源领域的研究大国。根据 2020 年 SCI-EXPANDED

和 SSCI 数据库，在 2010 年左右，中国在油气和矿产资源领域的研究处于"并跑"状态，随后成功实现了大幅度超越，其中 2010~2014 年，中国和美国的论文总占比在 20%~25%，总体相近；但是 2015~2019 年，中国研究论文数量实现了大幅提升，占到论文总量的 39.23%，比美国高出近 22%。

### 2. 煤地质学

20 世纪初期，显微镜技术在煤炭研究中的广泛使用标志着煤地质学的分支学科煤岩学的建立（Stach et al.，1975；韩德馨和杨起，1980）。1927 年，斯塔赫发表了第一张油浸镜头下煤中显微组分照片；1953 年国际煤岩学委员会（International Committee for Coal and Organic Petrology，ICCP）的成立是煤岩学发展史上的重要事件（韩德馨等，1996）。随后德国、澳大利亚和美国相继开展了大量的聚煤盆地演化、煤的形成、显微组分演化等研究工作（Walker，2000）。20 世纪 70 年代至 21 世纪初，美国、英国和俄罗斯等国的学者在煤岩学和煤地球化学等方面开展了卓有成效的研究，极大地发展了煤岩学并奠定了煤地球化学学科的理论基础。1991~2017 年，国际煤岩学委员会完成了煤的显微组分分类标准的制定（Pickel et al.，2017）。煤中有害元素及其对人体健康的危害成为美国和澳大利亚等国家煤地质学家研究的主要问题（Swaine，1990；Finkelman，1994；Hower，2004）。同时，澳大利亚科学家对煤中矿物的精准定量分析、赋存和地质成因研究做出了重要贡献（Ward，2002，2016）。随着对清洁能源需求的提升，以美国和德国等为代表开展了煤层气成藏机理、分布规律和开发利用的研究，发展和建立了煤炭开采前抽放和采空区封闭抽放方式抽放煤层气技术（叶建平和唐书恒，1998；Pan et al.，2018）；20 世纪 80 年代初美国开始试验应用常规油气井（即地面钻井）开采煤层气并获得突破性进展，标志着煤层气开发进入一个新阶段。目前，煤中关键金属成矿理论和开发技术，以及煤系气成藏与产出动力学机制已经成为煤地质学研究的国际前沿。

中国煤地质学的研究起步晚但进步快。在 20 世纪初，叶良辅、潘钟祥、翁文灏、谢家荣等老一辈科学家对我国部分地区煤系、煤炭分布、含煤地层古生物、煤炭分类、煤岩组成等方面开展了重要工作。中华人民共和国成立后，我国学者开始进行系统的煤地质学和全国范围内煤炭资源评价的研

究，以 1979 年和 1980 年杨起和韩德馨出版的《中国煤田地质学》为代表性
成果（杨起和韩德馨，1979；韩德馨和杨起，1980）。20 世纪 80 年代后，中
国学者在煤地质学的多个分支学科开展了系统研究工作，包括煤岩学、煤地
球化学、煤层气地质学、盆地分析和煤系沉积学等，并对中国煤炭资源进行
了系统评价，代表性成果是韩德馨主编的《中国煤岩学》（韩德馨等，1996）。
近年来，我国学者在煤系关键金属矿床（代世峰等，2020）、煤矿物学和煤
层气成藏理论（秦勇等，2013，2019）等方面取得的研究成果在国际上占据
了重要地位。我国学者在国际学术组织国际有机岩石学会（The Society for
Organic Petrology，TSOP）任主席或副主席，担任能源领域国际 Top 期刊
*International Journal of Coal Geology* 主编，获得了国际有机岩石学会最高奖
John Castano 奖，体现了我国学者在煤地质学领域取得的学术成就获得国际同
行认可。

## 二、发展态势

当前乃至在未来 30 年内，我国都将持续处于能源转型发展期，能源多元
化战略使得清洁能源占比逐步提高，煤炭需求逐步下降，石油和天然气的需
求仍然强劲，占比小幅上升。因此，石油与天然气地质不仅肩负着支撑能源
勘探、保障能源安全的任务，也肩负着为国家培养人才梯队，实现石油工业
可持续发展的重任。

根据国家"三深"探测需求，以盆地深层 – 超深层、海域深水和非常规
为重大接替领域的石油与天然气地质研究将占有举足轻重的位置；以地球系
统为主轴的多学科知识体系的交叉融合，使地球科学进入"圈层相互作用与
资源环境效应"时代。传统能源地质未来的发展不仅要关注地球各圈层的相
互作用、生命 – 环境协同演化、有机 – 无机相互作用等科学问题，更要聚焦地
球深部过程与热 / 动力学、海洋过程与极地环境、盆地形成演化与油气藏和
煤炭资源形成，全球油气煤炭分布与资源潜力等与石油煤炭地质研究密切相
关的机制问题。随着油气勘探领域的不断拓展，石油与天然气地质学所涉及
的基础学科将愈加广泛，学科之间的交叉也愈加深入，新兴和分支学科不断

涌现，提升其解决复杂问题能力的需求更为迫切，必将推动石油与天然气地质知识体系的重大转折；同时，我国以煤炭为主体的能源结构在相当长的一段时间内不会发生根本性改变；尽管面对煤炭利用带来环境问题的巨大压力，但煤地质学在煤炭洁净利用领域表现出了新的生机和活力，特别是煤系中关键金属和煤系气的研究，必将大力拓宽传统煤地质学的内涵和外延。

未来，石油与天然气和煤地质学的发展趋势可以归纳为以下四个方面。

一是多学科协同发展的地球系统科学理念将贯穿到揭示油气资源和煤炭形成机制的各个方面。化石能源多形成于特殊的地质环境，是地球演化到特定历史时期，各圈层在物理、化学、生物作用下物质和能量聚集的产物，与地球深部动力和外部天体引力密切相关。地球系统科学为含油气系统赋予地球演化的属性，油气地质研究与地球表层的层-圈、盆-山、有机-无机等相互作用密切相关，使这门源于勘探实践和认识的应用基础学科逐渐发展为知识内涵丰富、研究轴线明确、融汇多学科基础研究的综合理论体系。同时，煤是特殊的沉积有机岩石，是研究有机质和无机质、金属与非金属相互作用的独特素材，在阐明地球的结构、物质组成、区域地质历史演变、地球环境、生命演化等方面发挥独到的作用，可从新的视角、更广阔的领域、多学科交叉融合的角度丰富和发展中国区域地质理论。

二是高精度分析、多尺度观测、大数据模拟技术的发展将在油气资源和煤炭资源预测与发现中发挥更关键的作用。通过高精度解析元素富集与亏损、分子组成和结构变化、有机组成演化、同位素分馏和微组构的迁移变化，深入理解原始沉积和后期改造过程中的物理、化学和微生物作用，实现定性描述向定量表征的转换，揭示有机质形成、富集、生烃、演化的历史脉络，回答不同沉积建造的岩石矿物组成和微孔隙的形成与时空演化机制。进一步完善复杂介质地震波场理论，加强新领域（如山前带、超深层、深水海域）等复杂探区高精度地震成像技术研发；提高复杂储层反演技术的精度；开发非常规油气地球物理与信息科学、人工智能、深度学习的融合技术。

三是深层-超深层、非常规、海域深水等勘探接替领域将成为油气发现的主体。通过原始表层生态体系、后期盆地演化过程和现今深部物理化学条件的叠合研究，揭示未来油气勘探潜力，加强油气成藏地质要素的系统性、规模性和有效性评估，为油气勘探开发和领域拓展提供理论和技术支持。

四是以工业生产需求和创新成果产出为目的，实现产–学–研的深度融合；以勘探生产实践和国际化交流为平台，建立勘探突破、科技创新与教学育人协同发展的人才培养模式，为我国石油工业和煤炭工业领域培养一批科研–生产复合型高水平人才队伍，以此推动石油与天然气地质学、煤地质学的新发展，实现油气资源、煤炭资源及其共伴生矿产勘查的新突破。

# 第四节　发展思路与发展方向

石油与天然气地质学和煤地质学发展的趋势，是学科的深度交叉、勘探的深度下延和资源的深度认知。不断往"深"的发展趋势，使学科发展面临新的科学问题和技术挑战，也带来了新的发展机遇。须准确把握我国乃至全球油气和煤炭地质的特点，聚焦科学问题，厘清发展思路，明确发展方向，为石油与天然气地质学、煤地质学理论体系的深入发展和相关技术的显著进步奠定扎实的基础，为推动油气和煤炭勘探新领域的重大突破提供理论指导。

## 一、推动或制约学科发展的关键科学问题

石油与天然气地质学发展已进入地球圈层相互作用与资源环境演化过程整合时代，建立地球系统演化与油气资源形成之间的内在关系，在全球范围内，回答不同地质环境油气资源潜力，是学科发展面临的关键科学问题。其中，需要解决三个普适性科学问题：一是全球大陆聚合裂解及多重构造应力作用下盆山耦合、含油气盆地形成与演化机制；二是含油气盆地沉积–成岩–改造过程与源–储–盖发育机制及分布规律；三是地球各圈层相互作用及高温高压条件下物质和能量传输–转换动力学以及油气生成–运移–聚集成藏与保存机制。解决四个针对中国特殊地质特征的油气地质问题：一是海相克拉通盆地深层–超深层油气运聚保存机理与分布规律；二是中国陆相页岩油气富集

主控因素与区带和"甜点"评价标准；三是环青藏高原油气盆地盆山耦合机制及其天然气分布规律；四是太平洋板块俯冲与中国东部油气盆地形成演化耦合机制。

同时，还要解决三项技术难题：一是基于分子组成和同位素分馏、数理模拟和多尺度表征等方法，建立油气成藏改造过程的地球化学示踪及定年技术，为油气储量的定量预测（流体质量、体积、组成及不确定性评估）提供有效手段；二是基于对岩石微观孔喉结构与润湿性定量表征和盆地尺度流体非达西流体力学性质的新一代三维盆地模拟技术，为定量揭示油气分布规律、盆地油气资源量计算、提高勘探效率提供技术平台支持；三是基于勘探大数据的地球物理探测和油气智能表征技术，提高圈闭识别和储层描述精度、"甜点"和流体预测的可靠性，为深层、深水和非常规油气领域的高效勘探提供强力支撑。

中国成煤时代多，面积分布广，煤类成因多样（韩德馨等，1996），充分体现了复杂地质构造环境和重要的地球动力学过程中含煤盆地的特色性和自然优势；与常规沉积岩相比，煤对所经受的各种地质作用更为敏感、包含的信息更为丰富，理应可以从新的视角、更广阔的领域丰富和发展中国区域地质学理论，从而形成国家重大需求与前沿科学问题密切结合的重要命题。推动或制约煤地质学发展的关键科学问题包括：全球煤炭资源分布规律及其大陆动力学机制；煤炭资源与地球演化及其环境的关系；煤系气和煤中关键金属成藏/成矿过程与机理；煤系气和煤中关键金属矿产分布赋存规律与机制；构造复杂区煤炭资源分布与开发利用的地质因素；深部煤炭资源开采过程中安全问题的地质控制因素；煤炭洁净利用的地质问题。

## 二、解决关键科学问题的学科发展总体思路

石油与天然气地质学的总体发展思路就是要以地球圈层相互作用与资源环境效应为总体指导思想，积极引进和吸收其他学科的先进理论与技术方法，从全球板块活动、多层圈相互作用、有机-无机相互作用到含油气盆地内部沉积建造与改造、多种矿产资源富集与贫化、常规与非常规协同勘探等多角度

出发，针对新领域出现的理论难题与关键技术瓶颈，在多学科交叉、多源数据融合和多技术手段应用的基础上，注重多要素与多过程的综合分析，进一步发展完善石油与天然气地质学的理论知识体系，推动和指导油气勘探在新领域的发现，更好地服务国家能源战略需求。

对煤地质学中关键科学问题的解决，要以盆外大地构造演化为背景，以聚煤盆地形成和发展的内外动力地质作用为主线，以煤的物质成分（显微组分、矿物、化学元素）及其共伴生矿产为主要研究对象，揭示成煤作用与地球动力学系统演变的耦合关系、重要聚煤区（带）的大地构造环境及其演化对成煤（矿）作用的制约，建立成煤（矿）成因模型和成因理论。揭示盆地动力学与煤及其共伴生矿产形成和分布规律的内在成因联系与机制，完善复杂地质条件的煤及其共伴生矿产地质理论和勘探技术体系。同时，建立构造复杂区煤炭资源分布与安全开发、洁净利用的地质理论，揭示深部煤炭资源开采过程中安全问题的地质控制机理。通过以上科学研究，培养一批在国内外有重要学术影响的杰出人才或学术带头人，搭建国内外认可的高水平实验平台，建立起以我国科学家为主导的多边实质国际合作。

## 三、新的学科生长点以及服务于国家战略需求的发展目标

美国页岩油气革命实现了能源自给，拓展了经典石油与天然气地质学。但是，我国发育多套海相、海陆过渡相和陆相页岩，其经历了复杂的沉积成岩作用和多期构造改造，完全不同于北美海相页岩油气。通过理论和技术创新，形成具有中国特色的非常规油气地质理论与勘探开发一体化技术体系，是未来学科新的生长点，也是加快我国油气工业和科技由常规向非常规战略接替的重要发展目标。

在经历 100 多年的勘探开发后，中浅层油气资源势必越来越少，无论是陆地还是海域，深层将是未来油气工业发展的必然选择。近年来，我国和全球多个国家在陆上和海域深层–超深层油气勘探不断取得重大突破，显示了巨大的资源勘探潜力。但深层油气从形成机制到赋存状态、从成藏过程到资源分布都与中浅层有着显著不同，已超出现有油气地质科学的知识体系范围。

理论认识的不足，严重制约了深层油气的规模勘探。当前，有必要以深层油气勘探的战略需求为突破口，布局深层-超深层项目，发展深层油气地质理论，这既是石油与天然气地质学新的学科生长点，也是中国深层油气资源勘探的现实需要。

在地质历史过程中，有机-无机相互作用过程是地球系统多圈层物质和能量交换的重要方式和机制，是多学科交叉融合的重要学科展示形式，也是固体和能源矿产勘查的新领域新方向，其涵盖了早期地球演化与生命起源、地球多层圈生物物理化学相互作用、深部流体物质和能量传输、深部碳氢循环、固体与能源矿产资源富集、生态环境与治理等。因此，有机-无机相互作用不仅是未来新兴发展的学科方向，也是开辟油气资源探测的新领域新方向的重要发展目标。

环青藏高原盆山体系是现今全球最大的陆内构造变形域和我国最大的天然气富集域，完全有别于陆内伸展构造体制下形成的北美西部著名的"盆-岭省"，是典型陆内挤压型盆山体系。探索环青藏高原盆山体系陆内挤压成盆机制与大规模油气聚集，是未来学科新的生长点，也是发现超大型油气田重要区域之一。煤系中非常规矿矿产（关键金属矿产和煤系气）是煤地质学中活跃的分支学科，是现代煤地质学重要和前沿研究内容，同时关键金属矿产和煤系气是重要的战略物资，对保障国民经济发展和国家安全具有重要的战略意义。煤地质学另外的研究方向，包括全球煤炭资源分布规律、煤炭资源与地球演化及其环境的关系、构造复杂区煤炭资源分布与开发利用的地质因素、影响深部煤炭资源开采过程中安全问题的地质控制因素是煤地质学新的学科生长点，是发展和丰富煤地质学的重要内容。

# 四、未来学科发展的重要研究方向

石油与天然气地质学和煤地质学未来的发展，既要立足于解决油气和煤炭勘探领域拓展中的关键理论和技术难题，更要考虑学科理论和技术体系的不断完善和发展，在油气和煤炭勘探开发实践中创新理论，为油气和煤炭工业的持续发展提供科学支撑。至2035年，石油与天然气地质学和煤地质学的研究方向，拟从优先发展、重点发展、国际合作优先和交叉研究四个层次来开展工作。

## （一）优先发展领域

### 1. 深层–超深层油气

深层–超深层油气资源是指沉积盆地中埋深在 4500m 和 6000m 以下的油气藏。随着地质理论与勘探技术的进步，油气勘探深度不断下延，在接近 9000m 的地层获得高产油气流，显示了深层–超深层巨大的油气勘探潜力。深层–超深层也是至 2035 年油气增储上产的主要领域。盆地深层具有地层埋藏深（往往时代也老）、构造改造强、高温高压、储层致密、地震波场复杂等特点，成烃、成储和成藏理论研究与技术研发面临诸多难题。优先发展的重要方向如下：

（1）深层–超深层烃源岩发育机理与分布预测；

（2）深层–超深层多烃源多途径生烃机制与生烃潜力；

（3）深层–超深层多类型储层形成、改造与保持机理；

（4）深层–超深层古温压场恢复与油气相态转化机制；

（5）深层–超深层油气运聚动力学机制与成藏数值和物理模拟；

（6）深层–超深层油气藏盖层封闭保持机理与圈闭有效性评价；

（7）深层–超深层多类型油气藏形成改造机制与资源潜力评价；

（8）深层–超深层地球物理探测技术与储层定量描述技术。

因此，开展地球远古时期大气–海洋环境控制和深部流体作用下的源–储–盖发育机制研究，阐明有机质富集与生烃机理，揭示多类型储层形成、改造与保持机理，查明油气运聚与有效保存条件，明确油气相态转化、渗流与保持机理，精确表征和恢复温压场与成藏动力学过程，重建油气藏形成、改造与再演化历史，预测油气有利分布区，创新并发展深层石油与天然气地质学，指导深层–超深层油气勘探。

### 2. 海域沉积盆地与油气

中国海域面积约 300km²，几乎为陆地面积的 1/3。目前，在渤海、东海和南海都已发现规模油气聚集，是未来油气增储上产的关键增长点。中国海域发育一系列多类型叠合的汇聚型大陆边缘盆地，不同构造属性的海域盆地具有各自独特的油气地质条件与富集规律。汇聚型大陆边缘盆地形成动力学与油气差异富集，是制约我国海域油气地质理论发展和未来油气勘探领域的难点。优先发展的重要方向如下：

(1) 汇聚型大陆边缘成盆机制及构造-沉积耦合过程；

(2) 南海形成演化与青藏高原隆升耦合关系；

(3) 边缘海岩石圈破裂过程与深水-超深水成盆机制；

(4) 大陆边缘沉积的源-汇体系及大型储集体精细刻画；

(5) 海域中新生代富烃凹陷发育演化及富烃机制；

(6) 不同岩性脆延转化与联合盖层完整性评价；

(7) 深水盆地油气富集机理及资源潜力；

(8) 海域深水地球物理关键技术。

因此，针对海域成盆、成烃及成藏过程的关键制约因素，开展大陆边缘盆地动力学、层序地层学、构造地质学、沉积充填动力学和油气富集机理研究，预测烃源岩和储层规模分布，明确盖层封闭性和油气分布规律，形成不同海域不同时期盆地油气勘探关键技术体系，在占有很少信息的情况下，对勘探前景做出更符合实际的预测，提升中国海域石油与天然气地质学理论水平。

### 3. 非常规油气

非常规油气是指用传统技术无法获得自然工业产量、需用新技术改善储层渗透率或流体黏度等才能经济开采、连续或准连续型聚集的油气资源，其基本类型有页岩油、页岩气、煤层气、致密油、致密气、重油、油砂、油页岩等。美国"页岩气革命"正在推动整个非常规油气科技革命，油气勘探从寻找优质储层转向寻找富有机质页岩体系。从烃源岩生烃全过程向微纳米孔喉系统、浮力-压差-扩散油气运移、连续型油气聚集、"人工油气藏"等源储藏一体拓展的非常规油气地质理论，给常规油气地质理论与勘探技术带来了极大的挑战。优先发展的重要方向如下：

(1) 深层页岩气富集机理与"甜点区"评价；

(2) 陆相页岩气富集机理与"甜点区"评价；

（3）致密气富集理论与评价；

（4）致密油富集理论与评价；

（5）中高成熟度页岩油富集机理与可采性评价；

（6）未熟−中低成熟度页岩油地下原位转化机制与评价；

（7）海洋天然气水合物富集理论与评价技术；

（8）非常规"甜点区/段"地球物理评价技术。

因此，针对非常规油气面临的地质理论难题和关键"卡脖子"技术，开展细粒沉积体系研究，阐明海−陆相优质烃源岩发育古气候、古环境、关键地质事件与富有机质形成耦合关系，明确优质储层孔隙演化与储集性能主控因素，查明纳米级孔喉系统与流体可动机理，建立非常规"甜点区"地质−地球物理精细描述与评价技术、实现非常规油气勘探开发一体化，超前部署非常规油气资源，"并跑"和"领跑"非常规油气地质理论与关键技术。

#### 4. 煤系关键金属矿产

煤特有的还原障和吸附障性能，使其在特定地质条件下可以形成煤系关键金属矿产。国内外已经发现了一些煤系中关键金属矿床，如锗、镓、铝、铀、铌、锆、稀土等，均属于超大型矿床。对煤系关键金属矿床的勘探和开发研究是近些年来煤地质学研究的前沿问题。从煤系中寻找关键金属矿产，已成为矿产资源勘探的新领域和重要方向。传统关键金属矿产资源日益减少，发现难度不断增加，煤系关键金属矿产将成为关键金属新的重要来源之一。煤系关键金属矿床具有以下特点：①由于煤炭资源量丰富、分布稳定，并且煤层具有厚度大和面积广等沉积特点，煤系关键金属矿床资源量/储量巨大，一般属于大型或超大型金属矿床；②煤系关键金属矿床中往往多种关键金属共存富集（Seredin and Dai，2012），为多种有益金属的协同开发和综合利用提供了可能；③煤层的顶底板或夹矸中可以高度富集关键金属，从而可以被充分利用；④粉煤灰是关键金属提取的最重要来源，从粉煤灰中提取关键金属，可以变废为宝、变害为利，有利于环境保护（代世峰等，2020）。世界主要产煤国家对煤系关键金属矿床成矿理论新领域的研究均高度重视，近年来参与研究的人员迅速增加，且已取得了一批高水平的研究成果。由于此领域研究时间尚短、研究问题复杂和难度大，诸多关键的核心科学问题尚未得到解决。优先发展的重要方向如下：

（1）煤系中关键金属矿产的分布规律与形成的动力学机制；

（2）煤系中关键金属矿产的赋存状态及其控制因素；

（3）煤系中关键金属矿产富集成矿机理；

（4）燃煤产物中关键金属矿产的赋存与次生富集机理；

（5）燃煤产物中关键金属矿产的分离提取技术；

（6）煤系中关键金属矿产的勘探技术；

（7）煤与煤系中关键金属矿产的协同勘探技术。

## 5. 煤系气

我国油气资源供需矛盾日益突出，严重危害到我国能源战略安全。煤系气作为我国非常规天然气的重要组成部分，是单纯煤层气资源（据国土资源部2016年评价，我国陆地埋深2000m以浅煤层气资源量为30.05万亿 $m^3$）的3倍以上，加上埋深2000～3000m深部煤层气资源量18万亿～20万亿 $m^3$，远远超过陆地常规天然气总资源量。但是，我国煤层气探明率不到3.5%，煤系气探明率不足0.5%，发展空间十分可观。提高煤系气探明率和资源动用率，是弥补我国天然气巨大供需缺口进而提高我国油气保障能力的现实途径（叶建平和唐书恒，1998；Qin et al.，2018）。煤系气地质条件特殊性表现在以下三个方面：①煤系气赋存态和储层岩石类型具有多样性，煤系砂岩气成藏效应可能与常规砂岩气有所不同；②煤系特定的沉积环境造成不同岩性储层频繁薄互层，旋回性极强，气、水分布关系复杂多变；③煤系砂岩储集体以相变方式镶嵌在广覆式泥质岩中，特殊的源储配置及气藏复合模式需要发展适应的共探共采技术。优先发展的重要方向如下：

（1）煤系气特殊的源储配置与机理；

（2）煤系砂岩对煤系气的成藏作用机制；

（3）煤系砂岩储层中有机质对煤系气的影响；

（4）煤系砂岩对煤系气开发地质行为的影响机理；

（5）煤系气共采地质条件兼容性的控制机制；

（6）流体能量差异、储层力学性质差异和孔渗条件对煤系气开采的影响；

（7）深部与浅部煤系气储集特征的差异与控制因素；

（8）深部与浅部煤系气开发地质条件的差异与开发技术的研发。

## （二）重点发展领域

### 1. 盆山耦合、盆地动力学与油气响应

盆山耦合与沉积盆地动力学是研究沉积盆地形成的两个重要方面，盆山耦合是将沉积盆地与其邻近造山带（或大型断裂）演化作为一个有机整体来研究，而沉积盆地动力学是从岩石圈力学和热力学角度探讨盆地成因。深反射地震剖面、高精度三维地震、超万米钻机等深部探测实现了"透视"造山带、深层结构与盆地内部构造变形；不同大数据融合、超级计算数值模拟和超重力物理模拟解决了大时空尺度构造变形与成盆过程模拟。但目前研究多以对现今盆地的定性、静态观测和描述为主，缺乏对不同机制下盆地形成动态过程的定量分析和模拟。以不同类型、不同层系和不同尺度资料的融合与应用为抓手，以地球系统科学为指导，以动态演化为主线，以大数据分析为突破口，以油气资源分布规律为落脚点，开展基于多源数据的盆地沉降机制和成盆动力学研究，讨论全球盆地成因类型与原型，构建岩石圈流变学分层与不同层次构造变形相统一的定量模型，阐明造山过程与盆地沉积沉降及气候−地表过程耦合关系，厘定挤压型盆山体系动力学与天然气富集机理，推动挤压型盆山耦合与成盆动力学理论创新，解决制约我国中西部大气田的重大基础科学问题，指导天然气高效勘探与增储上产。优先发展的重要方向如下：

（1）全球重点构造域板块活动、成盆机制及油气资源响应；

（2）盆山过程的时空差异、地球动力学机制与圈层相互作用；

（3）岩石圈流变学分层与沉积盆地形成及差异演化；

（4）盆山接合部冲断带变形结构、构造传播机制；

（5）盆地多层次构造变形的定量模型构建；

（6）盆山体系演化与盆地挤压应力场、温度场和流体压力场；

（7）不同机制下盆地形成的动态过程与模拟；

（8）挤压型盆山体系动力学与天然气富集机理。

### 2. 沉积建造、改造与多种沉积矿产

沉积盆地是地史上地球系统各圈层内外地质动力相互共同作用的产物，

是探讨地球系统各圈层相互作用、生物演化与环境变迁的理想场所,是多种能源资源的主要聚集地。油、气、煤、铀、膏盐同盆共存,在全球具有普遍性和明显的分区性,主要含矿层系紧密联系又有序分布,成矿时期相同或相近,具有同存俱富或少缺趋贫的特征。同时,沉积盆地有机–无机相互作用密切,显示出多种能源矿产共存富集有着密切内在联系和统一的地球动力学背景。但是,中国海相盆地普遍经历多阶段演化,后期改造强烈,致使能源矿产经历了多期成藏、耗散和改造过程,制约了对多种能源矿产分布规律的认识和资源勘探效率。结合我国的盆地特点,将中国盆地置于全球板块构造演化的大背景中,利用地球系统理论,加强全球与大区域的对比分析和多学科交叉研究,恢复盆地原型,探讨其沉积建造和改造过程,揭示油气多期聚集和耗散机理,推动沉积盆地多种能源矿产学科发展,提高勘探效率。优先发展的重要方向如下:

(1)主要含油气盆地原型恢复与岩相古地理重建;

(2)重大地质事件下环境突变、沉积响应和矿产资源形成机制;

(3)源–渠–汇系统演化和生、储与盖层发育耦合关系;

(4)改造型盆地形成演化与多种矿产成藏效应;

(5)地质历史时期环境变迁与能源矿产资源形成;

(6)深部能源矿产分布的主控因素与协同开采;

(7)多种矿产资源同盆共存机理与分布预测。

### 3. 油气分子地球化学与成藏定年

地球化学在油气地质科学中的作用是显而易见的,它所提供的信息可以对通常缺乏限定的因素给予定量表征。不同类型有机质在沉积盆地热演化过程中,将生成具有不同分子结构的油气分子,随着油气藏的调整和改造,油气分子结构会发生一定程度的变化,甚至次生蚀变;相关分子及元素的同位素分馏也变得十分复杂,为油气来源的确定、运聚成藏及次生作用过程的恢复带来困难;当前,成藏定年技术主要有 K-Ar、Ar-Ar、Re-Os、U-Pb 定年技术。这些技术在使用条件和精度上还存在问题,成藏年代的确定一直是国际上尚未攻克的技术难题,在复杂地质历史背景下确定圈闭中烃类流体充注时间、充注量与后期保存时间,进而预测油气资源和评估勘探风险也面临挑战。

因此，以芳烃、含杂原子化合物的来源和演化为突破点，开展高分辨率分析、结构鉴定和多维度稳定同位素示踪，阐明油气分子演化的关键地球化学过程和机制；结合盆地构造演化史和热史，利用同位素年代学精确确定油气形成和聚集成藏时间，为确定石油来源和深部资源探测提供技术支撑。优先发展的重要方向如下：

（1）关键地质事件中有机分子化合物的物理化学属性与结构鉴定；

（2）二维/高分辨原油分子化合物定型和定量分析；

（3）多种分子化合物碳−氢−硫−氮同位素分馏机理与指示意义；

（4）不同化合物特定位置碳同位素分馏机理；

（5）天然气组分簇同位素分析技术；

（6）基于同位素衰变体系和有机分子热裂解的油气藏定年技术；

（7）微体矿物和界面的微区原位多元素同位素分析技术；

（8）仿真地质环境下生烃模拟实验技术。

**4. 构造复杂区煤炭资源分布及其开发与洁净利用的地质因素**

中国北方煤炭资源丰富（煤层厚度大、分布稳定），埋藏浅，后期改造作用弱，矿井地质条件简单，为煤炭资源的安全开采提供了有利条件（代世峰等，2019）。但是，中国南方煤炭资源相对匮乏（煤层厚度薄、多以鸡窝状形式存在），并且后期改造强烈，矿井地质条件复杂，瓦斯含量高，煤层对比难度大，给煤炭资源的评价、安全开采带来了诸多不利因素；同时，中国南方构造复杂区的煤质差，硫分和有害矿物质含量高，因燃煤造成了中国特有的"地方病"——氟中毒、砷中毒和肺癌（Dai et al., 2012；Finkelman and Tian, 2018）。因此，需要查明构造复杂区煤层的分布规律与控制因素，利用中国南方煤系中存在的火山灰蚀变黏土岩夹矸（tonstein）等独特的地质特点，进行煤层的精细对比，为煤炭的安全开采提供地质理论支撑；查明煤层形成和后期改造过程中热液流体、火山灰、低等生物、沉积环境、地下水、蚀源区等诸多地质因素对煤炭质量的影响以及影响的程度；查明有害矿物质（有害元素和矿物质）的分布和赋存特征及其控制因素，为预防和控制燃煤造成的"地方病"提供科学依据。优先发展的重要方向如下：

（1）中国南方和北方成煤地质条件与分布规律的对比研究；

（2）中国南方煤中有害元素的富集机理；

（3）中国南方煤中有害元素的赋存状态与机制；

（4）中国西南方煤中纳米石英的形成、分布与"地方病"肺癌的关系；

（5）中国南方煤中放射性核素的分布规律与机理；

（6）中国南方煤中有害物质对环境和人体健康的影响与防治技术。

### 5. 深部煤炭资源开采过程中安全问题的地质控制因素

我国煤田地质条件复杂，后期改造强烈，同时浅部煤炭资源逐渐枯竭，随着深部煤炭资源开采强度的增加，出现高地应力、高地温、高岩溶水压的现象，使得瓦斯煤尘爆炸、火灾、透水、顶板冒落、煤与瓦斯突出、冲击地压的安全问题更加突出，给深部矿井安全开采带来重大威胁。通过煤地质学对含煤岩系特征、岩性组成和组合、煤系中不同岩石的力学性质、瓦斯产出和赋存特征的研究，揭示高地应力、高地温、高岩溶水压的发生机理，查明潜在安全问题发生的控制因素，为深部煤炭资源的安全生产提供科学依据（Seedsman，2001；Hatherly，2013）。优先发展的重要方向如下：

（1）深部煤炭资源的形成机理；

（2）深部煤炭资源赋存的复杂环境；

（3）深部煤炭资源开采过程中灾害源的种类与形成机理；

（4）深部煤炭资源开采过程中灾害源的探测与技术研发；

（5）深部煤炭资源开采过程的全生命周期灾害源探测体系；

（6）深部煤炭资源中有害物质的赋存规律；

（7）深部煤炭资源中有害物质的环境危害与防治技术。

## （三）国际合作优先领域

### 1. 地球系统科学与烃源岩发育

烃源岩是地球系统科学和深时地球信息的重要载体，从地球系统整体演化出发，研究其重大地质–环境–气候–生物事件，明确特殊地史时期的生物繁盛、有机质富集和能量储集的内在机制，揭示关键地质事件对原始古生产力的影响和水体环境动态演化对有机质沉降矿化的影响，阐明天体引力所致的地球轨道周期和地球内部动力所致的构造活动周期对盆地形成与充填、烃源岩发育与展布的控制作用，构建以盆地为单元、以地层组或段为单位的烃源岩动态发育模式，多维多尺度刻画有机能源的时空差异富集规律，回答地球系统演变关键转折期与烃源岩发育的耦合机制。优先发展的国际合作方向如下：

（1）全球关键转折期与富有机质烃源岩发育的内在关系；

（2）烃源岩中有机物质来源解析与能量储存转化效率；

（3）古海洋、古湖泊水体环境演化与有机质矿化保存机制；

（4）烃源岩形成的物理化学过程与发育模式；

（5）烃源岩发育期的构造–沉积演化与古地理特征；

（6）天文周期对烃源岩发育的控制作用。

### 2. 有机–无机相互作用及其油气成藏效应

有机–无机相互作用在地球系统演化过程中无处不在，对地球深部固体–液体和气体等各种物质（包括烃类流体）性质变化及影响因素的深入研究，有助于揭示深部流体向盆地传输的动力学机制、深部地质结构演化对富烃/富氢深部流体的控制作用、盆地深部流体物质和能量交换途径等。然而，目前在此领域的研究程度较低。探讨不同氢源加氢生烃机制，阐明水岩反应、费托合成发生的地质边界条件，明确不同途径非生物气形成方式与资源潜力；探讨深部流体与沉积盆地围岩的物理化学作用过程，明确深层超深层热液–硫化流体–有机流体耦合作用机制，建立复杂流体鉴别的地质地球化学与精确定年技术，提高热液白云岩及热液改造型储集体精细识别与预测技术，明确非生物气独立成矿的主控因素和资源潜力。优先发展的国际合作方向如下：

（1）全球板块动力学背景与流体属性；

（2）深部流体输入对盆地富有机质形成耦合机制；

（3）深部流体输入对盆地中母质形成、成烃演化的影响；

（4）深部流体与沉积盆地围岩的物理化学行为及储盖协同演化；

（5）非生物气形成、保存与聚集主控因素及评价技术；

（6）深部地质过程与资源效应及关键技术。

### 3. 全球煤炭资源的形成与分布规律

全球煤炭资源的时空分布特征对揭示地球演化及其环境的演化、预测未来全球能源供给状况以及合理规划我国能源战略具有重要的作用。立足全球视角，通过多边的实质国际合作，建立全球含煤盆地的分布特征与分布规律。在此基础上，建立起全球煤炭资源以及与煤炭开发利用相关的环境和生态领域的大数据驱动的、多学科融合、独具特色的、具有高度影响力的煤地质学大数据云服务平台，使之成为支撑国家宏观决策与重大科学发现的重要科技基础设施之一，从而实现对全球与中国煤炭资源利用和可持续发展的精准评价与决策支持。优先发展的国际合作方向如下：

（1）建立全球不同构造体制下含煤盆地形成演化的动力学模型；

（2）全球不同类型盆地充填过程中的古气候、古环境和古海洋记录；

（3）全球泥炭堆积、煤层埋藏、成岩和后期演化的全过程历史记录；

（4）基于大数据驱动的全球煤炭资源及其共伴生矿产的时空分布。

### 4. 煤炭资源与地球演化及其环境的关系

与其他类型的岩石相比，煤对所经受的各种地质作用更为敏感、包含的信息更为丰富、记录的时限更长，从而可以更好地反映古地理和古气候特征，系统记录蚀源区物质组成和圈层相互作用过程，重建古环境和反演泥炭聚积时的区域地质特征（任德贻等，2006），可以从新的视角与更广阔的领域研究和发展中国区域地质学理论。从本质上讲，从泥炭的堆积到煤炭的形成和煤炭的燃烧利用，是一个碳汇和碳释放的过程，对研究全球气候的长期和短期变化都具有非常重要的意义。优先发展的国际合作方向如下：

（1）煤的显微组分形成与演化机制；

（2）煤中微量元素组合、赋存状态、分布模式、来源和富集机理；

（3）煤中矿物质的种类、赋存状态和来源；

（4）煤中非矿物态无机元素的来源和赋存状态的转化机制；

（5）煤中有机质和无机质的相互作用；

（6）泥炭堆积的古地理和古气候重建。

## （四）交叉研究领域

### 1. 人工智能与传统化石能源勘探技术的深度融合

人工智能的诞生与发展是 20 世纪最伟大的科学成就之一，也是 21 世纪引领未来发展的主导学科之一，已成为新一轮科技革命和产业变革的核心驱动力。世界主要发达国家争先恐后地把发展人工智能作为重大战略。2017年7月8日，国务院发布《新一代人工智能发展规划》。2018年5月28日，习近平在两院院士大会上指出，要推进互联网、大数据、人工智能同实体经济深度融合。人工智能与传统化石能源勘探技术的深度融合正受到越来越广泛的重视，必将使传统化石能源产业发生颠覆性变化。近年来，虽然人工智能技术在油气工业和煤炭工业的应用得到了长足发展，但仍处于起步阶段，还有许多问题尚未解决，需进一步加强技术间的相互融合研究，占领技术制高点，为我国油气和煤炭工业可持续发展提供强有力的技术支撑。优先发展的交叉方向如下：

（1）基于大数据、云计算的多学科油气地质协同工作平台；

（2）基于人工智能的地震采集、处理、解释技术；

（3）复杂孔隙结构及微纳尺度智能数字岩心技术；

（4）复杂储层参数测井智能评价技术；

（5）复杂储层智能建模及数值模拟技术；

（6）基于人工智能的沉积、成岩正反演数值模拟与新型盆地模拟技术；

（7）油气勘探大数据有效信息挖掘、甄别、关联性定量化表征与建模；

（8）油气勘探潜在目标预测模型自适应检验和修正与风险评价；

（9）基于大数据驱动的煤系战略性金属矿产勘查技术；

（10）基于人工智能的煤系战略性金属赋存状态与提取利用技术。

本领域可以考虑地球科学部与信息科学部和工程与材料科学部交叉。

## 2. 化石燃料中有害矿物质对人体健康影响及防治

具有中国特色的燃煤型"地方病"（如氟中毒、砷中毒和肺癌）与煤中有害矿物质（氟、砷、纳米石英等）密切相关。这些"地方病"主要分布在中国的云南东部、贵州中西部、四川南部、重庆，发病率位居世界前列，严重影响了当地人民的身体健康和经济发展。另外，电厂燃煤产物也是大气污染物的主要来源。我国是油气使用和消耗大国，成品油炼制与使用过程中带来的环境污染与环境健康问题也日益引起关注。优先发展的交叉方向如下：

（1）中国西南地区煤中有害矿物质空间分布与"地方病"时空分布关系；

（2）煤中有害矿物质的类型、赋存状态与分布规律；

（3）燃煤过程中有害物质变迁机制与侵入人体途径；

（4）有害矿物质侵入人体途径与"地方病"机制及其治疗和预防措施；

（5）煤中有害矿物质对人体健康的大数据库和预警机制；

（6）不同来源、不同类型石油对我国油品质量的影响；

（7）石油天然气生产、储运及使用过程的环境与健康风险。

本领域可以考虑地球科学部与医学科学部和生命科学部交叉。

# 本章参考文献

戴金星 . 1979. 成煤作用中形成的天然气和石油 . 石油勘探与开发 , 6(3): 10-17.

代世峰 , 赵蕾 , 王西勃 , 等 . 2019. 煤型镓铝金属矿床 . 北京 : 科学出版社 .

代世峰 , 赵蕾 , 魏强 , 等 . 2020. 中国煤系中关键金属资源 : 富集类型与分布 . 科学通报 , 65(33): 3715-3729.

韩德馨 , 任德贻 , 王延斌 , 等 . 1996. 中国煤岩学 . 徐州 : 中国矿业大学出版社 .

韩德馨 , 杨起 . 1980. 中国煤田地质学 . 下册 . 北京 : 煤炭工业出版社 .

郝芳 , 邹华耀 , 姜建群 . 2000. 油气成藏动力学及其研究进展 . 地学前缘 , 7(3): 11-21.

何治亮 , 魏修成 , 钱一雄 , 等 . 2011. 海相碳酸盐岩优质储层形成机理与分布预测 . 石油与天然气地质 , 32(4): 489-498.

胡见义 , 徐树宝 , 童晓光 . 1986. 渤海湾盆地复式油气聚集区 ( 带 ) 的形成和分布 . 石油勘探与开发 , (1): 1-8.

胡朝元 . 1982. 生油区控制油气田分布——中国东部陆相盆地进行区域勘探的有效理论 . 石油学报 , 3(2): 9-13.

胡朝元 , 廖曦 . 1996. 成油系统概念在中国的提出及其应用 . 石油学报 , 17(1): 10-16.

贾承造 . 2006. 中国叠合盆地形成演化与中下组合油气勘探潜力 . 中国石油勘探 , 11(1): 1-4.

贾承造 . 2017. 论非常规油气对经典石油天然气地质学理论的突破及意义 . 石油勘探与开发 , 44(1): 1-11.

贾承造 , 李本亮 , 雷永良 , 等 . 2013. 环青藏高原盆山体系构造与中国中西部天然气大气区 . 中国科学 : 地球科学 , 43(10): 1621-1631.

贾承造 , 杨树锋 , 魏国齐 , 等 . 2008. 中国环青藏高原新生代巨型盆山体系构造特征与含油气前景 . 天然气工业 , 28(8): 1-11.

贾承造 , 赵文智 , 邹才能 , 等 . 2004. 岩性地层油气藏勘探研究的两项核心技术 . 石油勘探与开发, 31(3): 3-9.

贾承造, 周新源, 王招明, 等. 2002. 克拉 2 气田石油地质特征. 科学通报, 47(S1): 91-96.

金之钧. 2005. 中国海相碳酸盐岩层系油气勘探特殊性问题. 地学前缘, 12(3): 15-22.

金之钧. 2011. 中国海相碳酸盐岩层系油气形成与富集规律. 中国科学: 地球科学, 41(7): 910-926.

金之钧, 胡文瑄, 张刘平, 等. 2007. 深部流体活动及油气成藏效应. 北京: 科学出版社.

金之钧, 庞雄奇, 吕修祥. 1998. 中国海相碳酸盐岩油气勘探. 勘探家, 3(4): 66-68.

金之钧, 王清晨. 2004. 中国典型叠合盆地与油气成藏研究新进展——以塔里木盆地为例. 中国科学 D 辑, 34(S1): 1-12.

金之钧, 王清晨. 2007. 中国典型叠合盆地油气形成富集与分布预测. 北京: 科学出版社.

金之钧, 杨雷, 曾溅辉, 等. 2002. 东营凹陷深部流体活动及其生烃效应初探. 石油勘探与开发, 29(2): 42-44.

金之钧, 张一伟, 王捷. 2003. 油气成藏机理与分布规律. 北京: 石油工业出版社.

金之钧, 朱东亚, 孟庆强 等. 2013. 塔里木盆地热液流体活动及其对油气运移的影响. 岩石学报, 29(3): 1048-1058.

康玉柱. 2003. 塔里木盆地塔河大油田形成的地质条件及前景展望. 中国地质, 30(3): 315-319.

李阳, 薛兆杰. 2020. 中国石化油藏地球物理技术进展与探讨. 石油物探, 59(2): 159-168.

刘全有, 朱东亚, 孟庆强, 等. 2019. 深部流体及有机-无机相互作用下油气形成的基本内涵. 中国科学: 地球科学, 49(3): 499-520.

马永生, 郭旭升, 郭彤楼, 等. 2005. 四川盆地普光大型气田的发现与勘探启示. 地质论评, 51(4): 477-480.

马永生, 张建宁, 赵培荣, 等. 2016. 物探技术需求分析及攻关方向思考——以中国石化油气勘探为例. 石油物探, 55(1): 1-9.

彭平安, 刘大永, 秦艳, 等. 2008. 海相碳酸盐岩烃源岩评价的有机碳下限问题. 地球化学, 37(4): 415-422.

秦勇, 王作棠, 韩磊. 2019. 煤炭地下气化中的地质问题. 煤炭学报, 44(8): 2516-2530.

秦勇, 袁亮, 程远平, 等. 2013. 中国煤层气地面井中长期生产规模的情景预测. 石油学报, (34): 489-495.

任德贻, 赵峰华, 代世峰, 等. 2006. 煤的微量元素地球化学. 北京: 科学出版社.

孙龙德, 撒利明, 董世泰. 2013. 中国未来油气新领域与物探技术对策. 石油地球物理勘探, 48(2): 317-324.

孙枢, 王铁冠. 2016. 中国东部中-新元古界地质学与油气资源. 北京: 科学出版社.

田世澄, 陈建渝, 张树林, 等. 1996. 论成藏动力学系统. 勘探家, 28(2): 20-24, 8.

王学军,蔡加铭,魏小东.2014.油气勘探领域地球物理技术现状及其发展趋势.中国石油勘探,19(4): 30-42.

王学军,于宝利,赵小辉,等.2015.油气勘探中"两宽一高"技术问题的探讨与应用.中国石油勘探,20(5): 41-53.

杨起,韩德馨.1979.中国煤田地质学.上册.北京:煤炭工业出版社.

叶建平,唐书恒.1998.中国煤层气资源.中国煤层气,(2): 25-28.

邹才能.2011.非常规油气地质.北京:地质出版社.

邹才能,杨智,张国生,等.2014.常规-非常规油气"有序聚集"理论认识及实践意义.石油勘探与开发,41(1): 14-27.

邹才能,朱如凯,白斌,等.2015.致密油与页岩油内涵、特征、潜力及挑战.矿物岩石地球化学通报,34(1): 3-17.

邹才能,董大忠,王玉满,等.2016.中国页岩气特征、挑战及前景(二).石油勘探与开发,43(2): 166-178.

朱如凯,吴松涛,苏玲,等.2016.中国致密储层孔隙结构表征需注意的问题及未来发展方向.石油学报,37(11): 1323-1336.

张水昌,胡国艺,米敬奎,等.2013.三种成因天然气生成时限与生成量及其对深部油气资源预测的影响.石油学报,34(S1): 41-50.

张水昌,梁狄刚,陈建平,等.2017.中国海相油气形成与分布.北京:科学出版社.

朱伟林,张功成,高乐.2008.南海北部大陆边缘盆地油气地质特征与勘探方向.石油学报,29(1): 1-9.

赵师庆.1991.实用煤岩学.北京:地质出版社.

赵文智,何登发,池英柳,等.2001.中国复合含油气系统的基本特征与勘探技术.石油学报,22(1): 6-13.

赵文智,何登发.2000.中国复合含油气系统的概念及其意义.勘探家,5(3): 1-11.

赵文智,汪泽成,张水昌,等.2007.中国叠合盆地深层海相油气成藏条件与富集区带.科学通报,52(S1): 9-18.

赵文智,张光亚,王红军.2003.中国叠合含油气盆地石油地质基本特征与研究方法.石油勘探与开发,30(2): 1-8.

朱夏,陈焕疆,孙肇才.1983.中国中、新生代构造与含油气盆地.地质学报,57(3): 235-242.

朱筱敏,董艳蕾,曾洪流,等.2020.中国地震沉积学研究现状和发展思考.古地理学报,22(3): 397-411.

Allen P A. 2017. Sediment Routing Systems: The Fate of Sediment from Source to Sink. Cambridge, MA: Cambridge University Press.

Allen P A, Allen J R. 2013. Basin Analysis: Principles and Application to Petroleum Play Assessment. New Jersey: John Wiley & Sons.

Bai X, Ding H, Lian J, et al. 2018. Coal production in China: past, present, and future projections. International Geology Review, 60(5-6): 535-547.

Berthonneau J, Grauby O, Abuhaikal M, et al. 2016. Evolution of organo-clay composites with respect to thermal maturity in type II organic-rich source rocks. Geochimica et Cosmochimica Acta, 195(1): 68-83.

Dai S, Bechtel A, Eble C F, et al. 2020. Recognition of peat depositional environments in coal: a review. International Journal of Coal Geology, 219: 103383.

Dai S, Finkelman R B. 2018. Coal geology in China: an overview. International Geology Review, 60: 531-534.

Dai S, Ren D, Chou C L, et al. 2012. Geochemistry of trace elements in Chinese coals: a review of abundances, genetic types, impacts on human health, and industrial utilization. International Journal of Coal Geology, 94: 3-21.

Emmons W H. 1921. Geology of Petroleum. New York: McGraw-Hill Book Company.

Finkelman R B. 1994. Modes of occurrence of potentially hazardous elements in coal: levels of confidence. Fuel Processing Technology, 39: 21-34.

Finkelman R B, Dai S, French D. 2019. The importance of minerals in coal as the hosts of chemical elements: a review. International Journal of Coal Geology, 212: 103251.

Finkelman R B, Tian L W. 2018. The health impacts of coal use in China. International GeoLogy Review, 60: 579-589.

Freese B. 2003. Coal: A Human History. Cambridge, MA: Perseus Publishing.

Hao F, Wang C, Guo T, et al. 2015. The fate of $CO_2$ derived from thermochemical sulfate reduction(TSR) and effect of TSR on carbonate porosity and permeability, Sichuan Basin, China. Earth-Science Reviews, 141: 154-177.

Hatherly P. 2013. Overview on the application of geophysics in coal mining. International Journal of Coal Geology, 114: 74-84.

Hower J C. 2004. Clean Coal Technologies And Clean Coal Technologies Roadmaps-by Colin Henderson, International Energy Agency, CCC/74 and CCC/75, 2003; and Trends in Emission Standards by Lesley L. Sloss, International Energy Agency, CCC/77, 2003. International Journal of Coal Geology, 58(4): 270-271.

Jin Z, Zhu D, Hu W, et al. 2009. Mesogenetic dissolution of the middle Ordovician limestone in the Tahe oilfield of Tarim basin, NW China. Marine and Petroleum Geology, 26(6):753-763.

Jin Z, Yuan Y, Sun D, et al. 2014. Models for dynamic evaluation of mudstone/shale cap rocks and their applications in the Lower Paleozoic sequences, Sichuan Basin, SW China. Marine and Petroleum Geology, 49: 121-128.

Karacan C Ö, Ruiz F A, Cotè M, et al. 2011. Coal mine methane: a review of capture and utilization practices with benefits to mining safety and to greenhouse gas reduction. International Journal of Coal Geology, 86(2-3): 121-156.

Li Z, Wang D, Lv D, et al. 2018. The geologic settings of Chinese coal deposits. International Geology Review, 60(5-6): 548-578.

Liu Q, Wu X, Wang X, et al. 2019. Carbon and hydrogen isotopes of methane, ethane, and propane: a review of genetic identification of natural gas. Earth-Science Reviews,190: 247-272.

Magoon L B. 1988. The petroleum system—a classification scheme for research, exploration, and resource assessment. Petroleum Systems of the United States. US Geological Survey Bulletin, 1870: 2-15.

McCabe P J, Parrish J T. 1992. Tectonic and climatic controls on the distribution and quality of Cretaceous coals. In Controls on the Distribution and Quality of Cretaceous Coals. Geological Society of America Special Paper, 267: 395.

Moore T A. 2012. Coalbed methane: a review. International Journal of Coal Geology, 101: 36-81.

O'Keefe J M K, Bechtel A, Christanis K, et al. 2013. On the fundamental difference between coal rank and coal type. International Journal of Coal Geology, 118: 58-87.

Pan C. 1941. Nonmarine origin of petroleum in north Shensi, and the Cretaceous of Szechuan, China. AAPG Bulletin, 25(11): 2058-2068.

Pan Z, Ye J, Zhou F, et al. 2018. $CO_2$ storage in coal to enhance coalbed methane recovery: a review of field experiments in China. International Geology Review, 60: 754-776.

Peng P, Zou Y, Fu J. 2009. Progress in generation kinetics studies of coal-derived gases. Petroleum Exploration and Development, 36(3): 297-306.

Pickel W, Kus J, Flores D, et al. 2017. Classification of liptinite-ICCP System 1994. International Journal of Coal Geology, 169: 40-61.

Qin Y, Moore T A, Shen J, et al. 2018. Resources and geology of coalbed methane in China: a review. International Geology Review, 60: 777-812.

Seedsman R W. 2001. Geotechnical sedimentology—its use in underground coal mining. International Journal of Coal Geology, 45: 147-153.

Seredin V V, Dai S. 2012. Coal deposits as potential alternative sources for lanthanides and yttrium. International Journal of Coal Geology, 94: 67-93.

Stach E, Mackowsky M T, Teichmuller M. 1975. Coal Petrology. Berlin, Germany: Gebruder Borntraeger.

Swaine D J. 1990. Trace Elements in Coal. London: Butterworths.

Taylor G H, Teichmüller M, Davis A. 1998. Organic Petrology. Berlin: Gebruder Borntraeger.

Thomas L. 2002. Coal Geology. New York: John Wiley & Sons.

Tissot B P, Welte D H. 1978. Petroleum Formation and Occurance：A New Approach to Oil and Gas Exploration. Berlin Heidelberg, New York: Springer Verlag.

Walker S. 2000. Major Coalfields of the World. London: IEA Coal Research.

Wang Y, Zhang S, Wang F, et al. 2006. Thermal cracking history by laboratory kinetic simulation of Paleozoic oil in eastern Tarim Basin, NW China, implications for the occurrence of residual oil reservoirs. Organic Geochemistry, 37(12): 1803-1815.

Ward C R. 2002. Analysis and significance of mineral matter in coal seams. International Journal of Coal Geology, 50: 135-168.

Ward C R. 2016. Analysis, origin and significance of mineral matter in coal: an updated review. International Journal of Coal Geology, 165: 1-27.

Zeng H. 2018. What is seismic sedimentology? A tutorial. Interpretation, 6(2): 1-39.

Zhang C, Canbulat I, Hebblewhite B, et al. 2017. Assessing coal burst phenomena in mining and insights into directions for future research. International Journal of Coal Geology, 179: 28-44.

Zhang S C, He K, Hu G Y, et al. 2018. Unique chemical and isotopic characteristics and origins of natural gases in the Paleozoic marine formations in the Sichuan Basin, SW China: isotope fractionation of deep and high mature carbonate reservoir gases. Marine and Petroleum Geology, 89(1): 68-82.

Zhang S C, Wang X M, Hammarlund E U, et al. 2015. Orbital forcing of climate 1.4 billion years ago. Proceedings of the National Academy of Sciences of the United States of America, 112(12): E1406-E1413.

Zhang S C, Wang X M, Wang H J, et al. 2016. Sufficient oxygen for animal respiration 1,400 million years ago. Proceedings of the National Academy of Sciences of the United States of America, 113(7): 1731-1736.

# 第五章

# 矿 产 资 源

　　矿产资源是人类经济社会发展的物质基础，是工业、农业、国防和所有其他社会行业的粮食和主要动力来源。随着世界各国的发展，包括发达国家的持续高位需求、发展中国家工业化的不断推进和全球化程度的不断提高，预计未来数十年全球对矿产资源的需求将继续高速增长，如何应对和满足可持续发展的重大资源需求，一直是全球关注的焦点之一。矿产资源的争夺关系世界政治格局，它们的持续安全供给关系国计民生和国家安全。

　　纵观人类发展史，从石器时代、青铜器时代、铁器时代直至现代信息化时代，整部人类文明史就是一部利用、认识和更高效再利用矿产资源的历史。历史上一些国家间的战争甚至世界战争，实质上是资源争夺战。在生产实践中，人们学会利用矿产资源，推动了生产力的革命和科学技术的发展；而社会的发展进步又加大了人类对矿产资源的需求，从而进一步推动矿产资源勘探、开采和高效清洁利用技术的研发。

　　人类在生产和使用矿产资源的过程中，对它们的性质、成因、分布、勘查和开发利用等诸多方面加强了解，取得了相关科技知识，逐步形成了专门理论。对成矿、勘探、开采、选冶等不同环节的探索，形成了相对独立的相关分支学科。例如，20世纪末，一些地质学家认识到矿床存在很强的区域分布规律，形成了区域成矿学（翟裕生，1999）。近一个世纪以来矿产资源科学的持续发展，促进了与数理化等基础科学、地球科学和其他前沿学科的交叉，大大提高了人类对地球资源现状、潜力和未来的认识与理解，并促进了相关技术的进步。在科技进步和重大需求的双轨推动下，矿产资源业已成为全球最重要和最基础的工业产业之一，资源的勘查、开发和利用技术也已成为全球技术突破最主要的方向之一。

21世纪以来，人类面临着空前的资源和生态环境挑战。一是社会的发展对矿产资源的需求不降反升，且对资源的种类和品质提出了新的要求；二是矿产资源为自然资源，会随不断开采而枯竭并对生态环境产生影响。显然，进一步挖掘资源潜力、研发新型替代资源、确保资源开发利用与生态环境建设协调发展，是矿产资源科学需要解决的重要任务。因此，创新矿产资源科学，是满足人类资源需求的必由之路，具有重大的战略意义。面向资源需求不断去解决或突破一系列重大科学技术问题，必将极大地丰富矿产资源科学的内涵。创新-实践的循环过程，是学科得以进步和发展壮大的不竭动力。

# 第一节 战 略 定 位

矿产资源科学是资源与环境科学及地球科学的重要组成部分，以研究矿床的形成机制、勘查方法和利用途径为己任。矿产资源形成于地球演化的特定阶段并与特定地质和环境事件相关，是反演地质、环境事件和地球形成演化过程的重要探针。因此，矿产资源科学的发展不仅可以推动资源与环境科学和地球科学的进步，从而对揭示地球奥秘、建立地球系统科学理论具有重要的科学意义；同时，也是解决人类资源需求的理论"基石"。

总体而言，在未来相当长时期内我国对矿产资源的需求具有如下趋势：①支撑我国经济社会持续发展和保证实现新时代两阶段战略目标的资源需求总量，仍将保持高位态势，保障大宗和基础矿产资源足量、稳定和安全供给任重道远；②世界新技术革命、高端制造和国防安全，对资源类型和品质的要求正在发生深刻变化，迫切需要加强对战略性关键金属矿产的研究和勘查；

③严峻的生态环境问题和国家经济高质量转型发展，迫切要求资源开发利用由粗放型向绿色、低碳和环境友好型发展；④在当今复杂的国际地缘政治尤其是全球新冠疫情引发的新国际生态格局下，对资源主导权的争夺日趋激烈，"立足国内、利用境外"仍将或长期是保障我国资源安全的基本战略。

已有资料表明，我国矿产资源供需形势十分严峻（翟明国等，2019）。人均占有资源量大大低于世界平均水平的严重态势很难在短期内改变；2018年43种主要矿产资源中32种消费量居世界第一，24种消费量占比超过全球的40%（图5-1），18种大宗和关键金属矿产对外依存度居高不下（40%~99%）（图5-2），威胁着国家经济安全；我国曾有一定优势的稀土和若干稀有稀散元素矿产储量全球占比近年来也不断下降，优势不再或地位可危，国际"话语权"逐渐减弱。扭转上述被动局面已刻不容缓，亟待加强矿产资源科技创新，理清我国矿产资源家底，把握全球矿产资源格局，解决资源形成、勘查和开发利用中的系列理论难题和技术瓶颈，大幅提升我国资源保障能力、对全球资源掌控能力、资源开发与生态环境协调发展能力，同时促进矿产资源科学的发展。因此，发展矿产资源科学具有至关重要的战略意义和经济价值。

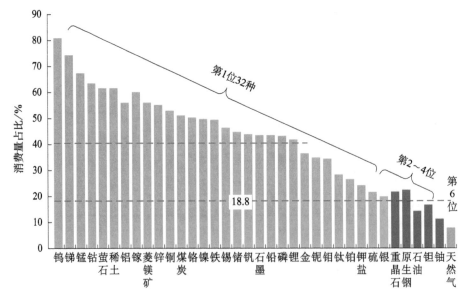

图5-1  2018年主要矿产中我国消费量的世界占比

资料来源：据中国地质科学院全球资源战略研究中心（2019）

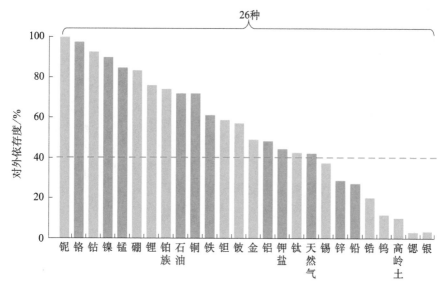

图 5-2　2018 年我国大宗和关键矿产对外依存度

资料来源：据中国地质科学院全球资源战略研究中心（2019）

# 第二节　发展规律与研究特点

## 一、学科定义与内涵

矿产资源科学是人们在研究、勘查和开发利用矿产资源的过程中逐步发展形成的综合学科，主要研究矿床的物质组成、赋存状态、成矿物质来源、不同地质背景下成矿元素活化−迁移−沉淀形成矿床的过程、矿床的时空分布规律，以及矿床/矿体定位技术与方法，为寻找和利用矿产资源提供可靠的科学依据。矿产资源科学的内涵主要包括以下四个方面。

### 1.矿床物质组成和赋存状态

研究矿床的物质组成和有用元素的赋存状态，是矿产资源科学研究的重要内容。它主要通过矿物学、岩石学、地球化学和各种微束分析技术来揭示矿床中矿体和矿石的物质组成，确定有用元素是以独立矿物还是类质同象等其他形式赋存于矿床中。

### 2. 成矿物质来源和活化、迁移、沉淀过程

运用现代固体地球科学理论和各种地球化学分析技术方法，研究化学元素的来源及其在各种地质作用下活化、迁移和富集形成矿床的过程，揭示在不同的时代、地区和动力条件下化学元素富集形成矿床的规律。近年来，运用微区原位元素和同位素方法来示踪成矿物质来源和成矿元素活化、迁移、沉淀过程，已成为矿产资源科学研究不可或缺的重要内容。除传统的氢、氧、碳、硫等稳定同位素用于示踪成矿流体来源外，新的同位素体系，如铜、铁、锌、钼、硒、锗、汞、镉等成矿金属的同位素以及硼、氯等矿化剂元素的同位素和稀有气体同位素研究，也在矿床学研究中发挥了越来越重要的作用。

### 3. 矿床时空分布规律

查明矿产资源分布的时空规律，不但有助于对成矿机理的理解，而且可以有效指导矿产勘查。精确厘定矿床形成年代是一项十分重要而艰巨的任务。近年来，多种微区原位测试方法的革新，为矿产资源科学研究提供了新技术和新途径，如激光氩-氩同位素微区年代学技术的推广，锆石和磷灰石等副矿物、锡石和黑钨矿等矿石矿物的微区铀铅同位素定年技术已被广泛应用，方解石等低铀矿物的铀-铅定年等新技术也在不断探索中。矿床学与区域地质学、构造地质学、大地构造学、地球化学和地球物理等多学科交叉，则有助于揭示矿床的空间分布规律及三维结构。

### 4. 矿产勘查理论和方法

先进的找矿勘查理论和方法是矿产勘查的重要保障。近年来，通过各种勘查地球物理、勘查地球化学、大数据与数值模拟等方法（如深穿透三维立体地球化学定量预测理论和技术等），实现了隐伏矿的找矿突破。不同尺度地球化学填图计划和矿集区尺度深部三维可视化方法的实施，为研究成矿元素时空分布规律及其资源效应和深部矿体定位空间提供了前所未有的机遇。

## 二、发展规律

我国过去 70 余年的现代化建设和工业化进程建立在矿产资源巨量消耗的基础之上。因对矿产资源的巨量需求，国家直接提出诸多需要完成的科技"任务"，我国矿产资源科学正是在执行和完成这些"任务"的过程中逐渐建立和成长起来的。这种任务带学科的科研组织形式，在我国矿产资源科学的发展历史上留下了浓重印记。

中华人民共和国成立初期，百废待兴。国家根据建设需要，部署了全国性的区域地质调查与矿产普查"任务"，直接导致了一大批黑色、有色金属（包括稀有、稀土、放射性及贵金属）矿床的发现，同时开启了我国成矿规律和各类矿床地质特征及成因研究的序幕。该时期的研究，孕育了成矿系列、地洼成矿、叠加成矿、矿浆成矿等成矿理论学说，建立了玢岩型铁矿、五层楼钨矿、陆相钾盐、热液铀矿等一大批独具中国特色的成矿模式（李建威等，2019），奠定了我国矿产资源科学的基础。

改革开放之后，我国经济飞速发展，对矿产资源的需求剧增，国家恢复了地质部，全面加强了地质矿产工作，加大了对重点成矿区带和紧缺矿种的勘查投入，确立了多条重要成矿带，实现了 100 多个矿种的勘查增储。相应地，中国的矿床学研究也从以往重点研究矿床地质特征向成矿机制的综合研究转变，从以往以单个矿床的解剖为主向成矿系统和区域成矿学的综合分析转变。这些研究极大地促进了对中国区域成矿规律及成矿动力学的认识，成矿系列的学术思想得到进一步发展，并在此基础上孕育了成矿系统学说；同时，层控矿床成矿理论、分散元素成矿理论和超大型矿床成矿理论等也取得重大研究进展。

进入 21 世纪，中国仍处在工业化加速发展阶段，对资源的消耗与日俱增，资源紧缺制约我国经济社会快速发展的瓶颈更加凸显。为此，一方面国家加大全国范围特别是西部地区地质、矿产调查项目的部署，实现了矿产资源勘查增储；另一方面围绕重点成矿区带和成矿省或若干紧缺矿产，科学技术部组织实施了几十个国家重点基础研究发展计划（简称 973 计划）及重点研发计划项目，国家自然科学基金委员会启动了多个与矿产有关的重大研究计划和重大项目，中国科学院和中国地质调查局也组织了大量矿产资源的综合科研项目。在勘查及研究项目的双轮驱动下，中国矿床学研究在过去 20 多年实现了飞速发展，与国际日益接轨，并在部分领域接近或达到世界先进水平。

毫无疑问，国家任务带动学科发展是中国的特色之一。在未来很长时间内，重大需求驱动创新发展、国家任务带动学科发展的科研组织形式依然会深刻影响我国矿产资源科学的发展。但是，任务带动学科的局限性目前已逐渐显现，紧盯任务会在一定程度上弱化自由探索的活力，降低原创理论成果的产出效率。需要完善学科布局，重视自然科学的发展规律，培育新兴交叉学科，在矿产资源基础科学前沿实现重点突破，提高我国的原始创新能力。因此，需要重大任务与自由探索项目双轮驱动。

# 三、研究特点

## 1. 高度依赖多学科交叉融合

矿产资源是地球运行和演化的产物，具有多样性、复杂性和区域性等特点，揭示其形成机制和刻画其形成过程需要地质学、地球物理、地球化学、实验与理论模拟等诸多学科的高度交叉融合才能实现。例如，岩浆热液矿床的形成涉及岩浆-流体系统演化，金属元素活化、运移和沉淀，以及深部过程与大规模成矿的耦合关系等诸多方面，构建其成矿模型需要多学科高度融合，包括利用地震学研究俯冲带壳幔结构，利用矿物学、岩石学和地球化学揭示俯冲过程中的矿物相变和成矿元素的分配和迁移过程，利用构造地质学约束地表的应力状态和地形变化，利用地球物理限定矿体定位空间机制等。

进入 21 世纪，随着航天探测、地球深部探测、深海地质调查、地球物理和大陆动力学等学科研究的深入，已有成矿理论被不断完善，并涌现了一系列新的成矿理论。例如，大陆动力学与矿床学的学科交叉孕育出大陆成矿学，它将成矿作用纳入大陆形成演变的整体框架，使成矿作用与复杂的地质过程相耦合，有效地限定了矿床形成的动力学背景，为找矿预测提供了科学依据。

寻找深部矿产资源和矿产资源高效清洁与循环利用，是未来矿产资源工作的重中之重。与高新技术产业密切相关的关键金属和海洋矿产资源，也将成为国家资源战略的重要组成部分。这对矿产资源科学与多学科的交叉融合提出了新的挑战和要求。面对深部资源勘查，需要立足地质学和地球物理，联合数学和信息科学等学科，开展多学科交叉研究；面对资源的绿色高效利用，需要加强矿产资源不同尺度的赋存状态研究，建设新兴和交叉学科，如纳米地球科学和人工成矿学等。

### 2. 产学研结合是成果转化的必由之路

矿产资源科学总体属于基础和应用基础研究，研究成果具有指导找矿勘查的客观要求。近百年来的矿产资源研究和勘查历史表明，产学研密切结合，是实现矿产资源科学研究成果高效转化的必由之路。一方面，全球目前已知的重要成矿模式都是伴随工业勘查和开采过程并在对大量典型矿床深入解剖研究的基础上，经过总结提炼而建立的。另一方面，建立的这些成矿模式被运用到矿床勘查中，并在应用中不断丰富和完善，进一步提高了模式指导找矿的效率。例如，斑岩铜矿成矿模式自 20 世纪 70 年代建立以来，经过近半个世纪的不断完善和发展，已成为全球最为重要和成熟的成矿模式，指导发现了大量铜、金、钼矿床（Yang and Cooke，2019）。除斑岩铜矿成矿模式外，对其他重要矿床类型［如块状硫化物型矿床（volcanic-associated massive sulfide deposits，VMS）、夕卡岩型矿床、浅成低温型矿床、热液铀矿床、砂岩型铀矿床等］成矿模式的研究，都对相关矿产找矿勘查起到了关键推动作用，成为地学科研成果指导找矿勘查的经典范例。

矿产资源科学研究具有鲜明的"基础-应用"一体化特点。因此，矿产资源形成规律和高效利用的相关研究，必须立足社会和产业发展实际，解决需求中的瓶颈问题。为实现这一目标，还需要从国家层面做出更加合理的顶层设计，促进产业界和科研部门的紧密结合，保障"产学研"一体化研究的落地。

# 第三节　发展现状与发展态势

认识、寻找、开发、利用和保护好矿产资源，是我国现代化建设的必然要求。确保矿产资源的持续、稳定、安全供给，对顺利实现中华民族伟大复兴的目标至关重要。综观国内外矿产资源科学的研究现状，可以发现以下特点和趋势。

# 一、国际发展现状与趋势

## 1. 地球系统与成矿系统的关联研究备受重视

将成矿作用研究纳入地球系统科学的理论框架，强调地球圈层相互作用对成矿物质循环和成矿作用演化的控制是近年来的重要特点和发展趋势。从太古宙至显生宙，成矿作用表现出明显的时空性：一方面多数矿床的形成均集中分布在地质历史的某些特定阶段并与特定重大地质事件有关，另一方面成矿作用的类型随地球的演化而呈现出规律性的变化。成矿作用在空间上同样表现出很强的不均一性：如智利中部探明的斑岩铜矿储量占世界铜储量的30%以上，南非兰德盆地探明的黄金约占世界黄金储量的40%，我国华南钨矿储量占世界钨储量的60%以上。成矿作用的这种时空不均一分布，反映了地球动力学背景、壳幔结构和组成、地球热状态和构造稳定性等对成矿作用的控制。因此，将成矿作用研究置于地球系统科学理论框架，是推动成矿理论创新和矿产资源科学发展的重要途径。这方面研究的重点是：将成矿作用视为地球系统演化的特殊形式，揭示地球圈层相互作用和重大地质事件对成矿作用的根本控制；除继续重视与板块俯冲相关的成矿作用外，碰撞成矿和板内成矿作用研究成为新的热点；巨型成矿域不同成矿省和成矿带的对比研究受到极大关注；在重视成矿作用始、终态研究的基础上，更加重视成矿过程和演变路径的精细刻画；成矿模式研究呈现出由构建单个矿床模型向构建区域矿床组合模型和成矿系统结构方向发展。

## 2. 矿产勘查科学研究向覆盖区和地球深部拓展

随着矿产勘查的深入，发现地表矿、浅部矿的概率日趋减少，已知矿床深部、覆盖区和"绿地"资源勘查已成为当今和未来矿产勘查的新方向（图5-3）。相对于地表矿和浅部矿，矿产勘查走向深部面临理论、技术等诸多挑战。近年来，西方矿业大国多头并举应对发现深部资源面临的新挑战，包括启动重大研究计划、成立研发机构、创新成矿理论和研发深部勘查技术等。例如，澳大利亚启动了 Uncover（揭开覆盖层，释放深部资源潜力）、AuScope（澳大利亚透视）和四维地球动力学计划等；欧盟启动了 HiTech AlkCarb（高技术碱性–碳酸岩）计划；加拿大完成了 LithosProbe（岩石圈探测）计划等。这些计划以深部资源为目标，基于地质研究和探测技术的进步，促进对成矿全过程的认知，取得了重大进展。理论上发展完善了成矿系统理论，形成了基于该理论的多尺度成矿预测技术方法体系。技术上发展了金属矿反射地震技术、全三维电和电磁探测与解释技术、岩性填图技术等，为深部找矿勘查提供了先进的技术解决方案。

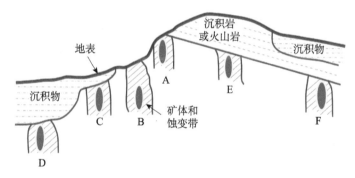

图 5-3　不同类型矿体空间分布图

A～F 都是矿体，A、B 靠近地表，方便勘探和开采；

C～F 埋藏深，需综合多种勘探手段，是未来找矿的方向

### 3. 关键矿产已成为世界大国的核心安全关切

关键金属（critical metals）或关键矿产（critical minerals）是国际上近年新提出的资源概念，指当今社会必需、安全供应存在高风险的一类金属元素及其矿床的总称，主要包括稀土、稀有、稀散、稀贵金属（翟明国等，2019）和放射性金属。这些金属具有独特的物理、化学和热力学特性，在高新技术行业具有不可替代的重大用途。据预测，未来几十年全球对关键金属的需求将迅猛增长，供需矛盾日益突出。未来国际矿产资源和科技的竞争，在很大程度上将集中于对关键矿产的博弈（翟明国等，2019）。大多数国家对关键金属成矿作用的研究起步较晚、程度较低，系统的成矿理论和勘查评价方法体

系尚未完全建立,难以满足资源开发利用的需要。为此,美国、欧盟、日本、澳大利亚等近年相继制定和实施了关键矿产的国家战略和重大研究计划,以前所未有的强度开展关键金属成矿作用、找矿勘查和高效利用研究,并取得初步成效,正在改变对某些关键金属新来源的认知及其全球供需格局。

### 4. 海洋和极地区域的矿产资源调查研究备受关注

世界海底的 49% 属于"国际海底区域"。根据《联合国海洋法公约》,区域内的底土及其资源为全人类共有。深海作为陆地资源的战略接替区,目前已发现多金属结核、富钴结壳、热液硫化物和富稀土沉积物四类矿产资源(刘永刚等,2014)。这四类资源远景规模巨大,远超陆地探明的锰、铜、镍、钴、铅、锌、稀土、铂等的金属总量,可为人类提供重要的后备资源保障,对其进行研究、勘查、评价与开发利用势在必行。世界各国尤其是西方国家和新兴发展中国家,十分重视对"国际海底区域"内矿产资源的调查和研究,新一轮的深海"蓝色圈地运动"正在兴起。保障我国在"国际海底区域"获得优质矿区,维护我国的合法权益,主要取决于我们对海底矿产资源聚集规律的科学认知和深海探测技术的掌握。

极地区域的矿产资源包括陆地和海洋两部分。南极大陆已发现 220 多种矿产资源,包括煤、石油、天然气、铁、铜、铝、铅、锌、锰、镍、金、银、石墨、金刚石、钛、钚和铀等,基本涵盖当今世界所有已知矿种,其中有重要潜力的矿产资源 30 余种(国家海洋局极地专项办公室,2016)。北极陆地矿产资源也很丰富,已发现煤、铁、金、银、铜、铅、锌、镍、钼等。南极周边海域和北极海域有意义的资源主要是油气和天然气水合物。由于《关于环境保护的南极条约议定书》(1991 年签署,1998 年生效)的限制以及北极陆地地区主要属于各主权国家,因此未来 20~30 年各国进行极地资源特别是南极矿产资源开采的可能性不大,但是调查研究南北极矿产资源的分布规律、成矿机理以及远景储量,为未来开采该区域矿产资源研发专有技术具有重要的科学意义和战略价值。

### 5. 矿产资源高效清洁利用和循环利用成为科技创新重要方向

西方发达国家十分重视矿产资源高效清洁利用和循环利用的研究。在矿产资源高效清洁利用和循环利用领域,欧美发达国家更注重基础理论研究和原始创新，在技术应用方面重点突出生态环境、选冶装备与集成创新，在产品质量和性能上注重与高端制造衔接，并加速人工智能和信息化技术在矿产资源开发利用领域的渗透和对接。相对而言，发展中国家资源利用水平偏低、效率不高、浪费严重，矿业开发导致的生态环境问题突出。如何通过科技创新高效清洁和循环利用矿产资源，是今后国际尤其是新兴工业化国家必须面对的重要任务。

## 6. 新技术革命极大地推动了矿产资源科学发展

高精度、高灵敏度分析测试技术和实验技术的革命，极大地推动了矿产资源科学的发展。近年来，以离子探针和质子探针分析技术、激光熔蚀等离子体质谱分析技术等为代表的微束分析技术迅猛发展，为准确限定成矿时代和演化、揭示成矿物质来源和成矿流体演化、查明成矿作用与其他地质事件的关系等提供了重要途径和新视角。例如，通过获得微小矿物样品中元素及同位素组成的空间分布特征，可以从微观尺度揭示复杂成矿过程的地球化学记录（Gopon et al.，2019），避免了全岩样品分析在揭示地质作用过程方面的诸多不足。

探测技术的进步极大地推动了成矿理论创新和矿产勘探学科发展。对岩石圈及上地幔地震波速和电导率等物性参数的探测结果表明，上地幔的高导、低速块体与上地壳的矿床集中分布区具有很好的对应关系，如南非卡普瓦尔（Kaapvaal）克拉通含钻石的金伯利岩主要分布在高阻与高导边界上。研究认为，低速块体是岩石圈地幔遭受流体交代和再富集的结果，是很多重要成矿系统的金属源区。以航空重力梯度测量为代表的移动平台综合地球物理勘查技术正在改变传统的矿产勘查模式，大面积"难进入"地区的快速勘查评价已成为可能。深部勘查技术同样发展迅速，重磁电三维反演解释、多数据类型联合反演和三维填图技术极大地提高了深部资源探测的准确率，基本实现了深至 2000m 的探测能力。

勘查地球化学方法正在向更微观尺度发展，开始了纳米尺度和分子水平的地球化学研究。覆盖区穿透性地球化学勘查技术的发展，显著提高了对覆盖区和深部矿产的地球化学探测能力。与此同时，地球化学勘查理论研究也取得了长足进步，如地球化学异常模型从推测走向实证，大规模多层套合地球化学异常理论已成为地球化学填图和研究全球尺度地球化学模式的理论基础。

大数据和人工智能等先进技术也开始应用于矿产勘查，并有可能引发矿产资源科学的新一轮科技革命。综合考虑"高效勘查预测"和"科学生态评估"两大方面，利用人工智能和大数据挖掘方法对矿床学和勘查技术的多元数据进行信息提取和综合分析，并形成终端智能操作系统，有望实现未来矿产资源勘查和开发的高度智能化。

# 二、国内发展现状与问题

## 1. 成矿理论和成矿规律

我国特有的成矿条件（三大成矿域交汇部位）和特色的大陆成矿作用，为成矿理论创新提供了天然实验室（国家自然科学基金委员会和中国科学院，2020）。华北克拉通、西藏冈底斯、三江特提斯、中亚造山带、长江中下游、华南陆块等成矿区带，一直是我国成矿理论创新的重要基地。近年来，地球系统科学和实验分析技术的进步，极大地促进了对成矿作用时间与成矿演化、成矿流体起源与金属元素迁移富集、成矿系统结构与矿床模式、成矿构造背景与动力学机制等重要科学问题的深入研究，并在克拉通早期演化与成矿、克拉通破坏与成矿、多块体拼合与成矿、大陆碰撞与成矿、陆内再造与成矿、地幔柱活动与成矿等诸多前沿领域取得重要进展，丰富和发展了全球成矿学理论体系。

成矿规律研究是成矿理论创新的基础。我国学者针对特定的矿床类型和重要成矿区带，开展了不同层次和不同尺度的成矿规律研究，系统总结了矿床的时空分布规律，深化了对成矿大地构造背景和成矿作用演化的认识，构建了区域成矿系列和成矿系统构架。已完成全国重要矿产和主要区带成矿规律新一轮的研究和总结，编制了全国单矿种成矿规律图件，为矿产资源潜力评价奠定了基础（王登红等，2014）。同时，对境外（如中亚和东南亚等）主要矿产的成矿规律也进行了初步总结，为我国开展境外矿产勘查提供了指导。

与关键矿产资源有关的成矿规律研究受到高度重视。通过系统总结我国锂、铍、铌、钽、钨、锡、锗、铟、镓、铼、硒、镉、碲、铊、稀土、镍、钴、铂、铀等关键矿产资源的成矿规律，厘定了主要矿床类型和成矿构造环境，划分了重要成矿区带，基本查明了它们的时空分布规律（毛景文等，2019；李建威等，2019；蒋少涌等，2020），并发现新类型的关键金属矿床（温汉捷等，2020）。为关键矿产成矿理论、资源评价与开发利用等方面的深化研究奠定了较好基础。

近年来，我国成矿理论和成矿规律研究具有以下三个鲜明特点：一是将成矿作用研究置于地球系统科学的理论框架，强调地球演化过程中重大地质事件和圈层相互作用对元素迁移富集和大规模成矿的控制（Hu et al.，2017）；二是高度重视跨学科交叉研究，推动了中国特色大陆成矿理论的创新（侯增谦等，2020）；三是成矿理论和成矿规律研究有效指导了找矿勘查突破（邓军等，2019）。

但是，我国成矿理论和成矿规律研究还存在若干薄弱环节，主要包括如下几点。①全球视野不够。需要进一步将对某一区域或成矿带的研究纳入全球地球动力学背景下，提高基于中国大陆建立的成矿理论的国际影响力。②与找矿勘查结合不够。需要进一步加强成矿理论研究与找矿实践的结合，促进理论研究成果在找矿实践中快速发挥重要作用。③与产业部门合作欠密切。需要加强科研单位与产业部门的紧密合作，建立由矿业公司命题、科研人员答题的研究范式，与国际矿业发达国家的做法接轨。④部分相关学科有待加强。加强矿田构造学、成因矿物学、成矿实验学、矿产勘查学、成矿动力学及成矿过程数值模拟等学科方向的建设，提升成矿和勘查理论创新的系统性。

### 2. 找矿勘查与资源评价

近年来，基于成矿理论的指导和较高的勘探投入，我国在黑色金属、有色金属、贵金属、稀土金属和放射性金属等方面均取得了较大的找矿突破（Chang and Goldfarb，2019）。新发现的金储量超过 1000t，包括两个超大型矿床和若干大中型矿床，主要分布在山东胶东半岛、扬子地块和新疆西南天山地区，形成时代为中生代和晚古生代。一些富金的斑岩铜矿也实现了金储量的大幅提升，如早白垩世的西藏拿若和安徽沙溪斑岩铜金矿床。斑岩铜矿实现了重大找矿突破，新发现了西藏拿若、青草山及安徽茶亭铜矿。新探明 6 个早白垩世斑岩钼矿，主要集中在华北北缘和中亚造山带，典型代表为内蒙古曹四天超大型钼矿。

近年来，我国在铀矿床的系统研究评价中取得了重大进展，推动铀矿勘查深度由第一找矿空间（500m以浅）向第二找矿空间（500～2000m）迈进，先后在相山实施了2819m、在诸广山南部实施了1709m的科学深钻，在1000m乃至2000m以深发现了厚大工业铀矿体及铀多金属矿化。我国北方砂岩型铀矿床的找矿勘查取得了历史性的重大突破。

近年来我国找矿勘查虽取得较大突破，但与21世纪的前10年相比，新发现的大型和超大型矿床数量已明显减少。这与近年来国家勘查投入显著减少、勘查开发的环境标准日趋严格、资本市场对勘查投入的热情有所降低有关。如果未来国家政策无较大调整，上述因素仍将是制约我国找矿突破的主要瓶颈。目前，我国大宗矿产勘查已进入攻深找盲阶段，关键矿产的勘查刚刚起步，构建实用、高效的勘查方法体系，是至2035年我国矿产勘查取得重大突破的关键所在。

科学评价矿床的成矿潜力一直是世界性难题。重要矿种数字矿床模型、非线性多元信息找矿预测模型、综合信息解释模型、三维可视化定量评价模型、信息处理与预测计算机系统等新模型、新技术、新方法、新工具的出现和运用，提高了我国矿产资源潜力科学评价的水平，实现了资源潜力的四定（定位、定量、定精度、定可利用性）预测。在全国层面，划分了26个重要成矿区带和325处重要矿集区，圈定了47 186处找矿预测区，获得了25个矿种500m以浅、1000m以浅和2000m以浅的预测资源量，建立了全国25种重要矿产海量、异构、多尺度、多学科矿产资源潜力评价成果数据库（肖克炎等，2016），为国家矿产资源战略规划提供了科学依据。

随着找矿预测深度的加大，深部有效成矿信息趋于弱化，预测结果的可靠性将逐步降低。因此，重构深部成矿空间，研发成矿预测系统，形成2000～4000m深度资源预测评价技术方法，是我国深部资源勘查亟须解决的重要问题。

### 3. 深部资源探测研究

为应对深部资源勘查面临的理论和技术挑战，2010～2019年我国相继开展了多尺度的深部探测和成矿预测研究。在成矿系统理论框架下，将深部探测与成矿过程、成矿预测紧密结合，从不同尺度寻找成矿过程留下的"痕迹"，提出了多尺度成矿预测新理念。

在区域尺度，先后在冈底斯、中亚、华南等多个成矿区开展了岩石圈深部结构探测研究，提出了岩石圈块体撕裂、拆沉、俯冲等深部过程诱发成矿系统、岩石圈与软流圈相互作用形成含矿岩浆／流体以及岩石圈结构（减薄、边界）和地壳块体边界控制成矿带分布的新认识。在此基础上，提出了利用深部探测数据、机器学习、人工智能等开展区域成矿预测的新方法。在矿集区尺度，开展了三维"透明化"探测研究，提出了矿集区三维地质建模技术和"三维结构＋成矿模式＋综合信息"三要素深部找矿预测思路（吕庆田等，2017），并在冈底斯成矿带、新疆东准噶尔、长江中下游等典型矿集区取得重要深部找矿进展。国家危机矿山专项的实施，在大量深部勘查实践的基础上，提出了"成矿地质体、成矿结构面、成矿作用特征标志"三位一体的深部找矿预测地质模型，有效指导了深部找矿工作。在矿田（矿床）尺度，开展了针对不同矿床类型的深部探测方法研究，提出了针对斑岩型铜（钼）矿、夕卡岩型铜铁矿、玢岩型铁（硫）矿、热液型铜金多金属矿、胶东型金矿等的有效方法组合。金属矿地震技术在寻找层控型矿床、韧性剪切带型矿床方面取得了重要进展。

近年来，我国在深部勘查核心技术和设备研发方面取得了突破性进展。突破了高精度微重力传感器等多项核心技术，研发出高精度数字重力仪等10多种仪器设备，发展完善了10余项深部勘查新方法，并形成了多套地球物理数据处理与反演、金属矿地震数据处理与解释等软件系统，整体技术指标达到或超过国际同类仪器水平。这些进展大幅提高了我国深部矿产勘查技术自主研发能力和国际竞争力，降低了对国外勘探设备和解释软件系统的依赖，丰富和发展了勘探地球物理理论。

但是，我国大陆构造演化复杂，成矿期次交织复合，地形地貌差异多变，深部资源探测目前还存在较多问题：①对深部探测结果与成矿系统"痕迹"的时空关系及其成因机制的认识不清；②基于成矿系统理论的多尺度成矿预测指标体系尚未建立，基于大数据、机器学习、人工智能的深部成矿预测技术体系有待开发；③高速移动平台勘查技术落后，不能满足大区域深部勘查评价的需求；④满足深部（3000m）资源精细探测需求的全三维重、磁、电、电磁探测技术和反演解释结果需要进一步完善。

### 4. 极地和海底资源调查研究

20 世纪 50～80 年代，国际社会对南极大陆开展矿产资源调查，将其分成三个成矿区：南极半岛多金属成矿区（主要包括铜、铂、金、银、铬、镍、钴等）、横贯南极山脉煤及多金属成矿区（主要有煤、铀、铜、铅、锌、金、银、锡等）、东南极铁矿成矿区（除铁外，还有铜、钼、铂等有色金属）。位于东南极大陆的我国中山站附近的南查尔斯王子山铁矿，可能是世界上最大的超大型铁矿床之一。

鉴于《关于环境保护的南极条约议定书》的限制，近 30 年来国际社会对南极大陆矿产资源的调查几乎停滞。我国在该地区的工作仅限于收集历史资料，用于资源潜力和成矿作用研究（国家海洋局极地专项办公室，2016）。"十二五"期间进行了两项主要工作，一是对拉斯曼丘陵的铁矿化层位进行了 1:2.5 万地质填图，基本查明了铁矿化的分布和富集特征，分析了其潜在经济价值；二是对北查尔斯王子山二叠纪-三叠纪埃默里群含煤沉积盆地的地质考察，基本查明了含煤沉积盆地的分布范围、沉积序列和物质来源，分析了煤炭资源潜力。同时，对南极周边海域的油气和天然气水合物进行了初步调研。对北极陆地矿产资源的研究主要也仅限于收集资料。

经过 40 多年的积累和发展，我国在深海资源勘查方面取得了显著效果，已在太平洋、印度洋获得 5 块深海矿产资源专属勘探合同区，包括 3 块多金属结核、1 块富钴结壳和 1 块多金属硫化物矿区，成为世界上拥有深海矿区种类最齐全、数量最多的国家。近年来，我国在深海矿产资源勘查、深海关键技术研发、参与国际深海规则制订和推动深海成矿理论研究等方面取得了重要进展。在多金属结核和富钴结壳研究方面，对太平洋合同区的勘探与资源评价以及成矿规律的研究取得了显著进步，对金属富集机制、微生物成矿、金属元素同位素记录及古海洋演化等研究取得了新的重要认识（Fu and Wen，2020）。在热液硫化物研究方面，解析并建立了超慢速扩张洋中脊上的典型高温热液循环模型，阐明了慢速扩张洋中脊拆离断层型热液系统的多样性及其对热液成矿的控制作用，为理解慢-超慢速洋脊热液循环系统的运行机制提供了可靠证据。在深海稀土调查研究方面，在中印度洋海盆、东南太平洋和西太平洋海盆发现了大规模成矿区，在全球初步划分出四个富稀土成矿带，初步阐述了深海稀土富集的地质条件、环境背景和机制。在深海技术方面，先后成功研制了水下机器人系列运载平台以及深海声学、光学、电法、磁力等探测技术与装备，并在深海矿产资源勘查领域得到广泛应用。

总体而言，我国近 30 年在极地矿产资源方面的调查研究较少，随着矿产资源需求的日益增大，亟待加强极地矿产资源研究。在南极大陆，需配置具有矿产资源调查能力的装备；在北极地区，应通过国际合作开展矿产资源的调查与开发利用研究，深化对极地矿产资源潜力和成矿作用的认识。我国在深海矿产资源调查研究方面的突出问题表现在以下三个方面：①深海调查仪器设备以进口为主，自主研发能力较弱；②深海成矿理论研究突破不大，对深海成矿动力学研究仍较薄弱，对海底矿产的时空分布规律还未充分掌握；③海陆矿产对比研究较弱，未充分借鉴应用陆地成矿理论。此外，还应高度关注月球、行星等宇宙天体中的矿产资源，扩大和深化对地外矿产资源潜力和利用途径的认知。

### 5. 矿产资源高效清洁和循环利用研究

近年来，我国践行创新发展和绿色发展理念，矿产资源高效清洁利用技术和装备研发均取得突破性进展，提升了我国矿产资源节约和综合利用水平（张懿等，2016；齐涛等，2019）。主要进展包括如下几点。

矿山企业采选水平稳步提升，采选工艺技术不断进步，新型装备获得开发应用，矿山企业加大了对低品位矿、残矿、共伴生元素及尾矿等的回收利用，积极开展采选废水回用，高度重视矿山生态修复，资源综合利用率不断提升；开展了国家级绿色矿山试点建设工作，遴选出一批符合生态文明建设要求的绿色矿山。资源加工企业不断进行技术升级，高度重视资源高效转化、综合利用、节能环保方面先进技术和装备的开发，提高了资源综合利用率，降低了能耗和污染物排放。

在黑色金属及共伴生金属资源利用方面，不断改进选矿工艺，开发低品位矿流态化焙烧和亚熔盐钒铬分离技术、钒钛磁铁矿高效清洁利用新技术等，钒、钛、铬等资源回收率提升 20% 以上，固废源头减量化技术不断突破。

在有色金属利用方面，我国铜、铅、锌冶炼先进产能分别占 99%、80%、

87%，基本淘汰了落后产能，冶炼能耗达到国际先进或领先水平，重金属污染物排放总量不断下降。红土镍矿等重大特色矿产资源综合利用率显著提升，钴等伴生元素获得提取利用。

在三稀金属利用方面，稀土及铌/钽、锆/铪等资源也逐步由粗放式向精细化利用转变，工艺获得改进，回收率不断提高，产品逐步向高值高端化过渡。

此外，冶炼固废、城市矿产等二次资源的综合利用发展迅速，各类资源循环利用率不断提升，有望逐步减少对原生矿产资源的消耗。

但我国矿产资源的利用水平还有待进一步提升。需要重点关注尾矿资源综合利用、关键矿产的高效转化与绿色分离、高端产品制备的技术与装备创新，以及与在线控制、大数据管控等数字化技术的融合等。此外，海洋、月球、行星等非常规矿产资源的原位开发利用也有待开展前沿探索研究。

## 三、近年来重大项目布局和国际影响力

近年来，我国对矿产资源领域的项目支持达到新的高峰，是我国在该领域综合影响力提升的关键推动力。2010～2015年，科学技术部连续实施了10个矿产资源领域的973项目；2016年科技资助体制改革后，科学技术部实施了国家重点研发计划"深地资源勘查开采"项目；国家自然科学基金委员会分别于2017年和2019年批准"特提斯地球动力系统"和"战略性关键金属超常富集成矿动力学"两项重大研究计划，实施了"中亚成矿域斑岩大规模成矿"等一些重大项目，同时对矿产资源领域的重点项目也保持了每年3～4项的支持力度。2016年以来，国家自然科学基金委员会每年支持的矿床学和矿床类（代码D0205）项目逐年增多，2019年达到82项。此外，中国科学院和中国地质调查局也布局了一批相关项目。这些项目的实施，为我国矿产资源科学研究和学科发展提供了较充分的保障。随着我国科研能力和综合实力的提高，我国学者在矿产资源科学研究上取得了长足进步，国际影响力显著提高，具体表现如下。

### 1. 科研成果产出激增

我国矿产资源科学领域科研成果丰硕，在国际主流专业期刊上的表现非

常突出。以矿床学为例，我国学者以第一作者身份，在国际矿床学三大主流期刊 *Ore Geology Reviews*、*Mineralium Deposita* 和 *Economic Geology* 发表的成果，从 2010 年占总发文量的 11%、8% 和 3%，分别猛增到 2019 年的 53%、29% 和 22%，我国已成为国际矿床学领域最主要的成果产出国（图 5-4）；在国际顶尖综合期刊如 *Nature*（及其子刊）与 *Geology* 上，我国矿床学领域第一作者论文也由 2010～2015 年的无发表，到 2016 年以来近 10 篇论文发表。这表明，我国学者的重要贡献和国际影响力正在提升。

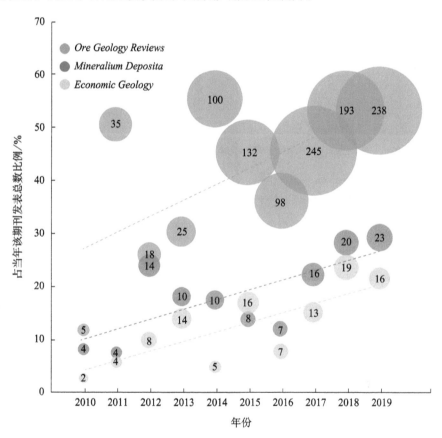

图 5-4 2010～2019 年我国学者在国际矿床学主流期刊的发文情况

圆圈面积表示当年中国学者作为第一作者的发表篇数

## 2. 任职国际专业组织与学术期刊人数激增

我国学者在国际矿产资源专业协会和国际主流期刊担任重要职务人数激增，是我国矿产资源科学研究综合影响力提升的另一个重要表现。2010

年以来，我国学者在矿床学国际三大协会［经济地质学家学会（Society of Economic Geologists，SEG）、应用矿床地质学会（Society for Geology Applied to Mineral Deposits，SGA）、国际矿床成因协会（The International Association on the Genesis of Ore Deposits，IAGOD）］1人担任主席、6人担任亚洲区主席和其他职务。1人出任国际矿床主流期刊 *Ore Geology Reviews* 主编，10余人出任国际矿床学三大主流期刊的副主编和编委。

### 3. 积极组织大型国际专业学术会议

2010年以前，国际矿产资源领域三大专业协会只有SGA在中国（北京）举办过一次全球年会（2005年）。IAGOD和SEG分别于2014年（昆明）和2017年（北京）在中国举办了全球年会。我国已成为全球少数几个成功举办三大国际组织学术年会的国家之一（发展中国家唯一），充分展现了中国在国际矿产资源研究领域的号召力和凝聚力。

近年来，虽然我国矿产资源科学研究取得了显著进步，但依然面临严峻的挑战。例如，高质量、立典式、从0至1的原创性成果还相对缺乏；高层次、具有国际影响力的顶尖人才所占相关领域人才总量的比例还显著偏低；国家对矿产资源领域重大项目的支持缺乏相对连贯性等。

## 四、队伍和平台建设现状与问题

我国矿产资源需求增势强劲，直接带动了人才队伍的多元化和高水平发展。矿产资源基础研究队伍主要集中于高等院校、中国科学院和中国地质科学院等部门的研究团队。中国地质调查局所属地质调查中心、各省地质局和地质调查院构成了我国矿产资源勘查的中坚力量。随着我国大型矿业公司的发展壮大，其人才队伍也得到快速成长，成为我国资源勘查队伍中的重要力量。适应当前研究需求，我国矿产资源人才队伍正呈现团队式一体化发展特征，多学科融合的团队式发展模式成为新的趋势。

近年来，国家在矿产资源领域的重大研发投入持续加大，科学技术部重点研发计划、国家自然科学基金委员会的重大研究计划以及重大、重点和人才项目等一系列项目的实施，强力支持了一批从事矿产资源研究团队的发展。国际合作推动了人才队伍建设的国际化步伐，随着我国地质研究国际化水平的不断提高，越来越多的学者任职国际学术组织和国际一流学术期刊，组织重大国际合作计划，获得国际学术奖项，在国际矿产资源领域发挥了重要作用。

平台建设是科学研究的重要基础。在矿产资源领域的重点研究平台包括两大类，其一为固体地球科学领域的 6 个国家重点实验室以及教育部、中国科学院、自然资源部等部门的近 10 个与矿产资源研究有关的重点实验室，在矿产资源基础研究中发挥了重要平台作用；其二为以大型矿山企业为重要基地建成的若干企业类国家重点实验室，这些在矿产资源工作一线的平台，在矿产资源勘查和高效清洁利用方面发挥了重要作用。

但是，当前矿产资源领域人才队伍和平台建设中存在明显的短板，主要包括如下几点。①人才布局不尽合理，如研究型人才多注重成矿理论研究，忽视勘查方法研发和理论模型的应用研究；地勘一线单位和企业人才队伍注重找矿勘查工作，较少关注理论创新及矿产利用和生态影响方面的研究等。②人才培养和评价机制还需完善，需紧紧围绕国家中长期发展的最新规划和目标以及行业企业需求来修订和完善人才培养模式，培养拔尖创新型和工程实践型人才；突出以贡献为导向的考核评价制度，对不同类型人员实施分类评价。③平台建设还需加强创新与融合。虽然当前国内矿产资源领域分析测试设施齐全、先进，但方法创新和设备自主研发能力不强；矿产资源研究型平台（如高校和科研院所的学科型重点实验室）和应用平台（如地勘单位和企业的勘查与选冶技术中心）缺少有机融合；平台中技术人员的发展空间相对较小，一定程度上影响了平台建设的创新和融合进程。

# 第四节 发展思路与发展方向

## 一、关键科学问题

我国对矿产资源有长期而巨大的需求，同时也有巨大的找矿潜力。为进一步提高我国矿产资源保障能力,有效提升地球科学在国家科技创新中的支撑作用,在充分利用国际资源的基础上,亟须实施矿产资源领域的一批重大科技项目和自由探索项目,大力推进成矿理论、找矿理论、勘查技术、选冶理论基础、资源替代和循环利用理论基础的创新,满足国家对矿产资源的重大需求,同时促进矿产资源开发利用与生态环境建设的协调发展,以及矿产资源科学的不断发展壮大。关键科学问题主要如下。

### 1. 地球多圈层成矿元素循环机制

重点关注大陆物质组成不均一性与成矿的关系、地球多圈层相互作用与成矿的关系、重大地质事件与成矿的关系等问题。

### 2. 巨量成矿物质聚集机制

主要问题包括适合巨量物质成矿的源区类型和特征、源区物质活化-迁移条件和动力-能量驱动机制,巨量成矿物质沉淀机制和主要控制因素。

### 3. 找矿模型与勘查技术

重点解决基于成矿模式的找矿模型、精细地球物理和地球化学高效勘查技术,基于大数据的一体化智能找矿等重要问题。

### 4. 矿产资源高效、清洁、循环利用技术的相关理论基础

无废矿选冶过程关键技术、绿色高效矿冶化学品研发与应用、低品位复杂多金属矿选冶过程强化技术、工业废弃物循环利用与资源化技术等值得高度重视,通过研究为这些技术的研发提供相应的理论基础。

## 二、学科发展总体思路

面向科学前沿和国家需求,遵循以下总体思路。①坚持地球系统科学观。研究内容关注地球圈层相互作用中成矿元素的活化、迁移、沉淀行为,研究区域由传统陆域向深地、海底、极地和行星拓展。②创新研究范式。多学科交叉融合,挖掘大数据潜力,观察-测试-实验-计算-模拟并重。③需求驱动和基础先行相结合。通过解决国家重大需求中的科学问题促进学科发展,

通过前瞻布局和自由探索形成新的学科增长点。④注重理论应用和成果转化。有效衔接研究链条诸环节，形成基础研究–应用研究–成果示范转化为一体的创新价值链。⑤统筹保障大宗和关键矿产资源。以大宗紧缺矿产和战略性关键矿产为重点，实现资源增储和高效清洁利用。⑥坚持用好两种资源的指导思想。加强重要成矿区带国际对比研究，发展全球成矿理论，为合理利用境外资源提供科技支撑。⑦加强人才和平台建设。依托矿产资源领域主要研发单元和重要学术带头人，加强协同合作，组建矿产资源研究创新联盟，坚持平台共享，促进协力创新。⑧加强国际合作，提升国际影响力。通过多种方式的国际合作，推进我国科学家在国际学术团体的任职力度和领导力，以及我国相关品牌会议和期刊的国际化步伐。

# 三、发展目标

瞄准国际和国内学科发展前沿和新的生长点，发展成矿理论和找矿理论，破解与矿产勘查和选冶技术瓶颈相关的基础理论难题，促进矿产资源科学发展；建设一流的人才队伍和实验技术平台，为矿产资源科学发展提供坚实保障。

## 1. 科学研究

发展成矿学理论体系：确定我国主要成矿区带成矿规律和找矿远景，揭示地球系统与成矿系统的关系；建立重要矿床类型适用的四维结构模型和中国大陆成矿理论。

研发高效找矿勘查技术：突破元素野外现场精确测定技术、航空物探技术、深部成矿信息高精度地球化学提取技术、定向智能钻探技术、深至4000m 的高分辨地球物理探测技术。

揭示关键矿产资源成矿机制：确定关键金属元素超常富集成矿过程和驱动机制，发现成矿新区带和矿床新类型，理论指导找矿取得重大突破。

提升国际合作水平，增强海底与极地资源勘查和认识能力：通过国际合作尤其是境外矿产资源合作研究，实现心中有数、用好两种资源的目标。通过海底和极地矿产资源调查研究，初步形成海底资源勘查和开发利用技术体系，增强对极地资源的认识能力。

提高资源高效清洁和循环利用水平：建立相关基础理论，促进提高重点矿山和关键金属矿床的选冶回收率和共伴生矿床综合利用率、突破低品位矿高效清洁利用技术、突破废旧金属高效回收和矿业废弃物资源化技术、建立矿产资源高效清洁利用的技术体系。

### 2. 队伍建设

矿产资源研究兼具基础性和应用性双重特征，需要造就一批品德优良、知识广博、专业精深的研究队伍。具体包括：建设一批具有重大国际学术影响力和产业发展推动能力的科研院所、高校和与产业密切结合的机构、重点实验室和团队；建设具有国际视野并参与和领导重大国际合作的骨干人才队伍，把我国矿产资源研究置于全球框架和全球资源配置体系中；建设强有力的基础研究与资源勘查技术研发交叉融通的团队，建立以企业为主的成果转化研发机构，推动我国资源理论研究与资源发现协同进步，建设资源发现与资源高效利用相互协调的研发队伍。

### 3. 平台建设

我国矿产资源平台建设已具备学科齐全、功能完备、作用显著的特点，未来要以国家目标和战略需求为导向，瞄准国际科技前沿，布局一批体量较大、学科交叉融合、综合集成的国家级平台。重视面向重大科学问题的自主设备研发，在成矿机制研究关键瓶颈技术和方法方面取得突破；加强我国矿产资源探测技术研发，抓紧研制我国战略性资源的深地勘查技术，研制智能探测技术和成套设备；加强我国矿产资源评价体系建设，利用大数据等现代信息技术，构建资源可利用性评价指标体系，预测我国资源供给风险。

## 四、重要研究方向

### 1. 元素循环和巨量聚集机制

针对前板块构造期、板块俯冲、陆−陆碰撞、板块内部四类主要构造环境，以重要成矿带和特色成矿系统为对象，聚焦大宗基础矿产和关键金属矿产，通过深入研究，建立和发展成矿理论。主要研究工作包括：地球多圈层相互作用与元素循环，重大地质事件与成矿事件耦合关系，元素巨量聚集成矿精细过程，元素循环实验模拟和示踪体系，重要成矿区带成矿作用国际对比等。

### 2. 深地资源探测理论和技术

以指导发现地球深部矿产资源为目标开展研究。主要研究工作包括：重要成矿带多尺度岩石圈三维结构及其与成矿系统形成演化的关系；矿集区三维精细结构探测与建模；矿床尺度深部成矿预测指标体系；基于节点地震仪的主动源-被动源一体化采集、处理和解释技术；高速移动平台地球物理探测技术与装备；地面三维电磁采集与处理、解释技术；大比例尺深穿透地球化学探测技术等。

### 3. 海底、极地矿产资源调查研究

我国在极地和海底矿产资源调查研究方面与先进国家相比有较大差距。如何尽快缩短差距，在未来资源竞争中占据主动，已成为必须面对和尽快解决的问题。主要研究工作包括：极地和海底矿产资源成矿环境、机制、规律和预测；海底矿产资源调查、开采技术和平台等。

### 4. 矿产资源高效清洁和循环利用

我国的矿产资源利用与国际先进水平存在较大差距，急需加强科技创新。主要研究工作包括：矿石矿物元素赋存状态，共伴生矿石、低品位矿石和"呆矿"高效清洁利用理论基础，矿业和工业废弃物循环利用理论基础。

# 本章参考文献

邓军，王长明，李龚健，等 . 2019. 复合成矿系统理论：揭开西南特提斯成矿之谜的关键 . 岩石学报，35(5): 1303-1323.

国家海洋局极地专项办公室 . 2016. 南极大陆矿产资源考察与评估 . 北京：海洋出版社 .

国家自然科学基金委员会, 中国科学院. 2020. 大陆成矿学. 北京: 科学出版社.

侯增谦, 杨志明, 王瑞, 等. 2020. 再论中国大陆斑岩 Cu-Mo-Au 矿床成矿作用. 地学前缘, 27(2): 20-44.

蒋少涌, 赵葵东, 姜海, 等. 2020. 中国钨锡矿床时空分布规律、地质特征与成矿机制研究进展. 科学通报, 65(33): 3730-3745.

李建威, 赵新福, 邓晓东, 等. 2019. 新中国成立以来中国矿床学研究若干重要进展. 中国科学: 地球科学, 49(11): 1720-1771.

刘永刚, 姚会强, 于淼, 等. 2014. 国际海底矿产资源勘查与研究进展. 海洋信息, (3): 10-16.

吕庆田, 吴明安, 汤井田, 等. 2017. 安徽庐枞矿集区三维探测与深部成矿预测. 北京: 科学出版社.

毛景文, 袁顺达, 谢桂青, 等. 2019. 21 世纪以来中国关键金属矿产找矿勘查与研究新进展. 矿床地质, 38(5): 935-969.

齐涛, 王伟菁, 魏广叶, 等, 2019. 战略性稀有金属资源绿色高值利用技术进展. 过程工程学报, 19(S1): 10-24.

王登红, 徐志刚, 盛继富, 等. 2014. 全国重要矿产和区域成矿规律研究进展综述. 地质学报, 88(12): 2176-2191.

温汉捷, 罗重光, 杜胜江, 等. 2020. 碳酸盐黏土型锂资源的发现及意义. 科学通报, 65(1): 53-59.

肖克炎, 邢树文, 丁建华, 等. 2016. 全国重要固体矿产重点成矿区带划分与资源潜力特征. 地质学报, 90(7): 1269-1280.

翟明国, 吴福元, 胡瑞忠, 等. 2019. 战略性关键金属矿产资源: 现状与问题. 中国科学基金, 33(2): 106-111.

翟裕生. 1999. 区域成矿学. 北京: 地质出版社.

张懿, 等. 2016. 亚熔盐清洁生产技术与资源高效利用. 北京: 化学工业出版社.

中国地质科学院全球资源战略研究中心. 2019. 2018 年全球矿产资源形势分析报告 (内部).

Chang Z S, Goldfarb R J. 2019. Mineral deposits of China: an introduction. SEG Special Publication, 22: 1-11.

Fu Y Z, Wen H J. 2020. Variabilities and enrichment mechanisms of the dispersed elements in marine Fe-Mn deposits from the Pacific Ocean. Ore Geology Reviews, 121: 103470.

Gopon P, Douglas J O, Auger M A, et al. 2019. A nanoscale investigation of Carlin-type gold deposits: an atom-scale elemental and isotopic perspective. Economic Geology, 114(6): 1123-1133

Hu R Z, Fu S L, Huang Y, et al. 2017. The giant South China Mesozoic low-temperature metallogenic domain: reviews and a new geodynamic model. Journal of Asian Earth Sciences, 137: 9-34.

Yang Z M, Cooke D R. 2019. Porphyry copper deposits in China. SEG Special Publication, 22: 133-187.

# 第六章

# 气候变化影响与适应

## 第一节 战略定位

以全球变暖为主要特征的气候变化已经成为影响人类社会可持续发展的一个核心问题，"采取紧急行动应对气候变化及其影响"被联合国"2030年可持续发展议程"列为其十七项奋斗目标之一。适应和减缓是人类应对气候变化的两大对策。对未来气候变化的预估是科学家和公众以及决策者共同关心的问题，与各个国家和地区制订长远社会经济发展规划息息相关。

气候变化对自然系统和社会经济系统产生诸多负面影响，都影响到人类福祉和可持续发展，联合国可持续发展目标中的多个目标和路径与气候变化影响直接或间接相关。适应气候变化需要明晰气候变化对自然系统和社会经济系统影响与风险的形成机制，研发适应气候变化的技术措施和政策管理模式。

### 一、气候变化

为应对地球气候变化所带来的风险，国际社会于1992年签订了《联合国气候变化框架公约》。为了实现这一目标，2015年通过的《巴黎协定》设定了以下目标：将全球平均温度的上升幅度控制在比工业化前水平高2℃以下，并努力限制在1.5℃以下。应对气候变化不仅是我国可持续发展的客观需要和内在要求，也是满足国家发展、提升国际竞争力的需求；既是我国现代化长期而艰巨的任务，又是当前发展中现实而紧迫的任务。认识和应对全球变化，是实现中华民族伟大复兴的中国梦的重要内容，在助力国家建设，加强我国在国际社会的话语权，提升竞争力，维护社会的可持续发展等方面具有重要作用。

在全球变暖背景下，极端天气气候事件频发，所造成的经济损失在过去40年上升了10倍。进入21世纪以来，我国平均每年因天气气候灾害造成的直接经济损失超过2000亿元，并呈现增加趋势，给人民生命财产安全和经济社会发展带来了极大影响。进一步提高我国气象灾害风险管理和适应气候变化能力，是我国经济社会长期稳定健康发展的内在需求，也是防灾减灾、应对气候变化和推进生态文明建设的必然要求。

气候系统模式是对气候变化系统认知和预估的重要手段之一，在联合国政府间气候变化专门委员会（IPCC）的历次评估报告中发挥了重要作用。加快气候系统或地球系统模式（earth system model，ESM）研发，利用模式开展气候变化相关机理研究，预估未来气候和自然环境演变趋势，可以定量评估和预估地球系统的变化以及人类活动对全球环境变化的影响，提出减缓和适应全球变化的策略，从而有效地保护人类的生存家园。

气候系统观测涵盖了大气圈、水圈（海洋为主）、冰冻圈、生物圈和岩石圈表层，针对关键气候变量的多源立体观测系统，为认识气候变化特征和规律提供基础数据，是研究气候演变过程与内在机理以及各圈层相互作用的基础。提高气候系统观测技术水平，产生高质量的气候变化观测资料，是我国积极应对气候变化、参与全球气候治理、提高我国在气候数据和气候变化领域竞争力与话语权的重要前提，对于国民经济社会发展与国防安全、提升国际竞争力也具有重要价值。对气候变化的观测能力是国家科技能力的重要表现之一。

# 二、自然系统

气候变化对地球大气圈、生物圈、水圈、冰冻圈、岩石圈等自然系统具有重要的影响。生态系统是人类赖以生存和发展的基础，保持和提高生态系统服务能力是人类可持续发展的核心问题之一。气候变化与生态系统之间的相互作用需要地球科学、生命科学甚至社会科学等多分支学科的大跨度交叉渗透，使人类能够更好地认识自身赖以生存的环境，更有效地防止和控制可能突发的灾害对人类造成的危害，气候系统对生态系统功能的影响将最终影响人类福祉。

生物多样性是人类赖以生存的物质基础之一，在保持水土、调节气候、维持自然平衡等方面起着不可替代的作用，是人类社会可持续发展的支持系统。明确气候变化对生物多样性影响与风险机制，发展生物多样性保护应对气候变化的相关理论和技术，是关乎人类福祉和造福子孙后代的大事，是生态文明建设、实现"美丽中国"的重要内容之一。

水资源安全是国家安全战略的重要一环。我国是水资源相对短缺的国家，人均水资源占有量不到世界人均水平的1/4，水资源短缺是制约我国经济社会发展的重要因素。水循环是地球系统不同圈层之间联系的纽带，是地球系统科学的核心内容。揭示水循环过程对气候变化的响应是气候变化与水资源研究的核心内容，是水资源研究的基础。

冰冻圈包括陆地冰冻圈、海洋冰冻圈和大气冰冻圈，冰冻圈变化是水资源和海平面变化的主要贡献者。水体在冰冻圈与海洋之间的固液转化影响到全球能量、水分、碳、氮流动与循环，对社会经济系统既能带来惠益也可导致破坏。中国是世界上中低纬度冰冻圈最为发育的国家和海岸带较长的国家，以青藏高原为主体的亚洲高山冰冻圈不仅是"中华水塔"，而且是"亚洲水塔"。极地快速变化的外溢效应也与我国防灾减灾、极地安全密切相关，未来很可能更加显著。因此，从学科发展和国家战略角度，均需高度重视气候变化对冰冻圈影响与适应研究工作。

海洋吸收了超过90%的热量和近30%因人类活动产生的$CO_2$，经过物理和生物地球化学过程及其与气候系统中其他圈层的复杂相互作用，最终反馈至表层海洋、大气和陆地，从而影响和调控全球气候变化。同时，海洋能够通过其巨大的"记忆"能力把气候变化的影响作用延伸至年际、年代际或更长的时间尺度，从而形成气候的长期影响。因此，探索海洋的特征及其变化机制是深入了解气候变化影响作用的一个关键。

气候变暖引起我国近海海洋生物节律变异，生态系统结构和功能异常，加剧了近海营养盐结构的失衡、海水的酸化和低氧区的扩大。中国东部海域近岸的赤潮、绿潮和水母暴发等生态灾害呈年代际增加，沿海海平面增高导致潮汐和风暴潮的作用明显增强，海岸侵蚀、海水入侵和咸潮入侵加重，严重威胁海岸生态系统以及重要的滨海湿地和生境。只有充分了解气候变化与人类活动对近海海洋的影响，才能实现对近海海洋的保护和可持续利用。

# 三、社会与经济系统

气候变化在对自然系统造成影响的基础上，进一步对社会与经济系统带来新的挑战。与气候变化相关联的极端事件及其导致的自然灾害，对人体健康和人民生命财产产生重大负面影响；气候变化对能源系统及其转型产生重要影响；快速的城市化进程通过增加温室气体排放、改变下垫面物理属性等方式影响和改变了气候系统，城市面临着高温热浪、洪涝和海平面上升等极端事件的威胁。因此，在社会与经济系统中，气候变化涉及对人体健康、环境污染、能源系统、自然灾害风险、农业、城市化等领域的影响与适应。

应对气候变化的社会与经济系统风险，需融合资源环境、城市规划、应急管控、公共管理等多学科协调开展研究和实践。在生产实践和环境建设中合理利用资源和环境保护的研究，为可持续发展提供基本理论、先进技术与科学方法。气候变化对人体健康、环境污染、能源系统、自然灾害风险、农业、城市化等社会与经济系统的影响和反馈研究，为制定适应气候变化的合理协同方案提供基本理论、先进技术与科学方法。这一领域具有多学科高度交叉和理论实践紧密结合的特点，将为相关学科的发展提供新的机遇和动力。

中国是受气候变化影响最为显著和气象灾害最严重的国家之一。对气候变化和社会与经济系统的深入研究，不仅可为国家制定"气候–环境友好"型社会经济中长期发展战略和近期实施举措，提供科学基础、适用技术和先进方法，还将有力推动自然科学和社会科学多学科发展，而且对于国家安全保障、生态文明建设、经济社会和谐发展、基础民生问题的解决以及国际竞争力的提高，都具有重要意义。应对气候变化的社会与经济系统风险不仅是实现"美丽中国"的必然路径，也是实现联合国可持续发展目标的重要内容，亦是推动构建人类命运共同体的战略需求。

# 第二节　发展规律与研究特点

## 一、气候变化

### 1. 气候变化科学

19 世纪科学家假设了人类活动排放的温室气体造成人为气候变化的可能性。20 世纪 80 年代以来，古气候和仪器观测资料的数量大大增加，质量显著提升，对气候变化的物理、化学和生物过程的了解显著进步。通过更好地处理气候系统各组成部分之间的相互作用，并与超级计算机计算能力提高相一致，气候模式的各种性能得到了显著增强。IPCC 自 1988 年以来开展的系列气候变化评估表明，人类活动对气候系统的影响已从假设演变为事实，人们已经认识到人为气候变化是 21 世纪的主要挑战之一。

气候变化研究是基于多源观测数据和多种统计、动力、数值模式等方法，认识气候变化的事实和规律，区分气候变化中人为影响并预估未来气候可能变化。它不仅要研究已经发生的气候变化的事实，而且要揭示气候系统中不同圈层间的相互作用过程和机理；不仅要区分人类活动、自然强迫和气候系统内部变异对气候变化的影响，而且要预估未来气候可能发生的变化及其不确定性。全球气候变化研究的目标是在日益完善的观测和模式资料基础上，结合最先进的计算机和信息技术，综合使用不断发展的统计和动力分析方法，理解全球变暖的原因以及气候系统各圈层（图 6-1）的变化及其对社会经济等产生的影响。

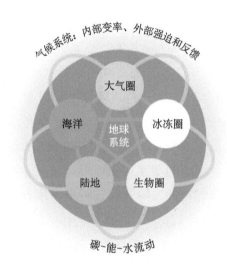

图 6-1　地球系统科学中和气候有关的主要方面

## 2. 极端天气气候事件

1995 年，IPCC 第二次评估报告开始提出极端天气气候事件问题，在随后的 IPCC 第三到第五次评估报告中，从观测、归因分析、模式模拟、未来预估方面进一步加深了对全球和区域尺度极端天气气候事件的认识。2010 年坎昆世界气候大会通过了《坎昆适应框架》，提出将抵御极端天气气候事件和灾害风险管理作为适应气候变化的核心内容。IPCC 于 2011 年发布了《管理极端事件和灾害风险，推进气候变化适应》（Managing the Risks of Extreme Events and Disasters to Advance Climate Change Adaptation）特别报告，该报告以灾害风险管理和气候变化适应为主线，评估了全球变暖背景下极端事件的变化与影响及其与气候、环境和人类因素之间的相互作用，并提出了供各国政府有效管理极端天气气候事件和灾害风险的选择措施。2014 年在瑞士召开的 IPCC 和世界气候研究计划（WCRP）研讨会，进一步将理解和预测极端天气气候事件，作为气候变化科学面临的八大挑战之一。

### 3. 气候变化的模拟与未来预估

世界气候研究计划组织了五次模式比较计划（CMIP1、CMIP2、CMIP3、CMIP5 和 CMIP6），对未来不同气候变化情景下气候变化及其影响的预估是重点关注的科学问题，模拟结果被国际学术界广泛关注，是支撑 IPCC 系列报告（Randall et al.，2007；Flato，2011）的重要科学依据。地球系统模式在研究气候变化和预估未来变化方面越来越发挥着不可替代的重要作用。

从 20 世纪 50～60 年代的单一大气环流模式研制开始，到现阶段已发展成为包含大气、地表、海洋和海冰、气溶胶、碳循环、动态植被、大气化学和冰冻圈等各分量模式相互耦合的比较完备的地球系统模式，也有一些模式包含了人与地球系统的相互作用过程。未来地球系统模式将越来越复杂，模式分辨率越来越精细，同一模式考虑多尺度过程，模拟个体、局地、区域和全球等不同尺度的相互作用的能力将得到不断提升。利用越来越复杂的地球系统模式开展气候变化的预测、预估及其影响，是国际未来发展趋势。

### 4. 气候变化观测系统

气候变化观测系统指利用各种观测仪器对全球气候变化相关要素进行动态监测的综合系统，主要包括大气、海洋、陆地生态和空基观测子系统（图6-2），观测要素涉及大气、海洋、冰冻圈、陆地生态系统和水循环等多个方面，为气候变化研究提供可靠翔实的第一手资料，对气候变化监测、检测、归因、未来预测具有重要意义。气候变化观测系统针对大气圈、水圈、冰冻圈、岩石圈和生物圈五大圈层，经历了从点到面、从单要素到多要素、从传统技术到高新技术、从人工到自动化等发展过程。提高气候变化系统观测能力、开发新的观测技术、发展新的资料同化与融合方法、拓展大数据技术的应用等是气候变化观测系统发展的方向。近几十年来，气候变化科学的发展促使观测系统向综合和集成各圈层相互作用以及社会经济影响的方向拓展。

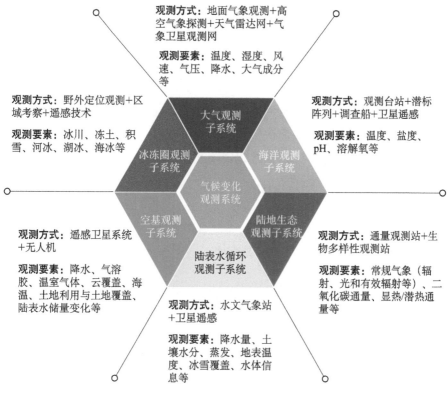

**观测方式**：地面气象观测＋高空气象探测＋天气雷达网＋气象卫星观测网

**观测要素**：温度、湿度、风速、气压、降水、大气成分等

**观测方式**：观测台站＋潜标阵列＋调查船＋卫星遥感

**观测要素**：温度、盐度、pH、溶解氧等

**观测方式**：野外定位观测＋区域考察＋遥感技术

**观测要素**：冰川、冻土、积雪、河冰、湖冰、海冰等

**观测方式**：遥感卫星系统＋无人机

**观测要素**：降水、气溶胶、温室气体、云覆盖、海温、土地利用与土地覆盖、陆表水储量变化等

**观测方式**：通量观测站＋生物多样性观测站

**观测要素**：常规气象（辐射、光合有效辐射等）、二氧化碳通量、显热/潜热通量等

**观测方式**：水文气象站＋卫星遥感

**观测要素**：降水量、土壤水分、蒸发、地表温度、冰雪覆盖、水体信息等

大气观测子系统
海洋观测子系统
冰冻圈观测子系统
气候变化观测系统
空基观测子系统
陆地生态观测子系统
陆表水循环观测子系统

图 6-2　气候变化观测系统构成及特征

## 二、气候变化对自然系统的影响与适应

### 1. 陆地与海洋生态系统

20 世纪 80 年代开始启动的一系列全球变化研究计划：国际地圈-生物圈计划、世界气候研究计划、生物多样性和生态系统服务政府间科学政策平台、全球碳计划和未来地球计划等，均将气候变化与陆地生态系统相互作用列为重点研究内容。气候变化与海洋生态系统变动关系密切。海洋生态系统特别是近海生态系统的变动在很多情况下是由人类活动引起的，但是气候变化加剧了人类活动导致的影响。气候变化是全球尺度或区域尺度生态系统长时间变化中不可忽视的重要因素，很多情况下是关键驱动因素。

陆地生态系统研究从影响评估向过程、机制与模拟方向转变；研究尺度从生态系统尺度向更小尺度（如分子尺度）以及更大尺度（如区域、全球）拓展；驱动机制从气候变化向极端事件与人类活动综合影响转变；研究技术由地面观测、原位与生长箱模拟试验向综合卫星遥感的立体监测方向转变；模型模拟从陆地生态系统过程向地球系统转变；此外，逐步应用大数据与人工智能等技术，并逐步向政府决策与管理提供支撑。对海洋生态系统研究的一个共同特点是：从单一学科到多学科交叉，从单一生物到生态系统，由简单到复杂，最终要从系统角度看问题、开展综合交叉研究。

## 2. 生物多样性

气候变化对生物多样性影响与适应是《生物多样性公约》（Convention on Biological Diversity，CBD）年度技术报告、生物多样性和生态系统服务政府间科学政策平台评估报告中的重要内容，《联合国防治荒漠化公约》（UNCCD）、《关于特别是作为水禽栖息地的国际重要湿地公约》[ 简称《湿地公约》，又称《拉姆萨尔公约》（Ramsar Convention）] 等公约中，也都涉及气候变化对生物多样性影响与风险、适应方面内容。历次 IPCC 气候变化评估报告中生物多样性成为重要的内容之一。

气候变化与生物多样性研究具有以下特点。①微观与宏观研究同步发展。微观上主要开展气候变化影响下物种基因、遗传多样性变化，以及对物种生殖影响；宏观上主要开展气候变化对区域及全球生物多样性影响及风险，以及物种分布格局、生境变化、物种迁移和扩散、生物入侵过程等。②典型物种向类群及全球多样性研究发展。从气候变化对典型物种影响与适应分析向气候变化对类群及整个区域或全球物种多样性影响与适应研究方向发展；从早期气候变化对典型物种分布影响研究，向对多种动、植物类群发展。③过去、现在和未来多时段结合研究。过去地球环境变化与未来气候变化对生物多样性影响与适应研究的结合。④单因子研究转向多因子综合研究。从单一气候变化对生物多样性影响，到综合分析气候变化、土地利用变化、氮沉降及大气臭氧浓度变化、水体和土壤污染等多种因子对生物多样性影响与风险研究发展。⑤多种技术结合。从简单的观测气候因子与生物多样性要素关系、调查生物多样性分布、生态位模型、种群模型、存活力、濒危灭绝分析，向结合遥感、大数据和人工智能技术、管理科学决策与对策理论和方法，分析风险及适应问题发展。⑥自然适应与人为辅助适应的结合。从分析气候变化下物种迁移、扩散及进化等自然适应过程与机制，向自然保护区规划管理、廊道设计、物种就地和迁地保护、生物技术应用等方向发展。

### 3. 水资源

2013 年，国际水文科学协会提出了新一阶段 10 年科学计划 "万物皆流"（"Panta Rhei——Everything Flows"：Change in Hydrology and Society），核心目的是通过将人类系统与水文循环的动态演变过程紧密结合，提高人类活动对水循环影响的科学理解，保障社会经济和环境可持续发展。加强水和人类相互作用研究成为水文科学发展的迫切需求。

气候变化与水资源的研究，一方面强调自然水循环过程的精细化观测和模拟；另一方面加强社会水循环过程的精细统计和定量计算。在此基础上，认识耦合水循环的自然过程和人文过程，揭示气候变化和人类活动对水资源供给和需求的影响，模拟和预测气候变化与人类活动影响下水资源的供给和需求。同时，探索气候变化影响下水资源的合理开发、科学配置、高效利用和综合管理的途径，提出水资源安全保障的适应性对策，实现水资源的可持续利用。

### 4. 冰冻圈和海平面

气候变化对冰冻圈和海平面的影响与适应领域主要研究冰冻圈和海平面对气候变化的响应机理，揭示过去和未来气候变化背景下冰冻圈和海平面变化对地球系统其他圈层（大气圈、水圈、岩石圈和生物圈）的影响以及对人类社会的致利和致灾效应，提出冰冻圈和海平面及其影响区的气候变化适应和恢复力建设策略，从而为促进区域社会经济可持续发展服务。

气候变化对冰冻圈和海平面的影响与适应研究涉及六个领域（图 6-3）：冰冻圈对气候变化的响应，海平面对气候变化的响应，气候变化下冰冻圈变化影响（包括水资源、天气气候、生态系统、基础设施、文化、人类福祉等），气候变化下海平面变化影响，气候变化下冰冻圈变化适应，以及气候变化下海平面变化适应。

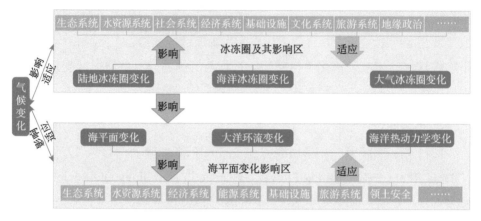

图 6-3  气候变化对冰冻圈和海平面的影响与适应研究框架

### 5. 大洋和近海物理海洋

物理海洋学研究的发展包括如下几点。①在观测空白区和资料稀缺区以及通过发展新的观测技术获取新的观测数据。②通过高性能计算能力的提升支撑数值模式朝着更精细、更快速、更准确的方向发展，其中不仅仅包括时间和空间分辨率的提高，更重要的是包含更多的物理过程以及开展更广泛的数值试验。③开展多学科交叉研究，关于海水物理特征与变化的知识储备为生物海洋学、化学海洋学等学科提供海洋环境的背景条件等基础信息。

在全球变化背景下，中国海岸带地区气候致灾事件的时空特征、损失程度、发生规律和形成机理呈现出新的特点，其突发性、异常性和灾害链发性等日益突出，灾害风险格局趋于复杂多变，并有高度的不确定性。海岸带地区的社会-生态系统呈现较高的气候变化脆弱性和敏感性，对物理海洋领域的研究及其与相关学科的交叉融合、综合风险管理和适应对策等方面，提了出更高的要求。

## 三、气候变化对社会与经济系统的影响与适应

### 1. 环境及健康风险

气候变化与环境污染的交互作用，近十几年来迅速发展成为一个新兴交

叉学科领域，重点研究气候变化对环境污染影响与反馈的过程、规律与机理，以及在气候变化背景下支持环境污染防控和气候变化应对（减缓与适应）协同发展的科学原理、先进技术与决策方法。

在气候、环境变化背景下，评估不同人为活动影响下的大气、土壤和水污染风险，及时提供不同避险等级的策略、方案、成本和预期效益。要满足这样的需求，必须以气候变化与环境污染复杂耦合关系的系统深入科学认识为依据，以能够准确描述气候与环境污染复杂相互作用的系统模型为支撑，以可靠的风险评估和秉持长期可持续发展理念的决策支持方法及其支撑平台为依托。为此，该领域发展必然以多学科交叉、多手段协同、多源数据融合、多时空尺度结合为突出特点，以多尺度多学科综合联网观测为基础，揭示气候变化与大气、土壤、水污染之间的多尺度复杂相互作用动态过程与机理机制，构建和验证大气、土壤、水、生物之间双向全耦合的过程模型系统，建立和应用依托先进耦合过程模型系统模拟的风险管理与决策支持系统，服务于区域、国家乃至全球协同应对气候变化和环境污染问题的具体举措。

气候变化对人体健康的影响途径与机制，尤其是病理方面尚不完全清楚，目前对二者的关系可归结为图 6-4。从学科发展来看，气候变化与人体健康的研究愈发综合。早期的研究要素比较单一，影响要素主要包括热浪、粗颗粒物污染、化学污染、水污染与淡水供应、虫媒传染病、紫外辐射等，相应的健康结果主要为直接死亡、伤害与传染病暴发等；研究方法和手段也较为简单，多为描述性和相关性研究。随着对气候变化健康风险的深入认识，气候变化与人类健康研究从研究手段、技术等方面都有了大幅提升。从单一要素扩展到通过多环境介质与社会人文因素，健康效应评估的指标也更多元化，进一步扩展到饥饿（营养不良）、慢性病和精神健康等方面，并开始侧重于敏感人群研究；社会经济因素也开始纳入气候变化健康敏感和脆弱区研究；同时，出现了气候变化健康的综合性研究，如气候变化的疾病负担等。研究的方法和手段也更加多样化和丰富化，从公共卫生数理统计方法为主扩展到遥感技术应用、时空分析、模型构建、预测预警等，大数据也于近年来应用到该领域。

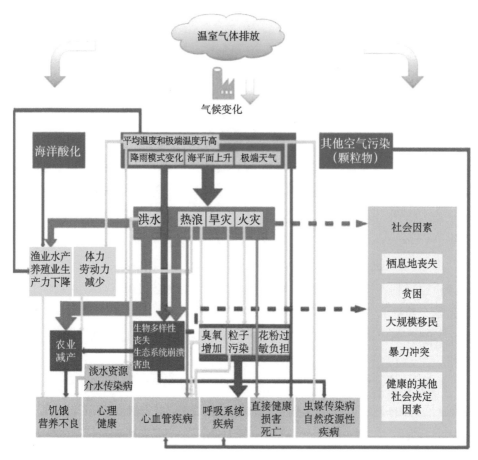

图 6-4　气候变化对人体健康的影响途径（图改自：Watts et al.，2018）

逐步深入和综合的气候变化与健康研究，充分支撑了相关的技术转化与应用，包括预测预警模型与平台、气候变化健康风险减缓适应与应对策略与行动计划等，催生和丰富了诸多气候变化与健康有关的国际大计划，如"Plenary Health""Health in All""柳叶刀 2030 倒计时"等。近年来全球传染病频发，尤其是新冠疫情的暴发，促使国际社会开始将气候系统–生态系统–人体健康作为整体进行深入思考。

## 2. 能源

温室气体减排是一个对能源发展产生重大影响的驱动因素。目前，能源的战略驱动因素包括能源安全、温室气体减排、大气污染治理等，而未来更多是由温室气体减排的驱动所决定。IPCC 第五次评估报告重点评估了 2℃升温目标下的减排路径，1.5℃升温特别报告评估了 1.5℃升温目标下的减排路径，第六次评估报告则重点评估这些目标的可行性和相关政策。国际国内针对减排途径的研究将给决策者展示一个制定能源转型政策的依据。根据这些研究评估，要实现《巴黎协定》目标，即刻就需要全球实现排放达峰，并尽快进入减排阶段。

在气候变化对能源的直接影响方面，对采暖和制冷需求的研究需要更多区域化的分析，由于这些需求的地域性很强，可以和气候变化模型的区域化结合起来。气候变化和极端事件带给电网等供应系统的影响，是一个应用意义很强的研究领域。由于气候模式和影响模型给出的区域结论还很有限，还没有很好地和对电网的影响结合到一起。针对减排途径的研究一直支撑了国际气候变化合作的进程，减排情景驱使全球的减排目标越来越严格。但是在减排途径、能源和经济转型定量分析方面，持续性研究不足，可持续性差。

### 3. 自然灾害风险防控

气候变化和人为影响及其共同作用对地球表层系统的扰动，可以导致自然灾害发生。灾后地表环境的改变和人类社会发展方式的转变，又会影响未来气候变化。因此，气候变化与自然灾害之间是彼此联系、相互作用的动态过程（图 6-5）。气候变化风险的发生、发展和管理涉及自然与社会经济系统

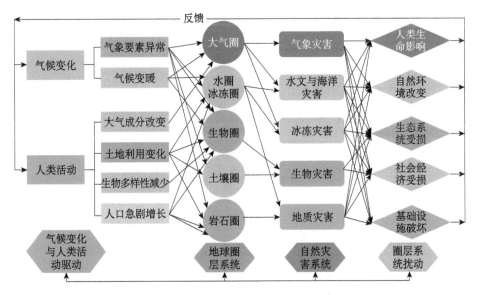

图 6-5　气候变化引发的自然灾害形成机制

的多个方面。灾害风险不仅来自于气候变化本身，同时也来自于人类社会发展和治理过程。气候变化风险管理是依据风险评估的结果，结合经济、社会及其他因素对风险进行管理决策并采取相应控制措施的过程。最大限度地降低气候变化可能导致的损失，是适应气候变化的关键问题。

气候变化与自然灾害风险研究，需要揭示在人类活动与气候变化的双向耦合作用下自然灾害风险形成、演化机理，评价与预估气候变化背景下自然灾害风险，制定适应气候变化和防灾减灾的综合风险防范对策。发展的主要途径是多学科交叉融合、立体原型观测与数据同化模拟、多尺度机理实验以及多尺度多过程耦合模拟。科技成果转化应用是灾害风险研究发展的生命力，应用于解决经济、社会发展中面临的重大自然灾害问题，促进其研究成果的社会化、市场化和产业化。

### 4. 农业

气候变化作为重要的环境驱动力，深刻影响农业系统的运行。极端天气气候事件频率和强度变化，威胁农业系统的稳定性。与气候变化相伴随的大气要素和 $CO_2$ 浓度等变化，导致农业气候资源的时空格局发生变化。农业生产充分利用气候资源的变化，调整布局。

在全球气候变化导致的渐变事件、极端事件的胁迫下，在农业生产系统层面，敏感要素响应气候变化，导致主要农作物特别是经济作物的产量和品质发生变化的机理；在粮食系统层面，粮食加工、存储、运输和消费等价值链环节受到气候变化的不利影响，研究影响粮食系统稳定的过程；在适应气候变化层面，通过基础设施、管理措施、抗逆品种、预测预警、保险和政策等，研究粮食系统适应气候变化的方法和技术；在粮食安全层面，评估全球主要区域粮食产量，分析全球粮食市场供需平衡，研究实现粮食安全的路径和战略。

### 5. 城市化

气候变化和城市化相关研究迄今已经历了约 30 年的发展历程。城市化与气候变化相互作用机理、过程、效应和应对，是自然科学和社会科学的交叉领域，主要研究城市气候变化机理和过程，揭示城市化与气候变化相互作用机制，量化城市化的气候变化效应，评估城市化的气候变化风险，提出城市化的气候变化应对策略和措施，以促进全球城市可持续发展（图6-6）。

近年来，气候变化与城市化领域在研究内容上，由简单的现象观测逐步深入到复杂的机理解释。在研究方法上，由计量统计为主扩展到过程模型模拟与机器学习相结合。在研究尺度上，由局限于历史分析向未来情景预测发展，由单一尺度和过程研究向多尺度多过程综合集成研究跨越。在研究应用上，从基于效应和风险评价的政策建议向减缓和适应气候变化的具体措施迈进。

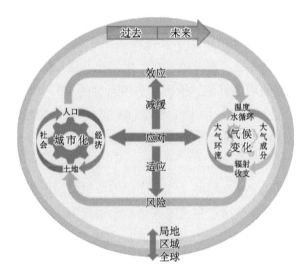

图 6-6 气候变化与城市化相互关系

# 第三节 发展现状与发展态势

## 一、气候变化

### 1. 气候变化科学

气候变化的人为驱动因子在 18 世纪提出以后，相关理论和方法在 20 世纪中后期经历了快速的发展，观测资料的完善和气候模式的发展使得对人类活动的影响的认识日趋深化。IPCC 第五次评估报告指出人类对气候系统的影响是显而易见的，极有可能是 20 世纪中期观测到的变暖的主要原因。支持该评估的多种独立证据包括温室气体浓度的增加、正辐射强迫估计、气候系统各组成部分明确观测到的变暖以及对气候系统的理论解释。目前，现有的归因研究已将人类活动确定为"自 20 世纪中叶以来观测到的变暖的主要原因"。人类活动的"指纹"研究验证了理论理解所预期的特定变化，并在模式模拟中得到了证实。

近年来，我国学者在中国气候变化的事实、驱动力和归因以及未来预估方面均取得了重要进展。基于经过均一化处理的观测数据集，校正了我国 1920～1940 年虚假的增温峰值，给出了更为可信的 1.3～1.7℃ 的中国地区百年增温率（Yan et al.，2020；中国气象局气候变化中心，2022）；指出我国近 60 年来极端高温、极端降水等极端天气气候事件频率增加，寒潮等冬季极端事件总体显著减少但存在年代际振荡（Hong and Sun，2018）。揭示出气候系统内部变率对我国夏季降水和冬季气温变化的贡献，指出太平洋年代际振荡等气候系统内部变率和气溶胶强迫等人类活动引起的东亚夏季风减弱是"南涝北旱"降水型形成的原因（Zhang，2015a，2015b），北极涛动等气候系统内部变率和温室气体排放等人类活动引起的东亚冬季风变化是引起我国冬季气温变化的原因（Gong et al，2019）；预估未来中国区域气温将持续上升，夏季降水将明显增强，但有很大的区域不均匀性（第三次气候变化国家评估报告编写组，2015）。

近 30 年来，中国专家在 IPCC 报告中担任主要作者的人数从 IPCC 第一次评估报告的 9 人上升到第五次评估报告的 44 人（图 6-7）。在参与国家显著增加、总人数减少的情况下，IPCC 第六次评估报告仍有 39 名中国作者。丁一汇、秦大河、翟盘茂分别担任第一工作组联合主席。

上述气候变化研究的进步得益于国家经费投入的持续增加、科研平台的不断优化以及国际合作的加强。2009～2019 年，仅科学技术部、国家自然科学基金委员会、中国科学院三家的经费投入就接近 30 亿元。以科学技术部为例，先后实施了全球变化国家重大科学研究计划（2010～2015 年）、国家重点研发计划"全球变化及应对"重点专项（2016～2019 年）等多个计划来资助气候变化研究，前者 6 年共资助 62 项项目，后者 4 年已资助 74 项项目（图 6-8）。

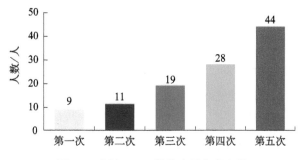

图 6-7　历次 IPCC 报告中国作者人数

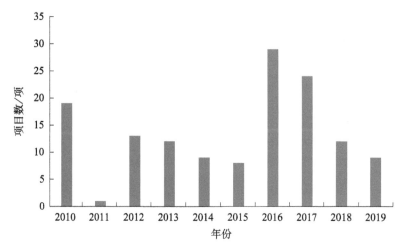

图 6-8　2010～2019 年科学技术部全球变化国家重大科学研究计划和
国家重点研发计划"全球变化及应对"重点专项资助项目数

中国气候变化研究仍面临许多挑战，主要包括如下几点。①研究手段多为"跟跑"。不论是数据均一化处理方法还是气候检测归因技术，很少具有自主知识产权（周天军等，2014）。②研究领域相对偏窄。以 IPCC 第五次评估报告为例，只有第 14 章"气候现象及其与未来区域气候变化的关联"的中国（不含港澳台）引文占比超过 5%，而其他章不到 5%（郑秋红等，2020），在检测归因和未来预估领域的研究仍缺乏国际影响力。③学科交叉亟待加强。与社会、经济、可持续发展、自然科学和社会科学的交叉融合不够，对适应问题的科学支撑不足。④领军人才偏少。虽然参与 IPCC 评估报告的中国作者人数的绝对值一直在增加，但中国学者的占比并没有显著增加（肖兰兰，2016）。

### 2. 极端天气气候事件

随着极端天气气候事件的频繁发生以及造成的影响加大，世界气候研究计划将极端天气气候研究作为所面临的重大挑战。国际上针对极端天气气候事件的研究，主要围绕着当前的观测记录能否充分反映极端天气气候特征、极端天气气候事件形成机制、气候模式对极端天气气候特征和变化的模拟能力开展。在具体高影响极端天气气候事件方面取得了显著的成就，提高了对历史和未来极端天气气候事件变化的认识。随着IPCC《管理极端事件和灾害风险，推进气候变化适应》特别报告的出版，在已有认识基础上制定极端天气气候事件应对政策、提高灾害风险管理能力和增强气候变化适应能力逐渐发展成为极端天气气候变化研究的热点，是实现联合国可持续发展目标的迫切需求。

过去30多年来，特别是"十二五"期间实施"全球变化研究"国家重大科学研究计划以来，我国在极端天气气候事件的观测分析、机制成因、检测归因、未来预估等方面取得了一系列国际认可、具有较大影响的创新性学术成果，如发现人类活动很可能增加了中国高温热浪的发生频率、减少了寒潮的发生频率（Lu et al., 2018; Wang et al., 2018）；极端干旱、极端降雪等极端事件增加（Zhou et al., 2014; Wang et al., 2020），且全球增温水平对极端事件增加频率有很大影响（Zhang et al., 2018）。在《第三次气候变化国家评估报告》以及2015年发布的《中国极端天气气候事件和灾害风险管理与适应国家评估报告》中，系统总结了我国不同阶段在中国气候变化事实、影响与应对，极端天气气候事件及灾害风险管理与应对等领域的研究工作。近年来，我国在气候变化与极端天气气候事件领域的研究成果显著增加 [图 6-9（a）]，发文量从 2010 年的百余篇，增长到 2019 年的近千篇，累计引文量近 5 万次 [图 6-9（a）]。

我国对极端天气气候事件的研究优势集中在寒潮、极端温度、极端降水。其中，有关寒潮的发文占全球发文的近 40%，有关极端温度和极端降水的研究均占全球发文的 30% 左右。极端温度的研究影响力最高，引文量占 30% 以上，寒潮位列第二（26%）（图 6-10）。

极端天气气候事件研究的不足主要在于多源观测数据融合、极端事件表征、极端事件尤其复合极端事件的特征、极端事件关键物理过程的理解及归因等，这些问题的解决将有助于改善气候系统模式的模拟能力，提高未来预估的可信度，更好地服务于灾害风险评估及应对。

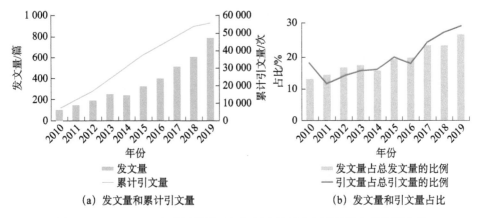

(a) 发文量和累计引文量　　　　(b) 发文量和引文量占比

图 6-9　2010～2019 年中国极端天气气候事件研究领域的发文量和引文量

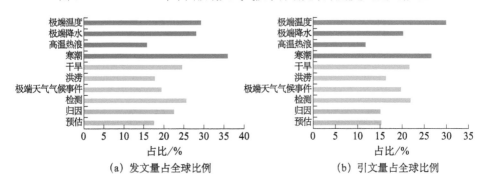

(a) 发文量占全球比例　　　　(b) 引文量占全球比例

图 6-10　2010～2019 年中国发文量和引文量占全球比例

### 3. 气候变化模拟与未来预估

目前，用于再现和预估气候变化的数值模式从物理气候模式发展为地球系统模式，模式分辨率和性能不断提高，并针对区域气候变化问题开展了区域气候降尺度试验（周天军等，2014，2019），大大提高了对区域气候变化的理解和预估能力；同时，预估进一步区分为未来 30 年左右的近期预估和百年或更长时间的长期预估，更加重视气候系统内部变异在气候变化中的作用。数值模式和数值试验的发展也体现出检测归因对象正在向区域尺度、多种气象要素、极端事件等方向发展，预估的结果也在向高时空分辨率和不确定性的定量化估计发展，这在 CMIP6 的检测归因模式比较计划（Detection and Attribution Model Intercomparison Project，DAMIP）、高分辨率模式比较计划（High Resolution Model Intercomparison Project，HighResMIP）和协同区域气候降尺度试验（Coordinated Regional Climate Downscaling Experiment，CORDEX）中均有体现。

我国气候系统模式或地球系统模式发展有较为悠久的历史。自20世纪80年代起从大气环流和海洋环流模式开始，到后来的气候系统模式，再到逐步建立的地球系统动力学模式。中国科学院大气物理研究所、国家气候中心、北京师范大学、自然资源部海洋第一研究所、清华大学、南京信息工程大学、中国气象科学研究院等都组建了气候（地球）系统模式研发团队，研制气候系统模式或地球系统模式，并积极参与耦合模式国际比较计划。国际上有约50个模式研发单位共80多个模式参与了CMIP6的模式比较计划，其中我国有9个单位（包括台湾1个）共12个模式参与，为气候变化研究和未来预估提供了大量的数值模拟试验数据，对支撑IPCC评估报告的编写起到了重要的作用。

我国气候系统模式发展存在的主要问题包括：①气候系统模式发展缺乏统一规划；②模式分辨率相比国际同类模式明显偏低，模式研制集中在大气模式动力框架和物理过程，对陆面模式分量、海洋模式分量、海冰模式分量在气候系统模式中的模拟表现及存在的问题研究较少；③气候系统模式支撑国家需求能力不足，真正能够模拟人类排放驱动的模式较少，难以支撑国家需求。

### 4. 气候变化观测

目前观测资料的范围，已经从1850年左右非常有限的观测发展到覆盖全球。1979年卫星时代的开始，标志着全球规模观测大气、冰冻圈、陆地、海洋表面的气候变量的开始。已发布的全球陆地温度时间序列中使用的地面站数量，从1935年之前的不足150个增加到2020年的约36 000个。已有来自全世界的六个研究小组［美国国家海洋和大气管理局（National Oceanic and Atmospheric Administration，NOAA）、美国国家航空航天局（National Aeronautics and Space Administration，NASA）、日本气象厅（Japan Meteorological Agency，JMA）、劳伦斯伯克利国家实验室（Lawrence Berkeley National Laboratory，LBNL）、哈得来气候预测与研究中心–英国东安格利亚大学气候研究中心（Hadley Centre for Climate Prediction and Research-East Anglia's Climatic Research Unit，Hadley-CRU）及 Kevin Cowtan 和 G. Robert Way 团队〕正在生成全球陆地-海洋表面温度数据集。多种再分析资料越来越多地用于研究和评估气候系统的变化特征，这些再分析资料包括大气再分析、区域再分析、耦合再分析、仪器时代的有限同化再分析、古气候再分析等。随着其空间分辨率的提高，新的分析成为可能，如探索细微尺度的极端现象，较长的再分析会应用于过去 100～1000 年的气候变化研究。

截至 2020 年底，我国国家级地面气象观测站向 6 万个扩展，天气雷达已达 190 部。已建立 7 个地面观测本底站、中国气溶胶遥感监测网（China Aerosol Remote Sensing Network，CARSNET）、太阳-天空辐射计观测网络（Sun-Sky Radiometer Oberservation Network，SONET），初步建成了中国大气成分观测网。我国陆地生态环境监测实现了从中小时空尺度的群落和生态系统，向区域和全球尺度转变。水循环观测技术经历了由点到面的发展，我国学者提出了全球水循环观测卫星（Shi et al.，2016），建设了黑河观测计划（Li et al.，2013）、青藏高原多尺度观测网络（Yang et al.，2013）。已经建立西太平洋潜标阵列、南海、黄海、渤海、东海近海观测网等若干关键区域海洋观测系统。我国组织了"西北太平洋海洋环流与气候试验"（Northwestern Pacific Ocean Circulation and Climate Experiment，NPOCE）大型国际计划，在西太区域建立了国际领先的观测系统（Hu et al.，2015）。

我国已拥有气象、海洋、环境和灾害监测、高分系列卫星等自主建立的陆地、大气、海洋先进对地观测系统。风云三号 C 星和风云二号 G 星、风云四号 A 星分别加入我国极轨气象卫星家族和静止气象卫星家族。风云二号和风云三号被世界气象组织纳入全球业务应用气象卫星序列。2016 年发射全球二氧化碳观测科学实验卫星（TanSat）、2018 年发射高分辨率大气环境观测卫星（高分五号），已初步形成"天-空-地"一体化的温室气体立体观测能力。

我国气候变化观测系统存在的主要问题包括：一些气象观测站因迁站和更换仪器以及站点逐渐城市化和仪器灵敏度漂移等造成观测结果不均一性；不同观测网络的观测方法、指标体系不统一；长期陆地生态环境系统观测网络建设规划、信息发布不统一，信息化水平和共享程度不高；大型野外监测仪器设备、实验平台等基础设施相对缺乏和落后；信息化、智能化检测仪器使用率较低；遥感估算的水循环分量还难以满足基本的水量平衡。

# 二、气候变化对自然系统的影响与适应

## 1. 陆地与海洋生态系统

目前，关于气候变化与陆地生态系统的研究主要集中在陆地生态系统结构、功能、服务的变化规律，陆地生态系统的现状与变化趋势，以及陆地生态系统变化的驱动机制方面，关于陆地生态系统变化对大气和气候系统的反馈研究较少。气候变化引起的温度升高和降水变化导致的植被环境胁迫，它们单独或联合作用对植被从分子至生态系统甚至区域等多尺度影响是目前重要的研究方向。

"健康海洋与可持续发展"是联合国可持续发展计划的一个重要组成部分。进入 21 世纪之后，国际实施了"全球海洋生态系统动力学研究计划"（Global Ocean Ecosystem Dynamics，GLOBEC），生态系统动态变化和关键驱动因子的多学科交叉研究成为重要前沿领域。利用海洋物理环境、化学环境、生物环境和渔业资源进行多学科交叉，研究海洋生态系统在全球气候变化下的响应与适应。

我国对黄东海生态系统动态变化和关键驱动因子的研究取得了重要成果。开展了海洋生态灾害研究，包括有害藻华（赤潮）、浒苔暴发（绿潮）和水母暴发等，有力地推动了海洋生态系统的研究。在气候变化对我国海洋生态系统的影响领域，我国参加了一系列的国际合作计划。"全球变化下的海洋与湖泊"是中国海洋湖沼学会每两年一次的科学大会的固定题目，重点探讨全球气候变化和人类活动多重压力下海洋生态系统和淡水生态系统的变动问题。全球气候变化对海洋生态系统的影响、海洋生态系统变动对气候变化的反馈等成为研究的重点，研究的范围越来越大，大海洋的概念越来越清晰。

我国在该研究领域的不足主要表现如下：①对近海研究较多，对深海和远海的研究缺乏；②综合研究不足，缺乏陆海统筹、海洋与大气、生命与环境、资源变动与气候变化等方面的综合研究；③观测和预报预警系统没有完全建立；④缺乏过去与现在气候变化的影响识别归因以及定量区分气候变化与人类活动影响；⑤未来气候变化下海洋生态系统风险研究不足，包括生物的进化、基因变异、物种灭绝等；⑥适应气候变化，包括自然适应过程、适应的程度，特别是全球温升 1.5～ 2℃或者更高温度下的减缓政策和措施研究不够。

### 2. 生物多样性

21 世纪以来，在影响与风险方面，国际上开展的研究包括生物多样性变化与气候变化关系，气候变化对维管植物、高等植物和淡水生物多样性的影响，气候变化下物种灭绝及生物多样性丧失、栖息地丧失、生物多样性热点区物种脆弱性，气候变化导致物种灭绝的理论和方法等。在适应方面，开展了对生物多样性避难所、气候变化综合保护策略、生物多样性空间规划、气候变化适应战略、野生动物管理等方面的研究。同时，未来气候变化对群落、生物多样性影响与风险分析模型方法等都是需要关注的问题。气候变化影响下干旱区和城市生物多样性适应，以及改造自然选择综合保护模式、保护物种决策、景观及保护规划、保护地连通等分析成为重点内容。适应进化及避难所适应、栖息地配置、就地保护、入侵物种管理、气候智能管理、专家方案选择、物种应对气候变化能力成为关注热点。

21 世纪初，我国开展了气候变化对典型濒危物种、类群及自然保护区影响的探索，进行了气候变化下典型濒危动植物脆弱性分析，提出生物多样性适应气候变化的一些对策，开展了气候变化下物种栖息地、物候和植物生长等方面的控制性试验研究，以及气候变化对有害生物危害方面的分析。2010～2019 年，开展了鸟类、兽类、爬行类及有害生物分布改变与气候变化关系分析，进行了气候变化对裸子植物、鸟类、爬行类、种质资源影响与风险分析，以及气候变化下有害生物入侵等分析。同时，开展了气候变化下典型物种庇护地识别和保护区规划的探索。

我国在该研究领域的不足主要表现如下。①在气候变化对物种分布影响与风险方面，纳入评估的物种种类还较少。淡水生物多样性、非脊椎动物及非维管植物研究还比较少。②我国的研究用国外模型方法较多、跟踪国外研究多，自主创新不多，引领性成果少。③对未来影响研究多，而对过去气候变化影响及未来风险研究不多。④生物多样性适应气候变化对策研究非常不足，提出的生物多样性适应气候变化对策具体试验不足，缺乏具体应用。⑤多学科交叉和新技术应用还有待加强。

### 3. 水资源

国际上气候变化与水资源研究重点集中在：①气候变化对水循环和水资源供给的影响，采用气候变化—水文模拟—影响评估三个步骤，回答未来不同气候变化情景下，不同区域的水资源供给能否保障经济社会发展的需求；②气候变化对水资源需求的影响，估算气候变化对生活用水、工业用水、生态用水和农业灌溉用水等的影响；③气候变化对水质的影响，气温变化对水体溶解氧等水质指标的影响，极端暴雨对河流氨氮等营养物质排放量的影响，海平面上升对沿海地区海水入侵地下水的影响等；④气候变化影响下水资源的变化对人类社会其他环节，如对能源生产、基础设施、生态系统和人类健康的影响等。

近年来，中国科学家在气候变化与水资源领域方向的重要成果包括：①气候变化与水资源宏观战略研究方面，系统评估了气候变化对我国十大流域水资源安全保障的影响；②气候变化对水循环和水资源影响观测方面，加强了水资源脆弱区或热点地区的水循环观测，主动融入国际气候变化和水循环相关的观测和研究计划；③气候变化对水资源影响机理方面，提出了"自然"和"社会"二元水循环框架（王浩等，2012），揭示了气候变化对水资源影响的主要特征：非线性、区域分异性、响应极值化、复杂反馈性等；④气候变化对水循环和水资源影响的模拟和预测方面，构建了多个水循环综合模拟模型，联合主持撰写 IPCC 专题报告《气候变化与水》（Bates et al.，2008）。

目前的薄弱环节主要包括：①数据共享机制不健全，尤其是径流和水资源供需等水文数据资料共享存在困难；②我国的水文和水资源模型在国际上代表性不足，较少有国内自主研发的水文模型在国际上被广泛应用；③从学科涵盖的分支学科来看，目前还没有专门设置全球变化与水资源相关的国家重点实验室。

### 4. 冰冻圈及海平面

近几十年来，国际上高度关注的研究方向包括冰冻圈对气候变化响应研究、海平面对气候变化响应研究、气候变化下冰冻圈变化影响研究、气候变化下海平面变化影响研究、气候变化下冰冻圈变化适应研究和气候变化下海平面变化适应研究。

中国科学家率先在国际上将传统的冰冻圈单要素研究发展为冰冻圈科学，使之成为一个完整的学科体系（Qin et al., 2018）。已基本建成冰冻圈和海平面变化的定位监测网络，拥有较好的研究平台。注重自然科学和人文社会科学的多学科交叉，特别注重学科发展与国家需求相结合，率先提出冰冻圈功能和服务理论体系以及冰冻圈地缘政治等概念，并积极推进相关研究（效存德等，2019）。

在冰冻圈与海平面研究领域，我国在国际上发表论文始于 20 世纪 70 年代末 80 年代初，之后快速发展，特别是近 20 年来增长速度明显高于国际平均水平（图 6-11），冰冻圈对气候变化响应研究在各时期发文量均占绝对优势，其次是气候变化下冰冻圈变化影响研究、海平面对气候变化响应研究、气候变化下海平面变化影响研究。2010～2019 年总发文量稳居全球第二，尽管与排名第一的美国存在较大差距，但差距在不断缩小。

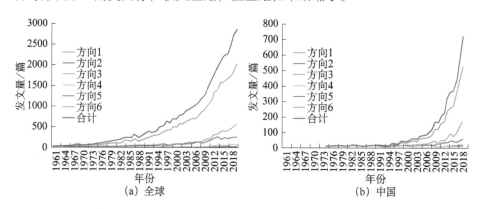

图 6-11 1960～2019 年不同研究方向全球和中国发文量

方向 1- 冰冻圈对气候变化响应研究；方向 2- 海平面对气候变化响应研究；

方向 3- 气候变化下冰冻圈变化影响研究；方向 4- 气候变化下海平面变化影响研究；

方向 5- 气候变化下冰冻圈变化适应研究；方向 6- 气候变化下海平面变化适应研究

我国在该领域的不足之处主要体现在：①在冰冻圈和海平面变化适应、冰冻圈变化模拟、极地冰冻圈研究、海平面变化模拟及其灾害风险和恢复力路径方面与国外存在较大差距；②冰冻圈科学研究的国际竞争力仍需加强，中青年创新人才队伍仍欠缺；③冰冻圈科学为国家需求服务的能力有待进一步提升，特别是服务极地国家战略需求；④参与和主导大型国际研究计划不深入，国际合作形式和模式单一，缺少国际一流的联合实验室、研究中心和以我为主的国际研究计划。

### 5. 大洋和近海物理海洋

进入21世纪，国际物理海洋学研究更多地侧重于分析海洋在全球气候变化中的作用，海洋与大气、海冰等其他圈层的相互作用研究成为重点和焦点。整体上，大洋物理海洋学在现阶段进入一定的平缓发展期，但与气候变化的研究结合却更加紧密。

2010~2019年，我国在大洋物理海洋学研究方面具有代表性的研究成果包括：表层风场作用、副热带海洋"热斑"现象、温-盐变异、海浪与湍流运动、万米水深海洋观测、海洋环流变异、全球海洋环流加速等。在物理海洋学的基本理论与经典的物理海洋学现象、海洋与气候变化和深层海洋变化等热点问题上取得了新的研究成果，如厄尔尼诺-南方涛动（El Niño-Southern Oscillation，ENSO）、大西洋经向翻转环流（Atlantic Meridional Overturning Circulation，AMOC）、北极快速变化、热带海气相互作用等。在近海物理海洋及其影响方面，评估了海平面变化和海洋升温对海岸带社会-生态系统的影响、风险和适应，指出了在不同气候情景下海岸带地区不同生态系统和经济社会面临的各种风险与需要采取的适应措施。

目前，我国在大洋和近海物理海洋领域的不足主要包括：①海洋观测设备、观测技术、海洋环流模式、海洋再分析数据等方面的突破偏少，在形成物理海洋学最先进理论、解决最热点问题上的领军能力较弱；②对海岸带气候变化致灾因子的强度、频率和范围的认识有限，迄今仍未能充分解决海岸带地区地表径流、地形地貌和高程、近岸海底水深、温度、盐度、海流和潮位等调查和观测资料；③海岸带致灾因子危险性的预估研究以及能够较好地反映未来中国近海物理海洋环境的气候预估模式仍较为缺乏；④海岸带社会-生态系统的适应研究与应用、基于修复或增强系统自然适应气候变化能力的研究不足。

# 三、气候变化对社会与经济系统的影响与适应

## 1. 环境及人体健康

近 10 多年来，全球气候模型已经用于模拟研究空气质量与气候的中长期变化及其相互作用。2021 年发布的 IPCC 报告评估了对流层臭氧、气溶胶、甲烷、氮氧化物、氨、挥发性有机物等对气候有直接或间接影响且寿命不超过 10 年的短寿命气候强迫因子（short-lived climate forcers，SLCFs），包括各种 SLCFs 的大气浓度、不同类别源与汇的强度、大气过程和辐射强迫，气候变化对近地面臭氧、气溶胶颗粒物和极端污染事件的影响，空气质量和气候对 SLCFs 减排的响应，以及对未来 SLCFs 排放和大气浓度、近地面臭氧和气溶胶颗粒物浓度变化、气候如何响应 SLCFs 排放和不同减排情景下补偿效应与关联性的预估。现有研究表明，气候变化引发复杂的多重影响，往往导致地表水水质下降或水体污染加重。

国际上气候变化与人体健康研究始于 20 世纪 80 年代，2000 年以前的早期研究主要涉及气象因素变化对传染病分布和流行的影响。基于气候变化与传染病传播的证据，开展气候变化敏感传染病防控的典型案例，极大地启发和推动了气候变化健康风险的应对研究。2003 年西欧的极端热浪以及伴随的极端干旱事件，极大地推动了极端气候事件与健康研究和极端气候事件的应对能力建设，如极端气候事件的早期预警系统等，脆弱人群研究也进入视野。总体来看，现阶段国际社会对气候变化与人体健康的研究多集中于直接关系，即极端温度或准周期性气候事件健康风险的流行病学研究。随着空气污染的加剧，不少研究也聚焦了气候变化带来的环境健康问题，也有研究针对气候变化对传染病稳定性的改变开展了影响机制解析。

我国 2015～2019 年在气候变化对环境影响领域 SCI 核心期刊文献总数仅次于美国，位居世界第二。气候变化和大气污染相互影响的研究主要包括：与环境污染相关的大气-土壤-水文相互作用过程的地球系统模型研发，基于气象观测或再分析气象场和污染观测的统计分析研究，未来气候预估结果驱动的全球化学传输模型对气溶胶长期变化的模拟，以及依托气候-大气污染物耦合模型模拟的气候变化和大气污染的相互作用研究，并取得了多项

重要进展。例如，认识了霾污染的不利气候背景和主导因子（Zhang et al., 2014；Li et al., 2016），建立了气象场年际至年代际变化影响中国东部 $PM_{2.5}$ 浓度的定量表达，发现海表温度、大地形、积雪和海冰都能够通过改变大气环流而显著影响中国大气污染（Li et al., 2017），全球变暖导致中国北方冬季重霾污染事件频次和持续时间增加（Cai et al., 2017），揭示了颗粒物浓度与其气候效应间的正反馈效应（Liao et al., 2009），定量了区域对流层臭氧和气溶胶变化对全球平均辐射强迫和中国东部夏季气温与降水的影响（Li et al., 2018）。

我国气候变化与健康的研究于 2000 年后开始大幅增加。空间分析技术的提升，以及模型、大数据的应用等，大幅提升了气候变化与人体健康的研究技术与能力，而地理学作为桥梁，极大地促进了公共卫生、空间流行病学、遥感、地理信息系统、大数据等学科在气候变化健康研究领域的融合；气象学与灾害学在气候变化健康领域的交叉研究也在不断增多。中国气候变化健康研究的总体特征表现为关联性、区域性和描述性。

我国目前研究的不足包括：①亟待建立观测指标全面覆盖气候要素和环境质量或污染要素的综合观测网，以满足过程机理研究和模型方法研发对基础观测数据的基本需要；②有关气候变化影响土壤污染的研究还十分有限，其根本原因在于系统的实验和原位观测极其匮乏，尤其缺乏将气候与土壤质量或污染相关过程紧密耦合起来的数值模型；③气候变化健康研究尚未深入到分子学、基因学、病媒微生物学水平，尚不能从微观层面解析气候变化对其影响机制；④缺少开展针对气候变化有关的关键健康或疾病指标的长时间序列研究，疾病气候变化归因及其量效关系尚不明确，区域分异规律也尚不清楚；⑤气候变化健康风险研究与政策管理领域合作整体不足，缺乏精细化的疾病数据共享机制，无法科学支撑气候变化健康研究应对与决策。

## 2. 能源

在气候变化对能源的直接影响和适应方面，国际上开始进行更加区域化的研究与分析，以获得能源行业的应对技术和措施。同时，也开始关注能源发展对气候变化的影响。在间接影响方面，开展了未来实现减排途径研究，针对 1.5℃ 的转型情景研究已经在 IPCC 1.5℃ 升温报告中进行了评估，开始更加注重可行性分析。减排路径模型的分析开始关注实现《巴黎协定》目标下减排途径的更多因素分析，而不是给出更多新的情景。近期国际上讨论的新的情景研究，在考虑信息技术、人工智能等方面，以及人口迁移、老龄化等因素对减排的影响。

我国学者在对能源的直接影响研究方面，主要关注升温和极端气候对能源系统的影响以及减排目标下能源转型等问题，并进行模型定量分析。科学技术部和国家自然科学基金委员会自 2010 年以来设立重点专项，主要包括全球变化下减缓方面的模型工具开发、综合模型构建、经济代价评估、经济转型等。IPCC 报告中相关章节引用我国学者的论文也越来越多，到第六次评估报告，针对减排途径和行业减排的章节，引用达到 50 篇以上。我国在措施和政策可行性研究方面有很强的优势和较强的研究基础。

我国在气候变化与能源方面研究的不足主要包括：①能源的直接影响和政策关联还不密切，研究成果较分散。②针对减排目标下能源转型的研究仅有限的几个团队进行较为长期的研究，研究范围和国际团队相对有限。③针对气候变化在能源领域的影响和适应、应对方面的研究支持还很有限，针对低碳和零碳能源技术的研究也没有形成体系。

### 3. 自然灾害风险

目前，国际上有关气候变化与自然灾害风险的研究主要集中以下几个方面：①探讨气候变化与自然灾害及其风险的形成关系。以全球变暖导致大气和海洋环流、陆-气、海-气和海-陆相互作用变化所诱发的各种自然灾害引起了人们的特别关注。②注重气候变化及其影响的极端气候事件、灾害以及灾害风险管理等问题。③提出了各类防范、减轻及适应措施，评估、设计灾害风险管理、适应和可持续发展战略的策略选择。④灾害评估由传统的成因机理分析及统计分析向社会、经济条件分析紧密结合，灾害风险研究由定性向半定量或定量评估转化，从单灾种风险研究向多灾种综合风险和灾害链、由静态评价向动态评价研究发展。⑤解释气候变化引起自然灾害变化的规律和演化趋势，气候变化诱发的自然灾害风险形成机理、演变机制、风险预估、风险防范与应对研究。

2010～2019 年，我国在气候变化与自然灾害风险领域，不同类型的国家自然科学基金资助项目数呈逐年增加趋势，中国发文数量居于世界第二，占比为 16.51%。我国研究多集中在评估气候变化对自然灾害的影响、气候变化背景下自然灾害发生的趋势预测、时空变化及机理分析等。揭示了气候变化对极端气候事件的影响规律，开展了气候变化对气象、水文、地质和生物灾害影响研究，探讨了气候变化与自然灾害之间的关系，预估了全球变暖影响下自然灾害的发展趋势。开展了气候变化及其影响的极端气候事件、灾害以及灾害风险管理等问题的研究，提出了气候变化背景下自然灾害风险防范、减轻及适应措施，评估、设计灾害风险管理、适应和可持续发展战略的策略选择。灾害评估由传统的成因机理分析及统计分析向与社会、经济条件紧密结合分析发展，灾害风险研究由定性向半定量或定量评估转化，从单灾种风险向多灾种综合风险、由静态评价向动态评价研究发展。正在逐步开展面向适应的气候灾害风险评估与管理机制研究，探索制定中国主要气候灾害风险评估与管理技术方法、评估流程与技术规范等。

我国在该领域的不足主要如下：①原创性成果不多，学术影响不大；②区域性特色主题和单灾种研究成果较丰富，全国性和多灾种综合研究比较匮乏；③基础学科的渗透和气候变化与自然灾害风险交叉的研究不够，研究方法、技术和手段创新性仍然不足。

### 4. 农业

国际上气候变化与农业研究领域主要涉及以下方面：①与气候变化相关联的农业资源区划、农业种植区划等的动态调整和优化，以及农业生产的周期管理、种植制度和水肥管理措施等的调整；②为抵御极端气候事件对农业的不利影响，培育具有抗高温、抗旱、抗涝、抗冻害的抗逆品种；③模拟分析不同气候变化情景下作物产量的响应，促进作物模型学的快速发展；④应对极端气候事件促进防灾减灾技术与工程的发展；⑤为应对气候变化，推进农业保险、农产品气候衍生品等金融产品的研发与应用。

中国较早开展了将大气环流模型与作物土壤水分平衡模型结合，开展气候变化对作物产量的影响评估，形成基于月-日的作物影响评估能力，成为气候变化对农业影响评估的主流范式（Ju et al., 2013）。系统评估了未来气候变化对小麦、水稻、玉米等主粮作物的影响，以及对中国中高纬度农业气候资源和产量的影响。开展大量极端气侯事件对农业生产影响评估,识别出对中国农业影响最严重的极端气侯事件为干旱、洪涝、冰雹,并评估了气候变化对农业生产带来的脆弱性和风险性。为应对气候变化对农业的不利影响,农业气象保险作为风险转移的重要途径,在中国已经开展大量研究,重点发展基本框架,开发农业天气指数产品,政策性农业保险中相关方的责任与行为等,为中国农业应对气候变化提供了重要的工具和方法。

目前存在的问题主要包括:①全面、系统、综合的农业生产系统评估理论与方法研究不足;②对贯通农业生产、加工、存储、流通和消费的价值链影响研究不足;③缺乏气候变化对农业系统价值链、经济影响的经济学认识和评估;④政策研究较多,实证研究不足。

## 5. 城市化

国际上相关研究增长迅猛 [图 6-12(a)] 主要集中于城市化的气候变化效应研究,其次是城市化的气候变化风险研究。在城市化的气候变化效应研究中,城市热岛、气溶胶、碳排放和径流是主要研究热点;在城市化的气候变化风险研究中,洪涝、飓风/台风或风暴潮是主要研究热点 [图 6-12(b)和图 6-12(c)]。

中国在气候变化与城市化领域的经费投入呈明显的增加趋势。2010~2019年,以中国研究机构为第一完成单位论文数量的年均增长率为 25.9%,是全球同期平均水平的 1.6 倍 [图 6-13(a)],发文量和引文量占比分别从 2010年的 13.6% 和 10.0% 增加到 2019 年的 27.4% 和 30.4% [图 6-13(b)]。中国1990~2019 年发文量位居世界第二,2010~2019 年发文量位居世界第一。近30 年来,中国在城市化的气候变化效应、风险和应对等方面均取得了突出的研究成果(Zhao et al.,2014;Fang,2016;Du et al.,2020)。中国在该领域的发文量占比超过 1/5。其中,在城市热岛和城市碳排放方面的发文量占比超过1/4。中国发表的高影响因子和高被引论文也大多集中于城市热岛研究。

中国在城市化的气候变化风险和应对研究方面还相对薄弱,城市化的气候变化风险、减缓和适应研究明显偏少。中国相关研究的影响力还有待提高,近 30 年中国发表的相关论文篇均被引量不及美国和英国相关论文的一半。

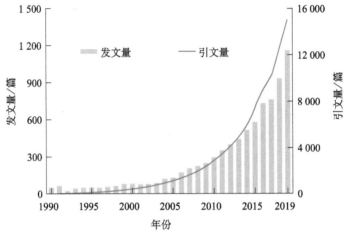

（a）相关论文的发文量和引文量变化过程

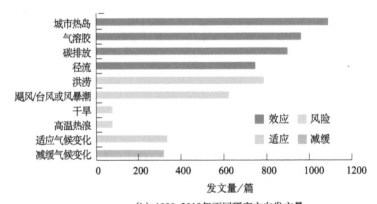

（b）1990~2019年不同研究方向发文量

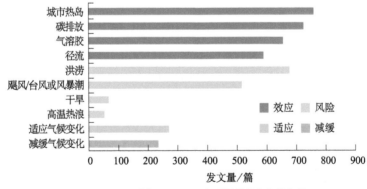

（c）2010~2019年不同研究方向发文量

图 6-12　全球气候变化与城市化领域的发展状况与趋势

注：基于 SCIE 和 SSCI 检索

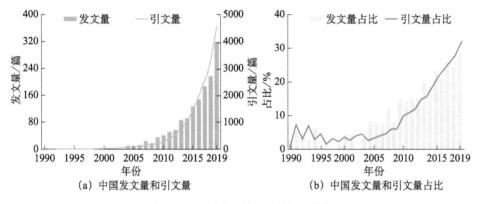

图 6-13　中国本领域方向的国际地位

注：基于 SCIE 和 SSCI 检索

# 第四节　发展思路与发展方向

气候变化影响与适应领域的关键科学问题包括：气候系统一体化观测技术、气候变化尤其极端气候事件的检测与归因、更先进的地球系统模型研发，提高预测预估能力；气候变化与自然系统和社会经济系统的多尺度和多过程耦合机制及其致灾与致利影响；气候变化减缓与适应策略；具有气候恢复力的可持续发展路径等。针对上述关键问题，未来发展思路与方向如下。

## 一、气候变化

### 1. 气候变化科学

未来气候变化研究应当是自然科学和社会科学紧密结合，气候变化和社会科学相互支撑，同时将气候变化问题与生态环境变化问题相结合，从而更好地满足可持续发展和生态文明建设的需求。在气候变化科学领域，应开展如下研究。

#### 1）全球变暖

年代际变化对全球变暖在不同尺度的影响，年代际到多年代际变暖速率不同的可能原因，全球温度、温室气体和其他大气成分的浓度变化与全球温升目标的联系，距离全球温升目标的减排空间，气候敏感度的最佳估计范围。

2）水循环和生物地球化学过程变化

降水、径流和蒸发的区域性与长期变化，全球能量与水循环收支计算的不确定性，降水影响水资源可利用量的特征，陆面过程和人类用水量在影响水资源可利用量变化中的作用。

3）人类活动对气候变化的影响程度

过去气候变化中人类活动影响出现的时间，工业化前或工业化早期以来观测到的全球变暖中人为因素的作用。未来气候变化预估中人类活动的贡献，未来温升目标和气候变化检测归因之间的联系。

4）全球与区域变化之间的联系

全球信息向社会需求的区域尺度转移，全球到区域乃至城市气候变化的不确定性及其变化的理解。从风险管理和政策制定的角度理解局地和区域过程对区域气候响应的贡献。

5）气候服务

减少灾害风险和脆弱性，增强抵御自然灾害和人为灾害的能力与应对策略的实施，向多级（国家、区域和全球）风险管理和适应以及决策提供气候服务。

## 2. 极端天气气候事件

随着我国社会经济的发展，由极端天气气候事件引发的气象灾害及其次生灾害所造成的损失不断增加，面临的灾害风险不断加大。科学地认识和预估我国未来极端天气气候事件的风险变化，是提高我国气象灾害风险管理能力和适应气候变化能力的内在需求。极端天气气候事件方面的发展方向主要如下。

1）高时空分辨率极端天气气候事件多源资料融合

观测资料的小时、日、月无缝隙均一化技术，以及多源遥感数据的融合理论和方法，可有效解析极端天气气候过程的数据同化模式和方法。发展亚日尺度短历时极端降水、持续性极端降水、热浪、典型复合极端天气气候的新指数和高影响极端指数。

2）极端天气气候事件过程解析与成灾机理

西太平洋暖池海–气相互作用、青藏高原地–气相互作用、西北干旱区地-气相互作用、城市化、气溶胶、农业灌溉等区域和局地过程影响极端天气气候及其变化的机理；结合承灾体暴露度、脆弱度及其变化的致灾风险和机理。

3）极端天气气候事件关键物理过程的模拟评估与归因

物理意义明确的评价指标和评价方法；高分辨率模拟解析极端天气气候事件类型和关键物理过程，面向极端天气气候事件过程的新型统计降尺度以及面向过程和多变量的气候模式误差校正的理论与方法；复合极端天气气候事件归因和极端天气气候事件影响归因的理论与方法，造成极端天气气候事件不同关键物理过程的精细化归因方法。

4）极端天气气候事件影响风险预估方法

不同未来时段和不同温升水平的极端天气气候事件预估以及影响预估不确定性的关键因素，结合承灾体暴露度、脆弱度未来变化的极端天气气候致灾风险预估，结合人工智能方法的极端天气气候事件未来约束预估。

## 3. 气候变化的模拟与未来预估

地球系统模式的完备性和精细化数值模拟，是气候变化数值模拟和未来预估的重要基础，其中完备性需要在模式中完善自然地球系统和经济社会系统及其相互作用，精细化需要提升模式对自然地球系统中多时空尺度变化的模拟能力以及对全球和区域的模拟能力。气候变化的模拟与未来预估方面的发展方向主要如下。

1）地球系统模式

地球系统多圈层、多过程、多要素耦合的基本物理、化学和生态过程，人类活动与自然系统的耦合，多尺度模式物理过程参数化，全球大气化学、气溶胶、生物地球化学过程和分量模式。

2）综合影响评估

包括气候模块、经济模块以及联系两者的耦合模块的综合评估模式，生态系统和自然资源的气候易损性、气候变化影响下的全生命周期社会成本核算、气候风险及不确定性下的损失机制以及能源系统深度脱碳评估，生态环境年际、年代际变化预测技术，城市化、灌溉、陆地覆盖类型对区域-局地气候的影响。

3）年际、年代际尺度气候预测和气候预估

全球海、陆、气、冰等多圈层耦合同化技术的完善，高影响气候事件预测、预估能力的提升。气候系统模式对未来近30年气候系统内部的突然变化、临界点、不可逆变化、奇异点和低概率高风险事件模拟能力的提高。

### 4. 气候变化观测系统

针对气候变化问题，建立覆盖大气、陆面、海洋的卫星观测系统，为气候变化研究、影响和应对提供完善的资料，建立气候变化观测系统（图6-14）。发展全球大气/耦合同化技术，生产中国自己的大气、海洋和陆地同化产品。具体发展方向主要如下。

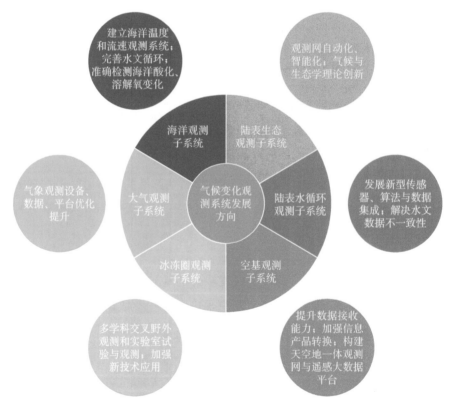

图 6-14　气候变化观测系统发展方向

1）大气观测

气象观测设备分辨率、观测精度、抗干扰能力和自校正能力的提升，常规气象观测设备的智能感知与在线标校、远程支持、指定跟踪观测、程控运行和协同观测。

2）陆表生态系统和水循环观测

自动化、动态实时化和智能化的智慧共享的陆地生态环境监测系统。更高精度的水循环观测数据，遥感观测与地面观测、陆面水文模拟数据的交叉检验与集成综合。

3）海洋观测

全球、全深度海洋状态的监测，海洋在全球物质循环和能量循环变化中的作用监测，海洋酸化、溶解氧变化和碳循环过程准确监测。

4）冰冻圈观测

从微观观测到冰冻圈影响区域整个冰冻圈要素的综合宏观观测，尤其在冰盖（川）/海洋、冰盖（川）/基岩、冰冻圈/大气、冰冻圈/植被、冰/海/气等界面过程的观测。

5）卫星遥感观测

一星多用、多星组网、多网协同的满足用户需求的陆地、海洋、大气观测3个系列，7个星座及3类专题卫星组成的遥感卫星系统的建立。

## 二、气候变化对自然系统的影响与适应

以气候变化与自然系统相互作用的机制与模拟为核心，从地球系统出发，揭示多圈层相互作用及其多尺度和多过程的耦合机制，阐明灾变（天气、气候、气候变化、极端事件、生态系统等）过程与致灾临界条件，研究陆地自然系统对气候变化的适应性及其风险评估技术。

### 1. 陆地与海洋生态系统

气候变化与陆地生态系统研究的目标是预测气候、大气成分和土地利用的变化对陆地生态系统的影响，确定这些影响对大气和物理气候系统的反馈作用。因此，气候变化与陆地生态系统的发展思路与发展方向必须服务于其研究目标。我国的海洋研究要"走得更远、下得更深"，重视深海和大洋研究。我国拥有世界上最宽的陆架，边缘海的研究与国民经济和海洋安全有重

要关系，海洋生态系统的服务功能和产出功能的体现主要是在陆架边缘海。越来越多的证据表明，气候变化加剧了人类活动对海洋生态系统的影响。气候变化与生态系统方面的发展方向主要如下。

1）气候变化对陆地生态系统影响的识别、过程与归因分析

陆地生态系统变化的敏感指标、气候与人类活动影响生态系统的因子和机制，气候变化影响陆地生态系统的生物、物理与化学过程，陆地生态系统变化的气象条件贡献率方法与模型。

2）陆地生态系统的气候变化脆弱性、风险与致灾临界条件

陆地生态系统脆弱性指标及识别方法，陆地生态系统致灾环境、暴露度、致灾因子及其与脆弱性的关系与调控机制，陆地生态系统致灾阈值及临界气候条件，陆地生态系统对气候变化的适应技术，陆地生态系统气象灾变预测预报技术与适应调控技术。

3）陆地生态系统的动植物与微生物相互作用对气候变化的响应与调控

气候变化各因子单独或联合作用对陆地生态系统的动植物与土壤微生物及其相互关系的影响，以及这些变化对陆地生态系统的功能性状、生产力、碳收支和结构等方面的影响，陆地生态系统的动植物、微生物与气候变化相互作用过程和调控机制。

4）适应气候变化的陆地生态系统布局与气候承载力

决定陆地生态系统地理分布的主导气候因子及其边界确定方法，气候因子单独及其联合作用对陆地生态系统分布格局的影响，生态系统布局的气候承载力及其机制，基于气候资源的生态系统承载力评价方法，未来不同气候情景下陆地生态系统的气候承载力及其最适布局。

5）陆地生态系统动态变化与气候的相互反馈

不同类型陆地生态系统生长发育过程与大气之间的能量传输与物质交换过程及其调控机制，陆地生态系统的生理、生态、热力和水分过程之间的耦合，不同类型陆地生态系统生长发育过程的数值模拟参数化方案，未来不同气候情景下陆地生态系统地理分布与功能变化对大气的反馈作用。

6）海洋酸化及其影响

海洋酸化与海洋生物网变动、海洋生物生产过程之间的关系，海洋酸化在大洋上的时空变化特征，海水酸化现象在不同深度上发生的程度，海水酸

化对海洋食物网的影响以及海洋生物网变动对碳等生源要素的吸收和转移的影响。

### 7）海洋生态与气候变暖的联系

全球气候变化对海洋环境和海洋生态系统的影响以及海洋生态系统的变动对气候变化的反馈。海水中溶解氧的变动、发展的范围、不同的深度、导致低氧发生的原因和对海洋生态系统的影响。

### 8）中国近海生态与邻近大洋的联系

近海生态系统中生态现象的发生与邻近大洋的变动以及与海洋气候变化之间的联系，全球气候变化背景下近海海洋生态系统的变化规律，预测、预报、预警体系的构建。

## 2. 生物多样性

未来，需重点围绕气候变化对生物多样性的影响和风险，气候变化影响下生物多样性自然适应和人为辅助适应开展研究。通过建立生物多样性适应气候变化以及与社会经济和健康的联系，揭示机制，发现规律，建立理论与方法，促进应用，解决实际问题，促进学科交叉。气候变化与生物多样性方面的发展方向主要如下。

### 1）气候变化影响与风险

生物进化、遗传基因、性状特征与气候变化的联系，物种遗传种质资源对气候变化响应机制，气候变化影响与风险微观机制和理论，气候变化影响下低等动物、高等脊椎动物类群及多样性整体丧失特征，生物多样性适应气候变化能力和机制。

### 2）自然适应机制与能力

气候变化影响下物种迁移和扩散过程与机制，物种栖息地对极端事件影响可塑性与恢复力机制，气候变化影响下物种进化和调整机制与能力，种群与种间关系维持机制等。

### 3）人为辅助适应理论与技术

气候变化影响下自然保护区与庇护地适应机制与效应，气候变化影响下物种就地保护、迁地保护适应有效性，有害生物防御适应理论和方法，气候变化影响下濒危物种遗传保护技术原理和方法，生物多样性适应气候变化以及与社会经济和人体健康关联的多学科交叉研究方法、综合规划、决策原理和方法等。

### 3. 水资源

从地球系统的角度，揭示气候变化与水循环和水资源的互馈机理，发展考虑气候变化和人为因素影响与反馈的水循环综合模型，提高模型对气候变化和人类活动叠加影响下水循环过程的模拟能力。增强对未来水资源变化的模拟和预估，针对不同流域的水资源情势，制定各种适应性对策。发展全球变化水文学（图6-15），聚焦厘清水循环变化的自然波动和人类"印记"，以更好地理解水循环变化，拓展水文学与气候变化研究的广度和深度（汤秋鸿，2020）。气候变化与水资源方面的发展方向主要如下。

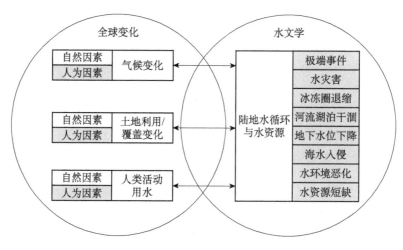

图6-15　全球变化水文学框架（汤秋鸿，2020）

**1）大数据支持下的全球变化水文学研究**

基于"天–空–地"水文与社会经济大数据的气候变化和人类活动影响下的水循环要素精细化定量估算。

**2）气候变化和人类活动叠加影响下的水循环和水资源综合模型**

基于大数据信息改进陆面水文模型中人类活动参数化表达，陆地水循环过程综合集成模型，陆地水循环过程综合集成模型与区域气候模式耦合，陆地水循环变化的影响因素与反馈，陆地水循环变化的自然因素和人为因素，全球变化下陆地水循环和水资源演变规律。

3）气候变化下的水资源保障风险评估及应对

陆地水循环演变及其在气候变化中的作用，气候变化影响下全球水资源短缺风险评估和高风险区域识别，全球气候-水文-社会经济过程演变对水资源的影响，水资源保障应对气候变化的策略和适应性对策。

## 4. 气候变化与冰冻圈及海平面变化

按照冰冻圈科学体系（图 6-16），着重于气候变暖背景下冰冻圈变化过程及其机理，建立健全冰冻圈"天-空-地"一体化监测系统和大数据共享系统，构建具有我国自主产权的冰冻圈动力学过程模式。认识冰冻圈变化对其他圈层的调节和反馈作用，揭示冰冻圈变化引发的灾害形成和演化机理及其对人类社会可持续发展的影响。加强冰冻圈功能和服务以及海平面变化影响和适应研究。气候变化与冰冻圈及海平面变化方面的发展方向主要如下。

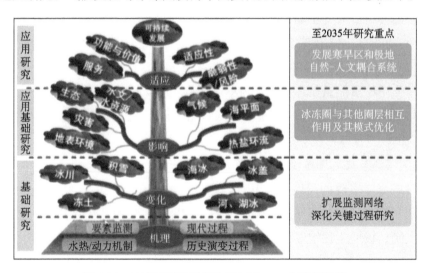

图 6-16　冰冻圈科学学科体系与至 2035 年发展思路

1）冰冻圈与极端天气气候事件关联及其防灾减灾

北半球冰冻圈速变与气候格局，低纬度-极地遥相关及其相关天气气候灾害风险与适应措施。

2）冰冻圈过程及其对海平面贡献的精细化评估

南极和格陵兰冰盖动力过程，海陆冰架融化的海-冰界面过程，崩塌和水力破裂过程，冰盖基底滑移和冰下沉积物变形，冰盖-地壳均衡调整，山地冰川冰量变化及其海平面效应预估评估，全球变暖背景下多年冻土固态冰释放对海平面的影响，未来海平面变化预估，全球平均海平面与中国区域海平面的关系。

3）未来冰冻圈变化临界阈值与不可逆性，冰冻圈功能与服务及其恢复力

气候变暖背景下冰冻圈及其各要素临界阈值的发生时间及其影响，冰冻圈在人类社会中的作用，冰冻圈灾害风险精细化评估，冰冻圈及其影响区社会-生态系统恢复力和适应对策。

### 5. 大洋和近海物理海洋

构建多尺度、跨圈层耦合的高分辨率海洋与气候模拟预报系统，发展海洋大数据与人工智能技术，洞察海洋物质能量循环机理及其气候效应，揭示水体圈、大气圈等多圈层间的关联机制，阐明深海与极地海洋变化过程，全面认识海洋在形成与驱动全球气候变化中的作用。气候变化与大洋和近海物理海洋方面的发展方向主要如下。

1）海洋物质能量循环机理及其气候效应

海洋中物质能量循环对吸收与释放热量和 $CO_2$ 的调控能力，深海大洋对热量和 $CO_2$ 的极限吸收能力，热量与 $CO_2$ 的吸收引起海洋动力和生物地球化学环境的改变及其对全球气候变化的影响。

2）深海与极地海洋的变化与影响

深层海洋多时间尺度变异及其与全球气候变化的联系，大气圈、水圈、生物圈和冰冻圈的共同作用影响极地海洋物理与生物地球化学特征的物理过程与机制，极地生物地球化学过程的长期气候效应，极地海洋快速变化的机制与全球影响。

3）气候变暖背景下海洋多尺度相互作用

气候变暖背景下能量从平衡动力过程向非平衡动力过程的传递与耗散，深海大洋湍流混合的时空变化特征和驱动机理，海洋多尺度运动对动力和热力结构的调制，跨圈层相互作用在能量串级中的作用。

4）海岸带极端事件的灾害风险防范与适应

未来海岸带气候致灾因子的时空分布、发生和演变规律，适合我国近海物理海洋环境与海岸带致灾因子的气候预估模式，刻画孕灾环境渐变性与极

端事件突发性相结合的新评估方法以及适应策略与技术。

## 三、气候变化对社会与经济系统的影响与适应

### 1. 环境变化与人体健康

建立多层次综合观测网络，融合多种来源数据，自主构建气候-环境-生态-社会/经济全耦合模型模拟系统、风险评估方法、气候变化应对与环境污染防控的决策支持技术平台和方法支撑体系，剖析区域多尺度环境质量与污染事件对气候变化响应和反馈的过程与机制，提升气候变化与健康的关联性、影响机制与预测水平，构建公众参与的气候变化与传染病监测、预警与应对平台，实现气候变化健康风险的精准精细化应对，尤其是人口密集城市区域的气候变化健康风险应对（图 6-17）。气候变化与人体健康领域包括以下重要研究方向。

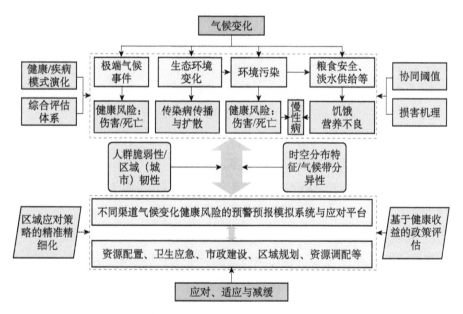

图 6-17　气候变化与人体健康领域发展的总体思路

#### 1）气候变化与环境污染

气候变化对光化学污染和短寿命气候强迫因子大气浓度水平的影响与反馈，多时空尺度大气过程与大气复合污染，气候长期变化和极端事件频率增

加对土壤持久性有机物和重金属污染、水质和营养盐浓度以及水体污染物负荷的影响,气候变化与大气污染的交互作用对大气污染影响评估的不确定性,不同气候变化适应举措对区域和全球环境污染改善的效果评估。

2)气候变化与人体健康

长时间尺度气候变化对传染病病原体、宿主、媒介和传染病传播的影响机制,分子水平的气候变化对气候敏感性病原体的影响机理,典型区域主要气候敏感性传染病的风险评估、区划与数据库构建,气候敏感性疾病时空演化预测与模拟,气候敏感性传染病的预警预报,气候变化协同环境质量恶化带来的健康损害区域分异规律、识别与归因、影响机理,气候变化与污染防治行动的协同健康效益评估。

3)模型、评估方法和决策支持工具

可长期动态模拟气候变化与环境质量或极端污染事件相互作用的全耦合过程模型,具备模拟气候变化-环境变化-生态过程-社会/经济相互作用功能的地球系统模型和环境污染防治决策支持系统,气候变化与环境污染交互影响的环境污染和人体健康风险评估方法,环境污染和人体健康风险管理决策支持平台。

4)气候变化的疾病负担、健康敏感性与阈值

准周期性气候事件与极端气候事件健康风险的空间分异规律、量化与预测;不同气候与社会发展背景下极端气候事件健康风险的适应、应对与响应机制,极端气候事件健康风险的时空演化机制与模拟。气候变化健康风险的疾病负担量化与时空模式演化,人体健康和主要疾病的气候敏感性,不同气候变化情景下人口健康的演化趋势,人体健康与气候变化的协同阈值及其气候带分异性。

5)环境污染防控和气候变化应对的策略与政策

适应未来气候变化和防控环境污染的可持续发展战略、策略、政策与技术途径,气候变化与环境污染治理对区域和全球可持续发展的影响评估。

## 2. 能源

全球应对气候变化的路径已经逐渐明确,现在全球正在致力于实现《巴黎协定》的气候变化目标,针对2℃和1.5℃升温的能源转型途径的研究转向实现路径的扩展性分析和可行性。能源是中国的保障基础产业之一,目前

国内针对2℃升温目标下的能源转型已经有了一些研究，但是针对1.5℃升温目标下的能源转型路径研究还非常缺乏。气候变化与能源领域包括以下重要研究方向。

1）电力系统深度减排的系统响应途径

低可靠性电力实现高可靠性低成本的供应（电网的扩展、电池储电、抽水蓄能、用户端响应等方面如何协调匹配）对减缓气候变化影响的效应评估。

2）未来能源转型模式下的管理机制

未来能源系统转型对气候变化的影响和减缓效应评估，未来能源行业管理机制。

3）能源转型中的社会经济因素

快速能源转型中的就业、企业损失、个人成本增加、和收入的关联、对经济的影响、区域产业布局、区域转型机会等与气候变化的联系。

### 3. 自然灾害风险

在理论上揭示气候变化导致的灾害效应。在方法上建立气候变化背景下的多尺度、多属性、多要素、全新的重大灾害（包括巨灾）影响及风险的识别与评价理论和方法；研发基于未来全球气候变化情景模式、灾害情景模拟和灾害风险评估模型相结合的气候变化背景下多灾种重大自然灾害和巨灾全过程风险预估理论与适应方案，提出构建应对气候变化和防灾减灾的综合灾害风险防范与适应对策体系及优化方案（图6-18）。气候变化与自然灾害风险领域包括以下重要研究方向。

1）多灾种重大自然灾害演变规律与成险致灾机理

气候变化背景下灾害及其风险的特征、发生发展规律、成险致灾机理、孕灾环境要素与灾害的耦合关系、致灾因子的时空分布，灾变等级动态判识与风险量化动态评价指标模式，气候变化诱发的多灾种灾害链、灾害遭遇和灾害群等，不同灾种间风险形成的内在关系，灾害风险叠加、因果和放大效应，气候变化背景下灾害致灾因子强度指标及成灾等级指标。

2）巨灾演变及影响的精准监测预报预警

"天–空–地"一体化协同自然灾害高精度自动识别和快速调查技术，多模型、多方法耦合的自然灾害全过程和灾害影响监测及灾情信息获取，精细

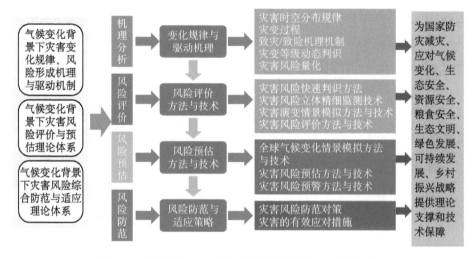

图 6-18　气候变化与自然灾害风险领域发展的总体思路

预报预警模式和技术。

3）多灾种重大自然灾害综合风险评价与区划技术

灾变过程和致灾机理的判识技术，气候变化背景下面向多灾种重大自然灾害和巨灾风险动态评估的灾害情景构建与动态模拟，综合风险构成因子的动态量化解析技术，多灾种重大自然灾害和巨灾风险动态评估的多承灾体脆弱性评价技术，气候变化背景下多维度、空地联动、多点协同相融合的多灾种、多时空、跨尺度多级定量灾害和巨灾风险判识与评估技术，气候变化背景下新一代基于动力学与精细物理过程的巨灾风险评价与区划技术。

4）多灾种重大自然灾害风险防范和适应理论与技术

与未来全球气候变化灾害情景模拟和风险评估模型耦合的新一代多灾种重大自然灾害和巨灾风险预测预估技术，气候变化背景下的综合风险稳健决策模式与方法、决策方案、适应路径优选和方案效益评价技术，适应气候变化的综合风险信息传递与沟通、决策情景模拟仿真技术，"情景-应对"型多灾种重大自然灾害和巨灾综合风险智能防范系统，重点领域、关键行业及脆弱地区气候变化背景下灾害风险适应能力评估，不同层面的适应技术集成体系。

### 4. 农业

促进气候变化条件下中国农业生产由数量向质量转变，在中国农业发展由数量扩张向质量提升转变的关键阶段，保持粮食产量长期稳定态势，同时关注气候变化对作物品质的影响，特别是蛋白质、维生素等重要食物营养元素的变化。确保气候变化条件下中国粮食安全，深入研究气候变化对关键环节的影响及在复杂系统内的反馈机理。气候变化与农业领域包括以下重要研究方向。

1）气候变化对作物产量和品质影响的过程与机理

作物产量和品质对气候变化的响应机理，区域和全球气候变化对作物产量和品质的评估方法，气候变化对作物产量和品质的影响过程与机理。

2）气候变化对农业生产系统影响的集成模拟与评估方法

气候模型与作物模型耦合模式，农业生产系统模型整合，农业生产系统模型中气候变化对关键要素的影响集成，气候变化影响农业生产系统整体的模拟与评估。

3）气候变化对中国粮食安全的影响评估与适应机制

农业生产系统、粮食系统和粮食安全主要要素与过程整合，气候变化影响中国粮食安全系统模型，气候变化影响中国粮食安全评估、适应机制与对策。

4）气候变化对全球粮食贸易的冲击及对中国的影响

气候变化对全球主要粮食作物产量影响评估体系，气候变化对全球粮食生产趋势影响预估，极端气候事件对全球粮食贸易冲击评估，国际粮食市场波动对中国粮食安全影响评估。

## 5. 城市化

认清城市气候变化过程，揭示城市化与气候变化的相互作用机理，定量评估城市化的气候变化效应，预测不同情景下城市化的气候变化风险，提出应对城市气候变化的减缓和适应策略，为气候变化背景下不同尺度的城市可持续发展提供理论和实践支撑。气候变化与城市化领域包括以下重要研究方向。

1）城市化与气候变化多要素相互作用机理

城市化、空气污染和气候变化的相互作用，高时空分辨率城市气候变化数值模拟，城市形态、建筑材料和人类活动对大气、水循环、热量和辐射的直接与间接影响以及气候变化对城市化的反馈机制。

2）高时空分辨率城市化的气候变化效应

历史时期城市化的时空格局，城市化未来变化趋势模拟，温室气体排放数据获取途径和计量方法，城市化对气候变化影响的多过程、多尺度综合评价。

3）城市化的气候变化综合风险预测

城市尺度高时空分辨率气候模式，城市暴露性和脆弱性量化，城市化的自然灾害风险、环境风险和健康风险的综合风险评估。

4）城市气候变化应对与城市可持续发展

城市可持续发展和城市气候变化应对之间的权衡/协同机制，城市温室气体和大气污染物协同减排，城市空间规划和绿色基础设施，适应气候变化的智慧城市与韧性城市建设。

### 6. 影响与适应

基于 2022 年发布的 IPCC 第六次评估报告第二工作组主报告，气候变化影响与适应领域主要取得以下几个方面的新进展（IPCC，2022）。

（1）对气候变化风险内涵的认知不断扩展，突出了气候变化、自然生态系统和人类社会之间的相互作用，对气候变化风险的致灾因子、暴露度、脆弱性评估更加精准和全面，对新型、复合型和级联灾害风险的认识逐渐加深。

（2）未来气候变化风险将比以往评估结果更严重，并将气候变化造成的影响越来越多地归因于人类活动。

（3）从经济、技术、制度、社会、环境、地球物理等多维度评估适应措施的可行性；通过规划和实施灵活的、多行业的、包容性的、面向长期的适应行动，可避免不良适应，助益多行业和多系统。

（4）针对决策者提出了气候恢复力发展（climate resilient development，CRD）理论框架，构建了从气候变化风险评估到适应措施选择、实施、效果监测与评估的集成解决方案（图 6-19）。

未来气候变化影响与适应领域重点研究方向应该包括：①继续加强和拓展对气候变化影响及其风险的认识，如城市风险、地球工程风险和气候减缓中的风险等；②加强对气候复合灾害和风险互联等的认识，如一体化健康（one health；人类健康、动物健康和环境健康）以及气候变化对一体化健康的影响（Zhang et al.，2022）；③继续加强气候恢复力发展路径和区域转型研究，包括适应策略的可行性分析，适应措施的促成条件及其局限性和不良适应研究，相关适应过程及其效果监测和评估，基于自然的解决方案研究，原住居民和属地知识的挖掘，以及具有气候恢复力的区域发展范式研究。

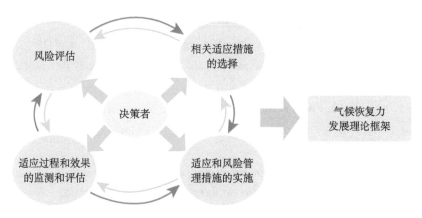

图 6-19　面向气候风险的集成解决方案（IPCC，2022）

# 本章参考文献

第三次气候变化国家评估报告编写组 . 2015. 第三次气候变化国家评估报告 . 北京：气象出版社 .

汤秋鸿 .2020. 全球变化水文学：陆地水循环与全球变化 . 中国科学：地球科学 , (3):3.

王浩 , 严登华 , 杨大文 , 等 . 2012. 水文学方法研究 . 北京：科学出版社 .

肖兰兰 . 2016. 中国对 IPCC 评估报告的参与、影响及后续作为 . 国际展望 , 8(2): 59-77.

效存德 , 苏勃 , 王晓明 , 等 . 2019. 冰冻圈功能及其服务衰退的级联风险 . 科学通报 , 64(19): 1975-1984.

郑秋红 , 巢清尘 , 吴灿 , 李婧华 . 2020. 气候变化研究的中国知识贡献及其影响局限 . 中国人口·资源与环境 , 30(3): 10-18.

中国气象局气候变化中心 . 2022. 中国气候变化蓝皮书 (2022). 北京：科学出版社 .

周天军 , 邹立维 , 陈晓龙 . 2019. 第六次国际耦合模式比较计划 (CMIP6) 评述 . 气候变化研究进展 , 15(5): 445-456.

周天军 , 邹立维 , 吴波 , 等 . 2014. 中国地球气候系统模式研究进展：CMIP 计划实施近 20 年回顾 . 气象学报 , 72(5): 892-907.

Bates B C, Kundzewicz Z W, Wu S, et al. 2008. Climate change and water. Technical Paper of the Intergovernmental Panel on Climate Change. Geneva, IPCC Secretariat.

Cai W, Li K, Liao H, et al. 2017. Weather conditions conducive to Beijing severe haze more frequent under climate change. Nature Climate Change, 7: 257-263.

Du S, Scussolini P, Ward P J, et al. 2020. Hard or soft flood adaptation? Advantages of a hybrid strategy for Shanghai. Global Environmental Change, 61: 102037.

Fang Q. 2016. Adapting Chinese cities to climate change. Science, 354(6311): 425-426.

Flato G M. 2011. Earth system models: an overview. Wiley Interdisciplinary Reviews: Climate Change, 2(6): 783-800.

Gong H N, Wang L, Chen W, et al. 2019. Attribution of the East Asian winter temperature trends during 1979-2018: role of external forcing and internal variability. Geophysical Research Letters, 46(19): 10874-10881.

Hong Y, Sun Y. 2018. Characteristics of extreme temperature and precipitation in China in 2017 based on ETCCDI indices. Advances in Climate Change Research, 9(4): 218-226.

Hu D, Wu L, Cai W, et al. 2015. Pacific western boundary currents and their roles in climate. Nature, 522(7556): 299-308.

IPCC.2022. Climate Change 2022: Impacts, Adaptation, and Vulnerability. Contribution of Working Group II to the Sixth Assessment Report of the Intergovernmental Panel on Climate Change //Pörtner H O, Roberts D C, Tignor M, et al. Cambridge: Cambridge University Press:3056.

Ju H, Lin E, Tim W, et al. 2013. Climate change modelling and its roles to Chinese crops yield. Journal of Integrative Agriculture, 12(5): 892-902.

Li L J, Lin P F,Yu Y Q, et al. 2013. The flexible global ocean-atmosphere-land system model: Version g2: FGOALS-g2. Advances in Atmospheric Sciences, 30: 543-560.

Li Q, Zhang R, Wang Y. 2016. Interannual variation of the wintertime foghaze days across central and eastern China and its relation with East Asian winter monsoon. International Journal of Climatology, 36: 346-354.

Li S, Han Z, Chen H. 2017. A comparison of the effects of interannual Arctic sea ice loss and ENSO on winter haze days: observational analyses and AGCM simulations. Journal of Meteorological Research, 31(5): 820-833.

Li S, Wang T, Zanis P, et al. 2018. Impact of tropospheric ozone on summer climate in China. Journal of Meteorological Research, 32(2): 279-287.

Liao H, Zhang Y, Chen W, et al. 2009. Effect of chemistry-aerosol-climate coupling on predictions of future climate and future levels of tropospheric ozone and aerosols. Journal of Geophysical Research, 114(D10): 306.

Lu Y, Wang R, Shi Y, et al. 2018. Interaction between pollution and climate change augments ecological risk to a coastal ecosystem. Ecosystem Health and Sustainability, 4(7): 161-168.

Qin D, Ding Y, Xiao C, et al. 2018. Cryospheric science: research framework and disciplinary system. National Science Review, 5(2): 141-154.

Randall D A, Wood R A, Bony S, et al. 2007. Climate models and their evaluation//Solomon S, Qin D, Manning M, et al. Climate Change 2007, The Physical Science Basis. Cambridge, UK: Cambridge University Press: 589-662.

Shi J C, Dong X L, Zhao T J. 2016. The water cycle observation mission(WCOM): overview. Proceedings of IEEE International Geoscience and Remote Sensing Symposium(IGARSS) Conference publication. Beijing: IEEE: 3430-3433.

Wang J, Tett S F B, Yan Z, et al. 2018. Have human activities changed the frequencies of absolute extreme temperatures in eastern China?. Environmental Research Letters, 13(1): 1-23.

Wang J, Yang C, Tett S F B, et al. 2020. Anthropogenically-driven increases in the risks of summertime compound hot extremes. Nature Communications, 11(1): 528.

Watts N, Amann M，Arnell N, et al. The 2018 report of the Lancet Countdown on health and climate change: shaping the health of nations for centuries to come. Lancet, 392(10163): 2479-2514.

Yan Z W, Ding Y H, Zhai P M, et al. 2020. Re-assessing climatic warming in China since 1900. Journal Meteorological Research, 34(2): 243-251.

Yang K, Qin J, Zhao L, et al. 2013. A multiscale soil moisture and freeze-thaw monitoring network on the third pole. Bulletin of the American Meteorological Society, 94(12): 1907-1916.

Zhang R H. 2015a. Natural and human-induced changes in summer climate over the East Asian monsoon region in the last half century: a review. Advances in Climate Change Research, 6(2): 131-140.

Zhang R H. 2015b. Changes in East Asian summer monsoon and summer rainfall over eastern China during recent decades. Science Bulletin, 60(13): 1222-1224.

Zhang R, Li Q, Zhang R N. 2014. Meteorological conditions for the persistent severe fog and haze event over eastern China in January 2013. Science China-Earth Sciences, 57: 26-35.

Zhang R, Tang X, Liu J, et al. 2022. From concept to action: a united, holistic and One Health approach to respond to the climate change crisis. Infectious Diseases of Poverty, 11: 17.

Zhang W X, Zhou T J, Zou L W, et al. 2018. Reduced exposure to extreme precipitation from 0.5℃ less warming in global land monsoon regions. Nature Communications, 9(1): 3153.

Zhao L, Lee X, Smith R B, et al. 2014. Strong contributions of local background climate to urban heat islands. Nature, 511(7508): 216-219.

Zhou B, Wen H Q Z, Xu Y, et al. 2014. Projected changes in temperature and precipitation extremes in China by the CMIP5 multimodel ensembles. Journal of Climate, 27(17): 6591-6611.

# 第七章

# 生态系统科学

## 第 一 节 战 略 定 位

生态系统科学又称生态系统生态学，以生态系统格局和过程以及生态系统服务为研究对象，探讨生态系统的生物群落与非生物环境之间如何通过能量流动和物质循环相互联系、相互作用。生态系统科学将生物有机体及其环境视为一个整体，强调它们之间的相互作用。生态系统科学的核心研究内容包括生态系统的组成要素、结构与功能、发展与演替，以及人为影响与调控机制（于贵瑞，2009）。生态系统科学是生物学与地球系统和资源环境科学交叉的一个新兴学科领域，其关注的科学问题、研究目标、研究思路、技术手段等都在与时俱进，展现出无限的生命力。生态系统科学在与生命科学、地球系统科学、大气科学、资源与环境科学、社会经济科学的不断交叉融合历程中，不仅将其学术思想广泛渗透到相关学科中，也从相关学科中不断吸取营养、发展出众多的分支学科。

生态系统科学研究可以按照其研究的生态系统类型划分为陆地生态系统、海洋生态系统及陆地水域生态系统三个研究领域；如果从产业应用视角，通常划分为农田、森林、草地、湿地、荒漠、湖泊、海湾等研究领域。科学家的兴趣驱动、科学问题导向及应用需求促进了生态系统科学的发展。目前，生态系统科学的研究重点是针对生物多样性、全球变化、资源环境管理、区域可持续发展等区域和全球生态环境问题。

# 一、科学意义

生态系统处于个体-种群-群落-生态系统-景观-区域-生物圈层系结构的中心位置，是生态学研究的核心内容。生态系统既是地球生物资源的载体，也是污染物通过迁移转化威胁人类健康的载体，从这一角度看，生态系统科学是资源与环境科学体系的核心之一。

生态系统科学研究也成为 IPCC、未来地球、生物多样性和生态系统服务政府间科学政策平台等重大科学研究计划和平台的主题之一。这些全球和区域性的重大生态环境问题与地理学、资源与环境科学、社会经济科学有很多交叉和重叠，这也促进了生态学研究和资源与环境科学、地理学、大气科学、社会经济科学的交叉融合，为生态学研究走向服务社会发展架起了一座桥梁，也为多学科整合迈向地球系统科学奠定了基础。生态系统研究的科学价值体现在以下三个方面。

1）揭示地球生物多样性维持机制

生物多样性维持既是生态系统科学的重要研究领域，也是生态学研究的应用目标。生物多样性与生态系统功能（biodiversity and ecosystem functioning，BEF）既是一个古老的话题，也是一个新的研究热点。尤其是自 20 世纪 90 年代以来，受气候变化和人为干扰的共同影响，全球生物多样性的快速降低令世人担忧，使得生物多样性与生态系统稳定性关系问题再次成为生态系统科学讨论的重点。在该领域的研究中，植物多样性与生态系统生产力稳定性关系的研究最深入，且普遍认为植物物种多样性高，陆地生态系统更为稳定。同时，也有少部分控制实验研究探讨土壤微生物多样性、微生物与动物群落结构和土壤碳氮磷循环、养分周转等过程的关系。土壤细菌、真菌和小型动物是土壤生物群落的重要组成部分，很多微生物与植物形成共生系统，它们与大部分的生态系统功能具有密切联系，尤其在植物凋落物和土壤有机质分解、营养元素循环、矿物质的氧化还原、土壤物理结构维持等方面。但是，因为土壤自身的复杂性，以及土壤生物培养技术和分类知识、种群结构和功能测定技术手段等方面的限制，这方面的研究还亟待加强。

2）阐明生物地球化学循环与生物环境控制机制

生态系统的生物地球化学循环可以概述为各种生物源要素在土壤、植物、大气和枯枝落叶中的迁移与转化过程，从更完整的角度还应考虑动物和微生物的利用与调控作用。实际研究中，人们通常将生态系统生物地球化学循环简称为养分循环、矿物质循环或生命元素循环等。生态系统的各生物组分及环境中的化学元素大多以化合物形式存在，各种化学元素只有以化合物形态才会在生命系统中发挥作用，并在生态系统的生物组分和环境系统之间迁移和转化，因此不同化学元素之间存在广泛的耦合关系。陆地生态系统碳循环、氮循环和水循环是地球上三个最为重要的物质循环。陆地生态系统通过植物和土壤微生物的生理活动和物质代谢过程，将植物、动物、微生物、植物凋落物、动植物分泌物、土壤有机质、大气和土壤等无机环境系统的碳、氮、水循环有机联结起来，形成了极其复杂的连环式生物物理和生物化学耦合过程关系网络，因此碳、氮、水三大循环之间也是彼此相互制约的。在植被-大气、根系-土壤、土壤-大气三个界面进行着活跃的碳、氮、水交换，植物叶片气孔行为、根系结构和土壤微生物功能群网络结构是调控陆地生态系统碳-氮-水耦合循环的三个关键环节。

3）探究生态系统服务的形成及其权衡

生态系统服务是指由自然系统的生境、物种、生物学状态、性质和生态过程所产生的物质及其所维持的良好生活环境对人类的服务功能。生态系统服务一般指生命支持功能，不包括生态系统功能和生态系统所提供的产品。总体上，生态系统服务可以划分为供给、调节和文化娱乐三个方面。具体而言，生态系统能够提供气候调节、抗干扰调节、水调节、水供应、控制侵蚀和保持沉积物、土壤形成、养分循环、废物处理、传粉、生物防治、避难所、食物生产、原材料、基因资源、休闲娱乐、文化等服务。生态系统服务关乎人类福祉，对生态系统结构和功能、格局和过程的研究是量化生态系统服务的基础。生态系统科学研究的价值还在于如何权衡不同生态系统服务。为了解决生态系统服务权衡，首先需要认识生态系统与资源环境及人类福祉的基本关系、生态系统与环境变化及生命系统的基本关系。全球变化背景下，生态系统与全球变化的相互关系如何影响人类福祉仍然不清楚，因此对生态系统服务的深入研究也为认识全球变化背景下生态系统脆弱性、完整性提供了新的视角，为评估生态系统健康提供了可能性。

## 二、战略价值

生态系统科学的战略价值在于其是可持续发展的理论基础。从生态系统服务的视角来看，可持续发展是保持、改善和增加生态系统服务能力并能为人类当代和后代提供可持续福祉的发展。基于生态系统服务的可持续发展模式是生态文明的内核。生态系统的过度开发和利用严重破坏了资源环境系统-生态系统-社会经济系统的平衡关系，导致一系列的资源环境问题，已经威胁着人类的生存与发展。自20世纪90年代以来，全球气候变化、生物多样性丧失、生态系统退化和社会可持续发展四大问题日益突出，已上升为全球性的重大资源环境危机，使得社会经济学家也开始高度关注生态学理论和思想，期待生态学能够为解决这些重大问题提供科学依据和系统解决方案。从可持续发展和生态文明的角度认识生态系统科学的战略价值可以具体化为以下四个方面。

1）改善人类生存环境

由于不合理的人类活动，自然生态系统退化，导致荒漠化、水土流失等重大灾害，人类生存环境面临威胁。在我国经济快速发展的过程中，各种生态系统类型，尤其是森林、草原、湿地等，出现了不同程度的退化，表现为生态完整性的破坏和生态系统健康的恶化。改善人类生存环境需要以生态完整性和生态系统健康为目标，而生态系统科学对于生态完整性和生态系统健康的研究是制定生态恢复政策、改善区域生态环境的基础。

2）减少和消除贫困

贫困是当今人类社会面临的重大威胁。生态系统退化是产生贫困的重要原因之一，如我国大面积的沙漠化、石漠化、水土流失等生态系统退化区域长期以来经济发展缓慢。通过长期的努力，我国在改善生态环境的同时，也消除了贫困，目前进入了巩固脱贫成果阶段。"绿水青山就是金山银山"是对通过改善生态系统服务促进经济发展的阐释。生态系统科学研究的目的之一在于认识生态系统生产力的形成和维持机制，以及资源环境系统–生态系统–社会经济系统的基本关系，从而实现调控生态系统生产力的目标，继而通过土地利用优化来改善生态系统服务，实现减少和消除贫困的目标。

3）应对气候变化

当前气候变暖以及由此引发的其他变化已经对人类经济和社会发展构成了巨大威胁。温室气体排放是气候变化中的一个核心问题，为此，国际社会制定了节能减排的目标。通过造林、再造林增加植被碳汇是减缓大气二氧化碳浓度快速上升的重要途径。我国通过造林、再造林改善生态环境的同时，能够在多大程度上增加植被碳汇是一个亟须回答的重要问题，这需要以生态系统碳循环过程的研究为基础。因此，生态系统科学对于植被固碳潜力和源汇机制的研究是应对全球变化的重要支撑。

4）促进人与自然的和谐共生

生物多样性是维持生态系统功能进而确保生态系统服务的前提，同时生态系统也是生物多样性的载体。自然保护区和国家公园是保护生物多样性的重要场所和途径。我国陆地自然保护区面积占国土面积的 15% 以上，同时，我国目前也构建了以国家公园为代表的自然保护地体系。生态系统科学开展生物多样性与生态系统功能、生态系统服务的关系研究，探讨生物多样性的维持机制，可以从根本上推动生物多样性保护和国家公园建设，促进人与自然的和谐共生。

# 第二节　发展规律与研究特点

生态系统的概念在 20 世纪 30 年代被提出后，生态系统科学发展早期致力于理解生物与环境间的关系研究，随后的研究逐渐将生态系统科学的基础理论应用到解决制约社会发展的重大资源环境问题。20 世纪 60 年代后，许多国际研究计划将研究焦点放在生态系统尺度上，在众多大科学计划的推动下，生态系统科学研究走向面对可持续发展问题的时代，以生态系统为基础的生态系统与人类活动关系研究成为研究热点。我们将生态系统科学的发展划分为以下三个阶段。

1）学科体系建成阶段（1930 ~ 1960 年）

这一阶段，提出"生态系统"的概念，并逐渐建立以生物与环境间关系、物质循环和能量流动为中心的研究体系。

英国生态学家 A.G. 坦斯利（Tansley）提出生态系统的概念后，经林德曼（Lindeman）和奥德姆（Odum）兄弟的推动，生态系统科学的研究对象和基础理论逐渐形成。这一阶段的研究主要关注以生态系统的生物组分与结构、系统构造与机能、生态过程与机能为核心的食物网络结构、能量流动、物质循环、信息传递、种群构建等基础生态学问题，以及生态系统构建、状态维持、稳定性和动态演变的物理学、化学和生物学过程体系。例如，林德曼以科学观测和实验数据，论证了能量沿着食物链转移的顺序及耗散规律，提出了著名的"百分之十定律"（ten percent law）（Lindeman，1942）。这些基础科学问题构成了经典生态系统科学研究的核心。

理论和实验生态学家在达尔文早期工作的基础上，拓展了生态系统的起源与演化、组分、结构/构造、过程和机能状态的变化规律、系统稳定性及演变机制的研究，重点关注生态系统演替、系统变化趋势的归因及预测和预估。例如，1953 年美国植物学家罗伯特·哈丁·惠特克（Robert Harding Whittaker）提出了顶极格局假说（climax pattern hypothesis）。在这些研究中都贯穿着生物群落与生存环境相互联系的整体性思想，其研究成果奠定了生态系统概念和生态系统科学的学科基础，为以后的全球环境变化生态学，包括全球气候变化、土地利用变化及资源环境变化的生态学，奠定了初步的基础。

在洪堡（Humboldt）、华莱士（Wallace）等工作的基础上，生物或地理生态学的研究也得以发展。这方面的研究重点关注生态系统分类、地理空间分布（格局）规律与地理分异机制，对生态系统的组分、结构、过程、功能和服务等属性的地理空间格局、空间变异规律及影响因素、生物地理学机制进行了初步的探讨。

2）学科体系完善阶段（1960～1990 年）

这一阶段，资源环境、区域及全球可持续发展问题逐渐凸显，若干国际大科学计划推进了生态系统科学的发展，生物多样性、生物地球化学循环等领域快速发展，学科体系得以完善。

20 世纪 60 年代以来，人类活动的加剧使许多生物的生存环境受到了严重的破坏和威胁，导致一系列的生态环境问题。生态系统科学经历了近 30 年的发展，在生物与环境间关系的认识上构建了较为完善的理论体系，逐渐成为解决制约社会发展的重大资源环境问题的科学基础。因此，许多生态学领域的国际研究计划把研究焦点放在生态系统尺度上，如"国际生物学研究计划"（International Biological Programme，IBP）的重点研究主题便是全球主要生态系统（包括陆地、淡水、海洋等）结构、功能和生物生产力，旨在探索"生产力和人类福祉的生物学基础"。"国际生物学研究计划"的实施使得生态系统科学的资金资助规模显著增加，开创了用大科学方法解决紧迫的环境问题的先河。

继"国际生物学研究计划"后，20 世纪 70 年代又发起了"人与生物圈计划"（Man and Biosphere Program，MAB），其研究重点是人类活动与生物圈的关系。"人与生物圈计划"在生物多样性与生态过程保护、区域性土地利用和资源可持续管理的理论与实践方面起到了巨大的推进作用。生物多样性的形成机制及与生态系统功能间的关系研究在这一阶段得到快速发展，麦克阿瑟（MacArthur）、奥德姆等生态学家不约而同地倡导"生物多样性导致稳定性"的观点。近年来，受全球变化和人为直接干扰的共同影响，全球生物多样性的丧失达到了前所未有的程度，这使得生物多样性与生态系统稳定性关系问题再次成为生态系统科学讨论的重点。为解决相关机制问题，国内外主要以草地和森林生态系统为对象，开展了多种多样、不同规模的生物多样性与生态系统功能（biodiversity-ecosystem functioning，BEF）关系的野外控制实验。

20 世纪 80 年代开始，人类活动导致的全球变化开始逐渐引发公众关注，1987 年发起的"国际地圈-生物圈计划"正是致力于研究全球变化现象。"国际地圈-生物圈计划"的重点是协调"关于地球的生物、化学和物理过程及其与人类系统的相互作用的区域或全球规模的国际研究"，旨在加深科学界对物理、化学和生物过程如何调节地球系统的认识，对人类活动如何影响全球碳、氮、硫、磷和水循环进行了系统研究。在"国际地圈-生物圈计划"的推动下，生态系统科学和大气科学、地球化学、资源与环境科学等开始逐渐融合，交叉领域得到快速发展，如研究生命有机体与气象条件相互作用的生物气象学（Biometeorology），研究生物圈、水圈、大气圈、岩石圈、土壤圈之间生命元素及各种化合物迁移和转化的生物地球化学（Biogeochemistry）。

3）可持续理论形成阶段（1990 年至今）

这一阶段，全球变化生态学、自然-社会复合系统生态学等的快速发展进一步丰富了学科内涵，生态系统科学逐渐成为人类社会可持续发展的科学基础。

到 20 世纪 90 年代中期，生态学研究走向面对可持续发展问题的时代。生态系统生态学逐渐融合到生态系统管理中，在此基础上形成了区域可持续发展生态学，研究生态系统与人类福祉的关系、人为活动对生态系统的影响与调控技术、生态系统退化与恢复技术、区域资源环境管理与可持续发展等人为影响和调控生态系统的生态学原理及管理技术。

20 世纪 90 年代后期的气候变化、生物多样性丧失、资源环境危机和可持续发展问题日益加剧，使得地球系统和社会经济等不同学科的科学家开始高度关注生态学，促进了生态学-资源与环境科学-地理学-大气科学-社会科学持续而快速的融合，将生态系统科学研究推进到一个多学科交叉的前沿领域。全球变化在这一阶段成为生态系统科学研究的重点和热点。全球变化科学（Global Change Science）的理论基础是地球系统科学。生态系统科学对全球变化的关注主要集中在全球生物地球化学过程对气候的影响、全球水文循环过程的生物学特征，以及气候、大气成分变化和土地利用类型变化对陆地生态系统结构和功能的影响及其反馈。生态系统科学研究成果逐渐成为解决区域及全球资源环境管理，以及协调人与自然、资源环境关系等公共政策和决策的重要科学依据。

2012 年启动的"未来地球计划"旨在通过 10 年的国际合作，建立和连接全球性的知识，加强科学研究的影响，并找到加速可持续发展的新途径。"未来地球计划"目标的实现需要生态系统科学与社会、人文学科的融合，而自然-社会复合系统生态学（Natural-Social Complex Systems Ecology）近年来的发展正是响应了这一需求。自然-社会复合系统生态学以特定社会经济区、国别直至全世界的生物圈-社会复合系统（biosphere-social complex systems）为对象，研究特定区域、国家或全球人类社会经济可持续发展的重大资源、环境和生态问题，以及人类社会经济发展状态与自然资源环境和人类活动之间的相互作用关系，可以理解为以解决人类社会可持续发展重大问题为目标的可持续发展生态学（Sustainable Development Ecology），以及以人类社会状态和管理为研究对象的人类社会生态学（Human Society Ecology）。可持续发展生态学包括全球变化、生物多样性保护、生态环境管理、生态安全等分支学科，人类社会生态学可以泛化地包括社会生态学、经济生态学、政治生态学等自然科学与人文科学交叉领域。

当前生态系统科学正纳入地球系统的研究框架，不断审视和认知自然-社会-经济复合生态系统中的资源环境系统-人类生存、生活和生产活动-社会经济系统的基本关系及其演变规律和变化机制，致力于回答生物系统演化与生物多样性维持机制、生态系统演化与气候变化的互馈机制、生态系统功能与区域发展的互馈机制、生态系统状态与生态环境治理技术体系等重大科学问题，以帮助人类社会更好地应对全球变化。

# 第三节　发展现状与发展态势

## 一、国际发展现状与态势

近年来，生态系统科学已经成为国际学术界普遍关注的热点学科，随着该领域研究的迅速发展和深化，其研究目的、思路、任务及重点尺度都在发生新变化，逐渐清晰地走向应用生态系统原理以及合理利用与保护各类生态系统的研究领域，通过整合资源环境管理的生态系统途径促进区域及全球可持续发展，并呈现出以下几个鲜明的新趋势：①学科任务重点由理解自然转向服务社会；②学科关注焦点由单一类型的生态系统转向区域多重生态系统镶嵌的宏生态系统；③学科研究手段由小规模的观测、实验走向立体化观测和网络化实验与模拟；④学科发展重点由单一或少数要素的生态系统研究转向多要素、多过程、多尺度的整合生态学；⑤学科发展思路由生物学主导走向多学科融合。

1）服务社会经济可持续发展成为生态系统科学研究的新使命

全球变化和人类活动不断加剧导致生态系统退化、生物圈资源供给能力降低、人类生存环境恶化，从而成为制约人类社会生存、生活和生计的瓶颈因素。社会公众和决策部门强烈期待着生态系统科学研究能够及时发现、系统解决区域和全球可持续发展中的重大资源环境问题，尤其是为全球生物多样性维持、气候变化应对、区域自然资源管理和生态可持续性提升提供科学知识、数据支撑及系统解决方案，实现人类社会食物安全、资源安全、生态安全和环境安全的协同保障。这就要求生态学家不仅要能够及时监测各类生态系统的动态变化，科学认知生态系统演化的过程机制，还需要定量评估生态系统面向人类活动及气候变化的响应，准确预测预警生态系统的变化趋势。

在这种强烈的应用需求驱动下，生态系统科学需要以自然系统和社会系统之间的复杂作用机制为核心科学问题，明晰生态系统结构、过程及服务对社会经济活动的支撑效用与动态响应，基于生态系统服务形成机理，重点解析不同时空尺度下生态系统服务供需匹配、人类福祉提升的系统优化方案，并进一步强化生态系统服务与人类福祉级联的可持续性，以资源管理与食物供给、环境保护与人体健康、气候变化适应与韧性提升等社会–生态系统可持续性关键议题为导向，致力于提出消除贫困与饥饿、减少差距与不平等、保障陆海生态安全、建设弹性城市与社区等区域及全球可持续发展目标的整合解决方案。

2）大尺度宏生态系统成为生态系统科学研究新的核心空间尺度

基于服务社会的新使命，生态系统科学研究所关注的重点尺度也发生了变化。区域尺度的可持续发展是全球可持续发展的重要基础，因此，最近十几年来，区域可持续发展问题成为一个越来越令人瞩目的重要课题。同时，区域或流域生态系统也是生态保护与利用、资源管理和生态治理的有效尺度，因而自然地成为当前生态系统科学研究的核心空间尺度。区域生态系统功能和服务为解决区域可持续发展这一重大问题奠定了物质和环境保障，同时由于其研究的综合性和系统性，生态系统科学也为可持续的区域发展，包括合理可行的区域规划、保护、治理和生态恢复，提供了科学基础和应用工具。对区域可持续发展问题的关注使得以区域尺度的宏生态系统演变与区域发展的相互关系为核心的新兴研究领域正在孕育和诞生，这个领域可称为区域生态学（Regional Ecology）、大生态学（Big Ecology）、宏生态学（Macroecology）、宏系统生态学（Macrosystem Ecology）或全球生态学（Global Ecology）等，按照生态学的分支学科命名规则应该称之为宏生态系统生态学（Macro-ecosystem Ecology）或者区域可持续发展生态学（Regional Sustainable Development Ecology）。

生态系统在地理空间上存在显著差异，因此学者开始将特定地理空间的生态系统看作构成地球表面自然景观的基本单元，将其比喻为地球生物圈的"细胞"。区域或流域等大中尺度的生态系统既是地球系统的重要自然地理单元，大多呈现为独特的"山-河-林-田-湖-草与人类社会的生命共同体"，也往往是特定的民族聚集区、社会经济区、省市级（或国家）的行政管辖区域。该尺度的宏系统是典型的自然-经济-社会复合生态系统，不仅有着其独特的资源、环境和生态学问题，也是行政部门发展经济和管治生态环境的有效工作尺度。该尺度的核心生态学问题包括：生物圈与环境系统协同演变、系统宏观结构及组分间的耦联关系、系统整体性与社会经济发展的互馈关系。解决这些问题是当前区域生态环境治理的需要：在以往"水、土、气、生"单个要素的治理基础上，当前区域生态工作的重点正转向基于生态系统途径的综合治理，并逐步发展到综合利用"土木工程、生物工程、景观工程"的宏生态系统途径，真正意义上实现"山-河-林-田-湖-草与人类社会的生命共同体"综合管理、自然-经济-社会复合生态系统的优化调控，实现由以往的单个或少数生态要素治理的"治标"向区域综合治理的"治本"的转变。

3）"天-空-地"立体化观测和网络化实验及过程模拟技术进步有可能带来生态系统科学重大突破

大尺度宏生态系统生态学的发展需要新的技术手段的支撑。长期以来，生态学的研究手段以小规模小尺度的观测和实验为主，长时间、大尺度、高密度生态要素及生态系统结构和功能科学数据的匮乏一直是制约生态系统理论、定量分析及科学预测的瓶颈因素。近年来，生态系统观测和实验网络发展迅速，卫星和航空遥感观测的密度和能力，特别是无人机观测、相机观测系统以及物联网技术和能力建设开始出现革命性的重大突破，高密度大尺度网络化的生态数据采集已经进入一个快速发展的新阶段。现代生态系统观测技术已经开始由传统的水、土、气、生的要素观测向生态系统的整体构象、生态功能观测转变，以涡度相关、无人机遥感、卫星对地观测、激光和雷达探测等技术为代表的生态系统整体观测技术涌现。与此同时，全球规模的生态学野外控制实验、大型环境要素控制的物理模拟实验装置等基础设施建设速度在加快，计算机的数据储存、远程传输和模拟计算能力也正在呈现几何级数的快速提升。涵盖全球和不同区域的"天-空-地"立体观测、实验体系，以及高性能计算机模拟正在建设和完善中，为宏生态系统生态学的发展提供了重要技术保证。

在科学大数据、大型物理模拟和数字模拟系统支撑下的生态系统科学研究有望实现重大理论和关键技术的突破，为区域和全球生态系统利用与保护、减缓与适应全球环境变化、维持全球生物多样性、推动区域和全球资源环境管理、促进全球社会经济的可持续发展提供科技支撑。由此可见，以生态系统联网观测、联网控制实验、"天-空-地"立体观测和模型模拟为主要技术手段，致力于定量评估和科学预测生态系统变化及其资源环境效应，模拟分析地球系统-生态系统-人文经济系统相互作用关系的新时代即将到来。

4）整合生态学研究成为21世纪生态系统研究的前沿领域

生态系统科学研究任务、焦点和手段的变化使得整合生态学成为当前研究的必然趋势和重要前沿。21世纪以前，生态学研究已经对小尺度、孤立的科学现象和变化规律有了较为深刻的认识，积累了大量的观测和实验研究数据。在此基础上，"21世纪的生物学"和"21世纪的生态学"正朝着多要素、多过程、多尺度综合集成的方向发展，旨在更准确地理解不同尺度和过程的生态系统现象及其规律，并科学预测生态系统整体及其组成要素的变化，提升不同尺度生态系统功能和服务的数量与质量，为实现区域和全球可持续发展目标做出重要贡献。

区域生态系统是多层级结构、跨时空尺度的自然地理系统。区域生态系统中，各层级要素过程的时间尺度包括：秒、小时、日、年、数十年、数百年等，各种现象的空间尺度由几平方米的局地到几平方公里的生物群系（生态系统）、江河流域、生态气候区、洲际大陆及全球，所涉及的生物学或生态学系统包括：生物个体及其生物化学过程系统、典型生物群落与生态系统、自然景观和区域地球关键带生态系统、重要流域或区域宏生态系统、大陆与全球生物圈等。区域及全球尺度生态系统的物质循环、能量流动、信息交换及生物控制等生态过程高度复杂，具有多要素调控、多过程耦合、多尺度演绎的特征。不仅如此，区域尺度生态系统往往是多种多样、五彩缤纷的，具有明显的景观异质性、地理分异性、结构和功能多样性等。因此，虽然以往针对单一过程的短期和小尺度上的生态学研究成果极大地提高了对生物物种间相互作用（如宿主和寄生生物之间，或者猎物与捕食者之间）、种群动态、食物网动态，典型生态系统物质循环、能量流动、信息交换及其对环境的响应和适应等方面的认识，但是这些研究结果很难被上推到区域及更大尺度。

近年来，人们也愈发认识到传统的生态学各分支学科都可以看作生态系统和大尺度宏观生态学研究的一个组成部分，目前所获得的大部分生态学知识也只是对典型生态系统和宏生态系统的某个组分、某个构件、某个层级或者某一过程研究对象的认知。由此可见，开展不同时间尺度、空间尺度、等级（层次）尺度的生态学整合，以及生态系统的不同组分、不同生态过程的整合研究，发展"多尺度观测、多方法印证、多过程融合、跨尺度认知和跨尺度模拟"的方法学体系，将成为解决诸多区域生态系统及宏观生态学问题的必然选择。可以预见，未来的生态系统科学研究必将进入到一个整合生态学研究的新阶段，这种对多层级结构、多生态过程和要素的整合可能会诞生生态系统科学的新思想、新理论和新方法。

5）生态学与相关学科的融合成为促进生态系统科学发展的新途径

科学的发展大体经历了综合、分化、再综合三个阶段。不仅生态学内部具有整合的趋势，近年来，对地球系统的整体性研究使得生态学与其他学科的融合也成为愈发重要的新的研究方向。人类社会可持续发展战略越来越突出强调，应对全球环境问题的挑战中需要将地球六大圈层作为一个整体来考虑，通过研究圈层之间的物理、化学和生物过程及相互作用，认识过去、把握现在、预测未来。地球系统科学体系的建立，不仅促进了生态系统结构和功能的普遍性现象和规律的研究，也为生态系统科学与地理学、大气学、海洋学、地质学、人文科学等地球科学其他分支学科相融合发展带来了契机。

生态系统是生物圈的基础组成部分，其物质与能量循环是圈层间相互作用的核心纽带之一。了解生物圈与其他圈层在不同尺度上的耦合机理研究是地球系统整合的科学需求，也有助于解决人类面临的生态环境问题。因此，在生态系统科学总体框架下，其与其他学科交叉的生态水文学（Ecohydrology）、生态气候学（Ecoclimatology）、生态经济学（Ecological Economy）、生态管理学（Ecological Management）等分支学科应运而生，并逐渐形成了新的学科高地。

过去几十年，生态系统科学的研究领域主要包括全球变化背景下生态系统的生物地球化学循环、动植物对全球变化的响应与适应等。以往研究通常认为生物圈只是被动受到地球物理变化的影响，而现在的研究表明，生态系统过程对地球系统动力学中的物理和化学过程具有调节和缓冲作用。未来，生态系统科学不仅需要研究全球变化对生态系统的影响，而且还需要注重研究生态系统变化对其他地球系统其他组分的反馈，进而揭示生态系统与其他圈层的协同变化（傅伯杰等，2005）。这不仅要充分考虑生态系统本身的稳定性和可持续的系统动力学机制，还需要把生态系统作为地球系统的一部分，通过多学科的有效交叉渗透与方法集成，加强研究自然因素和人为因素对生态系统的影响及其反馈。我们期待，新时期的生态系统科学研究内容不仅包含传统生态学的基本问题，同时更加关注以生态系统为核心的生物圈与岩石圈、土壤圈、大气圈、水圈以及社会经济系统之间的相互作用与反馈关系，从学科交叉中获得理论、方法和技术突破。

## 二、国内发展现状与态势

### （一）从文献计量看我国生态系统科学的国际地位

基于 SCIE 和 SSCIE 数据库，对 2010～2019 年有关生态系统科学领域文献进行检索，检索式为 TS=（"ecosystem*" OR "ecological system*" OR "eco-system*" OR "ecology system*" OR "holocoen" OR "biogeocenose"），选择的文献类型包括 article、proceedings paper、review。数据库更新时间为 2020 年 5 月 17 日，共得到 175 735 篇研究论文。根据这些有代表性的样本数据，利用

文献加量的方法对生态系统领域研究文献 2010～2019 年的学科演化、学科地位、学科布局、学科前沿、国际合作等方面进行了分析。

### 1. 学科演化

2010～2019 年，国际上生态系统领域发表的论文共计 175 735 篇，具体如图 7-1 所示。从论文的年份分布来看，发文量呈稳步增长态势，从 2010 年的 10 312 篇增长到 2019 年的 26 810 篇，年均增长率为 11.20%，9 年累计增长 159.99%。

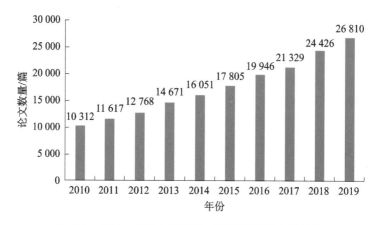

图 7-1　2010～2019 年国际生态系统领域发文量趋势

### 2. 学科地位

按照全部作者统计，2010～2019 年 SCIE 和 SSCIE 数据库中生态系统领域总发文量排名前 20 位的国家是：美国、中国、德国、澳大利亚、英国、加拿大、法国、西班牙、意大利、巴西、荷兰、瑞典、瑞士、日本、印度、南非、苏格兰、丹麦、挪威与葡萄牙（图 7-2）。美国发文量居全球之首，发文量为 57 426 篇，约占全部论文的 32.68%，在该研究领域占据主导地位。中国发文量排第二，为 25 940 篇，约占全部论文的 14.76%。

1）2010～2019 年各主要国家发文量

统计在生态系统领域总发文量排名前 10 位的国家分别在 2010～2014 年和 2015～2019 年发文量占总发文量的比例，并计算排名前 10 的国家在这两个时段发文量的均值，以期分析不同国家在该领域的学科地位。研究结论如下（图 7-3）。

图 7-2　2010～2019 年各主要国家生态系统领域发文量

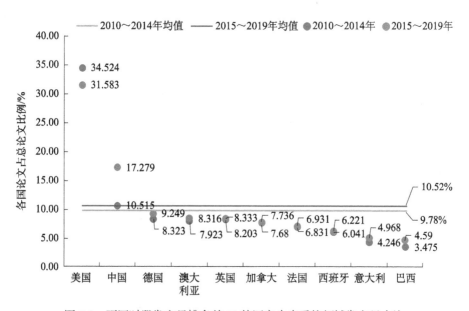

图 7-3　不同时段发文量排名前 10 的国家生态系统领域发文量占比

（1）2015～2019 年排名前 10 的国家的发文量占比均值（10.52%）高于 2010～2014 年的均值（9.78%）。

（2）相较于 2010～2014 年，在 2015～2019 年，除美国与加拿大外 8 个国家的发文量占比均值呈现不同程度的增加趋势；其中，中国发文量占比的增加幅度最大，为 64.33%，巴西、意大利与德国的增加幅度分别为 32.09%、17.00%、11.13%，澳大利亚、英国、法国与西班牙的增加幅度相对较小。

（3）美国与加拿大 2015～2019 年的发文量占比均值相较于 2010～2014 年分别下降 9.31%、0.73%。

2）总发文量排名前 20 的国家年度发文量变化

选取 2010 年、2015 年与 2019 年为代表年份，分析不同年份生态系统领域发文量排名前 20 国家的变化趋势，以期研究具体国家的学科地位变化。结论如下（图 7-4）。

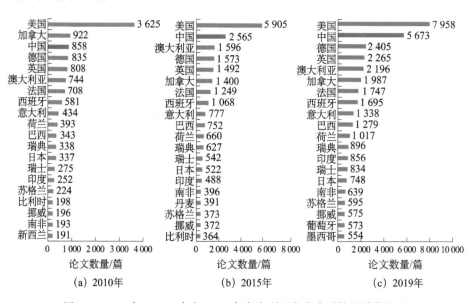

图 7-4　2010 年、2015 年与 2019 年各主要国家生态系统领域发文量

（1）2010 年、2015 年、2019 年，美国生态系统领域发文量排名持续保持第一。

（2）2010 年，国际上生态系统领域发表 10 312 篇，发文量排名前 5 的国家为美国、加拿大、中国、德国、英国，美国发文量为 3625 篇，占该时段生态系统领域发文量的 35.15%。20 名以外的其他国家论文数量均在 100 篇以下。

（3）2015 年，发文量排名前 5 的国家为美国、中国、澳大利亚、德国、英国，美国以 5905 篇继续保持第一，发文量比 2010 年增长 2280 篇。中国发文量为 2565 篇，增长 1707 篇，并超过加拿大排名第二。加拿大发文量排名后退至第六。

（4）2019 年，发文量排名前 5 的国家为美国、中国、德国、英国、澳大利亚。美国仍然领跑世界生态系统领域的研究，发文量达到 7958 篇，比 2015 年增长 2053 篇。中国发文量为 5673 篇，比 2015 年增长 3108 篇。

（5）从 2010 年到 2015 年，再到 2019 年，生态系统领域发文量排名前 20 的国家发文量增长速度各异，其中中国发文量增长速度最快，从 2010 年排名第三上升至 2015 年与 2019 年的排名第二，并且发文量占美国发文量的比例逐渐增大，逐渐拉开与德国、英国、澳大利亚、加拿大等国家之间的差距。

（6）2010 年、2015 年、2019 年，发文量排名前 10 的国家中，法国、西班牙、意大利排名保持稳定，德国、英国、澳大利亚、巴西排名有所上升，而加拿大与荷兰排名下降，其中加拿大从 2010 年的排名第二下降到 2019 年的排名第六。

（7）发文量排名第 10～20 的国家，不同年份中排名顺序波动较大。

从以上分析可以看出，2010～2019 年，美国在生态系统领域的研究始终处于主导地位，中国处于"跟跑"状态。同时，美国在该学科的研究强度出现下降趋势，中国在该学科的研究强度出现大幅上升趋势，中国与美国的差距在缩小。

### 3. 学科布局

为了掌握主要国家在生态系统领域内的学科布局，分别对该领域 2010～2019 年发文量排名前 20 的主要研究机构和排名前 20 的基金资助机构进行分析（表 7-1 与表 7-2）。

（1）在国际生态系统领域研究发文量排名前 20 的机构中，美国机构有 8 所，占比 40%，其参与的发文量占全部论文的 17.563%。美国研究机构作为世界生态系统领域的主要研究力量，主要集中在加利福尼亚大学系统、农业部、内政部、能源部等联邦机构以及一些高校。

（2）排名前 20 的机构中法国机构有 4 所，占比 20%，参与的发文量占全部论文的 9.105%。

（3）排名前 20 的机构中中国机构有 2 所，为中国科学院与中国科学院大学，参与的发文量占全部论文的 8.78%。

（4）德国、西班牙、澳大利亚、荷兰、瑞典、阿根廷等国家的国立研究院和知名高校也是主要的研究机构。

表 7-1　2010～2019 年国际生态系统领域研究发文量排名前 20 的机构

| 机构名称（外文） | 机构名称（中文） | 论文数量 / 篇 | 占全部论文比例 /% |
| --- | --- | --- | --- |
| Chinese Academy of Sciences | 中国科学院 | 11 308 | 6.448 |
| University of California System | 美国加利福尼亚大学系统 | 7 427 | 4.235 |
| Centre National de la Recherche Scientifique | 法国国家科研中心 | 7 088 | 4.042 |
| United States Department of Agriculture | 美国农业部 | 4 583 | 2.613 |
| United States Department of the Interior | 美国内政部 | 4 204 | 2.397 |
| University of Chinese Academy of Sciences | 中国科学院大学 | 4 090 | 2.332 |
| Helmholtz Association | 德国亥姆霍兹联合会 | 3 694 | 2.106 |
| Consejo Superior de Investigaciones Cientificas | 西班牙最高科研理事会 | 3 656 | 2.085 |
| United States Geological Survey | 美国地质调查局 | 3 552 | 2.025 |
| State University System of Florida | 佛罗里达州立大学系统 | 3 526 | 2.011 |
| National Research Institute for Agriculture，Food and the Environment | 法国国家农业食品与环境研究院 | 3 343 | 1.906 |
| Institut de Recherche pour le Developpement | 法国发展研究所 | 3 235 | 1.845 |

| 机构名称（外文） | 机构名称（中文） | 论文数量/篇 | 占全部论文比例/% |
| --- | --- | --- | --- |
| United States Forest Service | 美国林业局 | 2 731 | 1.557 |
| National Oceanic and Atmospheric Administration | 美国国家海洋大气管理局 | 2 626 | 1.497 |
| Commonwealth Scientific and Industrial Research Organisation | 澳大利亚联邦科学工业与研究组织 | 2 476 | 1.412 |
| Wageningen University&Research | 荷兰瓦赫宁根大学 | 2 373 | 1.353 |
| CNRS Institute of Ecology Environment | 法国国家科研中心生态环境研究所 | 2 301 | 1.312 |
| United States Department of Energy | 美国能源部 | 2 154 | 1.228 |
| Swedish University of Agricultural Sciences | 瑞典农业科学大学 | 2 106 | 1.201 |
| Consejo Nacional de Investigaciones Cientificas y Tecnicas | 阿根廷国家科学与技术研究理事会 | 1 997 | 1.139 |

从主要的基金资助机构（表 7-2）可以看出，排名前 20 的机构主要来自美国、中国、欧盟、巴西、加拿大、英国、日本、德国、澳大利亚、西班牙、法国和葡萄牙。分析结论如下。

（1）美国资助机构有 5 家，占比为 25%，共资助了该领域 13.335% 的论文，其中美国国家科学基金会资助了 8.262% 的论文，是该领域的主要资助机构，美国其他资助机构为农业部、能源部、国家航空航天局、国家海洋与大气管理局。

（2）中国资助机构有 3 家，为中国国家自然科学基金委员会、中国国家重点基础研究发展计划（973 计划和中国科学院），共资助了 13.102% 的论文。

（3）巴西与日本分别有 2 家资助机构，欧盟、加拿大、英国、德国、澳大利亚、西班牙、法国、葡萄牙分别有 1 家。这些资助机构共资助了该领域 21.266% 的论文。

表 7-2　2010～2019 年国际生态系统领域研究排名前 20 的资助基金机构

| 基金资助机构（外文） | 基金资助机构（中文） | 论文数量/篇 | 占全部论文比例/% |
|---|---|---|---|
| National Natural Science Foundation of China | 中国国家自然科学基金委员会 | 16 865 | 9.597 |
| National Science Foundation | 美国国家科学基金会 | 14 519 | 8.262 |
| European Union | 欧盟 | 6 179 | 3.516 |
| Natural Sciences and Engineering Research Council of Canada | 加拿大自然科学与工程研究理事会 | 4 933 | 2.807 |
| Natural Environment Research Council | 英国自然环境研究理事会 | 4 268 | 2.429 |
| National Council for Scientific and Technological Development | 巴西联邦共和国科学技术发展委员会 | 3 460 | 1.969 |
| German Research Foundation | 德国研究基金会 | 3 418 | 1.945 |
| Australian Research Council | 澳大利亚研究理事会 | 3 223 | 1.834 |
| National Basic Research Program of China | 科技部（973 计划） | 3 103 | 1.766 |
| Chinese Academy of Sciences | 中国科学院 | 3 056 | 1.739 |
| United States Department of Agriculture | 美国农业部 | 2 851 | 1.622 |
| United States Department of Energy | 美国能源部 | 2 808 | 1.598 |
| Ministry of Education Culture Sports Science and Technology Japan | 日本教育、文化、体育、科技部 | 2 205 | 1.255 |
| Coordenação de Aperfeiçoamento de Pessoal de Nível Superior | 巴西高等教育人员促进会 | 2 129 | 1.211 |
| Spanish Government | 西班牙政府 | 2 126 | 1.21 |
| French National Research Agency | 法国国家研究总署 | 2 018 | 1.148 |
| Portuguese Foundation for Science and Technology | 葡萄牙科学技术基金会 | 1 815 | 1.033 |
| National Aeronautics Space Administration | 美国国家航空航天局 | 1 797 | 1.023 |
| Japan Society for the Promotion of Science | 日本科学促进会 | 1 597 | 0.909 |
| National Oceanic Atmospheric Admin | 美国国家海洋与大气管理局 | 1 459 | 0.83 |

## 4. 学科前沿

为了掌握国际生态系统领域在 2010 年以来的研究前沿的变化情况，对 2010～2019 年重要论文（高被引论文中前 5% 论文）进行了数据下载。主要从论文关键词中抽取所有具有实际意义的关键词，进行文本聚类，将关键词矩阵导入 VOSviewer 软件进行系统聚类，得到相应的聚类结果和关键词主题簇，如图 7-5 所示。生态系统研究所涉及的出现频次最高的关键词为"气候变化"（climate change），其他包括"生态系统服务"（ecosystem services）、"生物多样性"（biodiversity）、"恢复能力"（resilience）、"生物保护"（conservation）、"遥感"（remote sensing）、"干旱"（drought）等。这表明，近年来生态系统研究主要聚焦于气候变化与生态系统的相互作用，此外该领域研究还倾向于生态系统服务、生物多样性等方面，研究中遥感手段也得到了广泛应用。

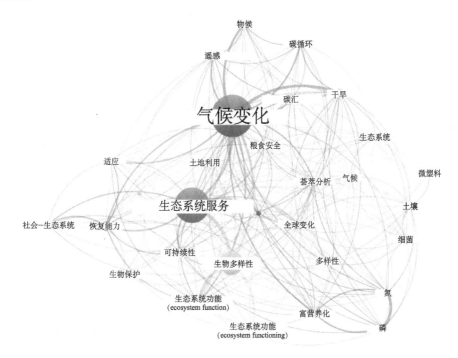

图 7-5　2010～2019 年国际生态系统研究领域高频关键词

节点大小反映的是特征项的频次高低，直径越大，表示相应的特征项出现的次数越多，频次越高；不同线条的粗细表示两个关键词共同出现频次的大小，线条越粗，表示一起出现的频次越高，下同

### 5. 国际合作

生态系统领域研究国家合作网络图谱可以清楚地反映不同国家合作网络的中心规模和集中程度，有效识别生态系统研究中各个国家的合作强度。对2010～2019年重要论文（高被引论文中前5%论文）进行了数据下载，基于VOSviewer软件选取发文量≥100篇的36个国家和地区绘制生态系统研究的国家合作网络图谱（图7-6）。从国家的中心度看，生态系统研究的国家合作特点呈现以美国、英国和德国为核心的"三核多中心"分布特征，表明以美国、英国为代表的发达国家和以中国为代表的发展中国家在生态系统研究领域的领导地位。其中，美国同英国、德国、法国、加拿大、中国、澳大利亚的合作强度较高，形成了较好的合作网络。英国与美国、德国、法国、澳大利亚、加拿大、荷兰等国家合作密切，形成了较好的合作网络。德国与美国、英国、法国、澳大利亚、荷兰、瑞典等国家合作密切，形成了较好的合作网络。中国与美国、澳大利亚、英国、德国、法国、荷兰等国家合作密切，形

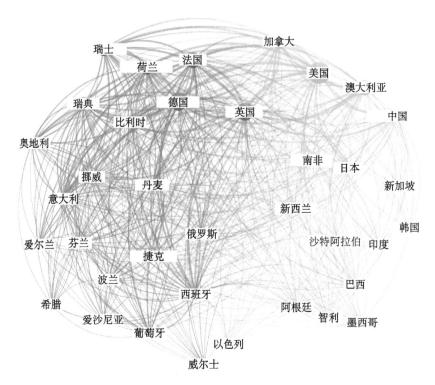

图 7-6　2010～2019 年国际生态系统研究领域排名前 35 国家和地区合作情况

成了较好的合作网络。

## （二）主要研究进展

1）建成了一系列现代化的观测平台，极大地完善了野外长期定位研究的台站基础

对不同生态系统开展多尺度-多要素-多界面-多过程的高效观测并集成大数据，可为生态系统研究提供不可或缺的科学数据和信息基础，增强我们对生态系统组分与结构、过程与功能、稳定性与脆弱性的认识，并为模型模拟和预测提供必需与关键的参数估计、模型驱动、模型验证、校正数据。中国在长期定位观测与地面调查及其网络化方面发展迅速。自 1988 年开始，中国科学院组建了中国生态系统研究网络（Chinese Ecosystem Research Network，CERN），经过 30 余年的发展，该网络目前涵盖森林、草地、沙漠、沼泽、湖泊、海洋、城市等不同的生态系统类型，已成为世界上覆盖范围最大、台站数量最多、生态系统类型最齐全、网络化程度最高的生态系统研究网络，并在生态系统过程和功能观测研究方面产出了一系列重大成果（牛栋等，2006；孙鸿烈，2006；杨萍等，2008）。例如，Yu 等（2019）以中国生态系统研究网络大气湿沉降观测平台观测数据为基础，整合多源数据，首次构建了 1980~2015 年的"中国区域大气干沉降和湿沉降全组分动态变化数据集"，定量证明了近 35 年来中国大气氮沉降的转型变化是经济结构调整和多种环境控制措施的共同作用结果，在一定程度上实证我国过去 10 多年对大气环境治理所采取的一系列环境控制措施已初见成效，这不仅为中国环境治理提供了重要科学依据，也将为其他发展中国家的生态环境保护提供决策参考。

利用通量网络观测技术获取不同类型典型生态系统碳通量，整合分析区域生态系统碳源汇功能是生态系统生态学研究手段的重大技术进步。中国陆地生态系统通量观测研究网络（ChinaFLUX）的建设和发展实现了我国碳通量观测网络从无到有、由国内走向国际的跨越式进步，成为全球长期通量观测网络（FLUXNET）中的重要组成部分，并且在科学数据积累、碳通量动态变化机制及区域格局整合分析方面都取得了重大进展（于贵瑞等，2014）。例如，Yu 等（2014）对 1990~2010 年的涡度相关碳通量观测数据的综合分析，研究发现东亚季风区亚热带森林生态系统具有很高的净 $CO_2$ 吸收强度，其净生态系

统生产力（net ecosystem productivity，NEP）达到（362±39）g C/（m²/a）。该碳吸收强度高于亚洲和北美热带森林生态系统，也高于亚洲和北美的温带和北方森林生态系统，与北美东南部的亚热带森林和欧洲温带森林生态系统相当。东亚季风区亚热带森林生态系统 NEP 区域总量为（0.72±0.08）Pg C/a，约占全球森林生态系统 NEP 的 8%（Yu et al.，2014）。该研究结果表明，亚洲的亚热带森林生态系统在全球碳循环及碳汇功能中发挥着不可忽视的作用，挑战了过去普遍认为的欧美温带森林是主要碳汇功能区的传统认识。因此，有必要重新评估北半球陆地生态系统碳汇功能区域的地理分布及其区域贡献。

全球变化控制实验建设也是近 20 年间取得瞩目成果的新方向。控制实验是研究生态系统对全球变化响应的最有效手段之一。虽然我国科学家在针对自然生态系统进行野外控制实验的研究方面起步较晚，但后来居上，已经取得了令人瞩目的成果。截至 2019 年底，在野外自然条件下进行的生态系统水平全球变化控制实验已有近百个，包括：19 个模拟增温实验、19 个模拟降水改变控制实验、39 个模拟氮沉降增加实验，以及 17 个其他因子（如二氧化碳、磷素添加等）控制实验。典型案例有：河北大学万师强在内蒙古草原生态系统主持设计和实施了我国第一项大规模（占地 5.3hm²）全球变化多因子（割草、养分添加、降水增加和增温）控制实验，中国科学院华南植物园在河南鸡公山建立了国际首个森林林冠层模拟氮沉降与增加降雨实验平台，福建师范大学首次在亚热带森林建立了生态系统水平模拟增温实验。这些控制实验的实施在很大程度上丰富了科学界关于全球变化如何影响典型陆地生态系统的认识，并为模型模拟和预测提供了必需与关键的参数估计、模型验证、校正。

*2）在代表性生态系统开展了一系列大规模野外调查，在碳汇功能、植被功能性状等关键生态要素的地理分布格局和形成机制上取得了突破性进展*

以碳循环为主要研究内容的生态系统过程研究是生态系统生态学的一个核心研究方向。其中，估算全球生态系统碳源汇大小和分布是以减少碳排放为主要目的的气候变化谈判的科学基础之一，因此阐明中国陆地生态系统碳源汇大小是国内外科学家和国际社会普遍关注的重大问题。近年来，我国学者针对中国陆地生态系统碳源汇问题进行了大量研究，基本明确了中国国家尺度陆地生态系统的碳汇功能及其强度，为全球碳平衡的准确评估做出了显著贡献。例如《美国科学院院刊》（PNAS）以专辑形式报道了中国科学院"碳专项"之"生态系统固碳"系列研究成果，系统介绍了中国陆地生态系统碳储量及其对气候变化和人类活动的响应。研究发现，我国陆地生态系统总碳库为（89.27 ± 1.05）Pg C，绝大部分储存在土壤中（深度为 1m）；重大生态工程（如天然林保护工程、退耕还林工程、退耕还草工程、长江和珠江防护林工程）和秸秆还田农田管理措施的实施，对中国陆地生态系统碳吸收做出了重要贡献（Fang et al.，2018；Lu F et al.，2018；Tang X L et al.，2018；Zhao et al.，2018）。另外，于贵瑞团队基于长期动态监测数据，同时结合多模型比较和模型数据同化方法进一步证实了我国陆地生态系统碳汇功能的增强，研究发现东亚夏季风增强促进了温带季风区的碳吸收，同时增温趋缓降低了 3个气候区特别是亚热带-热带季风区 NEP 的下降趋势，二者共同导致中国陆地 NEP 在 1982～2000 年的下降趋势转为 2000～2010 年的上升趋势（He H L et al.，2019）。

定量研究植物功能性状在不同尺度的空间变异规律及其与生产力、养分和群落结构维持关系是生态系统生态学近年来的研究热点。叶片作为植物光合作用的重要器官，其氮和磷含量以及氮磷比值（N:P）决定着植物和整个生态系统的生产力，进而影响群落物种多样性的维持、土壤-植物间养分循环、生态系统的演替，因此备受关注（田地等，2018）。Tang Z Y 等（2018）通过调查 4159 个样地中常见物种不同器官（根、茎、叶）的碳、氮、磷含量和生物量，首次通过生物量加权研究了群落层次植物不同器官碳、氮、磷化学计量的大尺度格局及其与生态系统初级生产力的关系。叶片氮磷化学计量关系在系统发育水平上是否遵循某个恒定的值也是生态化学计量领域备受争论的一个热点问题。方精云团队在大量野外工作数据积累的基础上，结合全球植物功能属性数据库（TRY-Plant Trait Data），分析发现陆生植物叶片 N-P scaling 指数随生活型、气候带、生态区和地点而变化，并不守恒于某一特定值（Tian et al.，2017）。当前，绝大多数植物性状研究都局限于器官、个体或种群水平，已开展的群落、生态系统、区域甚至全球尺度性状研究工作都是采用直接算术平均法来进行尺度推导，其研究结论的科学性和准确性因此存在很大问题（何念鹏等，2020）。为打破这一桎梏，于贵瑞和何念鹏团队最新发展了"生态系统性状"（ecosystem traits，ESTs）概念体系，将传统性状研究从器官水平拓展到群落和生态系统水平，以单位土地面积为基础构建了传统性状与宏生态研究（或地学研究）的桥梁，将传统植物性状研究推向服务于解决典型生态系统、流域生态系统、区域乃至全球尺度的生态和资源环境问题的新层面（He N P et al.，2019；何念鹏等，2020）。同时，国内相关研究团队根据中国东部森林的样带调查，系统研究了生态系统性状的生物地理格局和关键控制因子，并首次以专刊的形式发表在 *Functional Ecology*（Niu et al.，2018），标志着我国在生态系统性状研究方面步入世界先进行列。

（3）针对生物多样性形成机制、生物地球化学循环等核心科学问题，进行一系列机理探索，极大地推动了生态系统生态学基础理论的发展

生物多样性一直是生态系统生态学领域经久不衰的热点问题，尽管起步相对较晚，我国在生物多样性及其受全球变化影响方面已经取得了系统性的研究成果，并在诸多国际科学研究计划中发挥了重要作用。例如，方精云等开展了全国 65 座重要山地植物多样性大尺度格局及成因的研究（Fang et al.，2012a，2012b）；同时，多位学者和研究单位通过针对全国主要地带性植被类型建立大型永久监测样地，以统一方法开展监测和试验，并通过联网合作对局部群落的构建机制和动植物关系进行尺度上推，以检验生物多样性维持机制的宏观规律，并获得了一系列创新成果（Chen et al.，2019；Ma et al.，2011；Xu et al.，2019）。尤其是中国科学院植物研究所马克平团队在中国亚热带森林建立了生物多样性与生态系统功能实验永久性大样地（简称 BEF-China，>10 hm$^2$），开展了一系列生物多样性变化监测及群落和环境过程相互作用的研究，将我国植物群落生态学的整体研究状况提升到国际前沿水平。经过 10 余年的数据积累，该团队发现生物多样性的提高能促进地上初级生产力，增加生态系统碳储量（Huang et al.，2018），首次同时从生态学和经济学角度论证了维持森林生物多样性在保护环境和缓减气候变化中所起的重要作用。该团队还通过探究不同功能型土壤真菌驱动亚热带森林群落多样性的作用模式，成功破译了亚热带森林生物多样性维持"密码"，提出了基于外生菌根真菌与病原真菌互作过程影响植物生存的物种共存新模式，颠覆了基于病原菌-植物互作的经典物种共存理论（Chen et al.，2019）。

在生物地球化学循环研究中，氮循环的许多关键过程尤其是调控机制近年来得到了较大的关注。土壤氮素动态强烈地影响植物生长和气候变化，将氮循环过程加入植被动态模型有助于更准确地预测未来植被动态和气候变化

潜力。于贵瑞团队通过系统的野外采样测试、文献数据整理等手段，首次估算了中国陆地生态系统氮总储量及不同生态系统类型和不同器官的氮储量（Xu et al.，2019；Zhao et al.，2019；徐丽和何念鹏，2020）。利用氮同位素的研究手段，中国学者定量研究了中国典型生态系统土壤氮循环特征（Huang et al.，2020；Wang et al.，2014），首次揭示了中国北方干旱和半干旱区域生态系统氮同位素影响机制，提出区域氮循环在干旱指数（aridity index，AI）=0.32分界值的两侧有着截然不同的影响机制。这种氮循环对干旱指数的非线性响应特征对于更好地理解干旱区域氮循环特征，预测养分循环对未来气候变化的响应提供了新的思路。已有的关于氮循环过程的研究多停留在微观尺度，把微观尺度获得的氮循环过程的经验范式推广到全球尺度有着很大的不确定性，因此有必要在全球尺度探讨土壤氮循环过程的宏观模式。土壤氮的主要转化过程包括氮矿化、硝化和反硝化，一般来讲，这些氮循环过程是环境条件影响下微生物代谢底物的过程，但是在全球尺度上不同氮循环过程主要受控于什么因素尚未得到解答。Li等（2019）发现未考虑土壤微生物时，气候因素和土壤pH通过影响土壤总氮含量进而影响土壤氮矿化速率；当模型中加入土壤微生物生物量后，土壤总氮含量与土壤氮矿化速率的显著关系消失，而气候条件、土壤性质和土壤总氮含量驱动土壤微生物生物量变化进而改变土壤氮矿化速率，最终影响土壤可利用氮含量；因此，将土壤微生物生物量加入氮矿化模型后，模型对氮矿化速率的预测精度提高了19%（Li et al.，2019）。虽然在全球尺度上，土壤硝化和反硝化过程主要受控于底物含量变化，但土壤微生物量及其化学计量的改变也强烈影响着土壤矿化和硝化过程（Li et al.，2020a，2020b）。

（4）系统探讨了生态系统对全球变化的响应与适应，丰富了全球变化生态学的理论基础，为全球环境变化研究做出了中国贡献

近年来，我国生态学者围绕全球变化的生态学后果以及生态系统结构和组分、过程和功能，对不同全球变化因子响应和适应开展了大量研究，取得了一系列重要的研究进展。物候作为陆地生态系统对气候变化最为敏感、最易于观测的重要"感应器"，成为全球变化与陆地生态系统研究的主要方向之一（Piao et al.，2019）。朴世龙团队通过长时间的遥感和地面观测数据发现，气候变暖促使北方生态系统春季物候提前（Piao et al.，2015），但植物休眠期

温度上升会导致春季物候对温度的敏感性下降（Fu et al.，2015），甚至会进一步引起植被生产力对温度变化的敏感性下降（Piao et al.，2017）。分析林线的动态变化与气候变化之间的关系也是常用的研究手段，中国学者发现过去200年来，虽然青藏高原的高山林线树木种群密度显著增加，但是其林线位置未发生显著变化（Liang et al.，2016）。刘鸿雁等基于孢粉、树轮和遥感数据系统研究了不同时间尺度上中国北方干旱区林线的动态，提出了气候干旱化导致林草植被变化的多种模式（Liu et al.，2013，2014）。

通过野外控制实验，中国学者系统阐明了典型生态系统碳循环对温度变化（Li P et al.，2020；Liu et al.，2018；Quan et al.，2019）、降雨格局变化（Ru et al.，2018；Zhang et al.，2019）、氮添加（Chen D M et al.，2015；Lan et al.，2015；Lu X K et al.，2018；Tian et al.，2019；Yao et al.，2014；Zhang et al.，2014，2016）的响应。有些研究成果挑战了国际上的传统认知，如 $CO_2$ 浓度升高对陆地碳汇的增强作用已被广泛接受，特别是在干旱和半干旱地区。然而，万师强课题组在内蒙古多伦半干旱草地生态系统开展的一项四因子（$CO_2$ 富集、增温、降雨改变及施氮）控制实验表明，干旱和半干旱生态系统可能不像以往报道中那样对 $CO_2$ 的富集较为敏感，不论是在不改变或者提高温度、降雨及氮有效性的情况下，$CO_2$ 富集均不影响总生态系统生产力或者生态系统呼吸，因此也不改变这一半干旱草地的净生态系统生产力（Song et al.，2019）。青藏高原海北站的长期控制实验和地面监测表明，温度增加降低了高寒草地物种多样性和群落稳定性；在气候长期呈现暖干化趋势的背景下，高寒草地物种中，深根系的禾草增加、浅根系的莎草减少（Liu et al.，2018；Ma et al.，2017），但气候变暖导致的春季物候期提前并不改变群落生产力（Wang et al.，2020）。全球变暖情景下的昼夜不对称增温是模拟和预测未来气候变化-陆地碳循环反馈关系的主要不确定性来源（Xia et al.，2014）。Peng 等（2013）的研究发现，白天温度的升高有利于大部分寒带和温带湿润地区植被生长及其生态系统碳汇功能增强，但并不利于温带干旱和半干旱地区植被生长；而在晚上，温度上升对植被生长的影响则相反。极端降雨如何引起生态系统的极端响应一直是全球变化生态学面临的科学问题，通过控制实验，中国学者发现极端响应是由植物群落结构的变化所驱动的，如物种的异步性、物种丢失或优势物种间的重新排序等，由此强调了群落动力学在决定生态系统生产力对极端干旱的抵抗力方面的关键作用（Zhang et al.，2019）。这些发现丰富了全球变化生态学的理论基础，为全球环境变化研究做出了中国贡献。

（5）连接了生态系统过程、服务与人类福祉，开展了社会生态系统耦合研究，为我国可持续发展提供了有力的理论支撑

维持和改善生态系统服务是实现可持续发展的基本条件，生态系统服务能够连接生态系统结构、过程、功能及其社会价值表征，是现阶段自然-社会耦合系统研究中最为活跃的综合领域之一（傅伯杰等，2017）。人类活动和气候变化通过改变生态系统的结构和功能从而直接或间接影响生态系统服务的提供，特别是脆弱生态系统对人类活动和气候变化的响应敏感而复杂。中国是世界上生态脆弱区分布面积最大、脆弱生态类型最多、生态脆弱性表现最明显的国家之一（孙康慧等，2019）。中国科学院生态环境研究中心傅伯杰团队通过开展生态系统结构-过程-服务的相互关系研究，从小区、坡面、小流域和区域多个尺度关联生态系统结构、过程与服务，揭示了生态系统结构、土地利用结构、植被功能性状、植被生物量与生态系统过程（水文过程、养分循环和群落演替等）和服务（水文调节、水源涵养、土壤保持和固碳）的关系（Fu et al.，2017）。研究发现，随着"退耕还林还草工程"的实施，黄土高原植被覆盖增加，各项生态系统服务功能显著提高，特别是植被总盖度从 1999 年的 31.6% 提高到 2013 年的 59.6%，生态系统固碳量在 2000～2008年增加了 96.1 Tg，相当于 2006 年全国碳排放的 6.4%（Chen Y P et al.，2015；Feng et al.，2013）。值得指出的是，大规模植被恢复在保持土壤、增加固碳的同时，如果不注意合理的生态建设布局，也可能造成生态系统恢复不良和土壤干层等一系列问题（Chen Y P et al.，2015）。黄土高原植被恢复只有综合考虑区域的产水、耗水和用水的综合需求才能实现生态系统服务功能的可持续。目前，黄土高原植被恢复已接近该区域水资源植被承载力的阈值，在未来气候变化条件下，该承载力阈值在 383～528 g C /（m² /a）浮动（Feng et al.，2016）。作为黄河最大的泥沙来源区，黄土高原的植被措施和气候变化会通过影响区域土壤保持和产流能力从而强烈地影响黄河的输沙量。研究发现，坝库、梯田及"退耕还林还草工程"等多种措施导致的产流能力（贡献 58%）及产沙能力（贡献 30%）的下降和降水格局改变（贡献 12%）共同导致近

几十年来黄河泥沙的减少，把黄河输沙量控制到了人类活动影响之前的程度（Wang et al.，2016）。

生态系统可以提供多重服务功能，不同服务之间普遍存在着此消彼长的权衡或彼此增益的协同关系，发展相互作用定量分析方法和区域集成模型是科学管理生态系统服务的关键。Lu 等（2014）建立了生态系统服务权衡与协同的定量分析方法，揭示了土壤保持、产水及固碳等关键生态系统服务之间的权衡/协同强度。Hu 等（2015）研发了具有生态系统服务定量识别、物质量与价值量评估、土地覆盖和管理情景模拟、决策支持等功能的区域生态系统服务综合评估与优化模型系统（spatial assessment and optimization tool for regional ecosystem services，SAORES）。Zheng 等（2013，2019）建立了关联生态系统服务与公共政策的生态系统监测、评估和管理框架与技术体系；在流域尺度，基于生态系统服务传递建立了整合生态系统服务供需主体的成本效益和利益相关者生计策略的评估方法，提出了生态服务提供者与使用者合作双赢的生态补偿机制与途径。在区域尺度，以生态系统服务为纽带，建立了多尺度利益相关者福祉的评估方法。Ouyang 等（2016）发现 2000～2010 年全国生态系统食物生产、固碳、土壤保持、防风固沙、水源涵养、洪水调蓄 6 项生态系统服务均有不同程度的增加，生态建设工程是其主要驱动因素。在全球气候变化和人类活动加剧的背景下，生态脆弱区的生态服务功能和资源环境承载力相互作用，其复杂的时空变异特征强烈影响着区域生态安全与可持续发展。因此，加强气候变化和人类活动对生态脆弱区资源环境承载力的影响和评价，开展社会生态系统耦合研究，尤其是对生态系统突变转型阈值的研究和评估具有很大的现实意义（Hu Z M et al.，2018；于贵瑞等，2017）。

# 三、平台与人才队伍建设

## （一）平台建设

我国已经建立了大量生态站，并依据研究需求组建了多个监测研究网络。到 2019 年 12 月，国家林业和草原局陆地生态系统定位研究网络共包括 190 个生态站，覆盖全国典型生态区。中国生态系统研究网络由中国科学院组建于 1988 年，至 2019 年底，包括 44 个生态站、5 个学科分中心和 1 个综合研究中心。"教育部野外科学观测研究站"网络由教育部于 2019 年批准建立，共认定 52 个野外站，其中多数与生态学相关。国家生态系统观测研究网络则整合不同部门的野外台站，至 2019 年底设有 53 个台站。这些野外观测研究站为我国生态系统长期定位研究、生态系统与全球变化等科学研究提供了野外科技平台，为开展跨区域、跨学科的联网观测与试验提供了必要的基地、设备、数据和人力资源，有助于促进生态学家合作及后备人才培养。

我国大力建设生态学专业相关的实验室，包括 14 个国家重点实验室、20 个中国科学院重点实验室和数十个省部级重点实验室。这些实验室主要分布在中国科学院，以及中国农业大学、北京大学、北京师范大学、南京大学、东北师范大学等高校。实验室拥有优良乃至国际一流的仪器设备，实施标准化、规范化的安全管理，能够有力支撑生态学相关实验的各项工作，有效推动生态学领域的科技创新和人才培养。

## （二）人才队伍建设

生态学科建设是我国生态文明建设的重要环节。围绕国家战略需求，高校及科研院所建立了覆盖几乎所有生态学专业的教学科研队伍，持续培养生态意识强、综合素质高、创新能力强的专业人才，成长起一批国内外有重要影响力的生态学家。至 2019 年底，设有生态学相关专业的高校共近百所，包括北京大学、浙江大学、中山大学、北京师范大学、南京大学、兰州大学等，生态学一级学科博士点 48 个、硕士点 52 个。另外，中国科学院大学、中国林业科学研究院、中国农业科学院、中国环境科学研究院等科研院所也设有硕士点和博士点。据中国生态学学会不完全统计，我国生态学领域专家学者及学生已逾万人。

目前，生态学领域有十余位中国科学院院士、中国工程院院士及发展中国家科学院院士，有百余位专家学者入选国家"万人计划"、国家杰出青年科学基金、优秀青年科学基金、教育部"长江学者奖励计划"、中国科学院"百人计划"等各类人才计划。过去 40 年，我国生态学快速发展，我国生态学家在陆地生态系统碳循环、生物多样性与生态系统功能、生物多样性维持机制、生态系统过程对全球变化的响应等多个领域取得重大突破，成为推动国际生态学发展的重要力量。

# 第四节　发展思路与发展方向

## 一、关键科学问题、学科发展总体思路、发展目标

关键科学问题：①生态系统稳态维持和可持续的系统动力学机制；②全球环境变化和人为活动等多重因素驱动下的生态系统演变规律；③生态系统变化对地球环境系统的反馈、调节和影响机制；④生态系统对人类社会可持续发展的支撑作用。

总体思路：建设和完善国家野外生态综合观测台站，搭建生态系统联网观测、联网控制实验、"天-空-地"立体观测研究网络平台，打造具有国际影响力的模型模拟和大数据分析一体化的国际生态系统科学数据中心；对基础研究进行长期稳定的支持，尤其是加强"从0到1"的基础研究，开辟新领域、提出新理论、发展新方法，取得重大开创性的原始创新成果，在基础科学和前沿技术领域打造核心竞争力；通过优化学科布局，跨越领域和学科的视角，打破学科固化形成的壁垒，加强生态系统科学与其他学科之间的深度交叉融合，对接国家自然科学基金委员会地球科学部"宜居地球-地球系统科学"的顶层战略设计；推动以我国为主的国际计划，加强国际实质性交流与合作，提升我国的国际影响力和话语权。

发展目标：至2035年，建设一批能与国际高水平团队并肩的高素质科研队伍，组织国内和国际重大研究计划，逐步掌握生态系统科学研究主动权；瞄准国际研究前沿，开展一系列具有创造性的理论研究，推动我国生态系统科学的研究整体处于国际第一方阵，在部分领域具有国际引领性，使我国成为生态系统科学理论新突破的策源地；结合生态系统科学学科服务于国家需求的特色和优势，围绕中国区域特色和国家可持续发展的需求，扎实稳健地开展研究，提高人类认知、利用和保护生态系统的能力，解决我国重大生态

环境建设问题，当好政府生态环境建设的参谋。

## 二、重要研究方向

### （一）生态系统科学基础研究与理论发展

#### 1. 生态系统结构与稳定性维持机制

生态系统是不同物种与环境共同组成的整体。生态系统中生产者、消费者和分解者间通过取食和被取食的关系网络，发生密切的物质循环和能量流动，形成营养结构。每个营养级则由不同物种组成，具有丰富的遗传多样性、功能多样性、系统发育多样性，并与环境耦合形成多样的生态系统结构。生态系统结构是生态系统的基本属性，它不仅可体现生态系统内各要素相互联系、相互作用的方式，还在很大程度上决定了生态系统功能及其对外界环境的响应与适应策略。厘清生态系统结构与稳定性维持机制，有助于制定合理的生物资源利用策略，并为受损生态系统恢复与重建提供指导。

该方向包括如下重要研究内容：①营养级互作及食物网结构研究，包括单一营养级或者相邻营养级的关系、多营养级关系中营养级联效应作用机制、食物网的进化和生态调控机制等；②生物多样性维持与演化机制研究，包括多样性多尺度格局形成和演化机制、物种多样性的稳定和维持机制，特别是种间亲缘关系和种间互作；③生物多样性与生态系统功能研究，包括物种功能性状及其互补性、生物多样性对生态系统生产力的调控作用，特别是物种多样性如何协同影响生态系统的资源利用策略，多样性与生态系统服务权衡与协同；④生态系统复杂性与稳定性的关系研究，包括食物网复杂性与稳定性的关系、生物多样性与生态系统稳定性的关系及其多尺度格局。

#### 2. 生态系统物质循环与能量流动

生态系统物质循环是指化学元素在生物种群和无机环境间的循环过程；而能量流动是绿色植物固定的太阳能沿食物链单向传递并逐级递减的过程。物质循环和能量流动串联了生态系统的生物与非生物成分间以及不同营养级生物成分之间的相互作用和相互依赖关系，是生态系统功能的最重要体现。此外，生态系统物质循环和能量流动也是连接生物圈与地球其他圈层的桥梁和纽带。厘清物质循环和能量流动的调控机制，不仅是地球系统六大圈层之间的物理、化学和生物过程整合的理论需求，还有助于制定科学的气候政策，减缓温室气体上升所导致的全球气候变暖。

该方向包括如下重要研究内容：①生态系统碳循环过程与驱动机制，包括碳循环关键过程（光合、生长、分解）的生物和非生物调控机制，以及碳源汇时空分异规律及其机制；②生态系统养分循环，包括生态系统氮、磷及其他营养元素在植物−土壤−微生物系统间的周转和保留机制，以及生态系统养分限制的空间变异格局；③生态系统水分循环，包括生态系统水分利用效率及其调控机制，以及土壤−植物−大气间水分流动及其与能量交换的交互关系；④多元素、多过程物质循环与能量流动耦合及其机制，包括生态系统碳氮磷耦合的化学计量学机制及其对群落组成和生产力的调控作用，以及生态系统碳−氮−水循环的耦合机制及生态效应等。

### 3. 生态系统对全球变化的响应与适应

全球快速升温和人类活动强度的日益加强等全球变化深刻影响着生态系统结构和功能，导致生态系统提供各类资源和服务的能力明显下降，甚至在部分地区呈现一定时期内难以逆转的严重退化。另外，在外部压力没有超出生态系统所能承受的弹性极限时，生态系统对外部压力通常也具有一定的自我调节能力，即生态系统的适应能力。生态系统的适应能力对于维持生态系统的服务功能有着重要意义。总而言之，生态系统对全球变化的响应和适应特征是理解生态系统与全球变化相互作用的关键，定量揭示生态系统如何响应与适应全球变化，是人类进一步对生态系统进行适应性干预的科学基础，也是当前生态系统科学的重要研究方向之一。

该方向包括如下重要研究内容：①生态系统对全球变化响应和适应过程及其机理研究，包括不同时空尺度的多要素环境变化与生态系统响应过程的耦合、生态系统地上−地下过程的响应及其关联，以及生态系统对极端气候事件（如干旱和高温热浪等）的响应和恢复机制；②全球变化背景下生态系统动态变化的检测与归因研究，包括生态系统量变的检测与质变的识别，以及人为因素和自然因素对生态系统变化贡献的定量归因分析；③未来生态系统变化的预测，包括物候、植被分布、生产力、生态系统服务功能的变化及其空间格局；④全球变化背景下生态系统健康的定量评估研究，包括评估生态系统对全球变化的敏感性、脆弱性、适应能力，以及分析生态系统安全的气候阈值及其地理格局。

## （二）与地球科学其他学科重点交叉研究

### 1. 生态水文研究

生态系统中植被通过蒸腾参与陆地水循环，并在涵养水源、保持水土、净化水质和调蓄洪水等方面发挥着重要作用。生态过程和格局变化会在不同尺度（局地、流域乃至全球）上影响陆地蒸散发和地表产汇流过程，从而影响人类可利用的淡水资源的空间配置，还可能调节甚至触发水文灾害（如季节性洪涝和干旱、泥石流、滑坡等）的发生。在经济高速发展和全球变化的背景下，我国开展的一系列生态修复措施卓有成效，植被盖度增加，生态环境改善。但是，一些地区水资源匮乏和水域生态环境退化问题（如河道断流、湖泊干涸、湿地退化、地下水位下降等）却日趋严峻。因此，寻求生态、水文、社会经济的协调发展和提高对气候变化的适应能力变得尤为迫切。

该方向包括如下重要研究内容：①生态系统尺度上植被水分利用的生理响应调控机制，包括植物水分吸收、传导和散失过程的监测与分析，以及生态用水过程对气候变化和大气 $CO_2$ 浓度上升的动态响应机制；②流域和全球尺度上生态系统变化与水环境变化的关系，包括植被蒸腾、叶片截流、土壤水、径流和地下水等水文过程间的生物物理联系，以及生态过程和格局变化对水循环影响的局地效应和远程效应（如通过改变大气环流的跨区域影响，跨界河流上、下游的关联性等）；③生态过程和格局变化的水文效应综合评估，包括生态系统变化对流域水文系统综合影响的指标体系和评估方法，生态系统变化对产汇流、水灾害风险、水质、水域生态等的影响，我国重大生态修复工程（如退耕还林等）水文效应的评估；④区域生态-水文-人文耦合系统的可持续发展策略，包括生态-水文-人文过程耦合的目标决策模型的构建，以及基于生态安全和水文安全阈值调控的干旱区水资源均衡配置方案与气候变化减缓政策。

### 2. 生态气候研究

生态系统和气候系统是两个密切耦合的自然系统。生态系统不仅会响应和适应气候变化，还会通过一系列复杂的生物地球化学过程（如通过光合作用吸收大气 $CO_2$）和生物地球物理过程（如改变地表反照率、粗糙度、蒸腾通量、云量和大气环流等）反馈调节气候变化。近年来，大量基于卫星遥感观测、生态系统过程模型和大气环流模型研究揭示人为或自然引起的植被变化对区域乃至全球气候变化的反馈调节能力不容忽视，且很可能显著改变了全球气候变化尤其是变暖的速率。因此，植树造林、森林管理、植被恢复等措施被认为可能是减缓全球升温速率的有效途径。我国自 20 世纪 80 年代以来开展了一系列大规模的生态修复工程（如三北防护林工程、退耕还林还草工程、天然林保护项目等），根据第五次至第九次全国森林资源清查数据和 2021 年国家林业和草原局发布的森林覆盖率数据，全国森林面积累计增加了约 6151 万 $hm^2$，我国成为迄今全球人工林面积最大的国家。准确认识我国生态修复工程的气候效应是国家制定应对气候变暖的宏观决策的科学基础，也为我国在应对气候变化的国际谈判中赢得主动提供重要依据。

该方向包括如下重要研究内容：①生态系统变化对生物地球化学循环的调节作用，包括生态系统变化对其固碳潜力和碳循环的影响及其气候效应，生态系统变化对 $CH_4$、$N_2O$ 和生物源挥发性有机物（biogenic volatile organic compounds，BVOCs）等的影响；②生态系统变化通过生物地球物理反馈的气候效应，包括生态系统组成、结构和功能变化反馈气候的关键生物物理过程（如能量平衡和水汽交换）解析，生态系统对气候反馈作用的尺度效应（对局地微气候、区域气候和全球气候的影响）；③生态系统、气候系统和社会经济要素的动态耦合模拟，包括高分辨率的陆-气耦合区域模式在区域植被反馈研究中的推广；④生态修复工程气候效应的综合评估，如我国地区植树造林的固碳降温效应和生物物理反馈作用对气候变化减缓的贡献，我国未来的造林地和树种选择的优化方案及其潜在气候效应预估。

## （三）与人文学科重点交叉研究

### 1. 生态系统科学与经济学的交叉研究

随着人类对自然系统的影响越来越深入、广泛，社会经济系统与自然生态系统之间的相互影响与反馈日益密切，生态经济学因此应运而生。生态经济学从经济学的视角探索生态规律，以生态经济问题为导向，且实践性较强，要求任何经济活动既遵循经济规律，又遵循生态规律，以不损害生态环境为前提（沈满洪，2009）。习近平总书记提出的"绿水青山就是金山银山"的科学论断也彰显了生态经济学的特色。绿水青山的价值几何？将绿水青山转化为金山银山的途径是什么？都是当前我国生态经济学领域的重要议题，推动着生态经济学蓬勃发展。

该方向包括如下重要研究内容：①推动社会-生态系统治理体系的完善和发展，厘清生态系统与经济系统之间的互馈机理，明晰自然资源-自然资产-自然资本的转化路径，构建耦合社会系统与生态系统的生态经济综合分析框架，探索具有开放进入特征可更新资源的高效利用途径。②提升生态系统服务价值研究的实践应用能力，如自然资本核算。重点关注特色化及精细化的生态系统服务价值评估，如基因资源及生物多样性等潜在价值、荒漠和极地等生态系统难以量化的服务价值，推动多目标、多尺度、多情景生态系统服务价值情景模拟。③探究生态补偿相关政策法规制定的良好途径，明晰生态系统服务价值的流动路径及供需均衡状态，评定生态受益区向生态供给区的补贴额度，推进生态系统服务付费的理论发展与实践应用，研判社会背景与人类感知对生态补偿的影响。④推动生态系统与生物多样性经济学（The Economics of Ecosystems and Biodiversity，TEEB）从理论走向生物多样性保护实践，揭示生物多样性的价值及其为人类福祉提供的贡献，明晰生态系统服务及生物多样性在经济发展中的重要作用，将生物多样性纳入区域发展规划和政策体系构建中。⑤探索产业生态学的评价标准和计量途径，基于生态经济学指导企业的可持续管理和经营，从全生命周期的角度权衡产业发展造成的环境代价，实现产业"资源投入-经济产出-环境排放"核算，挖掘产业生态效率提升的多视角管控途径。

## 2. 生态系统科学与管理学的交叉研究

管理是一个整合资源、优化配置，从而实现既定目标的过程。生态系统管理的思想起源于早期的自然资源管理（natural resource management）。20 世纪 70 年代后，生态系统科学、保护生物学、社会与经济学等学科综合形成了资源管理的生态系统途径（ecosystem approach to resource management）。近年来，在全球变暖和城市化背景下，随着生态系统退化、生物多样性丧失等问题加剧，面向生态系统服务供给与人类福祉提升的生态系统管理框架被提出，并受到越来越强烈的关注。生态系统管理遵循整体性与可持续性原则，重视多学科交叉与多个利益相关方的合作，其管理目标在于保障生态系统的完整性及其服务供给能力，同时提升未来不确定前景下生态系统的弹性及其支撑人类福祉的可持续性。近年来，我国生态系统管理理论与模式研究逐渐深入并取得实践成效。生态系统管理研究不仅有助于保障区域生态安全和可持续发展，也将有效地推动生态系统科学向社会–生态系统关联研究的拓展。

该方向包括如下重要研究内容：①明晰社会–生态复杂系统中自然过程和人类活动的相互作用机制，研判生态系统结构与功能现状及其承载能力，厘定不同尺度下生态系统外部干扰的主导因素，厘清自然和人文要素的时空动态及正负反馈，分析复杂系统调控下的社会–生态产出能力；②探究面向社会–生态系统弹性提升的管理途径，降低环境干扰暴露及其对生态系统的压力，缓解生态系统脆弱要素对胁迫的敏感程度，增强系统对不确定性变化的适应能力；③判别受损生态系统的保护与修复方式，明晰生态系统健康状态非线性转化过程，厘定生态系统修复与重建的关键阈值，识别生态系统保护与修复优先区，构建生态恢复网络与生态系统服务网络，评估生态修复方案的成本效益；④识别不同类型生态系统的差异化管理模式，如森林可持续经营模式、适应性海洋管理策略，评估生态系统管理策略可行性、有效性与内外部风险，明晰政府、公众和社会组织在生态系统管理中的角色与参与机制。

## 3. 生态系统科学与可持续性科学的交叉研究

可持续性科学是在局地、区域和全球尺度研究自然和社会之间动态关联的科学，为可持续发展提供了理论基础和技术手段。在气候变化、生物多样性锐减、自然资源耗竭的全球环境变化背景下，可持续性科学旨在探究在满足人类发展需求时，如何持续地保障地球生命支持系统的基本结构和功能，即可持续发展。可持续性科学是一个多维度的、打破传统自然和社会科学界限的科学，具有时空及组织结构上的多尺度和等级特征。另外，可持续性科学强调区域特色与问题解决能力，研究对象具有特殊社会、文化、生态和经济特征。生态系统具有极强的可操作性，是开展可持续性研究的有效空间单元。因此，可持续性科学研究的部分核心议题，如"决定人与环境耦合系统的长期趋势和演变过程的因素是什么？""人类福祉与自然环境之间的主要得失权衡是什么？""如何有效地定义能够为人与环境系统预警的极限条件"，都体现了生态系统在实现可持续发展中的重要地位。因此，生态系统科学与可持续性科学的交叉研究具有鲜明的时代意义。

该方向包括如下重要研究内容：①推动生态系统稳定性理论与实践延展，探究人为干扰和气候变化影响下生态系统稳定性的多因素交互机理，并明晰主导因素及预防措施，识别生态系统抵抗性及恢复性提升的关键组分（如优势种或建群种），构建社会-生态复合生态系统稳定性综合评估体系，探索保障生态系统稳定性的人工辅助途径；②推动生物多样性和生态系统服务政府间科学政策平台的目标制定和职能完善，揭示多类生态系统服务权衡的多尺度关联，明晰多方利益相关者生态系统服务供给与需求之间的空间匹配状态和驱动因素，厘清生态系统服务的溢出效应及全球远程耦合特征，制定基于情景模拟及多目标分析的生态系统服务权衡决策；③深化景观可持续性科学理论、方法与应用，强调自然要素和人文要素的直接和间接作用、正负反馈机制，重点关注景观格局、生态系统服务和人类福祉之间的动态关系，明晰景观服务及其可持续性的空间异质性响应，解析不同景观服务之间的权衡/协同特征及其驱动机理，探究景观变化趋势对景观服务脆弱性或弹性的影响，发展社会-生态驱动影响下景观可持续性模拟，推动景观格局-过程-服务-可持续性研究范式凝练及外延；④强化以可持续发展目标为导向的生态系统科学与可持续性科学交叉研究，厘清持续发展目标中清洁饮水、气候行动、水下生物、陆地生物等目标与生态系统的联系，厘定持续发展目标中部分社会-生态指标之间可能存在的权衡与协同关系，探究生态系统服务与可持续发展目标之间的多尺度关联机理，探索耦合社会-生态要素的可持续性评价定量模型。

### （四）特色区域的研究

参考傅伯杰等（2001）提出的中国生态分区方案，我国生态系统科学的特色研究区域主要包括：青藏高原高寒区、黄土高原生态敏感区、西南喀斯特生态脆弱区、西北内陆干旱区和东南沿海湿地区。

#### 1. 青藏高原高寒区

青藏高原是全球海拔最高的自然地理单元，也是对气候变暖最敏感的地区之一。在季风和西风气候的影响下，高原地区拥有丰富的陆地主要生态系统类型，是全球重要的生物多样性分布中心，为研究物种及其生态系统的起源、演化及其与环境变化的关系提供了独特的天然实验室和珍贵的本底资料。在当前全球变化背景下，气候变暖和人类活动加剧导致高寒生态系统的严重退化甚至沙化，对当地社会经济发展造成了严重影响。因此，迫切需要深入系统地开展高寒生态和生物多样性研究，为青藏高原高寒生态系统可持续发展和生态安全屏障建设及评估提供理论依据和技术支撑。

该区域包括如下重要研究内容：①青藏高原生物区系起源、演变及其系统发育多样性；②在极端环境条件下，高寒生态系统维持机制；③高寒生态系统对气候变化的敏感性、脆弱性研究，如高原生态系统冻土碳过程对气候变化的响应；④青藏高原国家生态安全屏障保护与建设研究，包括高原植被恢复与修复工程评估及优化对策、气候变化对青藏高原生态屏障作用影响及区域生态安全调控作用研究、高原生态安全屏障保护与建设成效评估等。

#### 2. 黄土高原生态敏感区

黄土高原是地球上分布最集中且面积最大的黄土区。松散易蚀的土壤环境、降水集中的气候特征，以及人类长期的开发利用，导致黄土高原曾经成为世界上水土流失最严重的区域之一。黄土高原是典型生态脆弱区和气候变化敏感区，也是黄河重要的产水区和绝大部分泥沙的来源区。水是黄土高原地区经济社会可持续发展的主要限制因素之一。合理布局生态建设，协调生态系统耗水与土壤保持和固碳等服务之间的关系，对黄土高原地区乃至黄河流域的可持续发展都具有重要意义。退耕还林还草工程实施以来，黄土高原生态系统整体向健康方向发展，但也面临区域产水量下降、植被恢复不良和粮食生产等问题。因此，需要针对黄土高原地区，加强社会−生态系统耦合分析，研究区域社会-生态系统各要素变化及互馈机制。

该区域包括如下重要研究内容：①生态系统与水文相互作用机制，包括植被恢复的生态水文效应，以及区域水资源植被承载力及其空间分异规律等；②生态系统服务权衡机制与区域集成，包括碳水关系权衡和区域土地利用优化等；③社会生态系统演变与可持续性研究，包括社会生态系统稳态转化及其驱动与效应、互馈机制等；④黄土高原综合治理与绿色发展研究，包括区域植被恢复模式、生态安全格局构建等。

### 3. 西南喀斯特生态脆弱区

我国西南喀斯特地区地处青藏高原西南翼，既是全球碳酸岩集中分布区面积最大、岩溶发育最强烈、人地矛盾最尖锐的地区，也是景观类型复杂、生物多样性丰富、生态系统极为脆弱的地区。目前，喀斯特地区存在着社会经济发展滞缓与石漠化土地退化的社会-生态双重难题。喀斯特地区能够为人类社会发展提供多重生态系统服务。但是，我国人口规模扩大与社会发展需求，以及喀斯特地区资源开发、农业耕作与城市化不断推进，导致脆弱的喀斯特地区生态环境发生退化，以植被退化、岩石裸露为特征的石漠化最具代表性。因此，考虑到喀斯特地区地形复杂、成土速率慢、植被类型特殊、生态环境严酷的自然环境，以及经济发展滞后且人口增长的社会背景，探索喀斯特生态环境及区域可持续发展模式，成为学者与决策者共同关注的重要议题。

该区域包括如下重要研究内容：①喀斯特生态系统三维格局-过程研究，包括生态系统地上和地下过程的耦合研究，以及地表格局和过程对于地下格局和过程的指示研究；②喀斯特地球关键带过程及其对生态系统生产力的影响，包括研究基岩化学特性影响下的成土过程和地下水文过程，以及探究对生态系统生产力的影响机制；③喀斯特地区生态系统服务变化与人类福祉关联研究，包括从喀斯特地区生态系统复杂的三维结构入手量化区域生态系统服务，以及生态治理下的人类福祉研究等；④喀斯特退化生态系统恢复研究，包括生态系统退化和恢复过程中的关键生态系统过程（如土壤微生物过程）研究。

### 4. 西北内陆干旱区

我国西北内陆干旱区，终年受大陆性气团的控制与西风的影响，具有典型的大陆性气候特征和气候变化的西风模态特征，以致于该地区异常干旱，并与中亚地区一起构成了世界上面积最大的内陆干旱区。该区域具有和缓起伏的高原和高山冰雪-盆地绿洲地貌特点，分布有多个沙漠，水资源贫乏。西北干旱区水资源短缺及其时空分布的高度异质性导致生态系统脆弱。此外，该地区天然淡水资源本底条件差，且人为利用不尽合理。这些复杂生态-社会因素耦合作用诱发了一系列生态问题，如下游河湖萎缩、天然植被退化、水土流失、土地沙化、土壤次生盐碱化、水质恶化等。在全球气候变化与区域快速发展的背景下，我国西北内陆干旱区在生态保护与重建和水资源持续利用等方面的问题亟待解决。

该区域包括如下重要研究内容：①以地表水和地下水为纽带的山地-荒漠-绿洲系统生态过程耦合研究；②气候变化与人类活动驱动下的干旱区生态系统可持续发展，包括生态系统的承载力时空动态变化分析；③典型流域生态过程机理及其与社会过程耦合，包括内陆河流域社会-生态系统耦合研究；④西北干旱区生态工程的生态环境效应综合评估，包括人工植被对区域植被-土壤-水文耦合效应的影响机制研究。

### 5. 东南沿海湿地区

我国拥有漫长的海岸线，发育着多类湿地，广布于沿海 11 个省市和港澳台地区，主要包括浅海滩涂湿地、河口湾湿地、海岸湿地、红树林湿地、珊瑚礁湿地及海岛湿地六大类型。湿地是地球陆地生物碳库的最大组成部分，在提供丰富生态系统服务的同时也面临着严重的退化风险。多年来，随着东南沿海地区快速城市化进程的推进，垦荒伐树、过量海水养殖及其他开发建设导致湿地环境受到污染，湿地面积锐减。此外，过量使用水沙导致河流入海泥沙和沿海湿地的减少。湿地具有多重极为重要的生态系统服务，在阻挡海浪、提高生物多样性、改善环境等方面具有重要意义。因此，我国东南沿海地区快速城市化发展与沿海湿地保护之间的矛盾备受关注。

该区域包括如下重要研究内容：①滨海湿地生态系统时空动态演变特征及其机制分析，包括湿地生态系统历史演变分析、气候变化和城市化对滨海湿地生态系统的影响等；②滨海湿地生态系统元素迁移研究，包括沿海湿地生态系统碳氮元素迁移路径剖析、海陆交界带生态系统元素迁移驱动机制研究等；③滨海湿地生态系统服务评估，包括气候变化和城市化过程对湿地生态系统服务的影响研究等；④基于陆海统筹目标的滨海湿地生态系统保护与修复研究，包括湿地生态修复工程影响评估、湿地开垦驱动力及管理措施分析等。

# 本章参考文献

傅伯杰, 刘国华, 陈利顶, 等. 2001. 中国生态区划方案. 生态学报, 21(1): 1-6.

傅伯杰, 牛栋, 赵士洞. 2005. 全球变化与陆地生态系统研究：回顾与展望. 地球科学进展, 20(5): 556-560.

傅伯杰, 田汉勤, 陶福禄, 等. 2017. 全球变化对生态系统服务的影响. 中国基础科学, 19(6): 14-18.

何念鹏, 刘聪聪, 徐丽, 等. 2020. 生态系统性状对宏生态研究的启示与挑战. 生态学报, 40(8): 2507-2522.

牛栋, 黄铁青, 杨萍, 等. 2006. 中国生态系统研究网络 (CERN) 的建设和思考. 中国科学院院刊, 21(6): 466-471.

沈满洪. 2009. 生态经济学的定义、范畴与规律. 生态经济, (1): 42-47，182.

孙鸿烈. 2006. 中国生态系统研究网络为生态系统评估提供科技支撑. 资源科学, 28(4): 2-3.

孙康慧, 曾晓东, 李芳. 2019. 1980 ~ 2014 年中国生态脆弱区气候变化特征分析. 气候与环境研究, 24(4): 455-468.

田地, 严正兵, 方精云. 2018. 植物化学计量学：一个方兴未艾的生态学研究方向. 自然杂志, 40(4): 235-241.

徐丽, 何念鹏. 2020. 中国森林生态系统氮储量分配特征及其影响因素. 中国科学：地球科学, 50(10): 1374-1385.

杨萍, 于秀波, 庄绪亮, 等. 2008. 中国科学院中国生态系统研究网络 (CERN) 的现状及未来发展思路. 中国科学院院刊, 23(6): 555-562.

于贵瑞. 2009. 人类活动与生态系统变化的前沿科学问题. 北京：高等教育出版社.

于贵瑞, 张雷明, 孙晓敏. 2014. 中国陆地生态系统通量观测研究网络 (ChinaFLUX) 的主要进展及发展展望. 地理科学进展, 33(7): 903-917.

于贵瑞, 徐兴良, 王秋凤, 等. 2017. 全球变化对生态脆弱区资源环境承载力的影响研究. 中国基础科学, 19(6): 19-24, 35.

Chen D M, Lan Z C, Hu S J, et al. 2015. Effects of nitrogen enrichment on belowground communities in grassland: relative role of soil nitrogen availability vs. soil acidification. Soil Biology & Biochemistry, 89: 99-108.

Chen Y P, Wang K B, Lin Y S, et al. 2015. Balancing green and grain trade. Nature Geoscience, 8(10): 739-741.

Chen S P, Wang W T, Xu W T, et al. 2018. Plant diversity enhances productivity and soil carbon storage. Proceedings of the National Academy of Sciences, 115(16): 4027-4032.

Chen L, Swenson N J, Ji N N, et al. 2019. Differential soil fungus accumulation and density dependence of trees in a subtropical forest. Science, 366(6461): 124-128.

Fang J Y, Shen Z H, Tang Z Y, et al. 2012a. Forest community survey and the structural characteristics of forests in China. Ecography, 35(12): 1059-1071.

Fang J Y, Wang X P, Liu W N, et al. 2012b. Multi-scale patterns of forest structure and species composition in relation to climate in northeast China. Ecography, 35(12): 1072-1082.

Fang J Y, Yu G R, Liu L L, et al. 2018. Climate change, human impacts, and carbon sequestration in China. Proceedings of the National Academy of Sciences, 115(16): 4015-4020.

Feng X M, Fu B J, Lu N, et al. 2013. How ecological restoration alters ecosystem services: an analysis of carbon sequestration in China's Loess Plateau. Scientific Report, 3: 2846.

Feng X M, Fu B J, Piao S L, et al. 2016. Revegetation in China's Loess Plateau is approaching sustainable water resource limits. Nature Climate Change, 6(11): 1019-1024.

Fu B J, Wang S, Liu Y, et al. 2017. Hydrogeomorphic-ecosystem responses to natural and anthropogenic changes in the Loess Plateau of China. Annual Review of Earth and Planetary Sciences, 45(1): 223-243.

Fu Y S H, Zhao H F, Piao S L, et al. 2015. Declining global warming effects on the phenology of spring leaf unfolding. Nature, 526(7571): 104-118.

He H L, Wang S Q, Zhang L, et al. 2019. Altered trends in carbon uptake in China's terrestrial ecosystems under the enhanced summer monsoon and warming hiatus. National Science Review, 6(3): 505-514.

He N P, Liu C C, Piao S L, et al. 2019. Ecosystem traits linking functional traits to macroecology. Trends in Ecology and Evolution, 34(3): 200-210.

Hu Y T, Zhao P, Shen W J, et al. 2018. Responses of tree transpiration and growth to seasonal rainfall redistribution in a subtropical evergreen broad-leaved forest. Ecosystems, 21(4): 811-826.

Hu Z M, Guo Q, Li S G, et al. 2018. Shifts in the dynamics of productivity signal ecosystem state transitions at the biome-scale. Ecology Letters, 21(10): 1457-1466.

Hu H T, Fu B J, Lu Y H. 2015. SAORES: a spatially explicit assessment and optimization tool for regional ecosystem services. Landscape Ecology, 30(3): 547-560.

Huang S N, Wang F, Elliott E M, et al. 2020. Multiyear measurements on $\Delta^{17}O$ of stream nitrate indicate high nitrate production in a temperate forest. Environmental Science & Technology, 54(7): 4231-4239.

Huang Y Y, Chen Y X, Castro-Izaguirre N, et al. 2018. Impacts of species richness on productivity in a large-scale subtropical forest experiment. Science, 362(Oct.5 TN.6410): 80-83.

Lan Z C, Jenerette G D, Zhan S X. 2015. Testing the scaling effects and mechanisms of N-induced biodiversity loss: evidence from a decade-long grassland experiment. Journal of Ecology, 103(3): 750-760.

Li P, Sayer E J, Jia Z, et al. 2020. Deepened winter snow cover enhances net ecosystem exchange and stabilizes plant community composition and productivity in a temperate grassland. Global Change Biology, 26(5): 3015-3027.

Li Z, Tian D, Wang B, et al. 2019. Microbes drive global soil nitrogen mineralization and availability. Global Change Biology, 25(3): 1078-1088.

Li Z, Zeng Z, Tian D, et al. 2020a. The stoichiometry of soil microbial biomass determines metabolic quotient of nitrogen mineralization. Environmental Research Letters, 15(3): 034005(12pp).

Li Z, Zeng Z, Tian D, et al. 2020b. Global patterns and controlling factors of soil nitrification rate. Global Change Biology, 26(7): 4147-4157.

Liang E Y, Wang Y F, Piao S L, et al. 2016. Species interactions slow warming-induced upward shifts of treelines on the Tibetan Plateau. Proceedings of the National Academy of Sciences of the United States of America, 113(16): 4380-4385.

Lindeman R L. 1942. The trophic-dynamic aspects of ecology. Ecology, 23(4):399-417.

Liu H Y, Williams A P, Allen C D, et al. 2013. Rapid warming accelerates tree growth decline in semi-arid forests of inner Asia. Global Change Biology, 19(8): 2500-2510.

Liu H Y, Yin Y, Hao Q, et al. 2014. Sensitivity of temperate vegetation to holocene development of East Asian Monsoon. Quaternary Science Reviews, 98: 126-134.

Liu H Y, Mi Z R, Lin L, et al. 2018. Shifting plant species composition in response to climate change stabilizes grassland primary production. Proceedings of the National Academy of Sciences of the United States of America, 115(16): 4051-4056.

Lu F, Hu H F, Sun W J, et al. 2018. Effects of national ecological restoration projects on carbon sequestration in China from 2001 to 2010. Proceedings of the National Academy of Sciences of the United States of America, 115(16): 4039-4044.

Lu X K, Vitousek P M, Mao Q G, et al. 2018. Plant acclimation to long-term high nitrogen deposition in an N-rich tropical forest. Proceedings of the National Academy of Sciences of the United States of America, 115(20): 5187-5192.

Lu N, Fu B J, Jin T T, et al. 2014. Trade-off analyses of multiple ecosystem services by plantations along a precipitation gradient across Loess Plateau landscapes. Landscape Ecology, 29(10):1697-1708.

Ma K P, Lou Z P, Su R H. 2011. Biodiversity research in the Chinese academy of sciences. Bulletin of the Chinese Academy of Sciences, 24(4): 196-203.

Ma Z Y, Liu H Y, Mi Z R, et al. 2017. Climate warming reduces the temporal stability of plant community biomass production. Nature Communications, 8: 15378.

Niu S L, Classen A T, Luo Y Q. 2018. Functional traits along a transect. Functional Ecology, 32(1): 4-9.

Odum E P. 1959. Fundamentals of Ecology. 2nd Edition. Philadelphia: W.B. Saunders.

Odum E P. 1969. The strategy of ecosystem development. Science,164: 262-270.

Odum E P, Barrett G W. 2004. Fundamentals of Ecology. 5th Edition. Boston: Cengage Learning

Ouyang Z, Zheng H, Xiao Y, et al. 2016. Improvements in ecosystem services from investments in natural capital. Science, 352(6292): 1455-1459.

Peng S S, Piao S L, Ciais P, et al. 2013. Asymmetric effects of daytime and night-timewarming on Northern Hemisphere vegetation. Nature, 501(7465): 88-94.

Piao S L, Tan J G, Chen A P, et al. 2015. Leaf onset in the northern hemisphere triggered by daytime temperature. Nature Communications, 6: 6911.

Piao S L, Liu Z, Wang T, et al. 2017. Weakening temperature control on the variations of spring carbon uptake across northern lands. Nature Climate Change, 7(5): 359-363.

Piao S L, Liu Q, Chen A P, et al. 2019. Plant phenology and global climate change: current progresses and challenges. Global Change Biology, 25(6): 1922-1940.

Quan Q, Tian D S, Luo Y Q, et al. 2019. Water scaling of ecosystem carbon cycle feedback to climate warming. Science Advances, 5(8): eaav1131.

Reich P B, Oleksyn J, Wright I J, et al. 2010. Evidence of a general 2/3-power law of scaling leaf nitrogen to phosphorus among major plant groups and biomes. Proceedings of The Royal Society B-Biological Sciences, 277: 877-883.

Ru J Y, Zhou Y Q, Hui D F, et al. 2018. Shifts of growing-season precipitation peaks decrease soil respiration in a semiarid grassland. Global Change Biology, 24(3): 1001-1011.

Song J, Wan S Q, Piao S L, et al. 2019. Elevated $CO_2$ does not stimulate carbon sink in a semi-arid grassland. Ecology Letters, 22(3): 458-468.

Tang X L, Zhao X, Bai Y F, et al. 2018. Carbon pools in China's terrestrial ecosystems: new estimates based on an intensive field survey. Proceedings of the National Academy of Sciences of the United States of America, 115(16): 4021-4026.

Tang Z Y, Xu W T, Zhou G Y, et al. 2018. Patterns of plant carbon, nitrogen, and phosphorus concentration in relation to productivity in China's terrestrial ecosystems. Proceedings of the National Academy of Sciences of the United States of America, 115(16): 4033-4038.

Tansley A G. 1935. The use and abuse of vegetational concepts and terms. Ecology, 16: 284-307.

Tian D, Yan Z B, Niklas K J, et al. 2017. Global leaf nitrogen and phosphorus stoichiometry and their scaling exponent. National Science Review. 5(5): 728-739.

Tian J, Dungait J A J, Lu X K, et al. 2019. Long-term nitrogen addition modifies microbial composition and functions for slow carbon cycling and increased sequestration in tropical forest soil. Global Change Biology, 25(10): 3267-3281.

Wang C, Wang X B, Liu D W, et al. 2014. Aridity threshold in controlling ecosystem nitrogen cycling in arid and semi-arid grasslands. Nature Communications, 5: 4799.

Wang H, Liu H Y, Cao G M, et al. 2020. Alpine grassland plants grow earlier and faster but biomass remains unchanged over 35 years of climate change. Ecology Letters, 23(4): 701-710.

Wang S, Fu B J, Piao S L, et al. 2016. Reduced sediment transport in the Yellow River due to anthropogenic changes. Nature Geoscience, 9(1): 38-42.

Xia J Y, Chen J Q, Piao S L, et al. 2014. Terrestrial carbon cycle affected by non-uniform climate warming. Nature Geoscience, 7(3): 173-180.

Xu L, He N P, Yu G R, et al. 2020. Nitrogen storage in China's terrestrial ecosystems. Science the Total Environment, 709: 136201.

Xu W B, Svenning J C, Chen G K, et al. 2019. Human activities have opposing effects on distributions of narrow-ranged and widespread plant species in China. Proceedings of the National Academy of Sciences of the United States of America, 116(52): 26674-26681.

Yao M J, Rui J P, Li J B, et al. 2014. Rate-specific responses of prokaryotic diversity and structure to nitrogen deposition in the Leymus chinensis steppe. Soil Biology & Biochemistry, 79: 81-90.

Yu G R, Chen Z, Piao S L, et al. 2014. High carbon dioxide uptake by subtropical forest ecosystems in the East Asian monsoon region. Proceedings of the National Academy of Sciences of the United States of America, 111(13): 4910-4915.

Yu G R, Jia Y L, He N P, et al. 2019. Stabilization of atmospheric nitrogen deposition in China over the past decade. Nature Geoscience, 12(6): 424-431.

Zhang F Y, Quan Q, Ma F F, et al. 2019. When does extreme drought elicit extreme ecological responses?. Journal of Ecology, 107(6): 2553-2563.

Zhang Y H, Lu X T, Isbell F, et al. 2014. Rapid plant species loss at high rates and at low frequency of N addition in temperate steppe. Global Change Biology, 20: 3520-3529.

Zhang Y H, Loreau L, Lu X T, et al. 2016. Nitrogen enrichment weakens ecosystem stability through decreased species asynchrony and population stability in a temperate grassland. Global Change Biology, 22: 1445-1455.

Zheng H, Robinson B E, Liang Y C, et al. 2013. Benefits, costs, and livelihood implications of a regional payment for ecosystem service program. Proceedings of the National Academy of Sciences, 110(41): 16681-16686.

Zheng H, Wang L, Peng W, et al. 2019. Realizing the values of natural capital for inclusive, sustainable development: informing China's new ecological development strategy. Proceedings of the National Academy of Sciences of the United States of America, 116(17): 8623-8628.

Zhao H, He N P, Xu L, et al. 2019. Variation in the nitrogen concentration of the leaf, branch, trunk, and root in vegetation in China. Ecological Indicators, 96: 496-504.

Zhao Y C, Wang, M Y, Hu, S J, et al. 2018. Economics- and policy-driven organic carbon input enhancement dominates soil organic carbon accumulation in Chinese croplands. Proceedings of the National Academy of Sciences of the United States of America, 115(16): 4045-4050.

第八章

# 环境科学与技术

## 第一节 战略定位

　　环境科学与技术学科是在城市化、工业化和全球化等人类活动导致的生态环境问题日益显现和蔓延的背景下，由来自多学科的科技工作者在综合运用各相关学科的理论和方法研究应对生态环境问题的过程中逐步发展形成的新兴交叉学科，其主要任务是研究环境污染特征、环境污染防治、环境风险控制和生态环境系统修复的基础理论、工程技术和管理方案。环境科学与技术学科交叉融合了来自自然科学、工程技术科学和人文社会科学多学科的知识，并逐步发展和形成了环境地学、环境化学、环境生物学、环境毒理学、环境工程学、环境经济学和环境管理学等多个分支学科。

　　环境科学与技术学科促进了多学科交叉融合，对多个学科的发展提出了新的要求，同时也提供了新的延伸发展空间。例如，污染物的区域环境过程研究旨在从宏观层面认识污染物从生成、经环境介质界面传输及空间迁移、形成最终归趋的过程特征与机制，其综合了环境地理学、环境地球化学、环境化学、水文学、土壤学、大气物理学及数值模拟等分支学科的理论与方法；生态毒理学是以化学、生物学和毒理学为基础的交叉学科，其以生物学和化学计量学为主要手段，研究环境污染对生物及生态系统的影响，是生物学、毒理学、生态学、生物化学、微生物学、分子遗传学等多个学科领域交叉融合的产物；污染物分析监测涉及样品的布点采集、前处理、仪器分析及数据处理，在研究内容上融合了地学、化学、生物学、数理统计、模型模拟、人工智能等多个分支学科的理论和方法；环境系统模拟研究综合运用来自科学实验、遥感、物 / 互联网、社会经济统计等多领域的数据，利用多源异构信息认知和模拟生态环境问题的原因和影响，其发展和形成有赖于信息科学、计算机科学、统计学、经济学、生态学、城市科学和系统科学等多学科知识的交叉融合。

环境科学与技术学科为防治环境污染和维护人群健康提供了科学依据和技术方案。例如，污染物的迁移转化过程研究有助于理解和认识复合环境污染的起因、特征和生态健康效应，为科学制定环境质量标准和环境管理政策、控制复合污染提供理论依据和技术支撑。环境暴露与健康效应研究可以为建设"健康中国"战略做出重要贡献。

环境科学与技术学科为维护生态系统平衡、保障环境安全和促进可持续发展提供了理论、方法和技术。例如，生态毒理学能够阐明环境污染和环境变化对水生、陆生等生态系统的影响，可为生态风险早期诊断与风险预警、环境基准制定、环境修复决策实施等提供基础数据和科学依据；环境修复研究为解决环境污染问题、土壤–水资源合理利用、农业可持续发展和生态环境保护提供了理论、方法和技术。

环境科学与技术学科为应对气候变化等全球性环境问题提供了方法支撑。环境系统模拟研究基于自然科学和社会科学原理，利用现代信息技术建立数学模型，模拟生态环境系统的结构与演化规律，揭示其与社会经济系统的相互关系和造成环境风险的路径与机理，为制定促进环境–经济协调发展、预防和应对环境风险的决策提供科学依据与解决方案。

综上，环境科学与技术学科是支撑我国打赢污染防治攻坚战、建设生态文明、实现可持续发展和构建人类命运共同体的兼具问题导向与学科交叉特征的战略性学科。

# 第二节 发展规律与研究特点

　　面向环境污染防治、生态环境风险控制和生态环境系统修复的基础理论、工程技术和管理方案研究的关键任务，环境科学与技术学科的主要研究内容包括：①污染物的来源和迁移转化机制研究；②污染物的区域环境过程研究；③污染物的生态毒理效应研究；④污染物的环境暴露与健康研究；⑤污染物的分析、检测与监测研究；⑥污染物的控制与削减方案研究；⑦受污染生态环境系统的修复研究；⑧生态环境系统模拟与环境风险管理研究。如图 8-1 所示，上述各个内容紧密关联、互相支撑，构成了一个有机联系的整体。

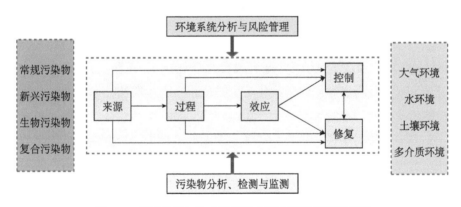

图 8-1　环境科学与技术学科的主要内容及其相互关联

　　21 世纪以来，环境科学与技术学科迅速发展，呈现出如下规律和特点。

　　（1）环境污染物类型多样化和复合化。全球化学品数量正以惊人的速度增加，在化学品生产和使用过程中，由于管理尚未完善，微量化学品残留进入环境而成为污染物，部分环境污染物可进一步发生转化代谢；人为活动和自然因素引发的排放也是环境污染物的重要来源（Shen et al.，2015）；此外，包括辐射和噪声在内的物理污染也会造成明显危害，由此导致环境污染物种类不断增加。环境污染控制学科关注的目标污染物从早期的重金属、氯联苯、多环芳烃和二噁英等传统污染物，逐步扩展到全氟化合物、药物和个人护理有机物、内分泌干扰物、抗生素、抗性基因、纳米材料、微塑料等各类新兴污染物。

（2）污染物健康效应多样化。人群健康面临的是传统与现代环境危险因素暴露的双重挑战，多途径污染物暴露与人体呼吸、代谢、内分泌、神经、免疫等系统功能的干扰存在紧密联系，从宏观发病率、死亡率，到亚临床因子、代谢产物及表观遗传，环境污染的复杂性使得传统概念中完全依赖实验室评价毒理效应愈发困难，以大数据解析和环境关联研究为核心的系统评价将是未来环境与健康研究的有力工具。

（3）污染物分析新技术和新方法快速发展。环境分析技术的进步极大地丰富了污染物浓度、形态、过程和机制研究的方法学。污染物检出限不断降低，同步辐射和高分辨质谱的理论与技术已渐趋成熟。高通量测序技术，特别是第三代测序技术的普及极大地突破了传统个体生物学的研究限制。组学技术，包括基因组学、转录组学、蛋白组学、代谢组学方法的建立和成熟实现了从单一生物过程研究向生物群落水平研究的转变，人们可以在更复杂水平上理解污染物转化过程并解析环境介质对人体健康影响的全过程。同时，计算机技术的快速进步也给污染物环境行为研究带来了革新。

（4）环境监测实时化、智能化与全方位化。环境监测技术主要体现为低成本传感器技术、在线监测技术、监测网络、采样系统、分析仪器、技术方法、数据平台等的构建和进步。科学合理地运用数据分析方法、空间抽样模型、人工智能算法等手段高效布点，必要时采用快速移动监测平台，使监测点位兼具科学性、合理性、代表性、有效性和规范性，能够全方位地反映区域内污染物的真实情况和时空规律。开发原位在线采样、样品富集净化一体化、全/半自动化样品前处理分离、复杂环境介质原位在线监测等技术或仪器设备；研发特异性吸附、富集、净化材料或渗透膜，快速高效去除样品中的干扰物质；采用灵敏度高、抗干扰能力强、多组分同步分析的靶向/非靶向仪器设备分析复杂多样的痕量/超痕量污染物；运用稳定同位素示踪手段追溯污染物来源、归趋等。在海量监测数据基础上建立大数据共享、处理和分析系统，结合污染物性质、数理统计方法、现代计算技术及人工智能理论构建多模式综合预测模型，精准分析污染物时空演变规律和行为归趋，构建智能化预测预警系统。

（5）微观-宏观技术手段与定量模拟日益结合。污染物的区域环境过程研究集合微观与宏观技术手段，兼有机理探究与定量模拟特点。例如，从采用室内模拟方法探究污染物宏观过程的微观机理，到野外采样观测污染物的空间格局，再到应用统计分析及数值模拟手段研究污染物的环境过程、影响因素及时空变异。研究方法也不断融入新的分析技术，如采用同位素高分辨质谱技术识别污染物来源；利用原位被动采样技术探究污染物在沉积物-水界面分布及影响机制（Ding et al.，2012; Liu et al.，2013）；结合人工智能拓展环境监测点的选择；运用神经网络、机器学习等数值处理方法在大数据中挖掘污染物在环境介质间的迁移规律及定量模拟污染物大尺度的环境过程等。

（6）环境污染控制方案复合化和全链条化。环境介质中污染物种类繁多，呈现多元化复合污染的特点。近年来，大气臭氧及其前体物复合污染、气溶胶、新兴持久性有机污染物、农田重金属复合污染、水体中微塑料及其负载化学污染物、水土及生物圈抗生素抗性基因等生物污染控制成为研究热点。环境污染控制日益由单一污染物的模拟控制与削减发展到基于真实污染场景的复合污染物多尺度、多过程的原位控制与共削减策略，从单一环节控制逐步发展为源头削减-过程控制-末端受体阻抗的全链条集成解决策略。技术手段上，物理、化学和生物途径相结合已成为有效控制与削减大气、水体、土壤中污染物，以及实现固体废物无害化和资源化的优选方案。

（7）受污染环境多介质协同修复。地表环境系统修复的学科交叉和系统特色鲜明。一方面，需要立足于土壤、水、大气等环境与生态研究成果，形成综合性和系统性的地表环境科学认知；另一方面，关注人与自然的相互关系，具有鲜明的人文属性。多介质协同修复围绕土壤-地下水-地表水-气-生物复杂耦合系统，开展污染综合防控与协同修复研究。通过多学科知识和技术手段交叉融合，揭示多介质环境中污染物转化与衰减规律，识别复杂环境系统修复过程的界面传质与反应过程，突破修复关键技术与功能材料，形成环境污染的风险表征、高效防控、净化修复理论与方法体系。

（8）环境系统模拟研究关注自然环境-社会经济复合系统，并随着现代信息技术的进步不断完善发展。传统的环境系统模拟主要是在物理模型基础上构建数学表达，模拟污染物在自然环境系统不同介质中的产生、迁移、转化和归趋，从而确定不同优化目标和社会、经济、工程等约束条件下最优的

中国资源与环境科学2035发展战略

污染控制和环境治理方案。21世纪以来的环境系统模拟研究越来越多地针对自然环境-社会经济-人类活动-风险与健康复合系统。同时，信息技术的进步推动环境系统模拟研究不断进步，体现在数据越来越丰富，包括传统统计数据的电子化、遥感和物/互联网数据的产生、数据产生和传输方式的规模化和即时化等；研究方法和数学模型的持续更新和改进；计算能力的快速提高。总体上，信息技术的进步使得区域乃至全球尺度复杂环境过程的系统数值模拟成为可能。

# 第三节 发展现状与发展态势

文献计量研究结果表明，2000～2019年我国环境科学与技术8个分支学科在SCIE和SSCI数据库中检索到的论文数量均逐年递增；2017～2019年，我国在除"污染物环境暴露与健康"之外的其他7个分支学科的发文量均超过美国成为世界第一；但是，我国只在部分研究领域的总引用数和高被引论文数位居世界第一，而论文的篇均引用次数总体上还落后于美国、英国等西方发达国家。在所有各个领域发文最多的15个机构统计中，我国机构数量为4～9个；其中，中国科学院在多个领域均是全球发表论文数量最多的机构。

## 一、污染物迁移转化机制

### （一）研究成果分析

在SCIE数据库和SSCI数据库中，共检索到2000～2019年污染物迁移转化相关文献80 137篇。进一步分析发现，在这20年中该领域发文量逐年递增，且在2017～2019年增长最为迅速。2017～2019年，SCIE数据库和SSCI数据库中污染物迁移转化机制研究文献共计23 152篇，发文量位居前15位的国家如图 8-2 所示。其中，中国发文量居全球之首，占全球总发文量的 39.20%。在发文量位居前 5 的国家中，中国 H 指数为 85，位居世界第一；美国 H 指数次之，为 64；德国、印度和西班牙相近，分别为 43、39 和 39。发文量和 H 指数分析均表明，中国在该研究领域占据领先地位。

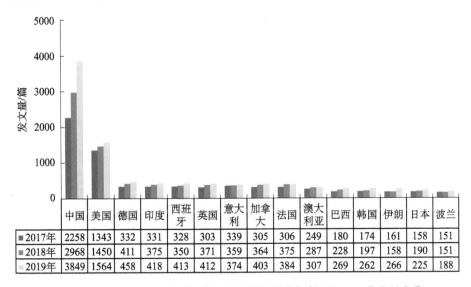

| | 中国 | 美国 | 德国 | 印度 | 西班牙 | 英国 | 意大利 | 加拿大 | 法国 | 澳大利亚 | 巴西 | 韩国 | 伊朗 | 日本 | 波兰 |
|---|---|---|---|---|---|---|---|---|---|---|---|---|---|---|---|
| ■2017年 | 2258 | 1343 | 332 | 331 | 328 | 303 | 339 | 305 | 306 | 249 | 180 | 174 | 161 | 158 | 151 |
| ■2018年 | 2968 | 1450 | 411 | 375 | 350 | 371 | 359 | 364 | 375 | 287 | 228 | 197 | 158 | 190 | 151 |
| ▨2019年 | 3849 | 1564 | 458 | 418 | 413 | 412 | 374 | 403 | 384 | 307 | 269 | 262 | 266 | 225 | 188 |

图 8-2 2017～2019 年主要国家污染物迁移转化机制研究 SCI 发文量变化

在发文量位居前 15 的国家中，中国、美国的论文总被引频次较高，均超过 25 000 次，其中，中国超过 55 000 次；此外，论文总被引频次超过 5000 次的国家有德国、英国、加拿大、印度、澳大利亚、西班牙、法国、意大利，处于第二梯队。高被引论文数量超过 30 篇的国家有中国、美国、德国、英国、澳大利亚、印度。其中，中国以 273 篇位居第一，高被引论文占总发文量的比例超过 2.2%。从篇均被引频次来看，澳大利亚、意大利、德国、韩国、加拿大名列前茅，均高于 7.0 次；中国篇均被引频次 6.1 次，位列第 10。2017～2019 年 SCIE 数据和 SSCI 数据库中该领域发文量前 15 名的研究机构如图 8-3 所示。其中，中国科学院 3 年总发文量 3202 篇，位居第一；在发文量位居前 15 的机构中，有 8 个机构来自中国，占比超过 50%。

关键词词频分析表明，最受关注的环境介质依次是大气环境、水环境、土壤和沉积物；研究较多的污染物不仅包括重金属、多环芳烃、农药等传统有机物，近年来围绕颗粒物、抗生素、内分泌干扰物、多溴联苯醚等新兴污染物展开的研究也占据一定比例；就研究主题而言，有关吸附和污染物降解的内容所占比例较高。总体而言，2000～2019年，中国作者的关键词时序变化速率持续增长，这表明中国学者近年来在该方向上的研究取得了长足的发展。

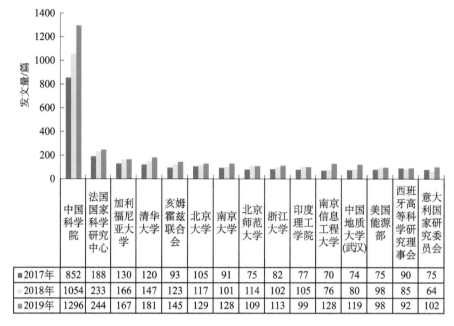

| | 中国科学院 | 法国国家科学研究中心 | 加利福尼亚大学 | 清华大学 | 亥姆霍兹联合会 | 北京大学 | 南京大学 | 北京师范大学 | 浙江大学 | 印度理工学院 | 南京信息工程大学 | 中国地质大学(武汉) | 美国能源部 | 西班牙高等科学研究理事会 | 意大利国家研究委员会 |
|---|---|---|---|---|---|---|---|---|---|---|---|---|---|---|---|
| ■2017年 | 852 | 188 | 130 | 120 | 93 | 105 | 91 | 75 | 82 | 77 | 70 | 74 | 75 | 90 | 75 |
| □2018年 | 1054 | 233 | 166 | 147 | 123 | 117 | 101 | 114 | 102 | 105 | 76 | 80 | 98 | 85 | 64 |
| ■2019年 | 1296 | 244 | 167 | 181 | 145 | 129 | 128 | 109 | 113 | 99 | 128 | 119 | 98 | 92 | 102 |

图 8-3　2017～2019 年主要机构污染物迁移转化研究 SCI 发文量变化

## （二）学科研究进展

污染物的迁移转化机制研究领域主要取得了以下进展。①方法学发展迅速。技术手段的快速发展极大地提升了污染物浓度、形态、过程和机制方面的研究深度，方法学研究重点从经验性描述发展到微观机制解析，同步辐射、高分辨质谱和核磁、高通量测序、组学技术等一批先进技术为该领域研究带来了新的驱动力。②目标污染物类型多样化。对环境中微量污染物浓度分布和赋存形态的定量认识能力逐步提高，对新兴污染物的鉴别能力显著提升，目标污染物从早期的重金属、多氯联苯、多环芳烃等传统污染物，逐步扩展到包括全氟化合物、药物和个人护理有机物、内分泌干扰物、抗性基因、纳米材料、微塑料等在内的各类新兴有机污染物。③尺度拓展。研究深入到分子、原子等微观尺度，逐渐呈现多过程、多界面、多尺度、非线性的特征。然而，该领域研究仍存在如下局限性：①原位、高时空分辨率、抗干扰的污染物分析和界面表征方法仍不成熟；②现有污染物环境行为定量模型对过程的解析不充分，缺乏重要模型参数，预测误差较大；③对复杂非均相体系中污染物的界面过程刻画还不细致，对多过程耦合机制认识仍不深入；④部分新兴污染物的环境迁移转化特征和机制仍不明确。

## 二、污染物区域环境过程

### （一）研究成果分析

在 SCIE 和 SSCI 数据库中，2000～2019 年共检出污染物区域环境过程相关文献 47 664 篇。其中，中国发文量居全球之首，占全球总发文量的 20.7%。进一步分析发现，此类文章数量在这 20 年间呈指数增长趋势，在 2017～2019 年的增长趋势尤为明显。2017～2019 年，SCIE 和 SSCI 数据库中污染物区域环境过程相关研究文献共计 14 363 篇，发文量位居前 15 位的国家如图 8-4 所示。在发文量位居前 5 的国家中，中国 H 指数为 70，位居世界第一；美国 H 指数次之，为 51；印度、意大利和英国相近，分别为 35、34 和 39。发文量和 H 指数分析均表明，中国在污染物区域环境过程研究领域占主导地位。

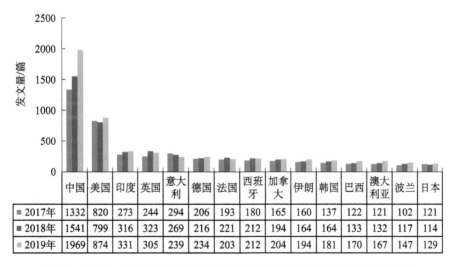

| | 中国 | 美国 | 印度 | 英国 | 意大利 | 德国 | 法国 | 西班牙 | 加拿大 | 伊朗 | 韩国 | 巴西 | 澳大利亚 | 波兰 | 日本 |
|---|---|---|---|---|---|---|---|---|---|---|---|---|---|---|---|
| ■ 2017年 | 1332 | 820 | 273 | 244 | 294 | 206 | 193 | 180 | 165 | 160 | 137 | 122 | 121 | 102 | 121 |
| ■ 2018年 | 1541 | 799 | 316 | 323 | 269 | 216 | 221 | 212 | 194 | 164 | 164 | 133 | 132 | 117 | 114 |
| ■ 2019年 | 1969 | 874 | 331 | 305 | 239 | 234 | 203 | 212 | 204 | 194 | 181 | 170 | 167 | 147 | 129 |

图 8-4　2017～2019 年主要国家污染物区域环境过程研究 SCI 发文量变化

在发文量位居前 15 的国家中，中国、美国、英国、印度、意大利和德国的论文总被引频次较高，均超过 5000 次；其中，中国（超过 40 000 次）和美国的论文总被引频次均超过 20 000 次。英国、中国、美国、德国、加拿大和意大利的篇均被引频次较高，均高于 8 次。高被引论文数量超过 15 篇的国家有中国、美国、英国、德国、意大利、加拿大、西班牙和印度；这些高被引论文占总发文量的比例均超过 1.7%。从总被引频次和高被引论文数量来看，中国具有明显优势，篇均被引频次仅次于英国，但中国高被引论文比例稍低于英国、加拿大和德国。从研究机构分析，2017~2019 年 SCIE 和 SSCI 数据库中污染物区域环境过程相关研究发文量位居前 15 的机构如图 8-5 所示。其中，清华大学 3 年总发文量 332，位居第一；在发文量位居前 15 的机构中，有 8 个机构来自中国，占据半壁江山。

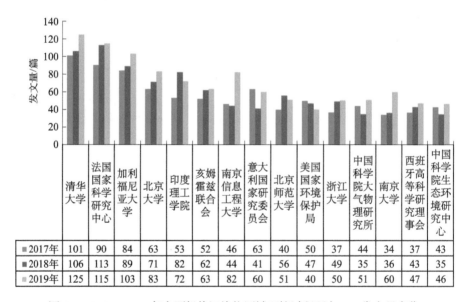

图 8-5　2017~2019 年主要机构污染物区域环境过程研究 SCI 发文量变化

## （二）学科研究进展

污染物区域环境过程领域研究取得了以下主要进展：①国家和地区需求导向化，瞄准区域社会经济发展需求，凝练影响经济社会可持续发展的重大环境污染问题；②研究对象多样化，包括传统持久性有机污染物、新型有机污染物、重金属及复合污染物；③时间和空间维度并行，研究区域覆盖宽泛，综合考虑区域环境污染的历史演变态势和区域污染格局，覆盖剧烈人为活动区域与人迹罕至地区；④研究手段系统化，野外观测、可视化实时动态观测、模型评估等方法交叉集成（Mai et al.，2019）；⑤宏观迁移与微观界面传输过程研究结合，开发了系列原位监测技术（Ding et al.，2012；Liu et al.，2013；Wu et al.，2016），实现了总量评估和生物有效性协同评估；⑥对突发环境污染问题敏感性提高，及时发现问题并提出科学解决方案（如新冠病毒的环境迁移与归趋）。该领域研究目前还存在以下短板：①污染物的来源、排放强度和规律还不十分清楚（Xu Y et al.，2018）；②污染物的多介质传输特征和源汇关系较为模糊；③污染物在圈带界面的定量表征与模拟技术还不够成熟；④污染物的跨区域传输形式尚不清晰（Zhang Q et al.，2017）；⑤气候变化对污染物区域环境过程的影响机制认识还有待完善。

## 三、污染物生态毒理效应

### （一）研究成果分析

水生态毒理学是生态毒理学中研究较多的领域，2000～2019 年全球论文发表量呈现稳定上升趋势。中国于 2016 年超越美国，成为该领域 SCI 论文发表量最高的国家。2019 年我国发文量达到 1264 篇，占全球的 28.44%，其次为美国（图 8-6）。在 Web of Science 核心库中，2000～2019 年共搜索到相关论文27 034 篇，其中美国最高，发表论文 6339 篇，H 指数为 169，被引频次总计225 727 次；中国论文总数为 4267 篇，H 指数为 102，被引频次总计 90 327；加拿大论文总数为 2334，H 指数为 111，被引频次总计 76 159 次；德国论文总数为 1551 篇，H 指数为 108，被引频次总计 59 592 次；西班牙论文总数为1460，H 指数为 84，被引频次总计 43 616 次。这 20 年引用频次超过 100 次的论文（1057 篇）主要涉及纳米材料、药品、新烟碱农药等。但是引用率超过100 次的论文中来自中国的论文（97 篇）仅占全球总数的 9.18%，说明我国水生态毒理学研究在技术或观点方面突破仍有不足。相对水生态毒理效应，陆生生态毒性效应研究起步相对较晚，但目前国际热度不断升高，相关文献数量呈指数型增长。2005 年以来，中国在该方向的发文量呈快速增长态势。

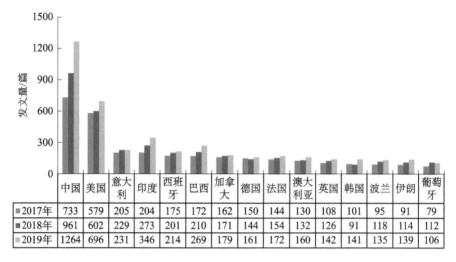

图 8-6　2017～2019 年主要国家污染物生态毒理效应研究 SCI 发文量变化

2017～2019 年污染物生态毒理效应研究论文发文量位居前 14 的机构如图 8-7 所示。根据关键词词频变化，2015～2019 年纳米、发育毒性、代谢组学等关键词频率明显增加。这说明，近年来毒性效应终点指标从传统的氧化损伤、内分泌干扰效应转向发育毒性、生殖毒性、神经毒性效应等。基于我国水生态毒理学研究论文关键词出现频率可发现，国内水生态毒理学研究紧跟国际发展趋势，且在一些热门的研究方向上处于国际领先地位。以新兴污染物–纳米材料为例，我国纳米材料毒性效应研究论文数逐年增长，已成为相

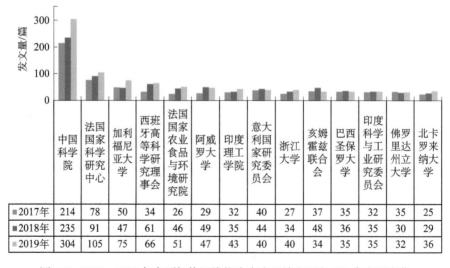

图 8-7　2017～2019 年主要机构污染物生态毒理效应研究 SCI 发文量变化

关研究方向发文最多的国家。2019 年，我国水生态纳米材料毒性效应论文数 125 篇，占全球总数的 32.13%，是美国（47 篇）的 2.66 倍。

## （二）学科研究进展

污染物生态毒理效应研究取得了以下主要进展。①研究对象不断扩展，从传统的重金属、多环芳烃、农药等污染物扩展到新型有机污染物、纳米材料、微塑料、抗性基因等（Gobas et al., 2009；Zhao et al., 2013；Walters et al.,2016；Dalhoff et al., 2020；Luo et al., 2020）。②对污染物的理化性质、生物特性及环境因素影响其在水生生态系统的生物富集与放大的规律与机制等有了较为全面的认识（Gobas et al., 2009；Walters et al.,2016；Tang et al., 2017），并拓展到其在陆生生物中富集、放大的研究（Kelly et al., 2007；Morris et al., 2018）。③微观机制研究不断深入。在污染物剂量-效应、污染物形态与毒性、污染物毒性的尺度效应等方面的研究不断深化，毒性效应终点指标从传统的氧化损伤、内分泌干扰效应等转向发育毒性、生殖毒性、神经毒性、基因毒性等，个体及以下水平的毒性终点扩展到个体以上生态有害结局路径分析（Rogers et al., 2011；Zhao et al., 2011；Zhao Y et al., 2015）。④复合毒性效应研究逐渐深入。生态毒性效应研究体系已从单一污染物高浓度急性暴露下的室内模拟研究向传统与新兴污染物多重低剂量亚慢性暴露及其与混合效应关系的野外试验研究过渡。然而，污染物生态毒理效应研究目前还存在以下短板：①缺乏对新兴污染物在不同类型生态系统中的食物链（网）传递机制的研究；②一些新型有机污染物代谢产物的毒性机理及效应不明确；③多数研究局限于细胞、组织或者个体水平的毒性效应评价，种群层面的毒性数据非常缺乏；④缺乏中长期、多种生境因子累积的污染暴露和复合污染毒性研究，不能很好地满足环境基准定量化与早期风险快速诊断的迫切需求。

# 四、污染物环境暴露与健康

## （一）研究成果分析

在 SCIE 和 SSCI 数据库中，共检索到 2000～2019 年污染物环境暴露与健康相关文献 28 281 篇。在该研究领域，中国的发文量居全球第二位，总计 3942 篇，占全部论文的 13.94%。2017～2019 年，在 SCIE 和 SSCI 数据库中污染物环境暴露与健康相关领域发文量位居前 15 的国家如图 8-8 所示。中国虽然在该研究领域处于先进水平，但与美国相比仍有一定差距。尽管如此，中国在该研究领域的发文量近年来增长迅速（从 2017 年占美国发文量的 56% 到 2019 年占美国发文量的 75%），与美国的差异逐步缩小，有望在未来几年内完成追赶。

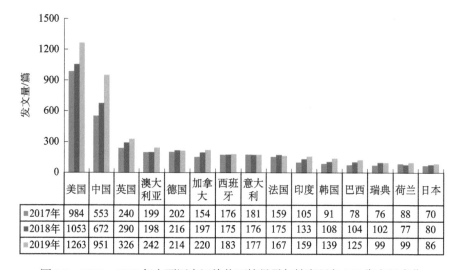

图 8-8　2017～2019 年主要国家污染物环境暴露与健康研究 SCI 发文量变化

在发文量位居前 15 的国家中，美国、英国和中国的论文总被引频次均较高，分别为 351 291 次、106 517 次和 82 932 次，处于第一梯次；此外，论文总被引频次超过 5000 次的国家有澳大利亚、德国、加拿大、意大利、西班牙、法国，处于第二梯次；中国在发文量和总被引频次上有一定的优势，但在论文篇均被引频次和高被引论文总数上并不突出。与其他环境研究领域相比，污染物环境暴露与健康领域的研究在中国相对滞后。2017～2019 年，污染物环境暴露与健康研究发文量较多的 14 个机构如图 8-9 所示。在发文量位居前 14 的机构中，有 4 个机构来自中国，相对于其他环境科学研究领域占比偏低。

## （二）学科研究进展

污染物环境暴露与健康领域研究取得了以下主要进展：①研究方法扩展

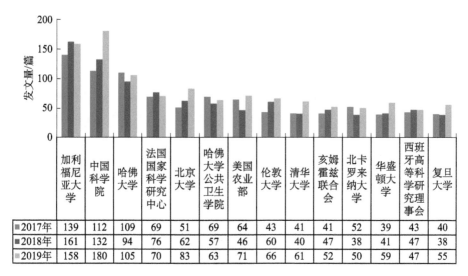

| | 加利福尼亚大学 | 中国科学院 | 哈佛大学 | 法国国家科学研究中心 | 北京大学 | 哈佛大学公共卫生学院 | 美国农业部 | 伦敦大学 | 清华大学 | 亥姆兹联合会 | 北卡罗来纳大学 | 华盛顿大学 | 西班牙高等科学研究理事会 | 复旦大学 |
|---|---|---|---|---|---|---|---|---|---|---|---|---|---|---|
| ■2017年 | 139 | 112 | 109 | 69 | 51 | 69 | 64 | 43 | 41 | 41 | 52 | 39 | 43 | 40 |
| ■2018年 | 161 | 132 | 94 | 76 | 62 | 57 | 46 | 60 | 40 | 47 | 38 | 41 | 47 | 38 |
| ▢2019年 | 158 | 180 | 105 | 70 | 83 | 63 | 71 | 66 | 61 | 52 | 50 | 59 | 47 | 55 |

图 8-9　2017～2019 年主要机构污染物环境暴露与健康研究 SCI 发文量变化

（Dong，2017），从观察性研究到干预性研究，从横断面研究到前瞻性队列研究；②研究尺度增加，从单一城市研究到多中心研究，再到全国范围的研究，乃至全球范围的研究；③健康结局多元，包括对心血管、呼吸、神经、生殖、内分泌等不同系统的健康影响，对死亡、发病、亚临床指标、分子生物标志等不同层级指标的影响；④初步提出暴露组学的概念，以更全面的视角去探索污染物环境暴露后的健康损害。但是，该领域研究目前仍存在如下局限性：①基于不同环境介质的污染物暴露对人群健康的影响不同，土壤污染与人体健康之间的关联尚未定量化确立；②随着工业化和城镇化的发展，大量新兴污染物不断涌现，但其对人群健康的影响和毒性作用机制尚不清楚；③大多数研究关注单一污染物暴露对健康的影响，而缺乏对多种污染物联合暴露引起健康损害的探索。

## 五、污染物分析与监测

### （一）研究成果分析

在 SCIE 和 SSCI 数据库中，共检索到 2000～2019 年污染物分析与监测相关文献 65 038 篇，数量逐年增加，其中中国发文量占总发文量的 19.3%，仅次于美国。2008~2014 年，发文量排前 3 的国家依次为美国、中国和意大利，2015 年中国超越美国居全球首位。如图 8-10 所示，2017~2019 年，中国的发文量稳居全球首位，且与其他国家的差距逐渐拉大。该领域的文献被引频次检索结果表明，中国、美国和意大利的总被引频次分别超过 59 000 次、26 000 次和 11 000 次，H 指数分别为 72、53 和 34。由此可见，中国在该领域发表论文在数量和质量上均领先于其他国家。

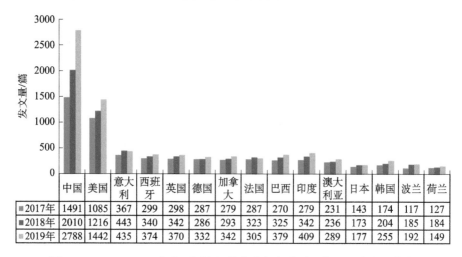

图 8-10　2017~2019 年主要国家污染物分析与监测研究 SCI 发文量变化

关键词词频分析表明，最受关注的环境介质依次是沉积物、空气、土壤、地下水和污水；研究最多的污染物依次是重金属、多环芳烃、多氯联苯、颗粒物、持久性有机污染物、农药、汞、微量元素、砷、铅、镉、药物、挥发性有机物、内分泌干扰物等；不同研究方向（靶向分析、非靶向分析、预警预测）及所关注污染物（重金属、有机污染物、新兴污染物、颗粒物）在 2005~2019 年发文量均呈快速上升趋势，其中非靶向分析和新兴污染物增长最为迅猛，发文量占 2005~2019 年的 50% 以上。2017~2019 年，污染物分析与监测领域全球发文量最多的 15 个机构如图 8-11 所示。在发文量位居前 15 的机构中，有 4 个机构来自中国，相对于其他环境科学研究领域占比偏低。

## （二）学科研究进展

污染物分析与监测研究取得了以下主要进展。①采样布点、样品采集与前处理方法学进展。在监测点位布设中引入统计学及人工智能算法，

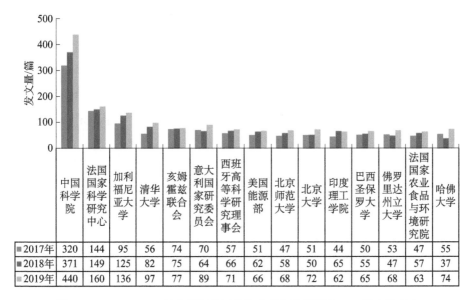

| | 中国科学院 | 法国国家科学研究中心 | 加利福尼亚大学 | 清华大学 | 亥姆霍兹联合会 | 意大利国家研究委员会 | 西班牙高等科学研究理事会 | 美国能源部 | 北京师范大学 | 北京大学 | 印度理工学院 | 巴西圣保罗大学 | 佛罗里达州立大学 | 法国国家农业食品与环境研究院 | 哈佛大学 |
|---|---|---|---|---|---|---|---|---|---|---|---|---|---|---|---|
| ■2017年 | 320 | 144 | 95 | 56 | 74 | 70 | 57 | 51 | 47 | 51 | 44 | 50 | 53 | 47 | 55 |
| ■2018年 | 371 | 149 | 125 | 82 | 75 | 64 | 66 | 62 | 58 | 50 | 65 | 55 | 47 | 57 | 37 |
| ■2019年 | 440 | 160 | 136 | 97 | 77 | 89 | 71 | 66 | 68 | 72 | 62 | 65 | 68 | 63 | 74 |

图 8-11　2017～2019 年主要机构污染物分析与监测研究 SCI 发文量变化

综合考虑污染区域空间全面性、时空联系及差异性、样品异质性，借助移动监测、卫星遥感和云数据平台，构建多维度、高密度、智能化实时监测网络（Wang et al.，2012）；开发出连续自动化在线采样、原位被动采样、样品采集分离一体化、智能化样品前处理等技术；应用顶空／吹扫捕集、固相（微）萃取等快速、高效、环保、高通量和自动化的样品提取／净化技术，以及特异性高、选择性好的前处理材料（Chapman et al.，2020；Escher et al.，2020；江桂斌等，2016，2019；江桂斌和刘维屏，2017）。②靶向多目标同步分析。发展灵敏度高、扫描速度快、分辨率高的多通道电感耦合等离子体质谱–色谱联用技术、激光剥蚀电感耦合等离子体质谱（inductively coupled plasma mass spectrometry，ICP-MS）、二次离子质谱、加速器质谱等，实现多元素、组分、形态及多种稳定同位素的同步分析（Jochmann and Schmidt，2012；Machado et al.，2020;Wiederhold，2015）；应用抗干扰能力强的高分辨和串联质谱准确分析存在大量同系／类物或同分异构体的有机污染物，通过 Cl 增强电离或峰容量大、分辨率高的全二维气相色谱 -MS 分析异构体超万种的超复杂有机物（如氯代石蜡等）（江桂斌等，2019；江桂斌和刘维屏，2017）；开发灵敏度高、特异性强、简便快速经济的污染物生物检测和微型传感器技术，同时获得污染物浓度和毒性／生物活性数据，用于大量样品的快速筛查、半定量分析和现场／在线环境监测（江桂斌等，2019）；采用聚合酶链反应及衍生技术等分子生物学手段快捷精确地分析生物污染物（Rajapaksha et al.，2019）。③非靶向筛查技术。利用高分辨质谱／光谱－谱谱联用技术对未知样品进行无目标筛查研究（江桂斌等，2019），用于物质流（Li and Wania，2016）、暴露组学（Dennis et al.，2017）和污染物筛查分析（江桂斌等，2019；Wang Z et al.，2020），同时将污染物化学特征和毒性效应联系起来，极大地提高了分析效率（江桂斌等，2019；Li et al.，2019）。④原位与在线分析技术。在线监测光谱、质谱和色谱等可捕捉到大气污染物 0.1 s～1 h 的动态变化（Laskin et al.，2012）；将水质传感器、微流控、高级光谱、生物传感等技术与无线传感网络和遥感技术结合进行在线监测（Zulkifli et al.，2018），实现对突发水污染事故预警和应急响应。⑤预测与预警技术。预测模型中引入了人工神经网络、决策树、支持向量机等人工智能算法／理论和空间插值分析等统计方法，有效地提高了预测的应用范围和预报的准确率（Parmar and Bhardwaj，2015；Vereecken et al.，2016；Yu et al.，2019）。该领域研究目前还存在以下短板：①偏远地区监测点位不足，污染监测范围和精度不够；样品离线处理分析过程烦琐且目标单一，样品利用率低；多数污染物无法实现自动化在线采样监测，尤其是毒害有机污染物；②靶向分析侧重于总浓度分析，不能反映污染物的赋存形态和生物可利用性；③非靶向分析缺乏普适性样品提取方法，数据分析过程复杂，不同实验室分析结果偏差大，难以实现数据库共享；④缺乏现代化、高科技、智能化、高灵敏度的污染物在线分析技术和设备，如在线高分辨质谱技术等；⑤单一模型预测的普适性和有效性不够，不确定性较大，各种综合智能模型研究还处于探索阶段。

# 六、污染物控制与削减

## （一）研究成果分析

在 SCIE 和 SSCI 数据库中，共检索到 2000～2019 年污染物控制与削减相关文献 58 051 篇，整体呈稳步增长趋势，年均增长 7%。2017～2019 年，发文量位居前 15 位的国家如图 8-12 所示。2017～2019 年中国发文量为 6170 篇，占总量的 29%，就数量而言，占据绝对优势。中国高被引论文数量位居首位（277 篇），H 指数为 66，篇均被引频次为 12 次，这 3 项指标均超过美国（高被引论文数量为 43，H 指数为 50，篇均被引频次为 8 次），在该领域研究中处于领先地位。

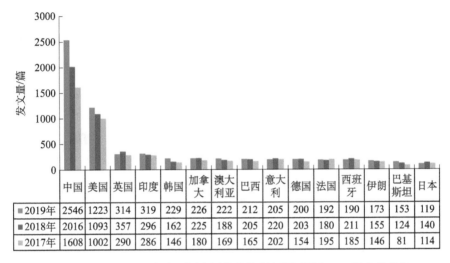

| | 中国 | 美国 | 英国 | 印度 | 韩国 | 加拿大 | 澳大利亚 | 巴西 | 意大利 | 德国 | 法国 | 西班牙 | 伊朗 | 巴基斯坦 | 日本 |
|---|---|---|---|---|---|---|---|---|---|---|---|---|---|---|---|
| ■2019年 | 2546 | 1223 | 314 | 319 | 229 | 226 | 222 | 212 | 205 | 200 | 192 | 190 | 173 | 153 | 119 |
| ■2018年 | 2016 | 1093 | 357 | 296 | 162 | 225 | 188 | 205 | 220 | 203 | 180 | 211 | 155 | 124 | 140 |
| ▨2017年 | 1608 | 1002 | 290 | 286 | 146 | 180 | 169 | 165 | 202 | 154 | 195 | 185 | 146 | 81 | 114 |

图 8-12　2017～2019 年主要国家污染物控制与削减研究 SCI 发文量变化

2017～2019 年，污染物控制与削减领域发文量前 14 名的机构如图 8-13 所示。其中，中国科学院 3 年总发文量 1505 篇，位居第一；在发文量位居前 14 的机构中，有 9 个机构来自中国，占据显著的优势地位。

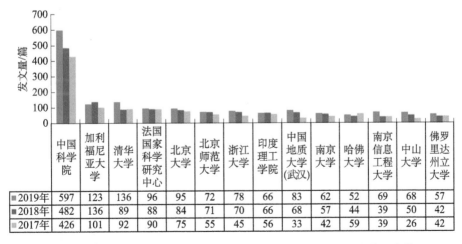

| | 中国科学院 | 加利福尼亚大学 | 清华大学 | 法国国家科学研究中心 | 北京大学 | 北京师范大学 | 浙江大学 | 印度理工学院 | 中国地质大学(武汉) | 南京大学 | 哈佛大学 | 南京信息工程大学 | 中山大学 | 佛罗里达州立大学 |
|---|---|---|---|---|---|---|---|---|---|---|---|---|---|---|
| ■2019年 | 597 | 123 | 136 | 96 | 95 | 72 | 78 | 66 | 83 | 62 | 52 | 69 | 68 | 57 |
| ■2018年 | 482 | 136 | 89 | 88 | 84 | 71 | 70 | 66 | 68 | 57 | 44 | 39 | 50 | 42 |
| ▨2017年 | 426 | 101 | 92 | 90 | 75 | 55 | 45 | 56 | 33 | 42 | 59 | 39 | 26 | 42 |

图 8-13　2017～2019 年主要机构污染物控制与削减研究 SCI 发文量变化

## （二）学科研究进展

我国在污染物控制与削减领域进步迅速，研究取得了以下主要进展：①污染物环境载体从以气溶胶、大气颗粒物为主，逐渐拓展到城市土壤、农田土壤与水体环境，并逐渐关注污染物在多环境介质中的迁移特征；②污染控制材料、污染物控制与修复理论取得显著进展；③污染物微观环境行为的理论研究、机制研究不断深入；④污染物削减过程研究呈现极强的区域性，流域及区域尺度的研究逐渐加强；⑤固废源头减量、循环利用、管理体系的优化集成、污染物的原位控制与异位资源化利用处置技术体系逐渐形成。该领域目前还存在以下短板：①对复杂环境介质中多组分参与、多过程耦合的污染过程与控制的研究不够深入；②新兴污染物受关注程度增加，但研究体系缺乏系统性和引领性；③国家、区域及流域尺度重点管控的优先污染物排放清单和削减指标不完善；④污染物源头削减、产业结构优化、末端控制研究非常缺乏。

# 七、受污染环境修复

## （一）研究成果分析

在 SCIE 和 SSCI 数据库中，共检索到 2000～2019 年受污染环境修复相关文献 48 230 篇。2017～2019 年，受污染环境修复发文量位居前 15 的国家是中国、美国、印度、西班牙、澳大利亚、法国、意大利、德国、巴西、加拿大、波兰、英国、伊朗、韩国和巴基斯坦（图 8-14）。在发文量位居前 5 的国家中，美国 H 指数为 202，位居世界第一；中国 H 指数次之，为 165；印度、西班牙和澳大利亚 H 指数相近，分别为 107、100 和 98。中国、美国论文总被引频次较高，均超过 200 000 次；中国发文量和高被引论文有一定优势，中国篇均被引频次为 19.27 次，而美国篇均被引频次为 29.61 次。从总发文量和 H 指数分析可见，中国在受污染环境修复领域具有一定的优势地位。

2017～2019 年，受污染环境修复领域发文量最多的 14 个机构如图 8-15 所示。在发文量位居前 14 的机构中，有 7 个机构来自中国，在该领域的优势较为显著。

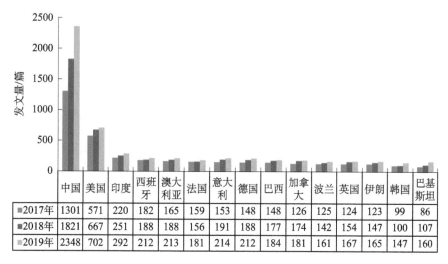

图 8-14　2017～2019 年主要国家受污染环境修复研究 SCI 发文量变化

| | 中国 | 美国 | 印度 | 西班牙 | 澳大利亚 | 法国 | 意大利 | 德国 | 巴西 | 加拿大 | 波兰 | 英国 | 伊朗 | 韩国 | 巴基斯坦 |
|---|---|---|---|---|---|---|---|---|---|---|---|---|---|---|---|
| ■2017年 | 1301 | 571 | 220 | 182 | 165 | 159 | 153 | 148 | 148 | 126 | 125 | 124 | 123 | 99 | 86 |
| ■2018年 | 1821 | 667 | 251 | 188 | 188 | 156 | 191 | 188 | 177 | 174 | 142 | 154 | 147 | 100 | 107 |
| 2019年 | 2348 | 702 | 292 | 212 | 213 | 181 | 214 | 212 | 184 | 181 | 161 | 167 | 165 | 147 | 160 |

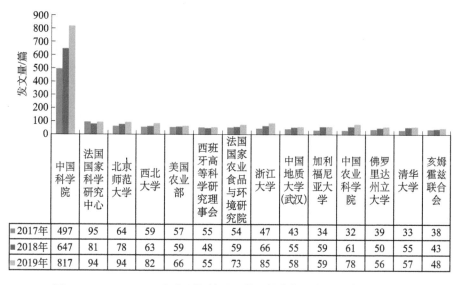

图 8-15　2017～2019 年主要机构受污染环境修复研究 SCI 发文量变化

| | 中国科学院 | 法国国家科学研究中心 | 北京师范大学 | 西北大学 | 美国农业部 | 西班牙高等科学研究理事会 | 法国国家农业食品与环境研究院 | 浙江大学 | 中国地质大学(武汉) | 加利福尼亚大学 | 中国农业科学院 | 佛罗里达州立大学 | 清华大学 | 亥姆霍兹联合会 |
|---|---|---|---|---|---|---|---|---|---|---|---|---|---|---|
| ■2017年 | 497 | 95 | 64 | 59 | 57 | 55 | 54 | 47 | 43 | 34 | 32 | 39 | 33 | 38 |
| ■2018年 | 647 | 81 | 78 | 63 | 59 | 48 | 59 | 66 | 55 | 59 | 61 | 50 | 55 | 43 |
| 2019年 | 817 | 94 | 94 | 82 | 66 | 55 | 73 | 85 | 58 | 59 | 78 | 56 | 57 | 48 |

## （二）学科研究进展

我国受污染环境修复研究发展时间较短，但近年来取得了明显进展。①地表水污染修复由单一河湖治理演变为流域尺度的地表水生态修复，生态修复理论和技术取得较大进展。全国黑臭水体处理率达 83%（Cao et al.，2020）。河流、湖泊和湿地生态修复取得大量示范成果（Meng et al.，2017；

Horppila，2019）。矿坑水资源回用和治理技术世界领先（Naidu et al.，2019）。目前还存在如下不足：黑臭水体形成机制研究不全，修复后河流缺乏自净能力；缺乏系统的地表水生态修复评价体系、生态修复技术规范，以及长期的生态系统监测和评价体系。②地下水修复理论与技术研究领域发展迅猛。研究重点由常规污染物逐渐转向微量、痕量持久性和新型的污染物（Postigo and Barceló，2015），由单一污染物均相转向复杂组分多相态（Hou et al.，2018），由单一介质转向多介质多界面协同（Tosco et al.，2014），由异位修复技术转变为原位修复技术等（Stroo and Ward，2010；Zhang S et al.，2017）。③我国土壤污染修复研究进展较快，与先进国家差距缩小（Zuo et al.，2016；Cycoń et al.，2017；Kuppusamy et al.，2017；Singh et al.，2018；Wu et al.，2019；骆永明和滕应，2020）。耕地重金属污染稳定化材料及风险控制技术得到广泛应用。场地土壤修复技术体系初步建立，研制了多种快速土壤修复装备，快速原位的土壤修复技术得到应用。生物炭钝化材料成为近年研发热点；植物修复技术已有国际影响力；场地修复集中在固化/稳定化药剂、微生物修复药剂、热脱附设备、热处理修复、淋洗修复、高级化学氧化修复和生物修复等技术；未来，应重点研发高效绿色阻控与修复功能材料，重点突破集约化、模块化、智能化装备研发，创新在修复材料和装备支持下的工程化应用技术。④多介质协同修复主要集中在土壤与地下水有机污染的多相修复技术研发（Xu et al.，2015；Gong et al.，2016；Zhao et al.，2016；Avishai et al.，2017；Zhu et al.，2019），包括多相抽提技术、多相氧化技术，以及土壤与地表水协同的农业面源污染防治。对大尺度土壤–地表水、土壤–地下水–地表水等多介质协同修复研究较少；较少考虑土壤与地下水间的多相分配与跨介质传输，常常忽略土壤内部微观系统多介质–多要素–多过程的耦合，鲜有涉及土壤–地下水–地表水的多介质协同修复；缺乏各学科交叉融合研究，特别是土壤学、环境水科学、地质地球化学等学科缺乏深层次合作。⑤地表环境系统修复目标由复原污染/扰动前状态，演变为功能恢复、生态完整和可持续性（Wen and Théau，2020；卢风，2020）；强调由简单清除污染，转向利用自然过程，辅以人工调控，达到质量改善、系统稳定和功能恢复的目的（Holl and Aide，2011）。对于农田、水系污染，主要修复方式为人为弱干预，着重恢复农田、水生生态系统的完整性和功能健康；对于受污染矿山、油田，采取适度人工干预，主要依靠生态系统自身恢复力，实现生态系统结构、功能、生物多样性和景观的重建；对于城市用地，设定安全性-功能性-景观性的分级修复目标，结合环境系统自我修复与人工干预措施，修复受损污染环境（Rügner et al.，2006），增强人居环境的安全可持续性。

## 八、环境系统模拟与风险管理

### （一）研究成果分析

在 Web of Science 核心合集数据库中，共检索到环境系统模拟与风险管理相关文章 87 161 篇。Web of Science 收录文章总量较多的国家为美国、中国、英国、加拿大和德国，这 5 个国家发文量占该领域总发文量的 59%。美国对该领域关注较早，发文量也最多，1973～2019 年总发文量为 26 402 篇；中国从 20 世纪 90 年代开始才发表该领域的论文，但在 2010～2019 年发展迅速，2018 年发文量超过美国。

在发文量居前 5 的国家中，美国的总被引频次最高，达到 915 054 次；英国和中国次之，总被引频次分别为 270 488 次和 229 721 次。美国 H 指数最高，为 314；英国 H 指数次之，为 211；中国、加拿大和德国 H 指数相近，分别为 146、146 和 145。从篇均被引频次看，英国最高，为 38.62 次；美国次之，为 34.66 次；中国最低，仅为 18.73 次。从 2016～2019 年各国发表论文引用情况看，上述 5 个国家篇均被引频次差距不明显，英国略高于其他国家，为 12.63 次，德国、加拿大、中国和美国分别为 11.12 次、10.84 次、10.47 次和 9.08 次。因此，中国篇均被引频次偏低可能和从事该领域研究相对较晚、近几年发文量占比较大有关。2017～2019 年发文量最大的 15 个国家如图 8-16 所示。从研究机构分析，2017～2019 年中国科学院在该领域发文量最大，为 1540 篇。加利福尼亚大学仅次于中国科学院，发文量为 581 篇；另外，发文量高于 250 篇的研究机构包括伦敦大学、哈佛大学、法国国家科学研究中心和佛罗里达州立大学系统，分别为 369 篇、297 篇、289 篇和 281 篇（图 8-17）。

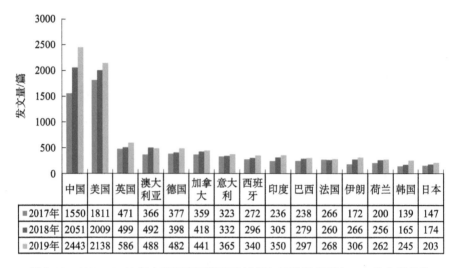

| | 中国 | 美国 | 英国 | 澳大利亚 | 德国 | 加拿大 | 意大利 | 西班牙 | 印度 | 巴西 | 法国 | 伊朗 | 荷兰 | 韩国 | 日本 |
|---|---|---|---|---|---|---|---|---|---|---|---|---|---|---|---|
| 2017年 | 1550 | 1811 | 471 | 366 | 377 | 359 | 323 | 272 | 236 | 238 | 266 | 172 | 200 | 139 | 147 |
| 2018年 | 2051 | 2009 | 499 | 492 | 398 | 418 | 332 | 296 | 305 | 279 | 260 | 266 | 256 | 165 | 174 |
| 2019年 | 2443 | 2138 | 586 | 488 | 482 | 441 | 365 | 340 | 350 | 297 | 268 | 306 | 262 | 245 | 203 |

图 8-16　2017～2019 年主要国家环境系统模拟与风险管理研究 SCI 发文量变化

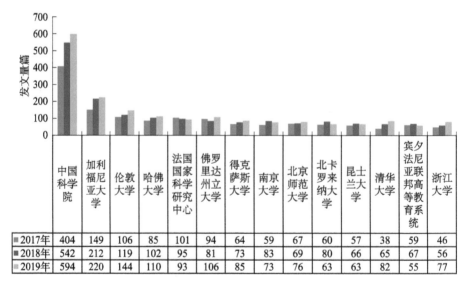

| | 中国科学院 | 加利福尼亚大学 | 伦敦大学 | 哈佛大学 | 法国国家科学研究中心 | 佛罗里达州立大学 | 得克萨斯大学 | 南京大学 | 北京师范大学 | 北卡罗来纳大学 | 昆士兰大学 | 清华大学 | 宾夕法尼亚联邦高等教育系统 | 浙江大学 |
|---|---|---|---|---|---|---|---|---|---|---|---|---|---|---|
| 2017年 | 404 | 149 | 106 | 85 | 101 | 94 | 64 | 59 | 67 | 60 | 57 | 38 | 59 | 46 |
| 2018年 | 542 | 212 | 119 | 102 | 95 | 81 | 73 | 83 | 69 | 80 | 66 | 65 | 67 | 56 |
| 2019年 | 594 | 220 | 144 | 110 | 93 | 106 | 85 | 73 | 76 | 63 | 63 | 82 | 55 | 77 |

图 8-17　2017～2019 年主要机构环境系统模拟与风险管理研究 SCI 发文量变化

## （二）学科研究进展

环境系统模拟与风险管理研究应用地理学、系统科学、工程思维和多学科交叉的方法，目前研究进展主要有以下几个方面（毕军等，2006，2015，2017；陆家军和王焘，2010；方伟华等，2011；王桥，2011；曾光明等，

2011；程声通，2012；宋永会等，2015）。①在自然环境系统的模拟中，除颗粒物、营养元素、重金属和常见的有机污染物外，全氟化合物、溴化阻燃剂、内分泌干扰物等新兴污染物也引起了国内外的广泛关注。随着污染物类型的多样化，研究对象正由单一污染物逐步转向多污染物协同作用机制与耦合效应的研究。②随着环境生物地球化学理论的不断发展和深化，环境系统模拟由过去主要关注单一介质转为同时关注大气、水体、土壤、岩石和生物等多介质、多界面中的污染跨介质转移、介质间的界面效应和非线性传输特征等方面的研究。③有关环境系统模拟的研究涵盖地块和中小流域等局部区域尺度以及大江大河流域、国家、大洲乃至全球范围等宏观尺度，过程和要素的尺度效应以及污染多尺度精细化调控技术已成为当前研究的焦点。④从单一要素过程过渡到基于"自然–社会"二元循环的全要素、全过程耦合的研究。在此基础上，污染治理的思路也由单要素、分割式模式转变为全要素统筹修复。⑤近年来，开始关注人类活动与气候等自然环境的变化对大气传输、水文过程、生物地球化学循环过程和各个过程之间的多向反馈作用产生的持续影响，优化管控也由过去的静态决策转向应对未来变化的动态适应性策略。⑥建立了包含风险源分析、受体评价、暴露评价、危害评价和风险综合评定等内容的基本研究框架，阐述了环境风险的空间分布格局及传导机制，实现了对典型行业和重点区域突发性或重大环境事故的风险评估；同时，在渐进累积性环境风险以及大型工程项目与区域开发造成的生态环境风险等方面的研究取得了进展，从整体上提高了区域生态环境风险的预判和管控水平，为完善区域生态环境风险管控技术体系提供了重要理论支持。

# 第四节　发展思路与发展方向

环境科学与技术学科是在认识和应对生态与环境问题的过程中逐步发展起来的新兴交叉学科。学科未来规划的目标是以认识环境问题为导向，研究人类生存环境中污染物的来源、行为、归趋、暴露和风险，为决策部门制定相关政策提供科学依据，借以推动人类-环境系统的协调和可持续发展。同时，培养和造就一支高水平的研究队伍，构建国际一流研究平台，通过学科交叉融合丰富和发展学科体系。随着环境污染物类型和健康效应的日益多样化与复杂化，新技术和新方法不断涌现，多学科领域的交叉融合日益深化，环境污染控制方案日益系统化，环境科学与技术学科未来的发展将同时面临巨大的挑战和机遇。

环境科学与技术研究目前面临的关键科学问题包括：污染物识别、分析、形态、过程研究的方法学，污染物的多介质界面过程与迁移转化机制，污染物的区域环境过程与源汇关系，污染物的生物有效性与生物富集机制，致毒污染物的识别筛查与生态系统风险，污染物多种暴露途径的复合健康风险，污染物源头控制理论与技术体系，受污染环境的多介质协同修复技术，新兴污染物的环境风险评估和控制技术，多对象、跨介质、多尺度的环境系统模拟与风险管理策略，以及气候变化对污染物区域环境过程和健康风险的影响机制。针对上述科学问题，我国环境科学与技术学科未来将重点发展污染物迁移转化机制、污染物区域环境过程、污染物生态毒理效应、污染物环境暴露与健康、污染物分析与监测、污染物控制与削减、受污染环境修复、环境系统模拟与风险管理八大研究方向。研究的总体思路是发展污染物的靶向、非靶向和智能化原位动态在线监测技术；系统识别污染物在多介质环境中的界面分配、迁移、代谢、转化规律及控制机制，深入阐明污染物的环境过程、归趋和生物有效性；识别污染物来源，构建污染物排放清单，揭示污染物的源汇关系和长距离迁移机制，阐明污染物源汇质量传递对区域及全球环境过程的影响；拓展生态毒理效应研究维度，在分子、细胞、个体、种群、群落、生态系统等不同水平上认识污染物的生态行为与毒理效应，深入研究污染物对生态系统的影响和作用机理；分析污染物在野外复杂环境食物链中的生物富集及生物放大机制，构建污染物的生态效应评估体系；基于大数据平台、高通量测量技术和新型危害识别手段，获得空气、水、土壤、新兴污染物、气候变化等多种环境因素通过复杂的外暴露、内暴露途径与人群健康效应的暴露反应关系，从而对健康风险评估及我国环境质量标准的制定提供本土化的科学依据；建立源头削减—污染过程阻断—末端受体阻抗的全链条控制理论体系，研发针对真实污染场景的复合污染风险管控的技术途径和功能材料；构建土–水–气–生多介质协同修复理论和技术体系，建立多对象、跨介质、多尺度的环境系统模拟与风险管理策略。环境科学与技术学科的发展将为建设生态文明、实现可持续发展和构建人类命运共同体提供理论和技术支撑。

# 一、污染物迁移转化机制

## （一）关键科学问题

### 1. 污染物环境行为研究方法学

如何应对非平衡过程、环境介质非均相、污染物浓度低、基质干扰大等问题，发展原位、高效、高分辨率、抗干扰的不同赋存形态污染物及其中间产物分析表征方法是该领域的重要挑战。此外，现有污染物环境行为定量模型的主要瓶颈在于对过程的认识不充分，缺乏重要模型参数，难以构建合理的行为预测模型（Schwarzenbach et al.，2006）。

### 2. 污染物多介质界面过程机制

如何解析控制污染物环境行为和效应的主要界面过程，从分子水平上阐明系统中污染物界面过程的微观机制和动力学控制因子，解析重要环境介质组分［如有机质（Roden et al.，2010）、矿物、微生物、植物根系系统（朱永官，2003）等］的关键界面过程及其耦合机制是该领域的关键科学问题。

### 3. 污染物环境迁移转化特征和机制

该领域的核心科学问题是解析污染物在真实复杂环境体系中的迁移转化机制、影响因素和动力学特性，揭示污染物理化特性与其环境迁移转化特征之间的联系机制。新兴污染物［如抗性基因（朱永官等，2015）、纳米颗粒、微塑料、病原菌、病毒等］的环境迁移转化特征和机制是该领域的研究热点。

### 4.污染物生物可利用性和有效性机制

该领域的核心科学问题是从分子尺度阐明传统和新兴污染物在复杂体系[如土壤、沉积物（Eggleton and Thomas，2004）、人体等]中赋存形态、生物有效性和生物可利用性的控制机理、影响因素和关联机制，深化污染物风险诊断的理论基础并提高准确性。

## （二）发展目标和重要研究方向

该领域的科学目标是：以认识和解决环境问题为导向，系统识别污染物在多介质环境中的界面分配、迁移、代谢、转化规律及控制机制，从而深入阐明污染物的环境过程、归趋和生物有效性，为污染风险评价和阻控修复的环境科学与工程手段提供理论依据。

该领域包括如下重要研究方向。

### 1.污染物环境行为研究方法学

方法学研究重点从经验性描述发展到微观机制解析，综合各学科研究方法[如高分辨率质谱（Siebecker et al.，2014）、同步辐射、高通量测序、组学技术（Fierer，2017）和信息技术等]发展高时空分辨率分析技术，原位、实时、在线分析和传感器技术，被动采样和被动加标方法，便携式、高通量的分析设备，综合量化环境介质异质性、污染物行为非线性和多反应耦合过程，结合污染物环境过程研究中发现的新过程和新机制，建立、优化和完善污染物迁移转化模型。

### 2.污染物多介质界面过程机制

采用先进的分析测试和微观观测手段，结合模型模拟，解析环境主要界面特征，研究污染物在主要环境界面（如水−固、气−固、生物界面等）间的物质交换、分配、迁移和反应过程，研究污染物在界面过程中结构、形态和浓度的变化规律，从分子水平上阐明污染物界面过程的微观作用机制，解析污染物在复杂非均相体系中界面过程的主控因子和动力学特性（曲久辉等，2009）。

### 3.污染物环境迁移转化特征和机制

定量认识环境中微量污染物的分布规律和赋存形态，阐明污染物在复杂环境中的分配、迁移机制及其主控因子（Sharma et al., 2015），厘清污染物在环境中的化学和生物转化机制、动力学及主要环境影响因素，揭示环境介质异质性和污染物赋存形态对其迁移转化过程的影响机制与过程耦合机制，深入研究新兴污染物的迁移转化新特征和新机制［如抗性基因的跨物种传播规律、人工纳米材料和微塑料的尺寸效应、大气污染物新中间体及其反应通道（Huang et al., 2014）、大气新粒子形成理论等］。

### 4. 污染物生物可利用性和有效性机制

解析污染物在生物体上的吸收、代谢、转化过程与其环境赋存形态的关联机制，深入研究污染物在生物体内的毒代动力学和毒效学过程，选择合适的生物靶点和生物学终点，建立统一、标准的生物有效性预测和评价方法，系统揭示复杂环境中控制污染物生物可利用性和有效性的生物和环境因子及作用机制。

## 二、污染物区域环境过程

### （一）关键科学问题

#### 1. 污染物来源识别

如何深化对排放强度、排放规律、源谱特征的认知，建立区域、国家和全球尺度下的污染物高精度排放清单，利用反演方法识别排放源与排放量，优化反演污染源分布和区域污染贡献量估算方法，厘清社会经济因素对排放的影响，准确预测污染物排放的未来变化趋势和干预效果是亟待解决的科学问题（Shen et al., 2013）。

#### 2. 污染物的源汇关系

如何厘清污染物的区域传输机制，确定污染物在多介质间或者在排放源与受体区域之间的传输方向、传输量、传输效率、影响传输的关键因素，是该领域的关键科学问题。

### 3. 污染物的圈带界面质量传输机制与定量表征

如何解析污染物在不同环境条件下圈带 / 环境基础界面的质量传输特征、机制及参数，利用概率方法和多介质模型方法，构建污染物传输和归趋模式，是该领域的关键科学问题。如何将污染物的圈带界面质量传输与其宏观迁移过程相耦合是该领域研究的热点。

### 4. 污染物的长距离迁移

如何定量表征污染物跨境输送，全球迁移（Mayol et al., 2017），以及在商贸链中转移的区域性，分析其对区域环境的影响是该领域研究的关键科学问题。

### 5. 污染物区域环境过程与气候变化

该领域的核心科学问题是解析气候变化引起的污染物排放量和环境介质间迁移通量的响应，为制订应对全球变化导致环境污染问题恶化的应对方案提供科学依据。

## （二）发展目标和重要研究方向

该领域的科学目标是：识别污染物来源，构建污染物排放清单，揭示污染物的源汇关系和长距离迁移机制，阐明污染物源汇质量传递对区域及全球环境过程的影响，为管控污染物及制定相关政策提供科学依据，为我国在国际履约谈判中提供科学支撑。

该领域包括如下重要研究方向。

### 1. 污染物来源识别

集成卫星遥感数据、污染源数据、排放清单等，精确判定污染源，发展先进分析手段、低成本传感器、微区分析和同位素手段，定量解析和示踪污染物的关键环境过程（Liu et al., 2018）。阐明不同行业、不同工艺过程和不同区域排放的特征污染物含量变化、界面分配、形态演变的关键因素；明确污染物排放特征与时空格局和动态趋势，构建污染源排放因子数据库，建立重点行业污染物指纹谱和排放清单；阐明社会经济发展对污染物排放的影响，预测未来排放趋势。

## 2. 污染物的源汇关系

研发在线或高精度测量技术及相关模拟方法，识别污染物在环境介质界面间的源汇关系，解析污染物在介质界面间的质量传输方向及源汇转化的调控机制与节点，获取关键且确定的相关参数，优化与构建大尺度空间污染物传输模型；结合地面监测与遥感技术验证模型结果，定量表征污染物在地理区域源与汇的质量传输，探究污染物排放源对其在接受区域环境介质的时空格局的影响，定量模拟不同政策情景下的排放、迁移及危害。

## 3. 污染物的圈带界面质量传输机制与特征

研发高分辨表征污染物在大气–水体、水体–沉积物及大气–土壤界面交换的新方法，原位定量表征有机污染物在环境界面，特别是土壤–大气界面的质量传输速率和通量，阐明环境因素和常量组分调控污染物界面传输的机制及复合污染协同传输效应，耦合污染物的圈带界面质量传输与其宏观迁移过程，优化和完善多介质迁移模型参数，构建污染物界面质量传输机制与其宏观迁移过程的关联性。

## 4. 污染物的长距离迁移

研究污染物在长距离迁移过程中可能出现的降解、转化和扩散机制及控制因素，结合污染物在不同环境介质中的浓度，采用先进的区域迁移动力学数值模型，充分发挥大数据联网优势，建立污染物在大气、水体和商贸链中的长距离迁移动态模型（Evangeliou et al.，2020），分析污染物的长距离输送潜力、长距离迁移的区域环境效应，明晰我国进出口商品中转移的污染物清单及其净值的时空分布。

## 5. 污染物区域环境过程与气候变化

结合环境地理学、环境地球化学、分析化学、遥感科学、气象学及数值模拟等学科分支的理论与技术方法，明晰在气候变化背景下各类污染物的排放量、动态排放过程、迁移转化机制、迁移通量，以及影响污染物空间分布格局与时间演化规律的主控因素（Ren et al.，2019；Wang X et al.，2020）。分析不同政策情景下污染物排放和影响，为制定控制策略提供科学依据（Pachauri et al.，2014）。

# 三、污染物生态毒理效应

## （一）关键科学问题

### 1.污染物性质、物种差异对其生物富集和生物放大的影响机制

未来，亟须解决的科学问题是建立新技术和新方法定量分析生物代谢对生物富集和生物放大的影响，系统研究污染物在野外食物网及受强烈人为影响的食物链中的传输（从介质、食物到消费）及生物放大潜力，建立基于食物链的定量预测模型和技术。

### 2.致毒污染物识别筛查及生态有害结局路径

该领域亟须解决的科学问题是结合毒性鉴别评价（toxicity identification evaluation，TIE）和效应导向分析（effect-directed analysis，EDA），识别和筛查实际生态环境中导致不良生态效应的污染物。构建可靠完整的有害结局路径（adverse outcome pathway，AOP），识别与动物实验终点相关的生物标志物，支撑污染物风险评估。已有 AOP 框架关注的有害结局主要基于实验室的个体及以下水平的毒性终点，如何快速准确地评估个体以上（种群、群落和生态系统）的有害结局是该领域亟待解决的关键问题。

### 3.环境生物污染物在环境介质中的传播途径与机制

该领域的核心科学问题是高通量、快速识别环境中的生物污染物（如抗性基因、病原生物等）及其传播途径，揭示其在环境介质和食物链中的迁移过程与机制，完善以人群健康为毒性终点的风险评估框架体系。

### 4.环境暴露水平下污染物的生态系统风险

该领域的核心科学问题是如何准确评估非职业真实环境下污染物的暴露水平，揭示污染物低剂量长期暴露的生态毒性效应和微观毒性作用机制，实现环境污染生态系统风险早期诊断及预警。

## （二）发展目标和重要研究方向

该领域的科学目标是：拓展生态毒理效应研究维度，在分子、细胞、个

体、种群、群落、生态系统等不同水平上认识污染物的生态行为与毒理效应，深入研究污染物对生态系统的影响和作用机理；分析污染物在野外复杂环境食物链（网）中的生物富集及生物放大机制；构建污染物的生态效应评估体系。

该领域包括如下重要研究方向。

### 1. 污染物沿食物链（网）传递的过程与微观机制

结合稳定同位素示踪与生物分子标志物（如氨基酸、脂肪酸、甾醇、维生素等），建立具有复杂取食关系的野外食物网，准确评估污染物在不同生态系统（如水生、陆生、水陆交界等）食物链（网）中的传递过程与规律；研究污染物的理化性质、环境地质要素、食物链组成特征等对食物链传递的影响；运用单体/对映体稳定同位素技术、多维稳定同位素技术定量表征污染物的生物代谢对生物富集与放大的影响；构建污染物的食物链（网）定量富集模型。关注生物活动造成的污染物的跨区域、跨界生物传输过程。

### 2. 污染物的有害结局预测

通过宏基因组、宏转录组、培养组学和暴露组学等多组学研究手段并结合机器学习等人工智能的方法，分析污染物暴露条件下生物群落的基因响应，解析污染物毒理效应及分子机制，获得关键致毒通路；开发从分子、细胞、组织、个体、种群和群落水平的污染物毒理效应定量预测模型。开展复杂环境暴露条件下污染物的毒理效应研究；根据污染物化学结构–靶向分子数据（分子对接）预测污染物的毒性作用方式和敏感物种；整合已有的毒理学数据、生态监测数据和生态学大数据，基于机器学习方法，构建污染物导致的生态有害结局路径网络。

### 3. 不同尺度下新兴污染物的生态响应

野外调查与室内模拟试验相结合，离体生物试验与活体暴露试验相结合，从分子–细胞–个体–种群–群落–生态系统不同水平上研究新兴污染物的生态毒理效应、作用机理及关键通路，通过现代分子生物学技术建立污染物的分子生态毒理学指标；加强长期慢性暴露的相关研究，特别是基于野外生态系统暴露下的研究，构建污染物的结构–生物活性/毒性模型，探讨其在生态风险评价中的应用；建立生态毒理学从微观到宏观之间的联系，在生物种群、群落和区域生态等不同尺度上全面研究新兴污染物的生态响应规律；开展新兴污染物在真实水生、陆生食物链乃至食物网中的生态行为与毒理效应研究，寻找新兴污染物生态危害的野外证据，获取现实有效的生态毒理数据。

### 4. 多种污染物的复合生态毒理效应及作用机制

研究同种和不同种类复合污染物在生物体中的代谢途径、毒理学机制及在生态系统不同尺度的生态毒理学效应；建立模式生物的毒代-毒效动力学模型，建立标准生物模型预测混合污染物在生物体内的有效剂量；全生命周期环境剂量暴露污染物的生态毒理效应及其作用机制；混合污染物生态毒理效应的时间-剂量-效应的三维关系及其预测模型；混合污染物对生态系统食物链和食物网的毒理效应及作用机制；低剂量长期暴露混合污染物对非靶器官的毒理效应。

### 5. 生态系统中生物污染物在环境介质中的传播过程及机制

系统研究抗性基因、病原微生物等在多介质、多界面传输过程以及自然要素（气候要素、土壤理化因子、水文要素、土壤矿质元素等）和人为要素（环境污染、土地利用、经济发展等）影响下的传输及生态学影响机制。探明抗性基因、病原微生物等在不同种群、群落、生态系统以至整个生物圈层水平上的定植和生态入侵过程及对生态系统的影响。建立模型预测环境病原菌对全球气候变化的响应；结合宏基因组及三代测序技术，确定环境病原菌分子标志物，实现基于宏基因组的环境病原菌识别和鉴定；开发针对病原微生物快速鉴定及定量化溯源方法，以期为环境病原菌环境监控、预报提供技术支持。

## 四、污染物环境暴露与健康

### （一）关键科学问题

#### 1. 新兴污染物健康风险评估和管控

如何有效地发现痕量新兴污染物，对其进行环境化学行为评估、甄别生物毒理效应，构建动态的评估清单，识别高风险污染物，系统地评估其健康风险、进行合理的管理管控是亟待解决的科学问题。

### 2. 多种暴露途径的复合健康风险

环境污染物可通过多种暴露途径危害人体健康，从外暴露剂量到内暴露吸收量，如何区别和整合污染物多种暴露途径的复合健康风险，对于精准评估环境健康风险是至关重要的。

### 3. 大气污染的暴露评估和健康风险

该领域的关键科学问题是如何构建适用于我国的高时空分辨率暴露评价模型，阐释大气污染对我国人群的健康危害及其作用通路，明确室外大气污染物，如颗粒物、臭氧、挥发性有机物（volatile organic compounds，VOCs）等，以及室内空气污染与人体健康宏观、微观结局的暴露反应关系。

### 4. 水环境复合污染主要健康风险驱动物的甄别

该领域的关键科学问题是揭示饮用水中污染物、消毒副产物、病原微生物等对人体健康造成的影响，结合复合污染毒性作用模式和有害结局路径分析建立高通量生物学筛选方法，以人体健康效应为导向明确生活用水的主要效应物。

### 5. 农业土壤及农产品污染与人体健康的量化关系与风险干预措施

该领域的关键科学问题是鉴别农业土壤污染、农（畜）产品污染的主要污染物类型，明确食物污染和人体健康的关联，建立人体健康危害的诊断和预警指标，针对高风险人群制定食品安全风险干预策略。

### 6. 气候变化和极端天气事件对人体健康的影响

该领域的关键科学问题是建立气候变化和极端天气事件的健康风险对人体健康的影响方式及影响机制，以及考虑人群适应性改变和多情景连用的未来气候变化健康风险预估。

### 7. 环境污染的健康危害机制

该领域的关键科学问题是如何科学运用大数据，将分子生物学、毒理学乃至分子流行病学等信息相结合，以探寻导致疾病的环境污染因素。

## （二）发展目标和重要研究方向

该领域的科学目标是：基于大数据平台、高通量测量技术和新型危害识别手段，获得大气、水、土壤、新兴污染物、气候变化等多种环境因素通过复杂的外暴露、内暴露途径与人群健康效应的暴露反应关系，从而为健康风险评估及我国环境质量标准的制定提供本土化的科学依据。

该领域包括如下重要研究方向。

### 1. 大气复合污染的健康风险与疾病负担

开发适用于我国特征的高时空分辨率暴露评价技术，明确主要污染物类型的时空分布特征（Brokamp et al.，2019）；基于多组学融合的高通量手段，厘清大气污染毒理学致病机制（Dong，2017）；大气复合型污染的健康风险识别，建立多种大气污染物与人群健康效应的暴露反应关系；对应多种暴露途径和多维度健康结局，进行多样化的流行病学研究；开展高质量的前瞻性队列研究（Di et al.，2017；Huang et al.，2019），为我国制修订环境空气质量标准和大气污染健康风险评估提供切实可靠的本土科学依据。

### 2. 水环境新兴污染物与复合污染的风险识别

建立高灵敏度、准确可靠的分析方法，揭示饮用水中污染物、消毒副产物、病原微生物等对水产品安全造成的影响（金涛和唐非，2013）；水环境复合污染健康风险和主要风险驱动物甄别，揭示复合污染毒性特征和潜在健康风险，明确驱动复合污染风险的主要因素，加强水源地保护和饮用水质量控制，为水环境复合污染健康风险管理和优先污染物的精准筛选提供依据。

### 3. 土壤污染与人体健康之间的量化关系

明确农业土壤污染、农（畜）产品污染的主要产生方式和污染物类型，食物污染与人体暴露连接间的物流和转运关系；建立区域农产品污染物水平与区域人群健康的量化关系，探索其与环境介质组分之间的作用过程与机制（张有彬，2015）；从土壤和农副产品生产源头加强食品安全管理，保障和提升人群健康。

### 4. 新兴污染物的健康风险评估

明确新兴污染物作用于人体的暴露途径，区分与评估不同地区和人群的外暴露剂量、内暴露吸收量的分布规律（吕小明，2012）；新兴污染物的健康危害特征识别，评价有毒污染物对人体健康影响的剂量–效应关系和敏感窗口期；运用暴露组学等技术进行复合污染物暴露及毒性效应评估、明确海量"非管控"新兴污染物的人体健康效应；加强环境监管和替代化学物的研发，促进产业绿色发展。

### 5. 气候变化对人群健康风险的影响及机制

基于大数据明确气象因素对人群多种健康结局的暴露反应关系（钱颖骏等，2010；Chen et al.，2018）；极端气候事件对人群慢性非传染性疾病的健康影响及风险预测；气候变化对大气污染物分布及毒理效应的影响、温度变化与污染物浓度对人体健康危害的交互作用；基于多情景联用和人群适应性改变，开展未来气候变化对居民健康影响的预测研究，解决长期预估的不确定性评估和未来多情景联用等技术难题；明确社会经济因素对人群易感性的影响，针对性地制定区域差异政策，提高我国气候变化适应能力。

## 五、污染物分析与监测

### （一）关键科学问题

#### 1. 样品布点采集与前处理

采样点位布设的关键科学问题是如何充分考虑样品空间异质性、形态和过程、污染特征和概率差异，利用地面和流动监测网络，并整合卫星遥感、激光雷达、飞机/无人机航测等多种技术，进行科学布点，保证污染监测范围的估计精度。样品采集和前处理的关键科学问题是如何高效地净化和富集目标污染物，克服样品采集及离线前处理无法保持污染物真实状态并反映其时空动态变化规律、前处理流程普适性差、样品利用率低等缺陷；如何实现多数污染物的连续自动化采样、智能化分离富集和在线监测。

#### 2. 靶向分析

该领域的关键科学问题是如何发展和应用高分辨质谱、二维色谱和多元稳定同位素示踪溯源技术，实现复杂基质中多组分目标物及其形态和代谢/转化产物的准确定量，以克服常规靶向分析目标单一、样品利用率低、侧重于化学总浓度分析、无法准确有效地掌握目标物的赋存形态和生物可利用性等不足，同时降低分析成本。

### 3. 非靶向分析

该领域的关键科学问题是如何构建有效可比对的非靶向分析方法，并扩大其在物质流分析、污染物筛查、暴露组学、在线监测预警等领域的应用。目前尚缺乏普适性的样品提取方法，无法实现性质差异大的污染物的同步分析；峰识别算法和积分算法不成熟，样品基质对后续数据分析干扰严重，样品量大小、差异检验方法和标准选择、统计模型应用及拟合优度检验等都会对筛查结果产生影响，在未知物鉴定上存在一级质谱定性风险高、二级质谱对定性模型依赖性高、不同仪器和实验室间偏差大、色谱条件不同难实现多用户数据库共享等问题。

### 4. 原位在线分析

该领域的关键科学问题是如何综合运用高新科技手段实现污染物的智能化在线分析。目前的在线监测系统存在设备和技术落后，目标物单一，成本高，易受基质干扰，缺乏简易便携、快速高效、灵敏度和分辨率高、稳定性和抗干扰能力强的原位在线分析技术和仪器，尤其缺乏毒害有机物及多目标同时监测的原位提取和高时空分辨率在线分析技术。

### 5. 预测预警

该领域的关键科学问题是如何结合大数据分析、云计算、综合智能模型和全自动在线监测技术，实现污染物的智能化预测和在线预警。目前，单一模型的预测普适性和有效性不够，各种综合智能模型研究尚处于探索阶段，方法选择缺乏明确指导原则；污染物风险预警以常规指标为主，缺少对多种污染物的常态化预测及风险预警。

## （二）发展目标和重要研究方向

### 1. 科学高效布点及全自动智能化样品连续采集和前处理技术

考虑各影响因素，综合运用数理统计、空间抽样模型、人工智能等手段合理高效地布点，使监测数据能全方位反映区域内污染物的真实情况和时空多维度变化规律；研发具有高针对性、特异性、选择性的吸附、富集、净化材料或渗透膜，开发原位在线采样、富集、净化一体化与自动化的前处理方法，高效去除样品中的干扰物，保留目标物的整体信息。

### 2. 污染物靶向分析技术

结合样品的高分辨质谱非靶向分析筛查和高通量毒性筛查，确定优势污染物种类及粗略浓度，再对目标物及其代谢产物的浓度、赋存形态、生物可利用浓度、单/多元稳定同位素浓度进行精准分析；建立典型新兴污染物标准分析方法和实验室数据比对体系；建立污染物浓度和定量构效关系（quantitative structure - activity relationship，QSAR）计算物化参数共享数据库，提高数据可比性和共享率；采用选择性高的样品净化体系和准确度高的串联质谱或高分辨质谱方法，确保数据准确度和可靠性。

### 3. 多目标非靶向筛查分析技术

开发普适性样品提取方法和科学合理的数据采集、识别和统计分析算法，建立不同实验室共享数据库，减少样品基质、算法识别、统计分析对结果的影响；构建化学品物质流分析数据库，开展不同尺度、规模和行业工业化学品的代谢过程与全生命周期研究；与靶向分析结合，识别机体外暴露组特征，采用非靶向多组学关联分析方法明确内暴露组特征，寻找影响机体健康的关键暴露因子，借助暴露组指纹特征探索复杂环境污染物暴露介导疾病发生的致病机理；针对不同污染物，建立标准化的样品提取、数据采集、未知物鉴定和统计分析方法；结合化学计量学方法，开发环境样品非靶向筛查数据分析方法；构建不同区域、不同介质污染物及其代谢产物的指纹数据库。

### 4. 智能化原位动态在线监测技术和体系

研发各类环境介质中快速高效的有机物原位提取分析技术和低成本传感器，实现实时追踪和在线监测；研发高灵敏度、强抗干扰、适用于复杂环境介质的原位在线分析仪器，获得污染物高时空分辨率数据；构建污染物大尺度、全方位、多维度的原位在线监测体系，关注其时空变化、化学反应和传输过程、来源等因素，掌握污染物的环境规律。运用地理信息系统、遥感、网络、多媒体及人工智能等技术手段，构建自动化、智能化的污染物在线分析平台。

### 5. 精细精准化预测及常态智能化风险预警体系

在污染物监测网络体系、监测技术体系和共享监测数据的信息平台基础上，分析污染物时空流演变规律，识别和提取污染物及其影响要素大数据，结合污染物理化性质、环境影响因素、现代计算及人工智能，发展综合智能模型，提高预测精度、准确性和普适性，构建科学高效的动态监测体系及先进智能化的预警系统；发展基于过程动态数据的污染物智能特征软测量预测技术，结合高频连续监测数据，将软测量技术、大数据分析与多元智能理论相结合，提出多目标多模型智能软测量预测模型，建立主元变量和预测变量的非线性关系，实现多目标参数的典型污染物快速预测。

## 六、污染物控制与削减

### （一）关键科学问题

#### 1. 复合型大气污染系统控制理论与技术

该领域的关键科学问题是如何通过污染源调查、溯源和污染源清洁技术，发展污染物靶向精准防控和复合污染系统控制理论与技术。

#### 2. 固体废物的源头减量、资源化、无害化技术和管理体系的集成优化

该领域的关键科学问题包括：工业品中毒害组分替代与产品绿色设计方法；固体废物中污染物和有价资源的分离新原理与资源化新途径；重金属和有机物协同去除技术；有机固体废物处理过程的微生物生理代谢机制与污染物转化降解机制，有机固体废物资源化和无害化处理的微生物定向调控技术（Li et al.，2016；Gu et al.，2017）。

#### 3. 基于环境地球化学过程的金属矿区污染物源头控制理论与技术体系

该领域的关键科学问题是如何识别金属矿区污染物释放的关键过程，建立基于微观界面行为的定向控制理论与调控技术，构建基于吸附、沉淀、键

合、生物成矿等原理的污染物靶向控制技术，形成系统的金属矿区源头原位控制理论与技术体系（Karaca et al.，2018；Xie and Zyl，2020）。

### 4. 复杂机制驱动下水环境中有毒污染物的削减模拟及控制

该领域的关键科学问题是气候变化、水文情势波动、富营养化等复杂背景下污染物（尤其是新兴污染物）的削减动态变化规律（Michalak，2016）；生源、陆源有机质作为"生物泵"对污染物形态、分解的影响机制（Bai et al.，2020）；生物膜对污染物的阻断机理，开发广谱型微生物制剂，研发环保型钝化材料，集成生物生态调控技术，强化污染物自然阻断过程。研发阻断强化生态技术，提出流域层面的多维度截留和管理策略。

### 5. 农田土壤污染物溯源、削减及农产品安全生产技术

该领域的关键科学问题是如何识别农田土壤污染物的来源，削减土壤污染物的输入；如何降低土壤污染物的生物有效性，明确农作物吸收污染物机制，通过过程阻抗降低农作物对污染物的吸收，实现农产品安全生产（Zhao F J et al.，2015）。

## （二）发展目标和重要研究方向

建立源头削减—污染过程阻断—末端受体阻抗的全链条控制理论体系，研发针对真实污染场景的复合污染风险管控的技术途径和功能材料。

### 1. 大气污染的源头防治

发展大气污染溯源模式和多目标优化控制方法和理论，规范污染物的源头排放清单机制，健全环境评价机制（黄顺祥，2018）；开发绿色原材料替代品，加强过程工艺优化，降低非组织排放；实现源头分类管控、过程强化和末端先进处理技术的联合防控（Chen et al.，2016；Zhang et al.，2018）；推进清洁能源和清洁生产技术开发使用；建立机动车尾气实时排放检测和维护系统，实施高排筛选和低排豁免等试点方案；开发清洁燃料和清洁炉具技术，降低生活源空气污染物排放，加强机动车机内净化技术和尾气催化净化技术的耦合；减少农、畜牧及工业无组织排放，提升环境自净化功能。

## 2. 固体废物减量化、资源化与污染物排放的源头控制

加强固体废物环境属性与资源属性研究，发展固体废物源头减量、智能化回收与分类技术、有机固体废物高效转化利用及安全处置、无机固体废物清洁增值利用技术、固体废物全过程精准管理与决策支撑，探索固体废物治理与资源化的综合解决方案；研究有机固体废物减量化、资源化和无害化的生物学过程与机理，实现有机固体废物生物处理的定向调控（Li et al., 2016；Xu F et al., 2018；Lawson et al., 2019）；加强对金属矿区污染物释放机制与过程的研究，构建基于环境地球化学原理的污染物靶向控制技术，形成系统的金属矿区源头原位控制理论与技术体系（党志等，2015；Xie and Zyl, 2020）。

## 3. 水环境的污染物控制与削减

识别源-环境介质-受体的过程阻断与影响因素，预测重金属、有机污染物、新兴污染物等的区域生消过程及风险，研发污染物削减强化技术，提出生态环境调控管理策略；明确流域内污染物在水-土-气-生等圈层的赋存特征；模拟复杂水环境中物-化-生过程驱动的污染物削减过程（Bai et al., 2020）；阐明富营养化、水位波动、风力扰动等水文环境对污染物生消的影响特征；关注痕量新兴污染物的生物-光耦合分解及最终产物的环境归趋；研究纳米材料载体对新兴污染物在受体内毒性的调控机制；探究高频抗性基因的传播机制及控制方法；发展环境友好的广谱型微生物制剂技术；研发沉积物毒性污染物钝化材料，构建源末端的人工-自然交互生态修复系统，集成区域性削减强化生态工程；建立多圈层污染物归趋预测模型，提出流域性管控方案。

## 4. 土壤污染物控制与削减

加强对进入农田土壤的污染物的源头识别与控制；研发降解或降低土壤污染物生物有效性的技术与材料；探究作物根际污染物转化过程及作物吸收转运污染物机理，实现多重阻抗污染物进入食物链（Zhao F J et al., 2015；张桃林和王兴祥，2019）；构建区域性土壤污染物消长的预测模型，实现农田的长久保护；构建矿区和生态敏感区土壤中污染物原位控制理论与技术；研发场地土壤复合污染物风险管控的集成技术和材料，切断场地土壤污染物到受

体的暴露途径；加强对土壤中高风险新兴化学和生物污染物的管控基准与技术研究（Qiao et al.，2018）。

# 七、受污染环境修复

## （一）关键科学问题

### 1. 地表水修复

该领域的关键科学问题是明晰受损地表水环境生态修复的基础理论，建立综合控制技术，制定修复技术规范，构建修复后生态系统的长期监测和评估系统。

### 2. 地下水修复

该领域的关键科学问题是明晰地下水污染控制与修复理论，实现地下水污染快速识别与精准刻画，建立物理、化学、生物修复新材料、技术、装备与效果评估体系。

### 3. 土壤修复

该领域的关键科学问题是实现土壤污染修复模拟与可视化，开发高效、安全、可持续的新型功能材料和装备，发展土壤污染风险管控与安全利用技术，建立污染土壤生物修复、物理修复、化学修复、耦合协同修复技术与评估体系。

### 4. 多介质协同修复

该领域的关键科学问题是实现复杂水文地质背景下受污染区多介质污染过程、风险快速识别与监测预警，建立区域或流域尺度不同水文地质和利用方式下多介质污染协同修复技术与评估体系。

### 5. 地表环境系统修复

该领域的关键科学问题是构建地表系统自修复的人工干预决策支持系统，实现地表系统自修复与恢复的预测、监测与评估，发展自然或人工弱干预下的地表系统修复理论、方法和技术。

## （二）发展目标和重要研究方向

### 1. 地表水修复

研究地表水［包括黑臭水体、河流、湖泊、矿（渗）坑水］生态系统退化发生的关键过程与机制；剖析地表水生态系统结构、功能、生态过程、生物学效应；研究退化地表水生态系统的多技术联用阻控与资源化利用技术；制定地表水生态系统修复技术规范；完善流域系统地表水生态长期监测和评估体系。

### 2. 地下水修复

研究复杂地层地下水修复过程微观尺度的界面传质过程与机制，解析地下水污染多界面传输、复合要素耦合、多技术协同的地下水修复机制；明晰区域尺度的污染物迁移转化机理，形成源头阻断、过程控制和末端治理相结合的污染风险管控与安全利用技术体系；发展大面积污染羽和低渗透地层等安全修复理论与技术；创新地下水修复长效缓释功能材料与智能化装备；识别地下水新兴污染物及其生物毒性，发展针对性风险表征与生物安全防治的技术方法。

### 3. 土壤修复

研究土壤污染快速精准监测、污染过程模拟与可视化方法；创制土壤污染修复的新型功能材料和智能装备；创建物化耦合强化的生物修复、植物-微生物协同修复、蛋白与代谢工程修复等绿色修复技术，发展土壤复合污染管控、净化与安全可持续利用技术及其效应评估体系。研究土壤新兴污染物的源解析、迁移转化及归趋，发展基于形态、有效性的新兴污染物风险评估方法、管控与修复技术。建立区域土壤环境背景值和基准值，发展基于标准的区域土壤差异化监管体系。

### 4. 多介质协同修复

研究污染物在土壤-地下水中多相分配-扩散-累积与转化的时空演化规律，发展区域尺度土壤与地下水中复合污染物多介质间传质过程及工程管控修复技术；研究土壤-地表水-沉积物系统污染的多介质协同修复及资源化利用机理、技术及装备；研究土壤–地下水–地表水系统污染过程与净化机理，发展土壤–地下水–地表水污染监测预警与协同修复技术；研究土壤内部土–水–气–生多界面污染过程与机理，创建土壤多介质协同修复技术与评估方法。

### 5. 地表环境系统修复

研究地上–地下环境及其界面的污染物源–径–汇过程、多维分布与尺度效应，阐明污染物与组分的相互作用与自净机制，发展受污损地表环境系统的弹性恢复、生态系统网络协调强化、自然改善监控、再利用等技术与评估方法；研究地表环境系统的自然生态要素与人文社会要素的相互作用及其对修复效果的影响评价，建立地表环境系统修复的自然生态调节或人工协同强化可持续修复理论、方法和技术，形成地表环境系统自修复和生态恢复智慧设计与信息化决策技术支持体系。

## 八、环境系统模拟与风险管理

### （一）关键科学问题

#### 1. 多对象、跨介质、多尺度的系统模拟与调控策略

目前的污染管控体系依赖于单一效应的环境质量评估标准，并且传统的行政辖区划分和单元分割式研究方法难以反映宏观尺度的系统变化与微观尺度现象之间的相互制约特征。如何实现多对象、跨介质、多尺度的系统模拟并构建科学和优化的调控策略，是该领域研究的关键科学问题。

#### 2. 人类活动与气候变化条件下模型的不确定性和可靠性问题

如何建立变化环境下环境系统响应–调控机制的系统研究方法体系，解析环境–社会复合系统复杂的非线性反馈机制，有效减少模型预测和预警的不确定性、提高管控与决策的可靠性成为目前面临的重要挑战。

#### 3. 环境系统模拟、风险分析和预警与现代信息技术的有机融合问题

如何研发多尺度、跨行业、多介质的环境系统模拟方法与技术体系，开

发可累积、可随时更新换代的工具与数据库，突破环境-社会复合系统数据采集、汇总和分析的标准化、智能化瓶颈，建立高效、实时的环境系统模拟工具与环境风险评估和预测预警体系是该领域研究的关键科学问题。

## （二）发展目标和重要研究方向

### 1. 环境系统单介质与多介质的复合污染定量模拟

研究高效的数据同化方法，实现多元数据融合，持续提升水、土、气等单介质中污染输移与转化过程的定量模拟精度。开发人为与自然多要素、多过程耦合的环境综合模拟平台和决策支持系统，分析并评估不同控制措施对污染物在介质间迁移的影响及生态环境风险。探究环境系统的尺度化效应导致的不同尺度间驱动机制的差异性，构建基于宏观尺度形态分析与微观尺度行为变化、空间差异性-过程异质性-多尺度调控相结合的综合研究模式，开发服务于精细化管理的多尺度调控方法。

### 2. 人类活动与气候变化环境下的响应模拟

深入理解多尺度环境-社会复合系统对变化环境的响应模式，识别和量化人为因素与自然环境变化的影响，定量分析环境系统对不同驱动因素反馈效应的非线性和时滞性，揭示系统响应变化环境的空间敏感性和承载力，探究气候变化下各尺度环境系统的长期演变规律与响应机制，建立应对气候变化的适应性调控机制。

### 3. "社会-经济-能源-资源-环境-健康"综合评估模型构建

刻画社会经济与能源系统演变规律和发展路径，耦合社会经济模型、资源、环境、农作物及土地利用等子模块，建立分析绿色低碳转型与可持续发展目标之间关联作用的系统综合评估框架。研究未来不同情景下经济增长、能源系统、环境质量等社会经济和生态环境要素的发展趋势，量化可预见的资源环境压力与地区环境承载力。

### 4. 环境系统优化调控机理与路径研究

开发时空融合、动态适应的环境系统优化调控决策技术体系，构建可充分表征污染源排放—负荷—环境质量—生态系统状态的全过程不确定性和动态性的"模拟—优化"耦合决策方法；识别分析由环境系统对变化环境不确定性响应所带来的风险，制定因地制宜、因时而变的鲁棒性调控方案，提供不同尺度与恢复目标的多阶段系统风险决策方案。

### 5. 环境风险评价与优先级评估研究

进一步加强比较风险评价、环境风险区划、环境风险源分级与环境风险优先管理基础理论、技术方法、管理应用等基础性和实践性的研究工作。开展综合的、系统的比较风险评估和排序，建立环境风险管理优先级清单，识别优先管理的重点区域、重点行业、特征风险因子等，进而制定环境风险管理的宏观战略，以及实施环境风险分类、分区、分级的精细化管理，并随着我国社会经济发展和环境风险管理防控体系的不断完善实时更新评估结果。

### 6. 环境风险（含自然灾害引发的次生环境风险）预测预警预防研究

环境风险涉及自然灾害和由自然灾害诱发的次生环境安全事故，实际上是一个链发事件，需要对环境风险系统的组成及各部分之间的耦合作用机理进行深入研究。因此，需要综合考虑造成环境风险发生的各个环节，建立高效、实时、全面的环境风险预测预警预防体系。

### 7. 针对国家的重大战略和规划的风险防控

针对京津冀一体化、长江经济带建设等国家宏观战略以及"一带一路"倡议部署过程中产生的社会需求和活动，进行环境风险系统模拟、全过程风险评估与优先管理级的识别工作，有助于提升战略规划实施过程中环境风险管理的效率。

### 8. 大数据、人工智能等新兴信息技术的应用研究

针对环境系统模拟与风险管理在多元化数据、定量响应模拟及优化调控策略等方面对环境信息技术、人工智能算法等的新需求，建立基于区块链技术的可信环境数据技术体系；通过物联网、人工智能、区块链等技术，建立公众行为与环境影响间的数字联系，实现精准环评和精准生态风险评估；在可信环境数据的基础上，建立社会单元的绿色资产及绿色信用存证、认证体系。

# 本章参考文献

毕军, 杨洁, 李其亮. 2006. 区域环境风险分析和管理. 北京: 中国环境科学出版社.

毕军, Greene G, 曲久辉, 等. 2015. 生态环境风险管理研究. 中国环境与发展国际合作委员会专题政策研究项目报告.

毕军, 马宗伟, 杨蕾, 等. 2017. 中国环境风险优先管理: 现状及未来战略. 中国环境管理发展报告(2017). 北京: 社会科学文献出版社.

程声通. 2012. 环境系统分析教程. 2版. 北京: 中国环境科学出版社.

党志, 郑刘春, 卢桂宁, 等. 2015. 矿区污染源头控制: 矿山废水中重金属的吸附去除. 北京: 科学出版社.

方伟华, 王静爱, 史培军, 等. 2011. 综合风险防范. 北京: 科学出版社.

黄顺祥. 2018. 大气污染与防治的过去、现在及未来. 科学通报, 63(10): 895-919.

江桂斌, 等. 2016. 环境样品前处理技术. 2版. 北京: 化学工业出版社.

江桂斌, 刘维屏. 2017. 环境化学前沿. 北京: 科学出版社.

江桂斌, 阮挺, 曲广波. 2019. 发现新型有机污染物的理论与方法. 北京: 科学出版社.

金涛, 唐非. 2013. 饮用水氯化消毒副产物及其对健康的潜在危害. 中国消毒学杂志, 30(3): 255-258.

卢风. 2020. 生态智慧与生态文明建设. 哈尔滨工业大学学报(社会科学版), 22(3): 121-128.

陆家军, 王烜. 2010. 环境模拟数值方法. 北京: 北京师范大学出版社.

骆永明, 滕应. 2020. 中国土壤污染与修复科技研究进展和展望. 土壤学报, 57(5): 1137-1142.

吕小明. 2012. 典型新兴环境污染物的研究进展. 中国环境监测, 28(4): 118-123.

钱颖骏, 李石柱, 王强. 2010. 气候变化对人体健康影响的研究进展. 气候变化研究进展, 4: 11-17.

曲久辉, 贺泓, 刘会娟. 2009. 典型环境微界面及其对污染物环境行为的影响. 环境科学学报, 29(1):2-10.

宋永会, 彭剑峰, 袁鹏, 等. 2015. 环境风险源识别与监控. 北京: 科学出版社.

王桥. 2011. 环境信息系统工程. 北京: 科学出版社.

曾光明, 李晓东, 梁婕, 等. 2011. 环境系统模拟与最优化. 长沙: 湖南大学出版社.

张桃林, 王兴祥. 2019. 推进土壤污染防控与修复、厚植农业高质量发展根基. 土壤学报,

56: 251-258.

张有彬. 2015. 土壤污染对农产品质量安全的影响及防治对策. 农技服务, (2): 92.

朱永官. 2003. 土壤–植物系统中的微界面过程及其生态环境效应. 环境科学学报, 23(2): 205-210.

朱永官, 欧阳纬莹, 吴楠, 等. 2015. 抗生素耐药性的来源与控制对策. 中国科学院院刊, 30(4): 509-516.

Avishai L, Siebner H, Dahan O, et al. 2017. Using the natural biodegradation potential of shallow soils for *in-situ* remediation of deep vadose zone and groundwater. Journal of Hazardous Materials, 324: 398-405.

Bai L L, Zhang Q, Ju Q, et al. 2020. Priming effect of autochthonous organic matter on enhanced degradation of 17α-ethynylestradiol in water-sediment system of one eutrophic lake. Water Research, 184: 116153.

Brokamp C, Brandt E B, Ryan P H. 2019. Assessing exposure to outdoor air pollution for epidemiological studies: model-based and personal sampling strategies. Journal of Allergy &Clincal Immunology, 143(6): 2002-2006.

Cao J X, Sun Q, Zhao D H, et al. 2020. A critical review of the appearance of black-odorous waterbodies in China and treatment methods. Journal of Hazardous Materials, 385: 121511.

Chapman J, Truong V K, Elbourne A, et al. 2020. Combining chemometrics and sensors: toward new applications in monitoring and environmental analysis. Chemical Reviews,120(13): 6048-6069.

Chen J, Huang Y, Li G Y, et al. 2016. VOCs elimination and health risk reduction in e-waste dismantling workshop using techniques of electrostatic precipitation with advanced oxidation technologies. Journal of Hazardous Materials, 302: 395-403.

Chen R J, Yin P, Wang L J, et al. 2018. Association between ambient temperature and mortality risk and burden: time series study in 272 main Chinese cities. BMJ, 363: k4306.

Cycoń M, Mrozik A, Piotrowska-Seget Z. 2017. Bioaugmentation as a strategy for the remediation of pesticide-polluted soil: a review. Chemosphere, 172: 52-71.

Dalhoff K, Hansen A M B, Rasmussen J J, et al. 2020. Linking morphology, toxicokinetic, and toxicodynamic traits of aquatic invertebrates to pyrethroid sensitivity. Environmental Science & Technology, 54(9): 5687-5699.

Dennis K K, Marder E, Balshaw D M, et al. 2017. Biomonitoring in the era of the exposome. Environmental Health Perspectives, 125: 502-510.

Di Q, Wang Y, Zanobetti A. 2017. Air pollution and mortality in the medicare population. New England Journal of Medicine, 376(26):2513-2522.

Ding S, Sun Q, Xu D, et al. 2012. High-resolution simultaneous measurements of dissolved reactive phosphorus and dissolved sulfide: the first observation of their simultaneous release in sediments. Environmental Science & Technology, 46(15): 8297-8304.

Dong G H. 2017. Perspective for future research direction about health impact of ambient air pollution in China. Advances in Experimental Medicine and Biology, 1017: 263-268.

Eggleton J, Thomas K V. 2004. A review of factors affecting the release and bioavailability of contaminants during sediment disturbance events. Environment International, 30(7): 973-980.

Escher B I, Stapleton H M, Schymanski E L. 2020. Tracking complex mixtures of chemicals in our changing environment. Science, 367(6476): 388-392.

Evangeliou N, Grythe H, Klimont Z, et al. 2020. Atmospheric transport is a major pathway of microplastics to remote regions. Nature Communications, 11(1): 3381.

Fierer N. 2017. Embracing the unknown: disentangling the complexities of the soil microbiome. Nature Reviews Microbiology, 15(10): 579.

Gobas F A P C, Wolf W D, Burkhard L P, et al. 2009. Revisting bioaccumulation criteria for POPs and PBT assessments. Integrated Environmental Assessment and Management, 5(4): 624-637.

Gong Y Y, Tang J C, Zhao D Y. 2016. Application of iron sulfide particles for groundwater and soil remediation: a review. Water Research, 89: 309-320.

Gu B X, Jiang S Q, Wang H K, et al. 2017. Characterization, quantification and management of China's municipal solid waste in spatiotemporal distributions: a review. Waste Management, 61: 67-77.

Holl K D, Aide T M. 2011. When and where to actively restore ecosystems?. Forest Ecology and Management, 261(10): 1558-1563.

Horppila J. 2019. Sediment nutrients, ecological status and restoration of lakes. Water Research, 160: 206-208.

Hou D, Li G, Nathanail P. 2018. An emerging market for groundwater remediation in China: policies, statistics, and future outlook. Frontiers of Environmental Science & Engineering, 12(1):16.

Huang K, Liang F, Yang X. 2019. Long term exposure to ambient fine particulate matter and incidence of stroke: prospective cohort study from the China-PAR project. BMJ, 367:l6720.

Huang R J, Zhang C, Bozzetti K F, et al. 2014. High secondary aerosol contribution to particulate pollution during haze events in China. Nature, 514(7521): 218-222.

Jochmann M A, Schmidt T C. 2012. Compound-Specific Stable Isotope Analysis. London: Royal Society of Chemistry.

Karaca O, Cameselle C, Reddy K R. 2018. Mine tailing disposal sites: contamination problems, remedial options and phytocaps for sustainable remediation. Reviews in Environmental Science and Bio-technology, 17: 205-228.

Kelly B C, Ikonomou M G, Blair J D, et al. 2007. Food web-specific biomagnification of persistent organic pollutants. Science, 317(5835): 236-239.

Kuppusamy S, Thavamani P, Venkateswarlu K, et al. 2017. Remediation approaches for polycyclic aromatic hydrocarbons(PAHs) contaminated soils: technological constraints, emerging trends and future directions. Chemosphere, 168: 944-968.

Laskin A, Nizkorodov J, Sergey A. 2012. Mass spectrometric approaches for chemical characterization of atmospheric aerosols: critical review of the most recent advances. Environmental Chemistry, 9: 163-189.

Lawson C E, Harcombe W R, Hatzenpichler R, et al. 2019. Common principles and best practices for engineering microbiomes. Nature Reviews Microbiology, 17(12): 725-741.

Li H, Yi X, Cheng F, et al. 2019. Identifying organic toxicants in sediment using effect-directed analysis: a combination of bioaccessibility-based extraction and high-throughput midge toxicity testing. Environmental Science & Technology, 53(2): 996-1003.

Li L, Wania F. 2016. Tracking chemicals in products around the world: introduction of a dynamic substance flow analysis model and application to PCBs. Environment International, 94: 674-686.

Li Y, Zheng Y Z, Teng W, et al. 2016. Future development of waste management in China according to the 13th Five-Year Plan. Waste Management, 6: 139-146.

Liu H H, Bao L J, Zhang K, et al. 2013. Novel passive sampling device for measuring sediment-water diffusion fluxes of hydrophobic organic chemicals. Environmental Science & Technology, 47(17): 9866-9873.

Liu K Y, Wang S X, Wu Q R, et al. 2018. A highly resolved mercury emission inventory of Chinese coal-fired power plants. Environmental Science & Technology, 52: 2400-2408.

Luo H W, Cheng Q Q, Pan X L. 2020. Photochemical behaviors of mercury(hg) species in aquatic systems: a systematic review on reaction process, mechanism, and influencing factor. Science of the Total Environment, 720: 137540.

Machado R C, Andrade D F, Babos D V, et al. 2020. Solid sampling: advantages and challenges for chemical element determination—a critical review. Journal of Analytical Atomic Spectrometry, 35: 54-77.

Mai L, You S N, He H, et al. 2019. Riverine microplastic pollution in the Pearl River Delta, China: are modeled estimates accurate?. Environmental Science & Technology, 53: 11810-11817.

Mayol E, Arrieta J M, Jimenez M A, et al. 2017. Long-range transport of airborne microbes over the global tropical and subtropical ocean. Nature Communications, 8(1): 201.

Meng W Q, He M X, Hu B B, et alL. 2017. Status of wetlands in China: a review of extent, degradation, issues and recommendations for improvement. Ocean & Coastal Management, 146: 50-59.

Michalak A M. 2016. Study role of climate change in extreme threats to water quality. Nature, 535(7612): 349-350.

Morris A D, Muir D C G, Solomon K R, et al. 2018. Bioaccumulation of polybrominated diphenyl ethers and alternative halogenated flame retardants in a vegetation-caribou-wolf food chain of the Canadian arctic. Environmental Science & Technology, 52(5): 3136-3145.

Naidu G, Ryu S, Thiruvenkatachar R, et al. 2019. A critical review on remediation, reuse, and resource recovery from acid mine drainage. Environmental Pollution, 247:1110-1124.

Pachauri R K, Allen M R, Barros V R, et al. 2014. Climate Change 2014: Synthesis Report. Contribution of Working Groups I, II and III to the Fifth Assessment Report of the Intergovernmental Panel on Climate Change. IPCC: Geneva, Switzerland, 151.

Parmar K S, Bhardwaj R. 2015. River water prediction modeling using neural networks, fuzzy and wavelet coupled model. Water Resources Management, 29(1): 17-33.

Postigo C, Barceló D. 2015. Synthetic organic compounds and their transformation products in groundwater: occurrence, fate and mitigation. Science of the Total Environment, 503: 32-47.

Qiao M, Ying G, Singer A C, et al. 2018. Review of antibiotic resistance in China and its environment. Environment International, 110: 160-172.

Rajapaksha P, Elbourne A, Gangadoo S, et al. 2019. A review of methods for the detection of pathogenic microorganisms. Analyst, 144(2): 396-411.

Ren J, Wang X, Gong P, et al. 2019. Characterization of Tibetan soil as a source or sink of atmospheric persistent organic pollutants: seasonal shift and impact of global warming. Environmental Science & Technology, 53(7): 3589-3598.

Roden E E, Kappler A, Bauer I, et al. 2010. Extracellular electron transfer through microbial reduction of solid-phase humic substances. Nature Geoscience, 3(6): 417-421.

Rogers E D, Henry T B, Twiner M J, et al. 2011. Global gene expression profiling in larval zebrafish exposed to microcystin-LR and microcystis reveals endocrine disrupting effects of cyanobacteria. Environmental Science & Technology, 45(5): 1962-1969.

Rügner H, Finkel M, Kaschl A, et al. 2006. Application of monitored natural attenuation in contaminated land management—a review and recommended approach for Europe. Environmental Science & Policy, 9(6):568-576.

Schwarzenbach R P B I, Escher K, Fenner T B. et al. 2006. The challenge of micropollutants in aquatic systems. Science, 313(5790): 1072-1077.

Sharma V K, Filip J, Zboril R,et al. 2015. Natural inorganic nanoparticles-formation, fate, and toxicity in the environment. Chemical Society Reviews, 44(23): 8410-8423.

Shen G F, Chen Y C, Xue C Y, et al. 2015. Pollutant emissions from improved coal- and wood-fuelled cookstoves in rural households. Environmental Science & Technology, 49(11): 6590-6598.

Shen H Z, Huang Y, Wang R, et al. 2013. Global atmospheric emissions of polycyclic aromatic hydrocarbons from 1960 to 2008 and future predictions.Environmental Science & Technology, 47: 6415-6424.

Siebecker M, Li W, Khalid S, et al. 2014. Real-time QEXAFS spectroscopy measures rapid precipitate formation at the mineral-water interface. Nature Communications, 5: 5003.

Singh J, Dutta T, Kim K H, et al. 2018. 'Green'synthesis of metals and their oxide nanoparticles: applications for environmental remediation. Journal of Nanobiotechnology, 16(1): 84.

Stroo H, Ward C H. 2010. *In Situ* Remediation of Chlorinated Solvent Plumes. New York: Springer.

Tang B, Luo X J, Zeng Y H, et al. 2017. Tracing the biotransformation of PCBs and PBDEs in common carp(*Cyprinus carpio*) using compound-specific and enantiomer-specific stable carbon isotope analysis. Environmental Science & Technology, 51(5): 2705-2713.

Tosco T, Papini M P, Viggi C C, et al. 2014. Nanoscale zerovalent iron particles for groundwater remediation: a review. Journal of cleaner production, 77: 10-21.

Vereecken H, Schnepf A, Hopmans J W, et al. 2016. Modeling soil processes: review, key challenges, and new perspectives. Vadose Zone Journal, 15(5): 1-57.

Walters D M, Jardine T D, Cade B S, et al. 2016. Trophic magnification of organic chemicals: a global synthesis. Environmental Science & Technology, 50(9): 4650-4658.

Wang J F, Stein A, Gao B B, et al. 2012. A review of spatial sampling. Spatial Statistics, 2: 1-14.

Wang X, Luo J, Yuan W, et al. 2020. Global warming accelerates uptake of atmospheric mercury in regions experiencing glacier retreat. Proceedings of the National Academy of Sciences of the United States of America, 117(4): 2049.

Wang Z, Walker G W, Muir D C G, et al. 2020. Toward a global understanding of chemical pollution: a first comprehensive analysis of national and regional chemical inventories. Environmental Science & Technology, 54: 2575-2584.

Wen X, Théau J. 2020. Assessment of ecosystem services in restoration programs in China: a systematic review. AMBIO A Journal of the Human Environment, 49:584-592.

Wiederhold J G. 2015. Metal stable isotope signatures as tracers in environmental geochemistry.

Environmental Science & Technology, 49: 2606-2624.

Wu C C, Yao Y, Bao L J, et al. 2016. Fugacity gradients of hydrophobic organics across the air-water interface measured with a novel passive sampler. Environmental Pollution, 218: 1108-1115.

Wu Y, Pang H, Liu Y, et al. 2019. Environmental remediation of heavy metal ions by novel-nanomaterials: a review. Environmental Pollution, 246: 608-620.

Xie L X, Zyl D V. 2020. Distinguishing reclamation, revegetation and phytoremediation, and the importance of geochemical process in the reclamation of sulfidic mine tailings: a review. Chemosphere, 252: 126446.

Xu F, Li Y, Ge X, et al. 2018. Anaerobic digestion of food waste-challenges and opportunities. Bioresource Technology, 247: 1047-1058.

Xu Y, Yang L L, Zheng M H,et al. 2018. Chlorinated and brominated polycyclic aromatic hydrocarbons from metallurgical plants. Environmental Science & Technology, 52: 7334-7342.

Xu Y, He Y, Zhang Q, et al. 2015. Coupling between pentachlorophenol dechlorination and soil redox as revealed by stable carbon isotope, microbial community structure, and biogeochemical data. Environmental Science & Technology, 49(9): 5425-5433.

Yu R C, Zhang Y, Wang J J, et al. 2019. Recent progress in numerical atmospheric modeling in China. Advances in Atmospheric Sciences, 36(9): 938-960.

Zhang Q, Jiang X J, Tong D, et al. 2017. Transboundary health impacts of transported global air pollution and international trade. Nature, 543(7647): 705-709.

Zhang S, Mao G Z, Crittenden J, et al. 2017. Groundwater remediation from the past to the future: a bibliometric analysis. Water Research, 119: 114-125.

Zhang Z, Chen J, Gao Y, et al. 2018. A coupled technique to eliminated overall nanpolar and polar volatile organic compounds from paint production industry. Journal of Cleaner Production, 185: 266-274.

Zhao F J, Ma Y, Zhu Y G, et al. 2015. Soil contamination in China: current status and mitigation strategies. Environmental Science & Technology, 49: 750-759.

Zhao Y, Xie L, Yan Y. 2015. Microcystin-LR impairs zebrafish reproduction by affecting oogenesis and endocrine system. Chemosphere, 120:115-122.

Zhao L, Yang F, Yan X. 2013. Biomagnification of trace elements in a benthic food web: the case study of deer island(northern yellow sea). Chemistry and Ecology, 29(3):197-207.

Zhao X, Liu W, Cai Z Q, et al. 2016. An overview of preparation and applications of stabilized zero-valent iron nanoparticles for soil and groundwater remediation. Water Research, 100: 245-266.

Zhao Y, Xiong Q, Xie P. 2011. Analysis of microRNA expression in embryonic developmental toxicity induced by MC-RR. PLoS One, 6(7): e22676.

Zhu M, Zhang L, Franks A E, et al. 2019. Improved synergistic dechlorination of PCP in flooded soil microcosms with supplementary electron donors, as revealed by strengthened connections of functional microbial interactome. Soil Biology and Biochemistry, 136: 107515.

Zulkifli S N, Rahim H A, Lau W J. 2018. Detection of contaminants in water supply: a review on state-of-the-art monitoring technologies and their applications. Sensors and Actuators B Chemical, 255: 2657-2689.

Zuo R, Carranza E J M, Wang J. 2016. Spatial analysis and visualization of exploration geochemical data. Earth-Science Reviews, 158: 9-18.

# 第九章

# 区域可持续发展

## 第一节　战　略　定　位

随着工业化、城市化和经济全球化的快速发展，人类活动对生态环境的压力和影响日益加剧，世界各国面临人口增长、资源匮乏、环境污染以及地区发展不平衡、不充分等可持续发展挑战。1962年《寂静的春天》的问世，引发了近代以来关于人类发展与自然生态可持续性的热烈讨论。1987年世界环境与发展委员会（World Commission on Environment and Development，WCED）的报告——《我们共同的未来》（Brundtland et al., 1987），将可持续发展定义为："在满足当代人需要的同时，不损害人类后代满足其自身需要的能力"。1992年，在巴西里约热内卢召开的联合国环境与发展大会通过了《关于环境与发展的里约热内卢宣言》和《21世纪议程》，可持续发展的理念得到了广泛认可。2000年，《联合国千年宣言》中提出了共同实施包括消除极端贫困与饥饿、普及小学教育、促进性别平等和增强妇女权能等8项千年发展目标（MDGs）。

2015年，在千年发展目标时限到来之际，联合国可持续发展峰会通过了

2016～2030 年全球可持续发展目标，包括经济、社会和环境 3 个关键维度，共 17 个主目标和 169 个分目标，以应对当今世界所面临的环境与发展的挑战。全球可持续发展目标呼吁所有国家行动起来，在促进经济繁荣的同时保护地球。制定可持续发展目标的意义在于协调经济、环境和社会需求，使人类现在和未来都能实现繁荣。可持续发展目标的设立鼓励各个国家通过政策性和技术性变革，保护基础自然资源，同时保障并满足各国就业、粮食、能源、水和卫生、社会进步与和平、稳定的经济增长和享有健康、清洁、安全的环境等。

可持续发展是人类社会的必由之路，要从社会-经济-自然复合生态系统的角度认识人与自然的关系，探索生态整合等人类可持续发展的科学方法（吕永龙等，2018）。可持续发展的最终目标是协调生命系统与其支持环境之间的相互关系，使有限的环境在现在和未来都能支撑起生命系统的良好运行，必须遵循发展的公平性、区域分异规律、物质循环利用原则、资源再生与共生原则（吕永龙，1996）。我国于 1994 年发布了《中国 21 世纪议程——中国 21 世纪人口、环境与发展白皮书》，在全球率先制定国家层面的"21 世纪议程"，并将"21 世纪议程"纳入国民经济发展计划予以实施。1996 年，我国政府将可持续发展上升为国家战略并全面推进实施。2003 年，我国提出了以人为本、全面协调可持续的科学发展观。此后，我国又先后提出了资源节约型和环境友好型社会、创新型国家、绿色发展、生态文明等理念，并不断开展制度建设和示范区创建实践。

我国人口、资源、环境压力大，经济发展水平不高，实现人与自然、经济与社会的协调发展难度极大，可持续发展任务艰巨。而且我国地域发展条件差异大，地域功能分异大，各地发展水平和模式不一。由于区域的差异性和相互依赖性，区域和城乡之间的发展矛盾日益突出，使我国的可持续发展道路面临更大的挑战，因此区域可持续发展研究具有重大的战略意义。过去 20 多年时间里，中国区域可持续发展研究通过战略咨询报告、重大地域规划的研制，直接为中央和地方政府制定国家与区域可持续发展战略和方案提供科学依据，把科研成果有机地转变为决策应用成果，取得了显著的社会效益，在推进我国实施可持续发展战略方面发挥了重要作用。如今，将区域作为一个开放、动态变化的系统，探讨其对经济全球化和环境变化的响应状态及应对能力，研究区域系统中区域之间的相互作用、相互依赖以及区域内部不断增长的发展需求与资源环境约束之间的协调程度，剖析在科技、体制、文化创新驱动下区域发展的竞争能力，成为区域可持续发展最受关注的科学命题（陆大道和樊杰，2012）。

下面从五个主题方向分别阐述可持续发展的科学意义、国家发展的支撑地位及其战略价值。

## 一、全球可持续发展目标及其中国实践的理论与方法学

面对世界政治多极化、经济全球化、文化多样化和社会信息化潮流不可逆转的态势，人类活动和地球系统的全球大尺度变化和不同区域影响之间的跨尺度相互作用，不仅对人类经济社会发展产生了重大影响，而且带来了人类社会可持续发展的巨大挑战，因此区域可持续发展是推进未来全球可持续繁荣的必然选择（ICSU，2017；Lu et al.，2015a；UN Environment，2019）。联合国可持续发展目标综合考虑各国不同的国情、能力和发展水平，同时尊重国家政策和未来地球可持续发展的三大支柱（环境保护、社会发展和经济发展），为全球可持续发展描绘了一幅宏伟蓝图。为了实现 2030 年可持续发展目标，未来的政策和行动必须建立在现有应对策略与措施基础上，还必须应用最新的知识和不同的方法，既包括我们需要做什么，也包括我们需要如何做。然而，关于人类如何落实和实现 2030 年可持续发展目标，我们仍有许多知识空白。在我国，推进生态文明建设已经成为最重要的国家发展战略，如何让环境与经济和谐发展，已经成为政府、公众最为关注的战略问题，也是科学界亟须回答的科学问题。同时，我们处于全球环境变化与可持续发展研究转型的重要关头：从自然科学主导转为广泛的科学和人文领域参与的研究；从单学科主导转为更加平衡的多学科集成研究，以及从依赖单学科专长到促进多学科和跨学科整体方案的研究。新的全球可持续发展研究需要提上议程，在积累知识和加深理解的基础上寻求发展和转型的解决方法，深入探究人类对全球可持续发展的各种需求，主要包括科学、技术、体制、经济以及人类行为变化，重点必须放在扩大、加快、简化、实施现有的许多技术和

社会解决方案与创新上，同时促进行为转变和社会转型，为促进全球治理体系变革不断贡献中国智慧和中国方案。

## 二、资源环境要素的关联关系与自然承载能力调控机制

我国快速经济增长以城市为中心，通过集聚和辐射效应逐步带动区域实现规模经济效益，然而快速的经济活动不仅造成了对土地、能源、水等自然资源的过度使用，而且给生态环境质量及自然承载能力带来了前所未有的压力，甚至加剧了全球变暖、臭氧层破坏，直接威胁全球生物圈的安全。水-能源-粮食关联关系、支撑人类生产生活的资源环境要素集成定量化表达的自然承载力，是从资源环境要素及其集成与关联关系层面破解区域可持续发展难题的重要内容，也是当前国际可持续性科学研究的热点问题。

### 1. 水-土地-能源-材料-粮食的关联关系与调控机制

作为水资源、能源与粮食的依托与载体，土地资源和肥料、金属等物质材料对水循环、农业及生物燃料生产必不可少，但当前尚未被纳入水-能源-粮食关联关系（water- energy- food nexus，WEF-Nexus）。随着土地污染与退化、矿产资源开发、城市化进程和生态文明建设的推进，可供开发利用的土地资源日益减少，物质材料可持续开发与利用面临威胁，土地资源和物质材料将成为粮食和能源安全的限制因子，从而影响水-能源-粮食系统的协同性甚至区域的可持续发展。因此，亟须从水-土地-能源-材料-粮食关联关系（water-land-energy-material-food nexus，WLEMF-Nexus）视角，开展子系统之间关联性和系统的协同度等研究，揭示复合系统的协同演化机制及影响因素，能更全面、更精准地调控区域复合系统协同度，具有重要的科学意义。

全球资源分布和地区社会经济与技术发展的差异，导致 WLEMF 等分布极不均衡，全球化的供给与消费链也受到全球变化以及愈来愈频繁的国际性突发事件（全球性或者大范围的疫情与灾害、国际政治与经济争端等）的影响与制约，严重威胁区域乃至全球的稳定和发展。同样，国内 WLEMF 资源分布极不均衡，在人口增长与粮食结构调整的背景下，面对未来水土资源短缺与化石能源枯竭的困境，保障粮食生产过程中水土资源与能量的高效、可

持续利用,以及加强绿色能源开发利用尤为重要。因此,深入解析 WLEMF 的关联关系,科学评估国家与区域 WLEMF 系统间的耦合协同水平和发展潜力,并提出适应性的调控策略,将有助于提高我国的 WLEMF 安全保障能力,以应对全球环境变化的挑战,从而推进落实全球可持续发展目标、生态文明建设等国家战略。

### 2. 经济发展的环境效应及其自然承载能力的时空演化

"未来地球计划"和"城市化过程对人体健康及人类福利的影响"国际科学计划,将经济发展路径、生态环境效应、资源承载力、影响机理与调控机制列为核心研究内容(International Council for Science, 2014)。其中,自然承载能力作为地球自然圈层对人类活动支持和保障能力的集成表达,是区域可持续发展研究的基础命题,其超载与否是区域可持续性度量和调适的重要依据,也对关键物质能量循环、人地交互界面过程等资源与环境科学前沿命题具有牵引作用(樊杰等,2017;Fan et al.,2017)。经济发展的生态环境效应与区域的自然承载能力不但是联合国可持续发展目标的重要内容,也是我国京津冀协同发展、长江经济带发展、粤港澳大湾区建设、长三角一体化发展、黄河流域生态保护和高质量发展等重大国家战略的重要内容;因此,经济发展的环境效应与区域承载能力时空演变是国内外科学界必须回答的重大科学问题,也是支撑我国生态安全和区域发展的基本需求,是国土空间开发保护格局优化的基本前提,对提升我国空间治理体系与治理能力科学化水平具有重要意义,对推动区域经济与生态环境协调可持续发展具有重要的支撑作用。

## 三、中国城镇化的资源环境效应与城乡融合转型发展

城镇化是一个重大的国家与区域发展问题,是区域经济结构、社会结构和生产方式、生活方式的根本性改变。城镇化在促进经济快速发展的同时,也出现无序乃至失控现象,导致城乡之间存在较大鸿沟、生态环境破坏、城市转型困难等一系列区域可持续发展难题。其中,城乡协调发展的问题依然是我国区域协调发展的核心问题,特大城市与城市群的生态环境问题、资源型城市 / 地区转型发展是我国可持续城镇化的突出难题。

### 1. 可持续城镇化与乡村振兴的协调发展

城市和乡村是一个相互作用、密切联系的有机整体（Liu and Li，2017；刘彦随，2018），改革开放 40 多年来，中国城乡关系逐渐从分离割裂、二元发展走向统筹、协调发展。党的十八大和十九大分别提出"新型城镇化"和"乡村振兴"战略，强调城乡发展一体化和城乡融合发展，可持续城镇化与乡村振兴协调发展是解决城乡发展问题、补齐"四化"短板的根本要求。当前，我国农业生产效率仍较低，农业农村现代化滞后于工业化、城镇化，破解城乡发展不平衡、乡村发展不充分的难题，亟须统筹推进新型城镇化与乡村振兴战略，加快提升农业农村现代化水平，切实补齐农村经济社会的发展短板，推动工业化、信息化、城镇化和农业现代化的同步协调发展（李裕瑞等，2014）。因此，亟须将新型城镇化与乡村振兴两大战略有机结合、"双轮驱动"，探究可持续城镇化与乡村振兴的协调发展机制，成为现代地理学创新研究的重要领域和前沿课题。

我国经济社会发展中最大的不平衡是城乡发展不平衡，最大的不充分是农村发展不充分，这是当下城乡之间矛盾和问题的主要症结。将乡村振兴和可持续城镇化相结合，推动城乡融合发展，是实现城镇高质量发展和乡村全面振兴的根本途径。践行城乡融合与可持续发展，关键在于创新发展乡村地域系统理论，创建城乡融合发展体制机制，创立城乡空间格局与产业布局地域模式，探究城乡形态、业态和质态等"三态"并举的实现路径及其治理体系，通过乡村振兴和新型城镇化"双轮驱动"、强化"三重"（组织重建、产业重塑、空间重构）联动，实现城乡地域系统的协调与可持续发展。

### 2. 特大城市与城市群发展的生态环境效应与综合治理

特大城市与城市群作为承载发展要素的主要空间形式，既是国家人口高密度集聚区、经济发展战略核心区和新型城镇化的主体区，也是人类活动最为剧烈、生态环境问题突出亟待综合治理的重点地区，更是实现国家治理能力现代化的先行区。如何协调特大城市、城市群与生态环境的耦合关系问题，已成为国际上未来 10 年地球系统科学与可持续性科学研究的热点与前沿领域，并被"未来地球计划"、联合国可持续发展目标等一系列国际重大科学计划列为关注的高优先研究主题。特大城市与城市群作为全球城镇化的主体形态，正是人类活动对地球表层作用最剧烈、人地关系最复杂、对生态环境影响最大的区域，因而成为全球可持续发展研究与综合治理的重点对象。开展特大城市与城市群城镇化与生态环境交互耦合效应的研究，揭示二者耦合机理与规律，不仅可为协调全球城镇化与生态环境关系提供科学依据，而且可对全球与中国可持续发展做出学术贡献。

从战略价值分析，特大城市与城市群作为全球竞争及国际分工的全新地域单元，肩负着世界经济重心转移的重大历史使命。国家一系列重大战略的调整部署，迫切要求加强特大城市与城市群地区的生态环境综合治理，补齐生态环境短板。在这种战略需求的背景下，急需科学揭示特大城市与城市群发展的生态环境响应机理，厘清近远程耦合规律，探索科学治理模式及路径。这不仅对促进国家城镇化健康发展、推动"美丽中国"和生态文明建设具有重要的战略价值，而且对促进全球城市群建设和全球可持续发展具有重要的借鉴意义。

### 3. 资源型城市 / 地区转型发展与可持续生计

资源型城市 / 地区是以本地区矿产、森林等自然资源开采、加工为主导产业的城市 / 区域。资源型地区的转型发展与可持续生计研究属于《国家中长期科学和技术发展规划纲要（2006—2020 年）》的重点研究领域，其研究面向我国特殊类型地区转型的前沿理论与实践需求，适应自然资源开发和城市可持续性研究的科技发展趋势，是服务于国家目标的基础科学、应用基础科学和应用性科学的综合研究方向和交叉领域。

世界各地的资源型地区发展轨迹明显受到资源经济的主导，存在显著的周期性特征，面临着资源枯竭、产业衰败、城市收缩的现实风险。科学转型发展和保障可持续生计向来是世界各地资源型地区追求的发展方向，同时也是世界性的区域发展难题之一。从德国鲁尔地区、法国洛林地区、日本北九州地区等国际知名资源型地区的转型历程来看，只有政府、学界、产业界等多方长期共同协作，资源型地区才逐步转向可持续的轨道上来。我国资源型地区的发展轨迹具有受计划经济建设发展模式影响的特征，如初期增长速度较快、留存人口规模较大、企业功能与城市功能高度混同、企业化管理运行的体制机制等。这决定了我国资源型地区的转型发展与可持续生计必然要探索适合自身特色的发展路径，改变区域以"高能耗、高排放、高污染"为特征的粗放型经济增长模式。资源型地区经济转型与可持续发展是新时期我国经济社会高质量发展亟待解决的重大问题，是落实2030年碳排放目标、联合国可持续发展目标等全球责任的重要步骤，为全球可持续发展模式提供崭新的中国范本，同时也可以为未来其他发展中国家的资源型地区转型提供可选择的发展方向。

## 四、全球环境变迁的区域响应与地球关键带的综合管理

全球气候变化、环境污染、粮食安全、资源短缺、网络攻击、人口爆炸、疾病流行等非传统安全问题层出不穷，对国际秩序和人类生存都构成了严峻挑战，并且区域自然及社会经济环境的变迁所引起的影响通过贸易网络波及更大区域范围乃至全球。在此背景下，研究全球环境变迁的区域响应，加强对海岸带、流域、三角洲等人类活动剧烈、典型生态脆弱的地球关键带的综合管理就显得更为紧迫。

### 1. 全球环境变迁的区域响应

温室效应、臭氧层破坏、环境污染等全球尺度的区域环境变迁问题是过去国际社会关注的主要问题，而近年的新冠疫情对全球各国和整个人类的应急管理理念和能力提出了极大的挑战，警示全球各国应加强在联合国可持续发展目标中针对公共卫生突发事件的应急管理能力建设。全球环境变迁区域响应研究有助于提升中国在国际可持续发展领域的竞争力和影响力，中国学者不仅应着眼于可持续发展的传统领域或是国内存在的主要问题，更需要将视角放到未来全球可持续发展领域研究热点问题的解决上，包括对全球尺度做进一步的模式模拟、发展更贴近地球系统运作的模式，为未来的温室效应演化做出更为准确的预测以引导政策制定；加强公共卫生突发事件应急管理能力和基于多元信息的传染病实时监测预测预警体系的建立及应用，利用更为精确的传染病模型为未来可能的大流行做预案分析等；从事具体研究的国家实验室与政府机关应致力于在国际可持续发展领域热点问题的解决上取得突破成果。切实解决好全球及区域重大问题可为提升国际可持续发展领域的

竞争力和影响力起到重要作用。

### 2. 陆基人类活动对海岸带生态系统的影响

海岸带是地球表层岩石圈、水圈、大气圈和生物圈相互交接、物质能量交换活跃、各种因素作用影响最为频繁、变化极为敏感的地带。海岸带是全球人口增长和经济发展最为迅速的区域，全球 75% 的大城市、70% 的工业资本和人口集中在距海岸 100km 的海岸带地区。然而，来自陆地和海洋（包括大气）的双重影响使海岸带对于各种自然过程变化和人类活动所引起的波动十分敏感，在陆基人类活动的持续干扰下，海岸带生态系统面临着越来越大的压力，人类发展需求与海岸带资源环境保护之间的矛盾更为突出。

陆基人类活动对海岸带生态系统的影响及可持续管理一直是各国政府和全球科学界关注的重大科学问题。从 1972 年《美国海岸带管理法》首次明确提出"海岸带管理"的概念后，1992 年《21 世纪议程》正式将海岸带综合管理纳入国际组织议程；1993 年"国际地圈-生物圈计划"推出"海岸带陆海相互作用研究计划"（Land-Ocean Interaction in the Coastal Zone，LOICZ），2015 年 LOICZ 发展进入未来地球海岸带（Future Earth Coast，FEC）阶段。2013 年，我国提出"一带一路"倡议，对海岸带资源的开发利用提出新的要求；2019 年中国科学院启动国际大科学计划培育项目"全球海岸带开发的生态环境效应"（Global Ecological Effects of Coastal Development，GECD），致力于推动全球海岸带自然-社会-经济复合生态系统可持续发展。陆基人类活动对于海岸带生态系统影响的相关研究，是梳理人与陆地、海洋共生共存关系的关键所在，具有自然科学、人文与社会科学和技术科学相互复合的特点，有助于完善自然地理学、景观生态学、环境经济学和海洋科学等相关学科交叉知识体系。大时空尺度下预测未来海岸带生态系统动态变化，评估陆海相互作用以及人类与海岸带环境之间的相互作用，探索污染调控、生态修复与规划管理等监管途径，已经成为新兴海岸科学发展的重要挑战，对认知海岸带规律、实现区域可持续发展具有重要的科学意义和战略价值。

### 3. 典型流域/区域的环境与发展问题

典型高原流域：高原地区约占全球陆地面积的 45%，我国四大高原（青藏高原、云贵高原、黄土高原和内蒙古高原）占全国国土面积的 41%。高原与山地相连，构成高原流域，是生物多样性及文化多样性热点区和重要自然资源储备区，也是世界大河的重要产水区，在全球水资源安全中发挥着关键作用，对全球 22% 的 GDP 产生了直接或间接的积极贡献（Immerzeel et al.，2020）。但是，高原流域是典型的生态敏感和脆弱区，在气候变化和人类活动的干扰下，其土地退化风险较高（Kimura and Moriyamam，2019），深刻影响着高原流域的生态健康、居民生计和可持续发展目标的实现，对其下游也会产生广泛而深远的影响。生态文明建设和"美丽中国"等重大国家战略均涉及我国四大高原，科学解决高原流域的环境与发展问题，可为上述重大国家战略的落实提供科技支撑，同时，为世界高原流域推进可持续发展进程提供可资借鉴的科学范式和实践模式。

大河三角洲：大河三角洲上接流域腹地，下连广阔海洋，是河海、陆海相互作用的重要界面；同时也是岩石圈、水圈、大气圈和生物圈相互作用最敏感、最活跃的地带和复杂的自然综合体。大河三角洲仅占全球陆地面积的5%，却居住着 5 亿以上的人口，因其区位重要性、资源丰富性、动力条件复杂性，在国民经济建设和科学研究中具有极其重要的意义。然而，受气候变化和人类活动双重胁迫，大河三角洲地面沉降加速、侵蚀加剧、洪涝灾害频发、湿地退化严重，已经成为地球表面最为脆弱的地区之一，我国大河三角洲同样面临一系列重大问题和挑战，如何应对这些挑战，不仅关系到三角洲区域本身，甚至会影响到更大范围的生态安全和可持续发展。大河三角洲前缘是海陆物质交换的重要界面，在自然与人为环境变化中起到驱动器和记录器的双重作用，是深刻理解当前全球面临的气候变化、海洋环境演变和高强度人类活动效应等的理想研究载体。三角洲对河流入海物质通量变化的响应是"国际地圈-生物圈计划"两个核心项目——"海岸带陆海相互作用研究计划"（现为"未来地球海岸带计划"）和"全球海洋通量联合研究计划"（Joint Global Ocean Flux Study，JGOFS）的重要组成部分，也是"未来地球与可持续发展三角洲计划"（Future Earth and Sustainable Deltas）的重要课题。

干旱区流域：干旱区流域作为典型的生态脆弱区，其自然资源相对匮乏、环境承载力差、适应气候变化能力弱，且全球气候变化和强人类活动加剧了干旱区流域水资源的短缺，导致生态系统服务功能退化、自然灾害风险增加、环境承载力下降等一系列生态环境问题，严重制约了区域可持续发展。干旱区流域的环境与发展作为联合国可持续发展目标的重要内容之一，已经成为世界各国社会经济可持续发展急需解决的关键问题，也是共建"一带一路"国家干旱区实现可持续发展的关键。干旱区流域可持续发展研究主要探讨干旱区流域人地系统特点、结构和功能及人地关系，以解决经济社会发展和气候变化带来的资源环境问题为目的，为实现干旱区流域可持续发展提供理论、方法和技术，更是加强干旱区生态环境建设、建设"美丽中国"的重要战略部署。

## 五、区域社会生态与可持续发展模式

地域功能区划与区域可持续发展模式是以可持续发展为导向，对地域分异总体格局和分区发展进行科学认知的主要途径（樊杰，2007，2015；Fan et al.，2019）。为统筹落实联合国"2030年可持续发展议程"、"五位一体"总体布局和五大发展理念，2017年我国启动了国家可持续发展议程创新示范区的建设工作，着力探索可持续发展关键问题的系统解决方案，凝练可持续发展典型模式，为国内同类地区可持续发展发挥实验和示范效应。当前，推进区域可持续发展，既是落实联合国可持续发展目标的必然要求，也是按照"五位一体"总体布局和"四个全面"战略布局认真落实五大发展理念的重要举措（樊杰，2020）。探索基于区域比较优势、实现综合效益最优的区域可持续性主控机制和特殊性规律，是构筑有序化国土空间结构、实现国土空间开发保护精准化差异化管理的科学基础（Fan et al.，2018；樊杰，2019）。

# 第二节　发展规律与研究特点

WCED在1987年发表了《我们共同的未来》报告，这被认为是建立可持续发展概念的起点。可持续发展概念的演化可分为三个时期。①前斯德哥尔摩时期（1972年之前）。这一时期人类已经认识到生存发展与自然资源之间的矛盾，并产生了对自然资源退化的担忧，早期的环境限制和承载力概念开始形成，环境运动开始走向政治舞台。②从斯德哥尔摩到 WCED 时期（1972~1987 年）。1972 年在斯德哥尔摩举行的联合国人类环境会议，人们意识到环境管理已迫在眉睫，并逐渐将环境保护和发展整合一起。直到 1987 年 WCED 提出可持续发展的官方定义。③后 WCED 时期（1987 年至今）。可持续发展几乎成为一种共识，同时对于可持续发展的概念以及维持可持续发展的形式存在持续的争议。在推进可持续发展目标的实现过程中，各个国家都面临来自农村发展、环境保护、能源、气候变化、居民福利等多方面的挑战和风险（Axelsson et al.，2011；吕永龙等，2018）。不同区域间的自然环境、经济和社会发展情况有着很大的差别。因此，近年来，对于可持续发展的研究更多地转移到对某一具体自然和社会条件的地区，为实现区域可持续发展制定行动计划（Olawumi and Chan，2018）。

以 Regional sustainable development 为主题在 Web of Science 核心数据库中进行检索，1970~2020 年该领域相关文献共有 16 495 篇。该主题下包含 125 个具体研究方向，既包含如生态学、环境科学、农学、地理学等自然科学，也包含大量人文社会科学，如商业经济学、公共管理科学、社会学等。这些研究方向与可持续发展研究的三个关键视角息息相关：第一种视角是着力于研究人与自然相互作用关系，并引导这种关系向着更可持续方向发展的可持续性科学（sustainability science）（Clark and Dickson，2003；Kates，2011；Kates et al.，2001；Clark，2007）；第二种视角是可持续发展经济学（economics of sustainable development），通过将经济学方法引入可持续发展领域，促成自然资本融入社会经济核算体系（Daly，1996），成为生态系统服务价值核算的重要方法论基础（Costanza et al.，1997）；第三种视角是将以人类为主的社会经济系统和自然生态系统耦合，构建人与自然耦合系统（coupled human and natural systems）（汪卫民等，1998；Liu et al.，2007）。可持续发展研究既要满足一般要求，又要充分结合区域的特点（刘求实和沈红，1997），这使得其研究主体集中在生态、地理、经济、农业、能源、管理等与人类社会和自然息息相关的学科，同时又在分析具体区域时涉及多种多样的其他学科内容。

从学科定位来看，区域可持续发展研究是建立在专家与决策者之间的知识系统（Cash et al.，2003）。因此，区域可持续发展研究具有双重责任，既考虑生态稳定性，又必须考虑合理的经济运行方案。从区域可持续发展研究方法来看，建立具有科学性、客观性、引导性、可比性、简便性、可行性的评价指标体系是区域可持续发展研究的重要内容（刘求实和沈红，1997）。总体来看，可持续发展研究的重点在于评价指标体系的构建和完善。目前，评价指标从可持续发展的不同模块出发可以分为 12 类（Singh et al.，2009）：①创新、知识和技术指标；②发展指标；③基于市场和经济的指标；④基于生态系统的指标；⑤工业的综合可持续发展表现指数；⑥投资、评级和资产管理指标；⑦基于产品可持续发展的指数；⑧城市可持续发展指数；⑨国家和地区的环境指标；⑩工业环境指标；⑪基于能源安全的指标；⑫基于社会和生活质量的指标。在评价方法上，可以分为单指标或复合指标与多指标或指标体系两类（李利锋和郑度，2002）。单指标评价法通过一系列可量化的独立、简单指标对区域可持续发展能力进行判断，包括国民核算体系（system of national accounts，SNA）及其修正（Talberth et al.，2007；Stockhammer et al.，1997）、真实储蓄（genuine saving）（World Bank，1997）、人类发展指数（Malik，2014）、生态占用（生态足迹）（Rees，1992；Wackernagel，1994）、人类活动强度指标（Niu，2016）和净初级生产量的人类占用（Haberl 和刘伟，1997）等。指标体系评价法往往以社会经济、资源和环境指标为核心，试图从多个方面描述或者预测发展的可持续性，并为多种量化指标设置其内在联系和逻辑结构（李利锋和郑度，2002）。该类指标包括：以压力-状态-响应（pressure-state-response，PSR）为基本框架的指标体系（Chandrakumar and McLaren，2018），基于反应-行动-循环的指标体系（Dong and Hauschild，2017）。目前，不同的评价标准和体系各有优缺点，适用于不同的社会经济或自然生态系统，并无一种普适性的评价方法或模型，需要根据区域情况选择适应当地的可持续发展指标，制定可行的可持续发展策略。

下面主要从五个主题方向描述区域可持续发展的规律与研究特点。

# 一、全球可持续发展目标及其中国实践的理论与方法学

为可持续发展提供理论基础和实践指导的可持续性科学，是在 21 世纪初

才开始形成的。可持续性科学是研究人与环境之间的动态关系，特别是耦合系统的脆弱性、抗扰性、弹性和稳定性的整合型科学，它横跨自然科学和人文与社会科学，以环境、经济和社会的相互关系为核心，将基础研究和应用研究融为一体。可持续性科学成为现代地理学综合研究的重要主题和社会转型发展亟待解决的关键问题。

区域可持续发展涉及环境科学、地理学、生态学、经济科学、管理科学、政策科学、社会科学、系统科学等学科之间的交叉领域，以全球、区域、国家和地方的可持续发展目标为研究对象，揭示不同尺度自然、经济、社会系统的动态发展趋势、不同维度可持续发展目标之间的相互作用机制和作用路径；研究不同类别可持续发展目标和分目标之间的相互作用（包括相互促进和相互干扰）程度、过程和机制，实现全球及区域可持续发展目标的本地化原则、标准和方法。可持续发展目标监测和评估，需构建可持续性的监测和评价系统与指标体系，建立"天-空-地"一体化的监测平台和先进的技术手段，探索利用大数据实时监测、评价可持续发展目标的进展，设计、支撑和管理能将知识与可持续性行动联系起来的知识系统和实践案例，探索创新驱动可持续性的过程、路径和科学发展模式。

## 二、资源环境要素的关联关系与自然承载能力调控机制

### 1. 水-土地-能源-材料-粮食的关联关系与调控机制

最初为保障水、土地、能源和粮食安全，国内外学者开展了单因素的安全性研究以及双要素的系统优化与互馈研究。WEF-Nexus 研究主要集中在粮食生产如何适应气候变化、如何提高农作物产量、从单因素分析如何确保水资源、能源、粮食的安全，以及关联关系如何定义；从政策影响的角度出发，基于案例研究定性评价关联关系的安全程度（Scott and Sugg，2015）；其后各国学者从不同尺度考虑驱动因子，使用各类方法对水、能源和粮食三者协同的安全性进行了研究。WEF-Nexus 的提出也标志着资源治理范式逐步从以单一部门效率为导向的策略向跨部门、连贯与综合性的解决方案转型。尽管WEF-Nexus 的概念发展趋于成熟，但由于水-能源-粮食复合系统涉及的复杂

关联关系，模型指标的数据断层并难以获得，WEF-Nexus 的量化研究遇到阻碍（Chang et al.，2016），其定量研究方法仍处于探索阶段，现有定量研究大多侧重于两者关系研究。WEF-Nexus 的概念多强调资源子系统间的关联关系，缺乏对系统框架和边界的确切描述。

在研究方法方面，目前研究 WEF Nexus 所用的生命周期评估方法、系统动力学方法与投入产出分析方法虽然可以对 WEF Nexus 的内部关联机制进行描述，但是由于研究数据不足以及数据的准确性、模型构造的复杂性等原因，利用这些方法构造的资源系统与实际情况有所差距，且模型不易实现。此外，土地仅在粮食生产和粮食安全中作为一种基础性资源进行考虑，而物质材料（特别是其中的稀贵金属）主要是被作为新能源和可再生能源生产的一种制约因素来考虑，肥料被作为粮食生产的重要依赖，但是都未被纳入水–能源–粮食复合系统，还未形成 WLEMF-Nexus。

### 2. 经济发展的环境效应及其自然承载能力的时空演化

面对国民经济、资源与生态环境协调发展的需求，区域经济发展的环境效应及其自然承载能力时空演化的相关研究日益成为广泛关注的热点。区域经济发展环境效应的研究从最初的环境经济学、污染生态学、产业生态学的基本理论和观点，延伸到经济行为、产业排污、生态效应、风险评估、环境管理等相关的专题研究，进而转向多学科、多尺度、多要素、多方法并面向国家重大需求、面向国际前沿科学问题的系统耦合研究。自然承载能力是由资源承载能力、环境容量等概念衍生并深化而来的，研究涉及自然要素全类型、涉及可持续属性诸方面、关联社会经济发展多领域，具有显著的地域性、综合性特征。因此，自然承载能力既要以资源科学、环境科学、生态学、灾害学等自然科学为基础，也要依靠以产业经济、城乡聚落、人类福祉等为研究对象的社会科学，通过人文要素同自然要素交互匹配，实现对自然要素承载人类生产和生活能力的科学认知。

主要研究特点如下：①研究正由单一尺度、单一学科、单一要素为主向多尺度、多学科、多要素整合转变；②针对区域环境效应的监测网络建设正在快速推进，然而针对生态系统立体智能监测网络建设仍不足；③环境效应评估的研究方法仍以污染生态学方法为主，缺乏针对耦合要素的多学科交叉的系统性突破；④污染物环境效应研究仍以传统污染物为主，缺乏针对新兴产业引起的污染风险评估；⑤相关研究需要综合基础研究和应用研究用于支撑国家和地区的重大决策战略部署；⑥国际合作在我国环境效应与资源承载力研究方面起到了重要作用。

## 三、中国城镇化的资源环境效应与城乡融合转型发展

### 1. 可持续城镇化与乡村振兴的协调发展

可持续城镇化是以提高城镇可持续性为目的，以满足人民需求等为主要特征，重点关注城镇化过程中各种要素资源配置的过程和经济社会、资源环境效应（Bai et al.，2017，2018；Nagendra et al.，2018）。乡村振兴是以破解特定时期乡村发展的主要社会矛盾和"乡村病"等突出问题为重点，以激活乡村人口、土地、产业、资金等要素活力和内生动力为抓手，以提升乡村地域系统可持续发展能力和竞争力为目标，推进乡村地域系统转型、重塑城乡关系和实现城乡融合发展的过程（刘彦随，2018，2019）。

可持续城镇化与乡村振兴协调发展的研究具有系统性、综合性、交叉性、地域性和问题导向性特征。一是以人地关系地域系统为研究核心，重点关注城市地域系统和乡村地域系统的结构、功能及其各子系统相互作用关系。二是以破解城乡不可持续发展为问题导向，立足于谋求城乡融合与可持续发展的科学路径、机理机制和地域模式。三是一个跨学科研究的重要议题，涉及人口、土地、生态、经济、社会等多元要素及其多维交互过程，其不断地重塑人类与自然环境系统、改变着人地系统结构与格局，亟须创新发展现代人地系统科学。四是各地城镇化发展阶段和乡村衰退态势存在差异，其研究应突出地域优势与发展特色，瞄准科学目标和前沿方向，既要深化系统性、专业性的学术问题研究，又要强化全局性、战略性的决策支持研究。

### 2. 特大城市与城市群发展的生态环境效应与综合治理

在全球经济地理格局和生产网络重组的情况下，特大城市与城市群成为我国各大经济区域之间连接交会的战略部位，成为全球经济的带动与控制中

心、全球治理的关键节点，其主要发展规律与研究特点如下：

（1）特大城市与城市群可持续发展迫切需要转型。特大城市与城市群生态环境问题的严重性、复杂性和综合性要求生态环境治理对象、模式与技术手段等不断优化，原有的土地、水、大气等单要素研究以及将资源环境作为城镇化发展支撑要素的单向研究已经表现出较大的不适应性，这就要求加强对特大城市与城市群生态环境效应的整体研究和耦合研究，有助于找准和凝练重大科学问题，从而形成推动学科快速发展的原始动力。

（2）推动多学科交叉渗透与融合研究集成。近年来，特大城市与城市群的发展研究已经从传统的关注经济效益最大化，向综合考虑经济、社会、环境综合效用最大化转变，开始尝试整合社会经济要素和自然要素构建新的人地关系耦合分析框架，同时地理学、生态学、经济学、社会学、管理学、信息科学、城乡规划学、工程学等学科之间不断渗透与融合，促进了新型城镇化生态环境效应研究方向的科学发现。

（3）增强服务国民经济主战场推动学科发展的实用性。特大城市与城市群生态环境效应和综合治理研究具有明显的基础性和应用性，将其学科的创新理论和理念、方法和手段应用于解决特大城市与城市群经济社会转型发展的重大生态环境问题，促进其研究成果更好地服务国民经济社会发展现实需要，是提升学科地位及社会影响力、保持旺盛生命力的重要途径。例如，中国科学院资源环境类研究所开展的城市群发展的生态环境效应及调控研究，为特大城市与城市群人口、经济、资源环境协调提供了重要的科学参考，为编制京津冀、粤港澳、长三角等特大城市群发展规划提供了重要的科学理论与技术支撑。

### 3. 资源型城市／地区转型发展与可持续生计

1930~1970年，国外资源型地区研究主要着重于心理学、社会学、城市发展周期等问题的探讨；1970年到20世纪80年代中期，研究方法从主要以单一地区或特定区域中的若干城市为对象进行实证研究转向对城市群体的实证研究与规范研究；20世纪80年代中期之后，研究方向呈多样化态势，公司关系、劳动力市场结构、经济全球化对资源型城市影响等方面成为其中的研究重点。在我国，资源型地区转型发展与可持续生计出现过三次研究热潮。一是计划经济时期围绕国家重大工矿基地建设布局问题开展的资源型地区（城市）研究。二是始于 20 世纪 80 年代，针对资源型地区资源日益枯竭导致的发展问题，"三危现象"（经济危机、资源危机、环境危机）和"四矿问题"（矿山、矿业、矿产、矿工）成为学界普遍的研究焦点。三是始于 2008年，国家正式开启了全国层面的资源型地区转型工作，研究从以往的城镇和资源产业布局、资源开发中存在的问题等逐步深入，转向对资源枯竭城市发展的评价、可持续发展机制的建立、民众生活的改善、城市功能提升等研究。

纵观我国资源型城市和地区的研究，主要特点如下：一是紧紧跟随国家战略任务方向，研究成果的应用性突出。从中国知网的文献统计看，2009年以来有关资源型地区的文章受国家自然科学基金资助的比例，由 53.2% 快速上升到 2018 年的 81.7%，年均发文量 70 篇以上，处于"高产出"水平（田洪涛等，2020）。研究成果在资源型地区"摸家底""分类别""定方向""做评估"等一系列国家政策措施中得到广泛应用，支撑了全国资源型地区的转型过程，取得了较大的社会效益。二是综合性研究居多，多学科交叉的研究特性明显。从中国知网 2009～2018 年相关文献统计分析可见，转型升级、可持续发展、产业结构调整、路径选择等是研究文献中出现频次最高的关键词，其均表现出综合性特征。另外，资源型城市转型是十分复杂的系统工程，涉及经济、社会、环境、资源、人口等多个领域，不但受自身资源禀赋的限制，还受城市的经济社会结构、运行体制、财政能力、就业情况、设施水平、生态环境等制约。因此，综合运用地理学、城乡规划学、历史学、经济学、环境科学等多学科知识进行交叉研究，使其研究成果具有更强的应用价值。

## 四、全球环境变迁的区域响应与地球关键带的综合管理

### 1. 全球环境变迁的区域响应

现代遥感技术、地理信息技术、超级计算机的飞跃式提升，极大地拓展了全球变化的区域响应的长期动态监测能力，相关研究从记录局部环境变化，逐步转变为持续性记录全球和区域环境变化、自然及社会响应，同时积极预测未来趋势，研究综合应对措施。全球变化的区域响应在全球气候和社会经济变化的大背景下受到学界广泛关注。

为应对全球环境变化，近几年我国加强了对区域响应相关项目的支撑，如"全球变化及应对"项目，并取得了一批较有国际影响力的原创性成果。近年的研究重点包括：全球变化对海洋和陆地系统的影响；共建"一带一路"主要国家气候变化影响和适应性；冰冻圈和极地环境变化；典型脆弱地区受环境变化的影响；城乡气候变化；南北跨区域污染物传输；人地耦合的模拟及应用等。然而，目前全球环境变迁的区域响应研究同样面临巨大挑战，包括对全球变化的预测及区域风险评估仍然不够准确，在多个领域仍然缺乏翔实可靠的观测数据和数据分享平台，相应的减缓变化措施以及对气候变化的适应性措施仍然欠缺等。针对这些问题，结合中国目前的发展需求，迫切需要在全球与区域环境变迁造成的灾害的响应及应对，环境数据库及计量体系的建设，"天－空－地"一体化的环境观测系统的建立与健全，人地相互关系与耦合机制的探讨四个方向推进系统性研究。

### 2. 陆基人类活动对海岸带生态系统的影响

这类研究起步晚、发展快、涉及学科众多、研究方法和技术手段多样，其发展过程有以下规律和特点。

（1）国际合作与交流始终贯穿海岸带研究过程。海岸带研究自创建起就由"国际地圈－生物圈计划"核心计划 LOICZ 引领。由于跨学科和跨部门的研究特点，其逐渐与地球系统科学联盟中其他国际科学计划建立了联系，包括"全球环境变化的人文因素计划"（IHDP）、"地球系统综合分析与模拟计划"（Analysis Integration and Modeling of the Earth System，AIMES）等，并与"表层海洋－低层大气研究"（Surface Ocean-Lower Atmosphere Study，SOLAS）、"海洋生物地球化学与生态系统综合研究"（Integrated Marine Biogeochemistry and Ecosystem Research，IMBER）等合作。我国海岸带研究在基础理论研究方面快速发展，研究方法和理念也在不断转变并与国际接轨。

（2）区域社会需求推动海岸带研究的重点发展方向。促进海岸带人类社会与环境资源协调发展的需求是推动海岸带研究的原始动力。例如，LOICZ从研究海陆交互作用动态，探究海岸带应对全球变化的响应，逐步转向通过促进创新性、综合性和面向解决方案的科学研究，应对全球海岸带地区可持续发展挑战。我国当前正处于近海和海岸带环境与生态问题集中和频繁爆发的阶段，正确认知海岸带环境污染过程与效应、生态系统结构与服务功能演变，有效恢复海岸带受损资源，以及科学管理海岸带开发利用活动成为我国海岸带科学和技术发展的研究重点。

（3）海岸带研究多学科交叉合作的需求日益迫切。人类活动对海岸带生态系统影响的研究涉及陆海过渡带表层系统的作用过程、环境与资源特性、自然发展规律及其与人类生存活动相互作用等内容，"未来地球海岸带"国际计划提出了"我们的未来沿海"战略，推广多学科交叉和跨部门合作的可持续发展途径。

（4）不断强化海岸带观测平台建设和系统研究。海岸带区域多介质、多尺度的长期连续观测平台和专业人才是开展海岸带研究的基础。全球海岸带观测平台建设存在地区性差异，美国 30 年前完成了海岸带基础信息平台和网络平台的建设，LOICZ 通过与 SOLAS 和 IMBER 合作，于 21 世纪初开始建设海岸带地区的全球海洋观测系统，目前我国环渤海海岸带立体监测网初具规模，沿海监测平台建设正在推进。3S 技术与数值模拟等新技术的广泛应用，使其成为海岸带观测及基础科学研究和综合管理最有效的工具之一。

### 3. 典型流域 / 区域的环境与发展问题

山地、高原、干旱区和大河三角洲流域环境与发展研究的基本规律是以解决实际问题为导向，从生态、水文、灾害等要素和过程为主的专题研究，逐渐向多要素、多过程的集成性研究，进而向耦合自然环境和人类经济社会系统的综合研究方向不断深化和拓展。例如，国家自然科学基金委员会重大研究计划项目"黑河流域生态–水文过程集成研究"是典型流域可持续发展研究的一个经典案例，其凝结多学科交叉，探索流域水资源高效管理的理论和方法，解决流域生态环境问题，也为典型干旱区流域可持续性研究带来了系统思维。

典型流域环境与发展问题研究的特点可以概括为如下几个方面：①单要素、单过程和单学科性的研究仍占主导地位；②人与自然耦合系统研究成为新的研究前沿；③典型流域是一个复杂的社会–生态系统，其可持续性研究不仅涉及地学、生态学、环境科学、水利和海岸工程学等理工学科，而且还涉及经济学、社会学、管理学等人文科学及其相关的技术手段，多学科交叉研究是其鲜明的特征。

## 五、区域社会生态与可持续发展模式

地域功能区划及可持续发展模式是以地域分异过程与区域发展模式为研究对象，揭示既满足自然生态可持续性又符合人类发展可持续性要求的地域功能空间分异规律。因此，在遵循自然地带性与社会空间结构演变一般性规律的同时，注重自然非地带性与社会空间组织的特殊性规律，涉及资源、环境、生态、灾害、人口、产业、城乡、文化、制度等地表全要素，具有多学科交叉的综合性特点。

区域可持续发展的显著特点如下：需要将产业发展、社会进步、资源高效利用、生态环境保护作为一个整体和系统综合考虑，必须协同推进多类创新，必须充分考虑其区情和所处的国情。因此，有关区域社会生态与可持续发展模式的研究应关注以下研究模式。①采用系统的观点和方法。既要将经济发展、社会进步、资源利用和生态环境保护作为一个整体进行研究，也要充分考虑企业、政府、用户、公民社会等各方的广泛参与。②坚持从实践到理论再到实践的研究，充分利用我国建设国家可持续发展实验区和国家可持续发展议程创新示范区积累的大量案例和经验。③要充分考虑到不同区域可持续发展模式不同，针对不同尺度、不同资源禀赋、不同发展水平的地区分别研究其可持续发展问题。④要从实现经济–社会–技术范式转变的视角研究区域可持续发展问题。可持续发展方式的转变需要协同推进科技创新、制度创新和模式创新等多类创新，需要推广运用新的理念、技术、规范和政策。

# 第三节　发展现状与发展态势

20世纪80年代以来，从可持续发展概念提出到可持续发展科学形成，是一个关乎全球变化、人类命运渐进发展与创新的过程。进入21世纪，可持续性科学作为新兴交叉学科及其学科体系的基本形成，主要表现在以下方面。

（1）国际上有关可持续发展的理论逐渐完善，学科体系基本形成，包括可持续性科学、可持续发展经济学、社会经济系统和自然生态系统耦合理论、区域发展理论等。

（2）可持续发展目标相互作用和权衡是可持续性科学的核心。各项目标之间的关系大体上可以分为以下几种类型：构建各个目标、分目标以及各个指标之间的关系网络；研究不同可持续发展指标之间相互作用的程度；通过建模分析不同情境下各可持续发展目标之间的关系变化；基于各项目标之间的相互作用（协同和权衡）特征，分析其相互作用强度；通过交叉影响分析和网络技术分析，确定可持续发展目标实施的优先事项以指导跨部门合作；国际科学理事会对各个目标之间的协同和权衡程度进行了量化，为各个国家实施联合国可持续发展目标提供行动方案；针对不同国家的发展情景，分析各项政策措施对可持续发展目标的影响。

（3）可持续发展目标监测、评估方法和模式的不断丰富与创新发展。近年来，国内外关于可持续发展评估和计量方法的研究重点集中在构建可持续发展指数和指标体系，如压力-状态-响应框架、生态足迹、绿色 GDP 等（吕永龙等，2018）。人与自然耦合系统分析模式成为可持续发展评估的有效方法，包括远距离社会经济和环境相互作用的远程耦合的综合分析方法，综合考虑社会民生、经济发展、资源环境、消耗排放和治理保护等领域的因果关系，科学评估全球变化的现状、趋势及其影响，并提出了可持续发展对策。

（4）创新驱动的可持续转型和实践。近年来，"变革性变革"、"转型"或"制度转型"成为可持续发展评估的核心内容。《2050 年的世界》强调需要"大胆而适当地改变价值观并部署政策工具"，以促进与人类能力和人口结构、消费和生产、脱碳和能源、粮食、生物圈和水、智能城市和数字革命有关的六个关键转变（TWI 2050，2018）。转型在于推进绿色创新，它是将技术创新与模式创新、行为转变等相结合的创新，是要改变社会-技术范式的创新（Schot and Steinmueller，2018）。

大量案例表明，实现区域可持续发展，必须依靠科技创新、制度创新和模式创新的协同支持。因此，有关创新与可持续发展之间的关系，尤其是科技创新的负外部性、创新驱动可持续发展、绿色创新等成为前沿性的热点研究问题。

# 一、资源环境要素的关联关系与自然承载能力调控机制

## 1. 水-土地-能源-材料-粮食的关联关系与调控机制

当前，关于 WEF Nexus 的研究主要从水-能源-粮食三者间的依存程度、协同程度、驱动形式、风险程度、压力系数政策影响的角度出发，基于案例定性评价关联关系的安全程度，通过案例研究证明水-能源-粮食系统具有地方特征，有利于区域可持续发展政策的制定（Foran，2015）。但由于水-能源-粮食复合系统之间的复杂关联关系，指标数据短缺，WEF Nexus 的量化研究遇到障碍（Chang et al.，2016）。目前，对 WEF Nexus 的量化研究尚在不断探索中，计算模型和方法多种多样，如数据包络分析、系统动力学模型、因果分析法、主成分分析法、耦合协调模型等都为 WEF Nexus 定量研究和影响因素分析提供了方法基础。

国内对粮食和水安全研究较早。自"八五"以来，国家启动了多个水-粮食关联关系的研究项目。目前，国内针对水-粮食系统的研究主要有关农业生产用水效率、水分生产力、农业生产水足迹等方面。水安全与粮食安全存在着重要的关联性，学者分别针对海河流域（夏铭君，2007）、华北与西北地区（韩栋等，2009）、东北地区（张正斌等，2013）的水资源和粮食生产与安全的关系进行了系统剖析，探讨了粮食生产对水环境安全的影响和水资源可持续利用与粮食安全保障（王奇等，2013；康绍忠，2014；姜文来等，2015）。随着科学技术的发展，农业生产逐渐向自动化过渡，粮食生产与能源的联系更加紧密，能源投入与粮食产出、部分生物能源和作物生产的关系成为能源-粮食系统安全性的研究热点（宁泽逵等，2010）。综合考虑耕地扩张带来的粮食增长和农业耗水增加效应，揭示其权衡关系，以应对农业生产和粮食安全存在的问题（Lu et al.，2015b；王浩等，2013）。

水、土地、能源、材料和粮食五个部分是紧密联系的系统，无论以哪一种元素作为中心，在政策研究中都会优先考虑核心要素部门而忽略其他元素的发展，只有将它们看作一个整体加以重视才能让水、土地、能源、材料和粮食都得到持续的协调发展。目前，国内关于 WEF Nexus 的研究成果非常有限，有关 WLEMF-Nexu 的概念、理论和方法尚为空白，急需加强研究力度，

及早构建 WLEMF-Nexus 研究框架。

### 2. 经济发展的环境效应及其自然承载能力的时空演化

经济发展的生态环境影响机理及区域自然承载能力动态评估与调控机制研究，是国际地球科学和区域可持续发展研究的热点问题。国外更加关注从全球尺度探索自然圈层各要素的物质与能量循环过程，并评价地球系统稳定安全运行的边界值；国内则聚焦自然承载能力的地域差异和要素构成研究，以及对区域可承载人口与经济规模极限的评价与预测预警。

从区域经济发展的环境效应研究的现状来看，相关研究主要包括如下几个方面：①面向联合国可持续发展目标的区域经济发展与环境保护的可持续发展路径（Lu et al.，2015a，2019；Nilsson et al.，2016；Xu et al.，2020）；②区域经济发展对土地格局演变的影响机制及驱动力分析（Akbar et al.，2019；Gao and Bryan，2017；Wei et al.，2020）；③识别和定量分析污染物的排放通量，构建区域典型行业污染物排放方法（Lopez-Coto et al.，2020；Qi et al.，2019；Xie et al.，2013）；④研究区域人类活动导致的污染物排放和传输过程的空间差异性，揭示土地覆盖、气候变化等要素对污染物在环境多介质中的迁移转化过程影响机制（Ouyang et al.，2020；Su et al.，2018）；⑤区域经济发展对生物多样性的影响（Diaz et al.，2019；Franzese et al.，2020；Lu et al.，2020）；⑥传统和新兴污染物在直接生产、工业应用及相关消费品使用的整个生命周期过程评估（Alyarado et al.，2019；Hellweg and Canals，2014）；⑦污染物在环境多介质中迁移扩散的模型方法构建及模拟（Mackay et al.，2020；Song et al.，2019；Su et al.，2019）；⑧区域经济发展的多时空尺度的生态安全格局评估及生态系统服务功能评估（Bratman et al.，2019；Jacobs et al.，2015；郑华等，2013）；⑨区域产业发展、环境污染与健康风险相互关系及机理研究（Lu et al.，2015b，2015c）；⑩我国宏观经济发展及对外贸易与投资对区域环境的影响（Ferreira et al.，2019；Wang et al.，2019）。

现阶段，自然承载能力研究从早期的土地资源承载能力研究向水资源、环境、能源等多要素拓展，而生态足迹法、能值分析法、系统建模与仿真技术等新方法加速了自然承载能力的量值化研究，近年来多尺度的综合承载能力研究与综合模型成为领域热点。随着韧性理论的形成与发展以及全球与地方可持续性评价的需要，面向自然承载能力的脆弱性、韧性、边界值等概念框架及评估方法的研究开始出现。

## 二、中国城镇化的资源环境效应与城乡融合转型发展

### 1. 可持续城镇化与乡村振兴的协调发展

党的十八大明确提出走中国特色新型城镇化道路，党的十九大提出实施乡村振兴战略，这是我国新时代创新推进城乡社会经济一体化发展的根本途径，也是推动经济结构战略调整的重要手段。新型城镇化的核心是强调人的城镇化，通过城乡地域系统组织重建、产业重塑、空间重构，实现城镇与村庄的功能耦合、空间融合，促进城乡要素平等交换及其优化配置。快速城镇化进程驱动乡村地域资源、环境系统与经济、社会结构的巨大变化，面向2050年的城镇化系统动力模拟与情景决策具有重要的理论价值和实践意义（顾朝林等，2017）。城镇化与生态环境耦合发展与调控是新型城镇化的重要领域（方创琳等，2019），优化乡村生态、生产、生活“三生”空间，探讨以生态产品、生态服务供给为主的乡村经济发展新模式（陈雯，2018）。新型城镇化发展需要重新定义乡村的非线性发展模式，重塑乡村多维价值，重构乡村振兴框架，也需要留住“文化基因”和“乡愁”，实现城乡融合发展（刘沛林，2015；申明锐和张京祥，2015）。

在当今生态文明建设与可持续发展宏观背景下，新型城镇化与乡村振兴协调发展的本质是遵循城乡发展规律、重塑城乡融合关系、优化城乡空间体系、促进城乡等值化发展。乡村振兴研究的核心要义在于科学、系统地解析乡村地域系统结构与功能，准确把握乡村地域系统演化进程与规律，深入揭示乡村地域内部系统和外界发展环境系统交互作用机理与地域模式，研究提出兼顾问题导向与目标指向的乡村振兴科学路径与保障措施（刘彦随，2018；李玉恒等，2019）。强调实现新型城镇化与乡村振兴战略协调发展应聚焦两大战略的共生效应，科学评价城乡耦合程度，明确城乡融合的时空格局，提炼两大战略的耦合机制，需要深入探究新型城镇化和乡村振兴战略的结合点与时空差异，从国家、省域、市域、县域、乡镇到社区，通过多尺度整合，重

构城乡融合的理论；构建村镇建设格局以形成城镇村空间协调、等级合理、功能明晰的层级体系，激发以社区为核心的基层治理活力，进而创新中国城乡共治的模式（刘彦随等，2019；Liu and Li，2017；叶超和于洁，2020）。以土地整治、新社区建设和产业化为核心的乡村治理，成为重塑新型乡村人地关系和社会经济形态、构建村镇发展新格局，以及促进乡村地域系统结构优化和功能提升的重要举措（Li Y H et al.，2018；Long et al.，2019；李红波等，2015）。

### 2. 特大城市与城市群发展的生态环境效应与综合治理

特大城市与城市群是一个开放的人文和自然复合系统，其生态环境效应及综合治理涉及多要素、多领域、多尺度、多主体等多个维度，正呈现由单要素向多要素、由"一对一"向"多对多"、由近程小尺度向远程大尺度、由正反馈效应向正负反馈效应、由定性的静态评价向定量的动态模拟转变的发展态势。

#### 1）研究对象由单要素转向多要素

现有的特大城市与城市群生态环境效应研究更多地侧重于水、土地、大气等单要素研究，聚焦诊断甄别关键资源环境要素短板，并分析模拟人口经济活动强度对资源利用效率和环境质量的影响，或者评估测算特大城市与城市群的水土资源承载阈值、模拟生态环境风险，用土地利用与土地覆盖变化的生态环境效应表征城镇化过程的生态环境效应，忽略了特大城市与城市群产业转型转移、空间结构重组、要素调控与再配置等诸多影响。未来的发展趋向要加强水、土地、土壤、大气、生物多样性、气候变化等诸多自然要素对人类活动的综合响应及相互作用机理，打破特大城市与城市群生态环境治理"头疼医头、脚疼医脚"的状况，引领形成多要素的集成模型和综合治理模式。

#### 2）研究过程由"一对一"转向"多对多"

目前，大多数研究侧重于对城镇化与生态环境之间"一对一"的双要素之间耦合过程的研究，如分别探讨城镇化与水、土地、能源、生态、气候、环境、碳排放等单要素之间的耦合过程，揭示"一对一"的单要素之间的耦合机理和规律，而对城镇化要素和生态环境要素之间的"一对多"和"多对多"

的耦合过程的研究尚为薄弱环节，未来需要加强对多重要素综合影响下的城镇化与生态环境耦合关系、耦合机理和耦合规律的综合研究。

3）研究尺度由近程小尺度转向远程大尺度

过去针对特大城市与城市群系统本身的近程小尺度生态环境效应开展了大量研究，而对特大城市与城市群系统以外的远程大尺度生态环境效应的研究相对薄弱，尤其缺乏从近远程视角阐明不同时空尺度下城市群人-地关系的动态演化特征。当今，研究的重点正在向多尺度嵌套、多过程交叉、近远程耦合研究转变，生态环境效应在全球、国家、区域及地方尺度均备受关注，且研究时段也拓展到几十年到上百年的尺度，以满足生态环境综合治理的需要。未来需要跳出近程小尺度研究的狭隘视角，谋划新的学科交叉方向，揭示特大城市与城市群人类活动的生态环境响应耦合机制，得出全面的结论和崭新认识。

4）研究机理由正反馈效应转向正负反馈效应

从正负反馈机制分析城镇化对生态环境胁迫效应的研究居多，生态环境对城镇化的约束效应研究较少，突出城镇化与生态环境双向交互耦合效应和正负反馈机制的研究是未来研究的重点与趋势。当前的国内外研究主要集中在城镇化对生态环境的胁迫效应方面，如快速城镇化与工业化对土地利用与土地覆盖、水资源、生物多样性、大气环境、能源消费、碳排放、生态系统服务等方面产生重大影响。相对而言，反馈链的另一端生态环境对城镇化的约束效应研究较少。开展城镇化与生态环境双向交互耦合效应的研究是未来研究的重点与趋势。

5）研究方法由定性的静态评价转向定量的动态模拟

受制于数据获取和分析技术的影响，特大城市与城市群的生态环境效应研究多为基于统计数据的静态研究，通过刻画不同时间断面的格局及状态变化表征经济社会和生态环境变化过程，采用大数据及智能模拟法研究耦合的少，研究方法集成与数据共享力度滞后，人机交互决策支持平台建设缺乏成型产品，远程耦合模拟缺乏定量表达，反演客观过程规律的精准性亟待提升。随着空间分析、大数据、人工智能等前沿技术的发展，建立一套面向特大城市与城市群的天-地一体化监测系统和模拟系统成为可能，推动研究从过程分析到情景模拟和预测预警。

### 3. 资源型城市/地区转型发展与可持续生计

随着区域发展差异在全球范围内不断扩大，国际社会对区域不平等发展问题的关注度提升，资源型地区的转型发展和可持续生计问题重新得到国际学者的关注（Iammarino et al.，2019；Storper，2018）。世界各国的资源型地区均是区域不平衡、不充分发展的典型地区，伴随着自然资源的枯竭，全球范围内资源型地区几乎都在经历严重的衰退过程，存在转型发展成效不佳的共性问题，亟须加大研究力度，创新研究理论与方法（Hassink et al.，2017；Martin et al.，2016）。国际上关于资源型地区的研究主要形成了产业经济视角和文化制度视角两个派别，前者认为资源型地区可持续发展的核心问题是产业结构问题，后者则认为产业经济视角无法很好地解释资源型地区衰败的真正原因，而正式制度和非正式制度（文化等）对资源型地区的转型发展具有重要影响。在研究理论和研究框架上，以演化经济地理和制度经济地理两个学派为主，前者关注韧性与路径创造、知识创新，后者关注区域治理与制度创新、社会冲突与可持续生计等领域（Hassink et al.，2017；Martin and Sunley，2014；Toumbourou et al.，2020）。国际研究的区域性特征更为明显，南非、印度、秘鲁等发展中国家由于资源经济模式粗放，资源开采带来的经济、社会和环境冲突更加显著，逐渐成为新的研究热点地区，尤其是减贫和生态修复问题受到广泛关注；而欧美传统资源型地区与东亚新兴资源型地区的研究则更专注研究理论与方法的创新。

资源型地区是国内区域发展研究的重点地区之一，研究成果具有明显的政策指引性。我国资源型地区分别处于成长、成熟、衰退不同阶段，与欧美地区普遍衰退的发展状态和发展特征明显不同，对转型与可持续发展具有很强的政策需求。研究热点地区为东北地区、安徽、山西等典型资源型地区，聚焦于产业升级与结构调整、转型效率与绩效评价、循环经济与低碳经济等问题，研究方法从传统经济地理和区域科学扩展到演化经济地理等国际前沿视角。相较于国际研究最突出的特点是，具有明显的政策和应用导向，更注重实证研究，为我国资源型地区发展特征的研判、转型发展政策的制定和政策实施效果的评估提供了重要支撑。然而，我国资源型地区可持续发展相关研究的起步相对较晚，理论与方法尚处于跟踪阶段，国内外资源型地区发展阶段的差异也导致国内外研究的侧重点明显不同，中国方案的国际影响力有待进一步提升。

# 三、全球环境变迁的区域响应与地球关键带的综合管理

## 1. 全球环境变迁的区域响应

目前，关于全球环境变迁的区域响应的研究尚停留在对现状的描述分析阶段，对全球各区域在不同时空尺度下的自然地理、环境、气象及社会经济要素分布模式及变化规律进行归纳，以识别可能存在的生态及环境问题。有研究采用统计分析等手段，抑或应用综合评估模型（integrated assessment model）设定不同情景，识别特定发展路径下各项区域可持续发展指标的变化情况。这些研究虽在辨识现有问题与挑战方面发挥了重要作用，但对何种政策或手段能够在现实中起到成效，尚待进一步研究。因此，需要应用综合评估方法对特定的全球性、区域性机制与政策，如能源转型、气候变化减缓与适应等产生的后果进行更为详尽的评估，以刻画其影响的时空分布及其变化。在微观尺度上，需要更多实证性和经验性的研究，通过特定的实验设计或统计检验方法对作用机制进行探究，量化特定措施产生的效果，并对比分析不同社会经济背景下的影响差异性。

## 2. 陆基人类活动对海岸带生态系统的影响

从全球来看，"海岸带陆海相互作用研究计划"［现为"未来地球海岸带计划"（Future Earth Coast）］引领海岸带科学研究国际前沿，欧洲、美国、日本等发达国家或地区已经进入以保护、修复海岸带和应对气候变化为主题的阶段，而中国仍处于海岸带环境与生态问题集中和频繁爆发的阶段。人类活动对海岸带生态环境影响的研究集中于环境污染、生态过程和规划管理，强调海岸带生态服务价值、陆海生态系统健康和安全体系以及区域可持续发展的重要性。

LOICZ 的演变一定程度上反映了"人类活动影响下海岸带生态系统变化"的国际科学前沿认知和研究过程，促进创新性、综合性和以解决方案为导向的科学，支持海岸带社会与自然向可持续和有弹性的未来转型。目前，主要以提高认知海岸带状态（尤其是风险和未来趋势）为目标，利用生态系统模

型评估人为活动对沿海生物多样性和生态系统功能服务的影响，识别和评估沿海地区社会与生态系统之间的联系和反馈机制等。加深了解生态系统产品及服务功能开发对人类福祉的影响，促进海岸带区域发展不平衡性的社会公平。开发并应用监管基线评估方法，实现向全球海岸带可持续发展的转变，研究制定海岸带区域可持续发展的未来蓝图。

　　我国陆基人类活动对海岸带生态系统的影响研究主要集中于河流、河口与三角洲以及快速城市化区域，内容涉及流域内大型工程影响、围填海与岸线改造工程影响、陆源污染过程与生态效应、海岸带生态系统功能结构退化机制、对海岸带生态系统的调控机制研究。针对流域内大型水利工程的影响，研究主要集中于黄河、长江等主要河流上游建坝蓄水工程对海岸带资源和生态环境的影响，如流域内水利工程与"调水调沙"等人为干预，造成入海水量和输沙量减少，进而影响河口区及其近海的动力环境改变、海水入侵、土地盐碱化、岸滩淤积减缓、海岸侵蚀、滨海湿地退化等。今后应借助遥感和数值模拟等技术加强对流域-河口-近海生态系统的累积影响评价，为后续生态恢复和管理提供决策支持。针对围填海和岸线改造的影响，当前主要采用遥感和数值模拟技术，研究近岸海域的地形地貌和冲淤环境、近海水动力环境变化，分析岸线开发造成的地下水污染、海岸侵蚀、海水入侵、土壤盐渍化等灾害发生机制等。需要进一步加强围填海活动对近海多种资源或海岸带生态系统整体的综合效应研究，支持引入生态效益补偿机制的开发管理政策。针对陆源污染过程与生态效应，主要围绕重金属、有机污染和新兴污染物的源汇、通量、生态风险以及多介质中污染修复技术等内容展开，突发溢油污染的轨迹预测、风险管理、生态效应和损害修复是近年来陆源污染和人为灾害综合研究的焦点，微塑料作为一种新型污染物也逐渐成为研究热点。针对海岸带生态系统结构、功能和生态过程的响应机制，研究集中在人类活动影响下近岸水体、滨海湿地和潮间带生源要素及生物群落响应特征、生态系统演变机制等方面，海岸侵蚀和淤积、富营养化和环境污染综合作用下的岸线变迁、滨海湿地功能退化、生物多样性减少、生态系统服务功能降低等响应机制研究也在有序推进。针对海岸带生态系统的调控机制，研究工作主要包括海岸带陆源污染防控、退化生态系统恢复、灾害风险与生态安全评价、海岸带服务价值评估、承载力分析与可持续发展指标体系构建等内容。与国际接轨，试点开展"未来地球海岸带计划"推荐的研究模式，通过多学科交叉、跨部门合作，共同制定我国海岸带资源可持续利用的调控与管理方案是未来海岸带科学研究的重要方向。

### 3. 典型流域/区域的环境与发展问题

#### 1）高原山地的环境与发展问题

近年来，相关国际组织实施了一系列关于山区发展和流域管理的项目，推动着森林和水文水资源、山地流域管理、流域源区生态系统服务、贫困化与减贫等相关问题的研究（Manuelli et al.，2017）。我国是山地和高原大国，20 世纪 80 年代就提出了山地学的概念，认为需要发展学科群和复杂学科体系。在山地科学体系中，应该将人地关系地域系统作为核心，把自然、经济和社会的相关学科内容有机统一起来（钟祥浩，2011）。关于高原山地流域环境与发展的研究主要包括如下几个方面：高原山地流域的生物多样性格局、过程与保护（Tang et al.，2018；Huang et al.，2019）；高原山地流域资源可持续利用及跨尺度关联（Lindahl et al.，2018；Greiner et al.，2018；Sun et al.，2019）；土地利用的生态环境效应、优化规划与管理（Vulevic et al.，2018；Sadeghi et al.，2019）；土地退化、生态修复及生态系统服务（Mashizi et al.，2019；Dong et al.，2020）；绿色发展与可持续转型（Rueff et al.，2015；Klein et al.，2019）。高原山地流域环境与发展研究的最显著发展趋势在于观测和研究的系统化，特别是关注社会-生态系统（或者人与自然耦合系统）的网络化观测和跨学科综合研究（Gleeson et al.，2016；Alessa et al.，2018），以揭示高原山地流域的脆弱性，包含自然环境和人类对于气候变化、环境变异、土地利用变化、自然灾害等的适应性和恢复力，从而促进多学科的综合交叉和跨学科研究。

#### 2）大河三角洲的环境与发展问题

大河三角洲是人口高度密集也是高度脆弱的地区，三角洲的生态、社会和经济对广泛多样的自然和人为威胁十分脆弱，海平面升高、气候变化和快速社会经济发展对三角洲区域产生了极大压力（Wolters and Kuenzer，2015），因此，需要对灾害风险、脆弱性和可持续性进行评估，采取具有包容性的综合措施来开发、管理和治理三角洲。目前，受高强度人类活动干扰，大河三角洲的功能和演化不再是自然过程，而是面临更大的侵蚀和淹没危险，三角洲环境演化及其驱动机制是研究人类塑造自然、经济和社会环境过程的绝佳案例（Besset et al.，2019）。我国早期关于三角洲的研究主要围绕这些重要大河三角洲的沉积和地层学问题，逐步重视水沙通量变化（特别是三峡大坝建成后）对大河三角洲河口海岸建造及地貌演化的影响研究，现在则拓展到可持续发展各个领域，包括三角洲城市化的生态环境效应、海平面上升对水资源和湿地的影响、三角洲湿地退化的机理、生态修复技术、三角洲环境脆弱性、灾害风险评价与管理等。存在的主要问题包括研究的低水平重复、多学科交叉综合研究项目和成果较少、上下游结合的天地一体化网络观测尚未建立、国际合作的参与度较低等。

3）干旱区的环境与发展问题

自 20 世纪中期以来，国内外科学家开展了大量干旱区气候变化规律的研究，构建了一系列能够定量评价干旱变化的指标，分析了全球七大干旱区近百年来的干旱变化趋势，发现除澳大利亚、北非干旱区外，南美洲、南非、北美洲、中亚和中国西北等主要干旱区近百年来呈现显著的变干趋势，且全球增温将进一步导致干旱化加剧，干旱区呈现向两极扩展的趋势（van Loon et al.，2016；李新周等，2004；马柱国和符淙斌，2007）。在气候变化对干旱区资源影响的基础理论方面，水资源是干旱区研究的重点，形成了大量的干旱区水资源及其生态环境影响的研究成果，包括蓝绿水、水足迹和虚拟水的研究（刘俊国等，2015；Zeng et al.，2012；Zang and Liu，2013；Li X et al.，2018；Zhang et al.，2019；Mao et al.，2019）。国内外科学家不断完善干旱区可持续发展的评价指标体系（Li et al.，2017），不同的区域经济结构以及社会与人口发展目标造就了不同的干旱区可持续发展评价模式（Hu et al.，2019），丰富了相关基础理论和学科体系。随着人类活动影响的不断加剧，干旱区流域可持续发展研究需要考虑气候变化和人类活动的双重影响，拓展和深化了干旱区自然环境与经济社会发展之间的相关关系研究。我国在干旱区流域可持续发展研究方面总体上具有如下特征：紧密围绕国家战略需求，以解决干旱区流域环境与发展问题为导向，采用系统思维开展研究，但在理论体系、创新方法等基础研究方面与国外有很大差距，跟踪性研究较多；紧密围绕国际学术前沿，在基础数据观测平台建设和多领域集成模拟方法方面有一定的国际影响力,但在学科交叉融合方面仍有提升空间;区域特色主题研究成果丰富,但典型案例研究往往与科研项目密切相关,科研的延续性不足。

## 四、区域社会生态与可持续发展模式

近年来,逐步从注重资源环境约束拓展到社会生态全要素约束,从注重追求经济和生态效益拓展到同时追求社会效益的研究,从二维地表的土地利用布局拓展到国土立体空间的科学配置,与此同时,功能区划也从侧重开发或保护的专项区划拓展到多功能谱系的全要素综合功能区划。大量的案例表明,实现区域可持续发展,必须依靠科技创新、制度创新和模式创新的协同支持。因此,有关创新与可持续发展之间的关系,尤其是科技创新的负外部性等成为区域可持续发展相关的重要研究问题之一。科技创新不仅能通过"创造性毁灭"增加更多的新产品以促进经济持续增长,也能引发更严重的环境污染、不公平、浪费等社会问题,带来"毁灭性创造"(Soete,2013)。在此背景下,创新驱动可持续发展、绿色创新等成为前沿性的热点研究问题之一。绿色创新是既能促进经济发展又能有效应对人类社会面临的贫困、不公平、气候变化等共同问题和挑战的创新,也是将技术创新与模式创新、行为转变等相结合的创新,还是要改变社会-技术范式的创新(Schot and Steinmueller,2018)。推进可持续发展需要实现不同层级政府和政府不同部门相协调,需要创新政策与产业政策和城市规划、生产与消费模式相协调,需要长期政策与中短期政策相协调。重视将产业发展、资源利用、环境保护、创新驱动等综合起来进行研究,强调从现实中总结提炼有效的经验、做法和政策。

# 第四节　发展思路与发展方向

区域可持续发展着重于解决社会发展过程中所遇到的具体问题,其研究边界和分析对象并不固化，体现出开放、综合交叉的研究特色。区域可持续发展研究的目的一方面是揭示人与自然相互作用的科学规律，另一方面是推动可持续发展的行动和实践。目前的研究主要集中在理论方法上，其政策转化能力不强。我国区域可持续发展研究应继续围绕国家重大需求和可持续性科学的国际前沿，针对人类社会经济发展与自然生态承载能力之间的矛盾，研究如何促进两者的协调可持续发展问题，发挥自然科学与社会科学交叉的优势，创新区域可持续发展的理论体系和定性定量研究方法（陆大道和樊杰，2012；吕永龙等，2019）。

## 一、全球可持续发展目标及其中国实践的理论与方法学

区域可持续发展研究是地理学、资源科学、环境科学、生态学、管理学、科技哲学、经济学和社会学等多学科的交叉领域，以不同尺度和维度的可持续发展目标为研究对象，通过系统分析可持续发展的目标组成、相互作用机制，深入揭示可持续发展目标落实的时间进展和空间分布、地区和区际相互影响，全面探讨可持续发展目标的实施模型、模式、路径和规律，为区域社会、经济、环境的协调与可持续发展提供科技支撑。未来重点研究方向如下。

（1）可持续发展目标相互作用的理论基础、监测和评估，包括建立新的系统性、变革性政策，进行一体化政策改革。全球化和逆全球化背景下可持续性科学的发展，可持续发展目标尺度变化机理、全球可持续本地化的原则和方法；"超越 GDP"的可持续性科学的理论范式和研究方法，发展"超越 GDP"的衡量可持续发展的指标；推动可持续发展目标实施的系统科学，可持续性实现的潜在途径、多方参与的发展模式；可持续发展目标在不同维度、不同尺度、不同类别相互作用的过程、机理和机制研究；可持续发展目标长期实施动态监测平台和数据生产、处理与报告体系；国家和地方的数据统计和分析能力建设；可持续发展战略和规划实施的跟踪监督与评价及其对整个社会的影响评估；可持续发展共治政策、模式和方法。

（2）区域可持续性的发展理论、发展机理和评估体系，包括区域人

与自然系统各要素的演变特征和规律,区域可持续发展各个维度和要素之间的相互作用机制和耦合机理、空间分异规律和驱动机制;区域可持续发展评价指标体系、模型和方法;响应全球化、国家消费和生产结构变化的区域可持续生产和消费的模式;区域国土空间规划,区域可持续发展战略和规划、计划的评估,未来区域可持续发展态势分析和预测模拟;城市化与区域生态环境耦合模拟可持续发展情景,寻求协同发展路径;构建促进区域可持续发展的知识网络,利用网络优势驱动区域可持续发展;区域渔业、农业、林业、工业等的发展与生态系统可持续性的相互影响及协调发展机制。

(3)创新驱动可持续发展理论与技术。一是理解和评估可持续发展转型,辨识可持续发展转型的可能性、条件、机遇和挑战;信息化技术、基因技术等新技术对可持续发展的影响程度、作用规律。二是技术、社会、经济系统和自然生态系统耦合作用机制,探索全球、国家、区域、地方的转型发展路径和模式。三是适应从要素驱动和投资规模驱动发展向创新驱动发展转型的综合政策研究,诠释科技创新、制度创新和模式创新驱动区域可持续发展的作用机理和方式,重点是实现从投资激励导向转向创新激励导向,针对我国沿海发达地区、传统平原农区、生态脆弱地区等观测、监测研究与模拟预警技术的研制,有效解决区域、产业与企业创新的障碍性难题和原动力问题。四是服务于可持续发展目标的科技治理伙伴关系的构建和发展。五是基于大数据基础上的新的、更具包容性的知识生产模式,推进可持续发展的转型实践。针对不同类型的地区,研究区域可持续发展涉及的科技创新、制度创新、模式创新等多种类型创新的特点,分析科技创新、制度创新和模式创新等与区域可持续发展之间的关系。

(4)区域可持续发展的主要影响因素和相互作用机理。从自然、人文、科技等多个方面研究区域可持续发展的主要影响因素,针对不同尺度、不同资源禀赋、不同发展水平的典型区域,探求资源利用、环境保护、产业发展、民生改善等之间的相互关系,研究其相互影响的机理和方式,剖析其可能的互动模式。

(5)区域发展过程和演变规律及动力机制。针对不同尺度、不同资源禀赋的典型区域,分析区域发展一般要经历的典型阶段,剖析不同发展阶段区域的资源利用、环境保护、产业发展、民生改善及其相互关系特征。分析通过系统化创新促进区域可持续发展过程中政府、企业、中介组织和社会大众等各方的参与方式及其影响，剖析实现经济-社会-技术范式转变的动力机制，凝练系统化创新的有效实施方法。研究区域从传统发展模式转变为可持续发展模式的多种可能演化路径，诠释其实现转变的动力机制，分析其可以采用的调控方法与技术。

## 二、水-土地-能源-材料-粮食的关联关系与调控机制

未来，一方面应在 WEF Nexus 的基础上继续深入研究，完善相关理论并形成成熟的方法；另一方面构建 WLEMF-Nexus，对其概念、理论、方法和典型案例开展研究。未来重点研究方向如下。

（1）从多学科集成研究视角开展 WLEMF-Nexus 研究。当前对 WEF Nexus 内部联动机制以及外部影响因素和政策影响的定量化等研究较少，因此 WLEMF-Nexus 的研究难度更大，涉及两两关系和整个复合系统，需要自然、人文、社会、管理、哲学等多个学科的知识和理论，才能厘清和构建 WLEMF-Nexus。深化对 WLEMF-Nexus 基础科学问题的研究，加强对 WLEMF-Nexus 内部机制、外部影响和政策措施的研究。

（2）各资源系统之间影响机制的定量化研究方法。为深入了解水、土地、能源、材料和粮食间存在的相互关系，需要在充足的数据支持下，量化分析各资源子系统间的关系。开发针对 WLEMF-Nexus 的研究方法，明晰 WLEMF-Nexus 的内部机制和发展规律，模拟分析各资源间协调可持续发展的情景方案。

（3）从系统协同演化的角度研究 WLEMF-Nexus 的耦合度及其变化。随着自然环境变化和社会经济发展，水、土地、能源、材料和粮食系统均发生变化，因此应以动态的、发展的视角研究水-土地-能源-材料-粮食系统与关联关系。研究全球化背景下的粮食安全需求、国际粮食竞争力、技术水平差异、能源利用效率、土地利用能力、节水技术等互作关系和动态变化机制，并给出合适的政策方案与调控策略。

（4）外部因素和政策措施的影响机制研究。除资源间的内部联系机制外，外部因素对 WLEMF-Nexus 的影响也至关重要。因此，研究社会和自然因素对 WLEMF-Nexus 的影响机制，以及 WLEMF-Nexus 对外部影响因素的应对与调节，也是未来研究的重点。从典型流域、代表性区域（发达／欠发达地区、能源／粮食主产区等）和不同尺度（国家／省市／县）开展 WLEMF-Nexus 以及调控机制研究，探讨关联关系的尺度效应及其对调控措施的影响，以期提供不同层面和尺度上 WLEMF-Nexus 的调控措施。

## 三、经济发展的环境效应及其自然承载能力的时空演化

经济发展的环境效应与自然承载能力时空演化研究的未来重点方向如下。

1）区域经济发展与产业转型的环境影响

区域经济发展与生态环境改善的协调关系；区域产业聚集、承接及转型对环境多介质污染的影响；区域生态环境约束下产业发展及其区域生态环境可持续管理；区域生态环境对工业园区规模效应的影响和支撑作用；区域经济政策与环境管理政策对区域生态环境的影响；区域矿产资源开发的生态环境效应；新能源产业（风能、水能、太阳能、核能和生物能）聚集区对区域产业结构调整和生态环境的影响。

2）城市与区域污染排放的环境效应与调控

城镇化与工业化等高强度开发活动产生的典型污染物排放强度、污染水平与产业发展的时空耦合关系；基于遥感监测、自动站位监测、人工监测的区域典型污染物排放估算方法研究；区域典型污染物排放量及其空间分布特征解析，国家、城市、典型区域的产业行业信息数据库及污染物排放信息数据库构建；区域尺度新兴污染物排放清单构建及其生命周期解析与管控；研究城市与农村污染物排放的梯度效应与管控技术；基于区域地表过程的新兴污染物多介质迁移归趋模型研发；流域／区域传统污染物和新兴污染物在多介质环境中的迁移转化过程研究；模拟分析城镇化、气候变化等多要素耦合作用条件下传统污染物和新兴污染物的迁移转化与归趋动态，研究海岸带区域生态环境变化对典型污染物迁移转化的影响与调控机制。

3）全球可持续发展战略对区域生态环境的影响和作用

研究全球可持续发展背景下国土开发活动对区域景观结构和生态系统的影响，揭示不同城市群结构、社会经济条件、自然特征的区域生态系统类型的梯度分异规律及其适应机制；研究共建"一带一路"国家及全球重大发展战略及其实施对关键区域景观格局、生态系统结构与功能的时空变异、生态系统退化及环境影响的作用机制；探索中国典型行业对外投资的区域差异及其环境效应，揭示区域结构升级、对外贸易与环境效应的耦合关系；研发兼顾社会经济持续发展、生态环境支撑作用的区域自然资本核算与生态系统服务价值评估方法。

4）自然承载能力的周期性规律与适应机制

研究自然承载能力的脆弱性和韧性，研究自然承载能力在临界超载、超载、不可逆等阶段演替的要素特征与关键阈值参数，研究刻画承载体与承载对象压力–状态–响应过程的基本参数，研究自然承载能力原值、余量、潜力值的集成原理与测度方法，研究水土气生等自然要素的灾害属性与灾变临界值。研究重大人为灾害或自然灾害后的自然承载能力短期剧变与中长期恢复轨迹，研究自组织（自然恢复）和他组织（整治修复）对自然承载能力演化过程的影响与综合效应，研究地域功能与结构演化的自然承载能力响应与适应，研究不同超载状态下自然承载能力的调适机理。

5）自然承载能力的空间尺度效应

研究指示不同空间尺度下自然承载能力超载状态的特征指标，研究基于物联网、"天–空–地–人"一体化的自然承载能力监测预警和超载追因技术，研究结合地域功能属性的自然承载能力综合集成原理，研究自然承载能力在全球、国别、地方不同空间尺度的转换过程与传导机理，研究人流、物流、能源流、信息流等构成的流空间体系对自然承载能力的时空变异及深刻影响，研究开放系统下自然承载能力的局部和整体结构、近程和远程传导过程。

6）自然承载能力与现代生产生活方式的互馈机制和系统优化

研究节能降耗、低碳减排、智能制造等现代生产方式对自然承载能力主要分量的影响与综合效益，研究绿色出行、绿色消费等现代生活方式对自然承载能力的释放效应，研究生产生活空间重构对自然承载能力的局部与整体影响，研究资源有偿使用、生态产品交易、环境损害赔偿等市场调节下的自然承载能力变化过程，研究不同自然承载能力超载状态下的文化、制度与政策响应。研究超载区域的承载能力修复技术，研究临界超载区域的承载能力提升技术，研究京津冀地区、长江三角洲、粤港澳大湾区等人口城镇密集地区的自然承载能力提升与绿色发展，研究重大基础设施与工程建设的自然承载能力改变及调适，研究山地、海岸带、生态脆弱区等典型地区的自然承载能力可持续调控。

## 四、可持续城镇化与乡村振兴的协调发展

可持续城镇化与乡村振兴的协调发展研究的未来重点方向如下。

1）可持续城镇化的机理、模式与主体研究

深化机理解析。基于实证主义、人本主义及可持续性等综合研究视角，阐明中国国情下的可持续城镇化理论内涵；加强不同尺度、类型、区域的城镇可持续发展机理研究，阐明城镇可持续发展的一般规律；研发城镇可持续发展状态评估模型，评估可持续城镇化发展格局与态势；识别可持续城镇化发展的薄弱领域、问题区域与区域问题。

加强区域研究。坚持问题导向与目标指向，加强不同类型区域可持续城镇化发展的综合研究；重点关注长三角、珠三角、京津冀等城市群地区，中西部快速城镇化地区与传统农区、收缩型城市等高风险地区，以及长江流域、黄河流域等重点流域和国家战略区域的可持续城镇化与乡村振兴问题；揭示区域城镇化发展的经济、社会及资源环境效应；探明可持续城镇化的负效削减途径、精明发展路径、质量提升策略，以及可持续城镇化与乡村振兴的区域模式及治理体系。

增进主体研究。基于新型城镇化和乡村振兴涉及的不同主体类型、主导目标，有效识别不同利益主体对可持续城镇化与乡村振兴的差别化认知和需求；切实关注老年人口、流动人口、低收入者等群体对城镇化与乡村振兴的模式选择和公共服务诉求；深入探究城镇化与乡村振兴的产权制度、福利制度的供给机制，增进不同群体对实施新型城镇化与乡村振兴战略的获得感、认同感，探索建立中国可持续城镇化与乡村振兴的人本研究范式。

2）乡村发展基本规律、科学体系与振兴路径研究

深化规律研究。基于典型案例和多源数据，揭示乡村地域类型，发展乡村类型学；深入开展不同类型乡村地域系统的演化过程、机理与模式研究，揭示乡村地域系统结构、演化进程、动力机制、动态格局，阐明乡村地域系统演化的一般规律；加强典型国家和地区乡村地域系统演化的比较研究；建立中国特色的乡村地域系统理论。

建构学科体系。集聚乡村研究的多学科理论、多部门力量、多区域实践，加强乡村振兴空间论、主体论、产业论、组织论、文化论、信息论、功能论、制度论等分类研究，创新发展中国特色的乡村科学理论体系、技术体系与管理体系，着力建构面向新时代乡村振兴战略的中国乡村科学、人地系统科学。

明晰振兴路径。加强乡村振兴类型与途径、规划与方法、产业与管理、模式与对策研究；梳理提炼乡村振兴地域模式、要素互动机理、系统调控原理及保障体系；阐明集聚功能提升型、城郊融合型、搬迁撤并型和特色保护型乡村的演化过程、转型瓶颈、制度障碍、振兴路径；提出贫困乡村脱贫巩固、成效提升及其与乡村振兴有效衔接的路径与机制；探索区域乡村振兴状态评估方法。

3）可持续城镇化与乡村振兴的互促机制与协调优化

探讨互促机制。基于典型国家和地区城镇化与乡村发展历程剖析，揭示全球化、城镇化、信息化进程中，城乡要素互动、结构互恰、功能互补、系统互融的内在机理；探明不同类型地区城镇化与乡村发展相互促进的作用机制、制度架构、关键举措；识别城乡相互作用的风险环节；提出新时期可持续城镇化与乡村振兴的协调互促模式。

加强模型模拟。探索面向城乡协调与可持续发展研究的数据获取方法，加强基于大数据、大调查的监测网络建设，增进实时数据获取能力；研发面向可持续发展的城镇化模拟模型、乡村振兴智慧平台，基于城乡互促机制，研发可持续城镇化与乡村振兴的复杂系统综合模拟平台，增强预测预警能力，有效支撑科学决策。

探索协调策略。探索不同主体功能区，城市群、都市圈、传统农区、山地丘陵区等不同类型区，以及长江流域、黄河流域、京津冀、大湾区等重点政策区域内，城镇化与乡村振兴协调发展的区域性和综合性策略；建立可持

续城镇化与乡村振兴协调发展的状态评估方法，进行协调状态综合评估；加强农村土地整治、城乡环境治理等领域的关键技术研究，提供硬技术支撑。

# 五、特大城市与城市群发展的生态环境效应与综合治理

按照揭示机理–发现规律–做出响应–协同治理的主线，以城镇化与生态环境耦合理论创新为根基，强化人文与自然交叉研究，通过要素辨识、动态模拟与监测预警，揭示特大城市与城市群近远程耦合关系链、耦合机理与规律；以方法为支撑，推动技术整合和数据共享，研发综合集成技术链，开发智能化的人机交互决策支持响应平台；以应用为导向，科学谋划特大城市与城市群综合治理模式，构建联防联控联治的综合治理体系，为城市群可持续发展提供决策支持。

1）特大城市与城市群的生态环境响应机理及近远程耦合模拟

特大城市与城市群人地系统近远程耦合过程及规律。从经济社会子系统和生态环境子系统两个维度出发，识别特大城市与城市群人地系统的关键表征指标，重点研究人口、产业、设施、用地等要素的变化趋势和典型特征，解析其与资源、环境、生态等要素的多维耦合及近远程耦合关系，揭示近远程耦合关系的演化过程、规律和机制，揭示特大城市与城市群人地系统动力学机制。

特大城市与城市群空间演化的生态环境响应机理与风险预警。解析特大城市与城市群空间演化过程与演化模式，综合分析产业转移、人口流动、设施建设、环境约束、空间重构等因素对特大城市与城市群空间演化的影响方式和作用路径，探究特大城市与城市群空间演化的生态环境响应机理，诊断与预警这种空间演化的生态与环境风险。

特大城市与城市群发展的生态环境系统模拟及调控。基于生态环境的整体性、区域性和关联性特征，研究特大城市规模、城市群相互作用等对生态环境的影响，分析区域生态环境的相互作用关系和空间尺度效应，揭示特大城市与城市群对生态环境的区域影响。模拟特大城市与城市群人口、产业、设施、空间等演化趋势及其对区域生态环境的综合影响，提出特大城市与城

市群可持续发展的调控方案与路径。

2）特大城市与城市群资源环境承载力的综合评估及系统调控

特大城市与城市群资源环境承载力阈值与风险评价。综合水、土地、气候、生态、环境、灾害等资源环境要素，建立科学评价特大城市资源禀赋与环境条件、确定资源环境承载力阈值的技术方法体系，识别特大城市内部的资源环境问题，面向常态化管控与突发性应急建立健全特大城市资源环境风险评价体系，完善评价标准，强化全过程管理。

特大城市与城市群一体化的生态环境效应监测与评估。利用多源遥感、野外台站、物联网等，建立"天-空-地"一体化的人工智能监测系统，开展生态系统结构-过程-功能-服务、环境质量与功能等实时多维度监测，揭示其影响过程、机理及交互作用；集成生态过程模型，构建城市群生态环境效应评估与预警平台，开展社会-经济-自然复合生态系统的动态耦合、效应评估及风险预警。

特大城市与城市群社会经济系统演化的优化调控。针对特大城市空间开发保护秩序、人口流动集聚、产业转型转移、城乡土地利用等关键领域，基于资源环境承载阈值和生态环境效应监测评估结果，多情景模拟提出特大城市与城市群可持续发展的优化调控方案。

3）特大城市与城市群一体化发展的综合治理体系及治理模式

特大城市与城市群一体化协同治理机制。建立综合治理能力评估指标体系，科学诊断特大城市与城市群一体化协同治理存在的技术难点、乱点和盲点，构建多尺度、多要素、多行业参与的一体化协同治理机制，包括产业一体化发展、基础设施一体化建设、公共服务设施一体化运营、生态环境一体化协同治理、突发公共卫生事件一体化应急响应的治理机制等，研究多种治理机制之间的交互作用关系，提升特大城市与城市群一体化协同治理效率。重点探讨建立跨界地区污染联防联合，碳排放权、排污权等事权交易制度，以及生态补偿、土地指标异地调剂等利益补偿评估标准与体制机制，探讨城市群生态绿色一体化发展路径和政策保障体系。

特大城市与城市群一体化综合治理模式。采用大数据、云计算等现代技术手段，研究从顶层设计到基层落实的"纵向到底、横向到边"的综合治理路径，探索建立"全日制、全过程监管、全过程留痕"的联防联治联控综合治理模式，提升应对突发公共事件的综合治理能力，研究特大城市与城市群综合治理能力现代化的技术路径。

特大城市与城市群一体化综合治理体系。研究特大城市与城市群经济活动的空间组织及市场范围、人口资本技术等跨区域流动、社会公共服务溢出等对周边城市的跨界影响，综合模拟社会经济活动跨界过程及其生态环境响应。研究特大城市与城市群一体化的边界效应，构建测度特大城市与城市群一体化多尺度过程与空间范围的方法体系，构建多领域、多学科协同参与的全覆盖、网络化、智能化综合治理体系。

## 六、资源型城市／地区转型发展与可持续生计

近年来，区域发展脆弱性、转型路径选择、土地利用与空间结构重构、产业升级与产业结构演进、低碳经济与生态环境治理、转型效率与绩效评价、资源能源保障等逐渐成为当前资源型地区转型研究的热点和前沿。随着遥感技术、地理信息技术、导航定位技术、地计算分析、模拟预测等分析手段的发展，资源型地区转型的研究技术手段取得了长足进步，提高了对全球资源型地区转型状态、响应、趋势及应对等问题进行系统研究和综合集成研究的能力。在此背景下，未来资源型地区转型研究建议在以下战略重点力争取得突破：①形成具有中国特色的资源型地区转型发展基础理论；②资源型地区转型能力和调控原理研究；③资源型地区发展的影响因素、发展过程及格局研究；④资源型地区转型的模型模拟与空间分析研究；⑤凝练具有中国特色的资源型地区转型发展路径与模式，并形成国际知名度。

资源枯竭城市、独立工矿区、采矿沉陷区、重金属污染区等相关特殊类型地区，是未来应当重点关注的资源型地区，其转型与可持续生计研究应重点关注以下方向。

1）接续替代产业培育

产业发展是资源型地区摆脱经济发展困境的核心目的和有效途径，包括资源型产业发展的路径依赖研究、基于禀赋优势的非资源型产业集群形成研究、产业园区发展研究等。

2）生态环境整治与修复

生态环境是资源型地区的生存与发展基础，应注重生态环境损害评估研究、矿山地质环境监测与治理研究、资源综合利用与环境保护研究、污染排放监测与治理研究等。

3）社会民生保障

社会民生是资源型地区发展的最终落脚点，关系到国家全面建成小康社会目标的实现，研究重点又包括社会保障体系研究、职工失业再就业研究、棚户区改造研究、公共服务与基础设施配套研究等。

4）体制机制研究

体制机制是保障地区可持续发展的重要举措，研究重点包括开发秩序约束机制研究、产品价格形成机制研究、资源开发补偿机制研究、利益分配共享机制研究、接续替代产业扶持机制研究等。

# 七、全球环境变迁的区域响应

立足于可持续发展目标的实现，全球环境变迁的区域响应研究应侧重于以下方面。

（1）气候变化的区域适应与应对。如何合理预测未来气候变化方向、评估影响，以及如何采取措施适应和应对未来气候变化，应当是科学界关注的重点问题。其中，大数据支持下的气候变化影响与预测，地球系统过程模式与模拟，自主研发的环境气候连续监测卫星系统以及气候变化的适应性研究等方向是当前国际学界关注的热点。同时，应当继续推进古气候变化及三极气候研究，为更准确地预测未来气候变化提供依据。在提升整体气候变化预测能力的同时，应当着重发展重点观测地区的气候相关指标观测能力和极端天气预测及其应对能力。研究过程广泛运用卫星遥感数据、超级计算机模拟等技术，提升综合观测预测能力。由于气候问题的成因及发展具有全球性，应积极参与或主导减缓气候变化方案及气候变化应对的全球协作研究。

（2）区域环境综合治理。目前，仍然无法系统解决人类发展与环境资源的对立关系，亟须对社会发展模式和环境治理模式进行改革，增加绿色基础建设和生态服务供给。近年来，可持续发展、绿色发展与环境治理不断成为区域可持续发展的热点和前沿，亟须加强区域人地系统要素的相互作用与人地关系动力学研究，明晰区域绿色发展影响要素、发展过程及时空格局。

（3）区域产业发展与全球环境影响。相关研究急需关注全球贸易背景下的污染物和产业转移问题，包括如何在全球产业链背景下实现资源集约与优化配置及环境综合治理。同时，应结合"一带一路"倡议提供的机遇，研究经济一体化与全球贸易背景下如何促进生态文明建设，积极构建全球产业生态系统。通过研究跨区域、跨产业的资源利用和回收系统，也将为消除全球贸易背景下的污染物转移、解决全球环境问题提供可行之道。探讨中国如何在政策、技术、市场的综合作用下，实现创新驱动产业竞争力的持续提高。

（4）重大环境与灾害问题。鉴于中国与全球其他国家共同面临着日益增加的环境灾害风险和日渐加剧的新型灾害风险，因此增加国际交流合作，完善环境灾害记录体系及数据分析系统，增强不同学科之间的协同发展尤为重要。基于环境与灾害问题的特点，相关研究应当采取预防与应对两端并重的方式推进。一方面，深入研究主要灾害的分布情况，包括致灾因子的发生机制、机理过程和时空特点，为短、中、长期的环境灾害预测提供理论基础，提高风险评估能力和预警能力；另一方面，应当加强自然科学与社会科学交叉研究，为提高重大不可控环境灾害应急政策的制定提供科学依据。

（5）地球系统模式与区域响应。中国在地球系统模式方面的工作与欧美国家基本同步进行，自"十一五"以来已成为国家科技发展的重点方向。这类研究以多模块化耦合为思路，包括大气、陆地、海冰、海洋生物等子模块，需要不断提高其应用的灵活性、便捷性和观测数据的共享性。我国地球系统模式的发展也相应地采取了模块化思路，并自行研发了大气环流与大洋环流模式。未来的挑战主要是发展我国自主的其他模式和耦合方案，借鉴先进的软件开发经验发展国家级通用软件平台从而支持多目的、多层级的开发工作。

## 八、陆基人类活动对海岸带生态系统的影响

未来研究应关注全球海岸带开发的时空格局与驱动机制，高强度人类活

动脉迫下海岸带生态系统关键过程、机制和趋势，资源可持续利用开发模式的评价和管理途径等内容。未来重点研究方向具体如下。

1）海岸带环境污染过程、效应与修复机理

建立与完善海岸带环境污染监测网络，研究人为活动（城镇化、资源开发等）影响下海岸带氮、磷、重金属、有机污染、新型微污染的陆-海-气交换和时空源汇过程；建立与完善具有适合中国和区域特点的海岸带生物地球化学模型，模拟分析营养物质与污染物的通量和传输过程；分析污染物生物毒性与生态毒理效应，定量评估人类活动对海岸带生态系统的影响；研究海岸带自然资源与环境损害评估方法，研发海岸带多介质污染修复机理与技术。

2）海岸带生态系统演变机制与减缓措施

重点关注人与自然耦合系统，将流域、河口与近岸海域系统作为一个整体，开展多因素人类活动（围填海、养殖、产业发展、快速城镇化及水沙调控）影响下滨海湿地生态要素及生物群落响应特征，模拟分析岸线变迁与近海生态系统演变及其驱动机制；加强对海岸带生态系统服务功能开发对人类福祉影响的研究，探索改善海岸带生态系统服务间的相互作用与关联关系的科学机理；加强海岸带生态系统监测网络建设，评估海岸带生态系统结构和服务功能变化，推进海岸带生态保护技术研发和工程示范等。

3）海岸带生态环境大数据与风险管理的技术方法体系

利用传感器技术、3S技术、互联网通信、高性能计算、数值模拟等技术，尤其是物联网、云计算、人工智能、数据挖掘等内容融合的新一代信息技术方法，构建海岸带土地利用与土地覆盖、土壤质量、海岸线变迁、水质、地形地貌、底质及灾害（例如，溢油、有害藻华、海岸侵蚀与景观生态）等生态环境大数据；研发实时动态和智能化的海岸带资源与生态环境决策支持平台，构建海岸带生态环境动态监测、灾害预警与规划管理等的智能化应用系统；研究陆地-水体-大气-海洋等界面过程、元素循环和迁移路径，多情景模拟分析海岸带生态过程与风险；加强海岸带生态风险评价与调控方法研究，基于陆海统筹的发展理念，研究制定海岸带地区发展规划，探索海岸带生态系统综合管理的有效方法和模式。

# 九、典型流域/区域的环境与发展问题

典型流域/区域的环境与发展未来重点方向如下。

1）典型流域/区域：高原地区

全球变化对高原山地流域的影响及其响应与适应；"天-空-地"一体化资源环境与人类活动系统监测和数据挖掘方法、技术与设备布局；高原土地利用、资源开发、产业发展与流域健康的作用响应机制和优化调控；高原地区城镇化、乡村振兴的资源环境效应及可持续路径；高强度人类活动胁迫下高原地区的生态保护与恢复的适宜模式、成效及其对生态系统服务和居民福祉的影响与反馈。

2）典型流域/区域：大河三角洲

以国家和区域发展的战略需求为导向，解决长江、黄河、淮河、辽河等大河三角洲可持续发展面临的重大理论和技术问题；辨识大河三角洲区域协同发展的生态环境问题及驱动因子，建立支撑区域可持续转型发展的生态网络系统；整合大河三角洲区域的生态环境监测资源，研发区域规范统一的社会经济与生态环境监测信息共享平台，构建动态管控的决策支持系统；综合科研、空间规划、设计与工程于一体，协调大河三角洲地区开发与生态系统健康和人类福祉的关系，建立大河三角洲综合适应性管理体系；加强多学科综合交叉研究和国际合作，进一步提升我国大河三角洲研究团队的实力和国际竞争力。

3）典型流域/区域：干旱区

围绕干旱区资源环境与社会经济相互影响和相互制约关系，通过对干旱区流域资源禀赋估计、资源环境效应评估、社会经济发展要素和机制分析，辨识干旱区流域人地关系特点、结构和功能，探究干旱区流域可持续发展的规律和模式。主要包括：干旱区流域水资源短缺与应对策略，以及蓝绿水、水足迹与虚拟水及其可持续性；分析干旱区流域可持续发展的自然和人文驱动因素及其归因，研发干旱区水文-生态-经济耦合模型；研究气候变化和人类活动对干旱区资源禀赋及环境承载力的影响，气候变化背景下干旱驱动机理分析及其对区域经济社会发展的影响；明晰资源在自然-经济-社会复合系统中的流动规律及其对干旱区人地关系的影响，研究干旱区水－粮食－能源－气候－土地纽带关系；模拟分析干旱区可持续发展的情景方案与空间分布格局，研究信息全球化背景下干旱区流域可持续发展监测与预警技术；研究干旱区流域环境综合治理，研发干旱区生态修复和重建的关键技术。

## 十、区域社会生态与可持续发展模式

区域社会生态与可持续发展模式研究的未来重点方向如下。

（1）新全球治理体系下的社会生态及其空间综合均衡原理。研究人类情感、价值观、意识形态等社会文化因素的空间响应及其对地域空间综合均衡的影响；研究大数据、智能制造、物联网、虚拟现实等新经济新业态及全球产业布局重组对地域空间的自组织与自适应过程；研究全球劳动地域分工体系演变及其对全球空间均衡的适应与调节机制；研究地缘政治、全球突发重大事件对全球政治经济格局的影响及其对全球空间均衡稳定态的扰动；研究全球不同国别和区域社会治理制度对全球空间综合均衡的扰动及响应机制。

（2）地域功能区划与区域可持续发展模式的耦合机制。研究地域功能及其结构对全球环境变化、人类消费需求与产业升级变化过程的响应与适应；研究多地域功能权衡与协同及综合区划识别方法；研究地域功能的经济－社会－生态效益的演变过程与转变机制及其对区域可持续格局的作用机理；研究区域可持续性复杂过程的地域功能分异、正负反馈机制及其优化调控；研究区域可持续利益相关者伦理与可持续发展转型及愿景的耦合与系统实现。

（3）不同功能区的相互作用机理与可持续发展模式。研究地域开放系统下不同功能区非线性作用关系和演变趋势；研究社会生态复杂系统下不同功能区自组织与自适应机制及其对功能效益的影响；研究规模经济和文化社会软环境驱动的不同功能区近远程耦合机制及其对地域功能总体格局的影响；研究不同功能区空间有序组织的稳定态与人类干预杠杆的调控机理；研究不同功能区相互竞争的市场机制及政府调控。分析科技创新、制度创新和模式创新对区域可持续发展的驱动作用，提炼创新驱动可持续发展过程的典型模式和推进方式。

（4）功能传导过程对区域可持续性的影响与响应。研究地域功能分异规律的空间尺度变异性及其对地域功能格局的影响；研究不同尺度间地域功能强化与反向作用机制及其对功能效益的扰动；研究地域功能-结构的尺度上推、下推及双向尺度转换方法、传导机制及其对区域可持续发展模式的约束；研究区域可持续发展模式的空间尺度依赖与自适应匹配；研究地域功能多样化过程中区域可持续发展模式的空间尺度变异及响应机制。

（5）全球功能区形成与演变的资源环境基础。研究适应全球环境变化和经济全球化长期发展趋势的全球-大区域-国家-地方的地域多层级多功能谱系；研究人类命运共同体下的全球地域功能生成机理与空间分异规律；研究全球粮食安全、城镇化发展、碳排放、生物多样化保护等多目标下的全球地域功能区划方案；研究资源流、环境流等全球流空间与区域发展的空间特征匹配过程及其对全球功能区格局的响应与适应。

# 本章参考文献

陈雯 . 2018. 生态经济：自然和经济双赢的新发展模式 . 长江流域资源与环境 , 27(1): 1-5.

戴利 . 2001. 超越增长——可持续发展经济学 . 诸大建 , 等译 . 上海：上海译文出版社 .

樊杰 . 2007. 我国主体功能区划的科学基础 . 地理学报 , 62(4): 339-350.

樊杰 . 2015. 中国主体功能区划方案 . 地理学报 , 70(2): 186-201.

樊杰 . 2019. 地域功能-结构的空间组织途径——对国土空间规划实施主体功能区战略的讨论 . 地理研究 , 38(10): 2373-2387.

樊杰 . 2020. 我国"十四五"时期高质量发展的国土空间治理与区域经济布局 . 中国科学院院刊 , 35(7): 796-805.

樊杰 , 刘毅 , 陈田 , 等 . 2013. 优化我国城镇化空间布局的战略重点与创新思路 . 中国科学院院刊 , 28(1): 20-27.

樊杰 , 钟林生 , 黄宝荣 , 等 . 2019a. 地球第三极国家公园群的地域功能与可行性 . 科学通报 , 64(27): 2938-2948.

樊杰 , 王亚飞 , 梁博 . 2019b. 中国区域发展格局演变过程与调控 . 地理学报 , 74(12): 2437-2454.

樊杰 , 王亚飞 , 汤青 , 等 . 2015. 全国资源环境承载能力监测预警 (2014 版 ) 学术思路与总体技术流程 . 地理科学 , 35(1): 1-10.

樊杰, 周侃, 王亚飞. 2017. 全国资源环境承载能力预警 (2016 版 ) 的基点和技术方法进展. 地理科学进展, 36(3): 266-276.

范海玲. 2005. 城乡等值化试验与我国城市化道路反思. 求索, (5): 65-66, 32.

方创琳, 崔学刚, 梁龙武. 2019. 城镇化与生态环境耦合圈理论及耦合器调控. 地理学报, 74(12): 2529-2546.

房艳刚, 刘继生. 2015. 基于多功能理论的中国乡村发展多元化探讨——超越 "现代化" 发展范式. 地理学报, 70(2): 257-270.

冯健. 2012. 乡村重构 : 模式与创新. 北京 : 商务印书馆.

工业和信息化部. 2014. 京津冀及周边地区重点工业企业清洁生产水平提升计划. 印刷技术, (6): 12.

工业和信息化部, 科学技术部, 财政部. 2012. 工业清洁生产推行 "十二五" 规划. 产业政策处.

顾朝林, 管卫华, 刘合林. 2017. 中国城镇化 2050: SD 模型与过程模拟. 中国科学 : 地球科学, 47(7): 818-832.

国家林业局. 2003. 国家林业局关于加强长江流域等重点地区防护林体系工程建设和管理工作的若干意见. 国家林业局公报, (4): 12-14.

韩栋, 赵越, 姚宛艳. 2009. 浅谈我国农业节水与粮食安全. 中国农业节水与国家粮食安全高级论坛. 中国农业节水和农村供水技术协会, 中国农业科学院, 中国水利水电科学研究院, 中国灌溉排水发展中心.

黄建平, 季明霞, 刘玉芝, 等. 2013. 干旱半干旱区气候变化研究综述. 气候变化研究进展, 9(1): 9-14.

黄贤金. 2018. 中国土地制度改革 40 年与城乡融合的发展之路. 上海国土资源, 39(2): 5-7.

姜文来, 刘洋, 伊热鼓, 等. 2015. 农业水价合理分担研究进展. 水利水电科技进展, 35(5):191-195.

康绍忠. 2014. 水安全与粮食安全. 中国生态农业学报 ( 中英文 ), (8):880-885.

李红波, 张小林, 吴启焰, 等. 2015. 发达地区乡村聚落空间重构的特征与机理研究——以苏南为例. 自然资源学报, 30(4): 591-603.

李利锋, 郑度. 2002. 区域可持续发展评价 : 进展与展望. 地理科学进展, (3): 237-48.

李小建. 2016. 中国特色经济地理学探索. 沈阳 : 辽宁大学出版社.

李小建, 罗庆. 2014. 新型城镇化中的协调思想分析. 中国人口 · 资源与环境, 24(2): 47-53.

李新周, 刘晓东, 马柱国. 2004. 近百年来全球主要干旱区的干旱化特征分析. 干旱区研究, 21(2): 91-103.

李扬, 汤青. 2018. 中国人地关系及人地关系地域系统研究方法述评. 地理研究, 37(8): 1655-1670

李玉恒, 陈聪, 刘彦随. 2014. 中国城乡发展转型衡量及其类型——以环渤海地区为例. 地理研究, 33(9): 1595-1602.

李玉恒, 阎佳玉, 刘彦随. 2019. 基于乡村弹性的乡村振兴理论认知与路径研究. 地理学报, 74(10): 2001-2010.

李裕瑞, 王婧, 刘彦随, 等. 2014. 中国"四化"协调发展的区域格局及其影响因素. 地理学报, 69(2): 199-212.

李智, 张小林. 2017. 中国地理学对乡村发展的多元视角研究及思考. 人文地理, (5): 7-14.

林业部西北华北东北防护林建设局. 1993. 中国三北防护林体系建设总体规划方案. 银川: 宁夏人民出版社.

刘建国, Hull V, Batistella M, 等. 2016. 远程耦合世界的可持续性框架. 生态学报, 36(23): 7870-7885.

刘俊国, 臧传富, 曾昭. 2015. 黑河流域蓝绿水资源及其可持续利用. 北京: 科学出版社.

刘沛林. 2015. 新型城镇化建设中"留住乡愁"的理论与实践探索. 地理研究, 34(7): 1205-1212.

刘求实, 沈红. 1997. 区域可持续发展指标体系与评价方法研究. 中国人口·资源与环境, (4): 60-64.

刘彦随. 2011. 中国乡村发展研究报告: 农村空心化及其整治策略. 北京: 科学出版社.

刘彦随. 2018. 中国新时代城乡融合与乡村振兴. 地理学报, 73(4): 637-650.

刘彦随. 2019. 新时代乡村振兴地理学研究. 地理研究, 38(3): 461-466.

刘彦随, 李进涛. 2020. 近30年中国沿海围垦土地利用格局及其驱动机制. 中国科学: 地球科学, 50(6): 761-774.

刘彦随, 刘玉, 翟荣新. 2009. 中国农村空心化的地理学研究与整治实践. 地理学报, 64(10): 1193-1202.

刘彦随, 杨忍. 2012. 中国县域城镇化的空间特征与形成机理, 地理学报, 67(8): 1011-1020.

刘彦随, 周扬, 李玉恒. 2019. 中国乡村地域系统与乡村振兴战略. 地理学报, 74(12): 2511-2528.

龙花楼, 屠爽爽. 2018. 乡村重构的理论认知. 地理科学进展, 37(5): 581-590.

龙花楼, 张英男, 屠爽爽. 2018. 论土地整治与乡村振兴. 地理学报, 73(10): 1837-1849.

陆大道. 2014. "未来地球"框架文件与中国地理科学的发展——从"未来地球"框架文件看黄秉维先生论断的前瞻性. 地理学报, 69: 1043-1051.

陆大道, 陈明星. 2015. 关于"国家新型城镇化规划(2014-2020)"编制大背景的几点认识. 地理学报, 70(2): 179-185.

陆大道, 樊杰. 2012. 区域可持续发展研究的兴起与作用. 中国科学院院刊, 27(3): 290-300.

吕新苗, 吴绍洪, 杨勤业. 2003. 全球环境变化对我国区域发展的可能影响评述. 地理科学进展, 22(3): 260-269.

吕永龙. 1996. 持续发展的理论思考. 科学与社会, (1): 28-32.

吕永龙, 王一超, 苑晶晶, 等. 2018. 关于中国推进实施可持续发展目标的若干思考. 中国人
　　口·资源与环境, 28(1): 1-9.

吕永龙, 王一超, 苑晶晶, 等. 2019. 可持续生态学: 进展与展望. 生态学报, 39(10): 3401-
　　3415.

马世骏, 王如松. 1984. 社会-经济-自然复合生态系统. 生态学报, 4(1): 1-9.

马柱国, 符淙斌. 2007. 20世纪下半叶全球干旱化的事实及其与大尺度背景的联系. 中国科
　　学 D 辑: 地球科学, 37(2): 222-233.

宁泽逵, 王征兵, 付青叶. 2010. 生物能源发展与粮食安全及其对中国的启示. 统计与决
　　策, (1): 4.

牛文元. 2014. 可持续发展理论内涵的三元素. 中国科学院院刊, 29(4): 410-415.

牛文元, 马宁, 刘怡君. 2015. 可持续发展从行动走向科学——《2015世界可持续发展年度
　　报告》. 中国科学院院刊, 30(5): 573-585.

乔家君, 马玉玲. 2016. 基于信息熵的城乡界面时空演化与分异: 以河南省巩义市为例. 经
　　济地理, 36(11): 1-7.

秦大庸, 陆垂裕, 刘家宏, 等. 2014. 流域"自然-社会"二元水循环理论框架. 科学通报,
　　59(4-5): 419-427.

申明锐, 张京祥. 2015. 新型城镇化背景下的中国乡村转型与复兴. 城市规划, 39(1): 30-34,
　　63.

水利部, 国家发展和改革委员会, 财政部, 等 2015. 全国水土保持规划 (2015-2030年).

谭深. 2011. 中国农村留守儿童研究述评. 中国社会科学, (1): 138-150.

田洪涛, 李业锦, 赵秀云, 等. 2020. 基于 CiteSpace 分析的我国资源城市转型研究知识图谱.
　　资源与产业, 22(2): 1-11.

汪卫民, 吕永龙, 卢凤君. 1998. 可持续发展的理论分析及实现途径初探. 中国农业大学学报,
　　(2): 1-5.

王大尚, 郑华, 欧阳志云. 2013. 生态系统服务供给、消费与人类福祉的关系. 应用生态学报,
　　24(6): 1747-53.

王浩, 马静. 2006. 水利与国民经济协调发展研究. 中国水利, 57(8): 73-75.

王浩, 杨贵羽, 杨朝晖. 2013. 水土资源约束下保障粮食安全的战略思考. 中国科学院院刊,
　　28(3):329-336,321.

王奇, 詹贤达, 王会. 2013. 我国粮食安全与水环境安全之间的关系初探——基于粮食产量
　　与化肥施用的定量关系. 中国农业资源与区划, (1): 81-86.

王如松, 欧阳志云. 1996. 生态整合——人类可持续发展的科学方法. 科学通报, (S1): 47-67.

王树义, 郭少青. 2012. 资源枯竭型城市可持续发展对策研究. 中国软科学, (1): 1-13.

邬建国, 郭晓川, 杨劼, 等. 2014. 什么是可持续性科学?. 应用生态学报, 25(1): 1-11.

吴映梅, 李亚, 张雷. 2006. 中国区域发展资源环境基础支撑能力动态评价. 地域研究与开发, 25(3): 20-23.

夏铭君. 2007. 我国粮食生产水资源安全研究——以海河流域为例. 北京: 中国农业科学院.

杨多贵, 陈劭锋, 牛文元. 2001. 可持续发展四大代表性指标体系评述. 科学管理研究 (4): 58-61, 72.

叶超, 于洁. 2020. 迈向城乡融合: 新型城镇化与乡村振兴结合研究的关键与趋势. 地理科学, 40(4): 528-534.

张富刚, 刘彦随. 2008. 中国区域农村发展动力机制及其发展模式. 地理学报, 63(2): 115-122.

张正斌, 段子渊, 徐萍, 等. 2013. 中国粮食和水资源安全协同战略. 中国生态农业学报, 21(12):1441-1448.

郑华, 李屹峰, 欧阳志云, 等. 2013. 生态系统服务功能管理研究进展. 生态学报, 33: 702-710.

钟祥浩. 2011. 加强人山关系地域系统为核心的山地科学研究. 山地学报, 29(1): 1-5.

周国华, 贺艳华, 唐承丽, 等, 2011. 中国农村聚居演变的驱动机制及态势分析. 地理学报, 66(4): 515-524.

朱婧, 孙新章, 何正. 2018. SDGs 框架下中国可持续发展评价指标研究. 中国人口·资源与环境, 28(12): 9-18.

诸大建. 2016. 可持续性科学: 基于对象—过程—主体的分析模型. 中国人口·资源与环境, 26(7): 1-9.

Akbar T A, Hassan Q K, Ishaq S, et al. 2019. Investigative spatial distribution and modelling of existing and future urban land changes and its impact on urbanization and economy. Remote Sensing, 11(2): 105.

Alessa L, Kliskey A, Gosz J, et al. 2018. MtnSEON and social-ecological systems science in complex mountain landscapes. Frontiers in Ecology and the Environment, 16(S1): S4-S10.

Allen C, Metternicht G, Wiedmann T. 2016. National pathways to the Sustainable Development Goals(SDGs): a comparative review of scenario modelling tools. Environmental Science & Policy, 66: 199-207.

Alyarado V I, Hsu S-C, Wu Z, et al. 2019. A standardized stoichiometric life-cycle inventory for enhanced specificity in environmental assessment of sewage treatment. Environmental Science & Technology, 53(9): 5111-5123.

Axelsson R, Angelstam P, Elbakidze M, et al. 2011. Sustainable development and sustainability:

landscape approach as a practical interpretation of principles and implementation concepts . Journal of Landscape Ecology, 4(3): 5-30.

Bai X, Dawson R J, Ürge-Vorsatz D, et al. 2018. Six research priorities for cities and climate change. Nature, 555: 23-25.

Bai X, McPhearson T, Cleugh H, et al. 2017. Linking urbanization and the environment: conceptual and empirical advances. Annual Review of Environment and Resources, 42(1): 215-240.

Banihabib M E, Hashemi F, Shabestari M H. 2017. A framework for sustainable strategic planning of water demand and supply in arid regions. Sustainable Development, 25(3): 254-266.

Besset M, Anthony E J, Bouchette F. 2019. Multi-decadal variations in delta shorelines and their relationship to river sediment supply: an assessment and review. Earth-Science Reviews, 193: 199-219.

Boas I, Biermann F, Kanie N. 2016. Cross-sectoral strategies in global sustainability governance: towards a nexus approach. International Environmental Agreements: Politics, Law and Economics, 16(3): 449-464.

Bratman G N, Anderson C B, Berman M G, et al. 2019. Nature and mental health: an ecosystem service perspective. Science Advances, 5(7): eaax0903.

Broman G I, Robèrt K H. 2017. A framework for strategic sustainable development. Journal of Cleaner Production, 140(1): 17-31.

Brundtland G H, Khalid M, Agnelli S, et al. 1987. Our Common Future. Publisher: Oxford University Press.

Bucx T, van Driel W, de Boer H, et al. 2014. Comparative assessment of the vulnerability and resilience of deltas extended version with 14 deltas—synthesis report. Delta Alliance report number 7(Delft-Wageningen, The Netherlands: Delta Alliance International)(https://library.wur.nl/WebQuery/wurpubs/full text/344952) .

Cash D W, Clark W C, Alcock F, et al. 2003. Knowledge systems for sustainable development . Proceedings of the National Academy of Sciences, 100(14): 8086-8091.

Chandrakumar C, McLaren S J. 2018. Towards a comprehensive absolute sustainability assessment method for effective Earth system governance: defining key environmental indicators using an enhanced-DPSIR framework. Ecological Indicators, 90: 577-583.

Chang Y, Li G, Yao Y, et al. 2016. Quantifying the water-energy-food nexus: current status and trends. Energies, 9: 65.

Cheng G, Li X, Zhao W, et al. 2014. Integrated study of the water-ecosystem-economy in the Heihe River Basin. National Science Review, 1(3): 413-428.

Clark W C. 2007. Sustainability science: a room of its own. Proceedings of the National Academy of Sciences of the United States of America, 104(6): 1737-1738.

Clark W C, Dickson N M. 2003. Sustainability science: the emerging research paradigm. Proceedings of the National Academy of Science, 100(14): 8059-8061.

Collste D, Pedercini M, Cornell S E. 2017. Policy coherence to achieve the SDGs: using integrated simulation models to assess effective policies. Sustainability Science, 12(6): 921-931.

Costanza R, d'Arge R, de Groot R, et al. 1997. The value of the world's ecosystem services and natural capital . Nature, 387(6630): 253-260.

Dai Z J, Liu J T, Wei W, et al. 2014. Detection of the three gorges dam influence on the changjiang(Yangtze River) submerged delta. Scientific. Reports. 4: 6600

Daly H E. 1996. Beyond Growth: the Economics of Sustainable Development . Boston: Beacon Press.

Development W B E S. 1995. Monitoring environmental progress: a report on work in progress . Washington, D C: Environmentally Sustainable Development, World Bank.

Diaz S, Settele J, Brondizio E S, et al. 2019. Pervasive human-driven decline of life on Earth points to the need for transformative change. Science, 366: 1327.

Dong S K, Shang Z H, Gao J X. 2020. Enhancing sustainability of grassland ecosystems through ecological restoration and grazing management in an era of climate change on Qinghai-Tibetan Plateau. Agriculture Ecosystems & Environment, 287: 106684.

Dong Y, Hauschild M Z. 2017. Indicators for environmental sustainability. Procedia CIRP,61: 697-702.

Elder M, Bengtsson M, Akenji L. 2016. An optimistic analysis of the means of implementation for sustainable development goals: thinking about goals as means. Sustainability, 8(9): 962.

Fan J, Wang Q, Wang Y F, et al. 2018. Assessment of coastal development policy based on simulating a sustainable land-use scenario for Liaoning Coastal Zone in China. Land Degradation & Development, 29(8): 2390-2402.

Fan J, Wang Y F, Ouyang Z Y, et al. 2017. Risk forewarning of regional development sustainability based on a natural resources and environmental carrying index in China. Earth's Future, 5(2): 196-213.

Fan J, Wang Y F, Wang C S, et al. 2019. Reshaping the sustainable geographical pattern: a major function zoning model and its applications in China. Earth's Future, 7(1): 25-42.

Fan J. 2016. How Chinese Human Geographers Influence Decision Makers & Society. Beijing: The Commercial Press.

Ferreira J J M, Fernandes C, Ratten V. 2019. The effects of technology transfers and institutional factors on economic growth: evidence from Europe and Oceania. Journal of Technology Transfer, 44(5): 1505-1528.

Foran T. 2015. Node and regime: interdisciplinary analysis of water-energy-food nexus in the Mekong region. Water Alternatives, 8(1): 655-674.

Foufoula-Georgiou E, Syvitski J, Paola C, et al. 2011. International year of deltas 2013: a proposal. Eos Tran sactions American. Geophysical. Union, 92(40): 340-341.

Franzese P P, Manes F, Scardi M, et al. 2020. Modelling matter and energy flows in the biosphere and human economy. Ecological Modelling, 422: 108984.

International Council for Science. 2014. Future Earth 2025 Vision. Paris.

Gao L, Bryan B A. 2017. Finding pathways to national-scale land-sector sustainability. Nature, 544: 217-222.

Giosan L, Syvitski J, Constantinesc S, et al. 2014. Climate change: protect the world's deltas. Nature, 516(7529): 31-33.

Gleeson E H, von Dach S W, Flint C G, et al. 2016. Mountains of our future earth: defining priorities for mountain research a synthesis from the 2015 perth III conference. Mountain Research and Development, 36(4): 537-548.

Greenwood G B. 2013. Mountain research initiative seeks to break new ground in second decade. Mountain Research and Development, 33(4): 473-476.

Greiner L, Nussbaum M, Papritz A, et al. 2018. Assessment of soil multi-functionality to support the sustainable use of soil resources on the Swiss Plateau. Geoderma Regional, 14: e00181.

Haberl H, 刘伟. 1997. 环境指示因子——净初级生产量的人类占有：对可持续发展的影响. AMBIO- 人类环境杂志, 26(3): 139-142.

Hassink R, Hu X, Shin D H, et al. 2017. The restructuring fold industrial areas in East Asia. Area Development and Policy, 3(2): 185-202.

Hellweg S, Canals L M I. 2014. Emerging approaches, challenges and opportunities in life cycle assessment. Science, 344(6188): 1109-1113.

Hu Z, Zhou Q, Chen X, et al. 2019. Groundwater depletion estimated from GRACE: a challenge of sustainable development in an arid region of central Asia. Remote Sensing, 11(16): 1908.

Huang S, Meijers M J M, Eyres A, et al. 2019. Unravelling the history of biodiversity in mountain ranges through integrating geology and biogeography. Journal of Biogeography, 46(8): 1777-1791.

Huber R, Bugmann H, Buttler A, et al. 2013. Sustainable land-use practices in European mountain regions under global change: an integrated research approach. Ecology and Society, 18(3):

17-28.

Iammarino S, Rodriguez-Pose A, Storper M. 2019. Regional inequality in Europe: evidence, theory and policy implications. Journal of Economic Geography, 19(2): 273-298.

ICSU. 2017. A Guide to SDG Interactions: From Science to Implementation. Paris: International Council for Science.

ICSU, ISSC. 2015. Review of the Sustainable Development Goals: The Science Perspective. Paris: International Council for Science(ICSU).

Immerzeel W W, Lutz A F, Andrade M, et al. 2020. Importance and vulnerability of the world's water towers. Nature, 577: 364.

Jacobs S, Burkhard B, van Daele T, et al. 2015. 'The Matrix Reloaded': a review of expert knowledge use for mapping ecosystem services. Ecological Modelling, 295: 21-30.

Kates R W. 2011. What kind of a science is sustainability science?. Proceedings of the National Academy of Sciences, 108(49): 19449-19450.

Kates R W, Clark W C, Corell R, et al. 2001. Environment and development, sustainability science. Science, 292(5517): 641-642.

Kimura R, Moriyama M. 2019. Determination by MODIS satellite-based methods of recent global trends in land surface aridity and degradation. Journal of Agricultural Meteorology, 75(3): 153-159.

Klein J A, Tucker C M, Nolin A W, et al. 2019. Catalyzing transformations to sustainability in the world's mountains. Earths Future, 7(5): 547-557.

Knight-Lenihan S. 2020. Achieving biodiversity net gain in a neoliberal economy: the case of England. Ambio, 49(12): 2052-2060.

Le Blanc D. 2015. Towards integration at last? The sustainable development goals as a network of targets, 23(3): 176-187.

Li Y H, Wu W H, Liu Y S. 2018. Land consolidation for rural sustainability in China: practical reflections and policy implications. Land Use Policy, 74: 137-141.

Li X, Cheng G, Ge Y, et al. 2018. Hydrological cycle in the Heihe River Basin and its implication for water resource management in Endorheic basins. Journal of Geophysical Research: Atmospheres, 123(2): 890-914.

Li X, Cheng G, Liu S, et al. 2013. Heihe Watershed Allied Telemetry Experimental Research(HiWATER): scientific objectives and experimental design. Bulletin of the American Meteorological Society, 94(8): 1145-1160.

Li Y P, Nie S, Huang C Z, et al. 2017. An integrated risk analysis method for planning water resource systems to support sustainable development of an arid region. Journal of

Environmental Informatics, 29(1): 1-15.

Lindahl K B, Johansson A, Zachrisson A, et al. 2018. Competing pathways to sustainability? Exploring conflicts over mine establishments in the Swedish mountain region. Journal of Environmental Management, 218: 402-415.

Liu J, Bawa K S, Seager T P, et al. 2019. On knowledge generation and use for sustainability. Nature Sustainability, 2(2): 80-82.

Liu J, Dietz T, Carpenter S R, et al. 2007. Complexity of coupled human and natural systems. Science, 317(5844): 1513-1516.

Liu Y S, Lu S S, Chen Y F. 2013. Spatio-temporal change of urban-rural equalized development patterns in China and its driving factors. Journal of Rural Studies, 32(2): 320-330.

Liu Y, Li Y. 2017. Revitalize the world's countryside. Nature, 548(7667): 275-277.

Long H L, Liu Y S, Li X B, et al. 2010. Building new countryside in China: a geographical perspective, Land Use Policy, 27(2): 457-470.

Long H L, Zhang Y N, Tu S S. 2019. Rural vitalization in China: a perspective of land consolidation. Journal of Geographical Sciences, 29(4): 517-530.

Lopez-Coto I, Ren X, Salmon O E, et al. 2020. Wintertime $CO_2$, $CH_4$, and CO emissions estimation for the Washington, DC-Baltimore Metropolitan Area using an inverse modeling technique. Environmental Science & Technology, 54: 2606-2614.

Loucks D P. 2019. Developed river deltas: are they sustainable?. Environmental Research Letters, 14(11): 113004.

Lu Y L, Nakicenovic N, Visbeck M, et al. 2015a. Five priorities for the UN Sustainable Development Goals. Nature, 520(7548): 432-423.

Lu Y L, Jenkins A, Ferrier R C, et al. 2015b. Addressing China's grand challenge of achieving food security while ensuring environmental sustainability. Science Advances, 1: e1400039.

Lu Y L, Song S, Wang R, et al. 2015c. Impacts of soil and water pollution on food safety and health risks in China. Environment International, 77: 5-15.

Lu Y L, Yang Y, Sun B, et al. 2020. Spatial variation in biodiversity loss across China under multiple environmental stressors. Science Advances, 6(47): eabd 0952.

Lu Y L, Zhang Y, Cao X, et al. 2019. Forty years of reform and opening up: towards a sustainable path of China?. Science Advances, 5(8): eaau 9413.

Luan H, Ding X, Wang P, et al. 2018. Morphodynamic impacts of large-scale engineering projects in the Yangtze River delta. Coastal. Engineering, 141: 1-11.

Mackay D, Celsie A K D, Parnis J M, et al. 2020. A perspective on the role of fugacity and activity for evaluating the PBT properties of organic chemicals and providing a multi-media synoptic indicator of environmental contamination. Environmental Science-Processes & Impacts, 22(3): 518-527.

Malik K. 2014. Human Development Report 2014: Sustaining Human Progress: Reducing Vulnerabilities and Building Resilience . New York: United Nations Development Programme.

Manuelli S, Hofer T, Springgay E. 2017. FAO's work in sustainable mountain development and watershed management-a 2017 update. Mountain Research and Development, 37(2) : 224-227.

Manuelli S, Hofer T, Vita A. 2014. FAO's work on sustainable mountain development and watershed management. Mountain Research and Development, 34(1): 66-70.

Mao G, Liu J, Han F, et al. 2019. Assessing the interlinkage of green and blue water in an arid catchment in Northwest China. Environmental Geochemistry and Health, 42(3): 933-953.

Martin R, Sunley P, Tyler P, et al. 2016. Divergent cities in post-industrial Britain. Cambridge Journal of Regions, Economy and Society, 9(2): 269-299.

Martin R, Sunley P. 2014. On the notion of regional economic resilience: conceptualization and explanation. Journal of Economic Geography,15(1): 1-42.

Mashizi A K, Heshmati G A, Mahini A R S, et al. 2019. Exploring management objectives and ecosystem service trade-offs in a semi-arid rangeland basin in southeast Iran. Ecological Indicators, 98: 794-803.

Nagendra H, Bai X, Brondizio E S, et al. 2018. The urban south and the predicament of global sustainability. Nature Sustainability, 1(7): 341-349.

Nilsson M, Griggs D, Visbeck M. 2016. Map the interactions between Sustainable Development Goals. Nature, 534: 320-322.

Niu W Y. 2016. Green design: the hand of sustainability. Bulletin of Chinese Academy of Sciences, 31(5): 489-498.

Obersteiner M, Walsh B, Frank S, et al. 2016. Assessing the land resource-food price nexus of the Sustainable Development Goals. Science Advances, 2(9): e1501499-e1501499.

Olawumi T O, Chan D W. 2018. A scientometric review of global research on sustainability and sustainable development. Journal of Cleaner Production, 183: 231-250.

Ouyang W, Hao X, Tysklind M, et al. 2020. Typical pesticides diffuse loading and degradation pattern differences under the impacts of climate and land-use variations. Environment International, 139: 105717.

Qi L, Liu H, Shen X, et al. 2019. Intermediate-volatility organic compound emissions from nonroad construction machinery under different operation modes. Environmental Science & Technology, 23(53): 13832-13840.

Raj B, Bengtsson M, Zusman E, et al. 2015. Placing water at the core of the Sustainable

Development Goals(SDGs): why an integrated perspective is needed. Kanagawa: Institute for Global Environmental Strategies, 2015.

Rees W E. 1992. Ecological footprints and appropriated carrying capacity: what urban economics leaves out . Environment and Urbanization, 4(2): 121-130.

Renaud F G. Syvitski J P M, Sebesvari Z, et al. 2013. Tipping from the Holocene to the Anthropocene: how threatened are major world deltas?. Current Opinion in Environmental Sustainability, 5(6): 644-654.

Rueff H, Inam-ur-Rahim, Kohler T, et al. 2015. Can the green economy enhance sustainable mountain development? The potential role of awareness building. Environmental Science Policy, 49: 85-94.

Sadeghi S H, Hazbavi Z, Gholamalifard M. 2019. Interactive impacts of climatic, hydrologic and anthropogenic activities on watershed health. Science of the Total Environment, 648: 880-893.

Schot J, Steinmueller W E. 2018. Three frames for innovation policy: R&D, systems of innovation and transformative change. Research Policy, 47(9): 1554-1567.

Scott C A, Sugg Z P. 2015. Global energy development and climate-induced water scarcity— physical limits, sectoral constraints, and policy imperatives. Energies, 8(8), 8211-8225.

Sebesvari Z, Renaud F, Haas S, et al. 2016. Vulnerability indicators for deltaic social-ecological systems: a review. Sustainability Science, 11: 575-590.

Singh R K, Murty H R, Gupta S K, et al. 2009. An overview of sustainability assessment methodologies . Ecological Indicators, 9(2): 189-212.

Soete L. 2013. From emerging to submerging economies: new policy challenges for research and innovation. STI Policy Review, 4(1): 1-13.

Song S, Lu Y L, Wang T Y, et al. 2019. Urban-rural gradients of polycyclic aromatic hydrocarbons in soils at a regional scale: quantification and prediction. Journal of Environmental Management, 249: 109406.

Stafford-Smith M, Griggs D, Gaffney O, et al. 2017. Integration: the key to implementing the Sustainable Development Goals. Sustainability Science, 12(6): 911-919.

Stockhammer E, Hochreiter H, Obermayr B, et al. 1997. The index of sustainable economic welfare(ISEW) as an alternative to GDP in measuring economic welfare: the results of the Austrian(revised) ISEW calculation 1955-1992. Ecological Economics, 21(1): 19-34.

Storper M. 2018. Separate worlds? Explaining the current wave of regional economic polarization. Journal of Economic Geography, 18(2): 247-270.

Su C, Song S, Lu Y,et al. 2018. Potential effects of changes in climate and emissions on distribution and fate of perfluorooctane sulfonate in the Bohai Rim, China. Science of the Total

Environment, 613: 352-360.

Su C, Zhang H, Cridge C, et al. 2019. A review of multimedia transport and fate models for chemicals: principles, features and applicability. Science of the Total Environment, 668: 881-892.

Su Y, An X l. 2018. Application of threshold regression analysis to study the impact of regional technological innovation level on sustainable development. Renewable and Sustainable Energy Reviews, 89: 27-32.

Sun S A, Bao C, Tang Z P. 2019. Tele-connecting water consumption in Tibet: patterns and socio-economic driving factors for virtual water trades. Journal of Cleaner Production, 233: 1250-1258.

Syvitski J P M, Kettne A J, Overeem I, et al. 2009. Sinking deltas due to human activities. Nature Geoscience, 2: 681-686.

Talberth J, Cobb C, Slattery N. 2007. The Genuine Progress Indicator 2006. Oakland, CA: Redefining Progress.

Tang Y, Winkler J A, Vina A, et al. 2018. Uncertainty of future projections of species distributions in mountainous regions. PLOS ONE, 13(1): AR e0189496.

Thellbro C, Bjarstig T, Eckerberg K. 2018. Drivers for public-private partnerships in sustainable natural resource management-lessons from the Swedish mountain region. Sustainability, 10(11): 3914.

Toumbourou T, Muhdar M, Werner T, et al. 2020. Political ecologies of the post-mining landscape: activism, resistance, and legal struggles over Kalimantan's coal mines. Energy Research & Social Science, 65: 101476.

TWI2050. 2018. Transformations to achieve the sustainable development goals. http://www.iiasa.ac.at/web/home/research/twi/Report2018.html[2020-05-01].

UN Environment. 2019. Global environment outlook—GEO-6: healthy planet, healthy people, United Nations Environment Programme. https://www.unenvironment.org/resources/global-environment-outlook-6[2020-02-28].

United Nations. 2015. The Millennium Development Goals Report 2015. New York.

van Loon A F, Gleeson T, Clark J, et al. 2016. Drought in the Anthropocene. Nature Geoscience, 9(2): 89-91.

Visbeck M, Ringler C. 2016. A draft framework for understanding SDG interactions. Chemistry International, 38(6): 29.

Vulevic T, Todosijevic M, Dragovic N, et al. 2018. Land use optimization for sustainable development of mountain regions of western Serbia. Journal of Mountain Science, 15(7): 1471-1480.

Waage J, Yap C. 2015. Thinking Beyond Sectors for Sustainable Development. London: Ubiquity Press.

Wackernagel M. 1994. Ecological Footprint and Appropriated Carrying Capacity: a Tool for Planning Toward Sustainability. Vancouve: University of British Columbia.

Wang H, Dong C G, Liu Y. 2019. Beijing direct investment to its neighbors: a pollution haven or pollution halo effect?. Journal of Cleaner Production, 239: 11.

Wei W, Guo Z C, Xie B B, et al. 2020. Quantitative simulation of socio-economic effects in mainland (of) China from 1980 to 2015: a perspective of environmental interference. Journal of Cleaner Production, 253: 14.

Wolters M L, Kuenzer C. 2015. Vulnerability assessments of coastal river deltas-categorization and review. Journal of Coastal Conservation, 19(3): 345-368.

World Bank. 1997. Expanding the measure of wealth: indicators of environmentally sustainable development. Washington, D C: World Bank.

Xie S, Wang T, Liu S, et al. 2013. Industrial source identification and emission estimation of perfluorooctane sulfonate in China. Environment International, 52: 1-8.

Xu Z, Chau S N, Chen X, et al. 2020. Assessing progress towards sustainable development over space and time. Nature, 577(7788): 74-78.

Yu Y, Pi Y, Yu X, et al. 2019. Climate change, water resources and sustainable development in the arid and semi-arid lands of Central Asia in the past 30 years. Journal of Arid Land, 11(1): 1-14.

Zang C, Liu J. 2013. Trend analysis for the flows of green and blue water in the Heihe River Basin, northwestern China. Journal of Hydrology, 502: 27-36.

Zeng Z, Liu J, Koeneman P H, et al. 2012. Assessing water footprint at river basin level: a case study for the Heihe River Basin in northwest China. Hydrology and Earth System Sciences, 16(8): 2771-2781.

Zhang X, Liu J, Zhao X, et al. 2019. Linking physical water consumption with virtual water consumption: methodology, application and implications. Journal of Cleaner Production, 228: 1206-1217.

# 第十章

# 自然灾害风险

　　自然灾害是人与自然矛盾的一种表现形式，是指给人类生存和发展带来危害或损害人类生存环境的自然现象。自然灾害主要包括地震灾害、地质灾害、气象灾害、水旱灾害、海洋灾害、林草火灾、火山灾害、城市灾害和自然环境破坏事件等。人类活动引发的自然过程异常变化或突变造成的重大财产损失与人员伤亡是自然灾害的重要类型。自然灾害具有自然和社会双重属性，其形成需具备两个必要条件：一是自然过程异变或突变形成具有一定破坏能力的现象（致灾因子），二是受到损害的人员、财产、资源作为承受灾害的客体（承灾体）。其自然属性是地球系统演化的产物，其社会属性与人类社会相伴生。

## 第一节　战　略　定　位

　　人类进化过程及其文明发展史就是人类与自然灾害不断抗争的历史，中华文明 5000 年历史更是一部与重大自然灾害抗争的奋斗史。在与自然灾害的斗争过程中，人类不断提升生存能力和科技实力，创造了日益璀璨的人类文明。同时，重特大自然灾害也是阻碍人类社会发展进程的重要因素，往往是造成区域或者国家社会动荡、政局不稳、政府更迭甚至朝代更替的重要原因之一。自然灾害与人类的过去、现在和将来伴生，是人类必须共同面对的重大风险和挑战。加强自然灾害风险防范与综合减灾的系统研究，加快灾害风险科学学科体系建设，提高防灾减灾救灾科技支撑能力，既有助于对自然地理环境演化过程的认知，促进自然科学和人文社会科学的有机融合，还有助于提升自然灾害防治能力和全民抵御灾害风险的能力，防范化解重大安全风险，支撑国家长治久安和可持续发展，服务全球民生安全保障和"人类命运共同体"建设，战略意义重大。

# 一、全球挑战与国家需求

受不同自然环境条件控制和影响，自然灾害在全球范围广泛分布、频繁发生，严重威胁人类社会安全和自然系统稳定，影响重大基础设施、城镇布局和重大工程的安全，往往造成重大人员伤亡和财产损失，制约社会经济发展。联合国 2015 年的统计数据表明，全球每年因地震、洪水、干旱和龙卷风等灾害造成的损失达 2500 亿～3000 亿美元[1]。世界银行 2016 年报告显示，全球自然灾害每年造成的损失高达 5200 亿美元，比通常报告的损失大 60%[2]。我国地域辽阔、自然环境复杂多样，自然灾害类型多、分布地域广、活动频繁、灾害损失重，是世界上自然灾害损失最为严重的国家之一。2008 年"5·12"汶川特大地震造成直接经济损失 8451 亿元，死亡和失踪 86 693 人；2012 年北京"7·21"特大暴雨导致 79 人遇难，经济损失超百亿元；2013 年黑龙江、松花江、嫩江发生流域性大洪水，造成辽宁、吉林、黑龙江三省 100 多个县（区、市）受灾。目前，全世界尚缺乏对巨型自然灾害和特大自然灾害形成机理与过程、风险分析、监测预警、防控治理、处置救援和灾后重建贯通式的

---

[1] Gobal assessment report on disaster risk reduction 2015. https://www.undrr.org/publication/global-assessment-report-disaster-risk-reduction-2015[2022-11-10].
[2] https://documents.worldbank.org/en/publication/documents-reports/documentdetail/512241480487839624/unbreakable-building-the-resilience-of-the-poor-in-the-face-of-natural-disasters[2022-11-10].

研究，以及多灾种、灾害链、全要素、全过程、全链条的理论与技术体系。当前，自然灾害风险防范和综合减灾相关的学科体系尚未有效建立，防灾减灾救灾体制机制尚不完善，全球大部分国家的防灾减灾救灾能力严重不足，不能满足自身减灾需求和可持续发展的要求。

总体而言，加强自然灾害风险防范和综合减灾能力建设，提升民生安全保障能力，是全球绝大部分国家的共同需求，更是各国科技合作与民生合作的"最大公约数"，也是各国"民心相通"工程和"人类命运共同体"建设的重要切入点，同时也是我国科技短板和"卡脖子"问题的突破点。防范化解重大自然灾害风险是我国社会经济发展和国家长治久安的重大战略需求，更是防范化解重大安全风险，实现"两个一百年"奋斗目标和中华民族伟大复兴中国梦必须解决的重大问题。

## 二、在整个科学体系中所处的地位

自然灾害是地球表层岩石圈、水圈、大气圈、生物圈、人类圈相互作用和地球内外动力共同作用的结果，其物质迁移与能量转化过程、形式、时空格局、演变规律等，是地球科学和地球系统科学关注的核心科学问题。自然灾害过程及其系统是由孕灾环境、致灾因子和承灾体共同组成的地球表层变异系统，灾情是该系统中各子系统相互作用的结果及其表现形式。自然灾害风险学科包括灾害感知识别、预测预报、监测预警、风险评估、防控治理、应急救援、灾后重建和风险管理等防灾减灾救灾的全过程，涉及自然要素资源优化利用、技术研发、风险管理等以资源与环境科学为主的自然科学，以及以人为本的可持续发展等人文社会学科问题，是跨学科、跨领域、跨门类的综合性学科，是资源环境与可持续发展学科体系中的重要分支（图10-1）。目前，自然灾害风险学科还没有作为一个独立学科单列，自然灾害研究大多以灾种分类分散于相关的学科中开展单灾种研究工作，没能形成一个兼顾自然灾害过程与防灾减灾救灾过程，贯通自然灾害风险防范，自然、人文与社会学过程的综合统一的自然灾害风险学科，难以系统解决防灾减灾救灾过程的理论与技术问题。

图 10-1　自然灾害风险学科在整个科学体系中所处的地位

　　为解决防灾减灾救灾及风险管理面临的重大科技问题，加快提升自然灾害防治能力与安全保障能力，亟须汇集地球科学、社会科学、工程材料等相关学科，建立自然灾害风险学科，加快推进跨学科（包括但不限于社会学、自然科学、工程学、应急医疗等）、跨界（包括但不限于工程设计、理论形式、政策制定、城市规划、应急响应）融会贯通，突破传统单一学科（地理学、地质学、地震学、气象学、水文学、林学、农学等）、单灾种研究的不足，为构建安全、绿色、可持续的人类韧性社会提供坚实的理论与技术支持（图 10-2）。

　　自然灾害风险学科是资源与环境科学在社会应用层面的集中体现，不仅促进资源与环境科学体系发展，并已成为资源与环境科学成果促进社会进步应用的载体。自然灾害形成机理、过程与防控研究涉及地球科学与资源环境传统领域的地质、地理、大气、水文、海洋、资源、生态、环境等传统学科以及遥感、GIS 技术、风险感知识别、监测预警、防控治理、应急处置与灾后重建，又涉及电子传感、对地观测、通信技术、工程材料、新材料、计算机、互联网、现代制造等高新技术。近年来，随着信息技术的快速发展，大数据、云计算、超算、人工智能、新型智造等科技手段正快速融入自然灾害防治与应急减灾工作中。防灾减灾救灾科技的快速发展必将推动传统学科综合交叉发展，促进高新技术快速发展与应用，加快全科学链、全价值链的构

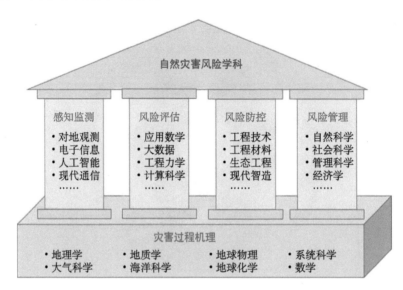

图 10-2　自然灾害风险学科的跨学科属性

建，推动防灾减灾与应急减灾科技及产业的整体发展。近年来，我国北斗系统、高分遥感、无人机技术、新一代通信技术（5G）、物联网技术、电子技术、超算技术、人工智能、云计算和区块链等技术的快速发展，为自然灾害风险感知识别、监测预警、应急救援、灾后重建提供领先国际的科技基础。同时，自然灾害风险超前感知、精细化评估、智能化预警、精准防控治理和高效科学救援的技术目标，以及自然灾害防治与应急减灾专业化、信息化、智能化、现代化发展的国家要求，必将加快推动自然灾害研究与相关学科的融合以及自然灾害防治技术的发展，对加快促进率先建成科技强国具有重大支撑与战略意义。

## 三、在国家总体学科发展布局中的地位

资源与环境科学是社会经济持续发展的重要科学支撑。自然灾害风险学科是资源与环境科学体系的重要分支，又是以资源环境领域为主，跨越自然科学、人文科学、社会科学的交叉学科。防灾减灾救灾关乎人民群众生命、生产和生活安全，也关乎"山水林田湖生命共同体"的国土生态安全，是防

范化解重大安全风险的重要举措，是满足新时代人民群众对美好生活向往的基本保障，因此建立高效科学的防灾减灾救灾与应急管理体系是新时代国家治理体系建设的重要组成部分。自然灾害风险防范与综合减灾强调理论和技术在减灾实践中的应用，是保障民生安全和构建韧性社会的综合性前沿交叉学科，兼具科学前沿探索和民生保障应用的属性，其突出特点是开展自然灾害"防减救"上中下游全链条、贯通式研究，系统性、整体性特点尤为明显，在国家总体学科发展布局中占据十分重要的地位，是不可或缺的学科方向。面对重特大地震活跃、极端事件频发、巨型自然灾害高发、复合链生自然灾害频发等重大自然灾害风险日趋严峻的巨大挑战，必然要求根据防灾减灾救灾科技需求将以往分散于地球科学、资源环境领域及相关学科中的自然灾害研究聚集于灾害风险科学学科方向，在资源与环境科学框架下，形成科学研究整体合力，强化基础理论创新、技术方法创新，突破自然灾害防治基础理论，攻克重大自然灾害防治"卡脖子"问题与技术瓶颈，构建高效科学的自然灾害防治科技体系，服务国家重大战略与减灾实践，全面提升国家综合减灾能力。

## 四、学科发展的机遇和前景

重大自然灾害风险防范与综合减灾日渐成为世界绝大多数国家必须共同面对的重大民生和发展问题，得到绝大多数国家政府和国际组织的高度重视。十八大以来，习近平总书记关于自然灾害防治和防灾减灾救灾方面的重要论述和讲话精神以及党中央、国务院关于自然灾害防治工作的重大部署，为防灾减灾救灾科技发展提供了前所未有的良机。2016年7月28日习近平总书记在河北省唐山市考察时指出，努力实现从注重灾后救助向注重灾前预防转变，从应对单一灾种向综合减灾转变，从减少灾害损失向减轻灾害风险转变，全面提升全社会抵御自然灾害的综合防范能力"[1]。2016年12月发布《中共中央国务院关于推进防灾减灾救灾体制机制改革的意见》，2018年3月应急管理部

---

[1]　习近平在河北唐山市考察时强调 落实责任完善体系整合资源统筹力量 全面提高国家综合防灾减灾救灾能力.http://news.cnr.cn/native/gd/20160728/t20160728_522818691.shtml[2022-11-10].

牵头组建自然灾害防治与综合减灾工作，2018年10月中央财经委员会第三次会议讨论部署提高自然灾害防治能力的"九大工程"，2019年11月中共中央政治局第十九次集体学习，习近平就应急管理工作提出新的要求，强调要实施精准治理，预警发布要精准，抢险救援要精准，恢复重建要精准，监管执法要精准①，成为当前自然灾害防治工作的根本遵循。2020年新冠疫情在国内及全球的传播和蔓延，暴露了我国在防范化解重大安全风险及国家治理体系中存在的问题与短板。尽快弥补科技短板、加强风险防范与应急管理能力建设，进一步提升国家治理能力与效率，不断满足人民群众对美好生活的新需求，是一项重大而紧迫的战略任务。《"十四五"国家科技创新规划》和《国家中长期科学和技术发展规划（2021—2035）》中自然灾害防治与应急管理必将是其中的优先议题，且较以往占有更重的分量。国家重大发展战略、重大基础设施和重大工程的部署与实施，也为自然灾害防治与综合减灾学科发展提供新的挑战与机遇。十八大以来，"一带一路"倡议、长江经济带发展、京津冀协同发展、粤港澳大湾区建设等国家战略或倡议陆续实施，"西部大开发"深化实施，高速铁路网、西电东送、西气（油）东输、梯级水电、川藏铁路等重大基础设施和重大工程较以往更多部署于较高风险区，对重大自然灾害风险防范与安全防护提出了新的需求和挑战。伴随全世界新一轮科技革命的爆发，相关学科发展迅速，新的技术层出不穷，颠覆性理论创新呼之欲出，学科交叉和学科融合必将促进自然灾害风险防范与综合减灾学科发展和能力的跨越式提升。

综上，自然灾害风险学科发展将促进突破新挑战带来的理论和技术瓶颈，推动我国抢占国际自然灾害风险防范与综合减灾国际前沿和学术高地。学科发展将有力地支撑国家经济社会和民生发展需要，服务韧性社会和宜居地球建设，提升国家综合国力及国际竞争力，同时还将促进《2015—2030年仙台减轻灾害风险框架》、联合国2030年可持续发展目标、《巴黎协定》等国际发展目标的实现，有利于提升我国在全球治理体系的影响力和话语权。

---

① 习近平：充分发挥我国应急管理体系特色和优势 积极推进我国应急管理体系和能力现代化. www.gov.cn/xinwen/2019-11/30/content_5457226.htm[2022-11-10].

# 第二节 发展规律与研究特点

## 一、学科定义与学科体系

### 1. 学科定义

自然灾害是指给人类生存和发展带来危害或损害人类生存环境的自然现象；自然灾害风险学科主要研究自然灾害系统孕灾-成灾-致灾的过程与机理、灾情时空格局、应急响应与风险防御范式，是以多学科交叉、跨学科、跨领域为特质的学科集群。

### 2. 学科的内涵与外延

学科内涵：自然灾害是地球内动力与外动力驱动下多圈层（大气圈、水圈、岩石圈、生物圈、人类圈）相互作用所引发的地球表生灾变过程，涉及复杂的地表物质迁移与能量转化，包含物理、化学、资源、环境、生物、地质、人文、社会等复杂过程及其相互作用与时空关联。自然灾害风险是自然灾害对人类生存环境和要素可能造成的危害程度，是孕灾环境、致灾因子和承灾体共同组成的地球表层系统相互作用的结果。孕灾环境指形成各种致灾因子的环境要素，包括气候、地质、土壤、水文、植被、地貌等自然背景和政治、经济、文化等社会背景；致灾因子是造成孕灾环境改变，从而诱发灾害事件的因素，主要的致灾因子包括地球内动力因素和外动力因素，其中内动力因素包括板块运动、断层活动、地壳升降等，外动力因素包括气候变化、极端天气、人类活动等；承灾体是各种自然灾害作用的对象，是人类生存环境中的自然与社会资源的集合，除人类生命系统外，还包括能源、矿产、土地、生态等自然资源和建筑、交通、通信、水电等各类生产生活设施，以及所积累起来的各类财富等。承灾体受危害的程度，除与致灾因子的强度有关外，很大程度上取决于承灾体自身的脆弱性。

学科外延：自然灾害主要类型包括地震灾害、地质灾害、海洋灾害、气象灾害、水旱灾害、林草火灾等。当前，自然灾害形成机理与风险防范研究以现代地球系统科学基础理论为基础，通过卫星遥感、航空遥感、地面观测等"天-空-地"一体化立体观测技术，离心机、振动台、环境模拟等大型室内模拟实验，大数据分析、高性能计算、机器学习和人工智能等现代科技手段，以地球表层自然、环境、人类活动相互作用为对象，研究自然灾害对人类生存和可持续发展的影响，揭示自然灾害孕育、形成、演化与致灾机理，发展灾害风险感知识别、预测评估、防控治理、应急救援与风险管理的系统理论及技术体系，实现人类与自然和谐共处。

### 3. 学科体系

自然灾害风险学科与基于地球圈层划分的地学学科体系既密切相关又有明显的不同，有其独特的学科体系（图10-3）。自然灾害风险学科不仅关注基础研究，即理论与方法论的研究，更重视技术研发与减灾应用，还高度关注自然灾害风险管理与减灾模式研究。

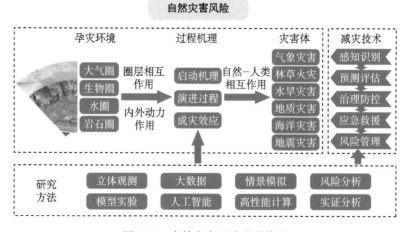

图 10-3　自然灾害风险学科体系

## 二、学科发展历史

我国自然灾害风险学科的发展经历了1949年前的由唯心主义向自然科学

过渡阶段，1949～1978 年的减灾摸索阶段，1978～2008 年的科学减灾探索到综合减灾发展阶段，2008 年至今的综合减灾高速发展阶段。

### 1. 1949 年前：由唯心主义向自然科学过渡阶段

在我国丰富的文化遗产中，保存了大量各种自然灾害和异常，特别是地震地质、气象、水文等方面的史料。但是，限于生产力发展水平和对自然规律的认知，此阶段对自然灾害缺乏整体的科学认识，人们往往将自然灾害的发生归结为"天意"。但其中也不乏亮点，如春秋战国时期，"深淘滩，低作堰"的都江堰是一个防洪、灌溉、航运综合水利工程，其体现了人们对水利学原理和河流地貌的深刻认识。由于自然灾害频繁对政局、社会稳定的冲击和影响，产生了中国古代特有的"政府行为"——荒政，即赈济灾民以维持政权统治的政策。荒政大多具有补偿、分摊和转移意外损失，带有一定社会保障意义的经济手段，包含着丰富的原始风险管控意识（张介明，2009）。至19 世纪，国际科学界已经建立了描述流动基本规律的纳维－斯托克斯方程和描述固体接触运动的古典库仑摩擦定律，为现代描述自然灾害的物理力学行为奠定了基础。

民国时期，西方近代科学思维引入中国，出现了研究自然科学的机构和团体，一些高校相继设立地质、气象等专业，自然灾害研究由荒政模式向科学研究模式过渡。张謇创立了近代水利机构以满足对人才的需求，可以说是将西方现代科学技术应用于水利建设和水灾治理的第一人。竺可桢（1972）的《中国近五千年来气候变迁的初步研究》一文列出了中国历代各省水灾分布表、中国历代各省旱灾分布表、中国各世纪水灾次数表，并对各地自然灾害的差异性及致灾因素的不同条件进行了分析。

### 2. 1949～1978 年：减灾摸索阶段

中华人民共和国成立初期，对各种自然灾害形成和发展规律的认识主要来源于实践经验总结。为减轻各种自然灾害对社会经济发展的影响，我国逐步建立了相应的管理部门和业务、研究机构。1949 年，为防御水旱灾害，中央先后设立了水利部和内务部，水利部负责水旱灾害，内务部主管水灾救济；鉴于气象灾害频发和对农业的严重影响，1954 年组建了中央气象局；1964 年，国家海洋局成立，并将海洋灾害预警作为主要任务之一；随后地质部门也加强了环境地质工作,重点开展地质灾害(崩塌、滑坡、泥石流等)勘查与防治。同一时期,美国发生了一系列暴风及地震灾害事件,因此建立了以联邦应急管理署为中心的一体化救灾机制,将原本分散在不同部门的救灾机构整合起来。

减灾理念由初期的"人定胜天"逐步转向客观认知,逐渐依据现代科学手段认识自然灾害形成和发展规律,并且在政府和社会减灾行动过程中融入了科学理论依据,制定了较明确的分类灾害的减灾措施及行动方针。这一时期,以单灾种的科学研究和重大工程减灾需求驱动为主要特色,如成(都)昆(明)铁路泥石流灾害综合治理及航空影像和遥感技术在其中的初步应用,代表了这一时段防灾减灾研究的发展方向。

### 3.1978 ~ 2008 年:科学减灾探索到综合减灾发展阶段

党的十一届三中全会后,我国社会发生了深刻的历史性转变,也直接影响到灾害研究理念的发展。随着对各类自然灾害的感受度和认识的提高,20世纪80年代我国已经具备了依靠科学技术达到减灾目标的基本条件。至1988年,在七个部门的联合建议下,科学技术部立项开展"中国重大自然灾害与减灾对策研究",提出了全社会综合减灾工作的基本框架,标志着综合减灾管理思想的开始。1990年联合国正式将20世纪的最后十年定为"国际减轻自然灾害十年"(International Decade for Nature Disaster Reduction,IDNDR),中国积极响应并落实减灾行动。1997年12月,中国国际减灾委员会(现国家减灾委员会)发布了《中华人民共和国减灾规划(1998—2010年)》,减灾从此纳入国民经济发展的重要组成部分,自然灾害管理日趋系统化、科学化。1998年长江特大洪水和防灾减灾救灾经验教训让全社会认识到减灾战略应将工程措施与非工程措施有机结合,强调通过人与自然的和谐来降低脆弱性(商彦蕊,2005)。

在国际减灾前沿战略与理念的指导下,自然灾害研究不断提出综合减灾的管理方式,开始将综合减灾列为研究范畴,灾害管理学、灾害社会学、灾害保障学等跨学科研究形成热潮。逐渐由传统的灾害自然属性研究向与社会、经济条件分析紧密结合的方向发展,自然灾害风险研究也由定性逐步向半定量或定量评估转化。

### 4. 2008 年至今：综合减灾高速发展阶段

2008 年汶川地震后，国家对减灾事业的重视提升到了新的高度，综合减灾理念逐步深入人心并得到真正落实。2015 年 3 月第三届世界减灾大会明确了以《2015—2030 年仙台减轻灾害风险框架》作为未来 15 年世界减灾指导性文件。2016 年 7 月 28 日，习近平总书记在河北唐山市考察时提出，要总结经验，进一步增强忧患意识、责任意识，坚持以防为主、防抗救相结合，坚持常态减灾和非常态救灾相统一，努力实现从注重灾后救助向注重灾前预防转变，从应对单一灾种向综合减灾转变，从减少灾害损失向减轻灾害风险转变，全面提升全社会抵御自然灾害的综合防范能力[①]。2018 年 3 月，应急管理部的成立标志着我国综合减灾从顶层设计的角度完善制度体系，综合减灾事业迈入新的篇章。2018 年 4 月北京举行的亚洲科技减灾大会，推动了综合减灾与风险防范。2019 年 5 月北京举行的"一带一路"防灾减灾与可持续发展国际学术大会通过了《"一带一路"防灾减灾与可持续发展北京宣言》。

此阶段，自然灾害风险学科体系已经摆脱了早期发展过程中对单种灾害学科的依赖，成长为以科学问题引领与减灾需求驱动的新学科。在自然灾害科学研究、风险管理、制度设计、法律法规、减灾技术装备、减灾能力与韧性社会建设等方面形成"由点及面"的全方位突破。

随着我国综合国力的不断增强，目前自然灾害风险学科研究和防灾减灾救灾事业已进入不断降低自然灾害风险以满足人民日益增长的安全需求的攻坚期，也到了有条件有能力解决突出问题的窗口期，如 2020~2022 年第一次全国自然灾害综合风险普查工作，全球气候变化和中国快速城市化背景下的综合自然灾害风险区域分异规律与区划等研究；研究成果充分地运用在国家重大发展战略及工程建设中，在汶川地震等重特大灾害的综合应对、川藏铁路规划选线中发挥积极作用；全球尺度上自然灾害风险评估也取得了显著的进展，如世界自然灾害风险评估、"一带一路"框架下六大经济走廊特别是中巴经济走廊自然灾害风险评估等。

---

① 习近平在河北唐山市考察 . http://www.xinhuanet.com/politics/2016-07/28/c_1119299678.htm[2022-11-10].

# 三、学科发展规律

自然灾害风险不仅有独特的学科内涵和外延，而且学科发展也有其自身的独特规律。梳理自然灾害风险学科发展的历史轨迹，可以发现其发展规律主要表现如下。

## 1. 重大自然灾害事件推动学科波浪式发展

自然灾害风险学科并不是以一种循序渐进的方式发展，它的每一次重要进步都与重大自然灾害事件有关。1923年日本关东大地震促进了地震工程、地震滑坡等研究领域的发展；2000年西藏易贡滑坡推动了高速远程滑坡、堰塞湖灾害链的系列研究；2008年汶川地震推动了特大地震灾害及其次生山地灾害链研究的飞速进步和防灾减灾救灾理论与技术的提升；印度洋海啸、美国卡特里娜飓风、日本福岛核事故等重大灾害推动了巨灾风险及其监测预警的研究。因此，无论是自然灾害风险学科的进步还是学科的扩展，都呈现出一种重大自然灾害事件推动的波浪式发展规律。

## 2. 多种灾害齐头并进到多灾种融合研究

不同的自然灾害有着各自的研究对象和研究目标，也形成了各自的知识体系。从20世纪开始，因应人类大规模经济活动和重大工程建设的迫切需求，相关的地震、地质、气象、海洋等自然灾害，逐渐发展为相对独立的有自身科学内涵的学科方向。随着对不同自然灾害类型独立研究的深入，人们逐渐认识到虽然不同类型自然灾害的发生机理、时空尺度、危害范围等有着较大的差异，但是不同的自然灾害之间存在很多共性的学科问题，如自然灾害风险评估、风险管理、监测预警、防范技术等，体现出由多种自然灾害齐头并进到多灾种融合研究的发展规律。

## 3. 重大科技创新引发革命性发展

自然灾害风险学科的发展依赖于重大科技创新，先进的理论、技术和方法将推动该学科飞跃式发展。例如，GPS技术、合成孔径雷达干涉测量（interferometric synthetic aperture radar，InSAR）技术和高速通信技术极大地提高了灾害学科数据获取的便利程度，并使得灾害监测预警等领域有了革命性突破；基础数学和物理学的发展也为自然灾害风险学科机理研究提供了诸多理论、模型和算法；计算机科学的持续进步也使得灾害的数值预报成为现实，灾害过程的精细化数值模拟成为研究热点。

### 4. 国家需求牵引、重大灾害驱动式的发展

自然灾害风险学科是一门公益性的科学，其发展需着眼国家需求，紧跟社会发展，落脚减灾实践。国家重大战略或倡议导向，如"西部大开发"、重大工程建设、"一带一路"倡议中的减灾需求，积极推动自然灾害风险学科的发展，并指导减灾实践。另外，历史上特大灾害事件，如"尼娜"特大台风、1998年特大洪水、唐山地震、汶川地震等，都大幅推动了气象灾害、洪涝灾害和地震及次生地质灾害等学科的发展。

习近平总书记防灾减灾救灾体制机制"三个转变"[①]、应急管理体系和能力建设"四个精准"[②]的提出，充分反映了自然灾害风险学科的发展规律，为该学科的进一步发展指明了方向。

## 四、学科研究特点

自然灾害风险涉及众多的自然因素和社会因素，是一个交叉性和综合性很强的新兴研究领域。自然灾害风险学科研究具有以下主要特点。

### 1. 研究对象和过程的综合性和复杂性

自然灾害风险学科方向是以复杂灾害系统为研究对象，以评估自然灾害风险为核心内容，以调控自然灾害风险为主要目标的交叉学科。研究涉及综合的自然环境要素、众多的致灾因子，影响因素多、介质复杂，过程观测难，具有多物理场、多过程、多尺度、多状态、多因素的特点，同时，复杂的社会承灾体也具有不确定性、时空变异性、随机性和复杂性。因此，自然灾害具有系统性、综合性和复杂性等特点。

---

① 如何防灾减灾救灾? 习近平总书记强调这么做. http://www.qstheory.cn/zdwz/2020-05/12/c_1125972852.htm?ivk_sa=1023197a[2022-11-10].
② 习近平：充分发挥我国应急管理体系特色和优势 积极推进我国应急管理体系和能力现代化. http://www.gov.cn/xinwen/2019-11/30/content_5457226.htm[2022-11-10].

## 2. 综合交叉学科

自然灾害风险学科方向研究具有鲜明的交叉学科特性，是构成地球表层复杂系统研究的一个重要组成部分，涉及地质学、地理学、经济学、社会学、农学、环境学、生态学和遥感科学等多学科理论、技术与方法的综合交叉。例如，汶川地震及其次生灾害的机理研究涉及地球物理学、地质学、地理学等学科，应急抢险与灾后重建过程中又涉及工程技术、社会科学、经济学等学科。因此，重大自然灾害风险防控要求多学科、多层次、多群体的交叉合作研究，最终形成跨学科的综合交叉集成研究。

## 3. 高度的技术依赖性

技术进步一直是推动自然灾害风险学科发展的动力，随着 21 世纪对地观测技术的进步，对自然灾害基本信息感知和获取能力大幅提升；随着高性能计算与模拟技术的发展，在数字天气预报、数字地球、重大自然灾害风险评估方面取得了长足的进步；大数据和人工智能的发展，支撑了自然灾害风险识别、监测预警、风险管理等方面的快速发展。因此，高度技术依赖性成为自然灾害风险学科的重要特点。

## 4. 高度的实践检验和社会公益性

国家防灾减灾需求是自然灾害风险学科发展的根本动力。通过基础研究、技术研发、集成示范和转化应用，突破制约社会经济发展的关键性防灾减灾救灾技术难题，形成的防灾减灾救灾与风险防范科技体系，直接服务于国家防灾减灾需求，接受减灾实践的检验，保障自然资源、人民生命财产与重大工程安全，服务于生态文明建设、脱贫攻坚、"一带一路"倡议等，具有鲜明的社会公益性。

## 5. 研究组织形式

自然灾害风险研究的组织形式以全链条的科学理论突破与技术成果转化相结合的模式为基础，需要结合原型观测、理论创新、技术研发、装备研制、集成示范，实现一体化、全要素、全过程、全链条、多学科的协同创新模式，促进研究成果的市场化、产业化和社会化，进而提升全社会抵御自然灾害风险的能力，最大限度地降低生命和财产损失。

# 第三节　发展现状与发展态势

## 一、国际研究进展

### 1. 国际减灾计划及科学需求

联合国于1989年倡导发起"国际减轻自然灾害十年"，1994年在第一次世界减然灾大会上提出"横滨战略及行动计划"，2000年开始实施联合国国际减灾战略（United Nations International Strategy for Disaster Reduction，UNISDR）并设立协调秘书处，2005年在第二次世界减灾大会上提出建立国家和地方抗灾力（灾害韧性）的兵库行动纲领。2015年在第三届世界减灾大会上提出《2015—2030年仙台减轻灾害风险框架》，确定了四个优先领域：①理解灾害风险；②加强灾害风险防范以管理灾害风险；③投资减轻灾害风险以提高抗灾能力（韧性）；④加强备灾以有效响应并在安置和恢复重建中让灾区"建设得更好"。由此，联合国国际减灾战略的重心体现了以下变化：①更加重视各级政府在减轻灾害风险中的主体责任；②强调减轻多灾种灾害风险，包括自然多灾种风险及其引发的技术、环境与人为事故风险；③强调从地方、企业、国家、区域至全球，形成完整的减轻灾害风险体系；④强调多措并举减轻灾害风险，包括工程、非工程措施，由设防、救助、应对与风险转移组成的结构性措施，由备灾、应急、转移安置、恢复重建组成的功能性措施；⑤强调从经济、政治、社会、文化、卫生和环境多领域减轻灾害风险；⑥强调发挥个人、企业、社区和国家以及各利益相关方、区域和国际组织的作用，减轻自然灾害风险。

国际减灾战略与行动对自然灾害风险科学研究提出了迫切需求，要求在深刻理解自然灾害的形成演进过程和致灾机理、精准刻画承灾体自身特征的基础上，定量评估自然灾害风险的时空变化，研发防/减/救灾的关键设备和技术措施，构建综合灾害风险防范体系。

## 2. 自然灾害风险科学研究进展

过去 30 年，随着国际减灾战略与行动计划的实施，全球对自然灾害风险科学的关注与日俱增，在自然灾害形成机理、过程模拟与预报、风险评估、防灾减灾救灾与技术方法、风险管理与综合减灾等领域取得了长足的进展。

### 1）自然灾害形成机理

自然灾害机理的研究旨在加深理解灾害的孕灾机制和形成机理。目前，对单灾种形成机理已有较清晰的认识，如地震是地球板块与板块之间相互挤压碰撞，造成板块边缘及内部产生错动和破裂的过程；台风本质上是在特定条件下发生的、强大而深厚的"热带天气系统"；暴雨形成的物理过程从宏观上来说是由源源不断的充足水汽、强盛而持久的气流上升和大气层结构的不稳定造成的；洪水、泥石流等灾害本质上是地球下垫面对天气系统（暴雨等）活动的一种响应。目前，对这些灾害机理和过程的描述已形成多种理论和模型，可揭示或描述地震发震动力、台风-风暴潮耦合、水文产汇流、地质灾害形成等各灾种的形成机理与过程（陈运泰等，2013；雷雨顺，1986；崔鹏等，2018）。但对内外动力耦合和多圈层相互作用下，特大、复合以及链式灾害的形成机制研究仍亟待加强。

### 2）自然灾害过程模拟与预报

随着人类对灾害物理过程的逐步认识和计算机技术的不断发展，目前对各种灾害的过程描述和模拟越来越科学与精确，对灾害的预报逐步做到数值化和定量化。例如，随着对天气系统动力学规律的掌握，目前天气系统已有新一代高分辨率中尺度天气预报模式（weather research forecast，WRF）等多种成熟的数值技术，在各种模式的结合下，预报精度不断提升；通过动力过程模拟，可在获得地震参数 5min 左右的时间内做出海啸预警预报；台风 24h、48h 路径预报和沙尘暴数值预报水平也可做到实时准确（石先武等，2013）；在洪涝灾害和地质灾害方面，随着产汇流过程和流体运动过程的不断数值化，各种数值模型已可直观表达灾害的发生、运动和致灾过程，在预报中已逐步业务化（Arnold et al.，1998；杨志法和陈剑，2004；Cui et al.，2013）；比较特殊的是地震灾害，尚不能准确预报，近年来不断发展的地球动力学模型虽然也可模拟和揭示地震的传播与致灾过程（陈运泰等，2013），但对特殊气象条件、复杂地形情况下灾害发展过程的认识和模拟仍有不足，预报精度不够。

3）自然灾害风险评估

对灾害风险的研究集中在：地震、台风和洪水等灾害风险形成与演化（Vousdoukas et al.，2018），灾害体与承灾体的作用机制（Shroder et al.，2014；Cui et al.，2013），灾害风险评估方法论（Amendola et al.，2013；Robinson et al.，2018）和基于复杂系统理论的风险关联、级联效应与致灾的建模分析（Helbing，2013；Zscheischler et al.，2018；Gaupp et al.，2019），针对全球尺度和重点区域尺度的地震、洪水、热带气旋、雪崩、野火等风险评估（Shi and Kasperson，2015；Ward et al.，2015；Aerts et al.，2018；Ballesteros-Cánovas et al.，2018），多灾种综合风险评估（Koks et al.，2019），全球变化背景下灾害风险情景模拟（Jongman et al.，2014；Kundzewicz et al.，2018；Tang and Ge，2018），以及依托概率风险框架的效益–成本分析和风险减缓措施评估与优化（Tierney，2014）等领域，取得了长足进展，逐步实现了对"风险知晓"的投资、规划和指导。未来，应在加强基于动力过程的单灾种风险评估理论与复合、链式灾害的综合风险评估，以及气候变化和地球内动力变化背景下未来风险定量预测等方面的研究。

4）自然灾害防灾减灾救灾方法与技术

自然灾害防抗救的重点是应用先进的工程技术和信息技术等来实现设防能力的有效提升，通过信息的准确发布提高自然灾害的预报和预警能力，通过应急救援信息与物流优化有效提升救援效果。典型技术成果包括：地震预报和预警技术（Huang，2015；Obara and Kato，2016；Cochran and Husker，2019），热带气旋移动路径监测与预估技术（Yamaguchi et al.，2020），极端天气和气候预警技术与系统（Schiermeier，2018），房屋结构抗震加固技术（Liu et al.，2015；Wang et al.，2019）等；在应急救援方面，通过挖掘社交媒体等网络数据实现了对灾损情况或应急需求的评估（Middleton et al.，2014），对不同受灾地区情景识别系统的改进和物资的差异化分配（Arora et al.，2010；Peng and Yu，2014），可对应急过程中的不确定性进行刻画，进而采取措施减轻危害（Bozorgi-Amir et al，2013），在应急响应过程中实现动态资源分配和执行运输决策（Martijn et al.，2017）；同时，各种高新技术如无人机、导航系统、环境资源卫星的研制和使用也大大提高了抗救灾效率。

5）自然灾害风险管理与综合减灾

风险管理研究旨在响应联合国开展全球减轻自然灾害风险的号召，推动灾害风险管理、制定减灾战略、改进预警技术及信息传输服务、推进灾害保险等领域发展。国际科学理事会组织实施了"减轻灾害综合研究计划"（ICSU，2008），全球变化人类行为计划组织实施了"综合风险防范"（Integrated Risk Governance，IRG）核心项目（Shi et al.，2012），并在2015年后将其纳入"未来地球计划"的核心项目。灾害应对研究关注备灾模式（McNutt，2015）、应急资源优化（Hanson and Roberts，2005）、社会资本在应急安置中的作用（Hikichi et al.，2017）、自然灾害保险和灾后援助在恢复重建中的作用（Surminski et al.，2016）。同时，探讨对地理过渡带、海岸带敏感区的孕灾环境和生态系统保护（Calkin et al.，2014；Barbier，2014；Reyers et al.，2015）、承灾体暴露与分布调整（Spears，2015），以提高韧性与设防能力（Allenby and Fink，2005；Linkov et al.，2014）。

此外，气候变化和地球内动力活动对地质、气象、水文、海洋和生态环境灾害的影响及风险变化近年来受到高度关注。例如，考虑气候变化对水文过程的影响，综合评价水灾、地质灾害的发展趋势；在量化建模基础上，引入气候驱动因子，实现对致灾频率和强度的情景模拟，定量评估和管理风险等；但总而言之，对巨灾、复合灾害、链式灾害的风险管理和减灾措施研究仍处于起步阶段，是下一阶段的重要任务。

## 3. 自然灾害风险研究发展趋势和前沿

全球自然灾害风险科学研究的总体趋势主要体现在：①深化对各类自然灾害致灾机理与过程的分析，实现主要自然灾害类型的建模与数值模拟，着力改善模型模拟的精度和时空分辨率；②自然灾害风险评估由定性转为定量评估，由单灾种转向多灾种综合风险分析，揭示灾害群、灾害链与灾害遭遇的机理、过程，着力开展变化环境下动态风险与情景风险评估方法和技术研发；③推动多源数据同化、观测与模拟相结合，着力提高自然灾害监测的时空分辨率、风险预警和评估精度；④从灾害损失管理向灾害风险管理转变，强调基于"风险知晓"的减轻灾害风险措施与效益−成本优化。

灾害系统的精细探测技术，圈层相互作用的灾害发育演化机理，跨尺度、多过程、多介质的灾害动力学耦合和转化机制，以及人与自然相互作用的风险调控与韧性社会构建的技术体系等是自然灾害风险研究前沿。另外，2016年联合国减灾署在关于实施仙台减轻灾害风险框架科技大会上，提出了当前灾害风险管理中亟须解决的问题（Aitsi-Selmi et al.，2016），具体包括：①如何在多空间尺度上建立科学家、决策者和实践者共同开展多学科、跨学科研究的网络和平台？②如何理解、评价灾害风险和预警系统的设计？③使用什么数据、标准、创新实践来测量减轻灾害风险的进展？④如何填补灾害风险研究和应对能力间的鸿沟？⑤如何在减轻灾害风险中有效创新科技应用？

## 二、我国的研究特色与国际地位

### 1. 地域特色与学科优势

我国地质地理环境复杂，自然灾害种类多、分布范围广、灾害频率高，灾害类型和分布也具有地域性。例如，受环太平洋地震带、地中海−喜马拉雅欧亚地震带与大陆板内地震影响，我国多次发生人员伤亡惨重的重大地震灾害；中、东部及沿海暴雨、洪水灾害和台风、风暴潮等海洋灾害严重；西北地区干旱、沙尘暴灾害突出；青藏高原及周边地区地形、气候复杂多变，地震和地质灾害频发。

过去30年，我国自然灾害风险学科得到长足发展，展现了巨大的发展潜力，针对区域灾害成立了中国科学院、水利部成都山地灾害与环境研究所等多个专业科研机构，建设了地质灾害防治与地质环境保护国家重点实验室等十多个国家重点实验室（表10-1）。围绕灾害的机理与过程、分布与趋势、监测预警、灾害评估与风险防范、抢险救灾技术装备、应急响应、恢复重建、综合风险管理等开展了卓有成效的科学研究。相继开辟了多个稳定而有特色的研究方向，形成了多个学术研究团队和学术带头人，承担了一大批国家科研项目，取得了一系列成果和科技奖励。

表 10-1　自然灾害风险学科涉及的单位

| 序号 | 部门 | 单位 |
|---|---|---|
| 1 | 科学技术部 | 地表过程与资源生态国家重点实验室<br>地震动力学国家重点实验室<br>地质灾害防治与地质环境保护国家重点实验室<br>灾害天气国家重点实验室<br>农业虫害鼠害综合治理研究国家重点实验室<br>土木工程防灾国家重点实验室<br>火灾科学国家重点实验室<br>水沙科学与水利水电工程国家重点实验室<br>污染控制与资源化研究国家重点实验室<br>环境模拟与污染控制国家重点实验室<br>河口海岸学国家重点实验室<br>遥感科学国家重点实验室<br>资源与环境信息系统国家重点实验室<br>冰冻圈科学国家重点实验室<br>冻土工程国家重点实验室<br>云南东川泥石流国家野外科学观测研究站<br>湖北长江三峡滑坡国家野外科学观测研究站<br>宁夏沙坡头沙漠生态系统国家野外科学观测研究站<br>新疆天山冰川国家野外科学观测研究站<br>新疆阜康荒漠生态系统国家野外科学观测研究站<br>国家遥感中心 |
| 2 | 中国科学院 | 空天信息创新研究院<br>西北生态环境资源研究院<br>生态环境研究中心<br>地理科学与资源研究所<br>地质与地球物理研究所<br>大气物理研究所<br>青藏高原研究所<br>动物研究所<br>海洋研究所<br>南京地理与湖泊研究所<br>新疆生态与地理研究所<br>水利部成都山地灾害与环境研究所 |
| 3 | 教育部 | 北京师范大学<br>清华大学<br>北京大学<br>南京大学<br>同济大学<br>四川大学<br>中国农业大学 |

| 序号 | 部门 | 单位 |
|------|------|------|
| 3 | 教育部 | 中国科学技术大学<br>武汉大学<br>厦门大学<br>中山大学<br>南开大学<br>兰州大学<br>中国人民大学<br>中国海洋大学<br>西北农林科技大学<br>长安大学<br>成都理工大学<br>华东师范大学<br>北京林业大学 |
| 4 | 自然资源部 | 中国地质科学院<br>中国测绘科学研究院<br>中国地质环境监测院<br>国家基础地理信息中心<br>第一海洋研究所<br>第二海洋研究所<br>第三海洋研究所<br>国家海洋环境监测中心<br>国家海洋环境预报中心<br>中国林业科学研究院 |
| 5 | 水利部 | 水土保持监测中心<br>中国水利水电科学研究院 |
| 6 | 生态环境部 | 中国环境科学研究院<br>中国环境监测总站 |
| 7 | 应急管理部 | 国家自然灾害防治研究院<br>国家减灾中心<br>减灾与应急管理研究院 |
| 8 | 农业农村部 | 中国农业科学院 |
| 9 | 住房和城乡建设部 | 中国城市规划设计研究院<br>中国建筑科学研究院有限公司<br>中国建筑标准设计研究院有限公司 |
| 10 | 工业和信息化部 | 国家计算机网络应急技术处理协调中心 |
| 11 | 中国气象局 | 中国气象科学研究院<br>国家气象中心<br>国家气候中心<br>国家卫星气象中心 |

| 序号 | 部门 | 单位 |
|---|---|---|
| 12 | 中国地震局 | 地球物理研究所<br>地质研究所<br>地壳应力研究所<br>地震预测研究所<br>工程力学研究所 |

在地震灾害方面，对大陆强震的成因和机理等问题开展了大量研究，地震监测台网逐渐完善，开发出地球动力学模型（陈运泰，2009），对大陆强震与大陆构造、大陆构造活动和变形关系，大陆地震孕育的深部构造环境以及地震发生与活动断层关系等有了较为系统的认识。对近年发生的汶川、芦山、鲁甸、玉树和九寨沟地震等都有了明确的科学解释（陈运泰等，2013）。

在地质灾害方面，揭示了大型滑坡、泥石流等山地灾害的形成机理和演化过程、构建了动力模型与数值模拟平台，实现了山区地质灾害全程运动演进预测，建立了山地灾害风险定量评估体系（Cui et al.，2013；He et al.，2015），有助于了解致灾过程、致灾范围和定量化预报（Cui et al.，2011；Pudasaini，2012）。

在气象灾害方面，对台风暴雨的成因机理和发展过程的认识越来越明晰，定量研究了台风暴雨强度和分布的影响因素，揭示了灾害成因机制，研制了气象灾害动力模型（程正泉等，2009；刘少军等，2011），构建了热带气旋生成位置、移动路径和风场模拟模型，支撑了台风预报预警、风险评估和转移安置等业务运行系统（廖恒丽等，2014）。

在水文灾害方面，分析了我国不同地区极端降水事件的频次和强度变化（Zhai et al.，2019；Zhou et al.，2014），研究了流域洪泛区城市用地的时空格局、产汇流模拟与洪水风险（Du et al.，2018；Han et al.，2020），形成了全国洪水灾害风险等级图，用于洪水管理实践（史培军，2011），同时也开展了城市尺度上洪水风险的未来情景和适应研究（Du et al.，2018）。

在林草火灾方面，智能监控、自动传输和遥感等技术的应用，为森林草原火灾的监测提供了重要支撑，研究了自然（雷击）和人为诱发林草火灾的机制，深入分析了林草火灾形成的天气、可燃物、地形因素、人类活动的影响（Ye et al.，2017），构建了森林、草原火灾风险评估模型（国志兴，2011）。

综上所述，我国自然灾害的多样性决定了我国自然灾害风险学科的研究具有充分的研究条件，凸显了学科优势。灾害的地域性也决定了我国自然灾害研究力量和优势具有鲜明的地域特征，同时也决定了学科理论和技术在推广与应用中需充分考虑地域特征，做到因地制宜。

### 2. 重要成果与国际地位

数十年来，我国在自然灾害风险科学理论与实践方面取得了丰硕的理论和技术成果，部分领域已经达到国际领先和先进水平。

从科研论文发表的数量来看，中国与美国在全球相关领域发文量占比较高（图10-4）。2010~2014年，美国发文量占比为28.01%，中国相对较低，仅为9.01%。但是，2015~2019年，中国发文量实现了大幅提升，占比为15.70%，但仍低于美国（22.51%）。但从各灾害类型的发文情况来看，中国在地质灾害、山地灾害、气象灾害、旱灾等主题上的发文量位列全球第一，而在自然灾害总论、地震灾害、洪水灾害、城市灾害、海洋灾害等主题上的发文量位列全球第二。国际（地区）合作方面，中国大陆同美国、日本、澳大利亚、新西兰、中国台湾、韩国和印度合作强度较高（图10-5）。从国家合作网络的整体水平来看，美国处于世界灾害风险研究的中心地位，中国在合作网络中的中心性并不突出，因此该领域研究人员应该更积极地走出去，拓展国际合作，提升我国在灾害风险研究领域的国际影响力。

图10-4　不同时段Top10国家发文量占比情况

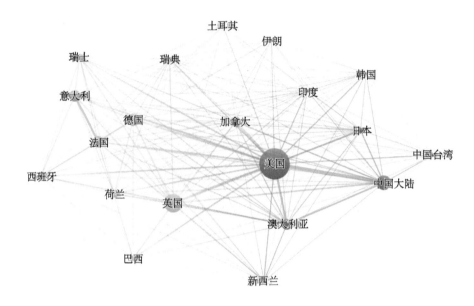

图 10-5　2010～2019 年世界灾害风险研究领域 Top20 国家 / 地区合作情况

从具体的研究领域和成果来看，在以下五个方面取得了显著进展。

（1）自然灾害风险形成、发展过程理论和模拟技术：在地震灾害、气象灾害、海洋灾害、洪涝灾害、地质灾害等方面形成了针对中国特色、处于国际领先的理论；开发了国际领先的地球动力学模型（陈运泰，2009），与国际主流水平相当的风暴潮、海啸数值模拟系统，处于世界先进水平的台风、沙尘暴运动路径数值模拟系统，处于国际主流地位的滑坡、泥石流等地质灾害模拟系统等。

（2）自然灾害监测预报预警技术体系：建立了较为完善与广为覆盖的地震、地质灾害、台风、洪涝、林火、干旱、风暴潮、海浪、雪灾、沙尘暴监测网络，加强了灾害预测预报、监测预警和群测群防能力，数值预报精度不断提升，信息发布覆盖面和及时性得到有效提高。我国对台风路径、暴雨、温度等要素的精细化预报和沙尘暴数值预报达到了世界先进水平，在风暴潮数值预报方面也走在了国际前沿（郭安红等，2015；于良巨等，2017）。

（3）自然灾害风险评估方法体系：在重大自然灾害损失与风险综合评估技术、重大自然灾害应对与农业自然灾害保险技术等方面取得了原创性成果，创建了模式化、图谱化、实时化、标准化、一体化的综合灾害风险评估方法体系。初步建立了主要自然灾害历史数据库、自然灾害灾情评估指标体系，形成了覆盖全国的重大自然灾害灾情统计与报告制度，发展了区域综合灾害风险评估模型，完成的《中国自然灾害风险地图集》（中英文对照版）和《世界自然灾害风险地图集》（英文版）为国家和全球防灾减灾提供了支撑。

（4）国家防灾减灾工程技术体系：新建、整修、加固了主要江河和沿海堤防，兴建了大中小型水库和大江大河大湖的防洪排涝工程体系，建设了长江三峡工程、黄河小浪底工程等重大防洪减灾工程；对城镇及交通沿线等重点地区和重大工程的地质灾害进行了大规模治理；防沙治沙工程、喀斯特石漠化治理、三北防护林工程、综合林火防治体系、防雷工程体系、生物灾害防治、牧区防灾基地、现代渔港工程等防御体系建设取得了突出成效。这些工程技术体现了针对特有灾害而形成了中国智慧。

（5）"举国应对""精准治理"的灾害应急管理中国模式：基于对中国传统文化"天地人和"与"天人合一"的理解，提出了"除害与兴利并举"的理念，形成了"横向到边、纵向到底"的综合灾害管理模式，构建了综合灾害风险防范的凝聚力模型，形成了以政府为中心的周密组织、细致协同的工作机制（史培军等，2006；史培军和张欢，2013）。这些管理理念和模式均体现了中国特色。

### 3. 学科发展能力建设

1）人才队伍

由于长期以来自然灾害风险学科定位不够明确，政府组织管理机构不够清晰，我国专业防灾减灾人才资源严重不足，且基础统计工作十分薄弱。现有的防灾减灾人才队伍是2009年由《全国人才队伍建设中长期规划纲要》编制办公室提出，作为国家急需紧缺人才队伍进行重点建设而形成的。"十三五"前期，我国每百万人口中拥有的防灾减灾人才资源数量仅约300人，每百万人口中拥有的专业抢险救援（灾）人才资源数量不足200人。在防灾减灾人才资源总量中，科研教育人才、工程与技术人才、行政管理人才数量的大致比例为3:20:1。

2）经费投入

科学技术部通过实施国家科技攻关/支撑计划、国家重点基础研究发展计划、国家重点研发计划，持续支持了自然灾害风险学科的基础、应用基础和技术示范研究，探讨重大灾害形成机理、动力学过程、风险防范、治理与管理模式等。

1990 年，国家科技攻关计划和国家科技支撑计划在社会发展领域重点安排了防灾减灾、公共安全方面的科技攻关，累计投入资金 20 多亿元。2000 年以来，国家重点基础研究发展计划资源环境领域在海洋方面重点部署了边缘海形成演化和陆海相互作用等方面的研究；在重大灾害方面，对天气气候灾害和地震灾害的形成机理与预测、火灾的演化规律和防治、地质灾害环境下重大工程的安全性进行重点部署。国内各自然灾害主管部门设立了相关科技专项，投入大量资金开展了各种自然灾害的专题研究，全面启动了灾害风险研究工作，完成了部分自然灾害数据库建设，建立了灾害损失评估及指标体系、灾害信息分析及预警系统、减灾系统模拟方案，提高了我国地震、地质、气象、干旱洪涝、海洋、林草火灾等风险防范的科技水平。

2015 年以来，科学技术部设立"十三五"防灾减灾领域"重大自然灾害监测预警与防范"科技创新专项，围绕减轻重大地震灾害、重大地质灾害、极端气象灾害、重大水旱灾害、综合减灾与风险防范环节的关键科技问题，在成灾理论、关键技术、仪器装备、应用示范等方面取得了重大突破，通过科技进步，提升监测预警的精准度、时效性、灾害与风险防范的针对性，提升防灾、备灾、应急救援和恢复重建能力，增强重大社会活动保障能力，服务国家发展战略需求。

国家自然科学基金委员会对涉及灾害风险学科的地球科学、资源环境等相关领域给予了长期稳定的支持，资助经费逐年增加。2010 年，把"灾害风险"列为重大交叉研究领域，从地球系统科学角度认识复杂的自然灾害及风险系统，研究各种自然灾害发生机制及全球变化下灾害风险的发展趋势，揭示自然灾害形成的动力过程、作用强度与时空分布规律。研究定量刻画自然灾害风险要素的方法，探讨致灾成害机制，发展灾害风险科学体系，加强多学科交叉的灾害风险防范科学研究，为自然灾害风险管理提供科学依据。2019 年，批准经费额度近 12 亿元。

科学技术部、国家自然科学基金委员会、国家外国专家局等通过组织国际合作项目、"高等学校学科创新引智计划"（简称"111 计划"），重点支持了综合灾害风险等领域的国际合作项目，揭示了全球环境变化和全球化背景下的巨灾形成与扩散过程，使我国灾害风险科学研究从"跟跑"走向"并跑"，汲取世界各国应对巨灾的经验和教训，为完善我国防灾减灾救灾体制、机制和法制提供了借鉴。

### 3）科研平台

目前，已建成的自然灾害风险学科国家级科研平台有地震动力学国家重点实验室、地质灾害防治与地质环境保护国家重点实验室、灾害性天气国家重点实验室、火灾科学国家重点实验室、水沙科学与水利水电工程国家重点实验室、遥感科学国家重点实验室、资源与环境信息系统国家重点实验室、地表过程与资源生态国家重点实验室、冰冻圈科学国家重点实验室、冻土工程国家重点实验室等。在建的国家级重大装置有超重力离心模拟与实验装置和多灾种耦合实验平台功能系统等。部门实验室有环境演变与自然灾害教育部重点实验室、中国科学院山地灾害与地表过程重点实验室等。国家野外科学观测研究站系统包括云南东川泥石流国家野外科学观测研究站、湖北巴东地质灾害国家野外科学观测研究站、湖北长江三峡滑坡国家野外科学观测研究站等，形成了一批联网运行和资源共享的综合性、专业性野外观测实验基地。

依托这些科研平台，我国自然灾害风险学科研究取得了长足进展。但值得一提的是，目前专门针对自然灾害的科研平台，尤其是野外研究台站仍数量偏少、现代化和智能化程度偏低，未来应继续加大对科研平台的投入，建设更多、更先进的智慧实验室和野外科研台站，持续支撑自然灾害风险学科理论研究。

## 三、学科发展态势

### 1. 学科需求明显增强

2016 年 7 月，习近平在考察河北唐山时首次提出了防灾减灾救灾工作的"两个坚持"和"三个转变"。2016 年 12 月，《中共中央　国务院关于推进防灾减灾救灾体制机制改革的意见》正式印发，将"两个坚持"和"三个转变"

提升到新时期防灾减灾救灾工作的指导思想和战略目标的层面。

新的防灾减灾救灾"三个转变"战略也对自然灾害风险学科发展提出了新的要求。随着全球气候变化和地球内动力加剧，自然灾害的发生愈来愈剧烈，规模越来越难以控制，各种特大灾害频繁发生，给人民生命财产和社会经济建设带来了极大的挑战，这也对防灾减灾的理论研究和实践水平提出了更高的挑战。

因此，当前我国防灾减灾救灾战略正在发生重大转变。从注重灾后救助向注重灾前预防转变，需要进一步加深对自然灾害致灾–成害机制的理解，改进风险监测与早期识别、预报预警技术，创新设防能力与社会韧性提升的工程技术与管理方法；从应对单一灾种向综合减灾转变，需要开展深度学科交叉，形成全灾种、全过程的自然灾害防治技术体系；从减少灾害损失向减轻灾害风险转变，需要改进灾害风险评估的方法和精度，为政府、企业和社区实现"风险知晓"的投资与决策提供保障。

### 2. 学科体系亟待建立

自然灾害风险学科的研究对象是自然灾害系统，主要的灾害类型有数十种之多，主要的自然致灾因素包括地球内动力、气候变化、局地气象条件和局地下垫面条件等，而涉及的学科有地震学、地质学、大气学、水文学等多门基础科学。这种多样性决定了需要在系统理论框架指导下才能建立一个完整的学科体系。以往的学科建设都是围绕单灾种或某类灾害重点建设，均取得了持续发展和重大突破，但整体性不足，综合学科体系尚未建立。近年来对地球系统科学多圈层相互作用的认识和对多要素、多尺度、多过程的综合研究，也为自然灾害风险学科建设提供了新的思路。随着各自然灾害形成和致灾理论的不断深入，各灾害综合科研平台的建立，以及综合减灾管理思想的提出，构建系统、完善的学科体系已成为可能，因此应在目前各分支学科体系已取得系列成果的基础上，进一步加强学科融合和综合减灾理论的强化，进而构建综合减灾学科体系。

### 3. 学科融合尚需深化

自然灾害风险学科不仅涉及灾害风险理论与方法论的研究，还高度重视灾害风险防控技术的应用研发，关注备灾预案、应急救助和恢复重建全过程，以及瞄准区域综合灾害风险的防御范式研究。自然灾害风险学科以多学科交叉、跨学科融合为突出特色，包括从对自然灾害风险的基本科学认识，到利用工程技术手段实现有效地减轻自然灾害风险，再到通过精准治理规范人地相互作用中人的行为以实现发展与减灾的协调，自然灾害风险学科未来的发展必然需要自然科学、工程技术与社会科学深度融合的学科发展理论支撑。在以往的学科建设中往往注重单个灾种的形成、运动、致灾及管理研究，而忽视了系统建设。因此在后续发展中，需充分深化学科融合，打破条块分割，注重综合创新。

### 4. 智慧减灾体系催生学科发展

当前我国在自然灾害领域，常规与应急观测时空精度不高、观测范围受限、动态观测能力不强、响应效率不高，感知设备信息获取能力不足、布设密度小、标准差异大，数据分散化、碎片化保存，尚未形成数据共享机制与基础数据库，是制约防灾减灾救灾能力提升的科技瓶颈和短板。亟须推进北斗导航定位系统、高分辨率星载观测系统、空载观测体系，形成高精度的天－空－地多维立体、协同高效共享的灾害风险感知与监测信息网络，结合互联网、人工智能、大数据处理与超算等新技术，构建自然灾害智慧减灾技术、智慧决策支撑体系，是当前自然灾害风险学科发展的重要趋向。

## 四、学科发展面临的挑战和存在问题

### 1. 面临的挑战

伴随城镇化与工业化进程和随着西部大开发等战略的实施，一系列重大工程的建设，气候变化和地球内部活动引发的灾害风险日益严峻，已成为国家防范重大风险面临的巨大挑战。未来气候变化预估显示，我国极端高温热害引致的生命健康风险、农作物减产风险可能大幅增加（Li et al., 2018；Zhang and Yang, 2019）；九大流域极端降水强度增大，洪涝灾害危险性与损失风险可能整体上升（Winsemius et al., 2016）；东南沿海地区台风路径呈现北移扩展趋势，强度有可能增大（Chand et al., 2017）；西北和西南地区干旱频率将进一步上升（Leng et al., 2015；Huang et al., 2018；Leng and Hall,

2019）。重点经济区、大城市群、重大工程、高密度人类居住区面临的重大自然灾害风险十分突出。

在未来全球气候变化和地球内动力持续加剧的内外动力作用下，特大、复合和链生灾害将持续发生，且规模越来越难以预测；同时，环境变化引起的灾害规模与频率变化使灾种间关联度增强，形成巨灾风险的可能性大幅上升；产业高度专业化、区域一体化带来的人口与经济系统依存性上升，大幅增加了自然灾害风险的传递性与波及性。这些挑战对跨灾种、跨区域、跨部门的系统性风险防范与化解提出了新要求，不但需对自然灾害的形成机制、发展与致灾机理有更深入的认识，也需对承灾体脆弱性、防救灾手段措施进行系统研究，亟须开展多学科背景支撑下的多要素、多灾种、多部门和多区域的系统、综合与集成研究，形成综合自然灾害防治理论与技术体系。

## 2. 存在问题

### 1）综合减灾理论与技术体系缺乏

在基础理论研究方面，多灾种、灾害链、灾害遭遇等灾害系统复杂性理论研究仍十分薄弱，亟须突破多过程、多尺度、多因素下自然灾害成灾致灾机理研究，加强系统性、综合性动力学过程研究。在技术方面，大数据、人工智能等信息技术在自然灾害风险学科中的应用研究尚显不足，空-天-地、通-导-遥等技术支撑下的多源自然灾害信息融合提取技术与多灾种、全流程灾害风险识别、预报预警、快速评估、应急指挥决策支撑、应急救援及灾后恢复重建技术还有待提升，应急通信、生命搜救等技术装备现代化水平亟待提高。在风险管理中存在的主要问题如下：设防水平普遍较低，往往越贫穷的地区风险防范水平越低；风险教育跟不上，公众对自身所处风险并不是很了解；风险转移机制不完善，自然灾害保险覆盖率低；尚未开展系统的减灾资源普查和自然灾害风险综合调查评估工作，各类自然灾害风险分布情况不清楚，隐患监管工作基础薄弱。这些问题导致现有减灾理论和技术体系远不能满足综合减灾需求。

在全球化时代，现代自然灾害风险具有更大的影响面、更强的系统性、更高的不确定性和不可预测性，自然灾害风险已经不再是"一次性突发事件"，而是一种新的社会形态，人类已进入了"风险社会"，到了与"风险共存"（living with risk）的境地。如何从人地系统的耦合、人地和谐的角度，达到经济发展与减轻自然灾害风险的统一，实现除害兴利并举的总体战略，需要构建全新的自然灾害风险管理理念和实现技术体系的创新。

2）学科地位与国家需求不相适应

目前，我国在高校本科专业目录中设置了火灾勘查、安全工程、消防工程、灾害防治工程、雷电防护科学与技术、救助与打捞工程、抢险救援指挥与技术、水土保持与荒漠化防治和地质工程等专业。在研究生学科目录中，设置了防灾减灾工程及防护工程、岩土工程、水土保持与荒漠化防治和地质工程等学科。一些高校在地理学一级学科下自设了自然灾害学二级学科。这些专业分散到地质学、地理学、农学、土木工程、公共安全等学科领域，大气、海洋等领域的自然灾害风险问题未能受到足够重视，尚未形成系统的自然灾害风险学科，与国家日益增长的迫切需求不相适应。

在科研经费资助上，主要通过实施国家重点研发计划专项项目开展。国家自然科学基金委员会把"灾害风险"列为重大交叉研究领域，在地球科学部地理学科设立"自然灾害与防灾减灾"研究方向并给予支持，其他则分散到不同学科领域。这种竞争性碎片化的科技经费投入，并不完全有利于达到"稳定支持""自由探索"的资助目标，不利于自然灾害风险学科的综合发展。自然灾害风险管理与防范研究中，还涉及与管理科学、社会科学的深度交叉；在国家自然科学基金委员会按学科领域划分的资助方式下，如何促进跨学科领域交叉，也是资助方式中值得探讨的问题。

3）人才队伍与人才培养亟须加强

当前，我国防灾减灾救灾人才队伍建设与发达国家相比仍有较大差距，主要是人才短缺现象较为明显，人才专业化水平有待提高，人才结构需进一步优化，人才队伍建设还存在一些体制机制性障碍。防灾减灾救灾人才高等教育尚未形成防灾减灾救灾学科体系、多层次防灾减灾人才培养体系，亟待建立从本科到硕士、博士的防灾减灾救灾专业教育体系和针对科研教学、工程技术、专业救援和灾害管理的人才培养制度，加强高级灾害评估师、应急救援专业队伍、基层防灾减灾救灾队伍、自然灾害风险管理人才队伍建设。

4）科研基础条件平台和数据共享机制需要完善

从国家重点实验室建设情况来看，在地震动力、地质灾害、农业病虫害、灾害天气、土木工程防灾等方面已布局国家重点实验室，针对其他自然灾害类型也成立了若干省部级实验室。目前尚未建立自然灾害风险科学领域的国家工程中心，只是在一些涉灾部门和地方成立了工程研究中心，如应急测绘与防灾减灾国家测绘地理信息局工程技术研究中心。针对不同生态系统建立的国家野外科学观测系统中，仅在云南东川、湖北长江三峡分别建立了泥石流、滑坡国家野外科学观测研究站，对自然灾害地域特色覆盖不全面。在数据中心建设方面，国家减灾中心建立的国家自然灾害灾情管理系统在2009年正式上线运行，为全国基层灾害信息员提供了开展灾情信息采集、处理和分析等工作的统一业务平台。

自然灾害致灾因子研究包括多种自然灾害成因类型，承灾体暴露度和脆弱性等涉及社会经济的多个要素。自然灾害灾情具有显著的地域差异，要深入理解自然灾害形成机制，监测灾害演进过程，进行灾害风险防范预警，必须加强自然灾害监测和相关统计数据的实时共享。各灾害相关部门已建立了自然灾害的专题数据信息系统，构建了重大自然灾害应急空间数据共享机制，加强数据整合共享是当前的主要问题，急需建立全国灾害综合风险空间信息数据库和软件系统。目前，我国气象和环境监测等方面的数据已在相关学科和行业实施开放共享，水文、地震、地质灾害、海洋灾害、生态环境灾害等方面的监测数据共享水平有待进一步提高，需要建立多部门、多层级跨平台数据交换与共享系统。

5）国际合作有待加强

中国自然灾害种类多，灾害损失严重。科学技术部、国家自然科学基金委员会、国家外国专家局等通过组织国际合作项目、"高等学校学科创新引智计划"，重点支持综合灾害风险等领域的国际合作项目，揭示全球环境变化和全球化背景下的巨灾形成与扩散过程，使我国灾害风险科学研究从"跟跑"走向"并跑"，吸取世界各国应对巨灾的经验和教训，为完善我国防灾减灾的体制、机制和法制提供借鉴。但是，在联合国减轻自然灾害风险的行动计划中，中国发起并主导的研究计划不多，深层次国际合作需要加强。"一带一路"基础设施自然灾害风险防御、粤港澳大湾区大都市化自然灾害风险综合防御、环太平洋海岸带基础设施自然灾害风险综合防御等亟待区域和国际合作计划项目支撑。与先进国家的合作与交流范围有限、发起的重大国际合作计划项目少、国际合作研究平台缺乏，是制约我国自然灾害风险学科发展和国际影响力的重要外部因素。

### 3. 薄弱环节

#### 1）自然灾害风险精准识别与观测技术有待提升

风险感知是人们对某个特定风险的特征和严重性所做出的判断。风险感知和识别研究作为风险管理的重要环节，如今已成为社会学、心理学、灾害学等研究领域的热点问题。由于灾害风险的感知过程较为复杂，需要完善并规范相关研究方法，从社会、个体、文化、经济等多重视角综合分析公众对灾害的风险感知水平，深入分析公众对气候变化风险、特定灾害风险的感知与适应能力。在自然灾害风险观测方面存在灾种和区域覆盖不全面、观测网密度过低等问题，需要在完善、补齐各单灾种观测技术系统的基础上，构建多灾种、多区域尺度综合风险观测技术体系。

#### 2）自然灾害跨尺度过程机理认识有待深化

在充分理解形成致灾机理的基础上开展灾害过程模拟是开展风险评估、防抗救技术研发和风险管理的基础。当前，我国地震预测尚处于初期的科学探索阶段，预测水平亟待提高，特别是短期临震预测水平与社会需求相距甚远。崩塌、滑坡、泥石流等地质灾害的临界条件判断，与极端天气和水文过程的耦合有待细化、机理认识有待继续突破。对气象灾害的发生发展规律认识还不够深入，逐步认识大气运动的复杂性和规律性，进而对气象灾害的发生发展进行有效预测和精准预警仍是一个难题。多灾种、灾害链内部的物质与能量传递方式、灾种转化临界条件的研究仍处于起步阶段，自然灾害跨尺度过程和机理认识有待深化。

#### 3）自然与社会科学融合的灾害风险综合管理理论体系有待构建

当前我国灾害风险管理存在的主要问题是，管理体制以分领域、分部门的分散管理为主，缺乏整合和统一的组织协调；自然灾害管理的重点在应急救灾而不是风险管理，缺乏灾害风险管理对策；灾害风险管理以政府为主，没有充分发挥非政府组织等方面的作用；缺乏综合灾害风险管理机制、全社会灾害风险管理意识、有效的信息沟通和共享以及系统化、制度化的灾害风险培训机制。随着人类社会的发展，综合自然灾害风险的挑战日益严峻，对自然灾害的综合管理显得十分重要和迫切。综上所述，我国对自然灾害的管理能力相对薄弱，缺乏对自然灾害的事前监测预警、事中救援和事后恢复重建的统一管理体系，迫切需要构建自然灾害风险综合管理理论体系，以强化和提高对综合自然灾害管理的能力。

# 第四节  发展思路与发展方向

## 一、学科发展思路与路线图

围绕学科发展方向与目标，瞄准国际前沿方向，立足防灾减灾国家重大需求，突破自然灾害风险学科的前沿科学问题与技术瓶颈，明确学科发展思路与路线图。

### 1. 发展思路

通过多学科交叉融合，系统开展自然灾害风险基础理论研究、技术研发、灾害风险管理等方面的研究，推动我国自然灾害风险学科发展，打造自然灾害风险防范与综合减灾国际学术高地。

基础理论研究方面，以地球系统科学理论为指导，深入开展内外动力耦合与圈层相互作用下自然灾害孕灾成灾机理研究，揭示灾害演进过程中物质迁移与能量转化规律，构建多场、多尺度和多因素耦合作用下的自然灾害风险判识与评估模型，建立自然灾害风险综合防控理论体系，在重大自然灾害风险精细化评价与精准防控等领域取得原创性突破，引领国际减灾研究方向。

技术研发方面，围绕灾害风险精准感知、智能监测、风险综合防控、高效应急救援等方面的关键技术需求，充分利用卫星遥感、无人机、物联网、人工智能、云计算等新兴智能科技，研发自然灾害风险精准感知与智能监测预警、预测预报技术和设备，发展基于数据挖掘与多维信息融合的灾害风险动态评估方法。研发重大灾害风险综合防控关键技术、自然灾害高效应急救援技术与装备，突破自然灾害风险防控领域"卡脖子"技术。

灾害风险管理方面，加强自然灾害减灾管理、减灾模式与灾害保险等研究，开展系统全面的减灾资源普查和灾害风险综合调查评估，建立健全防灾减灾救灾相结合的体制机制措施，减少自然灾害损失。加快推进自然灾害防治示范工程建设，健全法规、预案、标准，强化科技对减灾工作的支撑作用，加强科普宣传教育，培养民众减灾意识，提升人才队伍素质，全面提升自然灾害综合防范和应急抢险救援能力，促进韧性社会建设。

我国在科技平台与人才队伍建设等方面滞后于日益突出的自然灾害风险防控需求，亟须搭建涵盖多灾种、全链条、多要素的自然灾害风险数据信息集成与分析平台，建立重大灾害风险防控综合模拟观测网络、重点实验室和技术创新中心，以及国际自然灾害防控协同创新平台，打造既能开展自然灾害风险防控交叉研究，又能为国家重大战略安全有效实施进行决策服务的科研团队。最终建立具有重要国际影响力的自然灾害风险防控科技平台与学科团队，推动我国自然灾害风险领域基础理论、技术装备、风险管理等方面的能力提升。

### 2. 发展路线图

根据自然灾害风险学科发展方向、目标、发展思路，围绕自然灾害风险及其链生灾害孕灾成灾机制、灾害风险时空演进规律、灾害风险综合管理理论与机制、灾害风险精准感知与智能监测、灾害风险精细化动态评估、灾害风险综合防控、应急救援技术装备等前沿科学问题与技术瓶颈，系统开展自然灾害风险基础理论、技术装备、风险管理等方面的研究。在"十四五"前期，以地球系统科学为引领、以现代高新技术为支撑，认识自然灾害单灾种过程机理并形成一系列减灾技术规范。在2025年实现自然灾害防灾减灾救灾的"三个转变"，认识复合链生灾害规律，初步形成自然灾害风险学科体系，突破重特大灾害防治瓶颈。开展学科深度融合，到2035年能够认识巨灾演化规律，建立完善的自然灾害风险学科体系和整个社会智慧减灾技术体系，从自然灾害风险防控的角度促进韧性社会建设，服务宜居地球总体战略目标。自然灾害风险学科总体发展路线如图10-6所示。

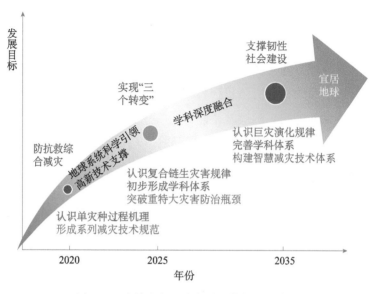

图 10-6 自然灾害风险学科总体发展路线图

# 二、学科发展方向和目标

## （一）学科发展方向

自然灾害风险学科注重灾害风险减轻，突出防灾减灾和救灾能力提升，注重风险防控、综合减灾与风险管理。面向人地协调、宜居地球发展目标，灾害风险防控研究由基于统计分析的半定量逐步向基于灾害过程的精细化定量化转变，由单灾种向多灾种及灾害链综合发展，要求推动并实现预测预报和监测预警技术的信息化、精细化、智能化，风险评估与防控技术的精准化、客观化、规范化，应急技术装备智能化、一体化和产业化。

自然灾害风险学科发展将重点围绕以下三个方面取得突破：①基于地球系统科学理论框架下的自然灾害风险学科体系构建；②自然灾害智慧减灾技术体系构建；③自然科学、工程技术与社会科学深度融合的自然灾害风险防控理论构建。

立足防范自然灾害风险的国家重大战略需求，瞄准国际防灾减灾救灾科技前沿，围绕国家经济社会中长期发展面临的自然灾害风险，结合学科重点突破方向，建设自然灾害风险防控实验示范基地，培养具有国际影响、居世界领先水平的自然灾害风险研究团队，形成完整的自然灾害风险学科体系，服务国家防灾减灾重大需求。

## （二）学科发展目标

### 1. 中长期发展目标（面向 2035）

立足国际科学前沿，提升我国自然灾害风险基础理论研究和关键减灾技术研发水平，实现原创理论技术从 0 到 1 的突破；通过加强多学科交叉与深度融合形成一批新的交叉学科生长点；在认知巨灾演化规律、构建完善的自然灾害风险学科体系和智慧减灾技术体系、促进韧性社会建设等方面取得突破，服务于宜居地球总体战略目标，促进学科整体达到世界一流水平；建设自然灾害风险综合防控的高水平国际智库，培养具有国际影响力、引领世界自然灾害风险综合防控的研究团队；形成稳定的自然灾害风险国际研究高地，创立具有国际领先水平的减灾关键技术研发平台，全面支撑和服务于全国乃至全球自然灾害风险防范需求。

### 2. "十四五"发展目标

#### 1）学科体系发展目标

自然灾害风险学科在防灾减灾救灾上中下游具有全链条、贯通式、系统性和整体性特点，在国家整体学科发展布局中具有独特的重要地位。在"十四五"期间加强与其相关学科领域深度融合，基于自然灾害形成、演化、致灾全过程研究，突破圈层相互作用孕灾机制、内外动力耦合下灾变机制、多物理过程灾害链生机制、风险综合管理理论与机制等关键科学难题，构建面向人与自然和谐发展的韧性社会模式。突破自然灾害精准感知识别、精准预测预报预警、精细化评估、精准防范、应急救援与专业装备、灾后重建防灾减灾等全链条关键技术难题。实现自然灾害防灾减灾救灾的"三个转变"，形成自然灾害风险学科体系。

#### 2）人才队伍建设目标

培养和引进具有学术优势明显、技术创新能力突出、具有发展潜力的中青年科技人才，形成以老一辈科学家为顾问、学科带头人为主导、青年学术骨干为主力的研究梯队，提升学科整体竞争力，为学科发展提供关键原动力，持续提升学科国际影响力。

3）科技平台建设目标

依托现有的国家和省部级重点实验室、工程中心、国家野外台站，通过交叉融合，建设国家级大学科平台。加强与国际高水平国家和地区（尤其是共建"一带一路"国家）的技术交流、合作研究、试验示范、人才培训、技术推广等工作，打造国际科技联盟，共同组织实施国际重大科技合作计划，促进科技创新政策沟通和战略对接，形成世界一流科技研究平台。

4）减灾服务应用目标

建立健全自然灾害综合防灾减灾体系，突破重大自然灾害形成机理、感知识别、模拟预测、预报预警、精准防控与应急救援的科技瓶颈，形成贯通自然灾害防治全过程的技术装备体系，服务国家重大自然灾害减灾需求，保障"美丽中国"和宜居地球建设、"一带一路"重大工程建设和安全。

# 三、前沿科学问题与技术瓶颈

立足重大灾害风险减灾国家战略需求，瞄准国际科技前沿，围绕国家经济社会中长期发展面临的重大自然灾害风险，聚焦学科前沿科学问题与技术瓶颈，贯通灾害孕育、形成、演变与致灾过程和防灾减灾救灾过程。开展灾害风险基础理论研究、关键技术研发、核心装备研制及重大工程示范全链条、系统化的科技攻关，突破重大自然灾害风险感知识别、模拟预测、预报预警、险情评估、精准防控与灾后恢复重建等科技瓶颈，提升国家自然灾害防治能力和防灾减灾救灾科技创新水平，支撑灾害风险管理体系建设，保障民生安全和国家战略。

## 1. 前沿科学问题

### 1）多圈层相互作用孕灾机制与风险源判识

绝大多数自然灾害是多圈层相互作用孕育形成的，既涉及圈层持续作用的缓变累积效应，又涉及圈层持续累积作用后的突变过程，研究大气圈、水圈、冰冻圈、岩石圈、生物圈和人类圈的耦联互馈作用过程与机制，揭示地球多圈层、跨尺度耦合孕灾机制，认知特大灾害区域发育规律，精准识别潜在风险源，是防灾减灾的基础和学科前沿。

2）内外动力耦合灾变机制

自然灾害形成与内外动力耦合作用条件下灾害主控条件是否突破临界条件、过程突变密切相关，灾变机制和形成机理一直以来是自然灾害研究的前沿和热点。在气候变化、构造活跃和人类活动加剧背景下，研究内外动力耦合作用下灾害的形成演化与成灾机制，是自然灾害基础研究亟待解决的前沿问题。

3）自然灾害演化规律与复合链生机制

单灾种巨型灾害和多灾种复合、链生灾害呈现跨时空尺度演化、非线性复合叠加、多过程链生转化、多介质耦合作用、超强运动演进转变等典型特征，极大地拓展了自然灾害的威胁范围和对象。当前，针对巨灾和复合链生灾害演化规律与复合链生机制的研究还处于起步阶段，难以准确描述重特大灾害的形成、运动、演变与致灾过程，严重制约了对潜在重大灾害的准确判识与灾害风险的科学调控，是亟待解决的科学基础与国际学科前沿问题。

4）灾害风险时空演进规律

灾害风险的大小取决于自然灾害形成演变过程，又取决于承灾体的时空格局。动态评估、精准预测灾害风险是自然灾害研究的前沿科学问题。当前，科学认知气候变化与人类活动的影响，综合考虑自然灾害的形成演变过程和社会经济发展的时空格局、变化规律，建立重大灾害风险的动态、定量、精准评估理论与方法，实现重大灾害风险的动态评估与精准预测，是学科研究的前沿和难题。

5）灾害风险综合管理理论与机制

灾害风险综合管理是实现最大限度地减轻灾害风险与损失的重要举措。要实现灾害风险综合管理和科学减灾，需要贯通自然灾害形成演化、防灾救灾及灾后重建过程，实现多学科深度融合，建立自然–工程–社会科学融通风险综合管理理论体系、模式与机制。

6）人与自然和谐的韧性社会模式构建

建立韧性工程和韧性社会是自然灾害风险防范和综合减灾发展的国际科

技前沿与发展趋势，也是满足新时代国家减灾需求和人民对美好生活追求的重要举措。韧性社会是指暴露于各类灾害中的社会，具有承受、适应和转化灾害影响，并以及时有效的方式从灾害影响中恢复和提升社会系统适应不确定性的能力。韧性社会的构建需要从全社会、全行业、全域、全要素、全过程层面深刻剖析社会复杂巨系统的内部和外部耦合机制，系统考虑综合灾害风险管理能力的提升，构建以基本单元为基础、以重点单元为节点的人与自然和谐的韧性社会模式与理论体系，支撑"平安中国"、"美丽中国"和宜居地球建设。

## 2. 技术瓶颈

### 1）灾害精准感知与智能监测技术

研究天-空-地-海一体化灾害风险信息精准感知、协同处理、快速分析与智能监测等关键技术。构建全谱段、全覆盖、多维协同的立体化自然灾害感知网络系统，实现灾害信息全天候、全天时、高精度和智能化采集与协同处理；突破多源跨尺度灾害信息云＋端集成挖掘与融合快速分析技术，多维孕灾环境变化精准感知与动态风险智能识别技术。重点攻关复杂环境下重特大灾害尤其是隐患灾害的广域探测关键技术，提出多源数据融合的自然灾害精准识别方法，建立基于成因机理的自然灾害隐患识别图谱与指标体系，形成机理和数据协同驱动的自然灾害隐患智能识别理论。

### 2）自然灾害精准预测预报预警技术

研究重大自然灾害全过程动态精准预测预报预警技术，解决缺少重大灾害精细化预测模型、灾害预报以等级预报为主的技术难题。重点研究多灾种、全要素、全过程风险时空演变模拟、长-短-临结合的高精度预测预报预警技术与指标体系；研发基于物理过程的预测预报模拟平台，实现由等级预报到灾情灾势精准预报的转变；基于物联网与数字新媒体的自然灾害动态预测技术与预警信息发布技术；针对灾前、灾中、灾后不同情景，构建基于人工智能的预测预报技术模式与灾情灾势应急监测预警模式，实现自然灾害不同时空尺度和精度的全天候监控预警。

### 3）灾害风险精细化动态评估技术

研发灾害动力演进情景模拟平台，建立自然灾害危险性定量分析模型；

基于多源数据，定量评估承灾体动态易损性，建立自然灾害高发区多时空尺度的精细化风险评估与制图技术体系；在动态定量分析山区、城市和重大工程风险的基础上，提升自然灾害综合风险评估技术，绘制多层级、全覆盖、高精度、跨尺度风险评估图，指导防灾减灾救灾与民生安全保障。

4）重大灾害风险综合防控技术

突破岩土－生态工程措施优化配置、关键节点和灾变过程精准防控的综合防治理论。重点研发复合链生灾害风险精准防控技术和多灾种风险格局的评估与识别技术，建立可靠的技术装备体系与模式。构建综合风险决策方法及智能防范系统，形成自然工程－社会协同发展的自然灾害系统防治理论体系。

5）高效应急救援技术与专业装备

重点突破应急救援的智能化指挥技术，开发现代应急通信资源分配与复杂环境智能组网技术，研制复杂环境条件下智能组网通信装备、高寒区域能源供应设备、远距离大面积多维生命探测搜救装备、恶劣环境条件下救灾机器人、多功能智能化模块化组装式挖掘装备等关键应急救援装备，实现高效救援力量与资源协同指挥以及装备的机动化、专业化与智能化。

6）灾后恢复与重建关键技术

分析重大自然灾害成灾环境变化，提出资源环境承载力和灾害风险、受灾人口与社会经济状况等多因素受限条件下的恢复重建规划技术，研发适应不同地域的承灾体韧性技术，开展灾后恢复重建与空间再生示范建设，系统提高灾后恢复与重建功效。

# 四、优先发展方向

考虑国家重大需求、科技前沿、学科交叉，完善顶层设计，推动自然灾害风险学科发展，充分体现我国优势与特色，解决若干制约我国经济与社会可持续发展的关键基础性科技问题，实现重要突破，引领国际发展方向。

## （一）2035 优先发展方向

面向国家减灾需求和国际减灾前沿，经过多年的努力，突破巨型灾害形成演化规律和减灾理论，突出灾害动力学模型与风险情景库建设，加快构建智慧减灾技术，全面支撑韧性社会建设，建成日臻完备的自然灾害风险学科体系，实现灾害风险超前感知、智能预警、精准防控、高效救援，支撑率先建成防灾减灾科技强国。因此，优先发展以下方向。

1）强化学科交叉，突破巨灾形成演化规律与减灾理论

以地球系统科学为指导，强化学科交叉，聚焦圈层作用和内外动力耦合机制，采用板块构造、活动地块多圈层耦合作用、协同构造活动和演化、地表过程等综合理论与方法，阐明巨灾跨时空尺度孕育、形成、演化、传播与放大机制和演变规律，实现巨灾孕灾成灾致灾机理与防治理论从 0 到 1 的突破和国际引领。

2）攻坚灾害全过程模拟和风险库，系统提升风险防控效率

突出重大自然灾害多因素全动力过程研究，攻坚多灾种、多过程、多介质、全要素、全场景、多场全过程动态模拟的科技难题和短板，自主研建重大灾害全过程动力模拟与分析平台，建设完备的重大灾害风险情景库，系统提升重大灾害风险防控效率。

3）突破防-减-救技术装备瓶颈，构建智慧减灾科技体系

充分利用我国在对地观测、现代通信、先进制造、人工智能等领域形成的科技优势，实现重大风险感知识别、预测预报、风险评估、监测预警、防控治理、应急救援等技术装备瓶颈和"卡脖子"问题的自主创新与系统性突破，建设智慧减灾科技体系，形成新的学科增长点，引领国际减灾科技发展方向。

4）突出学科深度融合和学科体系建设，支撑韧性社会建设

面向日趋增长的防灾减灾国家需求和国际前沿，突出自然科学-工程技术-社会科学-人文科学-经济金融-管理科学的深度融合，构建高效科学的自然灾害风险综合管理理论技术体系和完备的学科体系，强化韧性社会构建科技支撑，显著提升全社会抵御风险和综合减灾能力。

## （二）"十四五"优先发展方向

围绕实现自然灾害防灾减灾救灾的"三个转变"目标，认识复合链生灾害规律，突破重特大灾害防治理论和技术瓶颈，初步形成自然灾害风险学科体系。该学科领域"十四五"包含如下重要理论创新方向和技术突破方向。

## 1. 理论创新

### 1）圈层相互作用下自然灾害孕灾机制

重点关注圈层相互作用下自然灾害孕灾机制与成灾背景条件。主要包括：地震灾害孕灾机制与预测预报；岩石圈–水圈相互作用与海洋灾害孕灾机制；圈层相互作用引发的水旱灾害孕灾机制；全球气候变化条件下重大自然灾害响应机理与分布规律；复杂地质环境条件下重大地质灾害孕灾机制与前兆识别；森林草原火灾孕育机制与风险源早期识别。

### 2）自然灾害风险动力学机制与链生效应

重点突破自然灾害多物理过程动力演化机制与链生效应。主要包括：强震物理过程机理、演化动力学机制与次生灾害链效应；流域水旱灾害动力学作用过程、演化机制及其链生放大效应；重大地质灾害动力演进过程与链生机理；海洋灾害动力学机理及其复合灾害链效应；森林草原火灾时空演化机理、灾害链形成机制与长期灾害效应。

### 3）自然灾害风险综合管理理论与机制

该领域重点关注自然灾害风险综合管理理论与机制、自然灾害韧性社会构建的原理与方法。主要包括：构建海洋灾害、林草火等自然灾害动态监测与风险综合防控方法，研究地震及次生地质灾害风险评估与防控机理、气候变化背景下复合或链生型自然灾害风险评估与风险防控机制、人类活动强扰动条件下工程–城市–生态灾害风险管理与防范机理、多时空尺度自然灾害风险评估与防控技术，构建面向绿色城镇、韧性社会、宜居地球的人与自然和谐的自然灾害风险综合管理理论与防控技术体系。

## 2. 技术突破

### 1）自然灾害精准感知–监测–判识技术

围绕建立高效科学的自然灾害风险精准感知与智能监测体系，重点突破天–空–地–海立体化灾害风险信息多源感知、协同处理、快速分析与智能识别等关键技术。主要包括：研究自然灾害风险天–空–地–海多维立体协同感知技术、多源跨尺度灾害信息集成挖掘与融合快速分析技术、风险动态分析与智能识别技术；研发基于现代通信技术的极端复杂环境条件下灾情监测通信保障技术；建立自然灾害大型自动化野外监测平台；攻克地震灾害、地质灾害、重点区域海底重大地质灾害与森林草原火灾等灾害致灾因子超前探测、早期识别技术。

2）自然灾害预测预报预警技术

围绕构建精细化自然灾害预测预报预警技术体系，重点突破多灾种、灾害链、复合灾害与事故不同时空尺度、长-短-临结合的高精度预测预报预警技术。主要包括：研究多灾种复合链生灾害非线性叠加、灾种转变临界条件甄别技术；构建多灾种、全要素、全过程风险时空演变模拟平台与灾情态势快速评估技术；发展基于概率统计、大数据、人工智能、数值模拟等多技术多模式集成的灾害预测预报技术；针对灾前、灾中、灾后不同情景，研究基于灾变过程和关键节点的重大灾害预警模型与综合预警技术模式。

3）自然灾害风险精准防控技术

围绕建立自然灾害风险精细化评估与精准防控技术体系，重点突破基于动力过程的灾害风险精细化评估技术与自然-生产-经济-社会-人文协同的灾害风险链生效应精准阻断技术。主要包括：研发基于灾害动力模型的自然灾害定量分析和多尺度、内外动力情景模拟平台与风险精细化技术，绘制自然灾害高发区多层级、全覆盖、高精度、跨尺度风险评估图；研发基于灾变过程和关键节点调控的自然灾害综合防治关键技术；发展人工影响天气关键技术，构建多灾种综合风险决策方法及智能防范系统。

4）复杂灾害过程高精度探测观测与灾害应急救援装备研发

围绕构建复杂灾害探测观测与应急救援装备技术体系，重点突破灾前、灾中、灾后不同情景的高效应急救援关键技术与核心装备研发。主要包括：不同灾情空间信息实时动态感知装备；极端复杂环境条件下应急通信与应急指挥智能组网通信装备；高温、高寒、高湿等恶劣环境下能源供应设备；远距离大面积多维生命快速精准探测搜救装备，恶劣环境条件下救灾机器人，多功能智能化模块化组装式挖掘装备与紧急医疗技术设备；堤坝溃口封堵防控装备、堤坝管涌抢险和崩岸抢护等关键仪器装备研发。

# 本章参考文献

陈运泰. 2009. 地震预测：回顾与展望. 中国科学 D 辑：地球科学, 39(12): 1633-1658.

陈运泰, 杨智娴, 张勇, 等. 2013. 从汶川地震到芦山地震. 中国科学: 地球科学, 43(6): 1064-1072.

程正泉, 陈联寿, 李英. 2009. 登陆台风降水的大尺度环流诊断分析. 气象学报, 67(5): 840-850.

崔鹏, 邓红艳, 王成华. 2018. 山地灾害. 北京: 高等教育出版社.

郭安红, 延昊, 李泽椿, 等. 2015. 自然灾害与公共安全-我国的现状与差距. 城市与减灾, 1: 1-17.

国志兴. 2011. 基于多尺度火蔓延参数的草原火灾随机风险模型研究——以呼伦贝尔草原为例. 北京: 北京师范大学.

孔锋, 薛澜, 乔枫雪, 等. 2019. 新时代我国综合气象防灾减灾的综述与展望. 首都师范大学学报 (自然科学版), 40(4): 67-72.

雷雨顺. 1986. 能量天气学. 北京: 气象出版社.

廖恒丽, 周岱, 马晋, 等. 2014. 台风风场研究及其数值模拟. 上海交通大学学报, 48(11): 1541-1561.

刘少军, 张京红, 何政伟, 等. 2011. 地形因子对海南岛台风降水分布影响的估算. 自然灾害学报, 20(2): 196-199.

商彦蕊. 2005. 我国自然灾害研究进展与减灾思路调整. 地域研究与开发, (2): 6-10.

石先武, 谭骏, 国志兴, 等. 2013. 风暴潮灾害风险评估研究综述. 地球科学进展, 28(8): 866-874.

史培军. 2011. 中国综合自然灾害风险地图集. 北京: 科学出版社.

史培军, 叶涛, 王静爱, 等. 2006. 论自然灾害风险的综合行政管理. 北京师范大学学报 (社会科学版), (5): 130-136.

史培军, 张欢. 2013. 中国应对巨灾的机制——汶川地震的经验. 清华大学学报 (哲学社会科学版), (3): 96-113.

杨志法, 陈剑. 2004. 关于滑坡预报预测方法的思考. 工程地质学报, 12(2): 118-123.

于良巨, 施平, 侯西勇, 等. 2017. 风暴潮灾害风险的精细化评估研究. 自然灾害学报, 26(1): 41-47.

张介明. 2009. 我国古代对冲自然灾害风险的"荒政"探析. 学术研究, (7): 122-127, 160.

竺可桢. 1972. 中国近五千年来气候变迁的初步研究. 考古学报, (1): 15-38.

Aerts J C J H, Botzen W J, Clarke K C, et al. 2018. Integrating human behaviour dynamics into flood disaster risk assessment. Nature Climate Change, 8(3): 193-199.

Aitsi-Selmi A, Murray V, Wannous C, et al. 2016. Reflections on a science and technology agenda for 21st century disaster risk reduction. International Journal of Disaster Risk Science, 7(1): 1-29.

Allenby B, Fink J. 2005. Toward inherently secure and resilient societies. Science, 309: 1034-1036.

Amendola A, Ermolieva T, Linnerooth-Bayer J, et al. 2013. Integrated Catastrophe Risk Modeling. Berlin : Springer.

Arnold J G, Williams J R, Srinivasan R, et al. 1998. Large area hydrologic modeling and assessment part I: model development. Journal of the American Water Resources Association, 34(1): 73-89.

Arora H, Raghu T S, Vinze A. 2010. Resource allocation for demand surge mitigation during disaster response. Decision Support Systems, 50(1): 304-315.

Ballesteros-Cánovas J A, Trappmann D, Madrigal-González J, et al. 2018. Climate warming enhances snow avalanche risk in the Western Himalayas. Proceedings of the National Academy of Sciences of the United States of America, 115: 3410-3415.

Barbier E B. 2014. A global strategy for protecting vulnerable coastal populations. Science, 345:1250-1251.

Bozorgi-Amiri A, Jabalameli M S, Al-e-Hashem S M J M. 2013. A multi-objective robust stochastic programming model for disaster relief logistics under uncertainty. OR Spektrum, 35(4):905-933.

Calkin D E, Cohen J D, Finney M A, et al. 2014. How risk management can prevent future wildfire disasters in the wildland-urban interface. Proceedings of the National Academy of Sciences of the United States of America, 111(2):746-751.

Chand S S, Tory K J, Ye H, et al. 2017. Projected increase in El Niño-driven tropical cyclone frequency in the Pacific. Nature Climate Change, 7: 123-127.

Cochran E S, Husker A L. 2019. How low should we go when warning for earthquakes?. Science, 366(6468): 957-958.

Cui P, Hu K H, Zhuang J Q, et al. 2011. Prediction of debris-flow danger area by combining hydrological and inundation simulation methods. Journal of Mountain Science, 8(1): 1-9.

Cui P, Zou Q, Xiang L, et al. 2013. Risk assessment of simultaneous debris flows in mountain townships. Progress in Physical Geography, 37(4): 516-542.

Du S, He C, Huang Q, et al. 2018. How did the urban land in floodplains distribute and expand in China from 1992-2015?. Environmental Research Letters, 13(3): 034018.

Gaupp F, Hall J, Hochrainer-Stigler S, et al. 2019. Changing risks of simultaneous global breadbasket failure. Nature Climate Change, 10: 54-57.

Han Y, Huang Q, He C, et al. 2020. The growth mode of built-up land in floodplains and its impacts on flood vulnerability. Science of The Total Environment, 700: 134462.

Hanson B, Roberts L. 2005. Resiliency in the face of disaster. Science, 309:1029.

He S M, Liu W, Wang J. 2015. Dynamic simulation of landslide based on thermo-poro-elastic approach. Computers & Geosciences, 75: 24-32.

Helbing D. 2013. Globally networked risks and how to respond. Nature, 497: 51-59.

Hikichi H, Sawada Y, Tsuboya T, et al. 2017. Residential relocation and change in social capital: a natural experiment from the 2011 Great East Japan Earthquake and Tsunami. Science Advances, 3(7): e1700426.

Huang J, Zhai J, Jiang T, et al. 2018. Analysis of future drought characteristics in China using the regional climate model CCLM. Climate Dynamics, 50(1-2): 507-525.

Huang Q. 2015. Forecasting the epicenter of a future major earthquake. Proceedings of the National Academy of Sciences of the United States of America, 112(4): 944-945.

ICSU. 2008. A Science Plan for Integrated Research on Disaster Risk. https://council.science/ publications/a-science-plan-for-integrated-research-on-disaster-risk/[2020-05-25].

Jongman B, Hochrainer-stigler S, Feyen L, et al. 2014. Increasing stress on disaster-risk finance due to large floods. Nature Climate Change, 4: 264-268.

Koks E E, Rozenberg J, Zorn C, et al. 2019. A global multi-hazard risk analysis of road and railway infrastructure assets. Nature Communications, 10(1): 2677.

Kundzewicz Z W, Hegger D L T, Matczak P, et al. 2018. Flood-risk reduction: structural measures and diverse strategies. Proceedings of the National Academy of Sciences of the United States of America, 115(49): 12321-12325.

Leng G, Hall J. 2019. Crop yield sensitivity of global major agricultural countries to droughts and the projected changes in the future. Science of the Total Environment, 654: 811-821.

Leng G, Tang Q, Rayburg S. 2015. Climate change impacts on meteorological, agricultural and hydrological droughts in China. Global and Planetary Change, 126(1): 23-34.

Li Y, Ren T, Kinney P L, et al. 2018. Projecting future climate change impacts on heat-related mortality in large urban areas in China. Environmental Research, 163: 171-185.

Linkov I, Bridges T, Creutzig F, et al. 2014. Changing the resilience paradigm. Nature Climate Change, 4: 407-409.

Liu K, Wang M, Wang Y. 2015. Seismic retrofitting of rural rammed earth buildings using externally bonded fibers. Construction and Building Materials, 100: 91-101.

Martijn V D M , Ozlen M , Hearne J W , et al. 2017. Dynamic rerouting of vehicles during cooperative wildfire response operations. Annals of Operations Research, 254(1-2):467-480.

McNutt M. 2015. Preparing for the next Katrina. Science, 349(6251): 905.

Middleton S E, Middleton L, Modafferi S. 2014. Real-time crisis mapping of natural disasters using social media. IEEE Intelligent Systems, 29(2): 9-17.

Obara K, Kato A. 2016. Connecting slow earthquakes to huge earthquakes. Science, 353(6296): 253-257.

Peng Y, Yu L. 2014. Multiple criteria decision making in emergency management. Computers & Operations Research, 42: 1-2.

Pudasaini S P. 2012. A general two-phase debris flow model. Journal of Geophysical Research, 117: 28.

Reyers B, Nel J L, O'Farrell P J, et al. 2015. Navigating complexity through knowledge coproduction: mainstreaming ecosystem services into disaster risk reduction. Proceedings of the National Academy of Sciences of the United States of America, 112(24): 7362-7368.

Robinson T R, Rosser N J, Densmore A L, et al. 2018. Use of scenario ensembles for deriving seismic risk. Proceedings of the National Academy of Sciences of the United States of America, 115(41): E9532-E9541.

Schiermeier Q. 2018. Droughts, heatwaves and floods: how to tell when climate change is to blame. Nature, 560(7717), 20-23.

Shi P J, Kasperson R E. 2015. World Atlas of Natural Disaster Risk. Beijing: Beijing Normal University Press and Springer.

Shi P, Jaeger C, Ye Q. 2012. Integrated Risk Governance: IHDP- Integrated Risk Governance Project Series. Beijing: Springer & Beijing Normal University Press.

Shroder J, Collins A, Jones S, et al. 2014. Hazards, Risks, and Disasters in Society. Amsterdam: Elsevier.

Spears D. 2015. Smaller human population in 2100 could importantly reduce the risk of climate catastrophe. Proceedings of the National Academy of Sciences of the United States of America, 112(18): E2270.

Surminski S, Bouwer L M, Linnerooth-Bayer J. 2016. How insurance can support climate resilience. Nature Climate Change, 6(4): 333-334.

Tang Q, Ge Q S. 2018. Atlas of Environmental Risks Facing China Under Climate Change. Berlin Heidelberg: Springer.

Tierney K. 2014. The Social Roots of Risk: Producing Disasters, Promoting Resilience. Palo Alto: Stanford University Press.

Vousdoukas M I, Mentaschi L, Voukouvalas E, et al. 2018. Climatic and socioeconomic controls of future coastal flood risk in Europe. Nature Climate Change, 8: 776-780.

Wang M, Liu K, Lu H, et al. 2019. Increasing the lateral capacity of dry joint flat-stone masonry structures using inexpensive retrofitting techniques. Bulletin of Earthquake Engineering, 17(1):

391-411.

Ward P J, Jongman B, Salamon P, et al. 2015. Usefulness and limitations of global flood risk models. Nature Climate Change, 5: 712-715.

Winsemius H C, Aerts J C J H, van Beek L P H, et al. 2016. Global drivers of future river flood risk. Nature Climate Change, 6: 381-385.

Yamaguchi M, Chan J C L, Moon I J, et al. 2020. Global warming changes tropical cyclone translation speed. Nature Communications, 11(1): 47.

Yang J, Hu L, Wang C. 2019. Population dynamics modify urban residents' exposure to extreme temperatures across the United States. Science Advances, 5(12): eaay3452.

Ye T, Wang Y, Guo Z, et al. 2017. Factor contribution to fire occurrence, size, and burn probability in a subtropical coniferous forest in East China. Plos One, 12(2): e0172110.

Zhai P, Yuan Y, Yu R, et al. 2019. Climate change and sustainable development for cities. Chinese Science Bulletin, 64(19): 1995-2001.

Zhang Q, Yang Z. 2019. Impact of extreme heat on corn yield in main summer corn cultivating area of China at present and under future climate change. International Journal of Plant Production, 13(4): 267-274.

Zhou B, Wen Q H, Xu Y, et al. 2014. Projected changes in temperature and precipitation extremes in China by the CMIP5 multimodel ensembles. Journal of Climate, 27(17): 6591-6611.

Zscheischler J, Westra S, van Den Hurk B J J M, et al. 2018. Future climate risk from compound events. Nature Climate Change, 8: 469-477.

# 第十一章

# 遥感与地理信息

## 第一节 战略定位

### 一、学科地位

#### （一）在资源与环境科学体系中所处的地位

遥感与地理信息在信息技术的支持下，为资源与环境科学研究提供数据和方法支持，研究方向涵盖遥感、地理信息科学（Geographical Information Science，GIScience）与技术等领域。具体包括：①面向遥感、调查采样、观测台站等多源时空大数据，通过研究资源环境数据的采集、管理、分发等关键技术，解决数据使用中的质量问题，提供基础数据获取、管理和服务；②通过创新资源环境数据的模式提取、过程模拟、时空预测、优化决策等技术方法，发现资源与环境系统中的规律，解释其中的问题，支持资源环境领域的相关应用；③面向国家重大需求，通过软硬件工具研发，构建相关分析模拟平台，系统化资源与环境科学研究成果，实现资源与环境科学研究的知识"溢出"；④信息技术是遥感与地理信息科学发展的重要驱动力，遥感与地理信息通过积极引进信息技术领域的最新技术，如传感网、人工智能、云计算等，搭建资源与环境科学和其他学科的桥梁，促进资源与环境科学研究手段的发展；⑤遥感科学是在测绘科学、空间科学、电子科学、地球科学、计算机科学以及其他学科交叉渗透、相互融合基础上发展起来的一门新兴交叉学科，是利用非接触传感器获取资源环境参数的重要手段；⑥地理信息科学研究资源与环境科学的基础理论表达和基本方法构建，关注学科的核心概念及其通用工具支持，从而形成了对研究对象更一般层次的抽象，有助于维护资源与环境科学的学科完整性，防止出现"空心化"倾向。

### （二）在国家总体学科发展布局中所处的地位

遥感对地观测系统工程是信息化、智能化和现代化社会的战略性基础设施，也是推进科学发展、转变经济发展方式、实现创新驱动的重要手段和国家安全的重要支撑。2020 年，我国全面建成高分辨率对地观测系统，形成全天候、全天时、全球覆盖的观测能力，为现代农业、防灾减灾、资源环境、公共安全等重大领域提供服务和决策支撑。遥感科学与技术全面服务国家需求和产业发展，是国家经济社会发展和军事应用的重大科技支撑与重要战略手段。

地理信息科学的理论、方法和数据在国家总体学科发展布局中，一方面为资源与环境科学领域相关的研究和应用提供了基础平台和分析工具，从整体上提升了资源与环境科学研究的技术水准，并且有助于面向国家需求与重大应用，推动资源与环境科学研究成果的"落地"。另一方面，地理信息平台作为空间信息基础设施，在国民经济建设的许多领域，如农业、林业、交通、城市、军事和民生等领域得到广泛应用，是诸多领域信息化建设的支撑和基础。

## 二、学科的推动作用

### （一）对资源与环境科学和相关技术发展的推动作用

遥感科学与技术推动了城镇化与城市发展、信息产业与现代服务业、人口与健康、制造业、交通运输业、公共安全、国防、资源监管、气象和海洋等学科领域的发展，被广泛应用于作物估产、土壤调查、土地利用、灾害监测、水资源调查、水利工程勘察、农业生态环境监测等方面，已取得了明显效益，也促使这些领域的基础技术发生了根本性的变革。其一，极大地推动了资源环境领域的基础数据积累，已成为其坚实的数据与技术基础。遥感在测绘、防灾减灾、水利、国土、地质、气象、农业、林业、海洋等学科部门开展的相关业务在国内起步相对较早，其长时序、多模态的观测为各个资源与环境部门提供了丰富的历史和现势数据。其二，促进了传感器、电子信息、人工智能、地理学、计算科学和资源与环境科学的交叉，形成了大量新兴学科。遥感科学与技术涉及航空航天、光电、物理、地球科学、信息科学、人工智能、云计算等诸多技术领域，其发展正在显著地推动相关领域的技术革新与交叉融合。

地理信息科学面向典型区域林业资源与生态要素、矿产开发环境、生态环境要素、自然灾害等预警与评估的业务需求，在高质量资源环境动态监测指标和技术体系的建立中发挥了重要作用，也推动了学科和相关技术的发展。其一，推动资源与环境科学数据的高效汇集和管理。地理信息科学中的时空数据模型、时空索引，以及时空/业务数据一体化存储、跨模型融合计算的能力，极大地提高了资源与环境科学多源、异构数据的采集效率和数据管理质量，为数据深入分析和应用提供了工具和方法。其二，推动资源与环境科学时空数据分析能力和应用水平的提升。资源与环境的相关专业问题在时间和空间上具有诸多的关联性，为了适应地球资源环境向区域化、动态化和精细化发展的趋势，需要对地理时空数据进行准确理解，而时空大数据智能分析提供了重要应用途径（郭华东，2018；李德仁，2019），它能有效地为资源环境其他学科提供时空数据存储、时空检索、协同计算、信息精准提取和可视化等方面的关键技术支撑。其三，强化了资源与环境科学和相关技术的交叉融合。为了促进地理信息科学核心技术的突破，国家部委和部门先后组织实施了一批科技重点项目，如国家自然科学基金委员会和科学技术部分别支持了"大数据"研究重点项目群、"云计算和大数据"国家重点研发计划重点专项，以及中国科学院实施的战略性先导科技专项（A类）"地球大数据科学工程"等。在此支持和应用驱动下，地理信息科学的辅助决策能力更好地服务于资源环境其他学科，同时促进了彼此的交叉融合。

## （二）对国家科技发展规划及科技政策目标的支撑作用

未来 10～20 年是我国从大国迈向强国的战略机遇期，我国科技创新事业将进入一个加速赶超引领的关键阶段。为建设世界科技强国，我国部署 2021～2035 年国家中长期科技发展规划，开展战略研究。其中，航天产业发展是国家工业体系建设的战略高地。遥感（空天技术）能够有效地推动能源、交通、信息、先进制造、现代服务业等多个高新领域，并将为社会发展的各个专题（包括资源、环境、海洋、生物、人口健康、公共安全、城镇化与城市发展）提供重要的数据和技术支撑。为了引导空间信息技术的可持续发展，我国制定了《国家民用空间基础设施中长期发展规划（2015—2025 年）》。规划明确指出了卫星遥感系统应按照一星多用、多星组网、多网协同的发展思路，逐步形成高、中、低空间分辨率合理配置、多种观测技术优化组合的综合高效全球观测和数据获取能力，形成全球服务能力。同时，将遥感技术作为天地一体化工程三大重要手段和支撑之一，而且是我国实现可持续发展战略和"一带一路"倡议信息获取的唯一技术手段。总体来看，遥感科学的基础理论与应用方法贯穿于高分辨率对地观测系统重大专项、《国家中长期科学和技术发展规划（2021—2035）》、《国家民用空间基础设施中长期发展规划（2015—2025 年）》、共建"一带一路"等。遥感科学与技术是国民经济发展与国防建设的重要保障力量，是国家重大战略的关键支撑技术。

地理信息科学可对结构复杂、庞大的时空数据进行整合，并将之转化为有价值的信息，从中探索和挖掘自然与社会变化的规律，进而利用大规模有效数据进行计算、分析、预测、建模、可视化和决策（李德仁，2019；李德仁等，2015），为天地一体化的环境监测与预警提供了核心技术，有效支撑了资源与环境科学国家科技发展规划及科技政策目标的高质量实现。其支撑作用主要体现在：瞄准全球人口持续增长、资源逐渐短缺、环境不断恶化等全球资源环境突出问题，为资源环境规划及政策目标制定之前的调研和之后的实施提供全流程的数据采集标准、管理和分析工具，为识别环境演变成因提供空间分析技术与方法。根据生态文明建设、"一带一路"建设等需求，在国家重点研发计划等一系列重大工程与项目的支持下，针对地球资源环境监测时效性差、精度低、行业数据与多源时空数据融合协同不足等地球资源环境可持续发展中的关键科学问题与技术瓶颈，通过加强跨部门、跨行业、跨区域合作和协同创新，开展地理信息科学基础理论与关键技术攻关，为资源环境发展提供持续性引领和支撑。

## （三）对国民经济社会发展、国防、综合实力及国际竞争力的作用

卫星遥感系统目前已广泛应用于国防安全、基础设施、灾害管理、海洋业务、自然资源管理、地理位置服务等领域。遥感卫星最早就是为了国防军事而研制，是目前最为有效、最为安全，同时又是最可靠的侦察手段，具有侦察范围广、不受地理条件限制、发现目标快等优点，能获取其他途径难以得到的军事情报。全球空间信息产品作为战略性信息资源，表现在它是国防建设和现代战争十分重要的信息资源，是各级作战指挥系统和精确制导武器的基础信息，未来战争、国家安全越来越依赖于精确可靠的全球空间信息。

针对全球问题的治理，发展遥感对地观测能力，尤其是动态监视能力，有助于提高我国对于区域或全球目标跟踪、状态监视和态势分析的能力，提升我国的话语权，更好地服务于"一带一路"倡议等。空间信息产品能够突破国家和区域界线限制以不同尺度、不同主题、不同形式表达地球形态，反映区域乃至全球自然资源和社会资源的布局与发展变换状态，是了解认识地球，进行全球社会经济发展研究的重要基础数据。利用高分辨率卫星进行多时相高分辨率全球信息获取，有助于国家掌控全球资源、发挥大国实力，提高国家的国际竞争力和国际地位。我国作为新兴的快速发展的经济大国迫切需要承担更多责任。为了提高我国的话语权，需要精确掌控全球资源布局，做到突发事件实时动态监视，为我国参与全球事务处理提供基础数据。因此，发展遥感对地观测监测能力，有助于理解和认识全球宏观问题、实时了解和传播全球环境状况、做出应对全球问题的合理决策，同时也是提升我国在全球重大事件中的影响力和国际竞争力的需要。

党的十九大报告不仅对生态文明建设提出了一系列新思想、新目标、新要求和新部署，更是首次把"美丽中国"作为基本实现社会主义现代化的重要目标。而资源环境遥感监测，如卫星立体监测、多源时空尺度数据融合、

地表覆盖变化检测等，是解决国家生态环境重大问题的重要技术途径。开展资源环境动态监测，形成资源环境实时动态监测能力，可为我国实施生态文明建设、实现美丽中国目标等国家重大战略提供重要技术支撑。为了遏制环境污染，我国已制定了一系列的法律与政策，如《中华人民共和国环境保护法》、《大气污染防治行动计划》、《水污染防治行动计划》和《土壤污染防治行动计划》等，而遥感监测技术能有效监督和检查这些法律和政策实施的效果。

过去几十年，我国经历了快速的经济发展，成为全球首个实现联合国可持续发展目标贫困人口减半的国家，但截止到 2015 年，仍有 7000 多万人生活在极端贫困线以下（薛澜和翁凌飞，2017），直至 2020 年实现全体脱贫，在社会发展方面经历了巨大的社会经济挑战。为了缓解这种地区差异，促进可持续发展，我国实施了多项重大政策，如西部大开发、中部崛起和东北振兴等，以改善中西部和东北地区的自然、人文环境和社会经济条件。其中，遥感与地理信息科学在基础设施建设、生态保护、经济社会发展等方面发挥了重要作用。

# 第二节　发展规律与研究特点

## 一、学科定义与内涵

遥感与地理信息科学利用信息化手段为资源与环境科学的研究提供了支撑，二者各有侧重，互相促进。遥感着重解决数据源的问题，为资源环境信息系统应用提供丰富而准确的对地观测数据，而地理信息系统技术则通过高性能的方法和模型以分析、模拟、预测资源环境领域的现象和过程。一方面，遥感丰富了地理信息系统的数据源；另一方面，地理信息系统空间分析方法通过形式化地理空间规律，为基于遥感信息提取提供了有力支撑。

## （一）地理信息科学

地理信息科学与技术是伴随地理信息系统、遥感和全球定位系统技术发展而形成的新兴学科，涵盖地理学、地图学、测量学、数学、感知科学、计算机与信息科学等学科，主要利用计算机技术对地理信息进行处理分析，开展地理信息的空间表达及分析，为空间规划、生态系统评估等提供支撑。地理信息科学在信息系统的语境下，研究地理学基本概念和规律的抽象与形式化表达，从而支持资源与环境科学的研究和应用，为此需着重研究不同时空分布规律的资源环境要素建模（geo-modeling）和地理空间分析模拟（geo-analysis）。其中，资源环境要素建模解决资源环境信息系统的数据结构问题，包括时空数据模型与结构、地理信息可视化、空间认知与知识图谱；地理空间分析模拟解决资源环境信息系统的方法问题，包括资源评估和环境评价、资源环境大数据空间分析、时空智能模型。此外，还需要研究地学计算技术（geo-computation），解决计算技术支持下相应模型和方法的具体实现和应用，包括时空大数据组织与管理、地理计算方法体系、环境模拟与决策支持（图11-1）。

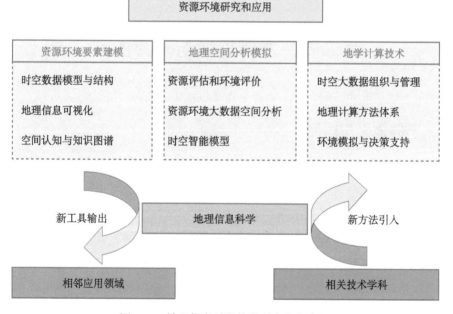

图 11-1　地理信息科学的学科定义和内涵

## 1. 资源环境要素建模

资源环境要素建模的主要对象包括自然要素和人文要素。一个地理要素除了具有空间位置属性、时间属性，还具有尺度特征，要素的认知本质决定了在不同尺度下它将呈现不同的状态。地理要素的时空状态（静态）或行为（动态）往往表现为地理现象；同时，地理要素在空间上的规律性排列形成格局；地理过程则是从时间维度上对地理要素、格局或系统观察的结果，地理过程的本质是时空变化。陈述彭（1998）指出要从时空综合的角度对地理要素与现象进行建模，包括三个基础问题。①时空数据模型与结构。研究如何对资源环境要素进行抽象，拓展现有的场模型、基于对象的模型、网络模型等，针对三维应用与时间维特征，构建高维度、高精度的时空数据模型，实现对地理要素、现象、格局与过程等的数字认知，同时对模型构建中的时空尺度、不确定性问题、互操作技术等开展研究。②地理信息可视化。研究地理信息三维可视化建模方法、交互式地理信息可视化模型，支撑三维地形仿真与虚拟环境建模等应用；研究新型数据环境下的地图视觉可视化与自适应地图符号系统表达模型；探索虚拟地理环境关键技术。③空间认知与地理知识图谱。研究空间认知模型与方法，包括地理知觉、地理表象、地理概念化、地理知识的心理表征和地理空间推理等；发展地理知识图谱理论与方法，融合地理空间认知、知识图谱、语义网络等，基于人-地-时研究框架，建立完善的多重地理语义感知方法，丰富地理要素的语义信息，并以知识图谱的形式构建地理要素间的联系。

## 2. 地理空间分析模拟

地理空间分析模拟是对于地理空间现象的定量研究，处理空间数据使之成为不同的形式（如空间量算、空间统计、聚类、网络分析、时空智能等），并且提取其潜在的信息与知识，从而有效支撑空间决策。研究内容包括空间位置、空间分布、空间形态、空间距离、空间关系等的建模、分析、模拟、预测与优化等。此外，通过和人工智能技术的结合，地理信息系统不再仅仅是空间仿真模拟的工具，通过开展时空智能分析方法研究，融合资源环境领域知识与人工智能方法，建立地理要素、格局、过程之间的普遍联系，将有望突破现有的研究框架，发现资源环境领域的更多规律。其中的基础问题包括以下几种。①面向水土气生等资源评估和环境评价等问题，基于地理要素与现象的复杂时空分布特征，构建空间模型与分析方法，揭示地理要素与现象的分布格局、相互作用及动态演化。在研究过程中，顾及不同空间效应，延拓经典挖掘分析方法，探讨地理全局规律性和局部特殊性之间的辩证关系。②建立基于多源地理大数据的空间分析模型框架，借助于机器学习、时间序列分析、张量分析等方法，揭示资源与环境多要素之间的耦合关系和动态变化规律。③以黑白箱结合的方式探索融合资源和环境要素演化规律的时空智能模型，构建面向地理现象理解与地理过程建模的时空智能分析方法体系，进行时空模式提取与异常发现、未知变量推断、未来场景预测等地理任务，实现资源与环境的全面感知、综合认知和智能预知。

### 3. 地学计算技术

地学计算是以计算机方法为基本科学工具处理地理信息和分析地理现象的研究方向，包括地理信息处理与管理、地理数据挖掘、地理过程建模的高性能计算以及支持这些处理与分析的软件工程和计算体系研究。地学计算融合了计算机科学、地球信息科学、数学和统计学理论与方法，主要研究地理信息科学的方法学问题。在信息爆炸的大数据时代，对地观测与人类移动性数据异常丰富，这给资源与环境科学的研究带来了新的机遇，从而进入"第四范式"大数据科学时代（Tony et al.，2009）。作为核心支撑，地学计算需要应对新型数据环境下超大规模时空信息的高效管理、分析与挖掘应用。在大数据背景下，解决数据密集与计算密集双重挑战的关键在于选用与定制开发有效的高性能计算或智能计算技术，形成体系化的地理计算解决方案。其中的基础问题主要有以下三个。①海量时空数据组织与管理。发展新型分布式空间数据库技术，针对超大规模时空数据存储与处理的难题，通过融合NoSQL、NewSQL等先进技术，构建基于新型分布式计算框架的时空大数据管理模型，实现对海量时空数据的高效能管理与高性能访问。②海量多模态时空大数据地理计算方法体系。在新型时空大数据表达框架与存储模型的支持下，融合云计算等先进计算手段，着力突破高并发时空信息处理、高性能空间分析与可视化算法等关键技术，构建多源时空数据融合以及微观模型和宏观模型集成的高性能计算体系，支持多源时空大数据离线融合分析和在线同化分析，为多源大数据模拟与知识决策提供强有力的计算条件支撑。③在定量化科学工具的支持下，发展地学计算支撑下的应用模式。例如，在时空大数据计算与分析的基础上，支撑资源环境、生态保护、公共卫生、防灾减灾等关键领域的时空模式发现与决策支持。

## （二）遥感科学与技术

遥感是从远离目标的不同工作平台上，通过传感器对地球表面的电磁波辐射信息进行探测，然后经信息的传输、处理和解译分析，对地球的资源与环境进行探测与监测的综合性技术。遥感科学通过观测地球表层系统，系统地研究人类在利用资源过程中对自然生态环境系统产生的宏观和微观机制，揭示人类活动和经济社会发展过程中对地球表层自然生态环境系统的尺度效应和影响机理。因此，需要着重研究与资源环境要素成像有关的传感器与平台、信息处理与解译。其中，传感器与平台处理资源环境信息的数据获取与系统组织问题，信息处理与解译解决资源环境信息解译的方法问题，在此基础上，进一步研究空间信息支持下的资源环境应用（图 11-2）。

图 11-2 遥感科学的定义与内涵

### 1. 传感器与平台

在数字地球时代，遥感全天候、全天时、全覆盖的对地观测是资源与环境科学数据获取的主要手段。作为一种空间数据的获取方法，遥感科学交叉融合了地球信息科学、航天、航空、物理学、计算机科学、计算数学理论与方法，主要研究以遥感机理方法为基础，利用传感器记录地表要素反射或其自身辐射出的电磁波特性，以实现对地表要素的几何与物理属性数据的获取。其中的基础问题包括如下几种。①遥感传感器机理。以主/被动遥感的成像原理为基础，分析传感器的分光原理、大气色散、设计分光元件；研究传感器成像几何，协同考虑卫星轨道高度与姿态、星上时间同步、传感器内方位元素补偿几何畸变与稳像；研究载荷与成像模式、卫星平台、地面处理参数的关系，综合提高成像质量。②几何遥感。根据传感器外方位元素，研究如何将影像映射到设定的物方空间坐标系下，恢复影像对应地物的几何位置（Toutin，2004）的方法，包括时空基准、数据通信传输、影像在轨几何定标、单景影像几何纠正、多幅影像几何配准、数字高程/地面模型、正射影像生成等关键技术。③物理遥感。基于传感器成像机理，研究建立电磁波谱与传感器所获取信息之间的关系，进而利用电磁波信息探测有关的地表特征参数信息。研究图像辐射传输机理模型，探索地面辐射信号与地表特征参数之间的关系。研究大气辐射传输模型，分析大气对遥感传感器接收到的地表辐射信号的影响。

### 2. 信息处理与解译

多点位、多谱段、多时段和多高度的遥感影像以及多次增强的遥感信息，能提供综合系统性、瞬时或同步性的连续区域性同步信息，支持环境科学领域的空间决策。研究内容包括遥感平台及集成技术、遥感传感器、遥感信息处理、定量遥感、遥感信息工程等。其中的基础问题包括如下几种。①地表信息自动提取。从资源与环境解译需求出发，分析多源遥感传感器的成像模式、物理特性、几何特性、时效性，结合人工智能技术，开展遥感影像智能信息提取核心技术研究，解决在轨数据处理、模式识别与自动解译、计算机视觉等关键技术问题，揭示地表要素的分布规律与时空格局。②定量遥感参数反演。将电磁波辐射传输机理的遥感模型、资源与环境变化动力模型与统计机器学习相结合，构建地表参量（地球系统物理、化学和生物参数）的定量时空演变模型，揭示地理要素多参数之间的耦合关系和动态过程。③多源遥感融合解译。在一星多用、多星组网、多网协同、集成服务的综合观测时代，如何利用精细、海量的多平台、多层面、多传感器、多时相、多光谱、多角度、多空间分辨率遥感观测挖掘复杂的地理模式，实现信息的智能互补融合，解决空间数据挖掘与智能服务引擎等核心问题，发挥多源卫星系统综合效能，满足多样的资源环境应用需求。

### 3. 资源环境应用

遥感以电磁波与地球表层五大圈层（水文圈、土壤圈、岩石圈、大气圈和生物圈）相互作用的信息传递机理，通过普查、详查、动态监测三个层面的应用，服务于资源环境、全球变化与地球系统科学。研究内容包括但不仅限于大气遥感、海洋遥感、林业遥感、农业遥感、环境遥感、测绘遥感、城市遥感、地理国情监测。其中的基础问题包括如下几种：①产品生产与检验。遥感应用基础研究、遥感产品生产和真实性检验方法研究，特别是加强天基遥感实时动态监视数据处理技术的研究。利用无人机、小型传感器等先进观测手段，研究如何综合利用多平台观测进行自动化、近实时、多时空尺度、多要素综合的真实性检验。②行业、部门协同应用。如何促进多行业与多部门的统筹、规划、衔接、协调，以及多源遥感动态监测数据、地面网络台站动态监测数据的联合应用，集中优势力量攻克全球遥感对地动态监测中的关键共性技术难题，提高对地球表层探测要素的动态监测水平和信息产品质量。③智能遥感专题服务。如何通过结合大数据、云计算、人工智能等先进技术手段，发展以用户需求为导向的智能遥感专题服务模式，将是面向水土气生等资源评估和环境评价的遥感信息服务急需解决的关键问题。

## 二、学科发展规律及内在特征

### （一）地理信息科学

#### 1. 地理信息科学 30 年发展脉络梳理

地理信息系统于 20 世纪 60 年代诞生，并于 70 年代末期开始商业化，开创了地理信息相关研究和应用的革命性发展。在这一进程中，与地理信息系统相关的各种理论问题日益为学术界和工业界所重视，"系统背后的科学"（science behind systems）逐渐成为研究的焦点（McMaster and Usery，2005）。

地理信息科学的概念出现于 1992 年（Goodchild，1992），研究内容包括：

数据采集与度量（data collection and measurement）、数据获取（data capture），空间统计（spatial statistics），数据建模与空间数据理论（data modeling and theories of spatial data），数据结构、算法和过程（data structures，algorithms and processes），显示（display），分析工具（analytical tools），制度、管理与道德问题（institutional，managerial and ethical issues）。美国大学地理信息科学研究会（University Consortium for Geographic Information Science，UCGIS）在 1996 年提出地理信息科学的 10 个优先研究主题：空间数据的获取与集成（spatial data acquisition and integration），分布式计算（distributed computing），地理表达的扩展（extensions to geographic representation），地理信息认知（cognition of geographic information），GIS 空间分析（spatial analysis in a GIS），未来空间信息基础设施（future of the spatial information infrastructure），空间数据的不确定性（uncertainty in spatial data），互操作（interoperability），尺度（scale），GIS 与社会（GIS and society）。其后于 2001 年又补充了 4 个新兴主题：数据挖掘与知识发现（geospatial data mining and knowledge discovery），地理可视化（geographic visualization），地理信息科学的本体基础（ontological foundations for geographic information science），地理信息科学中数据和信息的远程获取（remotely acquired data and information in GIScience）。2006 年，UCGIS 和美国地理学会（Association of American Geographers，AAG）联合出版了 *Geographic Information Science & Technology Body of Knowledge*（DiBiase et al.，2006），提出了 GIS&T 的知识体系，包括地理信息科学、地理空间技术和地理信息应用三个方面。与此同时，一种新的研究主题和应用模式开始萌芽并快速发展起来。2007 年 Turner 提出新地理学（Neogeography）的概念（Turner，2006），强调面向非专业人士的地理信息工具和技术，普通民众基于 Web2.0 参与线上制图等应用。Goodchild 则进一步提出人人都是传感器（citizens as sensors）的新理念（Goodchild，2007），并最终形成志愿者地理信息（volunteered geographic information，VGI）的研究和应用体系。VGI 强调利用工具创建、组合和传播个人自愿提供的地理数据，其中典型的例子就是 OpenStreetMap（http://www.openstreetmap.org）。

随着信息技术的发展，接踵而至的大数据和人工智能浪潮进一步深化了地理信息科学研究与应用的范畴。带有时空标签的地理大数据，为资源与环境科学研究提供了新视角，社会感知（social sensing）（Liu et al.，2015）、城市计算（urban computing）（Zheng et al.，2014）的理论和计算框架相继提出，新型地理大数据和传统地理空间数据与遥感数据相结合，为全面刻画自然要素和社会经济要素以及其间的耦合关系提供了支撑手段。利用大数据对自然灾害进行影响评估和灾后重建支持，是一个重要的研究方向。以深度学习为代表的人工智能技术在地理格局理解中广泛应用，进而发现新的特征和模式，为资源环境数据的采样、插值、模式提取、预测等分析提供新方法。

### 2. 学科发展动力

党的十九大报告明确提出建设数字中国。2018 年 4 月，习近平致信首届数字中国建设峰会，强调要加快数字中国建设。作为数字中国建设核心的遥感与地理信息技术，有力地提升了资源、环境、生态、灾害、公共安全、国土、交通等诸多行业领域的管理和决策水平，并在破解环境污染、交通拥堵、公共安全等问题上发挥关键作用。遥感与地理信息技术在国家科技战略布局中有着举足轻重的地位，涉及多项"卡脖子"问题，与国土安全、航空航天、数字中国、基础软件等密切相关。空间信息产业已成为中国及全球主要大国的新兴战略性产业。卫星遥感、北斗导航、地理信息系统、低空无人机遥感、时空大数据、智慧城市、位置服务，这些细分领域正日益成为国内外创业投资界偏好的热点风口。

从学科研究角度，21 世纪以来，以遥感、卫星导航、地理信息系统为主体的地球空间信息科学技术与纳米技术、生物技术并列为最有发展前景的三个技术领域。应对资源环境领域面临的重大挑战，需要实现对地球表层系统的感知、模拟和预测，其关键支撑是遥感与地理信息技术。与此同时，信息科学发展日新月异，新技术、新方法层出不穷，遥感与地理信息技术承担着积极引入最新信息技术、提升资源与环境科学研究基础的重要角色。

### 3. 人才培养特点

过去 20 年，地理信息系统人才培养的目标主要是面向资源环境数据库、软件系统建设的专业性、技术性人才。以地理学为背景的高校在课程设置时考虑自身在地理学方面的师资力量优势会突出地理学方向的基础性课程。而以测绘为背景的高校更注重学生测绘方面能力的培养，设置了较多的测绘学基础性课程。以计算机科学为背景的高校在设置课程时重视学生编程能力的培养，计算机语言方面的课程设置较多且学时较长。未来 20 年，地理信息人才培养的目标主要是面向资源、环境、城市等国家与社会重大需求，具备时空大数据地理信息智能化获取、分析、计算与服务能力。为此，很多高校将开设地球系统科学、时空大数据分析等相关课程，更加注重基础学科、技术学科、交叉学科知识的培养，符合未来高校地理信息系统专业要求和培养目标，适应地理信息系统新时代发展的需求。

### 4. 学科交叉状况

地理信息科学与资源环境科学在研究对象和研究方法上所具有的相似性和互补性，使二者的结合孕育着巨大的发展潜力。地理信息科学的星、空、地一体化的对地观测网络，提供了不同成像方式、不同波段、不同分辨率、不同观测尺度和维度的对地观测数据，为资源与环境科学开展大尺度区域精细的研究提供了数据支撑。另外，地理信息科学强大的数据处理、地图可视化与编辑、空间分析等功能为资源与环境科学提供了数据获取、处理与分析的重要手段和工具，已在资源与环境科学领域，如资源管理、环境监测、资源环境规划、环境影响评价、环境工程、环境地球化学等得到了广泛应用，并相继形成一批重要成果发表在国际顶级期刊上，在国家重大科技工程中发挥着关键作用。

随着我国经济的快速发展，经济社会与资源环境之间的矛盾及问题逐渐暴露出来，这些问题在时间和空间上具有诸多的关联性，分析这些问题、提出合理的解决方案和建议，需要功能更专业化的地理信息科学支撑。

### 5. 成果转移态势

地理信息产业已经成为我国数字经济的重要组成部分，正在从高速发展转向更加注重能力建设、质量和效益提升、科技创新的高质量发展，保持着长期向好的发展态势。地理信息产业从业单位数量不断增加。其中，民营企业占比不断增大，中小企业发展呈现较强活力，地理信息软件类创新型企业效益率表现突出，国际市场不断取得突破，产业结构持续优化。

### 6. 资助管理模式

我国地理信息科学领域的资助模式总体架构上与其他学科的情况类似，

采用研究项目-平台-人才（团队）三条线相互补充、协调的模式。基础研究是整个科学体系的源头，是所有技术问题的总机关，我国对地理信息科学基础研究的资助是以国家自然科学基金委员会的探索系列项目为代表；平台资助是以科学技术部的国家（重点）实验室体系为代表；人才（团队）资助则以国家自然科学基金委员会的人才系列项目、教育部的"长江学者奖励计划"、人力资源和社会保障部联合多部委的"百千万人才工程计划"为代表。

此外，与传统基础学科相比，地理信息科学领域的资助模式还具有一些不同的特点，这是由地理信息科学的技术学科、交叉学科的学科特点以及其在以资源环境领域为代表的领域中广泛而日益深化的核心应用地位而导致的。例如，以地理信息产业公司主导的市场研发项目，不断推动着最新地理信息科学及信息科学等相关学科基础理论和最新技术的实用化、产品化、市场化，使得地理信息技术成为我国市场化程度最高、国产化水平和市场占有率最高的领域之一，尤其随着传统互联网公司将地理信息作为重要资源和生长点的战略重心转移，更加促进地理信息产业相关公司重视并加大市场研发项目的投入。

与此同时，近年来随着我国社会发展、一系列与资源环境领域相关的重大国际倡议（如"一带一路"）和国家战略规划（如生态文明建设、"美丽中国"）的提出，为回应其中资源环境领域一系列重大国计民生问题，相关各大部委陆续调整了所资助项目的模式，总体呈现出项目目标趋向于对实际重大应用问题的全链条整体解决、单项资助规模增大。例如，科学技术部的项目资助体系由之前较明确区分研发落地流程上下游的"973-863-科技支撑"项目体系，已变为面向重大应用目标的重点研发项目。在这一转变中，地理信息科学以其所特有的集成、沟通资源环境领域相关各学科的枢纽和工具支撑作用，在几乎所有的资源环境领域重点研发项目中不可或缺，使得我国当前转变中的资助管理模式为地理信息科学带来了巨大的机遇，同时也意味着巨大的挑战。

## （二）遥感科学与技术

### 1. 遥感科学发展梳理

遥感科学与技术随着1957年第一颗人造地球卫星发射而诞生，于20世纪 90 年代开始商业化，目前形成了门类建设相对完善、军民融合应用广泛、经济社会影响巨大的学科。在这一进程中，遥感科学的外延在不断扩大，已经成为一门建立在空间科学、电子技术、光学、计算机技术、信息论等新的技术科学以及地球科学理论基础上的综合性技术，为现代前沿科学技术之一。

遥感的概念出现于 1962 年，其中"遥"具有空间概念；"感"表示信息系统。遥感属于空间科学的范畴，研究内容包括：遥感物理基础（electromagnetic energy in RS）、传感器与平台（sensor and platform）、几何处理（geometric process）、辐射处理（radiometric process）、可视化与数据增强（visualization and enhancement）、影像解译（image interpretation）、定量遥感（quantitative RS）和技术应用（technology application）。1972 年美国发射了第一颗具有业务性质的"地球资源技术卫星"（后更名为"陆地卫星"，Landsat），开启了常态化遥感对地观测的先河。2001 年，美国 DigitalGlobe 公司发射了第一颗米级高分辨率商业卫星 QuickBird，将遥感对地观测带入高分辨率时代。随着航天航空和光电设备精度的发展，2015 年起全球遥感卫星发射次数大幅增长，数据获取技术趋向三多（多平台、多传感器、多角度）和三高（高空间分辨率、高光谱分辨率和高时相分辨率）。截至 2018 年底，科学家联盟下属的卫星数据库（UCS Satellite Database）的数据显示，地球在轨卫星共有 1957 颗，其中 36% 用于对地观测或者地球观测研究，卫星的发射数量逐年呈指数级增长，组成了在不同地球轨道上、不间断对地球进行观测的卫星系统。近年来，低轨小卫星组网（small satellite network）、无人机（unmanned aerial vehicle，UAV）技术成为学术界和工业界的热点，遥感从光学机械仪器向"空-天-地-海"一体化对地观测发展。

全球信息化带来了各行各业的数字化和网络化，遥感作为空间数据获取的主要形式首当先锋。2003 年，面向 21 世纪遥感技术发展，李德仁院士提出：几何遥感的发展主要方向在于对地定位趋向于不依赖地面控制、信息解译趋向于自动化智能化、动态监测趋向于实时化、全定量遥感方法落地（李德仁，2003）。2013 年以来，人工智能和大数据新浪潮伴随着遥感商业化迅猛发展，进一步拓宽了遥感信息科学的研究和应用外延。多源遥感信息融合、新成像技术和成像模式探索、"通信、导航、遥感"一体化、多维/多级/多源遥感综合观测、将深度学习引入遥感大数据综合和在轨信息处理、遥感应用从脉冲式转向业务化成为重要的研究主题（童庆禧等，2018）。作为一种典型的地理大数据，遥感与人工智能的深度结合，为资源与环境信息的获取、模拟、预测提供智能化与实时化的决策支持。

## 2. 学科发展动力

国家需求是遥感学科发展的原始动力。随着改革开放的逐渐深入，特别是随着"一带一路"倡议的实施，我国已愈来愈多地参与国际性事务，对全球空间信息的需求越来越迫切。获取全球空间信息，掌握全球地理信息资源，保障国家安全、助推国家经济，最大限度地维护国家利益是摆在我国实施可持续发展战略面前的一项紧迫任务。面对日益严重的全球气候、资源、环境等问题，如何解决并在我国乃至世界范围内实现社会与经济的可持续发展，是我国乃至全世界面临的一个新的挑战。而对公共安全、灾害管理与应急反应、工农业规划、交通与运输、生态环境评价、产业发展等人类经济社会活动，也急需全球空间信息的获取，进而实现高精度、高可靠全球空间信息产品的制作与更新。

不仅如此，遥感科学与技术也逐渐融入计算机、数学、地理等学科的发展，展现出新的学科增长驱动。

（1）数据科学的推动。随着大数据、地理计算等新兴领域的出现，遥感数据不再局限于传统的天基、空基观测模式，移动端信息、地理标签、众源地理信息等社会数据有效弥补了传统遥感观测缺乏语义信息的缺点，并催生出社会感知的研究分支。

（2）计算科学的推动。地面样本勘验的困难、地理空间的限制，使得传统的遥感解译通常为小样本求解。然而，近年来随着数据和计算机科学的发展，遥感计算的模式发生了彻底的变革。存储能力的提升，使遥感信息提取不再局限于单一数据源和局部试验，而呈现出多模态（多时序、多平台、多源化）和大范围的格局；计算能力的进步，使神经网络规模不断扩大，形成深度解译网络，显著提升了遥感信息提取的精度，而同时将遥感信息提取转变为大量样本的标记以及知识、规则的归纳问题。

（3）社会科学的推动。移动数据获取方式的兴起，显著扩展了遥感学科的外延，使天基感知和地基感知相互结合成为可能，使对地观测与对人感知相互融合；同时，数据科学、通信科学的进展，以及不断提升的遥感数据分辨率，使得天-地-人的联合感知成为可能。此外，社会学、新闻学对遥感学科的需求也在进一步扩大。

### 3. 人才培养特点

为了满足经济、社会发展和军事应用对遥感科学与技术的需求，国际上众多著名大学均设置了遥感专业或建立了遥感研究机构。我国也设立了资源环境遥感的专业博士学位，培养遥感工程技术领域的创新人才。在2017～2019年世界大学排名中心（World University Rankings）和上海软科世界一流学科排名（ShanghaiRanking's Global Ranking of Academic Subjects）中，我国多所大学和研究机构的遥感学科名列前茅，在国际上产生了重要影响。为进一步在国际上引领学科和应用的发展，研发具有国际开创性、领先性的自主创新遥感技术和应用方法，需要培养具备国际视野、领导创新的领军人才，在遥感机理研究、反演方法、技术验证和工程实现上培养专业性高级人才和跨学科人才，深度耦合基础研究、应用基础研究和应用研究的各个环节，以整合我国遥感科学研究和应用的条块化、碎片化现象，催生出具有重大创新的方法技术和应用。

### 4. 学科交叉状况

遥感与原位监测数据的融合、渗透和统一，以及多源遥感数据与陆表过程模型的同化，为地球科学、环境科学、生命科学等研究提供了新的科学方法和技术手段，影响并导致地学的研究范围、性质和方法发生重大变化，推动了以全球观和系统观为特点，以全球变化多学科交叉研究为重点的地球系统科学的发展，为解决全球变化问题提供了有效途径。全球变化涉及多学科交叉，利用遥感可以快速、宏观、动态地掌握地球大气、气候、海洋、陆地、水文等时间（多年、多季等）与空间（全球与区域）多尺度的定量定性科学信息，特别包括重大环境变化的特征信息、变化信息及其响应信息，如极端气候（高温、低温等）和突发频发自然灾害事件（暴雪冰冻、暴雨洪涝、干旱、沙暴、台风、地震、污染等）的检测、监测、预警、及时评估，土壤植被、积雪冻土等变化特征，陆表、地表和大气温湿度等季节变化对地表生态系统要素影响（如碳、氮释放与循环变化等）等，是全球时空环境变化及其引起其他相关变化的科学知识、科学评估与科学对策的关键技术。

## 5. 成果转移态势

遥感科学与技术是一门新兴的高新领域学科，将其学科的创新理论、理念、方法和手段应用于解决经济、社会发展中面临的问题，促进其研究成果的社会化、市场化和产业化转化，是遥感科学与技术的重要任务。近年来，我国在应用学科研究领域更加重视科技成果的转化导向。例如，遥感传感器研制、遥感信息处理与理解等关键技术，有效地支撑了高分辨率对地观测系统重大专项。到 2020 年，我国全面建成高分辨率对地观测系统，形成了全天候、全天时、全球覆盖的观测能力，为现代农业、防灾减灾、资源环境、公共安全等重大领域提供服务和决策支撑。随着数字城市、智慧城市、交通、第三次全国国土调查、不动产测绘等重大工程对数据获取和应用的需求越来越大、质量越来越高、响应和更新速度越来越快，航空摄影测量应用越来越广泛。随着国务院批复遥感卫星商业化的政策逐步落地实施，国内遥感卫星数据市场销售规模和利润率有望进一步增长。

## 6. 资助管理模式

与地理信息科学的资助管理模式类似，遥感科学与技术的资助管理模式也采用研究项目–平台–人才（团队）三条主线并列，相互补充、协调的模式，其中平台和人才的资助与管理模式与地理信息科学一致。在研究方面，遥感科学与技术的发展采用国家重点研发计划、战略性先导科技专项及国家自然科学基金研究计划项目等为主，同时兼顾自由探索资助的方式进行管理。例如，"星载新体制 SAR 综合环境监测技术"、"大气海洋环境载荷星上处理及快速反演技术"、"分布式微纳遥感网高精度载荷数据融合与反演技术"、"重特大灾害空天地一体化协同监测应急响应关键技术研究及示范"、"全天时主动式高光谱激光雷达成像技术"、"国产多系列遥感卫星历史资料再定标技术"等国家重点研发计划地球与导航专项，"全球变化大数据的科学认知与云共享平台"全球变化及应对专项，中国科学院 A 类战略性先导科技专项 "地球大数据科学工程"（CASEarth），以及 "全球测图技术系统与应用示范" 等数十项计划项目。上述项目的资助和实施，积累了大量第一手资料，为我国遥感学科的发展夯实了基础。

# 第三节　发展现状与发展态势

## 一、学科国际发展状况与趋势

### （一）地理信息科学方面

地理信息科学通过研究、构建基于现代计算与服务架构之上的地理数据认知与表达–地理分析与挖掘–地理空间集成与模拟的方法和技术体系，聚合地理时空数据，集成资源环境领域相关学科的模型和知识，为自然资源评估和环境问题治理等应用需求提供方法和工具支撑。

随着信息与通信技术、虚拟/增强现实、人工智能等技术的发展，资源环境信息认知与表达模式发生改变，导致制图对象、主体、模式、技术等正发生深刻变化，以上变化对传统地图空间静态、单向认知模式提出了巨大的挑战，传统地图空间认知与表达理论模式已经无法支撑现代资源环境信息多维、动态、精准、高效认知表达的应用实践。为此，国内学者推动了传统二维静态地图表达向着全息地图（周成虎等，2011）、泛在地图（郭仁忠和应申，2017）、全空间表达（周成虎，2015）的方向发展。此外，资源与环境科学研究正经历着从现象描述向规律分析、从变化格局到时空过程、从区域分析向综合集成、从单视角单尺度向全方位多尺度的转变。上述态势对地理空间数据模型、多尺度表达提出了新的要求，其研究内容和研究范式亟待突破。国外学者提出了球体三维格网（Holhoş and Rosca，2018）、3D/4D球体格网（Sirdeshmukh et al.，2019），国内学者发明了基于球体退化八叉树（Spheriod Degenerated-Octree Grid，SDOG）的地球系统空间格网（earth system spatial grid，ESSG），设计了地球系统科学数据的共享与关联服务模式（吴立新等，2013），在此基础上，国外学者提出了一种将离散全局格网系统（Discrete Global Grid Systms，DGGS）扩展为三维格网的一般方法（Ulmer and Samavati, 2020)。

面向资源环境的时空大数据挖掘正从以遥感数据为核心的地表要素分析,逐渐扩展至时空大数据支撑的以人为核心的人-地关系透视。由于资源环境现象的复杂性,人工智能方法已经广泛应用于资源与环境科学的研究中,而人工智能与时空大数据的结合,将为资源环境大数据挖掘的发展提供新的动力源。为此,国内外学者也开展了大量研究工作,研究包括个体行为模式挖掘研究(Kang et al., 2010; Yuan et al., 2012; Huang J et al., 2018)等;环境特征推断活动行为模式(Gao et al., 2018)等;基于行为的城市功能反演研究主要发现应用行为信息(Pei et al., 2014; Liu et al., 2015; Zhou et al., 2019)。此外,时空大数据分析方法正从静态的空间分析逐渐发展至动态时空分析,按其研究对象可分为点-轨迹-网络三个层面,包括时空点模式的分析(Deng et al., 2011; Liu et al., 2012; Pei et al., 2009)、时空轨迹聚类分析(Yuan and Raubal, 2013; Song et al., 2019)、时空网络的研究(Jiang et al., 2019; Peng et al., 2018)等。另外,在移动对象轨迹数据挖掘方面,研究涉及轨迹预测、轨迹聚类、轨迹频繁模式挖掘、轨迹异常检测等主题。在轨迹预测方面,根据活动空间可分为路网空间轨迹预测(Formentin et al., 2015)、自由空间轨迹预测(Chen et al., 2018; Qiao et al., 2015),根据预测周期可分为短时轨迹预测(Wiest et al., 2012; Jeung et al., 2008)、长时轨迹预测(Prevost et al., 2007; Ying et al., 2013),根据研究方法可分为基于目标移动状态推导方法(Monreale et al., 2009; Mathew et al., 2012)、基于频繁模式挖掘方法(Sutskever et al., 2011)、基于机器学习模型方法(Simini et al., 2021)等。

资源环境模型的关键参数输入需要地理变量空间分布的总体特征和详细分布,基于地理空间采样的空间统计和推测是获取这些关键信息的主要手段之一。目前,空间推测主要依赖地理学第一定律(空间自相关定律)、基于地理要素间相关性的空间统计理论,常用方法包括多元线性回归、随机森林等(Eldawy and Mokbel, 2015; Kanevski et al., 2009; Lie et al., 2012),以及地理学第二定律,即空间异质性定律(Goodchild, 2004)。在基于已有空间推测理论发展新的空间推测方法的同时,也亟待"独辟蹊径"地探索新的空间统计与推测理论。例如,近年来我国学者通过联合探索,针对大数据时代用于地理变量空间推测的样点来源多样,难以满足已有空间推测理论对样点分布和代表性的严格要求，导致现有的空间推测理论常不足以适用大数据时代的大范围空间精细推测任务的问题，因此提出了地理学第三定律，即地理相似性定律，用于指导空间推测（Zhu et al.，2018）。此外，随着定位及观测技术的发展和普及，无论是更精细或者更大范围的研究，还是空间大数据、空间分层异质性（spatial stratified heterogeneity）问题凸显，国内外学者发展了包括空间分异性测度和因子分析的地理探测器 q 统计（Wang J F et al.，2010）、Sandwich 模型（Wang et al.，2013），进一步提高了资源环境大数据的空间统计分析计算能力。

资源环境多要素、多过程、多尺度耦合的复杂地理系统，具有不稳定、非线性的动态演化特征（傅伯杰，2017），以模型模拟的方式研究复杂地理系统，从早期偏重对单过程（如水文）的分析和模拟，已发展为日益强调以复杂地理系统整体作为模拟对象，耦合水土气生多要素、多过程的系统综合模拟。国内学者率先系统地将最新的人工智能和元胞自动机模型进行耦合（Li and Yeh，2002; Liu et al.，2017）。另外，国家在对资源环境相关的重大关切问题上，突出地体现着对地理信息科学作为集成工具平台的需求，包括对多学科领域的模型研究成果和领域知识的集成，对不同要素的多源、多尺度、长序列、多类型的大范围观测数据与模型的集成，对新型计算方式与面向重大应用问题响应交互方式的集成，对地理信息科学从应用需求角度提出了集成创新的学科发展要求，以"任务带学科"的方式提供了地理信息科学新的发展机遇。我国学者集成了陆面数据同化框架，对模型动力学信息和多源遥感观测以及其他现代观测手段进行了优化融合，形成了地球表层系统科学研究的重要技术体系（李新等，2007）。该技术体系支撑建立了我国内陆河流域科学观测–试验、数据–模拟研究平台，耦合生态、水文和社会经济过程发展了流域集成模型，实现了水资源可持续利用和管理的决策支持。另外，随着大数据时代的到来，海量个体认知及行为数据为虚拟地理环境下的人–资源环境关系的研究提供了潜在的机会。国内外学者分别基于虚拟地理环境开展了相关研究，包括数理模型计算实验与现场物理模型实验结合的协同虚拟地理实验（Li Y et al.，2013），基于虚拟地理环境的泥石流灾害多格网尺度并行模拟、定量风险评估（Yin et al.，2017），基于多智能体和三维仿真的地震建筑倒塌下人群疏散行为模拟实验研究（Torrens，2014），大数据背景下的虚拟地理认知实验方法（张帆等，2018；Dong et al.，2020a，2020b）。

综上所述，地理信息科学通过关键理论方法研究，构建基于现代计算与服务架构的空间认知表达—时空大数据挖掘—地理过程分析与模拟—地学可视化的理论方法和技术体系，聚合地理时空数据，集成资源环境领域相关学科的模型和知识，为自然资源评估和环境问题治理等国家重大需求提供方法和工具支撑。

未来，我国地理信息科学的学科发展面临着难得的机遇：地球系统科学研究驱动、人工智能等新技术推动、资源环境领域国家重大需求牵引三个方面将极大地促进学科发展，有望出现我国地理信息科学发展的黄金机遇期，推动本学科创新奠定国际引领地位。

## （二）遥感科学与技术方面

近年来，航天技术日益成熟，卫星发射成本逐渐降低，商业航天发展迅猛，遥感资源和数据愈加丰富。2014 年欧盟发射了哨兵一号、C 波段合成孔径雷达卫星；2016 年美国发射了空间分辨率 0.31m 的 WorldView-4；2018 年欧洲太空局完成了 MetOp 项目的最后一颗卫星 MetOp-C 气象卫星；2019 年意大利发射 PRISMA 高光谱先导卫星。据统计，目前在轨遥感卫星中逾半数为光学成像卫星，雷达成像卫星不足 10%，红外成像卫星仅占 1%。航空航天遥感正向高空间分辨率、高光谱分辨率、高时间分辨率、多极化、多角度的方向迅猛发展。在这一背景下，多样化的遥感传感器所提供的海量数据对数据平台提出了新的要求：基于云计算技术的遥感影像处理平台，如 Google Earth Engine、Data Cube，简化了数据的获取和处理，推动了遥感应用的普及。基于大量的在轨卫星，各国也加强了对地球气候和环境的监测，如欧洲航天局开展了地球观测项目（Earth Observation，EO）、气候变化项目（Climate Change Initiative，CCI）等；美国国家航空航天局开展了土壤湿度主被动任务（Soil Moisture Active Passive，SMAP）以及气溶胶、云和海洋生态系统（Plankton，Aerosol，Cloud，ocean Ecosystem，PACE）和 Landsat 9 项目等。

随着遥感影像数据的丰富和遥感应用需求的急剧增长，遥感信息处理方法日益多样化。高光谱影像覆盖成百上千个波段，提供了丰富、精细的光谱信息，其产业化应用推动了定量遥感时代的到来。高光谱被广泛地应用于土地类型制图、植被调查、大气成分估算、土壤、水质测评等方面。较低的空间分辨率制约了高光谱数据的应用潜力，为解决这一问题，光谱解混技术和影像融合技术应运而生，如 Giampouras 等（2016）提出了一种利用稀疏性和空间相关性对高光谱影像（HSI）进行分解的新方法。此外，高光谱冗余特征的存在、有限的训练样本数量和高维数据不平衡等问题给制图带来了挑战。对此，Kianisarkaleh 和 Ghassemian（2016）基于有限的训练样本，设计了一种高光谱特征选择方案，得到了较好的制图效果。在数据获取上，目前尚未有覆盖全球的高光谱影像，因此在大尺度的研究中，高光谱数据需与其他传感器协同使用。

随着大量高空间分辨率卫星的发射，亚米级的高分影像已逐渐实现大规模覆盖和大量行业应用，为监测复杂的土地生态系统、定量的变化检测、多时相分析和精准农业提供了可能。由于蕴含着丰富的细节信息，传统的基于像元的解译已不能满足高分影像的应用需求，高分影像的信息提取逐步向面向对象、语义识别和场景理解的方向发展。研究高层次特征的抽象方法成为高分影像理解的一个研究热点。近年来，国际上已发表相关成果，包括 Chaib 等提出了一种基于判别相关性分析（discriminant correlation analysis，DCA）的特征融合方法（Chaib et al.，2017），能有效地表达低维影像场景；Demir 和 Bruzzone（2015）提出了一种基于灰度直方图的属性形态学剖面（histogram-based attribute profiles，HAPs）特征对空间信息进行描述。

合成孔径雷达（SAR）是一种主动式遥感，具有穿透能力强、全天候、全天时的优势，被广泛地应用于地形地貌探测、地质灾害监测和海冰提取等方面。InSAR 技术在雷达遥感技术中较为成熟，它利用雷达回波信号中的相位信息对地表三维结构进行重建。其中，差分合成孔径雷达干涉测量（D-InSAR）和永久散射体合成孔径雷达干涉测量（PS-InSAR）两项技术已能提取出毫米级的地表形变信息。近年来，使用多时相的 SAR 影像对水文信息的提取成为新的研究热点。Giustarini 等（2016）、Pulvirenti 等（2016）验证了雷达干涉数据在洪水监测中具有巨大的潜力；Kim 等（2017）证实了时间序列 InSAR 分析技术对于监测土壤水分状况和水文植被变化的有效性。

作为遥感信息处理的共性技术，深度学习（DL）作为一种先进的机器学习框架，被广泛地应用于遥感制图、环境参数检索、数据融合和降尺度、信息重建和预测。深度学习在基于高分影像的遥感制图方面有着大量的实践，其中卷积神经网络（CNN）被证实能大幅度提高制图精度（Ma et al.，2019）；在影像融合中，包括堆叠自编码器（stacked auto-encoder，SAE）和卷积神经网络在内的深度学习模型取得了巨大成功（Paoletti et al.，2019）；深度学习在遥感影像配准中的应用大多基于孪生神经网络（siamese network）和生成式对抗网络（generative adversarial network，GAN）（Ma et al.，2019）。然而深度学习并不能取代物理模型，但其与物理模型的结合不仅带来了模型精度的增益，而且辅助了对环境遥感中物理相关概念的认知（Pulvirenti et al.，2016）。如何将地理规律融入到智能深度学习体系仍是未来的探索方向。

## 二、文献计量学分析

### （一）地理信息科学

在 Web of Science 数据库中，选取地理信息科学的 13 个主流期刊，包括 *International Journal of Geographical Information Science*、ISPRS *International Journal of Geo-Information*、*Transactions in GIS*、*Cartography and Geographic Information Science*、*Geographical Analysis* 等，检索了 2010 年 1 月到 2020 年 11 月发表的相关文献元数据，共计 12 423 篇。数据库更新日期为 2020 年 11 月 23 日。2010～2020 年，Web of Science 数据库中发表的地理信息科学文献数量整体呈现稳步增长的趋势，从 2010 年的 613 篇增加到 2020 年的 1725 篇，增加了近 2 倍。

2010～2020 年，Web of Science 数据库中发表的地理信息科学文献发文量位居前15的国家依次是中国、美国、德国、英国、西班牙、加拿大、意大利、澳大利亚、荷兰、伊朗、法国、巴西、印度、日本、奥地利，如表 11-1 所示。中国发文量居全球之首，为 3112 篇，约占全部论文的 25.05%，美国以 2189 篇发文量位居第二，中国和美国在该领域发文量方面占据主导地位。

从总被引频次、篇均被引频次、高被引论文数等指标综合来看，美国、德国、荷兰等国家地理信息科学研究论文的综合影响力较大。中国在发文量上占据优势，高被引论文数位列第二，但篇均被引频次（篇均被引频次 9.9 次，在发文量最多的 15 个国家中位列倒数第二）处于劣势。从总体上看，我国在 2010～2020 年被 Web of Science 收录的地理信息科学研究论文具有较强的规模优势，但在篇均被引频次指标上较落后。

表 11-1　2010～2020 年全球地理信息科学发文情况

| 国家 | 发文量/篇 | 总被引频次/次 | 篇均被引频次/次 | 高被引论文数/篇 |
|------|-----------|---------------|-----------------|-----------------|
| 中国 | 3 112 | 30 795 | 9.90 | 106 |
| 美国 | 2 189 | 31 399 | 14.34 | 142 |
| 德国 | 568 | 9 478 | 16.69 | 51 |
| 英国 | 522 | 6 914 | 13.25 | 29 |
| 西班牙 | 476 | 5 733 | 12.04 | 23 |
| 加拿大 | 473 | 5 777 | 12.21 | 22 |
| 意大利 | 468 | 6 369 | 13.61 | 32 |
| 澳大利亚 | 441 | 5 144 | 11.66 | 19 |
| 荷兰 | 425 | 7 388 | 17.38 | 32 |
| 伊朗 | 280 | 4 321 | 15.43 | 23 |
| 法国 | 239 | 3 609 | 15.10 | 11 |
| 巴西 | 202 | 2 083 | 10.31 | 7 |
| 印度 | 191 | 2 765 | 14.48 | 13 |
| 日本 | 189 | 1 754 | 9.28 | 7 |
| 奥地利 | 181 | 3 658 | 20.21 | 15 |

　　从研究机构来看，总发文量较多的 15 个机构依次是中国科学院、武汉大学、中国科学院大学、美国加利福尼亚大学、荷兰特文特大学、中国地质大学（武汉）、法国国家科学研究中心、南京师范大学、加利福尼亚大学圣巴巴拉分校、江苏省地理信息资源开发与利用协同创新中心、北京师范大学、德国亥姆霍兹联合会、美国乔治梅森大学、伦敦大学、北京大学。

　　在这些发文量较高的机构中，美国的加利福尼亚大学圣巴巴拉分校、乔治梅森大学、加利福尼亚大学等机构的篇均被引频次较高，均大于 20 次；中国科学院、美国加利福尼亚大学、荷兰特文特大学等机构均有超过 20 篇的高被引论文。

2010～2020 年，中国科学院以 807 篇的发文量位列第一；总被引频次 10 594 次，位列第一；篇均被引频次 13.13 次，位列第 10；高被引论文数 44 篇，在发文量前 15 的机构中位列第一；高被引论文占比为 5.45%，位列第 12。除中国科学院外，中国发文量较高的机构有武汉大学、中国科学院大学、中国地质大学（武汉）、南京师范大学等。

## （二）遥感科学与技术

选取遥感领域的 18 个主流期刊，包括 *Remote Sensing of Environment*、*ISPRS International Journal of Photogrammetry and Remote Sensing*、IEEE *Transactions on Geoscience and Remote Sensing*、*International Journal of Applied Earth Observation and Geoinformation*、*Remote Sensing*、*International Journal of Digital Earth*、*International Journal of Remote Sensing* 等，分析了其 2010 年 1 月到 2020 年 4 月发表的论文元数据，共计 9608 篇。数据下载日期为 2020 年 4 月 10 日。2010～2020 年，SCIE 数据库中发表的遥感信息处理研究文献数量除个别年份略有起伏外，整体呈现稳步增长的趋势。总发文量从 2010 年的 524 篇增加到 2019 年的 1623 篇，增长了约 2 倍。

2010～2020 年，SCIE 数据库中遥感信息处理研究文献发文量位居前 15 的国家依次是中国、美国、德国、意大利、法国、英国、西班牙、澳大利亚、加拿大、印度、荷兰、巴西、瑞士、伊朗、日本，如表 11-2 所示。中国发文量居全球之首，为 2668 篇，约占全部论文的 27.77%，美国以 2499 篇的发文量位居第二，中国和美国在该领域发文量方面占据主导地位。

表 11-2　2010～2020 年遥感信息处理领域各国发文量

| 国家 | 发文量 / 篇 | 总被引频次 / 次 | 篇均被引频次 / 次 | 高被引论文数 / 篇 |
| --- | --- | --- | --- | --- |
| 中国 | 2 668 | 34 200 | 12.82 | 134 |
| 美国 | 2 499 | 58 531 | 23.42 | 281 |
| 德国 | 964 | 23 674 | 24.55 | 114 |

| 国家 | 发文量 / 篇 | 总被引频次 / 次 | 篇均被引频次 / 次 | 高被引论文数 / 篇 |
|---|---|---|---|---|
| 意大利 | 740 | 19 054 | 25.75 | 86 |
| 法国 | 656 | 20 326 | 30.98 | 89 |
| 英国 | 577 | 14 495 | 25.12 | 67 |
| 西班牙 | 520 | 13 187 | 25.36 | 52 |
| 澳大利亚 | 509 | 11 741 | 23.07 | 58 |
| 加拿大 | 507 | 14 682 | 28.96 | 68 |
| 印度 | 464 | 5 825 | 12.55 | 25 |
| 荷兰 | 334 | 13 859 | 41.49 | 65 |
| 巴西 | 299 | 3 887 | 13.00 | 17 |
| 瑞士 | 245 | 7 815 | 31.90 | 41 |
| 伊朗 | 236 | 3 189 | 13.51 | 14 |
| 日本 | 216 | 2 949 | 13.65 | 12 |

从总被引频次、篇均被引频次、高被引论文数等指标综合来看，法国、美国、德国的遥感信息处理研究论文的综合影响力较大。中国在发文量上占据优势，但篇均被引频次（篇均被引频次12.82次，在发文量最多的15个国家中，位列第14）和高被引论文占比（高被引论文占比为5.02%，位列第14）等指标处于劣势。从总体上看，我国在2010～2020年被SCIE收录的遥感信息处理研究论文具有较强的规模优势，但在篇均被引频次指标上较落后。

从研究机构来看，总发文量较多的15个机构依次是中国科学院、德国亥姆霍兹联合会、美国国家航空航天局、法国国家科学研究中心、中国科学院大学、武汉大学、美国加利福尼亚大学、北京师范大学、意大利国家研究委员会、德国航空航天中心、美国马里兰大学、法国发展研究院、美国农业部、美国国家海洋和大气管理局、美国加利福尼亚理工学院。

在这些发文量较高的机构中，法国国家科学研究中心、美国农业部、美国国家航空航天局、美国加利福尼亚理工学院、美国加利福尼亚大学、意大利国家研究委员会、美国马里兰大学等机构的篇均被引频次较高，均大于25次；美国国家航空航天局、法国国家科学研究中心、中国科学院、德国亥姆霍兹联合会、美国加利福尼亚大学、美国马里兰大学均有超过 30 篇的高被引论文。

2010～2020 年，中国科学院以 946 篇的发文量位列第一；总被引频次 14 025 次，位列第一；篇均被引频次 14.83 次，位列第 14；高被引论文数 50 篇，在发文量前 15 的机构中位列第 3；高被引论文占比为 5.29%，位列第 14。除中国科学院外，中国发文量较高的机构有中国科学院大学、武汉大学、北京师范大学、清华大学、南京大学、北京大学、北京航空航天大学、浙江大学、中国地质大学（武汉）、中国地质大学（北京）、南京信息工程大学等。

## 三、学科发展优劣势分析

### （一）地理信息科学学科的发展优劣势

#### 1. 地理信息科学的代表性成果

与国外相比，国内地理信息科学与技术发展起步较晚，20 世纪 90 年代，以美国国家地理信息分析中心（National Center for Geographic Information and Analysis，NCGIA）为代表的研究机构已经开展了系统性的技术理论研究，而国内则刚开始地理信息系统软件的开发，这使得研究侧重软件技术实现。进入 21 世纪，国内学者越来越多地关注地理信息系统基础理论问题，在时空不确定性、空间异质性统计、空间插值和推断等方向取得了一系列成果。由于中国对土地资源的管理、模拟、优化需求更为迫切，在此背景下，大量学者开展了基于多智能体模拟的土地资源利用研究。近年来，多源地理大数据为时空数据挖掘提供了有力的支撑，而中国人口众多、互联网企业用户量大，使得大数据研究具有先天优势，中国学者在该方向也取得了丰硕的成果。

1）空间异质性统计

近些年，中国学者针对地理变量空间分层异质性开展了地理空间统计的理论方法研究，形成了原创性的空间分异 q 统计理论（Wang J F et al.，2010；王劲峰和徐成东，2017）。创建于 20 世纪 50 年代的以 Moran's I 和 Kriging 半变异函数为代表的空间统计方法，克服了经典统计学基本假设"独立同分布"中的"独立"不适用于地理变量空间自相关性的问题，发展了基于空间自相关的空间统计学。地理变量中广泛存在的表现为分类或分区的空间异质性（统计学上表述为层内方差小于层间方差）——称为空间分层异质性，使得地理变量在统计学上既不服从"独立"也不服从"同分布"，导致现有以空间自相关为基础的空间统计学仍难以获得空间分层异质性地理变量的无偏最优估计。空间分异 q 统计理论针对地理变量存在空间分层异质性和空间自相关的不同情况，以及样本对各层的覆盖情况，中国学者创建了不同样本条件下的统计推断系列模型，形成了空间分异统计无偏最优估计的方法体系。这些理论方法成果和工具得到了国内外研究者的认可和应用，形成了国家标准《地理信息空间抽样与统计推断》（GB/Z 33451—2016）。这种从基础理论方法研究到重大应用实践的研究模式特别适合于资源环境领域学科特点。

2）空间相似性推测

近年，中国学者原创性地提出了"地理环境越相似，地理现象越相近"的地理学第三定律，即地理相似性定律（Zhu et al., 2018；朱阿兴等，2020），用于指导空间推测，以便摆脱空间推测对样点数量和分布以及所得关系稳定性的严格要求。根据该定律，如果一个样点与待推测点的地理环境越相似，则地理目标变量也越相似，因此可以利用单个样点在空间上的代表性推测目标地理变量的空间变化（Zhu et al., 2015a）。该理论也可以同时用于指示最有效的补样点和用于纠正现有样点的空间偏差，由此设计出基于多等级的参数空间采样方法（Yang et al., 2013）和基于不确定性的补样方法（Zhang et al., 2016）。在空间推测理论探索及方法创新方面，中国已有引领国际发展的趋向，通过扩展对资源环境领域所关注的重要地理变量的应用方法，可进一步完善现有理论与方法体系，以实现空间推测理论到方法的体系性创新。

3）地理大数据挖掘与社会感知

以手机信令数据、社交媒体数据、出租车轨迹数据为代表的时空大数据，为地理学研究尤其是人文地理学研究，提供了全新的数据源（刘瑜，2016；裴韬等，2019）。社会感知概念的提出，刻画了大数据对地理空间社会经济要素的感知能力。将社会感知方法和遥感相结合，可以更全面地刻画地理世界，从而支持资源环境信息系统的构建。针对社会感知数据，国内外开展的研究主要有以下三个方面：其一，针对点、流、轨迹时空模式的提取，如聚类和异常检测等（Deng et al.，2011；Zhu and Guo，2014；Cheng and Wicks，2014；Song et al.，2019）；其二，基于聚合粒度的活动分布和交互模式，采用时间序列分析、复杂网络分析等方法，揭示区域及城市尺度地理要素的空间格局（Ratti et al.，2006；Pei et al.，2014；Liu Y et al.，2015；Liu X et al.，2016；Tu et al.，2017）；其三，在自然语言处理和图像内容理解等技术的支持下，对带有时空标记的文本和图像进行分析，进而量化城市人口、活动、情感等社会经济要素的分布（Yang et al.，2015；Lansley and Longley 2016；Gebru et al.，2017；Zhang et al.，2018）。在应用研究中，时空大数据的代表性有偏、存在误差、精度不足等数据质量问题也被广泛讨论（Zhao et al.，2016；裴韬等，2019；Yuan et al.，2020），为了有效规避该问题，多源时空大数据集成，尤其是和传统的基于调查问卷的"小数据"集成，是未来一个重要的研究方向。

4）地理系统多智能体模拟

近年来，中国学者原创性地提出了地理模拟系统理论，该理论在遵循地理学内在规律的基础上，借助复杂系统理论和计算机科学，建立了对多种地理现象进行模拟、预测、优化和显示的地理模拟优化系统，在很大程度上可以弥补地理信息系统在过程分析方面的不足。在地理模拟系统框架下，相关学者提出了耦合人类活动与自然作用的未来土地利用模拟模型（future land use simulation model，FLUS），实现了地理复杂系统宏观演化与局部交互过程的统一（Liu et al.，2017）。同时，将气候变化情景整合到地理模拟系统中，以适应全球变化背景下可持续发展策略研究的需要（Li et al.，2017）。开发了具有自主知识产权的 Geo-SOS、FLUS、Geo-Simulator、Geo-Optimizer 等 GeoSOS 系列软件（http://www.geosimulation.cn）。GeoSOS 软件发布以来全球已有 50 多个国家和地区的用户使用，得到了国际同行的广泛认可。GeoSOS 系列软件提供了空间优化和土地利用模拟功能，成为土地利用优化、气候变化分析与生态评估等研究中的重要工具。中国学者已将 GeoSOS 研究成果广泛应用于国土空间规划等实践问题，包括生态红线划定及预警、农田保护红线划定、城镇开发边界划定等（Li X et al.，2013）。国内学者在土地利用模拟方面引领了国际发展的方向，但目前在自然作用对土地利用与土地覆盖变化方面的机理研究不够深入，通过将自然植被动态过程引入到土地利用模型中，可进一步完善现有理论体系。

5）时空不确定性分析

时空数据不确定性与数据质量是地理信息科学的基础理论之一，也是面向资源环境应用发展的重要问题。只有在真实性检验的基础上对各种地理信息产品的精度给出定量评估，才能进一步提高时空信息定量化水平，为资源环境应用提供可靠的信息源（吴小丹等，2014）。在国家自然科学基金项目的资助下，我国地理信息科学界对该领域相关问题开展了较为深入的研究，包括位置不确定性（矢量空间数据、数字高程模型、卫星遥感影像）、属性不确定性、空间关系不确定性、空间分析不确定性、空间数据不确定性处理与质量控制等，并已经取得了一批重要的研究成果。

## 2. 地理信息科学的优势方向

中国国土辽阔，人口众多，面临着资源环境可持续发展的重要问题，从而为地理信息科学带来了诸多具体技术层面的需求，因此应用导向的研究占据一定的优势地位。例如，中国土地资源相对紧张，针对土地利用的模式提取、模拟预测、优化是持续的研究热点。近年来，中国互联网企业发展迅速，拥有大量的用户，使得采集获取多源时空大数据成为可能，这促进了大数据支持下分析方法和应用研究的迅速发展，并且在国际学界占据重要地位。近年来，人工智能技术发展迅速，中国学者在该方向积极应对，将人工智能方法引入时空数据分析中，用于复杂模式提取、空间插值等，取得了一定的成果。

## 3. 地理信息科学的薄弱方向

地理信息系统在西方的发展，一个重要的理论和方法基础是源起 20 世纪五六十年代的计量革命，然而由于历史原因，中国地理学发展缺失了计量革命这一过程，这使得学界对于分析方法的贡献相对薄弱，没有产出如地理加权回归这样有影响力的分析方法。此外，西方地理学有着较为悠久的理论构建传统，批判地理学、人本主义地理学等思想层出不穷，也为地理信息科学的发展供了新思路，在此方向上，国内学界亟须提出在国际上具有引领地位的原创性理论。

## （二）遥感学科的发展优劣势

### 1. 遥感科学的代表性成果

我国遥感科学经过几十年的发展，主要在多源遥感影像（如高分辨率、高光谱）信息处理、深度学习等若干方面取得了一系列代表性成果与进展。

#### 1）多源遥感影像信息处理

在高分辨率遥感方面，影像信息提取与处理在像素层的光谱解译、结构层的基元纹理分析，以及面向对象的分割处理取得了实质性进展，并向规则知识、语义识别和场景建模等高层理解与认知方向发展（李德仁等，2012）。一系列城市特征提取（如纹理、结构和立体特征），以及城市信息提取新技术的研究取得了重要成果（Gong et al.，2020）。例如，Huang X 等（2018）基于 ZY-3 多视角国产高分辨率卫星，提出多级角度差异特征，用于描述像素、特征和标签三个级别的多角度信息，有效地提高了城市场景分类的准确性。Liu 等（2019）在全球测图项目背景下，以国产高分辨率影像为基础，提出了一种平面–垂直特征融合的方法，实现了全球大量城市的高精度建成区自动提取。Huang 等（2017）基于国产高分辨率影像，提出一个多尺度（像素、网格和城市街区）的城市变化检测框架，可以有效捕获城市环境中的细微变化，如房屋拆建、水质变化等。

在高光谱遥感方面，基于机器学习、计算机视觉、模式识别理论与方法的高光谱影像处理技术取得了快速发展（杜培军等，2016）。例如，杨钊霞等（2015）提出了一种空–谱信息与稀疏表达相结合的分类算法，有效地提高了影像分类的精度，解决了高光谱遥感影像分类中空间信息缺乏和特征维数高的问题。Yu 等（2017）提出一种多尺度超像素级基于子空间的支持向量机（multiscale superpixel-level subspace-based support vector machines）用于高光谱影像分类，解决了经典的基于对象分类方法中寻找高光谱影像分类最佳分割尺度和休斯现象的问题。Wang S D 等（2016）基于高光谱遥感数据，使用单谱带、一阶微分和谱带比方法提取水体中叶绿素 a 含量，进行了水质的监测和评估。

#### 2）遥感影像深度学习

随着深度学习技术的发展，深度神经网络已被应用于各类遥感影像（如高光谱分辨率、高空间分辨率、雷达影像等）的分类、对象检测、时空分析等方面，其对于挖掘遥感影像信息已展现了巨大潜力（Li et al.，2019）。Chen Y S 等（2016）提出了一种 3D 卷积神经网络的高光谱影像正则化深度特征提取方法，解决了训练样本有限的高光谱影像特征提取和分类问题。季顺平和魏世清（2019）提出了一种基于全卷积网络的建筑物语义分割方法，将建筑物提取研究推广至目标实例分割。Chen S I 等（2016）利用稀疏连接的卷积体系结构，构造一种新的全卷积网络，该网络可直接应用于 SAR 影像并能实现较高精度的目标分类。

3）多模态遥感信息融合

多源数据的融合可以帮助整合各种信息，从而进一步提高对地观测的性能。例如，Huang 等（2020）提出一种基于多源地理信息数据的高分辨率城市土地覆盖制图的框架，并将其应用到我国 42 个主要城市，生产了第一个高分辨率（2m）城市土地覆盖产品 Hi-ULCM。Chen 等（2017）通过融合 Landsat OLI、MODIS、HJ-1A 和 ASTER GDEM 多传感器数据，结合时间、光谱、角度和地形特征，显著提高了土地覆盖分类的准确性。Xu 等（2017）提出了一个两分支卷积神经网络模型，结合高光谱影像中的空间光谱信息以及从激光雷达（LiDAR）或高分辨率可视影像中提取的特征，用于融合多源遥感数据（如高光谱影像和激光雷达）进行逐像素分类。

4）遥感信息处理代表性项目

国内一些重要项目也推进着遥感信息处理技术的发展。例如，国家重点研发计划"地球资源环境动态监测技术"开展了地表环境要素的高分辨率高精度遥感监测、高可信变化检测、多尺度监测数据汇聚与融合处理等一系列关键技术的研究（张兵等，2016）。国家科技重大专项"高分辨率对地观测系统专项"已成功发射高分系列卫星，覆盖了从全色、多光谱到高光谱，从光学到雷达，从太阳同步轨道到地球同步轨道等多种类型，构成了一个具有高空间分辨率、高时间分辨率和高光谱分辨率能力的对地观测系统。基于高分卫星影像的信息处理技术已在防灾救灾、地理制图、环境调查等方面提供了服务，对于发展我国高分辨率遥感信息获取与处理技术具有重要意义（Li et al.，2017）。

### 2. 遥感科学的优势方向

我国遥感学科目前能够排名世界第一，主要是因为几何遥感（包括摄影测量）很强，以及遥感信息处理的研究水平很高，得到了世界公认，不仅发表了大量高水平论文，而且研制的系统在该领域占主导地位，甚至出口到国外。例如，张祖勋院士团队及张永军教授团队研制出我国首套完全自主知识产权的航空航天遥感影像数字摄影测量网格处理系统（Digital Photogrammetry Grid，DPGrid），其中摄影测量网格并行处理、高可靠性影像匹配、无人机影像全自动处理、稀疏控制智能空中三角测量、数字影像准实时拼接等核心技术居国际领先水平，彻底打破了国际软件的垄断地位。DPGrid 是我国测绘遥感领域首个实现核心技术出口的自主知识产权软件研发成果，授权许可国际权威的地理信息研究和应用机构美国 ESRI 公司进行全球化推广应用，标志着测绘遥感领域国产研发成果正式全面走向国际市场。该研究成果曾获 2018 年国家科学技术进步奖二等奖、2015 年测绘科技进步奖特等奖。

20 世纪 60 年代以来，卫星遥感观测技术得到了长足发展。截至 2019 年 12 月 31 日，全球已成功发射 8894 个航天器，而其中对地观测卫星就多达 3013 颗，占比约 34%。历经近 60 年的发展，全球对地观测体系和能力日趋完备。到 2020 年，我国全面建成高分辨率对地观测系统，涵盖风云、资源、海洋、环境减灾、高分等卫星系列及其应用系统，形成"天–空–地"一体化的综合对地观测体系，具有全天候、全天时、全球覆盖的观测能力，为现代农业、防灾减灾、资源环境、公共安全等重大领域提供服务和决策支撑。与发达国家相比，我国对地观测的产业化进程相对缓慢，自主研发能力不足。在未来几十年，我国对地观测系统的建设将根据国家科技进步、经济建设、社会发展和国家安全需求，力争在对地观测领域提升我国自主空间数据源的占有率。

### 3. 遥感科学的薄弱方向

与此同时，定量遥感和遥感传感器制造仍然属于我国薄弱方向。例如，目前我国采用的主要遥感器技术体制及其遥感机理、技术概念基本不是我国自主发明创造的，如微波合成孔径雷达成像、成像光谱技术、多角度和偏振探测、三维干涉 SAR、三线阵立体测绘、海洋高度计 / 散射计 / 盐度计、地球重力场感知、激光雷达等，都是国外首先提出的。我国具有国际开创性、领先性的自主创新定量遥感技术和应用方法不多。在遥感应用反演处理和数据融合方面的自主算法与模型创新较少，基础研究不够，原始创新能力不强。

## 四、人才队伍和平台建设

在高校地理信息科学人才培养方面，20 世纪 70 年代南京大学地图学专业率先开设了计算机辅助制图课程。20 世纪 90 年代，全国部分高校开始开设地理信息系统课程；1990 年，南京大学黄杏元教授主编的第一本地理信息系统专业教材《地理信息系统概论》，标志着我国地理信息系统高等教育发展进入萌芽时期；1996 年，在教育部颁布的《普通高等学校本科专业目录》中，地理科学类中新增了地理信息系统专业；2012 年，在教育部印发的《普通高等学校本科专业目录（2012 年）》中，地理信息系统专业已改为地理信息科学专业。不少测绘工程专业也开设了地理信息科学专业方向，农林、地质等学科也逐步开设了相应的专业。目前，我国开设地理信息科学本科专业的高等院校已有 190 余所，涵盖了全国绝大多数省份，已经形成了一套培养本科生、研究生、博士生的完整教育体系。

我国高校对于摄影测量与遥感专业的人才培养最早可以追溯到 20 世纪 30 年代，同济大学在全国高等教育系统中率先开设了测量课，开展大地测量与摄影测量教育。1956 年，我国摄影测量与遥感学科的奠基人王之卓院士主持建立了航空摄影测量专业。70 年代末，王之卓院士将航空摄影测量专业改为摄影测量与遥感专业，标志着我国摄影测量教育开始由单一的摄影测量技术向摄影测量与遥感学科方向发展。1977 年，我国高等院校恢复招生，一些地学类本科专业也开设了遥感的有关课程。1978 年，北京大学地理系首次招收10 余人为地貌学专业遥感方向的硕士研究生。1981 年，北京大学地图学与遥感专业经过国家教育委员会（现教育部）批准招收硕士研究生。截至2022年，国内开设遥感方向作为本科课程的高校共有 190 余所，招收遥感方向硕士研究生的院校共有 154 所，招收博士研究生的院校共 58 所，培养了具有摄影测量与遥感专业知识的复合型高级人才逾万人。近年来，国内遥感与地理信息界的专家学者正积极推进遥感科学与技术建设成为一级学科，进一步推动遥感学科的发展。

## 五、存在问题与建议举措

我国资源环境领域的数据尚缺乏产品化，对于科研和公共服务的可获得性较差，限制了地理信息科学中新方法的发展和大规模应用检验。同时，全国与全球的长时序、大范围数据产品较为缺乏；更重要的是，数据产品缺乏第三方的测试验证，缺乏科学的精度评价体系。对资源环境数据开放获取的制度性保障（数据生产者权益认定与保障）和资源环境数据开放获取门户网站建设（数据产品开放获取），有利于营造地理信息科学的科研创新环境，推动学科发展。建立资源环境领域模型方法的标准数据集和公共测试平台，便于多模型多方法间的横向对比评价，推动学科发展和与实际应用的结合。

在人才队伍建设上，由于评价体系中论文比例偏高，尤其是对于年轻学者的评价，基本依赖于论文发表，而从领域期刊数量及影响因子指标等方面看，地理信息科学与相邻学科（如遥感）相比，处于弱势，这使得很多年轻学者转而从事遥感相关的研究工作。此外，以下两个事实也影响了地理信息科学领域人才的培养和引进：首先，互联网企业的吸引力，使得地理信息科学专业的年轻人更倾向到工业界发展；其次，在西方学术界，地理信息科学专业反而比遥感等专业更容易获得长聘教职，这也使得在北美获得学位、有志于从事科研工作的年轻人不选择回国发展。综合以上因素，近年来地理信息科学的人才队伍建设面临严重危机，从国家自然科学基金委员会国家优秀青年科学基金、中共中央组织部"青年千人"等人才计划项目的申报者和入选者来看，地理信息科学比例偏低，这必将对学科发展带来极大的不利。

我国遥感学科的人才培养和评价体系中，对原创贡献强调不够，一定程度上存在看重发表期刊、忽视研究内涵的问题，而实际上不少发表于同一期刊的论文，其水平和影响力差异很大。很多研究论文，尤其是信息处理、计算机视觉领域的论文，往往只是简单地将信息领域的成果在遥感上"复现"

或者"稍加改动",而并未充分考虑遥感影像的特性和地学知识的应用。同时,遥感学科具有鲜明的工程学科特点,其人才培养和评价,应考虑实际应用和服务(如在生态、资源环境等领域的应用),应提倡用原创的技术,解决实际的问题,服务落地的应用。另外,遥感学科的重要用途在于提供精确、动态的产品,如土地覆盖、专题信息等,应强调遥感数据所形成的实际产品,而不应将过多的研究资源放在方法的讨论上。

# 第四节　发展思路与发展方向

## 一、关键科学问题

在资源与环境科学的发展中,主要制约可以归纳为理论制约因素和数据制约因素。

理论制约:资源与环境科学研究所面对的人地系统,是一个复杂巨系统,具有其复杂性,表现在结构、功能、要素之间非线性关联耦合,同时,由于人地系统的多层级、多尺度、多结构特征,系统具有典型的级联效应。对这样一个复杂巨系统进行表达、分析、模拟、预测,需要坚实的理论基础作为支撑,从而在信息技术的支持下加以实现,这在一定程度上制约了地理信息科学的发展,也制约了遥感信息提取与定量反演的发展。

数据制约:我国的科学数据标准体系正在建立和完善,国家地球系统科学数据中心、国家生态科学数据中心、国家对地观测科学数据中心等的建设和发展已经在国家战略、行业应用、科学研究等方面发挥了重要作用。然而,总体上我国还未形成国家层面统一的科研信息化基础环境,主要以各部委的发展规划和重大专项的形式来牵引科研信息化的发展,但各规划和专项之间缺乏统筹协调,客观上形成了资源投入分散、政策滞后等问题,制约了国家科研和创新能力的提升。特别地,尽管我国遥感对地观测能力已有长足进步,然而，各用户单位之间缺乏协调统一，卫星观测能力尚未实现需求最大化，定期的全国、全球等大范围观测数据缺乏。

相应地，遥感与地理信息领域关键科学问题需要重点关注：复杂地理系统的表达、分析、模拟和预测；地理时空大数据管理、分析和决策的高效智能化；地理时空信息服务的社会化和大众化；资源环境动态监测关键技术。

在资源与环境科学的发展中，主要推动作用可以归结为技术和需求两个方面。

在技术方面，由于深度学习的发展，人工智能技术近年取得了飞速进步，并且在自然语言处理、图像内容理解等应用领域取得了良好的应用效果。深度学习有助于挖掘提取复杂的地理要素的时空格局和相互作用，并且和地理知识图谱相结合，实现地理过程的模拟、预测和优化，从而从技术层面推动自然资源科学研究的水准。

在需求方面，联合国可持续发展目标是联合国指定的将在"千年发展目标"到期之后继续指导 2015～2030 年全球发展工作的一系列工作目标。2016年 10 月，二十国集团领导人杭州峰会承诺积极落实联合国"2030 年可持续发展议程"，中国政府制定并发布了《中国落实 2030 年可持续发展议程国别方案》。2030 年可持续发展与中国当下的智慧城市、精准扶贫、互联网＋的发展趋势相吻合，而作为这些发展目标的基础，优秀完备的地理信息基础设施建设则是重中之重，这为地理信息和遥感科学的研究从需求端带来了驱动力。

## 二、学科发展总体思路

### （一）地理信息科学的学科发展总体思路

地理信息科学需要加强理论基础研究：通过理论地理学研究，加强对地理空间核心概念的理解和表达，如尺度、空间依赖、距离等；通过相关数学方法的引入，支持地理空间模式和规律的形式化建模，如利用复杂性科学方法，揭示地理复杂巨系统中的自组织、非线性、无标度、涌现等现象背后的机理；通过空间认知研究，为地理智能研究奠定认知科学的基础。

纵观地理信息科学的历程，离不开信息领域的支持。未来地理信息科学的发展，需要积极应对大数据、人工智能、物联网、区块链、高性能计算等新技术带来的机遇，研发新方法，突破资源环境复杂巨系统的表达、分析、模拟、预测等技术难题。

资源环境领域的研究，最后大多都落到"数据－方法－平台"的核心问题上，需要面向可持续发展领域的重大应用问题，通过加大资源与环境科学对数据、方法、平台的重视和投入，同时辅以合理的人才评价体系，开展全球综合观测大数据的跨域协同处理、时空演化建模、智能决策服务等关键技术研究，推动地理信息技术的应用，提升整个资源与环境学科的研究水准。

## （二）遥感科学与技术的学科发展总体思路

遥感是资源与环境的重要数据支撑，可以提供精确、具有时效性的输入参数。遥感学科在对地观测手段、信息智能处理、多源数据融合等方面正处于日新月异的高速发展期，正在为资源与环境注入新的活力和动力。本节以定量遥感学、信息遥感学为主线，阐述遥感在地学参数反演、大数据信息处理方面的战略发展。

遥感地学参数反演：随着遥感对地观测能力的不断提升，以及地基观测网络的不断完善，遥感地学参数反演必然朝着定量化、精确化、清晰化的方向发展；因此，集成"天－空－地"一体化的遥感地学参数定量提取是遥感学科的重要战略方向。具体地，天基观测逐渐丰富化、国产化：高分辨率对地观测计划的实施，以及民用航天的迅速发展，使我国在轨高分卫星实现了全谱段观测能力的提升，涵盖高空间分辨率、高光谱、红外、雷达等高分星座与天基传感网；航空领域，无人机传感的普及化、商业化以及全谱段覆盖，也进一步推动了该领域的对地观测能力；同时，地基观测的实验场、标定场不断完善，植被、土壤、水质、大气、碳等要素的地面观测网，结合航天、航空遥感的进步，将为遥感的定量化、实时化、精确化提供保障。

遥感大数据信息处理：遥感对地观测是数字地球的重要数据源之一。如前所述，迅速发展的"天－空－地"观测网络，将不断聚集海量、多维、异质的遥感数据。大数据的显著特点不仅仅在于数据量，也在于其多源异质的特性。然而，大数据的某个维度只是地理空间的某个侧面，甚至可能出现误差（如仪器误差、统计误差、众源信息获取误差等）。因此，遥感大数据需要通过多源异质信息的融合、同化与集成，经过智能化的处理与信息挖掘，为地理学提供数据支持，为全球测图、"一带一路"、可持续发展等提供信息依据。同时，建立支持地球表层系统多圈层、多要素相互作用的"天–空–地"一体化立体观测与物联网传输体系，发展多源观测数据集成、分析、共享与服务的大数据平台，实现遥感综合观测与数据集成。

# 三、学科发展目标

## （一）地理信息科学方面

目前，地理时空数据的分析还过多地依赖于先验知识和经验（Zhang et al.，2019；裴韬等，2019）。未来应面向应用，将时空大数据与人工智能技术、行业背景和知识相结合，进一步发展新的理论和算法集，以识别数据的特殊性、实现预测的可解释性和不确定性估计等（Reichstein et al.，2019），促进时空大数据向领域知识的转换，促使时空大数据分析真正落地。发展目标包括以下四点。

### 1）实现地理时空大数据管理、分析和决策的高效智能化

充分利用地理时空大数据中所包含的显性或隐性空间位置特征信息，通过多元空间的统一表达和大数据的空间化重构，实现大数据的空间映射，进而可在统一时空体系下分析大数据中所隐含的模式和发现新知识，从而建立基于空间分析原理的大数据分析理论方法（周成虎，2015），研发"天–空–地"地理时空数据的整合、共享、集成和服务技术，突破异构时空大数据的智能存储、时空检索、协同计算、数据的稀疏性计算、信息的快速识别提取与挖掘、可视化等关键技术问题，提高时空数据采集、管理的性能和效率，使分析和决策更加智能、精准和实时。

### 2）地理时空信息服务的社会化和大众化

随着传感器技术和人工智能技术的迅猛发展，地理信息科学日益与数学、计算机、物理等学科高度交叉和融合，并融入物联网、人工智能、云处理等技术，研究更专业的模型、技术和工具，将实现从对地观测向对人（社会）观测的转变，通过两者的结合更好地研究人地关系，以满足资源环境领域的

应用需求，促进地理空间信息科学服务的社会化和大众化。

### 3）为资源环境动态监测提供关键技术支撑

随着地理信息科学技术的迅速发展和资源环境监测需求的不断增加，未来地球环境监测领域发展将进入一个高分辨率、多层、立体、多角度等天地联合对地观测的时代。虽然资源环境动态遥感监测的研究已取得了一系列重要成果，在行业部门也初步开展了业务化应用，但由于现有资源环境监测指标和参数精度不高，在空间上不完整，在时间上不连续，在物理意义上缺乏一致性，行业应用相对孤立，跨行业合作缺乏，地面观测数据结合不足，严重制约着地理信息数据产品的应用成效。充分结合国家跨行业部门的监测数据优势，针对资源环境监测中的突出问题，开展天地联合、多时空尺度的多源空间信息分析，为国家行业部门应用和政府管理提供技术服务，是目前和未来资源环境监测领域的发展趋势。

### 4）无缝对接满足国家重大应用需求

针对重大公共卫生事件、防灾减灾、公共安全等国家重大需求，通过时空大数据的采集、管理、整合和分析，利用挖掘的知识进行精准预测，解决重大传染病防控、环境和能耗等国家重大应用需求，服务于国家生态文明建设、"一带一路"等，为人类健康、全球与区域模式开发、生态环境综合评估与预测、救灾减灾、全球粮食安全等提供重大科技支撑。

## （二）遥感科学与技术方面

未来，遥感科学将面向国际科学前沿和国家重大需求，优先发展的目标包括以下三个方面。

### 1）实现遥感信息计算的智能化

随着人工智能的发展，遥感的智能计算是大势所趋；实现遥感与信息科学的交叉融合，对于扩展遥感计算的范式、提升遥感反演的精度具有重要价值。其中，遥感智能计算的发展，需要融合遥感地学知识，并考虑遥感数据的特点，如针对不同遥感数据的特性，发展具有遥感影像特性（如高光谱、多角度、LiDAR 等）的深度学习网络。

### 2）推进遥感信息提取的产品化

随着空间成像技术的发展和产业化，可用的多源遥感数据急剧增加，数据多、信息少的现象仍然广泛存在，在进行大量遥感技术、方法机理研究的同时，也需要将技术转化为遥感产品，如精确、高清、动态的地表覆盖与专题产品等，为地理、生态、环境、资源等学科提供实用级的参数输入。

3）服务国家战略与国家需求

以遥感智能计算、云计算和产品研发为基础，服务国家需求和国家战略，如立体观测遥感能为实景中国建设提供重要的数据源；遥感密集时序影像能为乡村振兴和精准扶贫提供实时、动态、精确的数据支持；遥感智能计算能支持全球测图、"一带一路"的境外地理信息提取。

# 四、学科未来研究方向

## （一）地理信息科学方面

预估地理信息科学至 2035 年的主要研究方向可按照地理信息科学理论方法、新一代系统研发、数据与计算集成环境三个层面共列出如下 10 项。

### 1. 地理信息科学理论方法

1）面向资源环境领域的地理信息建模

基于对资源环境领域所关注的水、土、气、生等自然要素和社会要素与过程相关的地理信息生成、传输、转化的机理认识，建立有效的地理信息表达模型、定量评价模型、尺度转换模型、应用模型等，一直是地理信息科学远未完工的基本理论方法研究内容。

2）地理信息系统的数字孪生再现及交互

突破对单一要素或过程以图层为单位的地图可视化方式，从地理信息系统的角度对资源与环境的复杂时空演化过程以数字孪生的方式进行实时有效的再现及交互，可支持用户对地理信息系统的准确理解和探索性分析。

3）智能化的地理信息系统综合模拟和分析

通过对资源环境领域及人工智能领域的模型成果和建模知识（尤其是对专业模型正确使用具有决定作用的隐式经验性建模知识）进行计算机可读的表达、集成和推理应用，可实现智能化地根据复杂应用场景自动地理建模，高效准确地进行地理信息系统综合模拟和分析。

## 2. 新一代系统研发

### 1）地理信息系统架构和计算服务模式

充分利用先进的信息技术架构和基础设施，针对资源环境领域的应用特点集成构建新型的地理信息系统架构，提供先进的计算服务模式，支持对地理信息科学基础理论方法最新研究成果的实现和集成，支撑新一代资源与环境信息系统的各种功能需求。

### 2）资源环境领域的地理大数据聚合

对资源与环境相关的各种传统地理数据和新型的地理相关的大数据进行有效聚合，以"地理大数据"支撑对水、土、气、生等自然和社会多要素、多过程构成的系统全方位的再现和分析。

### 3）资源环境领域知识与模型的集成和互操作

通过对资源与环境各相关专业领域的知识和模型的集成与互操作，以灵活、易用的方式支持用户对复杂的资源、环境、灾害、可持续发展等重大应用问题进行快速建模。

### 4）新一代资源与环境信息系统

通过对前述地理信息科学理论方法和系统集成层面研究成果的集成研发，可涌现出新一代资源与环境信息系统（在命名时，为突出不同角度的特点，可采用新一代地理信息系统、全空间地理信息系统、虚拟地理环境等不同的名称）。

## 3. 数据与计算集成环境

### 1）深时数字地球

侧重于对地球整体系统的全面数字化再现和交互，尤其是在空间上向地球深部和地外深空的延展，以及在时间维度上向地质历史时期的延展，构建深时数字地球平台，面向资源环境领域的研究和应用需求提供地学数据、模型、知识的门户服务。

### 2）自然-人文过程耦合的虚拟实验

侧重于对资源环境领域研究的方法论和技术体系支撑作用，开展自然-人文过程耦合的虚拟地理实验，促进对地理信息系统中各地理要素和过程及

---

其之间相互作用的理解和知识发现。

3）面向资源、环境、灾害、健康、可持续发展等重大问题的决策支持

面向资源环境领域涉及国计民生的资源、环境、灾害、健康、可持续发展等重大应用问题，提供实时的系统监测、建模模拟、情景分析、预警及应对方案制定等科学决策支持能力。

## （二）遥感科学与技术方面

规划遥感学科至 2035 年的研究方向，可从新场景下的遥感机理与模型探索、遥感信息智能化处理、定量遥感与应用三个方面列出如下重点发展方向。

### 1. 新场景下的遥感机理与模型探索

随着新材料、新理论和新技术的发展，遥感成像的电磁波谱范围不断扩大，新的传感器不断涌现，需要研究探索新型传感器的成像机理和模型，发展目标与传感器观测间的辐射传输理论与方法，传统遥感建模对于均质性强的目标和区域已经较为成熟，今后的研究将重点发展复杂目标和区域（如山地、城市、云）的三维辐射传输建模方法，以及适用于新兴传感器的辐射传输理论，并向深海、深空、深地等领域拓展。

### 2. 遥感信息智能化处理

信息遥感旨在利用丰富多源的遥感数据，实现从数据到信息和知识的转化过程，该学科方向是遥感对地观测和信息计算领域的交叉与融合，借鉴和发展了计算机视觉、人工智能、云计算、大数据等信息领域的新成果和新进展，提升了遥感数据挖掘的深度、遥感制图的精度和遥感产品的实用性。具体研究领域如下。

1）突出遥感本源特性的影像智能解译

在深度学习影像场景解译、立体视觉匹配、影像分类、目标识别等遥感信息处理领域的经典问题上，其精确性显著优于传统方法，具备较大的潜力。今后的研究仍有较大空间，如深度模型的可解释性；如何建立遥感场景的海量标记样本库，以实现针对遥感影像特点的深度学习库等。

2）支持多源信息融合的遥感云计算

近年来，以谷歌引擎为代表的遥感云计算模式受到极大的关注，并获得

了很大的成功。云计算节省了本地用户对影像的拼接、校正、定位等繁杂的预处理工序，也通过云存储的方式，使得用户节省了大量存储资源，实现了真正的全球遥感数据共享。云计算今后的发展方向在于：多源数据的时空融合，实现海量数据信息级别的共融；云端计算功能和能力的提升；云计算资源的合理分配；深度云计算等。

3）多模态遥感大数据信息挖掘

当前的空天遥感观测能通过大量的无人机、卫星、飞机等平台获取遥感数据，同时地面观测、实地调查、社交媒体、社会统计等新数据源，能有效地辅助遥感数据的解译，减小遥感数据信息提取的不确定性。然而，多源数据的纠偏、多源异质信息的融合方法、可容错的大数据分析等关键问题仍需进一步研究。

4）遥感产品与服务

遥感智能解译、云计算和大数据挖掘将产生大量的遥感信息和产品，这些产品的质量控制、融合值得进一步研究；同时，遥感产品如何服务于地学建模、地理分析，以及服务于"一带一路"、"美丽中国"、全球测图、生态城"等国家需求，将是下一步的研究方向。

### 3. 定量遥感与应用

定量遥感基于传感器观测与目标间的辐射传输原理反演目标物理属性，该学科方向从人工目视判读、统计回归发展到结合辐射传输模型、机器学习算法和多源信息融合的定量反演方法，实现定量信息提取精度、时空分辨率、时空完整性和时效性的提升，为地理要素监测提供关键数据支撑。具体研究领域如下。

1）复杂场景下的定量遥感建模

旨在发展目标与传感器观测间的辐射传输理论与方法，传统遥感建模对于均质性强的目标和区域已经较为成熟，今后的研究将重点发展复杂目标和区域（如山地、城市、云）的三维辐射传输建模方法，以及适用于新兴传感器的辐射传输理论，并向深海、深空、深地等领域拓展。

2）多模态定量反演与信息融合

该方向是实现从遥感观测到定量信息的关键理论与方法，在单一传感器反演方法和数据融合等方面经过了长期的发展，该领域未来的主要发展方向是通过挖掘历史大数据获得先验地学知识，结合多模态信息在"时－空－谱－角"等方面的互补信息，并利用先进的机器学习方法，实现高精度、高时空分辨率的多要素定量信息联合提取。

3）定量遥感验证理论

为遥感定量信息提取提供客观的验证手段，然而传统验证方式多基于站点观测，空间代表性和观测要素种类不足；随着无人机、传感器网络等先进观测手段的出现，综合利用多平台、多要素联合观测数据，研究遥感观测、定量反演的时空尺度规律，实现定量信息在大范围、自动化、实时化、多尺度的不确定性评估将是未来真实性检验的发展方向。

4）定量遥感的资源与环境应用服务

不断拓展定量信息应用领域是定量遥感发展的生命力，综合利用大数据、云计算、人工智能等先进技术，结合各种遥感与非遥感观测信息，深度耦合定量遥感模型与水、土壤、大气、生物和人类活动等领域的应用模型，实现用户需求为导向的新型定量信息智能服务模式，将进一步驱动定量遥感学科的发展。

# 本章参考文献

陈述彭. 1998. 地球系统科学(中国进展·世纪·展望). 北京：中国科学技术出版社.

杜培军, 夏俊士, 薛朝辉, 等. 2016. 高光谱遥感影像分类研究进展. 遥感学报, 20(2): 236-256.

傅伯杰. 2017. 地理学：从知识、科学到决策. 地理学报, 72(11): 1923-1932.

郭华东. 2018. 科学大数据——国家大数据战略的基石. 中国科学院院刊, 33(8): 768-773.

郭仁忠, 应申. 2017. 论ICT时代的地图学复兴. 测绘学报, 46(10): 1274-1283.

季顺平, 魏世清. 2019. 遥感影像建筑物提取的卷积神经元网络与开源数据集方法. 测绘学报, 48(4): 448-459.

李德仁. 2003. 论21世纪遥感与GIS的发展. 武汉大学学报(信息科学版), 28(2): 127-131.

李德仁. 2019. 论时空大数据的智能处理与服务. 地球信息科学学报, 21(12): 1825-1831.

李德仁, 马军, 邵振峰. 2015. 论时空大数据及其应用. 卫星应用, (9): 7-11.

李德仁, 童庆禧, 李荣兴, 等. 2012. 高分辨率对地观测的若干前沿科学问题. 中国科学：地球科学，42(6): 805-813.

李新，黄春林，车涛. 2007. 中国陆面数据同化系统研究的进展与前瞻. 自然科学进展，17(2): 163-173.

刘瑜. 2016. 社会感知视角下的若干人文地理学基本问题再思考. 地理学报，71(4): 564-575.

裴韬，刘亚溪，郭思慧，等. 2019. 地理大数据挖掘的本质. 地理学报，74(3): 586-598.

童庆禧，孟庆岩，杨杭. 2018. 遥感技术发展历程与未来展望. 城市与减灾，(6): 2-11.

王劲峰，徐成东. 2017. 地理探测器：原理与展望. 地理学报，72(1):116-134.

吴立新，余接情，杨宜舟，等. 2013. 基于地球系统空间格网的全球大数据空间关联与共享服务. 测绘科学技术学报，30(4): 409-415,438.

吴小丹，肖青，闻建光，等. 2014. 遥感数据产品真实性检验不确定性分析研究进展. 遥感学报，18(5): 1011-1023.

薛澜，翁凌飞. 2017. 中国实现联合国 2030 年可持续发展目标的政策机遇和挑战. 中国软科学，(1): 1-12.

杨钊霞，邹峥嵘，陶超，等. 2015. 空–谱信息与稀疏表示相结合的高光谱遥感影像分类. 测绘学报，44(7): 775-781.

张兵，黄文江，张浩，等. 2016. 地球资源环境动态监测技术的现状与未来. 遥感学报，20(6): 1470-1478.

张帆，胡明远，林晖. 2018. 大数据背景下的虚拟地理认知实验方法. 测绘学报，47(8): 1043-1050.

周成虎. 2015. 全空间地理信息系统展望. 地理科学进展，34(2): 129-131.

周成虎，朱欣焰，王蒙，等. 2011. 全息位置地图研究. 地理科学进展，30(11): 1331-1335.

朱阿兴，闾国年，周成虎，等. 2020. 地理相似性：地理学的第三定律？. 地球信息科学学报，22(4): 673-679.

Brunsdon C A, Fotheringham A, Charlton M. 1996. Geographically weighted regression: a method for exploring spatial nonstationarity. Geographical Analysis, 28(4): 281-298.

Chaib S, Liu H, Gu Y F, et al. 2017. Deep feature fusion for VHR remote sensing scene classification. IEEE Transactions on Geoscience & Remote Sensing, 55(8): 4775-4784.

Chen B, Huang B, Xu B. 2017. Multi-source remotely sensed data fusion for improving land cover classification. ISPRS Journal of Photogrammetry and Remote Sensing, 124: 27-39.

Chen J, Pei T, Shaw S L, et al. 2018. Fine-grained prediction of urban population using mobile phone location data. International Journal of Geographical Information Science, 32(9): 1770-1786.

Chen S Z, Wang H P, Xu F, et al. 2016. Target classification using the deep convolutional networks for SAR images. IEEE Transactions on Geoscience & Remote Sensing, 54(8): 4806-

4817.

Chen Y S, Jiang H L, Li C Y, et al. 2016. Deep feature extraction and classification of hyperspectral images based on convolutional neural networks. IEEE Transactions on Geoscience & Remote Sensing, 54(10): 6232-6251.

Cheng T, Wicks T. 2014. Event detection using twitter: a spatio-temporal approach. Plos One, 9(6): e97807.

Demir B, Bruzzone L. 2015. Histogram-based attribute profiles for classification of very high resolution remote sensing images. IEEE Transactions on. Geoscience &. Remote Sensing, 54(4): 2096-2107.

Deng M, Liu Q L, Cheng T, et al. 2011. An adaptive spatial clustering algorithm based on delaunay triangulation. Computers Environment & Urban Systems, 35(4): 320-332.

DiBiase D, DeMers M, Johnson A, et al. 2006. Geographic Information Science & Technology Body of Knowledge. https://giscenter.isu.edu/GsCC/pdf/BoK2006_DD_25Feb2006.pdf.

Dong W H, Yang T Y, Liao H, et al. 2020a. How does map use differ in virtual reality and desktop-based environments?. International Journal of Digit Earth, 13(12): 1484-1503.

Dong W H, Qian T, Liao H, et al. 2020b. Comparing the roles of landmark visual salience and semantic salience in visual guidance during indoor wayfinding. Cartography and Geographic Information Science, 47(3): 229-243.

Eldawy A, Mokbel M F. 2015. The era of big spatial data//The 31st IEEE International Conference on Data Engineering Workshops, Seoul: IEEE: 42-49.

Formentin S, Bianchessi A G, Savaresi S M. 2015. On the prediction of future vehicle locations in free-floating car sharing systems//2015 IEEE Intelligent Vehicles Symposium, Seoul: IEEE: 1006-1011.

Gao Q L, Li Q Q, Yue Y, et al. 2018. Exploring changes in the spatial distribution of the low-to-moderate income group using transit smart card data. Computers Environment & Urban Systems, 72: 68-77.

Gebru T, Krause J, Wang Y, et al. 2017. Using deep learning and google street view to estimate the demographic makeup of neighborhoods across the United States. Proceedings of the National Academy of Sciences, 114(50): 13108-13113.

Giampouras P, Themelis K E, Rontogiannis A A, et al. 2016. Simultaneously sparse and low-rank abundance matrix estimation for hyperspectral image unmixing. IEEE Transactions on Geoscience & Remote Sensing, 54(8): 4775-4789.

Giannotti F, Nanni M, Pedreschi D, et al. 2011. Unveiling the complexity of human mobility by querying and mining massive trajectory data. VLDB Journal, 20(5): 695-719.

Giustarini L, Hostache R, Kavetski D, et al. 2016. Probabilistic flood mapping using synthetic aperture radar data. IEEE Transactions on Geoscience & Remote Sensing, 54(12): 6958-6969.

Gong J Y, Liu C, Huang X. 2020. Advances in urban information extraction from high-resolution remote sensing imagery. Science China Earth Sciences, 63(4): 463-475.

Goodchild M F. 1992. Geographical information science. International Journal of Geographical Information Science, 6(1): 31-45.

Goodchild M F. 2004. The validity and usefulness of laws in geographic information science and geography. Annals of the Association of American Geographers, 94(2): 300-303.

Goodchild M F. 2007. Citizens as sensors: the world of volunteered geography. GeoJournal, 69(4): 211-221.

Holhoş A, Roşca D. 2018. Uniform refinable 3D grids of regular convex polyhedrons and balls. Acta Math Hungarica, 156(1): 182-193.

Huang J, Levinson D, Wang J, et al. 2018. Tracking job and housing dynamics with smartcard data. Proceedings of the Nations Academy of Sciences of the United States of America, 115(50): 12710-12715.

Huang X, Chen H J, Gong J Y. 2018. Angular difference feature extraction for urban scene classification using ZY-3 multi-angle high-resolution satellite imagery. ISPRS Journal of Photogrammetry and Remote Sensing, 135: 127-141.

Huang X, Wang Y, Li J Y, et al. 2020. High-resolution urban land-cover mapping and landscape analysis of the 42 major cities in China using ZY-3 satellite images. Science Bulletin, 65(12): 1039-1048.

Huang X, Wen D, Li J, et al. 2017. Multi-level monitoring of subtle urban changes for the megacities of China using high-resolution multi-view satellite imagery. Remote Sensing of Environment, 196: 56-75.

Jeung H, Liu Q, Shen H T, et al. 2008. A hybrid prediction model for moving objects//IEEE International Conference on Data Engineering, Cancun: IEEE: 70-79.

Jiang J C, Zhu A X, Qin C Z, et al. 2019. A knowledge-based method for the automatic determination of hydrological model structures. Journal of. Hydroinformatics, 21(6): 1163-1178.

Kanevski M, Pozdnoukhov A, Timonin V, et al. 2009. Machine Learning for Spatial Environmental Data: Theory, Applications, and Software. Lausanne: EPFL Press.

Kang C, Gao S, Lin X, et al. 2010. Analyzing and geo-visualizing individual human mobility patterns using mobile call records. 18th International Conference on Geoinformatics, Beijing: IEEE: 1-7.

Kianisarkaleh A, Ghassemian H. 2016. Nonparametric feature extraction for classification of hyperspectral images with limited training samples. ISPRS Journal of Photogrammetry and Remote Sensing, 119: 64-78.

Kim J W, Lu Z, Gutenberg L, et al. 2017. Characterizing hydrologic changes of the Great Dismal Swamp using SAR/InSAR. Remote Sensing of Environment, 198: 187-202.

Lansley G, Longley P A. 2016. The geography of twitter topics in London. Computers Environment and Urban Systems, 58: 85-96.

Li J, Huang X, Gong J. 2019. Deep neural network for remote-sensing image interpretation: status and perspectives. National Science Review, 6(6): 1082-1086.

Li X, Chen G, Liu X, et al. 2017. A new global land-use and land-cover change product at a 1-km resolution for 2010 to 2100 based on human-environment interactions. Annals of the Association of American Geographers, 107(5): 1040-1059.

Li X, Lao C, Liu X, et al. 2013. Early warning of illegal development for protected areas by integrating cellular automata with neural networks. Journal of Environmental Management, 130: 106-116.

Li Y, Gong J, Zhu J, et al. 2013. Spatiotemporal simulation and risk analysis of dam-break flooding based on cellular automata. International Journal of Geographical Information Science, 27(10): 2043-2059.

Li X, Yeh A G O. 2002. Neural-network-based cellular automata for simulating multiple land use changes using GIS. International Journal of Geographical Information Science, 16(4): 323-343.

Li X, Zhou Y. 2017. Urban mapping using DMSP/OLS stable night-time light: a review. International Journal of Remote Sensing, 38(21): 6030-6046.

Lie M, Glaser B, Huwe B. 2012. Uncertainty in the spatial prediction of soil texture: comparison of regression tree and random forest models. Geoderma, 170(3-4): 70-79.

Lin B X, Zhou L C, Xu D P, et al. 2018. A discrete global grid system for earth system modeling. International Journal of Geographical Information Science, 32(4): 711-737.

Liu C, Huang X, Zhu Z, et al. 2019. Automatic extraction of built-up area from ZY3 multi-view satellite imagery: analysis of 45 global cities. Remote Sensing of Environment, 226: 51-73.

Liu Q L, Deng M, Shi Y, et al. 2012. A density-based spatial clustering algorithm considering both spatial proximity and attribute similarity. Computers & Geosciences, 46: 296-309.

Liu X, Kang C, Gong L, et al. 2016. Incorporating spatial interaction patterns in classifying and understanding urban land use. International Journal of Geographical Information Science, 30(2): 334-350.

Liu X, Liang X, Li X, et al. 2017. A future land use simulation model(FLUS) for simulating multiple land use scenarios by coupling human and natural effects. Landscape and Urban Planning, 168: 94-116.

Liu Y, Liu X, Gao S, et al. 2015. Social sensing: a new approach to understanding our socioeconomic environments. Annals of the Association of American Geographers, 105(3): 512-530.

Ma L, Liu Y, Zhang X L, et al. 2019. Deep learning in remote sensing applications: a meta-analysis and review. ISPRS Journal of Photogrammetry and Remote Sensing, 152: 166-177.

Mathew W, Raposo R, Martins B. 2012. Predicting future locations with hidden Markov models// ACM Conference on Ubiquitous Computing, New York: ACM: 911-918.

McMaster R B, Usery E L. 2005. A Research Agenda for Geographic Information Science. Boca Raton: CRC Press.

Monreale A, Pinelli F, Trasarti R, et al. 2009. WhereNext: a location predictor on trajectory pattern mining// ACM SIGKDD International Conference on Knowledge Discovery and Data Mining, New York: ACM: 637-646.

Paoletti M E, Haut J M, Plaza J, et al. 2019. Deep learning classifiers for hyperspectral imaging: a review. ISPRS Journal of Photogrammetry and Remote Sensing, 158: 279-317.

Pei T, Jasra A, Hand D J, et al. 2009. DECODE: a new method for discovering clusters of different densities in spatial data. Data Mining and Knowledge Discovery, 18(2): 337-369.

Pei T, Sobolevsky S, Ratti C, et al. 2014. A new insight into land use classification based on aggregated mobile phone data. International Journal of Geographical Information Science, 28(9): 1988-2007.

Pei T, Song C, Guo S, et al. 2020. Big geodata mining: objective, connotations and research issues. Journal of Geographical Sciences, 30(2): 251-266.

Peng P, Cheng S F, Chen J H, et al. 2018. A fine-grained perspective on the robustness of global cargo ship transportation networks. Journal of Geographical Sciences, 28(7): 881-889.

Prevost C G, Desbiens A, Gagnon E. 2007. Extended Kalman filter for state estimation and trajectory prediction of a moving object detected by an unmanned aerial vehicle//American Control Conference, New York: 1805-1810.

Pulvirenti L, Chini M, Pierdicca N, et al. 2016. Use of SAR data for detecting floodwater in urban and agricultural areas: the role of the interferometric coherence. IEEE Transactions on Geoscience & Remote Sensing, 54(3): 1532-1544.

Qiao S J, Han N, Zhu W, et al. 2015. Traplan: an effective three-in-one trajectory-prediction model in transportation networks. IEEE Transactions on Intelligent Transportation Systemst, 16(3): 1188-1198.

Ratti C, Frenchman D, Pulselli R M, et al. 2006. Mobile landscapes: using location data from cell phones for urban analysis. Environment and Planning B-Planning & Design, 33(5): 727-748.

Reichstein M, Gustau C V, Bjorn S et al. 2019. Deep learning and process understanding for data-driven Earth system science. Nature, 566: 195-204.

Simini F, Barlacchi G, Luca M, et al. 2021. A Deep Gravity model for mobility flows generation. Nature Communication, 12: 6576.

Sirdeshmukh N, Verbree E, Oosterom PV, et al. 2019. Utilizing a discrete global grid system for handling point clouds with varying locations, times, and levels of detail. Cartographica, 54(1): 4-15.

Song C, Pei T, Ma T, et al. 2019. Detecting arbitrarily shaped clusters in origin-destination flows using ant colony optimization. International Journal of Geographical Information Science, 33(1): 134-154.

Sutskever I, James M, Geoffrey E. 2011. Generating text with recurrent neural networks// International Conference on Machine Learning, Bellevue, Washington, USA: ICML: 1017-1024.

Tony H, Stewart T, Kristin T. 2009. The Forth Paradigm. Redmond: Microsoft Press.

Torrens P M. 2014. High-resolution space-time processes for agents at the built-human interface of urban earthquakes. International Journal of Geographical Information Science, 28(5): 964-986.

Toutin T. 2004. Geometric processing of remote sensing images: models, algorithms and methods. International Journal of Remote Sensing, 25(10): 1893-1924.

Tu W, Cao J, Yue Y, et al. 2017. Coupling mobile phone and social media data: a new approach to understanding urban functions and diurnal patterns. International Journal of Geographical Information Science, 31(12): 2331-2358.

Turner A. 2006. Introduction to Neogeography. Sebastopol, CA: O'Reilly Media.

Ulmer B, Samavati F. 2020. Toward volume preserving spheroid degenerated-octree grid. Geoinformatica, 24(3): 505-529.

Wang J F, Haining R, Liu T J et al. 2013. Sandwich estimation for multi-unit reporting on a stratified heterogeneous surface. Environment and Planning A, 45(10): 2515-2534.

Wang J F, Li X H, Christakos G, et al. 2010. Geographical detectors-based health risk assessment and its application in the neural tube defects study of the Heshun region, China. International Journal of Geographical Information Science, 24(1): 107-127

Wang J F, Zhang T L, Fu B J. 2016. A measure of spatial stratified heterogeneity. Ecological Indicators, 67: 250-256.

Wang S D, Zhang L F, Tian J G, et al. 2016. Sensitivity analysis for Chl-a retrieval of water body using hyperspectral remote sensing data with different spectral indicators// 2016 IEEE International Geoscience and Remote Sensing Symposium(IGARSS), Beijing: IEEE: 1611-1613.

Wiest J, Höffken M, Kresel U, et al. 2012. Probabilistic trajectory prediction with gaussian mixture models// IEEE Intelligent Vehicles Symposium, Alcala de Henares: IEEE: 141-146.

Xu X D, Li W, Ran Q, et al. 2017. Multisource remote sensing data classification based on convolutional neural network. IEEE Transactions on Geoscience and Remote Sensing, 56(2): 937-949.

Yang L, Zhu AX, Qi F, et al. 2013. An integrative hierarchical stepwise sampling strategy for spatial sampling and its application in digital soil mapping. International Journal of Geographical Information Science, 27(1): 1-23.

Yang W, Mu L, Shen Y. 2015. Effect of climate and seasonality on depressed mood among twitter users. Applied Geography, 63: 184-191.

Yin L, Zhu J, Li Y, et al. 2017. A virtual geographic environment for debris flow risk analysis in residential areas. ISPRS International Journal of Geo-information, 6(12): 377.

Ying J C, Lee W C, Tseng V S. 2013. Mining geographic-temporal-semantic patterns in trajectories for location prediction. ACM Transactions on Intelligent Systems and Technology, 5(1): 1-33.

Yu H Y, Gao L R, Liao W Z, et al. 2017. Multiscale superpixel-level subspace-based support vector machines for hyperspectral image classification. IEEE Geoscience and Remote Sensing Letters, 14(11): 2142-2146.

Yuan Y H , Lu Y, Chow T E, et al. 2020. The missing parts from social media-enabled smart cities: who, where, when, and what?. Annals of the American Association of Geographers, 110(2): 462-475.

Yuan Y H, Raubal M, Liu Y. 2012. Correlating mobile phone usage and travel behavior-a case study of Harbin, China. Computers Environment and Urban Systems, 36(2): 118-130.

Yuan Y H, Raubal M. 2013. Measuring similarity of mobile phone user trajectories-a spatio-temporal edit distance method. International Journal of Geographical Information Science, 28(3): 496-520.

Zhang F, Zhou B L, Liu L et al. 2018. Measuring human perceptions of a large-scale urban region using machine learning. Landscape and Urban Planning, 180: 148-160.

Zhang F, Zhou B L, Ratti C et al. 2019. Discovering place-informative scenes and objects using social media photos. Royal Society Open Science, 6(3): 181375.

Zhang S J, Zhu A X, Liu J, et al. 2016. An heuristic uncertainty directed field sampling design for digital soil mapping. Geoderma, 267: 123-136.

Zhao Z, Shaw S L, Xu Y, et al. 2016. Understanding the bias of call detail records in human mobility research. International Journal of Geographical Information Science, 30(9): 1738-1762.

Zheng Y, Capra L, Wolfson O, et al. 2014. Urban computing: concepts, methodologies, and applications. ACM Transactions on Internet Technology, 5(3): 38(1-55).

Zhou S L, Zhou S H, Liu L, et al. 2019. Examining the effect of the environment and commuting flow from/to epidemic areas on the spread of dengue fever. International Journal of Environmental Research and Public Health, 16(24): 5013.

Zhu A X, Liu J, Du F, et al. 2015a. Predictive soil mapping with limited sample data. European Journal of Soil Science, 66(3): 535-547.

Zhu A X, Zhang G M, Wang W, et al. 2015b. A citizen data-based approach to predictive mapping of spatial variation of natural phenomena. International Journal of Geographical Information Science, 29(10): 1864-1886.

Zhu A X, Lu G N, Liu J, et al. 2018. Spatial prediction based on Third Law of Geography. Annals of GIS, 24(4): 225-240.

Zhu X, Guo D. 2014. Mapping large spatial flow data with hierarchical clustering. Transactions in GIS, 18(3): 421-435.

# 第十二章

# 资源与环境科学资助机制与政策建议

## 第一节 资 助 机 制

### 一、面向国家需求，突破瓶颈问题，优化基金支持领域

学科发展应以社会经济发展需求为指引，充分发挥基金申请指南的引导作用，凝练制约我国经济和社会可持续发展中的重大关键科学问题，加强研究成果在社会、经济和生态效益等方面的时效性。通过顶层设计，找准学科定位，凝练战略重点，明确优先资助领域，制订重大资源与环境研究计划，构建符合资源与环境科学知识体系内在逻辑和结构、科学前沿和国家需求相统一的学科布局。国家自然科学基金委员会不仅需要把控国际最新的前沿研究领域，更需要面向我国重大战略需求设置专项资金支持。

从国家发展需求出发，关注可能产生引领性成果的重要领域，凝练提出战略性关键核心技术背后的基础性科学问题。目前，我国正在实施一系列国家重大战略，如京津冀协同发展、黄河流域生态保护和高质量发展、长江经

济带发展、长三角一体化发展、粤港澳大湾区建设等。鼓励和引导科学家在关键资源与环境研究领域、关键科学与技术上下功夫，突破瓶颈问题，让资源与环境科学为国家战略做出应有贡献。在我国蓄势已久、可望突破的关键科学领域，更要激励科学家不断开拓，抢占科学制高点。完善重大基础研究问题建议、咨询、立项和指南引导机制，分阶段部署一批重点方向领域。例如，设立先导专项，集中相关研究力量攻克我国资源型地区转型的作用机制、模式与路径；重视农村土地整治与配置、生态修复与保护、人居环境整治等重要研究方向的试验和示范研究；加强水资源短缺基础和应用研究，探讨水资源短缺形成机制和应对策略；开展流域－河流－河口－海湾等海岸带生态系统整体性研究；人类活动和全球气候变化驱动的典型流域脆弱性和可持续能力的监测、评估与提升机制研究；典型流域/区域社会－生态系统动态变化的天地一体化监测体系构建等。引导科学家将研究的主要方向和重点任务调整到全球变化的区域响应与适应、脆弱区域生态恢复、生物多样性与生态系统服务等既是国际前沿也是国家重大战略需求的领域上，将新的学科增长点同我国科研创新主攻方向和突破口紧密联系起来。

## 二、加强对数据平台支撑方向的支持力度，建立组织协调机制

当前，信息技术、网络技术、实验设施和模拟方法日新月异，大数据和人工智能也深刻影响和改变了人类对世界的认知。资源与环境研究对象是涉及多要素、多圈层、多尺度的复杂系统，数据采集、监测预测和试验模拟研究仍是当前研究的短板。高质量的系统监测数据是支撑资源与环境研究中地球表层系统演变机制分析、模拟预测的基础，是资源与环境科学提升科学决策能力的重要保障。因此，需要加强支持定量研究的基础数据信息搜集工作，逐步建立包括水、土地、能源、生物多样性等基础资源，以及人口、城市化、产业结构、气候信息等因素与技术和管理理念在内的综合数据库；加大对关键要素监测、过程模拟、平台建设等方向的支持力度。建议从网络化观测，到重点区域研究，再到国际合作组织协调机制搭建，建立长期稳定的支持机制。

## 三、完善基金评审机制，建立信用档案，提供合理"容错"空间

我国目前已经形成了以《中华人民共和国科学技术进步法》为核心、内容多样的科学技术法律法规体系，为科学研究提供了关键的法律保障。具体到学科领域，《国家自然科学基金条例》（以下简称《条例》）是规范国家自然科学基金的使用与管理，提高国家自然科学基金使用效益，促进基础研究，培养科学技术人才的具体法律保障。以《条例》为代表的法律规章，规范了项目申请人、项目负责人、依托单位、科学基金管理部门各自的法律责任，保障了项目合理有序地申请、审批、实施、结项。但是，在利用法律来保障学科发展的良性科研环境时，仍有更进一步的空间。目前，《条例》主要内容表现为加强自律、加强审查、加强社会监督、建立信誉档案和加大处罚力度五个方面。随着我国资源与环境科学的发展，部分方向的研究工作逐渐从过去跟踪型研究向开创型、引领型研究转变。因此，要完善基金评价机制，鼓励原始创新。

在项目申请评审中突出创新性，加大具有潜在开创性、引领性项目的资助力度，切实提升培育重大原创成果的能力，夯实创新发展的源头。在项目申请评审中，引导科学家从基本原理和规律出发，重视资源与环境科学研究范式变化带来的学科研究内容、方法和范畴的变化，坚持长期积累，实现厚积薄发。优先支持原创性选题，分层次引导和分阶段支持资源与环境科学存在的不同层次的创新思想，建立持续资助机制，使科学家能够着眼关键前沿，兼顾学科发展，集成创新资源，孕育重点突破。加大对非共识、变革性创新研究的支持力度，重视可能催生新概念、新范式或新方向、新领域的研究，强化颠覆性技术的研究基础。在项目结题评审中，充分考虑资源与环境科学特点，建立信用档案，设置合理"容错"空间。需认识到资源与环境科学作为基础研究，科学投入并不一定带来科学进步，因此不符合预期的"失败"实验也有其价值，可以通过出台法律规章，增加项目成果的评价指标，增设翔实可靠的实验报告，鼓励创新思想与探索精神，减轻资源与环境学者面临的社会压力。

资源与环境科学不同学科之间因内涵、思路和目标不同，其研究对象、

周期和时效均表现出较大的差异性，较长的实验周期使得学者压力逐渐增大，从而触碰学术不端的红线；资源与环境科学复杂的影响因素使得大多数实验难以完全复现，审查、监督等手段成本较高，使得一些学者容易产生侥幸心理。因此，评价模式要考虑不同研究类型的特点，对基金成果进行分类评价。针对应用基础类研究应强调新概念、新发现、新机制；针对支撑类研究应强调服务国家的现实需求（如制定标准等）；针对技术方法类研究应强调远期产品和市场潜力。对于周期较长的研究，研究成果的评价应关注其在揭示重要科学问题上的价值。对于周期短、探索性强和发展快的研究方向，应强调其原始创新性，注重对新概念、新假说、新技术和方法的支持。对于工程性和产业化类项目，应引入市场占有率等考核机制，实施中长期（10年以上）的跟踪评估，以考察项目研发的技术、产品和装备等是否经得起市场考验。此外，建议在规章制定上可以加大对原创性高水平研究的社会性奖励，有意引导学者增强学术荣誉感。

## 四、改善资助结构，增加项目资助力度，促进多学科交叉研究

根据学科发展的特性，建立多元化的项目合作与投入机制。形成各类科学基金与计划（国家、部门、地方）定位清晰、协调合作、稳定合理的学科资助体系，同时大力开辟民间资助与国际合作等新的资金来源渠道。一是与各省市联合，着眼于各地区域性和实践性难题和问题，设立地区项目；二是与国家相关部委开展合作，针对"碳中和"、典型区域可持续发展、陆海统筹发展等重大政策的理论探索和创新，设立专题性研究项目；三是与相关企业联合，重点开展区域发展的生态环境效应、生态修复、资源勘查等方面的合作，设立企业联合基金项目；四是与国际组织或知名研究机构开展合作，探究各分支学科研究领域的国际经验，与国际机构分享中国做法与成功经验。通过多元化的合作与投入机制，强化与各地区、各行业主管部门对接，建立制度化、常态化、深入化的协调机制，增强项目研究的应用性和时代特征，提升项目研究对国家经济社会发展的支撑能力。在优化资助体系的同时调整资助结构，在国家层面上统筹考虑竞争性科研投入与保障性科研投入的资助

比例、资助渠道与资助方式，促使各类科学基金与计划在明晰定位的基础上设置不同的资助结构。

资源与环境科学研究路径从实践到理论再到实践，建议从基础科学、技术研发、试验示范、推广应用和科学普及等方面，丰富项目类型，探索多元化资助模式。研究设立相关重大科技专项，开展重大关键科学问题和共性技术研究；国家自然科学基金委员会和中国科学院每年联合支持20～30项资源与环境科学研究的重大项目，推动多学科交叉研究和全国相关研究团队的联合攻关。选拔优秀研究团队，对资源与环境科学研究的重点方向，建议通过持续资助提升基础研究能力和国际影响力。增加对资源环境领域的基金重大项目、重点项目、面上项目、地区项目、青年项目的支持数量和支持力度，加大国家杰出青年科学基金、国家优秀青年科学基金、创新群体等人才和团队项目的倾斜支持力度。

组织多学科和跨学科综合研究计划，促进学科的交叉和融合，充分考虑分科知识、共性原理、应用领域三方面之间的内在联系，切实推动学科按照"源于知识体系逻辑结构，促进知识与应用融通"的原则优化学科布局，培育新的学科生长点，更好地服务于我国科学技术和经济社会发展目标，在解决国家需求的同时培养新的学科增长点。在研究项目的组织形式上既要鼓励科学家自由选题，开展探索性研究，更要根据国际科学发展的动态和我国实际情况，通过国家相关的资助机构，加强系统设计，围绕总体目标开展系统性研究。采取项目群体资助、科研补助、学科交叉和指定/竞争立项方式等的资助机制与政策，加强对学科交叉问题研究的特别资助机制。

# 第二节　人才队伍

## 一、完善全谱系人才支持体系，拓展人才项目年龄限制

在人才队伍建设方面，尊重科技人才成长规律，完善科学基金人才和团

队支持体系，为国家科技创新队伍建设奠定人才资源基础。针对人才发展学科广泛性、路径多样性等特征，完善稳定支持机制，对不同年龄段优秀人才实行全谱系支持，为各年龄段人才施展才华、探索创新提供舞台。对于青年人才，建议优化青年科学基金申请人的年龄布局。科研是创新型工作，青年学者是最具创新力的群体，然而极具创新性的尚未获取博士学位的青年人才必须依靠导师的经费从事研究，缺少独立申请和主持国家级项目的机会。尽管青年人才不用担心经费支持问题，但是由此也会造成选题僵化、科研自由度降低等问题，有必要在国家自然科学基金委员会设立面向博士研究生的专项资助基金，鼓励尚未获得博士学位的优秀人才参与国家青年科学基金项目竞争，既有利于优秀博士生独立开展研究工作，也有利于资源与环境科学的创新发展；对于中老年人才，建议适当择优设置专门人才基金。我国申请国家杰出青年科学基金年龄上限是45周岁，超过45周岁国家自然科学基金就不再有人才项目资助，意味着对于部分年龄超过45周岁而未能成功申请国家杰出青年科学基金的学者而言，丧失了进一步深化研究的内在动力。建议国家自然科学基金委员会考虑针对45周岁以上学者设置新的中年人才基金项目，引导一批中年学者持续发挥科研潜力。

此外，建议进一步提高人才项目中直接资助人才的经费比例，建立持续稳定的支持机制。资源与环境科学往往涉及地面采样、区域调研、室内试验等过程，因此研究周期一般较长，成果产生周期也较长。人才建设往往需要循序渐进，既需要短周期的项目做锻炼，又需要参与长期基础研究，为培养学科领军人才做准备。但目前的国家自然科学基金一般以青年项目或面上项目为载体来支持青年研究人员，其支持周期一般是3~4年，这种短周期的人才培养方式只能让青年科研人员得到迅速锻炼，却不能充分支持优秀青年人才的全周期成长。

## 二、建设多元化、区域化、国际化人才梯队

发挥团队协作和多学科交叉融合优势，着力培养和建设一批具有重要国际影响力、冲击世界科学前沿的创新团队，是实现我国资源与环境科学快速

发展的重要保障。

优化青年人才布局，完善区域人才基金。资源与环境科学的基本特点是空间异质性，不同研究区域的自然禀赋、气候条件、社会经济发展都存在差异，必然面临着不同的资源环境问题，但相关学科人才的分布却有着严重的地域差异。例如，2007～2016 年仅北京的资源环境领域国家自然科学基金青年科学基金项目就有 1200 项，超出第二名江苏省近一倍，而西藏作为典型资源环境问题的研究区，获得青年科学基金资助的数量却居于最末位（高锡章等，2018）。科研资源的集中固然有助于集聚力量，攻关科学问题。但忽视地方人才的培养，也容易造成学科发展不均衡，学科建设不可持续、部分研究区出现断档等问题，因此建议完善区域人才基金，稳定资助重点区域的人才队伍，建设多元化、区域化人才梯队；此外，建议吸引国外优秀人才来中国长期工作，支持和鼓励大学与科研机构聘请世界一流专家到中国开展合作研究，逐步完善吸引国外优秀人才的资助机制，努力创造有利于人才及学术交流的国际化环境；同时，应重视具备深厚基础、具有研究能力的应用型人才培养，应重视从工程一线吸收愿意深造的人才再次进入学校攻读全职博士或从事博士后研究，重视具备工程经验的导师的培养。

## 三、分类培养人才，建立技术研发与支撑人员的资助体系，注重学科交叉人才培养

资源与环境科学研究地球表层中多个要素、子系统组成的复杂系统，需要结合计算机、通信技术等手段，在多个时空尺度上开展数据采集、监测预测和试验模拟，形成系统全面的数据监测网络，为复杂系统模拟、评估及预测提供支撑。因此，建设支持技术研发与支撑人员发展的资助体系，鼓励并最终形成技术支撑人员团队，真正实现分工合作，交叉互补，加快资源环境领域学科发展。资源与环境科学发展将越来越依赖科学与技术的交叉，而现有的资助体系，并不支持技术类人员的发展。在缺乏技术研发与支撑人员的情况下，很多基础科研工作都存在从头做起的特点，导致重复和低效，不利于创新效率的提高。

资源与环境科学领域强调综合集成与交叉研究，涉及自然科学、社会科学、管理科学、工程科学等多学科领域，对人才的综合素质要求很高，需要加强交叉学科和跨学科人才的培养，加强对领军人才和跨学科复合型人才的培养。建议国家自然科学基金委员会鼓励通过学部交叉和学科交叉的共同资助方式，构建多学科交叉和不同层次的资助体系，推动多学科交叉研究。通过加强顶层设计，在从基础理论、方法技术、工程示范到监管政策链条式的科技专项、重点项目和重大项目为主的重点资助宏观框架下，开展交叉型领军人才或团队项目在多层次项目计划中的部署，并针对不同类型成果建立相应的评估体系。同时，设立基础教育人才培养特别资助；支持多学科融合，探索人才基地建设。

# 第三节　科　研　平　台

## 一、加强资源与环境科学研究的宏观统筹和顶层设计

打破部门条块分割，整合科研团队与资源，建设多层级分侧重的资源与环境科学研究国家重点实验室和省部级重点实验室。加强顶层设计，前瞻性地把握国内外研究态势和关键科学问题，设定阶段性重要研究方向，优化科学技术部和国家自然科学基金委员会各级项目的申报指南与资助重点，为学科长远发展和人才队伍建设提供灵活的基金项目资助平台。设计重大研究专项，建立资源与环境科学专项基金，统筹各部门与资源环境相关科研力量，强化基础研究，推动相应的成果转化与应用。重视基础性、长期性科研平台建设。建立对重点难点科学问题项目的稳定持续资助，建立面向重点方向的项目群体支持机制。相关项目的立项既要考虑长期、持续、稳定支持的定向性，也要考虑学科交叉的竞争性，确保项目成果的实现与原创。同时，稳定支持一些分布在高校、研究所和研究型业务单位的基础研究方向的团队。

## 二、组建交叉学科管理机构，加大跨学科、多学科交叉项目支持力度

资源与环境科学作为综合性学科，其内部学科门类众多，包含水、土、气、生、矿、人等多个方面。从学科外部而言，通过物理、化学、生物、时空数据、人工智能等多种途径与其他学科相互联系（许学工等，2009）。促进资源与环境科学内部交叉、学科外部交叉的形成与发展是未来工作的重要工作目标之一。国家自然科学基金委员会地球科学部曾多次以优先发展领域等方式推进过多领域的学科交叉研究（如陆地表层系统研究、生物地球化学过程、地球深部过程与表层过程耦合等）。但相比发达国家而言，推动学科交叉的研究工作仍处于探索阶段。以美国为例，美国国家科学基金会（National Science Foundation，NSF）面向人类活动主导地球表层变化的未来，于2001年发起了"人类与自然耦合系统的动力学"（Dynamics of Coupled Natural and Human Systems，CNH）研究计划，并于2007年被转化为一个由美国国家科学基金会的三个主要学科监管机构（生命科学部、地球科学部、社会和行为科学部）共同管理的长期计划（Baerwald et al.，2016）。该计划已于2019年更新为"社会–环境综合系统的动力学"（Dynamics of Integrated Socio-Environmental Systems，DISES，也称CNH2）研究计划。总体而言，CNH的研究内容不仅包括人类与自然系统内部的运行过程，同时也包括自然过程对人类系统的动态影响以及人类活动对自然系统动态的影响。反观我国的研究团队尚停留在以自然系统研究为主的阶段，对社会系统的探索相对有限，而人类活动对资源环境的影响日益增长，不可忽视。国家自然科学基金委员会等应注意学科交叉相关的引导，鼓励跨自然科学与社会科学的综合研究。因此，未来国家自然科学基金委员会可以尝试突破学部之间相对独立决策的现状，专门设立促进自然科学与社会科学综合研究的管理机构，组建交叉学科部或交叉学科处，加大跨学科、多学科交叉项目支持力度，有效引导深入学科交叉。

## 三、建立资料与基础研究设施共享机制

不同学科之间需要建立完善的数据资料信息与资源共享机制，打破不同

部门之间的壁垒，加速科技成果转化与应用。尽快健全资源与环境相关数据、资料共享机制，建立大型仪器委托管理中心和大型公共模拟实验室。基础研究设施是进行高水平科学研究的基本条件。可参考美国信息基础设施（Cyber-Infrastructure）和欧盟电子基础设施（e-Infrastructure），建立信息网络研究基础设施，支持大规模研究实验平台建设和使用，加强科研协作与资源共享，以及数据库和基本工具库的共享。

## 四、整合长期定位观测站点，建立协同观测网络

基础观测平台和观测网络的发展对于资源与环境研究至关重要，从长期定位观测，到重点区域研究，再到国际合作机制搭建，建立长期稳定的支持机制。围绕国家和各典型区的突出问题，通过科学的顶层设计和规划，整合和联合区域内多个研究站点，从研究设计、研究方法、数据监测和共享等方面形成统一的规范和体系，建立国家尺度的"天-空-地"一体化、观测-实验-模拟三位一体、多尺度-多要素-多过程协同观测网络。在此基础上，与全球生态观测研究体系融合，实现在区域、国家及全球尺度上观测地球生命系统变化，诊断生态系统功能状态，理解生态环境系统过程机理、维持和保护生态系统功能，服务人类社会可持续发展的科技目标。在自主探索、专项研究的基础上，探索跨学科、跨部门的合作研究和资助机制，建立典型地区、典型流域综合监测网络平台，加强融合多种观测技术的长期综合观测能力建设，针对京津冀、长三角等重大国家战略区，青藏高原、黄土高原等生态脆弱区，可持续发展创新示范区等先行成立联合发展基金，由第三方监管并用于区域环境资源效应监测与评估。

## 五、构建大数据信息平台

信息科学、计算机科学和大数据技术是资源与环境科学的战略基础，是驱动学科创新与发展的重要因素，应有效组织多学科的大数据、新技术、新

方法，构建大数据信息平台。鼓励新技术应用和技术创新，加强观测与实验平台建设，根据研究领域的特点、重大需求和国家重大工程建设，有针对性地加强和完善实验测试平台建设，增强原始数据的采集能力和水平，提升数据采集精度。大力扶植大数据、人工智能、物理模拟与数值模拟技术应用开发，建立数值模拟软件、大数据和人工智能融合平台，为重大基础理论突破和应用需求提供科技支撑。通过专项资助等方式促进资源环境领域多模型、多方法、多源数据产品的网络服务化集成、发布、开放共享，基于标准数据集和公共测试平台进行模型方法间的横向对比评价。

## 六、推动创建耦合模型与决策支持平台

重点资助我国具有自主知识产权的社会-经济-自然耦合模型及决策支持平台的创建，创新全面集成网格化管理、多源大数据融合、视频识别分析、环境治理多场景动态感知物联网等技术，实现区域生态保护、环境治理与资源利用的智能化管控。建立国家自然环境承载能力评价与预警中心，在地球模拟器中接入自然环境承载能力模块支撑地球可持续性的全过程模拟和全要素调控，推动国家、地方资助项目及监测站数据共享，通过应用数字化和规范化的基础数据标准，完善多级信息数据间的相互关联以及生态环境数据交换共享与保密机制，实现国家、市、县（区）政府，以及生态环境部门与科研院所互联互通、实时共享和成果共用。

## 七、建设国家资源与环境科学专家智库

推动建设集中统一、标准规范、安全可靠、开放共享的国家地理信息科学数据库和资源与环境科学专家智库，及时补充高层次专家，细化专家领域和研究方向，更好地满足项目评审要求，严格项目成果评价验收，加强国家科技计划绩效评估。

# 第四节　国际交流合作

## 一、积极参加到全球性议题对话与研究中，提高国际影响力和话语权

应对全球重大挑战，是当前主要国家开展国际科技合作的主要动因之一。这包括围绕联合国可持续发展目标，在可持续经济发展、农业与食品安全、能源、水资源、气候变化、减贫等领域推进全球科技合作；也包括多国合作资助、运用大科学设施和设备、围绕关键议题共同开展大规模合作研发。2018 年 3 月，国务院发布了《积极牵头组织国际大科学计划和大科学工程方案》，提出要提升我国在全球科技创新领域的核心竞争力和话语权，显示了国家对参与及牵头国际大科学计划（工程）的高度重视。在我国几代学者的努力下，秦大河等学者多次参与 IPCC 评估报告的出台；傅伯杰、刘彦随等在国际地理联合会牵头发起面向未来地球的地理学：人地系统耦合与可持续发展委员会、农业地理与土地工程委员会等研究团体也组建成功。因此，科技创新政策的制定者、科研机构、高校及科学家，应进一步参与并力求主导多学科、多国参与的全球性科学议题对话与研究，拓展我国的国际影响力和话语权。

## 二、以国家自然科学基金委员会为依托，拓展国际合作研究项目，主导国际重大研究计划

国家自然科学基金委员会国际合作的主要任务是为我国科研人员提供开展国际合作的平台和经费，且经过多年的不断创新、总结和完善，已逐渐形成多渠道、多层次的国际项目资助体系。截至 2020 年 12 月底，国家自然科

学基金委员会已与 51 个国家（地区）的 98 个科研资助机构或国际组织建立了合作关系，合作网络覆盖世界五大洲；2011～2020 年国家自然科学基金国际合作项目资助总经费达到 78.9 亿元，超过国家自然科学基金成立的最初 25 年总经费的 5 倍，形成了"科学研究—人员交流—人才培养"的国际合作总体布局（穆荣平等，2021）。但上述成绩并不能彻底解决资源与环境科学国际学术环境面临的挑战，目前的国际合作项目大多是同特定国家之间的合作，难以满足资源与环境科学的多国合作需求。例如，以全球变化为代表的前沿研究主题，所需要的数据涵盖自然、社会、生态等方面，通常涉及全球各主要国家甚至所有国家，而国际项目的形式很难做到和多国共同参与。建议提高国际合作交流项目的资助力度，丰富项目的内容和形式，扩大和有关国际机构的合作。支持我国相关学者深入到他国区域与当地深入合作，开展其他国家的资源与环境问题研究。

此外，将项目导向的资助转变为平台导向，发起国际科学合作计划，主动寻求国际多方资助，支持中国学者牵头或参与到国际学术多边协作平台的建设中。总之，国家自然科学基金委员会应当鼓励国际资源与环境科学的多边合作，明确国际政治形势对资源与环境科学研究的正负效应，促进国内学界理解国际环境变化带来的人地关系变迁，在未来政治多极化、贸易全球化、学术国际化的形势下，为我国资源与环境科学发展营造良好的国际环境。

## 三、通过双边、多边联合资助机制，围绕"共同兴趣"，推进实质性国际科研合作

伴随综合国力和科技实力的不断提升，我国已经在全球科研合作网络中占据着不可忽视的地位。从国际科研合作论文规模来看，我国已跃升为全球第三大国际合作学术产出国，这表明中国的科技实力前所未有地靠近世界舞台的中心。与此同时，我国已走过了主要依靠国外资金开展国际科技合作的阶段。发展阶段与合作能力的提升要求我国站在更高的起点开展"以我为主"的国际科技合作。此外，国际科研合作对于各学科引文影响力的提升发挥了显著的促进作用。因此，今后要依托双、多边联合资助机制，进一步加强对

国际科技合作的支持，持续加大我方投入力度，推动开展体现"我方需求"的实质性国际科技合作。

## 四、针对不同合作主体，构建和实施差异化的国际科技合作政策与机制

国际科研合作现状显示，我国与发达国家、主要发展中国家所开展的科研合作，在合作阶段、领域、内容、方式等方面都有所不同。这决定我方的合作政策需要进行精细化布局，针对不同国别、区域确定差异化合作策略和机制；同时，在特定研发领域和阶段，与不同类型的创新主体开展差别化的国际科技创新合作，有效提升合作效率和效益。例如，在兼顾与发达国家开展国际合作资助的基础上，加强与共建"一带一路"国家的国际合作，建议考虑与欠发达国家开展国际合作不列入国家自然科学基金委员会项目"占项"指标。

## 五、以"一带一路"为纽带，激励国际前沿创新

国际合作项目是"引进来"和"走出去"的最佳途径。结合我国优势领域，积极与共建"一带一路"国家开展国际合作项目，扩大我国资源与环境科学研究的影响力，并将技术应用服务于共建"一带一路"国家。针对发达国家不同优势领域，开展"引进来"的合作项目策略，结合我国研究特色，有针对性地开展合作研究。建议优先支持瞄准世界国际科学前沿，以重大关键问题为构想和满足国家重大战略需求的项目，并依托项目建立中外联合实验室与联合研究中心。

## 六、鼓励人才交流，强化国际合作网络建设

通过国际合作项目促进国内外人才的相互访问和交流，提高国内人才的创新和探索能力，发挥国际及国内人才各自的优势，形成合力机制。积极推

进我国大学、科研院所等机构开展国际科技合作，利用合作渠道向中国学生和青年研究人员提供国际合作研究与培训机会，培养全球视野和全球科技活动参与能力，强化国际合作的人才培养与合作网络建设功能。

## 七、建立有效协同管理机制，精准发力，推动资源配置的科学性

国际科研合作属于交叉管理领域，需要多个职能部门形成合力，特别是外事部门和科研管理部门的通力合作，方能更有成效。科研管理部门比外事部门更了解学科优劣势和研究领域，但是由于项目多、任务重，无法给予国际科研合作较多的关注。因此，亟待建立有效的联合管理机制，提升管理专业性和资源配置的科学性。

# 第五节　政　策　建　议

## 一、加强科技创新体系与制度建设

建立产学研结合的科技创新体系，组建跨部门的网络式研发联盟。充分发挥科研院所和高校在资源环境科技创新方面的优势，增强创新能力。科研院所和高校要积极围绕企业科技创新的需求，促进院所之间、院所与高校之间的结合与资源集成，发挥科研院所和高校科技攻关的主力军作用。此外，做好资源领域的立法、司法和执法工作。坚持依法行政，加大执法力度，为资源高效、清洁、合理利用和有效保护提供制度与法律保障。

## 二、建立部门间决策协调与政策反馈调整机制

资源与环境要素之间关联关系的研究目标是促进部门间的协调，特别是

决策过程中跨部门的协调，从而使单一领域的政策措施能够综合考虑其他领域的发展，或者至少不影响其他领域的发展。目前，我国对部分资源环境要素实行分部门管理，各部门在制定行业法规政策、编制行业发展规划、制定投融资计划等工作时，与其他部门间的协调与综合考虑程度，距"关联关系"提出的目标尚有一定距离。因此，建议将"关联关系"理念落实到水、土地、能源、粮食、矿产等相关行业的各项决策过程中，提高行业间法规政策、规划方案、投资及行动计划间的协调性，同时，全面考虑人口增长、气候变化、城市化进程等外部因素以及技术发展、理念进步和管理创新等社会人文因素的综合影响。建立部门间对话机制或协商机制，允许相关行业的决策者参与本行业的政策制定，政策出台前充分征求相关行业决策部门意见，从而促进本行业政策措施能够促进相关行业的协同发展，形成共赢。

## 三、加快制定矿产等资源的发展战略

一是要理顺关系，规范矿业管理。重点支持发展一批大型矿业企业，以战略性矿产、优势矿产、重点矿区为重点，加快矿业结构调整步伐，提高矿业生产集中度，鼓励大型企业强强联合，并收购、兼并、重组和改造中小型企业，做大做强跨区域、跨行业、跨所有制、跨国界的大型矿业集团，发挥规模效益。二是要加强成矿作用国际对比计划的立项和研究，促进区域和全球成矿学的发展，积极引进资源勘探开发、综合利用和矿山管理的先进技术与成熟经验，并实施资源"走出去"战略，加大境外资源研究、勘探、开发的力度，通过新建项目和收购、兼并、参股等多种形式积极推进国际合作。三是要加强国际交流，提升我国矿产等资源科学的国际影响力及国际话语权。

# 本章参考文献

傅伯杰 . 2018. 新时代自然地理学发展的思考 . 地理科学进展 , 37(1): 1-7.
高锡章 , 范闻捷 , 冷疏影 . 2018. 青年科学基金助推地理学人才成长 . 地理科学进展 , 37(2): 174-182.

龚旭. 2016. 科研资助管理与学科发展战略——国家自然科学基金委员会的学科发展战略研究考察. 中国科学基金, 30(5): 410-416.

穆荣平, 马双, 陈凯华, 刘云. 2021. 深化国家自然科学基金国际合作的战略思考. 中国科学院院刊, 36(12): 1441-1447.

许学工, 李双成, 蔡运龙. 2009. 中国综合自然地理学的近今进展与前瞻. 地理学报, 64(9): 1027-1038.

Baerwald T J, Firth P L, Ruth S L. 2016. The Dynamics of Coupled Natural and Human Systems Program at the U.S. National Science Foundation: lessons learned in interdisciplinary funding program development and management. Current Opinion in Environmental Sustainability, 19: 123-133.

# 关键词索引

43, 45, 49, 50, 51, 52, 53, 54, 55, 56, 57, 59, 61, 63, 64, 65, 66, 67, 68, 69, 70, 71, 72, 73, 74, 75, 76, 79, 80, 81, 83, 84, 87, 88, 89, 91, 92, 93, 94, 95, 96, 97, 99, 118, 130, 150, 248, 264, 285, 286, 287, 288, 302, 305, 306, 311, 316, 318, 344, 345, 349, 365, 366, 367, 368, 384, 387, 388, 389, 390, 399, 402, 409, 410, 411, 416, 418, 419, 425, 426, 427, 428, 429, 430, 431, 432, 443, 464, 471, 485, 514, 548, 549, 557

## M

煤地质学　155, 157, 159, 160, 163, 164, 166, 167, 168, 172, 173, 174, 175, 176, 177, 178, 181, 186, 188

## Q

气候变化　1, 2, 3, 5, 6, 8, 9, 12, 13, 14, 16, 19, 21, 23, 24, 27, 28, 31, 34, 37, 42, 44, 47, 50, 53, 55, 57, 58, 59, 61, 62, 63, 64, 69, 73, 74, 79, 80, 83, 84, 86, 87, 88, 95, 96, 97, 98, 99, 119, 121, 122, 129, 135, 145, 146, 149, 150, 224, 225, 226, 227, 228, 229, 230, 231, 232, 233, 234, 235, 236, 237, 238, 239, 240, 241, 242, 243, 244, 245, 246, 247, 248, 249,

250, 251, 252, 253, 254, 255, 256, 257, 258, 259, 260, 261, 262, 263, 264, 265, 266, 267, 268, 269, 270, 271, 272, 273, 277, 279, 280, 281, 283, 284, 285, 297, 300, 301, 302, 303, 304, 305, 306, 311, 312, 314, 315, 316, 318, 319, 326, 335, 350, 354, 355, 358, 359, 360, 361, 365, 369, 370, 372, 387, 389, 390, 391, 393, 398, 403, 405, 408, 410, 411, 412, 416, 423, 426, 429, 449, 453, 459, 460, 470, 471, 472, 475, 481, 485, 515, 523, 549, 559, 563

## R

人地耦合　21, 38, 39, 47, 398
人类福祉　20, 21, 42, 224, 226, 233, 278, 279, 282, 283, 285, 305, 313, 314, 315, 317, 394, 409, 425, 426, 431
人类活动　2, 3, 6, 7, 8, 12, 13, 15, 16, 21, 22, 39, 45, 47, 50, 52, 53, 55, 57, 60, 62, 64, 65, 66, 69, 72, 73, 74, 76, 83, 85, 86, 87, 88, 92, 93, 96, 97, 119, 122, 135, 137, 143, 225, 226, 227, 228, 231, 232, 233, 238, 240, 242, 246, 247, 258, 259, 262, 264, 271, 272, 279, 281, 282, 284, 285, 301, 305, 306, 310, 314, 316, 318, 319, 325, 330, 349, 369, 370, 380,

207, 213, 214, 218, 220, 221, 344, 381

## Y

遥感科学　355, 456, 469, 493, 494,
495, 501, 507, 508, 509, 510, 511,
515, 519, 525, 527, 529, 531, 532,
534, 537

## Z

找矿　44, 200, 202, 203, 205, 206,
209, 210, 211, 217, 218, 219, 222

自然灾害风险　1, 3, 6, 13, 29, 44, 89,
227, 237, 238, 253, 254, 269, 270,
272, 389, 442, 443, 444, 445, 446,
447, 448, 449, 450, 452, 453, 454,
455, 456, 457, 458, 459, 460, 461,
462, 465, 466, 467, 468, 469, 470,
471, 472, 473, 474, 475, 476, 477,
478, 479, 480, 481, 483, 484, 485,
486, 487

综合减灾　443, 444, 447, 448, 451,
452, 453, 458, 460, 468, 470, 472,
476, 478, 481, 484